*Y*OUJI HUAHEWU

XINGZHI YANJIU

有机化合物

性质研究

● 主　编　王卫东　杨彩玲　储艳兰
　　副主编　孟凡坤　吴伟娜　戴　俊　杨小红　高俊芳

中国水利水电出版社
www.waterpub.com.cn

内 容 提 要

　　本书主要按官能团分类讨论了有机化合物的性质和重要反应,主要包括:链烃、芳香烃、卤代烃、醇、酚和醚、醛和酮、羧酸和羧酸衍生物、取代酸、含氮有机物、杂环化合物等有机化合物的性质与反应。另外,还重点介绍了化合物分子的立体异构、常见的生命有机大分子、脂类、萜类和甾体化合物的相关性质和反应。此外,还简要阐述了几种重要的测定有机物结构的光谱技术。最后,简述了元素有机物、药用高分子化合物、足球烯、有机共轭材料、组合化学和相转移催化化学反应等新型有机化合物的发展与运用。本书可供化工、环境、生物等领域研究人员参考和学习。

图书在版编目(CIP)数据

　　有机化合物性质研究 / 王卫东,杨彩玲,储艳兰主
编. – 北京 :中国水利水电出版社,2014.6(2022.10重印)
　　ISBN 978-7-5170-1984-8

　　Ⅰ. ①有… Ⅱ. ①王… ②杨… ③储… Ⅲ. ①有机化
合物—性质—研究 Ⅳ. ①O621.2

　　中国版本图书馆 CIP 数据核字(2014)第 096106 号

策划编辑:杨庆川　责任编辑:杨元泓　封面设计:崔　蕾

书　　名	有机化合物性质研究
作　　者	主编　王卫东　杨彩玲　储艳兰
出版发行	中国水利水电出版社
	(北京市海淀区玉渊潭南路 1 号 D 座 100038)
	网址:www. waterpub. com. cn
	E-mail:mchannel@263. net(万水)
	sales@ mwr.gov.cn
	电话:(010)68545888(营销中心)、82562819（万水）
经　　售	北京科水图书销售有限公司
	电话:(010)63202643、68545874
	全国各地新华书店和相关出版物销售网点
排　　版	北京鑫海胜蓝数码科技有限公司
印　　刷	三河市人民印务有限公司
规　　格	184mm×260mm　16 开本　24.25 印张　620 千字
版　　次	2014 年 6 月第 1 版　2022年10月第2次印刷
印　　数	3001-4001册
定　　价	82.00 元

前　言

　　有机化学是化学的一个重要组成，它是研究有机化合物的组成、结构、性质、制备和应用以及相关理论和方法学的科学。有机化合物与人类的日常生活密切相关，是化工、环境、轻工、生物、制药等学科的重要基础。有机化学工业作为支柱产业，在国民经济的发展中发挥着重要作用。因此，对有机化合物的分析和研究具有非常重要的意义。

　　本书对各种有机化合物的研究主要集中于性质和反应两个方面。采用官能团编排方式，突出有机化合物官能团对化合物性质的重要性。本书力求突出以下几个方面特点：

　　(1)强调理论与工业相结合，内容以新理论和新技术为原则，力争做到理论与实践并举，以达到基础性、新颖性和科学性的统一；

　　(2)在内容体系构架上按官能团分类化合物，整体上层次分明、重点突出、详略得当；

　　(3)尽量做到语言精练，通俗易懂，并注重把握内容的深度、广度和实用性；

　　(4)在传统理论的基础上紧跟时代发展的节奏，把握有机化合物研究发展的方向。

　　本书内容分为15章：第1章为绪论，简要介绍了有机化合物的发展、特点和分类；第2～10章主要按官能团分类讨论了链烃、芳香烃、卤代烃、醇、酚和醚、醛和酮、羧酸和羧酸衍生物、取代酸、含氮有机物、杂环化合物等有机化合物的性质与反应；第11章重点介绍了化合物分子的立体异构，如顺反异构、对映异构和构象异构；第12章探讨了常见的生命有机大分子，如糖类、氨基酸、蛋白质和核酸；第13章简要介绍了脂类、萜类和甾体化合物的结构与种类；第14章阐述了几种重要的测定有机物结构的光谱技术，如紫外光谱、红外光谱、核磁共振和质谱等；第15章简述了有机化合物的发展与运用，即介绍了元素有机物、药用高分子化合物、足球烯和有机共轭材料等新型有机化合物。

　　本书在编写的过程中参考了大量书籍，但由于编者的水平和所收集的资料有限，书中难免存在疏漏和不足之处，望广大读者批评指正。

编　者

2014 年 2 月

目　录

第1章　绪论 ……………………………………………………………………… 1

1.1　有机化合物的发展 …………………………………………………………… 1

1.2　有机化合物的特点 …………………………………………………………… 4

1.3　有机化合物的分类 …………………………………………………………… 8

第2章　链烃 ……………………………………………………………………… 11

2.1　概述 …………………………………………………………………………… 11

2.2　烷烃 …………………………………………………………………………… 13

2.3　烯烃 …………………………………………………………………………… 22

2.4　炔烃 …………………………………………………………………………… 29

2.5　共轭二烯烃 …………………………………………………………………… 35

第3章　芳香烃 …………………………………………………………………… 40

3.1　苯的结构 ……………………………………………………………………… 40

3.2　单环芳烃的物理性质和光谱性质 …………………………………………… 43

3.3　单环芳烃的化学性质 ………………………………………………………… 46

3.4　苯的一元取代产物的定位规律 ……………………………………………… 51

3.5　定位规律的解释 ……………………………………………………………… 51

3.6　苯的二元取代产物的定位规律 ……………………………………………… 55

3.7　定位规律的应用 ……………………………………………………………… 56

3.8　多环芳烃 ……………………………………………………………………… 57

第4章　卤代烃 …………………………………………………………………… 64

4.1　概述 …………………………………………………………………………… 64

4.2　卤代烃的制备方法 …………………………………………………………… 67

4.3　卤代烃的物理性质与波普性质 ……………………………………………… 69

4.4　卤代烃的取代反应 …………………………………………………………… 72

4.5　卤代烃的消除反应 …………………………………………………………… 81

4.6　卤代烃与镁的反应 …………………………………………………………… 85

4.7　重要的卤代烃 ………………………………………………………………… 85

第5章　醇、酚和醚 ……………………………………………………………… 88

5.1　概述 …………………………………………………………………………… 88

5.2　醇 ……………………………………………………………………………… 88

5.3　酚 ……………………………………………………………………………… 97

5.4　醚 ……………………………………………………………………………… 105

第 6 章　醛和酮 ·· 110

　　6.1　醛和酮的结构 ·· 110

　　6.2　醛和酮的物理性质和光谱性质 ·· 110

　　6.3　醛和酮的化学性质 ·· 114

　　6.4　醛和酮的制法 ·· 126

第 7 章　羧酸及衍生物 ·· 131

　　7.1　概述 ·· 131

　　7.2　羧酸的制备方法 ·· 136

　　7.3　羧酸及衍生物的物理性质 ·· 138

　　7.4　羧酸及衍生物的化学性质与反应 ······································ 140

　　7.5　重要的羧酸和羧酸衍生物 ·· 152

　　7.6　油脂与表面活性剂 ·· 156

第 8 章　取代酸 ·· 161

　　8.1　概述 ·· 161

　　8.2　取代酸的物理性质 ·· 169

　　8.3　取代酸的化学性质与反应 ·· 169

　　8.4　重要的取代酸 ·· 174

第 9 章　含氮有机物 ·· 182

　　9.1　概述 ·· 182

　　9.2　含氮有机物的制备方法 ·· 186

　　9.3　含氮有机物的物理性质 ·· 189

　　9.4　含氮有机物的化学性质与反应 ·· 190

第 10 章　杂环化合物 ·· 207

　　10.1　概述 ·· 207

　　10.2　杂环化合物的性质 ·· 210

　　10.3　重要的杂环化合物及其衍生物 ·· 214

　　10.4　生物碱 ·· 221

第 11 章　立体异构 ·· 227

　　11.1　分子模型表示法 ·· 227

　　11.2　顺反异构 ·· 230

　　11.3　对映异构 ·· 233

　　11.4　构象异构 ·· 243

第 12 章　生命有机大分子 ·· 248

　　12.1　糖类 ·· 248

　　12.2　氨基酸 ·· 262

　　12.3　蛋白质 ·· 270

　　12.4　核酸 ·· 276

第 13 章　脂类、萜类和甾体化合物 ······················· 284

　13.1　脂类化合物 ··· 284

　13.2　萜类化合物 ··· 288

　13.3　甾体化合物 ··· 296

第 14 章　光谱测定有机化合物结构 ······················· 307

　14.1　紫外光谱 ··· 307

　14.2　红外光谱 ··· 310

　14.3　核磁共振谱 ··· 314

　14.4　质谱 ·· 327

第 15 章　有机化合物的发展 ································· 333

　15.1　元素有机物 ··· 333

　15.2　药用高分子化合物 ·· 342

　15.3　足球烯 ··· 355

　15.4　有机共轭材料 ·· 358

　15.5　组合化学 ··· 365

　15.6　相转移催化化学反应 ·· 370

参考文献 ·· 380

第1章 绪 论

1.1 有机化合物的发展

1.1.1 概述

19 世纪初期之前,早在有机化学成为一门科学之前,人类就在日常生活和生产过程中大量利用和加工自然界取得的有机化合物。人类使用有机化合物的历史很长,世界上几个文明古国很早就掌握了酿酒、造醋和制饴糖的技术。但是对纯物质的认识和取得却是比较近代的事情,直到 18 世纪末期,才开始由动植物取得一系列较纯的有机物质。

人类应用有机物的开端,可以追溯到非常久远的年代,在有历史记载之前,我国在夏、商时代人们就会酿酒而满足生活的需要。以后逐渐地使用染料,香料、草药等,在这个时期已经积累了比较丰富的实践经验,但由于生产力的落后,人类对有机物的认识仍然停留在初级阶段,还没有发展成为一门学科。

人类使用有机物的历史很长,世界上几个文明古国很早就掌握了酿酒、造醋和制饴糖的技术。据记载,中国古代曾制取到一些较纯的有机物质,如没食子酸(982—992 年)、乌头碱(1522 年以前)、甘露醇(1037—1101 年)等;16 世纪后期,西欧制得了乙醚、硝酸乙酯、氯乙烷等。由于这些有机物都是直接或间接来自动植物体,因此,1777 年,瑞典化学家 Bergman 将从动植物体内得到的物质称为有机物,以示区别于有关矿物质的无机物。

有机化学的发展是在 18 世纪,随着资产阶级在欧洲兴起,以使用机器为特点的大工业迅速发展起来,这样就需要大量的化学材料,有机化学正是在这样的社会需要的推动下产生和发展起来的。

1. “生命力”的禁区

18 世纪末,人们发现有些物质在动物和植物中都能存在,于是把存在于生物体的物质统称为“有机物”,矿物质称为“无机物”。

限于当时科学水平,还不能在实验室里从“无机物”制取“有机物”,主要是从动植物中提取有机物。于是便错误地认为有机物只能从动植物有机体中得到,无形中在无机物和有机物之间划了一条不可逾越的鸿沟。

19 世纪初,瑞典化学家贝齐里斯(J. Berzelius)提出“生命力”论,严重的阻碍了有机化学的发展,使人们放弃了人工合成有机物的设想。当时瑞典化学家 J. Berzelius 在研究有机物工作中,遇到许多的困难后,提出只有生物才能制造有机物。因为生物具有一种“生命力”,依靠这种“生命力”,便可以进行那些在实验室内所不能进行的各种化学反应,而且还对有机化学下了一个定义:“有机化学是动植物在存在生命影响下所生成的物质的化学”。这个“生命力”论曾阻碍过有机化学的发展,有机物需要靠神秘的“生命力”在活体内才能制造,决不能在实验室中用化学方法从无机物制备。这种思想曾一度牢固地统治着有机化学界。于是有机化学中的“有机”二字便由此产生。

1

2."生命力"论的破除

1828 年,德国化学家维勒(F. Wöhler),冲破了"生命力"论的束缚,在实验室将无机物氰酸铵溶液蒸发得到有机物尿素。

$$NH_4CNO \rightarrow (NH_2)_2CO$$

维勒的这一成果并没有立即得到同行们的承认,但合成尿素的成功,直接地冲击了"生命力"论,从而敲响了"生命力"论的丧钟,在有机物和无机物之间的界限上打开了一个缺口。尿素的合成,启发了许多化学家,继维勒工作之后,更多的有机物合成成功。1845 年,德国的柯尔柏(H. Kolnbe)合成了醋酸。1854 年,法国的柏塞罗(M. Bevthlot)合成了油脂。

这样,有机化学进入了合成的时代。随着有机合成的迅速发展,积累了大量的实验资料,人们愈来愈清楚地知道,在有机物与无机物之间并没有一个绝对的界限,它们遵循着共同的变化规律,但在组成上和性质上这两类物质的确存在着某些不同之处。

3. 碳的立体化学

有机化学进入了合成时代后,发展很快,积累了很多有机物。为了深入研究有机化合物,就需要进行分子结构的研究。

1858 年,德国化学家凯库勒(A. Kekule)和英国化学家库帕,提出了有机化合物分子中碳原子是四价的概念。有机化学从 19 世纪前的无维概念经过了 19 世纪早期的一维概念而发展到了二维概念。这一概念构成了有机物经典结构理论的核心。

1861 年,俄国化学家布特列洛夫,运用了碳四价的概念,首次提出了化学结构的概念。认为结构是原子在分子中结合的序列,绝大多数有机物具有固定的结构,而结构决定了化合物的物理特征和反应行为。

1865 年,凯库勒提出了苯的结构。1874 年,荷兰化学家范荷夫和法国化学家勒贝,建立了分子的立体概念,说明了对映体和几何异构现象。

4. 20 世纪的发展

20 世纪初,在物理学一系列新发现的推动下,提出了电子成对的化学键的价键观点。20 世纪 30 年代,量子力学原理和方法引入化学领域后,建立了量子化学,使化学键的观点获得了理论基础,阐明了化学键的微观本质,从而出现了电子效应、立体效应等理论。20 世纪 60 年代起,由于各波段各种分子光谱的应用,对分子结构的测定提供了有力的手段,对共轭体系总结出了分子轨道对称守恒原理,使有机化学发展到了一个重要的阶段。

1965 年,中国科学院上海生物化学研究所在王应睐所长的组织领导下,与北京大学和中国科学院上海有机化学研究所的科学家通力合作,历时七年多,于 1965 年 9 月,在世界上第一次用人工的方法合成出具有生物活性的蛋白质——结晶牛胰岛素。这标志着人类在认识生命、探索生命奥秘的征途上迈出了重要的一步。同年,由美国科学家测定了由 76 个核苷酸组成的酵母丙氨酸转移核糖核酸的一级结构。

1981 年,我国科学家终于完成了酵母丙氨酸转移核糖核酸的人工全合成,这标志着我国在该领域进入了世界领先行列。

近些年每年出现的新化合物在 15 万种以上,这个数字是惊人的。结构的测定、分析、合成等使有机化学的复杂性上升到了一个新的高度。经过最近 200 年的发展过程,有机化学犹如从脆弱的婴儿成长为成熟而健壮的巨人。

1.1.2 有机化合物与有机化学

有机化合物,简称"有机物",最初是从有生机之物——动植物有机体中得到的物质,故命名为"有机物"。随着科学的发展,越来越多的由生物体中取得的有机物,可以用人工的方法来合成,而无需借助生命体,但"有机"这个名称仍被保留了下来。由于有机化合物数目繁多,且在性质和结构上又有许多共同特点,使其逐渐发展成为一门独立的学科。

有机化合物在结构上的共同点是:它们都含有碳原子,因此,有机化合物被定义为"碳化合物",有机化学即是研究碳化合物的化学。但有机化合物中,除了碳,绝大多数还含有氢,且许多有机物分子中还常含有氧、氮、硫、卤素等其他元素,因此,更确切地说,有机化合物是碳氢化合物及其衍生物,有机化学是研究碳氢化合物及其衍生物的化学。

有机化合物的天然来源有石油、天然气、煤和农副产品,其中最重要的是石油。

①石油。石油是从地底下开采出来的深褐色黏稠液体,也称原油。其主要成分是烃类,包括烷烃、环烷烃、芳烃等,此外还含有少量烃的氧、氮、硫等衍生物。原油的组成复杂,因产地不同或油层不同而有所差别。

石油是工业的血液,是现代工业文明的基础,是人类赖以生存与发展的重要能源之一。原油通常不能直接使用,经过常压或减压分馏,可以得到不同沸点范围的多种产品,由这些产品经进一步加工,可制备一系列重要的化工原料,以满足橡胶、塑料、纤维、染料、医药、农药等不同行业的需要。

②天然气。天然气是蕴藏在地层内的可燃性气体,其主要成分是甲烷。根据甲烷含量的不同,可分为干气和湿气两类。干气甲烷的含量为 $86\%\sim99\%$(体积分数);湿气除含 $60\%\sim70\%$(体积分数)的甲烷外,还含有乙烷、丙烷和丁烷等低级烷烃以及少量氮、氩、硫化氢、二氧化碳等杂质。

③煤。煤是埋藏在地底下的可燃性固体。通过对煤的干馏,即将煤在隔绝空气的条件下加热到 $950℃\sim1050℃$,就可得到焦炭、煤焦油和焦炉气。由煤焦油可以制得苯、二甲苯、联苯、酚类、萘、蒽等多种芳香族化合物及沥青。焦炉气的主要成分是甲烷、一氧化碳和氢气,还含有少量苯、甲苯和二甲苯。焦炭可用于钢铁冶炼和金属铸造及生产电石。

④农副产品。许多农副产品是制备有机化合物的原料。如淀粉发酵可制乙醇;玉米芯、谷糠可制糠醛;从植物中可提取天然色素和香精;由天然植物经过加工可制得中成药;从动物内脏可提取激素;用动物的毛发可制取胱氨酸等。

从长远来看,农副产品是取之不尽的资源。我国农产品极其丰富,因地制宜综合利用农副产品,必将使天然有机化合物的提取大有可为。

随着社会的不断发展,有机化学已呈现出新的发展趋势,具体如下。

①建立在现代物理学和物理化学基础上的物理有机化学,可定量地研究有机化合物的结构、反应活性和反应机理,这不仅指导了有机合成化学,而且对生命科学的发展也有重大意义。

②有机合成化学在高选择性反应方面的研究,特别是不对称催化方法的发展,使得更多具有高生理活性、结构新颖分子的合成成为可能。

③金属有机化学和元素有机化学的丰富,为有机合成化学提供了高选择性的反应试剂和催化剂及各种特殊材料和加工方法。

④近年来,计算机技术的引入,使有机化学在结构测定、分子设计和合成设计上如虎添翼,发

展更为迅速。

此外,组合化学的发展不仅为有机化学提出了一个新的研究内容,也使高能量的自动化合成成为现实。

有机化学从它的诞生之日起就是为人类合成新物质服务的,如今由化学家们合成并设计的数百万种有机化合物,已渗透到了人类生活的各个领域。在对重要的天然产物和生命基础物质的研究中,有机化学取得了丰硕的成果。

①维生素、抗生素、甾体和萜类化合物、生物碱、糖类、肽、核苷等的发现、结构测定和合成,为医药卫生事业提供了有效的武器。

②高效低毒农药、动植物生长调节剂和昆虫信息物质的研究和开发,为农业的发展提供了重要的保证。

③自由基化学和金属有机化学的发展,促使了高分子材料特别是新的功能材料的出现。

④有机化学在蛋白质和核酸的组成与结构的研究、序列测定方法的建立、合成方法的创建等方面的成就为生物学的发展奠定了基础。

1.2 有机化合物的特点

1.2.1 有机化合物在性质上的特点

有机化合物与无机化合物之间,没有绝对的界限,两者可以互相联系、互相转化。由于碳原子在元素周期表中的特殊位置,决定了有机化合物具有一些特性。碳元素位于元素周期表的第二周期第四主族,碳原子的最外层有 4 个电子,不容易失去或得到 4 个电子,形成离子键,而往往是通过共用电子对形成共价键,与其他元素的原子结合形成化合物。碳元素作为有机化合物的主要元素,由于碳原子的成键特性,使有机化合物表现出一些不同于无机化合物的特性。大多数有机化合物具有以下特性。

1. 易燃烧

除少数有机化合物外,一般的有机化合物都容易燃烧。有机化合物燃烧时生成二氧化碳、水和分子中所含碳氢元素以外的其他元素的氧化物。可根据生成物的组成和数量来进行元素的定性和定量分析。无机化合物一般不燃烧,可以利用这一性质来区别无机物和有机物。

2. 熔点、沸点较低

有机化合物的熔点一般在 400℃以下,沸点也较低,这是因为有机化合物分子是共价分子,分子间是以范德华力结合而成的,破坏这种晶体所需的能量较少。也正因为如此,许多有机化合物在常温下是气体、液体。而无机化合物通常是由离子键形成的离子晶体,破坏这种静电引力所需的能量较高,所以无机化合物的熔点、沸点一般也较高。例如,苯酚的熔点为 43℃,沸点为 182℃;氯化钠的熔点为 801℃,沸点为 1413℃。

3. 难溶于水

有机化合物一般难溶于水而易溶于有机溶剂。这是因为有机化合物大多是非极性或弱极性分子,根据"相似相溶"原则,有机化合物易溶于非极性或弱极性的有机溶剂,如四氯化碳、苯、乙醚等,而难溶于极性溶剂水中。

4. 反应速率慢,反应复杂,常有副反应发生

有机化合物分子中的共价键,在进行反应时不像无机化合物分子中的离子键那样容易解离成离子,因此反应速率比无机化合物慢。有机化合物进行反应时,通常需要用加热、搅拌或使用催化剂等方法来加快反应速率。有机化合物进行反应时,由于键的断裂可以发生在不同的部位,因而有机化合物的反应可能不止是一个部位的参加反应,而是多部位参加的反应,常伴有副反应发生,反应产物为多种生成物的混合物。

1.2.2 有机化合物在结构上的特点

1. 碳原子是四价的

碳元素是形成有机化合物的主体元素,它位于元素周期表的第二周期第ⅣA族。碳原子的最外层有 4 个电子,可与其他原子形成 4 个化学键,所以说,碳原子是四价的。

2. 分异构现象

在有机化合物中,同一分子式可以代表原子间几种不同的排列次序和连接方式的几种不同物质。如分子式 C_2H_6O 可以代表以下两种化合物:

$$CH_3CH_2—OH \qquad\qquad CH_3—O—CH_3$$
$$乙醇 \qquad\qquad\qquad 二甲醚$$

这种分子式相同而构造式不同的化合物称为同分异构体,这种现象称为同分异构现象。

3. 原子与其他原子以共价键结合

由于碳元素在周期表中的特殊位置,使它的原子既不容易得电子,也不容易失电子,即不易形成离子键。碳原子是以共用电子对的形式与其他原子形成分子的,形成的这种键称为共价键。碳原子可以与其他原子相结合,也可以自身相结合。碳原子间的连接方式可以是链状,也可以是环状。通过共用电子对形成共价键时,可以共用一对、两对或三对电子,分别称为单键、双键或三键结合。如:

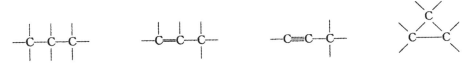

4. 分子中的原子按一定的次序和方式相连接

有机化合物分子中的原子是按一定的顺序和方式相连接的。分子中原子间的相互连接方式和排列顺序叫做分子的构造,表示分子构造的式子叫构造式。

5. 机化合物构造式的表示方法

有机化合物构造式的表示方法常用的有 3 种:价键式、缩简式、键线式。

价键式是用短线代表共价键,并完整地表示出价键上原子的连接情况。"—"、"="、"≡"分别代表共价单键、双键和三键。有时,为了书写方便,在不引起理解错误的情况下,可省略一些代表单键的短线,并将同一碳原子上相同的原子合并,以阿拉伯数字表示相同原子的数目,这就是缩简式,或称结构简式。键线式是不写出碳原子和氢原子,仅用短线代表碳碳键,短线的连接点和端点代表碳原子。如丁烷有以下几种表示方法:

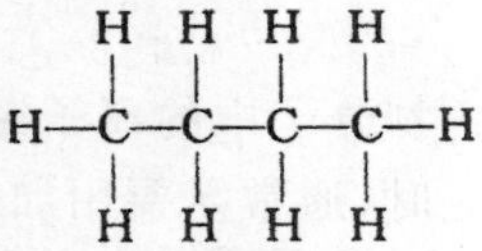

$$H-\overset{\displaystyle H}{\underset{\displaystyle H}{C}}-\overset{\displaystyle H}{\underset{\displaystyle H}{C}}-\overset{\displaystyle H}{\underset{\displaystyle H}{C}}-\overset{\displaystyle H}{\underset{\displaystyle H}{C}}-H$$

价键式　　　　　　　　　　　　　$CH_3CH_2CH_2CH_3$　　　　　　　　　　　　缩简式　　　　　　　　　　　　键线式

1.2.3　有机化合物中的共价键

物质的性质取决于物质的结构,在有机化合物的结构中,普遍存在着共价键。

1. 共价键的本质

现代价键理论认为:共价键是由成键的两个原子间自旋方向相反的未成对电子所处的原子轨道的重叠或电子云的交盖而形成的。即当两个含有自旋相反的未成对原子相互接近到一定距离时,不仅受自身原子核的吸引,同时也受另一原子核的吸引,使得相互配对的电子均可出现在两个原子轨道上,同时这两个原子轨道相互重叠,重叠的程度越大,核间排斥力越小,系统能量越低,形成的共价键越稳定。

一般来说,原子核外未成对的电子数就是该原子可能形成的共价键的数目。例如,氢原子外层只有 1 个未成对电子,所以它只能与另 1 个氢原子或其他一价的原子结合形成双原子分子,而不能再与第 2 个原子结合,这就是共价键的饱和性。

而共价键又是由参与成键原子的原子轨道的最大重叠而形成的,根据这一原理,共价键形成时将尽可能采取轨道最大重叠方向,这就是共价键的方向性。

共价键的饱和性和方向性决定了每一个有机分子都是由一定数目的某几种元素的原子按特定的方式结合而成的,这使得每个有机物分子都有特定的大小及立体形状。

2. 共价键的基本属性

共价键的属性可通过键长、键角、键能以及键的极性等物理量表示。

(1)键长

键长是指成键两原子的原子核间的距离。它除了与组成键的两个原子种类有关外,还与原子轨道的重叠程度有关,重叠程度越大,键长越短。键长越长,也越易受外界影响而发生极化,易发生化学反应。

(2)键角

键角是指二价以上的原子与其他原子所形成的共价键之间的夹角。它是有机化合物分子空间结构和某些物理性质的重要因素。如甲烷分子中 4 个 CH 键间的键角都是 109.5°,所以甲烷分子是正四面体。

(3)键能

共价键的形成或断裂都伴随着能量的变化。原子成键时需释放能量使体系的能量降低,断键时则必须从外界吸收能量。气态原子 A 和气态原子 B 结合成气态 A—B 分子所放出的能量,也就是 A—B 分子(气态)离解为 A 和 B 两个原子(气态)时所需吸收的能量,这个能量叫做键能。1 个共价键离解所需的能量也叫离解能。但应注意,对多原子分子来说,即使是一个分子中同一类型的共价键,这些键的离解能也是不同的。

所谓离解能指的是离解特定共价键的键能,而键能则泛指多原子分子中几个同类型键的离解能的平均值。键能是化学强度的主要标志之一,在一定程度上反映了键的稳定性,在相同类型的键中,键能越大,键越稳定。

（4）键的极性

由于形成共价键原子的电负性差别,使共价键有极性和非极性之分。相同元素的原子间形成的共价键为非极性共价键;不同元素的原子间形成的共价键为极性共价键。共用电子对偏向于电负性较大的元素的原子,而使其显部分负电性,另一电负性较小的元素原子显部分正电性。

可以用 δ^+ 表示正电性,δ^- 表示负电性,用→表示其方向,箭头指向负电中心。例如:

$$\overset{\delta^+}{H} \rightarrow \overset{\delta^-}{Cl} \qquad \overset{\delta^+}{H_3C} \rightarrow \overset{\delta^-}{Cl}$$

3. 共价键的断裂方式和有机反应类型

有机反应总是伴随着旧键的断裂和新键的生成,按照共价键断裂的方式可将有机反应分为相应的类型。共价键的断裂主要有两种方式,下面以碳与另一非碳原子之间共价键的断裂说明这一问题。

一种方式称为共价键的均裂,是成键的一对电子平均分给两个原子或基团。

$$C:Z \xrightarrow{\text{均裂}} C\cdot + Z\cdot$$

均裂生成的带单电子的原子或基团称为自由基或游离基,如 $\cdot CH_3$ 叫甲基自由基。常用 $R\cdot$ 表示烷基自由基。

共价键经均裂而发生的反应叫自由基反应。这类反应一般在光和热的作用下进行。

另一种方式称为共价键的异裂,是共用的 1 对电子完全转移到其中的 1 个原子上。

$$C:Z \xrightarrow{\text{异裂}} \begin{array}{l} \rightarrow C^+ + :Z^- \\ \text{碳正离子} \\ \rightarrow :C^- + Z^+ \\ \text{碳负离子} \end{array}$$

异裂生成了正离子或负离子,如 CH_3^+ 甲基碳正离子,CH_3^- 叫甲基碳负离子。常用 R^+ 表示碳正离子,R^- 表示碳负离子。

共价键经异裂而发生的反应叫离子型反应。这类反应一般在酸、碱或极性物质（包括极性溶剂）催化下进行。

1.2.4 有机反应中的酸碱理论

1. 布朗斯特酸碱概念和路易斯酸碱概念

布朗斯特酸碱理论认为:凡是能给出质子的叫做酸,凡是能接受质子的叫做碱。例如:

$$\underset{\text{酸}}{HCl} + \underset{\text{碱}}{H_2O} \rightleftharpoons \underset{\text{酸}}{H_3^+O} + \underset{\text{碱}}{Cl^-} \qquad \underset{\text{酸}}{H_2SO_4} + \underset{\text{碱}}{CH_3OH} \rightleftharpoons \underset{\text{酸}}{CH_3OH_2^+} + \underset{\text{碱}}{HSO_4^-}$$

从上两式可以看出,1 个酸给出质子后即变为碱,这个碱称为原来酸的共轭碱;反之,1 个碱与质子结合后即变为酸,这个酸称为原来碱的共轭酸。

路易斯酸碱理论认为:凡是能接受外来电子对的叫做酸,凡是能给予电子对的叫做碱。例如:

$$H^+ \ + \ :Cl^- \longrightarrow HCl \qquad\qquad :Cl^- \ + \ AlCl_3 \longrightarrow AlCl_4^-$$

路易斯酸　　路易斯碱　　　　　　路易斯碱　　　路易斯酸

路易斯酸能接受外来电子对,它们具有亲电性,常作为亲电试剂;路易斯碱能给出电子对,它们具有亲核性,常作为亲核试剂。

按以上两种酸碱概念,布朗斯特定义的碱也是路易斯定义的碱,布朗斯特酸和路易斯酸略有不同。例如质子 H^+,按布朗斯特定义它不是酸,按路易斯定义它因能接受外来电子对而是酸。又如 HCl、H_2SO_4 等,按布朗斯特定义它们都是酸,按路易斯定义它们只有所给出的质子是酸,而本身不是酸。

2. 酸碱的强弱与酸碱反应

有机化学中所说的酸碱强弱,一般指布朗斯特酸所给出质子能力的强弱,其大小可在多种溶剂中测定,但最常用的是在水溶液中,通过酸碱反应的平衡常数来描述。

$$HA + H_2O \Longrightarrow H_3^+O + A^-$$

酸性强度常用 pK_a 表示,$pK_a = -\lg K_a$。强酸具有较低的 pK_a,弱酸具有较高的 pK_a。

同理,碱的反应可表示为:

$$B^- + H_2O \Longrightarrow BH + OH^-$$

$$K_b = \frac{c(BH)c(OH^-)}{c(B^-)}$$

碱性强度常用 pK_b 表示,$pK_b = -\lg K_b$。强碱具有较低的 pK_b,弱碱具有较高的 pK_b。但有机碱也常用它的共轭酸的 pK_a 值来表示碱性的强弱,一种酸的酸性越强,其共轭碱的碱性越弱;反之,酸的酸性越弱,其共轭碱的碱性越强。

1.3　有机化合物的分类

现已知的有机化合物已达 1000 万种以上,对数目如此巨大的化合物,进行学习和了解,并非易事。为此有必要将它们或按碳架结构、或按官能团、或按性质进行分类。

1. 按碳架结构分类

目前所涉及的有机化合物均是以碳元素为主体,因此按碳架结构的分类是十分重要的。分子中的碳原子可以通过碳碳、碳氮、碳氧之间的连接来形成碳骨架。当然,在连接的过程中将按照它们各自的化合价进行。碳架可以根据其不同的连接方式所构成的形状分为如下两大类。

（1）链状碳架

由于有机分子是以碳原子为主体。碳碳间的连接就成为分子的骨架,它们又可以分为饱和碳链和不饱和碳链。

①饱和碳链。分子中各个碳原子均以单键相连。所剩下的价键则与氢原子或其他元素结合,由此形成一系列的饱和碳氢化合物及其衍生物。例如:

当碳原子数超过四个时,就可形成叉链或支链,见上式。

②不饱和碳链。若两个碳原子以两个价键或三个价键相结合,则将形成双键和三键。例如:

(2)环状碳架

分子两端的碳原子再各以一个价键相连接,此时就形成了各种形状的环,它可以分成三大类。

①单环碳架。单环碳架包括三角形、四边形、五边形、六边形以及由七个以上碳原子所形成的大环化合物。当然,它们可以是饱和的或不饱和的,见下列各式。

②稠环碳架。两个以上的环稠合在一起所形成的碳架,它们可以由四元环与五元环,也可以由四元环与六元环,六元环与六元环之间稠合,还可以是三个以上环之间的稠合。稠合碳架也存在饱和的与不饱和的化合物。具体例子见下列各式。

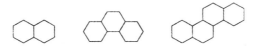

③杂环碳架。若有其他元素的原子参与成环,则此类环就称作杂环。它们也同样存在单环和稠环,也有饱和的和不饱和的化合物。具体例子见下列各式。

2. 按官能团分类

官能团是指决定有机物化学性质的原子或由数个原子组成的一种基团,当分子中含有此基团时,该分子就具有此基团所特有的一些理化性质。例如羧基,若分子中有此基团存在时,就显示酸性,与醇类作用能生成酯,与碱作用则生成盐。又如羰基,凡含有此基团的分子均具有其特有的沉淀反应、呈色反应、氧化还原反应等特性。所以按官能团分类便于人们学习了解有机化学。现将常见的官能团列表于下,见表1-1。

表 1-1 常见的有机化合物官能团及有关的化合物

有机化合物类别	官能团	官能团名称	化合物举例
烯烃	$\rangle C = C \langle$	碳碳双键	$H_2C = CH_2$ 乙烯
炔烃	$-C \equiv C-$	碳碳三键	$H-C \equiv C-H$ 乙炔
卤代烃	$-X(Cl, Br, I)$	卤素	CH_3CH_2-Cl 氯乙烷 CH_3CH_2-OH 乙醇

有机化合物类别	官能团	官能团名称	化合物举例
醇、酚	—OH	羟基	⬡—OH 苯酚
醚	—C—O—C—	醚键	$CH_3CH_2—O—CH_2CH_3$ 乙醚
醛、酮	$>C=O$	羰基	$CH_3—\overset{O}{C}—H$ 乙醛 $CH_3—\overset{O}{C}—CH_3$ 丙酮
羧酸	$—\overset{OH}{\underset{}{C}}=O$	羧基	$CH_3—\overset{O}{C}—OH$ 乙酸
硝基化合物	$—NO_2$	硝基	⬡—NO_2 硝基苯
胺	$—NH_2$	氨基	$CH_3CH_2—NH_2$ 乙胺
偶氮化合物	$—N=N—$	偶氮基	$C_6H_5—N=N—C_6H_5$ 偶氮苯
腈	$—C≡N$	氰基	$CH_3—C≡N$ 乙腈
硫醇	—SH	巯基	$CH_3CH_2—SH$ 乙硫醇
磺酸	$—SO_3H$	磺酸基	⬡—SO_3H 苯磺酸

第2章 链 烃

2.1 概 述

分子中只有 C、H 两种元素的有机化合物称为烃,也称碳氢化合物。烃是最基本的有机化合物,基础原料,广泛存在于自然界中,特别是在石油和动植物体内。烃的种类非常多,结构已知的烃有 2000 种以上,是有机化合物的母体,其他各类有机化合物可以看作是烃分子中一个或多个氢原子被其他元素的原子或原子团取代而生成的衍生物。

按照分子中碳原子连接方式的不同,烃可以分为以下几种,如图 2-1 所示。

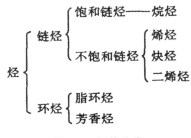

图 2-1 烃的分类

链烃是指分子中碳原子相互联接成链状(无环状结构)的烃,也称开链烃。由于长链状化合物最初是在油脂中发现的,脂肪是链烃的衍生物,研究得较早,链烃又被称为脂链烃或脂肪烃。链烃的衍生物统称为脂肪族化合物。链烃根据分子中所含碳、氢原子的比例不同,链烃分为饱和链烃即烷烃和不饱和链烃,如烯烃、炔烃等。

(1)饱和烃

饱和烃又称烷烃,它是分子中碳碳间均以单链(C—C)相连,而其余价键均为氢原子所饱和的开链烃,又称石蜡烃,其通式为 C_nH_{2n+2}。

(2)不饱和烃

在开链烃分子中,碳原子之间具有双键或叁键的碳氢化合物称不饱和烃。它们又分为:

①烯烃,含一个双键的不饱和烃称为烯烃,其通式为 CH_2。

如:

$$CH_2{=}CH_2 \quad 乙烯$$
$$CH_2{=}CH{-}CH_3 \quad 丙烯$$

②炔烃,含有叁键的不饱和烃称为炔烃。它们比相应的烷烃少四个氢原子,因此它们的通式为 C_nH_{2n-2}

如:

$$CH{\equiv}CH \quad 乙炔$$
$$CH{\equiv}C{-}CH_3 \quad 丙炔$$

③二烯烃,含有两个双键的不饱和烃称为二烯烃。

分子中含有两个碳—碳双键的化合物称为二烯烃或双烯烃,通式是 C_nH_{2n-2},与炔烃的通式相同,因此碳原子相同的二烯烃与炔烃互为同分异构体。这类异构体的差别是分子中所含的官能团不同,故称为官能团异构。

二烯烃的性质与分子中两个双键的相对位置有密切的关系,可以根据两个双键的相对位置,把二烯烃分为三类。

- 累积二烯烃:$CH_2{=}C{=}CH_2$
- 共轭二烯烃:$CH_2{=}CH{-}CH{=}CH_2$
- 孤立二烯烃:$CH_2{=}CH{-}CH_2CH_2{-}CH{=}CH_2$

孤立二烯烃的性质与单烯烃相似;累积二烯烃的数量少,且实际应用不多(虽然近年来越来越引起化学家们的兴趣)。共轭二烯烃是很重要的,在理论和实际应用上很重要,这类化合物的物理、化学性质与其他两种不同,分子中的两个双键关系密切,彼此相互影响,形成了一个新的、富有特色的体系,表现出特有的性能。

为了更好地掌握烷烃、烯烃、炔烃相关知识,此节先了解下原子轨道杂化理论。

鲍林(Pauling)提出的原子轨道杂化理论中认为在有机化合物中,碳原子的杂化方式主要有三种:sp、sp^2、sp^3 杂化。

(1)sp^3 杂化轨道

碳原子在基态时的电子构型为 $1s^2 2s^2 2p_x^2 2p_y^1 2p_z^0$。在成键过程中,碳的 2s 轨道有一个电子被激发到 $2p_z$ 轨道,成为 $1s^2 2s^1 2p_x^2 2p_y^1 2p_z^1$ 激发态。价层的 3 个 2p 轨道与 1 个 2s 轨道重新组合,组成 4 个能量、状态完全相同的 sp^3 杂化轨道,这 4 个 sp^3 杂化轨道之间的夹角为 $109°28'$,形成正四面体构型。具体如图 2-2 和图 2-5 所示。

(2)sp^2 杂化轨道

碳原子在激发态,价层的 2 个 2p 轨道与 1 个 2s 轨道重新组合,组成 3 个能量、状态完全相同的 sp^2 杂化轨道,这 3 个 sp^2 杂化轨道之间的夹角为 $120°$,形成平面正三角形构型。还有 1 个 p 轨道没有参与杂化。如图 2-3 和图 2-6。

(3)sp 杂化轨道

碳原子在激发态,价层的 1 个 2p 轨道与 1 个 2s 轨道重新组合,组成 2 个能量、状态完全相同的 sp 杂化轨道,这 2 个 sp 杂化轨道之间的夹角为 $180°$,形成直线形构型。还有 2 个 p 轨道没有参与杂化。如图 2-4 和图 2-7。

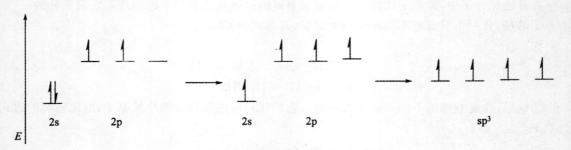

图 2-2　碳原子 2s 电子激发和 sp^3 杂化

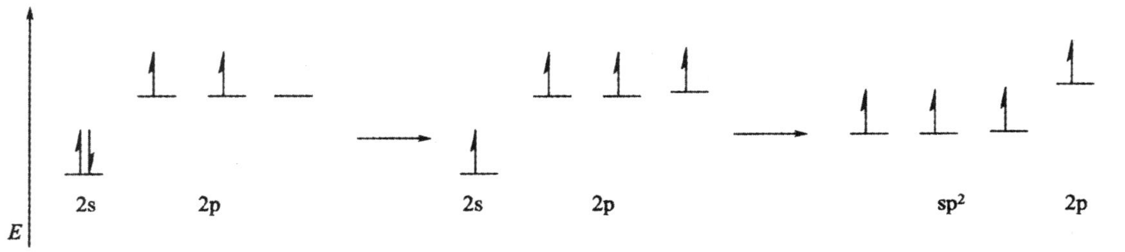

图 2-3　碳原子 2s 电子激发和 sp² 杂化

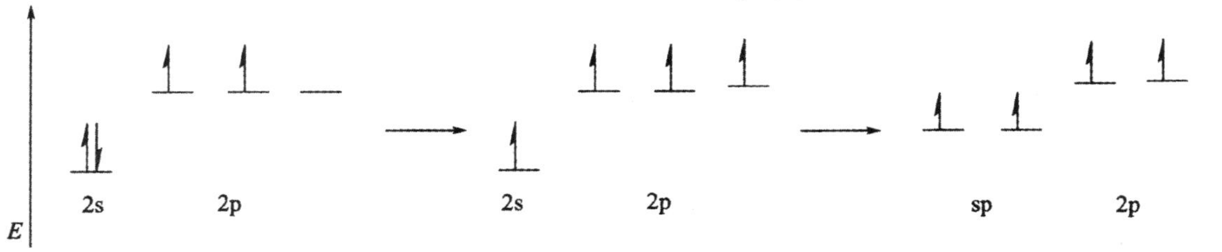

图 2-4　碳原子 2s 电子激发和 sp 杂化

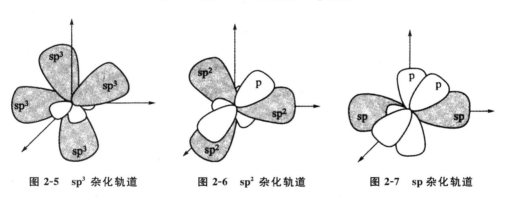

图 2-5　sp³ 杂化轨道　　　图 2-6　sp² 杂化轨道　　　图 2-7　sp 杂化轨道

价键法是总结了很多化合物的性质、反应,同时又运用量子力学对原子及分子的研究成果而发展起来的。在认识化合物的结构与性能的关系上起了指导作用,对问题的说明比较形象、明了并易于接受。价键法发展较早,但此法的局限性在于它只能用来表示两个原子相互作用而形成的共价键,并对有些双原子分子的一些现象无法解释。例如,按价键法,电子配对后应呈反磁性,而氧分子却具有顺磁性;又如对有机共轭分子中,单、双键交替出现的多原子形成的共价键也无法表示。这种情况下,分子轨道法受到重视而得到发展,对上述问题有比较满意的解释。

2.2　烷　烃

2.2.1　烷烃的结构

1. 烷烃结构

甲烷 CH_4 是最简单的烷烃。用物理方法测得甲烷分子为一正四面体结构,如图 2-8 所示,碳原子居于正四面体的中心,和碳原子相连的 4 个氢原子居于四面体的 4 个角上,4 个 C—H 键的键长都为 0.110nm,所有 C—H 键的键角都是 109.5°。

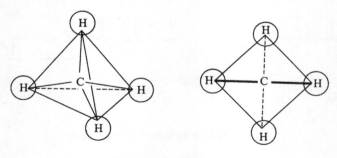

图 2-8　甲烷结构

甲烷的结构可用杂化轨道理论解释,当 4 个氢原子分别沿着 sp³ 杂化轨道对称轴方向接近碳原子时,氢原子的 1s 轨道可以与碳原子的 sp³ 杂化轨道进行最大程度的重叠,形成 4 个等同的 C—H 键,且C—H 键的键角为 109.5°,如图 2-9 所示为甲烷的结构和σ 键。

甲烷分子中的碳氢键是氢原子的 s 轨道和碳原子的sp³ 杂化轨道沿着键轴方向进行头碰头重叠而形成的,成键的电子云分布呈圆柱形的轴对称。凡是成键电子云对键轴呈圆柱形对称的键都称为σ键。σ 键在成键轨道方向上的交盖程度较大,σ 键可以沿键轴自由旋转,键能较大,可极化性较小,是较为稳定的共价键。

其他烷烃分子中的碳原子与甲烷分子中的碳原子相同,在未成键前均采取具有正四面体结构的 sp³ 杂化,夹角为 109.5°,然后 sp³ 杂化轨道与其他原子形成 σ 键。因

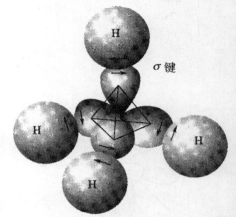

图 2-9　甲烷的结构和 σ 键

此,烷烃分子中所有的 C—C 键、C—H 键均为稳定的 σ 键。且由于烷烃分子中的碳原子为 sp³杂化,四面体结构决定了碳链的排布不会在一条直线上,而是在空间呈现曲折的排布。

2. 烷烃的构象

烷烃分子中的碳原子可以绕 C—C 键进行自由旋转,这就使得一个碳原子上的 3 个氢原子与另一个碳上的氢原子在空间的相对位置发生变化,产生不同构象的分子。

(1)乙烷的构象

乙烷分子的构象可见图 2-10 所示,C—C 键连接两个三角。由于 C—C 单键可自由旋转,通常为了便于观察,会使一个甲基固定不动,另一个甲基绕 C—C 键轴转动,则分子中氢原子在空间的排列形式将不断改变。这种由于原子或原子团绕单键旋转而产生的分子中各原子或原子团的不同的空间排布,称为构象。乙烷分子最典型的两种构象是交叉式和重叠式,可用三种最常使用的投影式表示。

纽曼(Newman)投影式在研究构象上非常有用。从上面投影式可以看出:(Ⅰ)式中两组氢原子处于交错的位置,这种构象称为交叉式。在交叉式构象中,两个碳原子上两组氢原子相距最远,相互间的排斥力最小,因而分子的热力学能最低,是较稳定的构象。(Ⅱ)式中两组氢原子相互重叠,这种构象称为重叠式。在重叠式构象中两个碳原子上的氢原子两两相对,距离最近,由

于它们的空间相互作用,分子的热力学能最高,也就是最不稳定。交叉式与重叠式是乙烷的两种极端构象。介于返两者之间还可以有无数种构象,称为扭曲式(skewed)。

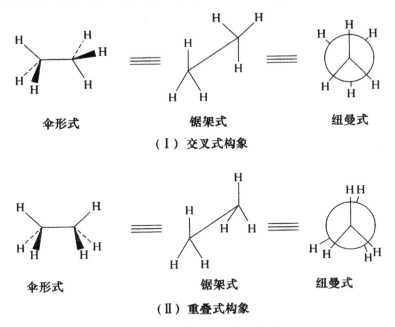

伞形式　　　　　　　　锯架式　　　　　　　　纽曼式

（Ⅰ）交叉式构象

伞形式　　　　　　　　锯架式　　　　　　　　纽曼式

（Ⅱ）重叠式构象

图 2-10　乙烷不同构象的三种表示方法

图 2-11 所示为当绕 C—C 单键旋转时,乙烷分子各种构象的能量关系。图中曲线上任意一点代表一种构象对应的能量。位于曲线中最低的一点即谷底,能量最低,它所代表的构象最稳定(交叉式)。只要稍离开谷底一点,就意味着能量的升高,分子的构象就变得不稳定一些。这种不稳定性使分子中产生一种"张力",这种张力是由于键的扭转要恢复最稳定的交叉式构象而引起的,通常称为扭转张力。交叉式与重叠式的能量虽然不同,但能量差不太大,约为 $12kJ \cdot mol^{-1}$,也就是说,由交叉式转变为重叠式只需吸收 $12kJ \cdot mol^{-1}$ 的能量即可完成。而室温时分子的热运动即可产生 $83.6\ kJ \cdot mol^{-1}$ 的能量,所以在常温下乙烷的各种构象之间迅速互变。乙烷分子在某一构象停留的时间(寿命)很短($<10^{-6}s$),因此不能把某一构象"分离"出来。

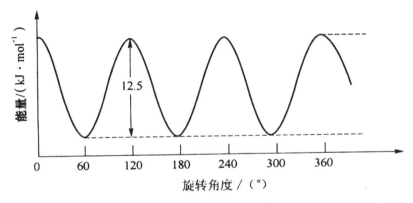

图 2-11　乙烷分子各种构象的能量关系

　　从乙烷分子构象的分析中知道,由于不同构象的热力学能不同,要想彼此互变,必须越过一定的能垒才能完成。因此,单键的自由旋转并不是完全自由的。

　　(2)正丁烷的构象

　　丁烷分子可以看作乙烷的二甲基衍生物。如图 2-12 所示,当绕 $\sigma C_2 - C_3$ 键轴旋转时,情况较乙烷要复杂,用纽曼投影式可表示四个典型构象表示。

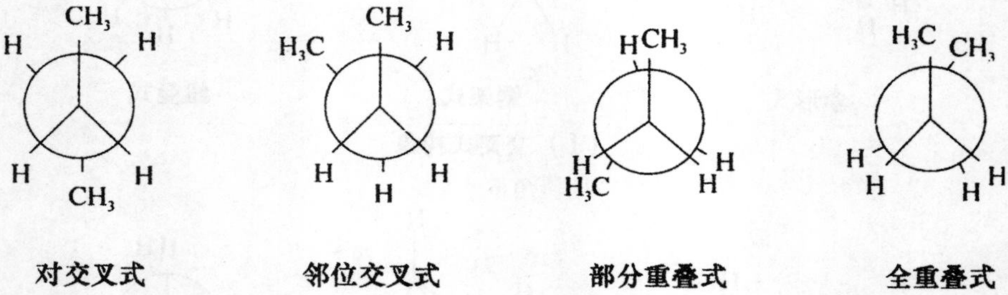

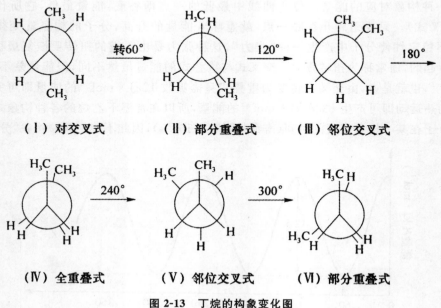

| 对交叉式 | 邻位交叉式 | 部分重叠式 | 全重叠式 |

图 2-12　丁烷的构象

　　丁烷分子随着绕 C_2-C_3 键轴旋转,它的构象变化情况如图 2-13 所示,而由图 2-14 可知,能量最低的构象为(Ⅰ)对交叉式,能量最高的构象为(Ⅳ)全重叠式。从能量上看,(Ⅱ)与(Ⅵ)相同,(Ⅲ)与(Ⅴ)相同。所以,四种典型的构象能量高低顺序:对(加位)交叉式<邻位交叉式<部分重叠式<全重叠式,它们的稳定性顺序正好相反。

　　脂肪族化合物的构象都与正丁烷的构象相似,占优势的构象通常是全交叉式,即分子中两个最大的基团处于对位。

（Ⅰ）对交叉式　　（Ⅱ）部分重叠式　　（Ⅲ）邻位交叉式

（Ⅳ）全重叠式　　（Ⅴ）邻位交叉式　　（Ⅵ）部分重叠式

图 2-13　丁烷的构象变化图

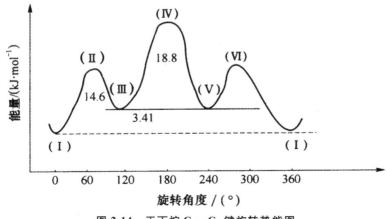

图 2-14 正丁烷 C_2—C_3 键旋转势能图

2.2.2 烷烃的物理性质

有机化合物的物理性质主要包括状态、沸点、熔点、相对密度、折射率和溶解度等。大多数纯物质的物理性质在一定条件下有固定的数值,因此把这些数值称为物理常数。

(1)状态

常温、常压下,含 1~4 个碳原子的直链烷烃为气体,含 5~17 个碳原子的直链烷烃为液体,含 18 个及以上碳原子的直链烷烃为固体。固体烷烃又称石蜡。

(2)沸点

直链烷烃的沸点一般随着相对分子质量的增加而升高,每增加一个 CH_2 所引起的沸点升高是逐渐减小的。支链烷烃的沸点比直链烷烃的低,这是因为沸点的高低与分子间的引力——范德华力有关。烃的碳原子数目越多,分子间的引力就越大。支链增多时,由于支链的位阻作用,使支链烷烃不如直链烷烃分子间排列紧密,分子间的距离增大,分子间的引力减弱,因而沸点降低。

(3)熔点

从 4 个碳原子的烷烃起,烷烃的熔点也随着相对分子质量增加而升高,含偶数碳的烷烃升高得更多些,含奇数个碳原子的烷烃升高得少些,这是由于含偶数个碳原子的分子对称性强,排列紧密,色散力大。这在其他同系列中也有类似情况,具体如图 2-15 和图 2-16 所示。

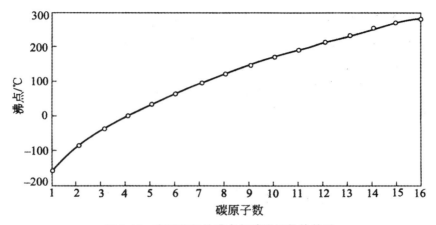

图 2-15 直链烷烃的沸点与碳原子数的关系

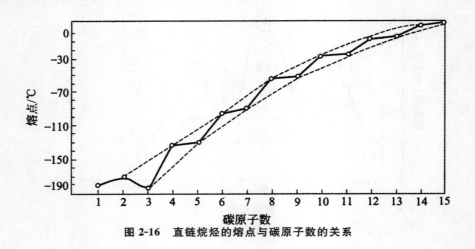

图 2-16　直链烷烃的熔点与碳原子数的关系

（4）相对密度

烷烃的相对密度随相对分子质量增加而增大，最后接近 0.8。

（5）溶解度

烷烃是非极性化合物，不溶于水，易溶于氯仿、四氯化碳、乙醚等有机溶剂中，且在非极性溶剂中的溶解度比在极性溶剂中的溶解度要大，符合"相似相溶"的经验规律。

常见直链烷烃的物理常数见表 2-1。

表 2-1　常见直链烷烃的物理常数

名称	分子式	沸点/℃	熔点/℃	相对密度 d_4^{20}
甲烷	CH_4	−161.7	−182.6	0.424
乙烷	C_2H_6	−88.6	−172.0	0.546
丙烷	C_3H_8	−42.2	−187.1	0.582
丁烷	C_4H_{10}	−0.5	−135.0	0.579
戊烷	C_5H_{12}	36.1	−129.7	0.626
己烷	C_6H_{14}	68.7	−94.0	0.659
庚烷	C_7H_{16}	98.4	−90.5	0.684
辛烷	C_8H_{18}	125.6	−56.8	0.703
壬烷	C_9H_{20}	150.7	−53.7	0.718
癸烷	$C_{10}H_{22}$	174.0	−29.7	0.730
十一烷	$C_{11}H_{24}$	195.8	−25.6	0.740
十二烷	$C_{12}H_{26}$	216.3	−9.6	0.749
十三烷	$C_{13}H_{28}$	230.0	−6.0	0.757
十四烷	$C_{14}H_{30}$	251.0	5.5	0.764
十五烷	$C_{15}H_{32}$	268.0	10.0	0.769

名称	分子式	沸点/℃	熔点/℃	相对密度 d_4^{20}
十六烷	$C_{16}H_{34}$	280.0	18.1	0.775
十七烷	$C_{17}H_{36}$	303.0	22.0	0.777
十八烷	$C_{18}H_{38}$	308.0	28.0	0.777
十九烷	$C_{19}H_{40}$	330.0	32.0	0.778
二十烷	$C_{20}H_{42}$	—	36.4	0.778
三十烷	$C_{30}H_{62}$	—	66.0	—
四十烷	$C_{40}H_{82}$	—	81.0	—

2.2.3 烷烃的取代反应

（1）甲烷的氯代反应

烷烃与氯气在室温和无光照的条件下不发生反应。在强烈的阳光直射下，烷烃与氯气发生剧烈反应，甚至引起爆炸，生成氯化氢和炭黑。如甲烷与氯气的反应。

$$CH_4 + 2Cl_2 \xrightarrow{\text{直射光}} 4HCl + C（炭黑）$$

在漫射光、热或催化剂的作用下，甲烷和氯气可以发生较缓和的反应，甲烷的氢原子被氯原子取代，生成一氯甲烷。但反应难以停留在一氯甲烷的步骤，其他氢原子会被氯原子逐步取代，生成四种氯代产物的混合物。

$$CH_4 \xrightarrow{Cl_2，漫射光} CH_3Cl \xrightarrow{Cl_2，漫射光} CH_2Cl_2 \xrightarrow{Cl_2，漫射光} CHCl_3 \xrightarrow{Cl_2，漫射光} CCl_4$$

一氯甲烷　　　　　二氯甲烷　　　　　三氯甲烷（氯仿）　　四氯化碳

四种氯代甲烷都是常用的溶剂和有机合成的基本原料。在工业生产中常用高温法生产卤代烃。在高温下控制甲烷和氯气的比例，可使某一种氯代产物成为主要产物。例如，在 $400℃\sim500℃$ 下，$n(CH_4):n(Cl_2)=10:1$ 时，主产物为一氯甲烷；$n(CH_4):n(Cl_2)=0.26:1$ 时，主产物为四氯化碳。

（2）其他烷烃的氯代反应

其他烷烃在相似条件下也可以发生氯代反应，但产物更复杂。例如丙烷氯代，可以得到两种一氯代产物。

$$CH_3CH_2CH_3 + Cl_2 \xrightarrow[25℃，CCl_4]{光} CH_3CH_2CH_2Cl + CH_3\underset{\underset{Cl}{|}}{C}HCH_3$$

正丙基氯43%　　　　异丙基氯57%

在丙烷分子中一共有六个 $1°H$，两个 $2°H$，如果从氢原子被取代的几率讲，$1°H$ 和 $2°H$ 被取代几率应为 $3:1$，但实验得到的两种一氯丙烷产物分别为 43% 和 57%，这说明丙烷分子中两类氢的反应活性是不相同的。$1°H$ 和 $2°H$ 的相对反应活性比大致为 $(43/6):(57/2)=1:3.7$。

异丁烷的一氯代反应：

$$CH_3-CH-CH_3 + Cl_2 \xrightarrow{\text{光}} CH_3-CH-CH_2Cl + CH_3-\underset{CH_3}{\overset{CH_3}{C}}-Cl$$

异丁基氯 64%　　　叔丁基氯 36%

在异丁烷分子中有九个 $1°H$ 和一个 $3°H$，$1°H$ 和 $3°H$ 被取代的几率为 $9:1$。而实际上这两种产物分别为 64% 和 36%。$1°H$ 和 $3°H$ 的相对反应活性大致为 $(64/9):(36/1)=1:5.1$。

通过大量烷烃氯代反应的实验表明，烷烃分子中氢原子的活性次序为叔氢＞仲氢＞伯氢。

(3)烷烃与其他卤素的取代反应

烷烃也可以发生溴代反应，条件和氯代反应相似。由于溴代反应活性比氯代小，故反应比较缓慢。但溴代更具有选择性。例如，异丁烷与溴反应，叔氢原子几乎完全被溴取代。

$$CH_3-CH-CH_3 + Br_2 \xrightarrow[127℃]{\text{光}} CH_3-\underset{Br}{\overset{CH_3}{C}}-CH_3 + CH_3-\overset{CH_3}{CH}-CH_2Br$$

99%　　　　　　痕量

溴原子的活性小于氯原子，溴原子只能取代烷烃中较活泼的氢原子（$3°H$ 和 $2°H$）而氯原子有能力夺取烷烃中的各种氢原子。通常反应活性大的，选择性差，反应活性小的，选择性强。因此，溴代反应在有机合成中更有用。

氟很活泼，故烷烃与氟反应非常剧烈并放出大量热，不易控制，甚至会引起爆炸，往往采用惰性气体稀释并在低温下进行反应，因此，烷烃氟代在实际应用中用途不大。

烷烃碘代是吸热反应，活化能也很大，同时反应中产生的 HI 是还原剂，可把生成的碘代烷还原成原来的烷烃，若使反应顺利进行，需要加入氧化剂以破坏生成的 HI，因此，碘烷不易用此法制备。

由此可见，卤代反应中卤素的相对反应活性顺序是：氟＞氯＞溴＞碘，其中有实际意义的卤代反应只有氯代和溴代。

(4)甲烷卤代的反应历程

烷烃的卤化反应是一个自由基型的取代反应，也称为自由基链反应。自由基链反应一般分为 3 个阶段：链引发、链增长、链终止。以甲烷的氯代反应为例说明如下。

①链引发。氯分子在光照或加热条件下，吸收能量，均裂成氯原子（氯自由基）。

$$Cl_2 \xrightarrow{\text{光照或加热}} Cl\cdot + Cl\cdot \quad \Delta H = 242.7kJ/mol$$

反应开始时，波长较大的光能提供大约 $253kJ/mol$ 的能量，恰能解离氯分子的 Cl—Cl 键，不能解离甲烷分子的 C—H 键（部分物质化学键解离能见表 2-2 所示。

链的引发是自由基的生成过程。

②链增长。氯自由基非常活泼，与甲烷分子反应夺取其中的一个氢原子，生成甲基自由基和氯化氢。

$$CH_4 + Cl\cdot \longrightarrow \cdot CH_3 + HCl \quad \Delta H_1 = 4.1kJ/mol$$

活泼的甲基自由基与氯分子反应夺取氯原子，生成一氯甲烷和氯自由基。

$$\cdot CH_3 + Cl_2 \longrightarrow CH_3Cl + Cl \cdot \qquad \Delta H_2 = -108.7 kJ/mol$$

新生成的氯自由基继续与甲烷作用,生成甲基自由基;甲基自由基又与氯作用,生成一氯甲烷和氯自由基,不断重复这样的反应。当反应进行到一定程度,氯自由基与一氯甲烷碰撞的概率加大,可发生下列反应。

$$CH_3Cl + Cl \cdot \longrightarrow \cdot CH_2Cl + HCl$$
$$\cdot CH_2Cl + Cl_2 \longrightarrow CH_2Cl_2 + Cl \cdot$$
$$CH_2Cl_2 + Cl \cdot \longrightarrow \cdot CHCl_2 + HCl$$
$$\cdot CHCl_2 + Cl_2 \longrightarrow CHCl_3 + Cl \cdot$$
$$CHCl_3 + Cl \cdot \longrightarrow \cdot CCl_3 + HCl$$
$$\cdot CCl_3 + Cl_2 \longrightarrow CCl_4 + Cl \cdot$$
$$\cdots\cdots$$

链的增长是自由基的传递过程。

③链终止。随着反应逐步进行,自由基之间相互结合,形成分子。

$$Cl \cdot + Cl \cdot \longrightarrow Cl_2$$
$$\cdot CH_3 + Cl \cdot \longrightarrow CH_3Cl$$
$$\cdot CH_2Cl + Cl \cdot \longrightarrow CH_2Cl_2$$
$$\cdot CH_3 + \cdot CH_3 \longrightarrow CH_3CH_3$$
$$\cdots\cdots$$

自由基反应一旦开始,就会连续不断地进行下去,因此又称"连锁反应"。当自由基被消耗和不再产生了,反应就会终止。

表 2-2 部分物质化学键解离能(E_d)

化学键	$E_d/(kJ/mol)$	化学键	$E_d/(kJ/mol)$
H—H	435.1	$CH_3CH_2CH_2$—H	410.0
H—F	569.0	$CH_3CH_2CH_2$—F	443.0
H—Cl	431.0	$CH_3CH_2CH_2$—Cl	343.1
H—Br	368.2	$CH_3CH_2CH_2$—Br	288.7
H—I	297.1	$CH_3CH_2CH_2$—I	224.0
F—F	159.0	$(CH_3)_2CH$—H	397.5
Cl—Cl	242.7	$(CH_3)_2CH$—F	439.0
Br—Br	192.5	$(CH_3)_2CH$—Cl	338.9
I—I	150.6	$(CH_3)_2CH$—Br	284.5
CH_3—H	435.1	$(CH_3)_2CH$—I	222.0
CH_3—F	452.9	$(CH_3)_3C$—H	380.7
CH_3—Cl	351.4	$(CH_3)_3C$—Cl	330.5
CH_3—Br	292.9	$(CH_3)_3C$—Br	263.6

化学键	$E_d/(kJ/mol)$	化学键	$E_d/(kJ/mol)$
$CH_3—I$	234.3	$(CH_3)_3C—I$	207.0
$CH_3CH_2—H$	410.0	$CH_3—CH_3$	368.2
$CH_3CH_2—F$	443.0	$CH_3CH_2—CH_3$	355.6
$CH_3CH_2—Cl$	339.0	$CH_3(CH_2)_2—CH_3$	355.6
$CH_3CH_2—Br$	288.7	$(CH_3)_2CH—CH_3$	351.4
$CH_3CH_2—I$	224.0	$(CH_3)_3C—CH_3$	334.7

2.2.4 烷烃的氧化反应

烷烃在室温下,一般不与氧化剂反应。但在空气中可以燃烧,同时放出大量的热。燃烧时如果氧气充足则被完全氧化生成二氧化碳和水。

$$CH_4 + 2O_2 \xrightarrow{燃烧} CO_2 + 2H_2O + 881kJ/mol$$

烷烃的不完全燃烧会产生有毒的 CO 和黑烟 C,是汽车尾气所造成的空气污染物之一。

$$CH_4 + O_2 \longrightarrow C + 2H_2O$$

如果控制合适的条件,在催化剂的作用下,烷烃可以部分氧化得到醇、醛、酮、酸等一系列含氧衍生物。例如甲烷氧化为甲醛的反应如下:

$$CH_4 + O_2 \xrightarrow[400℃～500℃]{V_2O_5} HCHO + H_2O$$

再如石蜡(含 20～40 个碳原子的高级烷烃的混合物)在特定条件下氧化得到高级脂肪酸。

$$RCH_2CH_2R' + O_2 \xrightarrow{MnO_2} RCOOH + R'COOH$$

2.3 烯　烃

2.3.1 烯烃的结构

乙烯是最简单的烯烃,以乙烯为例说明烯烃的结构。

(1)乙烯的分子结构

乙烯的分子式为 C_2H_4,结构简式为 $CH_2 \!=\!\!= CH_2$。经现代物理方法测定,乙烯分子的所有碳原子和氢原子都分布在同一平面上,它的空间结构和模型如图 2-17 所示。

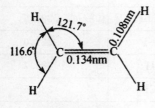
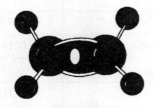

（a）乙烯分子结构　　　　　　（b）球棒模型　　　　　　（c）比例模型

图 2-17　乙烯的空间结构和模型

（2）碳原子的 sp^2 杂化轨道和 π 键

杂化轨道理论认为,乙烯分子中的碳原子在成键时,是以激发态的 1 个 2s 轨道和 2 个 2p 轨道进行杂化,形成 3 个能量完全相同的 sp^2 杂化轨道,其 sp^2 杂化过程可表示为

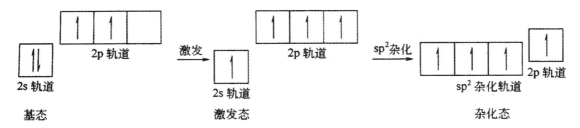

形成的 3 个 sp^2 杂化轨道每个均含有 1/3 的 s 轨道成分和 2/3 的 p 轨道成分,所以比 sp^3 杂化轨道要稍微收缩而短胖一些。3 个 sp^2 杂化轨道的对称轴在同一平面,并以碳原子为中心,分别指向正三角形的三个顶点,杂化轨道对称轴之间的夹角为 120°,如图 2-18 所示。此外,每个碳原子还剩余 1 个 2p 轨道未参与杂化,它的对称轴垂直于 3 个 sp^2 杂化轨道所处的平面,如图 2-19 所示。

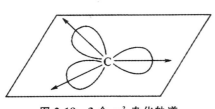

图 2-18　3 个 sp^2 杂化轨道

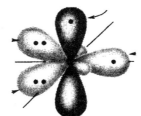

图 2-19　未参加杂化的 p 轨道

形成乙烯分子时,每个碳原子的 3 个 sp^2 杂化轨道分别与 2 个氢原子的 s 轨道和另一个碳原子的 sp^2 杂化轨道沿轴向以头碰头的形式互相重叠,形成 5 个 σ 键,这 5 个 σ 键都在同一平面上,故乙烯分子为平面分子。乙烯分子中 σ 键的形成如图 2-20 所示。

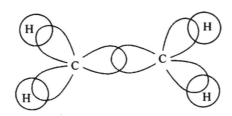

图 2-20　乙烯分子中 σ 键的形成

2 个碳原子上未参加杂化的 2p 轨道,垂直于 5 个 σ 键所在的平面,互相平行,这两个平行的 p 轨道,以肩并肩的形式从侧面重叠形成 π 键,乙烯分子中 π 键的形成如图 2-21。

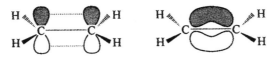

图 2-21　乙烯分子中 π 键的形成

由此可见,乙烯分子中的碳碳双键是由1个σ键和1个π键组成的。由于π键电子云分布于键轴上下,受原子核的束缚力弱,所以π键不稳定。

2.3.2 烯烃的物理性质

(1)状态

烯烃的物理性质和烷烃相似,在室温时 $C_2 \sim C_4$ 烃为气体,$C_5 \sim C_{18}$ 烯烃为液体,C_{19} 以上烯烃为固体。

(2)沸点、熔点、相对密度以及溶解度

烯烃的熔点、沸点和相对密度都随相对分子质量的增加而升高。烯烃比水轻,相对密度较相应的烷烃略高,烯烃极难溶于水而易溶于非极性或弱极性的有机溶剂。在顺反异构体中,反式异构体的对称性较高,分子没有极性,而顺式异构体有微弱的极性,所以反式烯烃的沸点比顺式烯烃的沸点低。而对熔点来说正好相反,这是因为熔点不仅与化合物的极性有关,还与分子在固体中排列的紧密程度有关,反式异构体极性小、对称性好,所以反式异构体的熔点比顺式高。一些烯烃的物理常数见表2-3。

表 2-3　烯烃的物理常数

名称	结构	熔点/℃	沸点/℃	相对密度
乙烯	$CH_2{=}CH_2$	−169.1	−103.7	0.00126(0℃)
丙烯	$CH_2{=}CHCH_3$	−185.2	−47.4	0.5193
1-丁烯	$CH_2{=}CHCH_2CH_3$	−184.3	−6.3	0.5951
(E)-2-丁烯	$(E){-}CH_3CH{=}CHCH_3$	−106.5	0.9	0.6042
(Z)-2-丁烯	$(Z){-}CH_3CH{=}CHCH_3$	−138.9	3.7	0.6213
异丁烯	$CH_2{=}C(CH_3)_2$	−140.3	−6.9	0.5942
1−戊烯	$CH_2{=}CH(CH_2)_2CH_3$	−138.0	30.0	0.6405
(E)-2-戊烯	$(E){-}CH_3CH{=}CHCH_2CH_3$	−136.0	36.4	0.6482
(Z)-2-戊烯	$(Z){-}CH_3CH{=}CHCH_2CH_3$	−151.4	36.9	0.6556
2-甲基-1-丁烯	$CH_2{=}C(CH_3)CH_2CH_3$	−137.6	31.1	0.6504
3-甲基-1-丁烯	$CH_2{=}CHCH(CH_3)_2$	−168.5	20.7	0.6272
2-甲基-2-丁烯	$(CH3)_2C{=}CHCH_3$	−133.8	38.5	0.6623
1-己烯	$CH_2{=}CH(CH_2)_3CH_3$	−139.8	63.3	0.6731
2,3-二甲基-2-丁烯	$(CH_3)_2C{=}CH(CH_3)_2$	−74.3	73.2	0.7080
1-庚烯	$CH_2{=}CH(CH_2)_4CH_3$	−119.0	93.6	0.6970
1-辛烯	$CH_2{=}CH(CH_2)_5CH_3$	−101.7	121.3	0.7149
1-壬烯	$CH_2{=}CH(CH_2)_6CH_3$	−81.7	146.0	0.7300
1-癸烯	$CH_2{=}CH(CH_2)_7CH_3$	−66.3	170.5	0.7408

不同杂化态的碳原子,其电负性的大小顺序是 $C_{sp} > C_{sp^2} > C_{sp^3}$。杂化轨道中 s 成分越多,吸电子能力越强。在 $C_{sp^3}—C_{sp^2}$ 键上,电子云偏向于 C_{sp^2} 杂化碳上,加上 π 电子云的易流动性,使单烷基取代的乙烯产生较小的偶极矩。

分子的偶极矩是各化学键偶极矩的矢量和。对于顺反异构体,一般反式异构体的偶极矩比顺式的小。

2.3.3 烯烃的取代反应

双键是烯烃的官能团,凡官能团的邻位碳统称为 α 碳,α 碳上连接的氢原子称为 α-H(又称为烯丙氢)。α-H 由于受 C=C 双键的影响,与 π 键之间存在有超共轭效应,α 位的 C—H 键解离能减弱。所以,烯丙基型结构的化合物的 α-H 比其他类型的氢易起反应。

其活性顺序为

$$\alpha\text{-H}(\text{烯丙氢}) > 3°\text{H} > 2°\text{H} > 1°\text{H}$$

有 α-H 的烯烃与氯或溴在高温下,发生 α-H 原子被卤原子取代的反应而不是加成反应。例如:

$$CH_3—CH=CH_2 + Cl_2 \xrightarrow{>500\ ℃} \underset{\underset{Cl}{|}}{CH_2}—CH=CH_2 + HCl$$

2.3.4 烯烃的加成反应

烯烃化合物在发生反应时,π 键断裂,双键所连的两个碳原子和其他原子或原子团结合,形成两个 σ 键,这种反应称为加成反应。

由于 π 键的电子云比较外露,容易受分子内和分子外的因素影响而极化,所以容易与 H^+、X^+ 等正离子发生亲电加成反应。烯烃的加成反应可用下列通式表示。

1. 催化氢化

在催化剂(Pt、Pd、Ni 等)催化下,烯烃与氢气发生加成反应生成烷烃。

2. 与卤素加成

烯烃与卤素发生加成反应,生成邻二卤代烃。例如:

$$CH_2=CH_2 + Cl_2 \longrightarrow \underset{\underset{Cl}{|}}{CH_2}—\underset{\underset{Cl}{|}}{CH_2} \qquad 1,2\text{-二氯乙烷}$$

$$CH_2=CHCH_3 + Br_2 \longrightarrow \underset{\underset{Br}{|}}{CH_2}—\underset{\underset{Br}{|}}{CHCH_3} \qquad 1,2\text{-二溴丙烷}$$

不同的卤素与烯烃加成的活性也不同,其顺序为:$F_2 > Cl_2 > Br_2 > I_2$。氟与烯烃加成时太剧烈,难以控制;碘与烯烃的加成又难以发生,故与烯烃加成的卤素主要是氯和溴。

烯烃与溴的四氯化碳溶液或溴水加成时,溴的棕红色消失,这是检验烯烃的一种方法。

3. 与卤化氢的加成

烯烃与卤化氢发生加成反应,生成相应的卤代烷烃。

$$CH_2 = CH_2 + HCl \longrightarrow \underset{\underset{H}{|} \quad \underset{Cl}{|}}{CH_2 - CH_2} \qquad 氯乙烷$$

$$CH_3CH = CHCH_3 + HBr \longrightarrow \underset{\underset{H}{|} \quad \underset{Br}{|}}{CH_3CH - CHCH_3} \qquad 2\text{-溴丁烷}$$

在这两个反应中,乙烯和2-丁烯这样的对称烯烃,与卤化氢这样的不对称试剂加成时,只生成一种产物。但对于不对称的烯烃如丙烯,与卤化氢这样的不对称试剂发生加成反应,则可能产生两种加成物。

$$CH_2 = CHCH_3 + HCl \longrightarrow \begin{cases} \underset{\underset{Cl}{|} \quad \underset{H}{|}}{CH_2 - CHCH_3} \quad 1\text{-氯丙烷} \\[2em] \underset{\underset{H}{|} \quad \underset{Cl}{|}}{CH_2 - CHCH_3} \quad 2\text{-氯丙烷} \end{cases}$$

对于该反应的主要产物,俄国化学家马尔可夫尼可夫根据大量实验事实,总结出一条经验规则:当不对称烯烃与不对称试剂发生加成反应时,不对称试剂中的带正电部分,主要加到含氢较多的双键碳原子上。这就是马尔可夫尼可夫规则,简称马氏规则。按此规律,以上反应主要产物为2-氯丙烷。

4. 与硫酸的加成

烯烃能与浓硫酸反应,生成硫酸氢酯(酸性硫酸酯),其活性顺序与卤化氢相同。不对称烯烃与硫酸加成也符合马尔科夫尼科夫规则。例如:

$$CH_2 = CH_2 + HO - \underset{\underset{O}{\|}}{\overset{\overset{O}{\|}}{S}} - OH \longrightarrow CH_3 - CH_2 - OSO_2OH$$

硫酸氢乙酯

$$CH_3CH = CH_2 + HO - \underset{\underset{O}{\|}}{\overset{\overset{O}{\|}}{S}} - OH \longrightarrow \underset{\underset{OSO_2OH}{|}}{CH_3 - CH - CH_3}$$

硫酸氢异丙酯

硫酸氢酯易溶于硫酸,与水共热后水解生成相应的醇。工业上用这种方法合成醇,称为烯烃间接水合法。例如:

$$CH_3-CH_2-OSO_2OH + H_2O \xrightarrow{\triangle} CH_3-CH_2-OH + H_2SO_4$$

乙醇

$$CH_3-\underset{\underset{OSO_2OH}{|}}{CH}-CH_3 + H_2O \xrightarrow{\triangle} CH_3-\underset{\underset{OH}{|}}{CH}-CH_3 + H_2SO_4$$

异丙醇

该反应也经常用来除去某些化合物中的烯烃。例如。石油工业中得到的烷烃中常含有烯烃,可将它们通过浓硫酸,烯烃与硫酸加成生成硫酸氢酯,并溶于硫酸中,烷烃不与硫酸反应保留在有机层中,从而得以分离。

$$（烷烃+烯烃）混合物 \xrightarrow{浓硫酸} \begin{cases} 有机层（上层）：烷烃不反应 \\ 酸层（下层）：硫酸氢酯 \end{cases} 分离即可$$

5. 与水的加成

烯烃不能与水或有机弱酸直接加成,但在强酸为催化剂的情况下可以发生加成反应。例如:

$$H_2C=CH_2 + H_2O \xrightarrow{H_2SO_4} CH_3-CH_2-OH$$

$$H_2C=CH_2 + CH_3COOH \xrightarrow{H_2SO_4} CH_3COOCH_2CH_3（乙酸乙酯）$$

6. 与次卤酸的加成

烯烃与次卤酸(HOX)加成,生成卤代醇。例如:

$$CH_3-CH=CH_2 + HOCl \longrightarrow CH_3-\underset{\underset{OH}{|}}{CH}-\underset{\underset{Cl}{|}}{CH_2}$$

（1-氯-2-丙醇）

2.3.5　烯烃的氧化反应

烯烃的双键很容易被氧化。在氧化剂作用下,首先是双键中的 π 键发生断裂,如果在强的氧化条件下,双键中的 σ 键也遭破坏,因此,在不同的氧化剂和反应条件下可得到不同的氧化产物。

1. 稀、冷 $KMnO_4$ 氧化

在碱性或中性条件下,用稀、冷 $KMnO_4$ 溶液氧化,可以得到双键被两个羟基加成的二元醇产物。相似的反应可以用四氧化锇(OsO_4)与烯烃反应,然后用 Na_2SO_3 或 $NaHSO_3$ 处理。

$$CH_2=CH_2 \xrightarrow[OH^-]{稀\ KMnO_4} \underset{\underset{OH}{|}}{CH_2}-\underset{\underset{OH}{|}}{CH_2} + MnO_2$$

$$CH_3CH=CH_2 \xrightarrow[2.\ Na_2SO_3]{1.\ OsO_4, H_2O} CH_3\underset{\underset{OHOH}{|\ \ |}}{CHCH_2} + OsO_3$$

反应生成的二元醇均为顺式产物。

不稳定副产物 $[MnO_4^{3-}]$ 被溶液中的 $[MnO_4^-]$ 氧化,生成 $[MnO_4^{2-}]$,后者易发生歧化,最终得到 MnO_2。

$$[MnO_4^{3-}] + [MnO_4^-] \longrightarrow [MnO_4^{2-}] \xrightarrow{\text{歧化}} MnO_4^- + MnO_2$$

2. 催化氧化

工业上,乙烯在银或氧化银催化作用下,可被空气中的氧氧化,双键中的 π 键断裂,生成环氧乙烷。

$$CH_2{=}CH_2 + 1/2O_2 \xrightarrow[250\text{℃}]{Ag} H_2C\overset{O}{\diagdown\diagup}CH_2$$

由于氧化后产物是一个含氧的环状化合物,因此也称环氧化反应,是工业上生产环氧乙烷的方法之一。该反应必须严格控制反应温度,如果温度超过 300℃,则双键中的 σ 键也会断裂,最后生成二氧化碳和水。

改用 H_2O_2 或过氧酸催化氧化烯烃,可得到收率很高的环氧化物。

$$(CH_3)_2C{=}CHCH_3 + H_2O_2 \xrightarrow[n\text{-}C_4H_9OH]{SeO_2/\text{吡啶}} (CH_3)_2C\overset{O}{\diagdown\diagup}CHCH_3 + H_2O$$

乙烯或丙烯在氯化钯和氯化铜的水溶液中,也能被催化氧化,产物为乙醛或丙酮,它们都是重要的化工原料。

$$CH_2{=}CH_2 + 1/2O_2 \xrightarrow[100\text{℃}\sim125\text{℃}]{PdCl_2\text{-}CuCl_2} CH_3CHO$$

$$CH_3CH{=}CH_2 + 1/2O_2 \xrightarrow[120\text{℃}]{PdCl_2\text{-}CuCl_2} CH_3COCH_3$$

3. 臭氧化

烯烃经臭氧(O_3)氧化,在锌粉存在下水解,可得到双键断裂后形成的两种羰基化合物(醛或酮)。

例如:

$$CH_2{=}CH_2 \xrightarrow[2.\ Zn,H_2O]{1.\ O_3} 2HCHO$$
甲醛

丙酮　　　乙醛

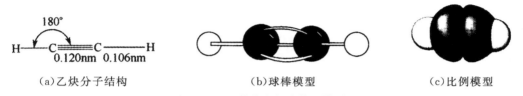

$$\text{（环戊烯）} \xrightarrow[\text{2. Zn, H}_2\text{O}]{\text{1. O}_3} \quad \text{戊二醛}$$

臭氧化反应的水解产物之一是过氧化氢（H_2O_2），过氧化氢在溶液中可以将刚生成的醛氧化，为了避免副反应发生，可在反应液中加入锌粉或在催化剂（Pt,Pd,Ni）存在下向溶液通入氢气。

由于烯烃结构与臭氧化反应产物之间有很好的对应关系，所以可通过对产物醛、酮的结构测定，推导出原料烯烃的结构。

例如：某烃分子式 C_6H_{12}，能使四氯化碳的溴溶液褪色。经臭氧化水解反应可得到一分子丙酮和一分子丙醛，试推测该烃的结构。

依据分子式的不饱和度及能使溴水褪色可以确定该化合物为烯烃，经臭氧化水解反应得到一分子酮和一分子醛，根据产物与烯烃结构的对应关系，可推知烯烃结构为（1），结合臭氧化分解产物可得出原烯烃的结构式为（2）。

酮　　醛
（1）

2-甲基-2-戊烯
（2）

2.4　炔　烃

2.4.1　炔烃的结构

（1）乙炔的分子结构

炔烃中最简单的是乙炔，分子式 C_2H_2，结构式 HC≡CH。现代物理方法测定，乙炔是一个直线形分子，两个碳原子和两个氢原子排列在一条直线上，其空间结构和模型如图 2-22 所示。

180°
H—C≡C—H
0.120nm　0.106nm

（a）乙炔分子结构　　　　（b）球棒模型　　　　（c）比例模型

图 2-22　乙炔的空间结构和模型

（2）碳原子的 sp 杂化

杂化轨道理论认为，乙炔分子中的碳原子在成键时，是以激发态的 1 个 2s 轨道和 1 个 2p 轨道进行杂化，形成 2 个能量完全相同的 sp 杂化轨道，其 sp 杂化过程可表示为

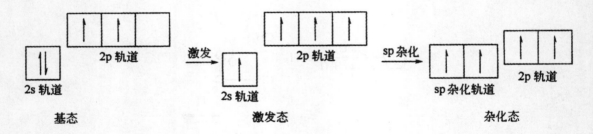

sp 杂化轨道每个均含有 1/2 的 s 轨道成分和 1/2 的 p 轨道成分,形状与 sp^2、sp^3 杂化轨道相似,也是葫芦形,2 个 sp 杂化轨道的对称轴在同一条直线上,互成 180°角,如图 2-23 所示。

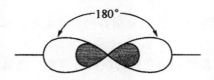

图 2-23　乙炔的 sp 杂化轨道

当两个 sp 杂化碳原子接近和成键时,两个碳原子的 sp 杂化轨道以头碰头形式互相重叠,形成 C—Cσ 键,同时两个碳原子又各自以另一个 sp 杂化轨道与氢原子的 s 轨道互相重叠,形成 C—Hσ 键。分子中的三个 σ 键的对称轴在同一条直线上,如图 2-24 所示。

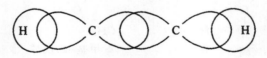

图 2-24　乙炔的 σ 键

每个碳原子上还各有两个未参与杂化而又互相垂直的 2p 轨道。两个碳原子的 4 个 p 轨道,其对称轴两两平行,侧面"肩并肩"地重叠,形成两个互相垂直的 π 键,两个 π 键的电子云围绕在两个碳原子的上下、前后对称地分布在 C—Cσ 键键轴的周围,呈圆筒形,如图 2-25 所示。

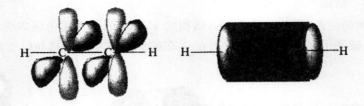

图 2-25　乙炔的 π 键

炔烃的 π 键与烯烃相似,具有较大的反应活性。但三键比双键多一个 π 键,增加了成键电子云对两个原子核的吸引力,使三键键长小于双键键长,三键上碳氢键的键长也较双键上碳氢键的键长短,三键的键能大于碳碳双键,因而三键的活性不如双键。

2.4.2　炔烃的物理性质

常温常压下,乙炔、丙炔和 1-丁炔为气体,中级炔烃为液体,含 18 个碳原子以上的高级炔烃为固体。炔烃的沸点比相应的烯烃高 10℃～20℃。在互为位置异构的炔烃中,端位炔烃的沸点较低;在互为碳键异构的炔烃中,有支链的炔烃沸点较低。在炔烃同系列中,熔点和沸点均随分子量的增加而升高。炔烃的密度及在水中的溶解度略大于含相同数目碳原子的烯烃。炔烃易溶于烷烃、四氯化碳和乙醚等溶剂。某些炔烃的物理常数如表 2-4 所示。

表 2-4 炔烃的物理常数

名称	熔点/℃	沸点/℃	相对密度/d_4^{20}
乙炔	−80.8	−84.0(升华)	0.6181(−32℃)
丙炔	−101.6	−23.2	0.7062(−50℃)
1-丁炔	−125.7	8.1	0.6784(0℃)
2-丁炔	−32.3	27.0	0.6910
1-戊炔	−90.0	40.2	0.6901
2-戊炔	−101.0	56.1	0.7107
3-甲基-1-丁炔	−89.7	29.3	0.6660
1-己炔	−132.0	71.3	0.7155

乙炔与空气混合,当乙炔含量达到 3%～70% 时,遇火即爆炸,这个范围相当大,因而危险性也大,使用时必须严格遵守有关的安全操作规定;液态乙炔对振动亦敏感,很易发生爆炸,所以安全贮存及运输乙炔的问题很突出。

乙炔在丙酮中的溶解度很大,常压下 1L 的丙酮可溶解 300L 的乙炔,于是人们在常压下将乙炔压入盛满用丙酮浸润过的多孔性物质(如硅藻土、软木屑或木炭)的钢瓶中,以防止在贮存尤其是运输过程中因振动而带来的危险。

乙炔是结构最简单的炔烃,它的酸性比氨强,比水弱。

2.4.3 炔烃的加成反应

炔烃分子中有 π 键,故与烯烃有相似的化学性质,例如,炔烃易发生催化加氢、亲电加成和氧化等反应。不同的是,炔烃还可以发生亲核加成反应,炔氢还具有微弱酸性等。

1. 催化加氢反应

在镍、钯、铂等催化剂存在下,炔烃可以与氢进行加成,反应首先生成烯烃,烯烃继续加氢生成烷烃。

$$R—C≡C—R' + H_2 \xrightarrow{Pt \text{ 或 } Pd} \underset{H}{\overset{R}{C}}=\underset{H}{\overset{R'}{C}} \xrightarrow[Pt \text{ 或 } Pd]{H_2} R—CH_2CH_2—R'$$

第二步加氢(烯烃的加氢)速率非常快,以至于采用一般的催化剂无法使反应停留在生成烯烃的阶段。采用一些活性减弱的特殊催化剂如林德拉催化剂(Lindlar catalyst),可使反应停留在烯烃阶段。林德拉催化剂是将金属钯沉淀在 $BaSO_4$ 或 $CaCO_3$ 上,并加少量喹啉处理(降低催化剂活性)所得到的试剂。

例如:

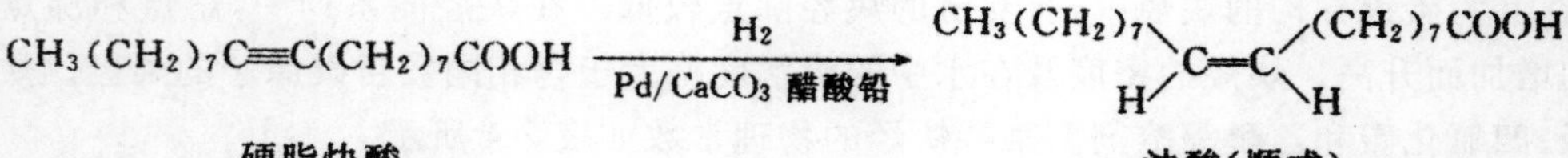

$$CH_3(CH_2)_7C{\equiv}C(CH_2)_7COOH \xrightarrow[\text{Pd/CaCO}_3 \text{ 醋酸铅}]{H_2}$$

硬脂炔酸   **油酸(顺式)**

炔烃在液氨中用金属钠还原,只加一分子氢可得到反式烯烃。例如:

$$CH_3CH_2CH_2C{\equiv}CCH_3 \xrightarrow{Na,\ NH_3 \text{ 液}}$$

(反式)

上述两种还原方法,可分别将炔烃还原成顺式和反式烯烃,在制备具有一定构型的烯烃时很有用。

2. 亲电加成反应

炔烃也可发生亲电加成反应。但由于 sp 杂化碳原子的电负性比 sp^2 杂化碳原子的电负性强,所以,不如烯烃那样容易给出电子与亲电试剂结合,亲电加成反应活性比烯烃小。

(1)与卤素加成

炔烃与卤素发生加成反应先生成二卤化合物,继续反应得四卤化合物。例如:

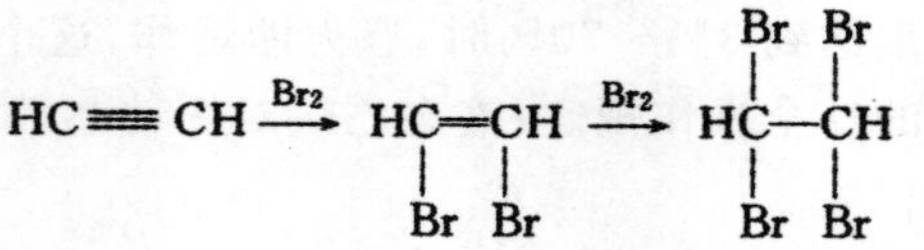

乙炔   **1,2-二溴乙烯**   **1,1,2,2-四溴乙烷**

炔烃与溴发生加成反应使溴很快褪色,以此可检验碳碳三键的存在。炔烃与氯、溴加成具有立体选择性,主要生成反式加成产物。例如:

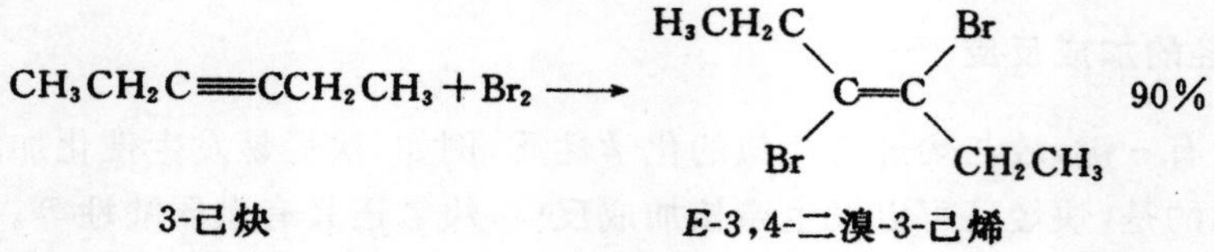

3-己炔   **E-3,4-二溴-3-己烯**

在与卤素加成时,碳碳三键没有碳碳双键活泼,因此,如果分子中同时存在三键和双键,卤素一般优先加到双键上。

1-戊烯-4-炔   **4,5-二溴-1-戊炔**

(2)硼氢化反应

炔烃的硼氢化反应停留在含双键产物。

$$CH_3C\equiv CCH_3 \xrightarrow{BH_3-THF} \left[\begin{array}{c} H_3C \quad\quad CH_3 \\ C=C \\ H \quad\quad \end{array}\right]_3 B$$

产物用酸处理过的得到烯，氧化得到醛、酮。

$$CH_3C\equiv CCH_3 \xrightarrow{BH_3-THF} \left[\begin{array}{c} H_3C \quad\quad CH_3 \\ C=C \\ H \quad\quad \end{array}\right]_3 B \xrightarrow{HOAc} \begin{array}{c} H_3C \quad\quad CH_3 \\ C=C \\ H \quad\quad H \end{array}$$

$$\downarrow \begin{array}{c} H_2O_2 \\ OH^- \end{array}$$

$$\begin{array}{c} H_3C \quad\quad CH_3 \\ C=C \\ H \quad\quad OH \end{array} \Longrightarrow CH_3CH_2CCH_3 \\ \quad\quad\quad\quad\quad\quad O$$

（3）与卤化氢加成反应

炔烃与等物质的量卤化氢加成，生成卤代烯烃，继续加成形成偕二卤代物（偕表示两个卤素连在同一个碳原子上），加成方向符合马氏规则。

$$\begin{array}{ccc} H_3C-C\equiv CH + HCl & \longrightarrow & H_3C-C=CH_2 \\ \quad 3 \quad 2 \quad 1 & & \quad\quad\quad Cl \end{array} \xrightarrow{过量\ HCl} \begin{array}{c} Cl \\ H_3C-C-CH_3 \\ Cl \end{array}$$

2-氯丙烯　　　　　　　2,2-二氯丙烷

炔烃与卤化氢的加成为反式加成。例如：

$$CH_3CH_2C\equiv CCH_2CH_3 + HCl \longrightarrow \begin{array}{c} H_3CH_2C \quad\quad Cl \\ C=C \\ H \quad\quad CH_2CH_3 \end{array} \quad 97\%$$

3-己炔　　　　　　　　（Z）-3-氯-3-己烯

在过氧化物存在下，溴化氢和炔烃的加成反应与烯烃相似，加成方向也符合反马氏规则。

$$H_3C(H_2C)_3-C\equiv CH \left\{\begin{array}{l} \xrightarrow[等物质的量]{HBr} H_3C(H_2C)_3C=CH_2 \\ \quad\quad\quad\quad\quad\quad\quad\quad\quad Br \\ \\ \xrightarrow[过氧化物]{HBr(等物质的量)} H_3C(H_2C)_3HC=CH \\ \quad\quad\quad\quad\quad\quad\quad\quad\quad\quad\quad Br \end{array}\right.$$

（4）与水加成反应

将乙炔通入含硫酸汞的稀硫酸溶液中，乙炔加一分子水生成乙醛，这是工业上生产乙醛的方法之一。

$$HC\!\equiv\!CH + H_2O \xrightarrow[\text{稀 } H_2SO_4]{HgSO_4} \left[\begin{array}{c} H_2C\!=\!CH \\ | \\ OH \end{array}\right] \rightleftharpoons \begin{array}{c} O \\ \| \\ H_3C\!-\!C\!-\!H \end{array}$$

乙烯醇

不对称炔烃与水加成时,加成方向也符合马氏规则。因此,只有乙炔水合生成乙醛,其他炔烃水合都生成相应的酮。

反应产物烯醇是不稳定的中间产物,其中氧上的活泼氢原子容易解离,并重排转移到碳原子上,形成比较稳定的酮型结构,这种现象称为互变异构现象。互变异构现象是两种异构分子通过质子位置转移而相互转变的一种现象。酮型—烯醇型互变异构是有机化学中常见的互变异构现象。

3. 亲核加成

炔烃可以发生亲核加成,而烯烃则困难,这是炔和烯不同的地方。亲核试剂有 HCN、ROH、CH_3CO_2H、H_2O 等,它们与炔烃进行反应时,首先由试剂带负电部分 CN^-、RO^-、CH_3COO^-、HO^- 进攻炔烃的叁键。这可解释为 sp 杂化轨道的电负性比 sp^2 杂化轨道大,因而在催化剂的协助下易受亲核试剂的进攻,大多数催化剂为 ds 区的元素化合物,如 $HgSO_4$、$Zn(OAc)_2$,它们可能与乙炔的 π 电子形成络合物,使 π 电子向金属的空轨道转移,在一定程度上使乙炔的电子云密度降低,从而有利于亲核试剂的进攻。

(1)加氢氰酸

$$HC\!\equiv\!CH + HCN \xrightarrow[80\sim90\,℃]{CuCl\text{-}NH_4Cl} CH_2\!=\!CH\!-\!CN \longrightarrow \left[\begin{array}{c} CH_2\!-\!CH\!-\!CH_2\!-\!CH \\ | \qquad\qquad | \\ CN \qquad\qquad CN \end{array}\right]_n$$

反应机理是

$$HC\!\equiv\!CH + CN^- \longrightarrow \overset{\ominus}{CH}\!=\!CH\!-\!CN \xrightarrow{H^+} CH_2\!=\!CH\!-\!CN$$

上述反应是工业上较早生产丙烯腈的方法之一。

(2)加醇

在碱(如醇钠 RONa 或 NaOH)催化下,炔烃与醇进行加成反应,生成乙烯基醚类:

$$H\!-\!C\!\equiv\!C\!-\!H + RO^- \xrightarrow{ROH} RO\!-\!CH\!=\!CH^- \xrightarrow{ROH} RO\!-\!CH\!=\!CH_2 + RO^-$$

乙烯基醚类是合成高聚物的重要原料。

2.4.4 炔烃的氧化反应

炔烃被高锰酸钾氧化,碳碳叁键断裂,生成相应的氧化产物:

$$CH\!\equiv\!CH + KMnO_4 + H_2O \longrightarrow CO_2 + MnO_2\!\downarrow + KOH$$

反应后高锰酸钾溶液的紫色褪去,生成褐色的二氧化锰沉淀。

$$CH_3-C\equiv CH \xrightarrow[H_2O]{KMnO_4} CH_3COOH + CO_2$$

$$CH_3-C\equiv C-CH_3 \xrightarrow[H_2O]{KMnO_4} 2CH_3COOH$$

$$CH_3-C\equiv C-CH_2CH_3 \xrightarrow[H_2O]{KMnO_4} CH_3COOH + CH_3CH_2COOH$$

由于氧化产物保留了原来烃中的部分碳链结构,因此通过一定的方法,测定氧化产物的结构,便可推断炔烃的结构。

炔烃与烯烃相似,能被臭氧氧化裂解,水解产物是羧酸,根据生成的羧酸的结构可确定三键的位置。

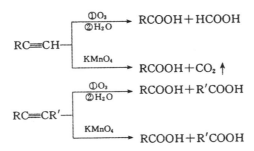

烷烃、环烷烃不能被高锰酸钾氧化,这是区别烷烃、环烷烃与不饱和烃的一种方法。

2.5 共轭二烯烃

2.5.1 共轭二烯烃的结构

在共轭二烯烃中,最简单的是 1-3-丁二烯。

根据近代物理方法测定,1,3-丁二烯中碳碳双键的键长是 0.135nm,碳碳单键的键长是 0.148nm,也就是说,它的双键比乙烯的双键(0.134nm)长,而单键却比乙烷的单键(0.154nm)短。这说明 1,3-丁二烯的单、双键较为特殊,键长趋于平均化。

杂化轨道理论认为,在 1,3-丁二烯中,4 个 sp^2 杂化轨道的碳原子处在同一平面上,每个碳原子上未杂化的 p 轨道相互平行,且都垂直于这个平面。这样,在分子中不仅 C_1 和 C_2,C_3 和 C_4 间各有一个 π 键,C_2 和 C_3 间的 p 轨道从侧面也有一定程度的重叠,使 4 个 p 电子扩展到 4 个碳原子的范围内运动,每个碳原子之间都有 π 键的性质,组成一个大 π 键,这种共轭体系称为 π-π 共轭体系,如图 2-26 所示。

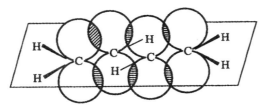

图 2-26 1-3-丁二烯分子中的 π 键

在共轭体系中,π电子不再局限于成键两个原子之间,而要扩展它的运动范围,这种现象称为电子离域。电子离域范围愈大,体系的能量愈低,分子就愈稳定。共轭体系的各原子必须在同一平面上,每一个碳原子都有一个未杂化且垂直于该平面的 p 轨道,这是形成共轭体系的必要条件。

按照分子轨道理论,4 个 p 电子可以组成 4 个分子轨道,两个成键轨道(Ψ_1,Ψ_2),两个反键轨道(Ψ_3,Ψ_4),如图 2-27 所示。

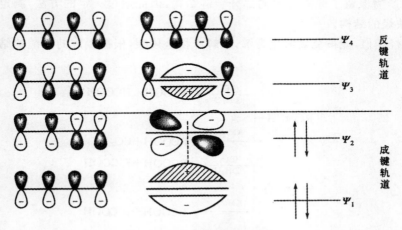

图 2-27　1-3 丁二烯的分子轨道

从图 2-27 可以看出,Ψ_1 在键轴上没有节面,而 Ψ_2、Ψ_3、Ψ_4 各有 1 个、2 个、3 个节面。节面上电子云密度等于零,节面数目越多能量越高。Ψ_4 有 3 个节面,所有碳原子之间都不起成键作用,是能量最高的强反键;Ψ_3 有 2 个节面,能量比只有 1 个节面的 Ψ_2 高,Ψ_3 为弱反键;Ψ_2 为弱成键分子轨道;Ψ_1 没有节面,所有碳原子之间都起成键作用,是能量最低的成键轨道。

在基态时,4 个 p 电子都在 Ψ_1 和 Ψ_2,而 Ψ_3 和 Ψ_4 则全空。另一方面,分子轨道 Ψ_1 和 Ψ_2 叠加,不但使 C_1 和 C_2,C_3 和 C_4 之间的电子密度增加,而且也部分地增大了 C_2 和 C_3 之间的电子密度,使之与一般的 σ 键不同,而且有部分双键的性质。

2.5.2　共轭二烯烃的物理性质

共轭二烯烃的物理性质和烷烃、烯烃相似。碳原子数较少的二烯烃为气体,例如 1,3-丁二烯为沸点 −4℃的气体。碳原子数较多的二烯烃为液体,如 2-甲基 1,3-丁二烯为沸点 34℃的液体。它们都不溶于水而溶于有机溶剂。

2.5.3　共轭二烯烃的加成反应

共轭二烯烃具有烯烃的通性,但由于是共轭体系,因此,又具有自身的特性。

1.1,2-加成与 1,4-加成

共轭二烯烃和卤素、氢卤酸都容易发生亲电加成,但可产生两种加成产物。1,2-加成产物是一分子试剂在同一个双键的两个碳原子上的加成。1,4-加成产物则是一个分子试剂加在共轭双烯两端的碳原子上(C_1 和 C_4 上),这种加成结果使共轭双键中原有的两个键都变成了单键,而原来的单键(C_2—C_3)则变成了双键。1,3-丁二烯之所以有这两种加成方式,是和它的共轭体系的

结构密切相关的。例如,1,3-丁二烯与等物质的量的溴(Br_2)和溴化氢(HBr)的加成反应:

1,2-加成产物　　　　1,4-加成产物

1,4-加成反应是共轭二烯烃的特有性质,反应机理仍然是亲电加成。例如,1,3-丁二烯与HBr的加成是分两步进行的。第一步反应是亲电试剂 H^+ 的进攻,加成可能发生在 C_1 上或 C_2 上,先生成相应的碳正离子(I)或(II)。

碳正离子(I)可看作烯丙基碳正离子($CH_2=CH-CH_2^+$)的一个氢原子被甲基取代而成,由于 p-π 共轭作用,正电荷主要分布在共轭体系两端的两个碳原子(C_2 和 C_4)上,在加成反应的第二步中,带负电的溴离子就加在 C_2 或 C_4 上,分别生成1,2-加成产物和1,4-加成产物。

由于碳正离子(II)不存在这样的离域效应,因此碳正离子(I)比碳正离子(II)稳定,丁二烯的第一步加成总是要生成稳定的正离子(I)。也就是说,第一步反应总是发生在末端碳原子 C_1 上,生成碳正离子(I)。共轭二烯烃的亲电加成产物中,1,2-加成和1,4-加成产物之比按二烯烃的不同结构以及所用试剂和反应条件(如溶剂、温度、反应时间等)的不同而变化。例如,1,3-丁二烯与 HBr 的加成,在不同温度下进行反应,可得到不同的产物比。

但如将 0℃ 时反应所得到的产物,再在 40℃ 较长时间加热,也可获得 40℃ 时反应的产物比例,即其中 85% 是1,4-加成产物,15% 是1,2-加成产物。产物分布不同是速率控制与平衡控制造成的。在有机反应中,如果产物的组成分布是由各产物的相对生成速率所决定,如上述低温时的加成反应,这个反应就称为受动力学控制的反应。如果产物的组成是由各产物的相对稳定性所决定的(由各产物的生成反应的平衡常数之比所决定),如上述高温时的加成反应,这个反应称为受热力学控制的反应。上述反应中,在 0℃ 时可生成较多的1,2-加成产物,这说明1,2-加成的反应速率比较快。40℃ 反应时,生成的1,4-加成产物比较多,这是因为1,4-加成产物更稳定些,所以首先生成的1,2-加成产物在 40℃ 时一部分转变为更稳定的1,4-加成产物。低温(0℃)生成的加成产物经过足够时间的加热之后,仍可以达到 40℃ 反应时所得到的同样组成比,这是因为1,2-加成产物转变为1,4-加成产物的反应是可逆的。在较高温度(40℃)及足够长的时间下,反应可达到动态平衡,达到动态平衡时,各种产物的组成比例是恒定的,所以最后得到了同样组成比的产物,即较多的(85%)比较稳定的1,4-加成产物。

$$\text{CH}_2=\text{CH}-\text{CH}=\text{CH}_2+\text{HBr} \xrightarrow{\begin{array}{c}0℃\\ \\ \\40℃\end{array}}$$

0℃
$$\text{CH}_3-\underset{\underset{\text{Br}}{|}}{\text{CH}}-\text{CH}=\text{CH}_2+\text{CH}_3-\text{CH}=\text{CH}-\text{CH}_2\text{Br}$$
1,2-加成(71%)　　　　　1,4-加成(29%)

40℃
$$\text{CH}_3-\underset{\underset{\text{Br}}{|}}{\text{CH}}-\text{CH}=\text{CH}_2+\text{CH}_3-\text{CH}=\text{CH}-\text{CH}_2\text{Br}$$
1,2-加成(15%)　　　　　1,4-加成(85%)

1,2-的产物的稳定性比较差,但加成反应的活化能低,为速率控制(动力学控制)产物,故低温主要为 1,2-加成。1,4-加成产物的稳定性比较大,但反应的活化能较高,逆反应的活化能更高,一旦生成,不易逆转,故在高温时为平衡控制(热力学控制)的产物,主要生成 1,4-加成产物。两种反应的位能曲线如图 2-28 所示。

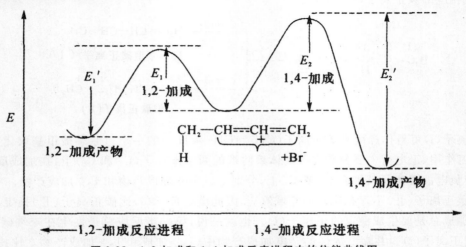

图 2-28　1,2-加成和 1,4-加成反应进程中的位能曲线图

由于活化能低,低温时 1,2-加成产物生成速率较快,为反应主要产物。在较高温度(40℃)时,碳正离子有条件获得更多能量,可满足 1,4-加成所需要的较高活化能,且 1,4-加成产物更稳定,故容易生成 1,4-加成产物。此外,在较高温度下,1,2-加成的逆反应速率也增加,先生成的 1,2-成产物可以迅速逆转为碳正离子,有利于生成更多的比较稳定的 1,4-加成产物,因此在到达动态平衡时,更稳定的 1,4-加成产物是反席的主要产物。

2. 狄尔斯—阿尔德反应

共轭二烯烃与某些具有碳碳双键的或不饱和的化合物发生 1,4-加成反应,生成环状化合物,这种反应称为双烯合成反应,也叫狄尔斯—阿尔德(Diels-Alder)反应。这是共轭二烯烃特有的反应,它将链状化合物转变成环状化合物,因此又叫环合反应,此反应是制备六元环化合物的重要反应。例如,1,3-丁二烯和顺-丁烯酸酐在 100℃时共热,生成白色产物,反应产率接近 100%。

双烯体　亲双烯体　~100%产率

一般把进行双烯合成的共轭二烯烃及其衍生物称作二烯或双烯体,另一个含不饱和烯键或炔键的烃类或其衍生物称为亲双烯体。

常见的双烯体包括:

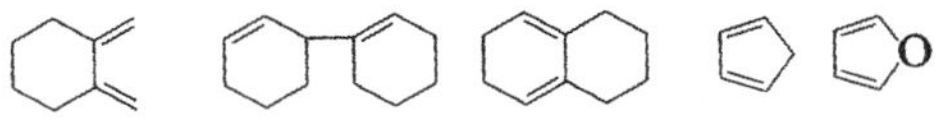

常见的亲双烯体包括:

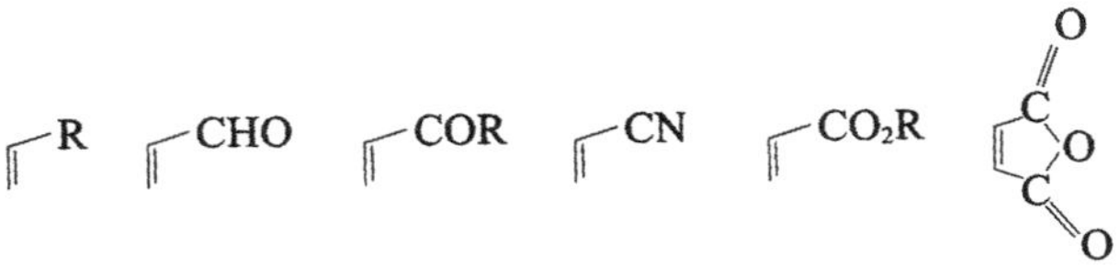

狄尔斯—阿尔德反应的特点如下所示。

①共轭二烯的电子密度高,亲双烯体上有吸电子基团时,反应很容易进行,如当亲二烯体上连有—CN、—COOR、—CHO、—COR、—COOH 等吸电子的基团时,对反应有利。在通常的加热或室温条件下,产率可达到 90% 以上。双烯体(共轭二烯)可是链状,也可是环状,如环戊二烯,环己二烯等。

②狄尔斯—阿尔德反应是顺式加成反应,加成产物仍保持二烯和亲双烯体原来的构型。

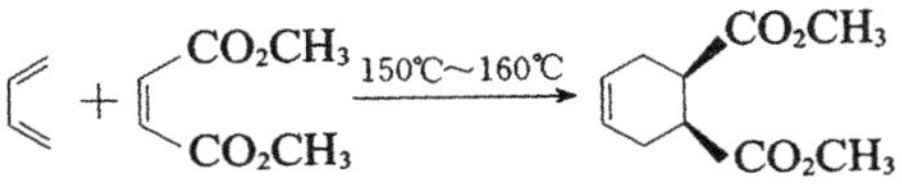

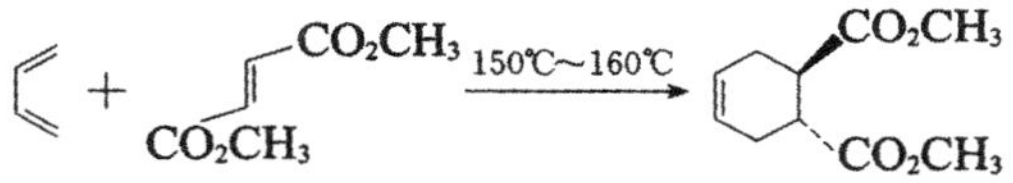

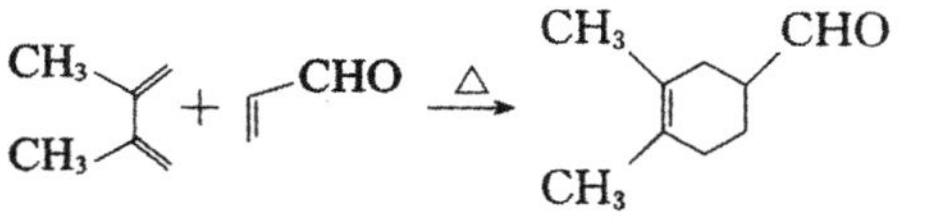

③反应无需酸碱的催化,为协同反应,一步完成的反应,无反应中间体产生,有一个六元环状过渡态。

狄尔斯—阿尔德反应的产量高,应用范围广,是有机合成的重要反应之一,在理论上和实际应用上都占有重要的地位。

3. 聚合反应

在催化剂存在下,共轭二烯烃可以聚合成高分子化合物。例如 1,3-丁二烯在金属钠催化下聚合成聚丁二烯。这种聚合物具有橡胶的性质,即有伸缩性和弹性,是最早发明的合成橡胶,又称为丁钠橡胶。

$$n\text{CH}_2\!=\!\text{CH}\!-\!\text{CH}\!=\!\text{CH}_2 \xrightarrow[60℃]{\text{Na}} \!\!\!\!\left[\!\text{CH}_2\text{CH}\!=\!\text{CHCH}_2\!\right]_n$$

丁钠橡胶

第3章 芳香烃

3.1 苯的结构

3.1.1 凯库勒结构式

1865 年凯库勒(A. Kekulé)从苯的分子式出发,根据苯的一元取代产物只有一种,说明苯分子中的六个氢原子是等同的事实,首先提出了苯的环状对称构造式,然后根据碳原子为四价,把苯写成:

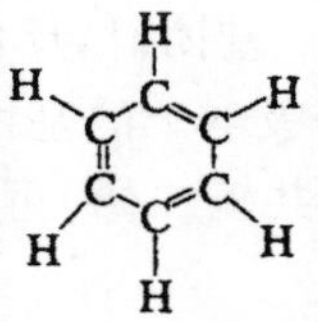

简写为

该式通常称为苯的凯库勒式,这个式子虽然可以说明苯的分子组成、原子间的连接次序,但它不能解释苯异常稳定的事实。其存在的不足之处如下:

①按照凯库勒式,苯分子内有三个双键,是一个环己三烯,应具有烯烃的特性,但苯不起类似烯烃的加成反应。

②按照凯库勒式,苯的邻位二元取代物应有两种(a)和(b):

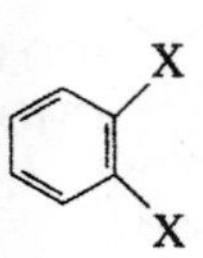

(a) 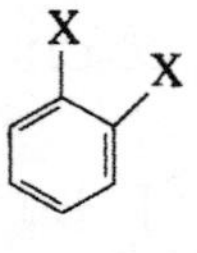　　　　　　(b)

而实际上只有一种。为了解决这一难题,凯库勒曾用两个式子来表示苯的结构,并且假定苯分子中的双键不是固定的,而是在不停地、迅速地来回移动,所以有了下面的两种结构存在,因其处于快速平衡中,不能分离出来。

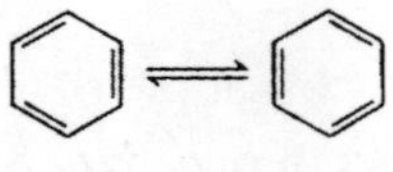

③按照凯库勒式,苯分子中的碳碳单键和碳碳双键是交替排列的,而单键和双键的键长是不等的,因此,苯分子应该是一个不规则六边形的结构,但事实上苯分子中的碳碳键的键长是完全相等的,都是 0.140nm,即比一般碳碳单键短,又比一般碳碳双键长,其是一个等边六角环。

由此可见,凯库勒式并不能确切地反映苯分子的真实结构。

3.1.2 苯分子结构的价键观点

应用现代物理方法证明,苯分子的结构是一个平面六边形构型,键角为 120℃,C—C 键长都是

0.1397nm,如图 3-1 所示。虽然键角与预测的完全相同,但键长数据说明苯分子中不存在双键(0.133nm)和单键(0.154nm)之分。所以不能用所谓的 1,3,5-环己三烯来表示苯分子的真实结构。

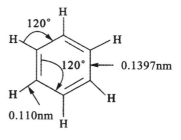

图 3-1　苯分子的结构

杂化轨道理论认为:在苯分子中 6 个碳原子都是采用 sp^2 杂化的,各碳原子均以 sp^2 杂化轨道相互沿对称轴的方向正面重叠形成 6 个 C—C σ 键,组成一个平面正六边形,每个碳原子再以一个 sp^2 杂化轨道与氢原子的一个 s 轨道沿对称轴正面重叠,形成 6 个 C—H σ 键。由于是 sp^2 杂化,所以键角是 120℃,分子中所有的碳原子和氢原子都在同一平面上,C—C 的键长都相同,为 0.1397nm。每个碳原子剩下一个未参加杂化的 p 轨道,其对称轴都垂直于碳环平面,且相互平行,结果这些相互平行的 p 轨道从侧面进行重叠,形成一个环状共轭体系 π_6^6,如图 3-2 所示。大 π 键的电子云对称地分布于六碳环平面的上、下两侧,如图 3-3 所示。

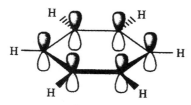

图 3-2　苯分子中的 p 轨道

图 3-3　苯分子中的 π 电子云

由于 6 个碳原子完全等同,所以大 π 键电子云在 6 个碳原子之间均匀分布,即电子云分布完全平均化,因此,C—C 键长完全相等,不存在单、双键之分。苯环共轭大 π 键的高度离域,使分子能量大大降低,因此,苯环具有高度的稳定性。苯分子的稳定性可用氢化热数据来证明。

3.1.3　苯的分子轨道模型

分子轨道理论认为,苯分子形成 σ 键后,构成苯环的 6 个碳原子的六个 p 轨道重新组合成六个新的分子轨道,其中有三个成键轨道,三个反键轨道,苯分子的六个 π 电子全部填充在成键轨道上,反键轨道都是空着的,由于成键轨道的能量比 p 轨道低,故成键后,体系能量大大降低。故苯环非常稳定。苯环的分子轨道理论成键情况如图 3-4 所示。

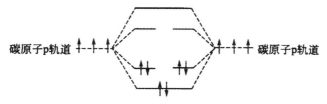

碳原子p轨道　　　　　　　　　　　碳原子p轨道

图 3-4　苯环的 π 分子轨道能级图

3.1.4　共振结构式

共振论是美国化学家鲍林(L. Pauling)于 1931—1933 年提出来的。共振论认为,分子的真实结构,是由可能写出的两个或多个经典结构式共振得到的一个杂化体。例如,苯可以认为主要是由两个凯库勒式共振得到的共振杂化体。

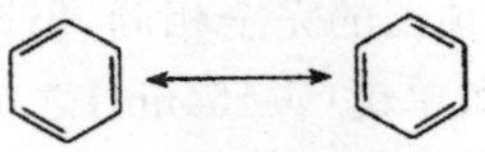

式中的双箭头"←→"为共振符号。任一种共振结构式都不能代表其真实结构。双箭头符号"←→"不能和表示平衡的"⇌"符号混淆。

共振论为写共振结构式规定了如下条件：

①氢原子的外层电子不能超出两个，第二周期元素的最外层电子不能超过 8 个，碳为 4 价。

②各极限式的原子核排列完全相同，只能在电子排列上有差别。

③在所有的极限式中，未共用电子数必须相等。

例如，在 CO_3^{2-} 的三个极限式中，四个原子核的位置没有变动，只有电子的排布有所差别而已。

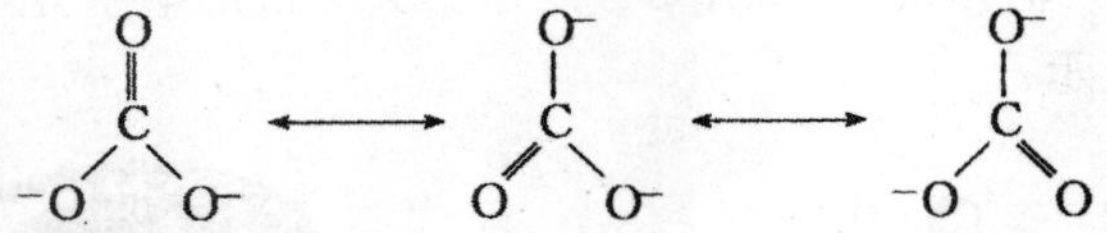

又如，烯丙基正离子和烯丙基游离基均有两个极限式：

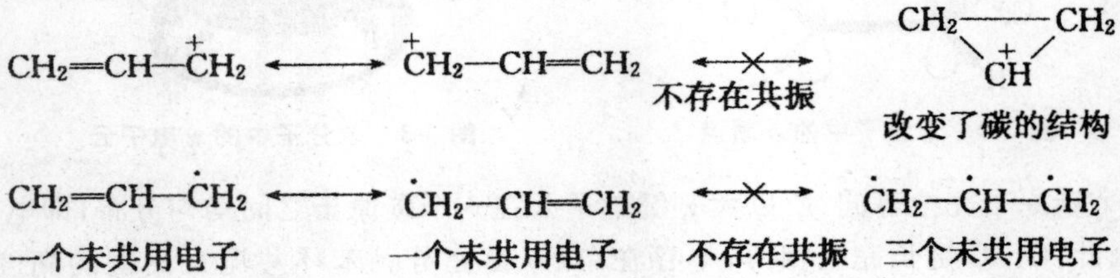

苯的真实结构也可以写出以下极限式：

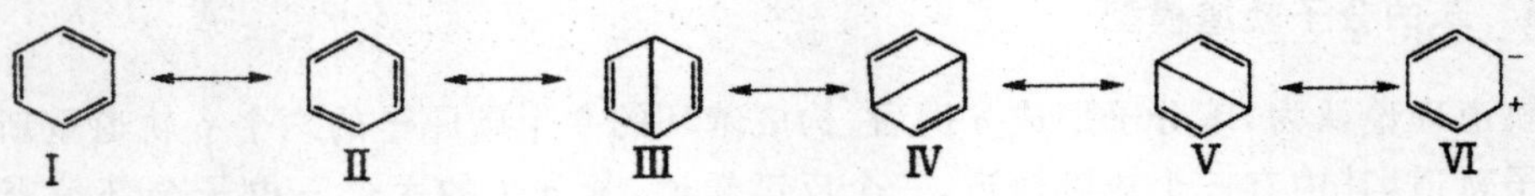

每个经典的共振结构式对共振杂化体都有一定的贡献，有的可能相同，有的则不同；能量越低，越稳定的共振杂化体的贡献越大。常用以下经验规律估计分子的稳定性和极限式的稳定性及贡献：

①参加共振的经典结构式越多，分子越稳定。

②当极限式越相像，能量就越接近，对共振杂化体的贡献越大，共振杂化体越稳定。

③极限式共价键越多越稳定，对共振杂化体的贡献越大。

④键角和键长变化较大的极限式，对共振杂化体的贡献小。

⑤离子型极限式中，如果电荷的分布与电负性差中所预料的一致，则此极限式比电荷不一致的极限式更稳定。例如，苯的两个极限式Ⅰ式和Ⅱ式，在结构上和能量上都是等价的，且能量最低，所以对共振杂化体的贡献较大。苯的杂化体主要是由Ⅰ式和Ⅱ式共振杂化而成的。Ⅲ式～Ⅴ式有一拉长的对角线，Ⅵ式代表极化的结构，能量都较高，对共振杂化体贡献较小。需要再次指出的是，按照共振论的观点，苯的真实结构既不是Ⅰ式也不是Ⅱ式，更不是Ⅲ、Ⅳ、Ⅴ、Ⅵ式，而是它们的共振杂化体，只是前两者贡献较大而已。

由于Ⅰ式和Ⅱ式能量相同,使苯的能量显著降低而稳定,其氢化热比环己三烯少了150.5kJ/mol,此能量称为苯的共振能。

共振结果,苯分子中的碳碳键没有单独的单双键存在,可用六角形中加虚线圈表示。

3.2 单环芳烃的物理性质和光谱性质

3.2.1 单环芳烃的物理性质

单环芳烃一般为具有特殊的气味的无色液体。苯蒸气可通过呼吸道对人体产生损害,高浓度的苯蒸气主要作用于中枢神经,引起急性中毒,长期接触低浓度的苯蒸气损害造血器官。在苯的同系物中,沸点随着相对分子量的增加而升高,一般每增加一个 CH_2 沸点升高 20℃～30℃,含同数碳原子的各种异构体,其沸点相差不大,而结构对称的异构体,却具有较高的熔点。苯及其同系物的密度小于1。苯及其同系物都不溶水,是许多有机化合物的溶剂。一些常见芳烃的物理常数见表 3-1。

表 3-1　常见芳烃的物理常数

名称	熔点/℃	沸点/℃	相对密度 d_4^{20}
苯	5.3	80.1	0.877
甲苯	−95	110.6	0.867
邻二甲苯	−25.2	144.4	0.880
间二甲苯	−47.9	139.1	0.864
对二甲苯	13.26	138.4	0.861
乙苯	−95	136.3	0.867
正丙苯	−99.5	159.2	0.862
异丙苯	−96	152.4	0.8618
连三甲苯	−25.5	176.1	0.894
偏三甲苯	−43.8	169.4	0.876
均三甲苯	−44.7	164.7	0.864
苯乙烯	−30.6	145.14	0.906
苯乙炔	−44.8	142.1	0.928

3.2.2 单环芳烃的光谱性质

1. 红外光谱

单环芳烃的红外光谱主要包括芳环骨架(相当 C＝C)的吸收,和环上 C—H 的吸收,芳烃的这些吸收峰范围与烯烃相当,稍低一些,芳烃在 1600～1500cm⁻¹ 处有多个吸收峰,单环芳烃的红外吸收峰可大约归类为：

$$C=C \ 伸缩振动 \qquad \tilde{\nu} \ 1600\pm25cm^{-1}$$
$$1500\pm25cm^{-1}$$

$$C-H \ 伸缩振动 \qquad \tilde{\nu} \ 3100\sim3010cm^{-1}$$

$$芳环 \ C-H \ 面外弯曲振动 \qquad \tilde{\nu} \ 900\sim690cm^{-1}$$

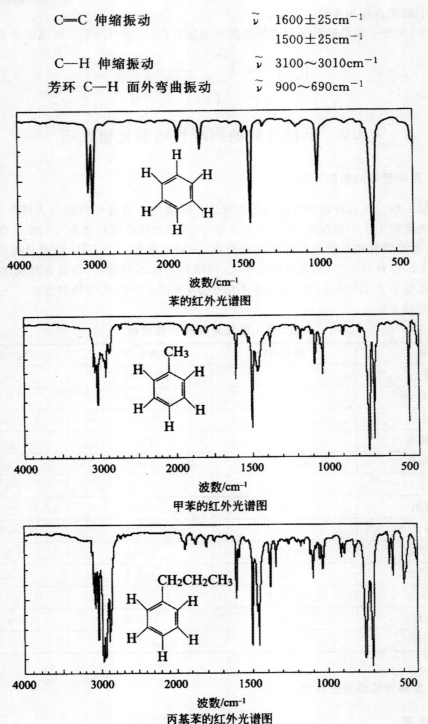

苯的红外光谱图

甲苯的红外光谱图

丙基苯的红外光谱图

2. 核磁共振氢谱

由于苯环产生磁各向异性效应,并且苯环上的氢是处在去屏蔽区,因此,苯环上的氢在很低的磁场处(δ—般为 7 左右)发生共振。苯环上的氢的化学位移比一般烃上的氢要低得多,利用这一点可以鉴别芳环的存在。

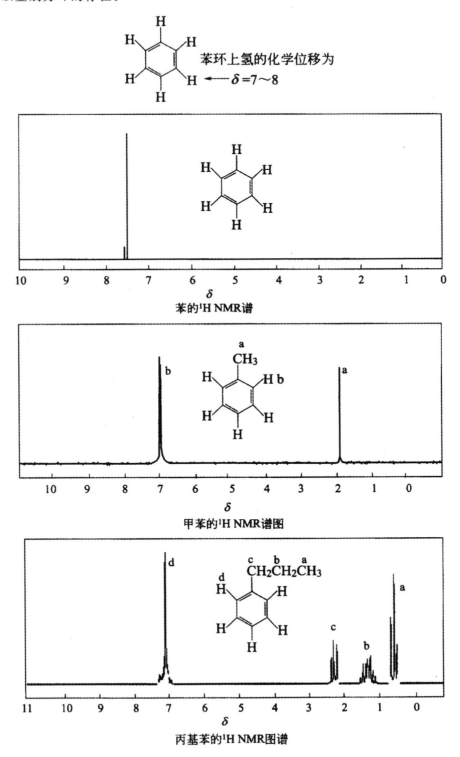

苯的¹H NMR谱

甲苯的¹H NMR谱图

丙基苯的¹H NMR图谱

3.3 单环芳烃的化学性质

3.3.1 亲电取代反应

1. 卤代反应

苯与氯或溴在常温和没有催化剂存在的条件下一般不发生反应,当用铁或铁盐作催化剂的情况下加热,则苯环上的氢可被卤素取代生成相应的卤代苯。例如:

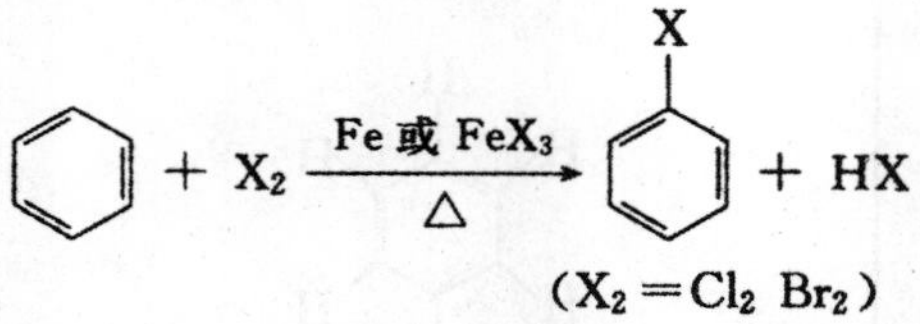

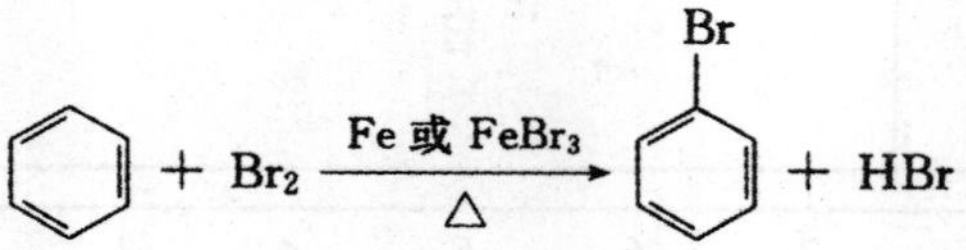

$$(X_2 = Cl_2 \quad Br_2)$$

生成的一卤代苯可进一步和卤素反应生成二卤代苯,其中主要生成邻位和对位取代产物。例如:

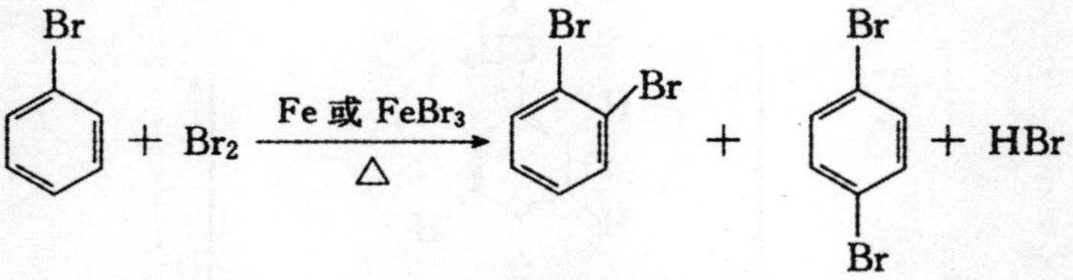

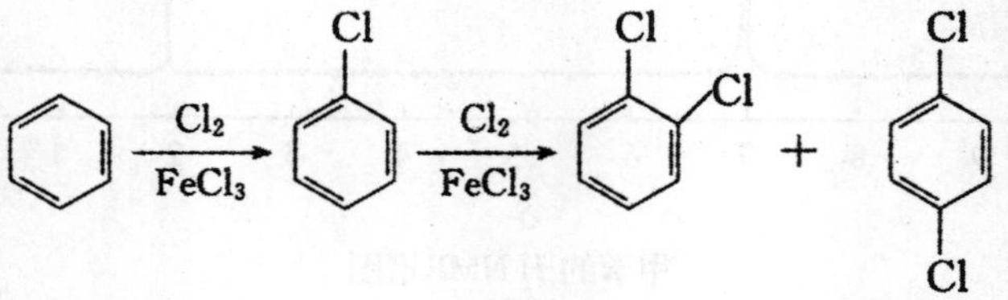

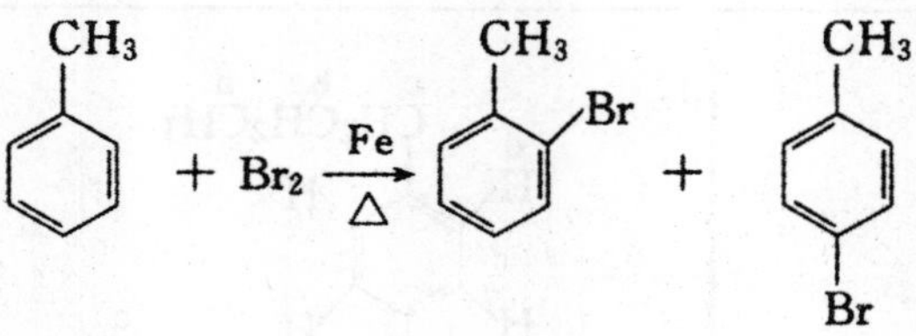

2. 硝化反应

苯在浓硝酸和浓硫酸的混合物(也叫混酸)中共热,苯环上的氢原子被硝基(—NO₂)取代,生成硝基苯的反应称为硝化反应。

$$\text{（苯）} + \begin{array}{c} HONO_2 \\ (HNO_3) \end{array} \xrightarrow[50℃\sim60℃]{H_2SO_4} \text{（NO}_2\text{苯）} + H_2O$$

硝基苯的进一步硝化比苯困难，需要提高反应温度和酸的浓度才能完成，主要得到间位产物。

$$\text{（NO}_2\text{苯）} + HONO_2 \xrightarrow[95℃]{浓\ H_2SO_4} \text{（间二硝基苯）} + H_2O$$

烷基苯在混酸作用下，比苯容易发生硝化反应，主要得到邻位和对位的硝化产物。例如：

$$\text{（CH}_3\text{苯）} + 2HONO_2 \xrightarrow[20℃\sim30℃]{H_2SO_4} \text{（邻硝基甲苯）} + \text{（对硝基甲苯）} + 2H_2O$$

3. 磺化反应

苯与浓硫酸或发烟硫酸作用，苯环上的氢原子被磺酸基（—SO₃H）取代生成苯磺酸的反应称为磺化反应。例如：

$$\text{（苯）} \xrightleftharpoons[或浓\ H_2SO_4,\ 80℃]{H_2SO_4\ (SO_3),\ 25℃} \text{（——SO}_3\text{H）} + H_2O$$
苯磺酸

苯磺酸在较高温度下可以继续磺化，生成间苯二磺酸。

$$\text{（SO}_3\text{H苯）} \xrightarrow[200℃\sim246℃]{H_2SO_4\ (SO_3)} \text{（间苯二磺酸）}$$
间苯二磺酸

烷基苯比苯容易磺化，主要生成邻位和对位烷基苯磺酸。例如：

$$\text{（CH}_3\text{苯）} \xrightarrow[常温]{浓\ H_2SO_4} \text{（邻甲苯磺酸）} + \text{（对甲苯磺酸）}$$

邻甲苯磺酸　　　对甲苯磺酸
30%　　　　　62%

磺化反应的温度不同时，产物也有所改变。在较低温度时，生成的邻位和对位产物的数量相差不多。但由于磺基体积较大，在发生取代反应时，邻位取代基的空间位阻较大。在较高温度反应达到平衡时，没有空间位阻的对位，将是取代的主要位置，因此，对位异构体为主要产物。这种空间效应也称为邻位效应。

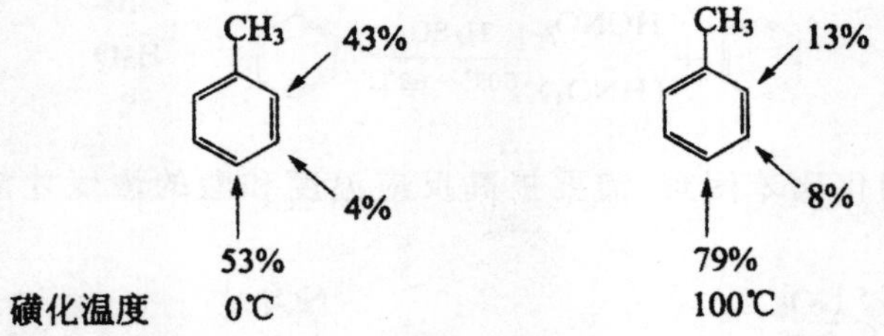

与卤化和硝化反应不同,苯的磺化反应是一个可逆反应。如果将苯磺酸与稀硫酸共热或在磺化产物中通入过热水蒸气时,可使苯磺酸发生水解反应而又变成苯。

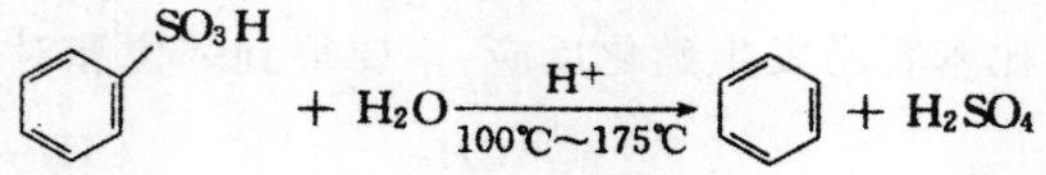

磺化反应的逆反应称为水解,该反应的亲电试剂是质子,因此,又称为质子化反应(或称去磺基反应)。

由于磺化反应是可逆反应,同时磺酸基又可以被硝基、卤素等取代,因此,在有机合成上可以利用磺酸基占据苯环上的一个位置,再进行其他反应,待反应完成后,再除去磺酸基。例如:

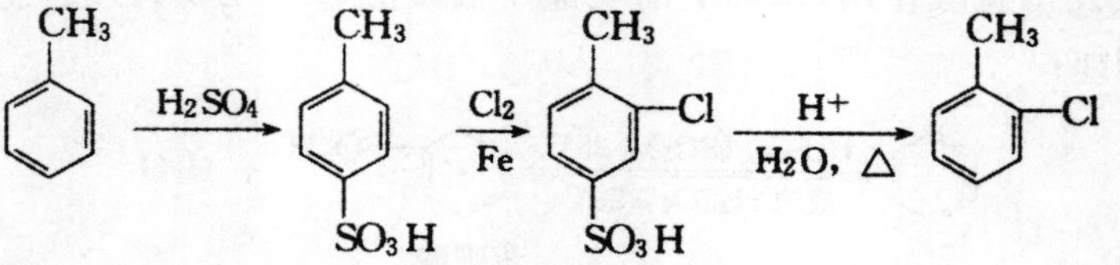

用磺酸基占位的方法,避免了甲苯直接氯化生成对氯甲苯。

4. 傅-克反应

(1)烷基化反应

芳烃与烷基化剂在催化剂作用下,芳环上的氢原子可被烷基取代。例如:

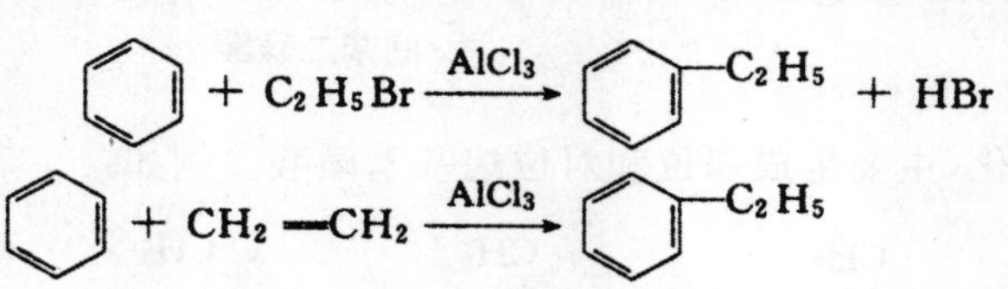

当烷基化剂含有 3 个或 3 个以上碳原子的直链烷基时,容易获得碳链异构化产物。例如:

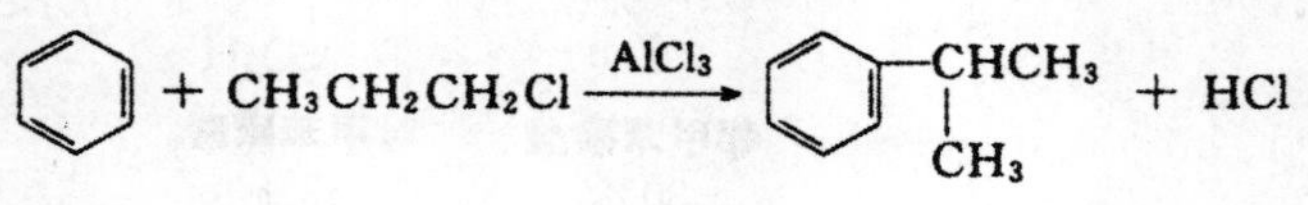

在烷基化反应中,当苯环上引入 1 个烷基后,反应可继续进行,得多烷基取代物。只有当苯过量时,才以一元取代物为主。但当苯环上已有硝基等吸电子基团时,苯的烷基化反应不再发生。

芳烃的烷基化反应传统上使用的催化剂是无水氯化铝，但由于氯化铝在使用时还需加入盐酸作助催化剂，腐蚀性较大，目前使用了一些固体催化剂，如分子筛、离子交换树脂等。此外，$FeCl_3$、$SnCl_4$、$ZnCl_2$、BF_3、HF、H_2SO_4 等均可作为该反应的催化剂。

(2)酰基化反应

常用的酰基化剂主要是酰卤和酸酐。例如：

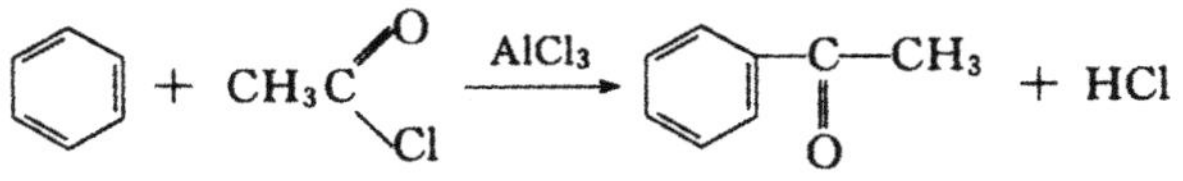

苯乙酮

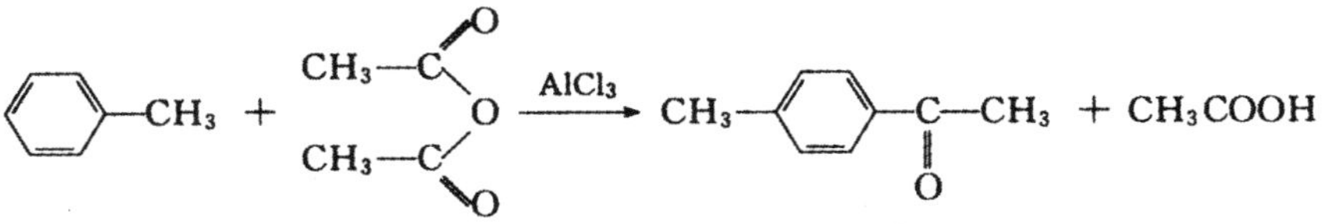

甲基对甲苯基酮

酰基化反应不能生成多元取代物，也不发生异构化。当苯环上已有硝基等吸电子基团时，酰基化反应也不能发生。因此，硝基苯是傅-克反应很好的溶剂。

5. 亲电取代反应机理

芳烃亲电取代反应历程分两步进行：首先亲电试剂 E^+ 进攻苯环与离域的 π 电子作用形成 π-络合物，π-络合物仍保持着苯环结构。然后亲电试剂从苯环夺取两个电子，与苯环的一个碳原子形成一个 C—Eσ 键，称为 σ-络合物。

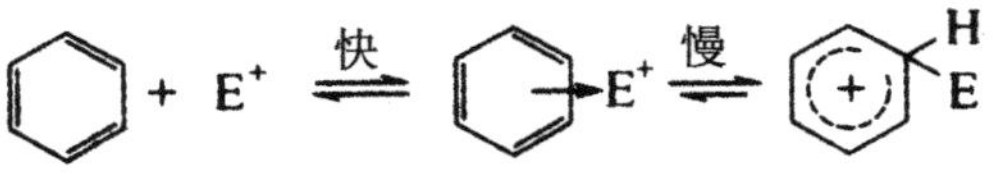

π-络合物　　σ-络合物

在 σ-络合物中，跟 E 相连的碳原子由 sp^2 杂化转变为 sp^3 杂化，苯环原有的六个 π 电子中给出了两个，剩下四个 π 电子离域在五个碳原子上，形成一个共轭体系，所以 σ-络合物不是原来的苯环结构，它是一个环状的碳正离子，可用以下三个共振式表示：

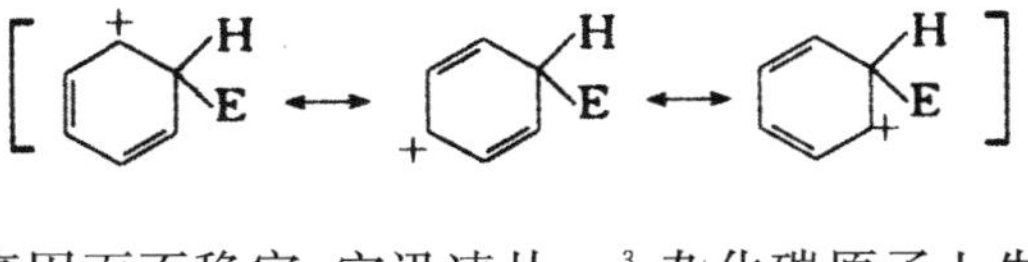

σ-络合物的能量比苯高因而不稳定，它迅速从 sp^3 杂化碳原子上失去一个质子转变为 sp^2 杂化碳原子，又恢复了稳定的苯环结构。

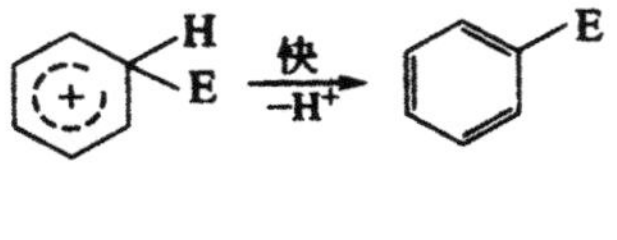

3.3.2　加成反应

由于苯环具有特殊的稳定性，难以发生加成反应。只有在特殊的条件下(如光照、高温、高压、催化剂等)才能发生加成反应。

1. 加氢反应

由于苯环较稳定,如果要进行加成则必须在强烈的条件下才有可能,但是加成反应一经开始,苯的闭合环共轭体系就被破坏,加成容易进行下去,所以不能停留在加成打开一个或两个双键的阶段上。例如:

$$\text{C}_6\text{H}_6 + 3\text{H}_2 \xrightarrow[180℃\sim250℃]{\text{Ni},\ 18\text{MPa}} \text{C}_6\text{H}_{12}$$

这是工业上制备环己烷的方法,也可以采用均相催化剂 2-乙基己酸镍/三乙基铝进行催化加氢反应,反应条件相对较温和。

苯在液相中用碱金属和乙醇还原,通常生成 1,4-环己二烯,这个反应称为伯奇(Birth)反应。

$$\xrightarrow[\text{液 NH}_3]{\text{Na}/\text{C}_2\text{H}_5\text{OH}}$$

2. 加氯反应

在紫外光照射下,苯与氯作用生成六氯代环己烷:

$$\text{C}_6\text{H}_6 + 3\text{Cl}_2 \xrightarrow{\text{紫外光}}$$

六氯代环己烷又称为六氯化苯,分子式为 $C_6H_6Cl_6$,俗称六六六。它是 20 世纪 70 年代以前应用最广泛的一种杀虫剂,但由于它的化学性质稳定,残留严重而逐渐被淘汰,我国于 1983 年停止生产六六六。

3.3.3 氧化反应

苯不易被氧化。单甲苯等烷基苯在氧化剂,如酸性高锰酸钾或重铬酸钾溶液等作用下,苯环上含 α-H 的侧链能被氧化。一般来说,不论碳链长短,最后都被氧化成苯甲酸,例如:

$$\text{C}_6\text{H}_5-\text{CH(CH}_3)_2 \xrightarrow{\text{KMnO}_4/\text{H}^+} \text{C}_6\text{H}_5-\text{COOH}$$

$$\text{C}_6\text{H}_5-\text{CH}_3 \xrightarrow{\text{KMnO}_4/\text{H}^+} \text{C}_6\text{H}_5-\text{COOH}$$

苯甲酸

如果苯环上有 2 个含 α-H 的烷基,则被氧化成二元羧酸。例如:

$$\text{H}_5\text{C}_2-\text{C}_6\text{H}_4-\text{CH(CH}_3)_2 \xrightarrow{\text{KMnO}_4/\text{H}^+} \text{HOOC}-\text{C}_6\text{H}_4-\text{COOH}$$

如果烷基上无 α-H,一般不能被氧化。可利用此类反应鉴别苯和含 α-H 的烷基苯。由于是一个含 α-H 的侧链氧化成一个羧基,因此,通过分析氧化产物中羧基的数目和相对位置,可以推测出原化合物中烷基的数目和相对位置。

3.4　苯的一元取代产物的定位规律

根据苯的结构,当苯发生亲电取代反应时,其一元取代物只有一种。但一元取代苯再继续进行取代时,取代基的位置就有三种可能,即第一个取代基的邻位、间位和对位。第二个取代基进入苯环的位置由第一个取代基决定。这种作用称为定位效应。苯环上原有的取代基称为定位基。

苯环上的定位基分为两类:邻、对位定位基和间位定位基。

(1)邻、对位定位基

邻、对位定位基又称第一类定位基,一般使新引入的取代基进入其邻位和对位,主要生成邻二取代苯和对二取代苯。属于这类定位基的有:

$$—\ddot{N}R_2、—\ddot{N}H_2、—\ddot{O}H、—\ddot{O}R、—\ddot{N}HCOR、—\ddot{O}COR、—R、—Ar、—\ddot{X}$$

邻、对位定位基具有如下的特点:

①与苯环相连的原子均以单键与其他原子相连。

②与苯环相连的原子大多带有孤电子对。

③除卤素以外,均可使苯环活化,即使苯环发生亲电取代反应变得比苯容易。

(2)间位定位基

间位定位基又称第二类定位基,一般使新引入的取代基进入其间位,主要生成间二取代苯。属于这类定位基的有:

$$—N^+R_3、—NO_2、—CN、—SO_3H、—CHO、—COOH$$

间位定位基具有如下的特点:

①与苯环相连的原子带正电荷或是极性不饱和基团。

②使苯环钝化,即使苯环发生亲电取代反应变得比苯困难。

3.5　定位规律的解释

苯环上亲电取代反应的定位规律,即取代基的定位效应,与取代基的诱导效应及与取代基的电子效应和空间效应有关,还与取代基及新引入基团的空间效应有关。

3.5.1　电子效应

许多取代基与苯环相连时,由于自身的诱导效应,与其和苯环形成的共轭效应,或超共轭效应间存在相互作用,这些电子效应相互作用的方向有些是一致的,有些是不一致的,但最终表现则是这些电子效应的综合结果。通过对电子效应的综合分析,可以帮助预测新引进的取代基进入原取代基的相对位置。

另外,与苯相似,一取代苯进行亲电取代反应的机理,也是通过 σ-络合物完成的。但由于取代基的性质以及它与新引进的取代基之间的相对位置不同,对形成 σ-络合物的稳定性产生不同的影响。因此,通过对 σ-络合物稳定性的分析,也可以帮助预测新引进的取代基进入原取代基哪个相对位置。现具体说明如下。

1. 邻、对位定位基的影响

一般来说,邻、对位定位基是供电子基(卤素除外),使苯环上的电子云密度增加(使苯环活化),尤其是邻、对位上的电子云密度增加较大。所以,亲电取代主要发生在邻、对位上。例如:

(1)甲基

在甲苯分子中,甲基在苯环上产生斥电子的诱导效应,使苯环上电子云密度增大。同时,甲基 C—H 键的 σ 电子和苯环大 π 键形成了 σ-π 共轭体系。σ-π 共轭体系产生的超共轭效应使 C—H 键 σ 电子云向苯环转移。显然,甲基的诱导效应和 σ-π 超共轭效应均使苯环上电子云密度增加,由于电子共轭传递的结果,使甲基的邻位和对位上增加得较多。所以,甲苯的亲电取代反应不仅比苯容易,而且主要发生在甲基的邻位和对位。甲基通过给电子作用,可分散正电荷,使碳正离子比较稳定,同样也使过渡态中正在形成的碳正离子获得稳定。

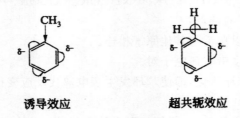

诱导效应　　　　　　　超共轭效应

(2)羟基

羟基是一个较强的邻、对位定位基。羟基对苯环有两方面的影响,具体如下:

①羟基氧的电负性较大,产生吸电子的诱导效应,使苯环上电子云密度降低。

②羟基氧上的孤对电子与苯环大 π 键形成 p-π 共轭体系,共轭效应的结果使苯环上电子云密度增大。

已有实验证明,在这两个方向相反的效应中,共轭效应占优势,总的结果是苯环上电子云密度增大,而且邻位和对位上的电子云密度增加更多些,所以苯环活化,主要产生邻、对位取代物。

(3)卤原子

卤原子的情况比较特殊,它是钝化苯环的邻、对位定位基。卤原子是强吸电子基,通过诱导效应,使苯环的电子密度降低,比苯难进行亲电取代反应。虽然卤原子的未共用电子对能与苯环形成 p-π 共轭,但因氯、溴、碘的原子半径大而共轭不好,因此,总的结果是诱导效应大于共轭效应,使亲电取代反应较难进行,所以它又是一个致钝基。不过,卤代苯中的—X 仍是一个邻、对位定位基。

也可以用共振论解释,一取代苯的亲电取代反应的机理与苯相似,活性中间体也是 σ 配合物(碳正离子中间体)。因此,只要分析 σ 配合物的能量状态或稳定性,同样可以理解定位规律。以甲苯为例:当亲电试剂 E+ 向甲苯进攻时,可生成以下三种 σ 络合物(碳正离子中间体):

I
E⁺进攻邻位形
成的σ-配合物

II
E⁺进攻对位形
成的σ-配合物

III
E⁺进攻间位形
成的σ-配合物

这三种碳正离子的结构可用共振式表示如下：

I

II

III

在亲电试剂进攻甲苯的邻、对位或间位时，所形成的中间体(σ-络合物)碳正离子的共振式中，I式和Ⅱ式正好是带正电荷的碳原子与甲基直接相连，由于甲基的斥电子作用，正电荷得以有效分散，因此，这两个共振结构的能量较低，比较稳定。而在Ⅲ式中，正电荷都分布在仲碳上，正电荷得不到分散，能量较高，不稳定，间位比邻、对位难发生取代反应，所以甲基是邻、对位定位基。

2. 间位定位基的影响

当苯环上连有间位定位基时，由于它们的吸电诱导效应和吸电共轭效应，使苯环的电子云密度降低，尤其是邻、对位上电子云密度降低更为显著。因此，亲电取代反应比苯难于进行，且取代主要发生在间位。

以硝基苯为例来说明。由于组成硝基的氮和氧的电负性比较大，所以硝基是吸电子基，它对苯环的诱导效应使苯环上的电子云密度降低，由于硝基与苯环共平面，硝基氮氧双键中的 π 键，又可与苯环的大 π 键形成 π-π 共轭体系，共轭效应的结果，也使苯环上的电子云密度降低。

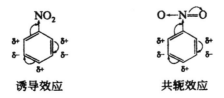

诱导效应　　　　　　　　共轭效应

所以在硝基苯分子中,诱导效应和共轭效应使电子云偏移方向一致,其结果都是使苯环上的电子云密度降低,尤其是硝基的邻位和对位降低更多,而间位相对来说 π 电子云密度要高一些。因此,其是一个钝化苯环的定位基,亲电取代反应比苯更难,而且取代反应主要在间位上进行。

利用共振论也可以解释间位定位基的定位作用。以硝基苯为例:当亲电试剂 E⁺ 向硝基苯进攻时,形成下列三种 σ-络合物:

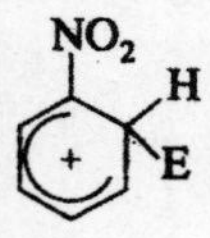

E⁺进攻邻位形成的 σ-配合物   E⁺进攻对位形成的 σ-配合物   E⁺进攻间位形成的 σ-配合物

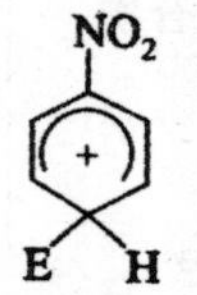

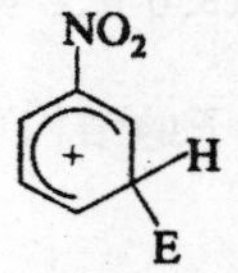

这三种碳正离子的结构也可用共振式表示如下:

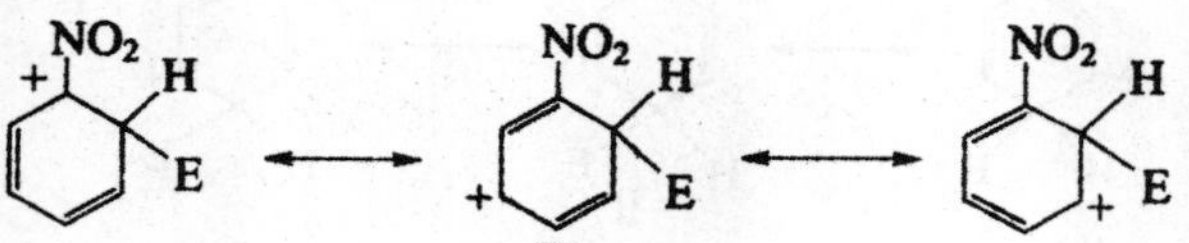

在亲电试剂进攻硝基的邻位、对位和间位时,所生成的中间体碳正离子的共振式中,Ⅵ式比Ⅳ式和Ⅴ式稳定,因为在Ⅳ和Ⅴ中正电荷分布在与硝基氮原子直接相连的碳原子上,这样正电荷更加集中,能量更高而不稳定,因此,硝基为间位定位基。共振结构Ⅵ与相应的苯的共振结构相比,由于硝基的存在,环上的正电荷比较集中,Ⅵ不稳定。所以硝基表现出钝化苯环的作用。

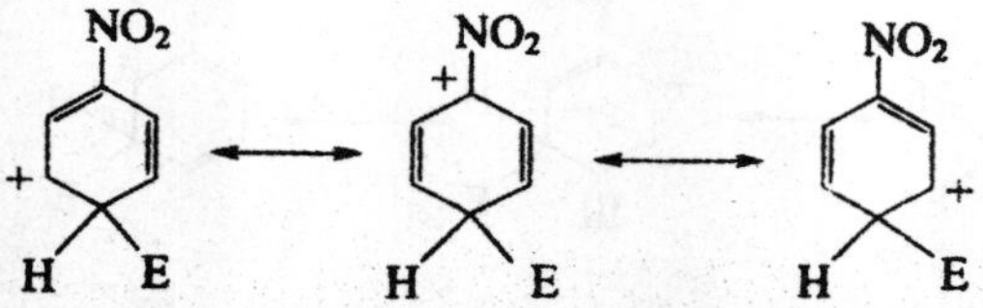

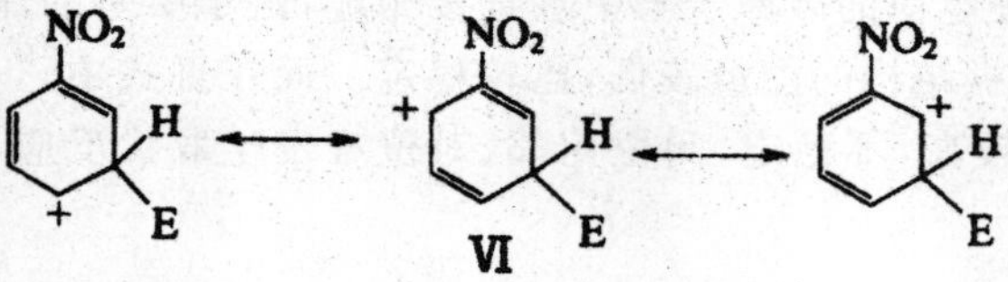

3.5.2　空间效应

苯环上原有取代基是第一类定位基时,虽然知道新引进基团进入其邻、对位,但邻、对位的比例将随原取代基空间效应的大小不同而变化。空间位阻越大,其邻位异构体也就越少。如甲苯、乙苯、异丙苯和叔丁苯在同样条件下硝化会产生不同比例的异构体,如表 3-2 所示。另外,邻对位异构体的比例,也与新引入基团的空间效应有关。一般来讲,随着取代基体积的增大,空间效应增强,邻位产物的比例降低。

表 3-2　一烷基苯硝化时异构体的分布

化合物	环上原有取代基(—R)	异构体比例/%		
		邻位	对位	间位
甲苯	—CH_3	58.45	37.15	4.40
乙苯	—CH_2CH_3	45.0	48.5	6.5
异丙苯	—CH(CH_3)_2	30	62.3	7.7
叔丁苯	—C(CH_3)_3	15.8	72.7	11.5

3.6　苯的二元取代产物的定位规律

当苯环上已有两个取代基团时,第三个取代基团进入的位置由原来两个基团的种类来决定,一般有如下几种情况。

①两个取代基的定位效应一致时第三个取代基进入的位置由上述取代基的定位规则来决定。例如,下列化合物引入第三个取代基时,取代基主要进入箭头所示的位置。

有时也受到其他因素的影响,例如④式所示,由于空间效应的影响,两个甲基之间的位置就很难进入取代基,虽然这个位置是两个甲基的邻位。

②环上原有的两个取代基的定位作用不一致,但环上原有取代基属于同一类时,第三个取代基进入苯环的位置主要由较强的定位基决定。例如,下列化合物引入第三个取代基时,将主要进入箭头所表示的位置。

③环上原有的两个取代基的定位作用不一致,单环上原有的两个取代基属于不同类时,第三取代基进入苯环的位置由邻、对位定位基起主要定位作用,因为邻、对位基使苯环致活。例如,下列化合物引入第三个基因时,进入的位置如箭头所示。

3.7 定位规律的应用

苯环上亲电取代反应的定位规律不仅可以用来解释某些实验事实,而且可用于指导取代苯的合成,包括预测反应主要产物和合成路线的选择。下面举例加以说明。

例如,由甲苯为原料合成对硝基苯甲酸。

显然,有两种变化发生:甲基被氧化成羧基(—COOH)、硝基被引入苯环,所以必定包含两个步骤:甲基氧化和硝化。合成路线有两种:先氧化后硝化;先硝化再氧化。究竟选择哪一种合成路线呢?考虑到硝基苯甲酸是对位异构体,要求甲苯必须首先硝化(因为甲基是邻、对位定位基),然后将甲基氧化成羧基,即得到对硝基苯甲酸。

若先将甲苯氧化再硝化,则得不到预期的产物,而是得到间硝基苯甲酸。

需要注意的是,使用很强的活化基团(如—NH₂、—OH)往往发生不希望的反应。例如,用HNO₃硝化苯胺时,结果苯环被 HNO₃ 氧化而破坏。因此,必须把—NH₂转化成中等活性的基团,使苯环不被氧化,如下式所示:

若需要 *o*-硝基苯胺，则可用下列反应实现：

3.8　多环芳烃

3.8.1　多环芳烃的分类

分子中含有两个或两个以上苯环的芳烃称为多环芳烃，大致可分为三类。

1. 联苯类多环芳烃

分子中含有两个苯环或多个苯环以环上一个碳原子直接相连而成芳烃。命名时以"联"作为词头，用中文字一、二、三等表示所连苯环的数目称为联×苯。如有必要，需标明单键所在位置。

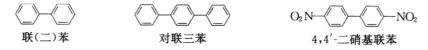

联（二）苯　　　　　对联三苯　　　　　4,4′-二硝基联苯

2. 多苯代脂肪烃

当多个苯基连在同一个烃基上，可看成烃中的氢被苯基取代而成的芳烃。

三苯甲烷　　　　　1,2-二苯乙烯

3. 稠环芳烃

分子中含有两个或多个苯环彼此共用两个相邻苯环上的相邻碳原子稠合而成的芳烃。

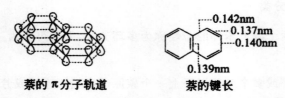

萘　　　　　　　　蒽

菲　　　　　　　　菲

3.8.2　萘

萘是最简单的稠环芳烃,来自煤焦油,是煤焦油中含量最高的一种稠环芳烃(约 5%～6%)。由两个苯环稠合而成,分子式为 $C_{10}H_8$。

1. 萘的结构

萘的结构与苯相似,也是一个平面分子。萘分子中所有的碳原子和氢原子都在同一个平面,每个碳原子均以 sp^2 杂化轨道与相邻的碳原子形成碳碳 σ 键,每个碳原子还有一个未参与杂化的 p 轨道,这些对称轴平行的 p 轨道侧面重叠形成一个闭合共轭大 π 键,因此,和苯一样具有芳香性。但萘和苯的结构不完全相同,萘分子中两个共用碳上的 p 轨道除了彼此重叠外,还分别与相邻的另外两个碳上的 p 轨道重叠,因此,闭合大 π 键的电子云在萘环上不是均匀分布的,导致碳碳键长不完全等同。

萘的 π 分子轨道　　　　　　**萘的键长**

0.142nm
0.137nm
0.140nm
0.139nm

萘分子中不仅各个键的键长不同,各碳原子的位置也不完全相同,其中 1、4、5、8 四个碳原子的位置是等同的,称为 α-位;2、3、6、7 四个碳原子的位置也是等同的,称为 β-位。因此,萘的一元取代物有两种:α-取代物(1-取代物)和 β-取代物(2-取代物)。

2. 萘的性质

萘是白色晶体,熔点为 80.6℃,沸点为 218℃,有特殊的气味,易升华。不溶于水,易溶于热的乙醇及乙醚。常用作防蛀剂。

萘的结构形式上可看作是由两个苯环稠合而成,但它的共振能并不是苯的 2 倍,即 2×152＝304kJ/mol,而只有 255kJ/mol。因此,萘的稳定性比苯弱一些。萘的 α-位活性比 β-位大,所以取代反应中一般得到 α-位取代产物。

(1)亲电取代反应

亲电取代反应中，萘的 α-位活性大于 β-位，一般也可以用中间体碳正离子的稳定性及其形成过渡态时的活化能高低予以解释。当萘的 α-位被取代时，中间体碳正离子的结构可以用下列共振结构式来表示：

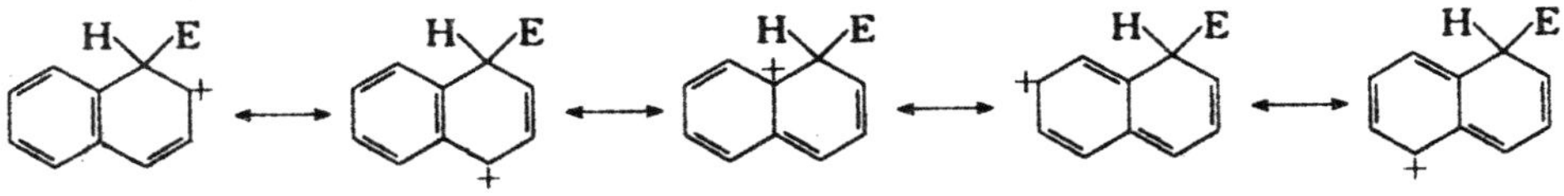

如果 β-被取代，则中间体碳正离子的结构可以用下列共振结构式表示：

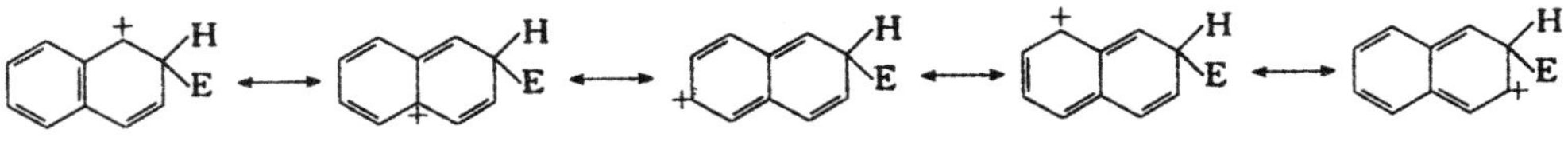

在 α-位取代所得的共振结构式中，第一、第二两个共振结构式仍保持了一个苯环的结构，它们的能量比较低，在共振杂化体的组成中贡献比较大。在 β-位取代的共振结构式中，只有第一个共振结构式保留了苯环的结构，它的能量低，贡献大，其余四个共振结构式能量都比较高，所以就整个共振杂化体来说，β-位取代的能量高，β-位取代的中间体碳正离子在形成过渡态时，活化能也高，因此，萘的亲电取代一般发生在 α-位。

①卤代反应。由于萘分子中 α 碳的电子云密度大于 β 碳，因此，萘环上的亲电取代反应总是首先发生在 α-位，得到 α-位取代产物。例如，在三氯化铁的存在下，将氯气通入萘的溶液中，得到 α-氯萘。

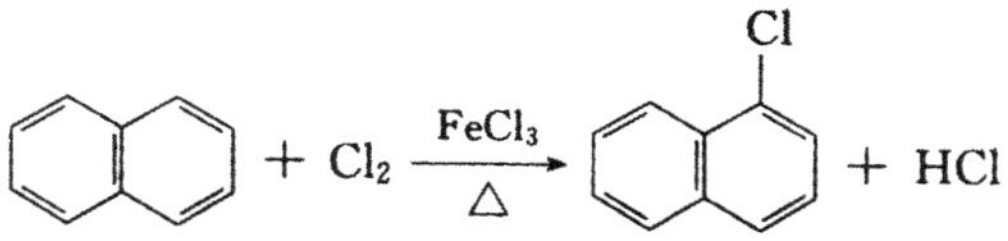

92%～95%

②硝化反应。硝化反应萘的 α-位硝化反应比苯的硝化反应要快几百倍，用混酸硝化萘，在室温下即可进行，主要得到 α-硝基萘。

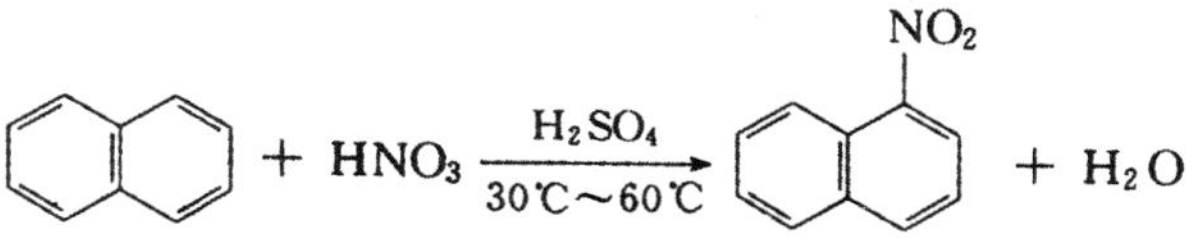

95%

③磺化反应。萘的磺化反应的产物与反应温度有关。低温时(0℃～60℃)多为 α-萘磺酸；较高温度时(165℃)则主要是 β-萘磺酸。α-萘磺酸与硫酸共热至 165℃时，也转变成 β-萘磺酸：

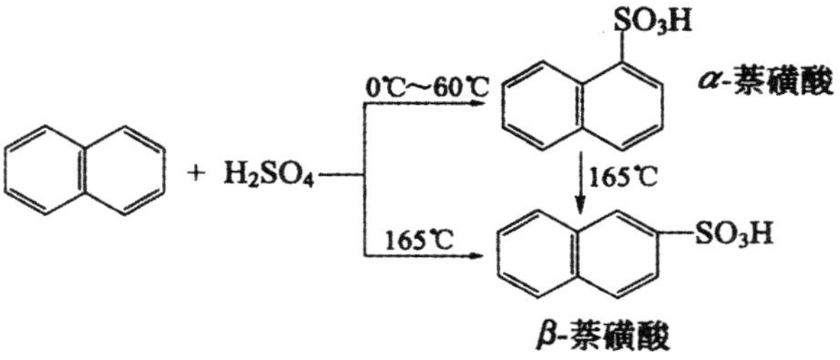

这是因为磺化反应是可逆反应。低温时，取代反应发生在电子云密度较高的 α 位，但因磺酸基的体积较大，它与相邻的 α 位上的氢原子之间距离小于范德华半径之和。由于空间位阻的作用，α 萘磺酸稳定性较差，温度高时这种影响更显著。因此，在较高温度时生成稳定的 β 萘磺酸。

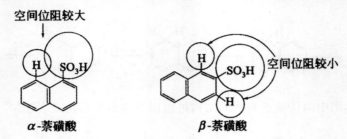

β 萘磺酸比 α 萘磺酸具有较大的热力学稳定性，即在较低温度下逆反应不显著，产物由速度控制，因此，以 α 萘磺酸为主；温度升高，产物则由热力学控制，故以比较稳定的 β 萘磺酸为主。

萘的亲电取代反应一般发生在 α 位，主要得到 α 取代产物。而 β 位上的取代反应，只有 β 萘磺酸比较容易得到，由于磺基易被其他基团取代，因此，β 萘磺酸是制备某些 β 取代萘的中间产物。例如，β 萘磺酸碱熔可得到 β-萘酚：

萘分子有两个苯环，第二个取代基进入的位置可以是同环，也可以是异环，主要取决于原有取代基的定位作用。原有取代基是第一类定位基时，第二个取代基进入同环原取代基的邻位或对位中的 α-位。例如：

（主要产物）

若原有取代基是第二类定位基时，不论其在萘环的 α-位还是 β-位，第二个取代基一般进入异环的 α-位。例如：

萘环的二元取代反应比苯环复杂，以上只是一般原则，有些反应并不遵循上述规律。例如：

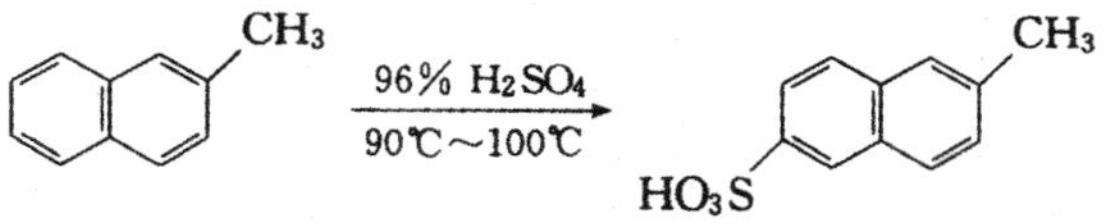

④傅-克反应。由于萘比苯活泼，进行傅氏反应时，通常是生成多种产物的混合物，所以要选择适宜的条件才能得到预期的产物。例如：

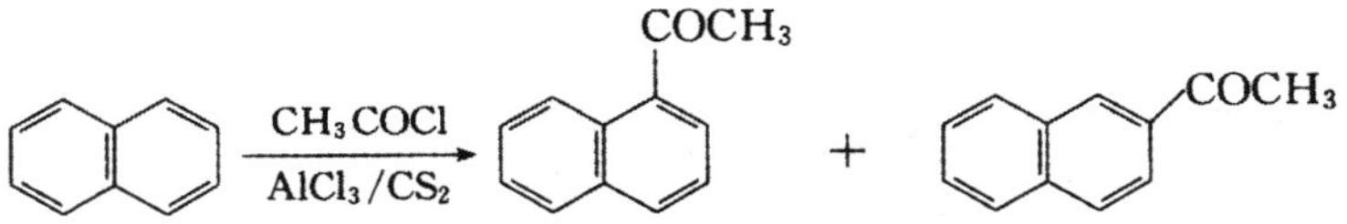

3　:　1

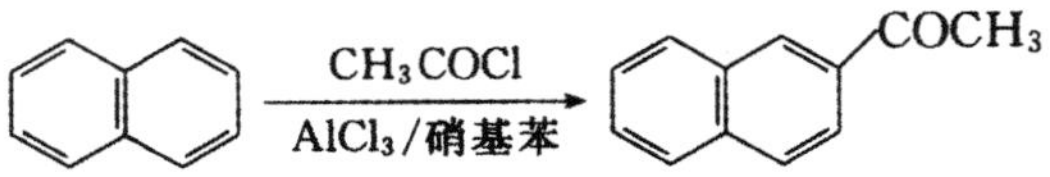

用硝基苯代替二硫化碳作溶剂，可以主要生成 β-位酰化产物，这是因为 CH_3COCl、$AlCl_3$ 和硝基苯($C_6H_5NO_2$)可以生成体积较大的络合物亲电试剂，体积大的试剂不易进攻空间位阻较大的 α-位的缘故。

(2)氧化反应

在乙酸溶液中，用三氧化铬氧化萘可以得到 1,4-萘醌，在更剧烈的氧化条件下氧化，如高温催化空气氧化，可以得到邻苯二甲酸酐。在这两个氧化反应中都保留了一个苯环。例如：

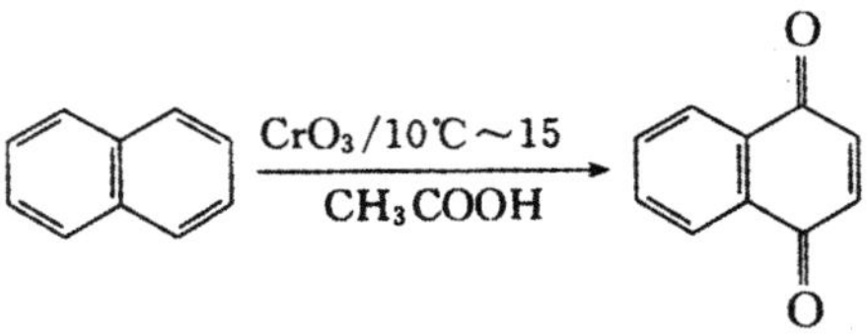

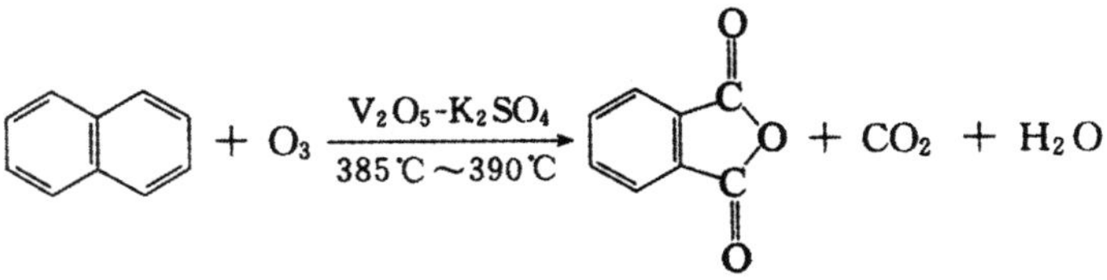

(3)加氢还原反应

萘比苯容易起加成反应，用钠和乙醇就可以使萘还原成 1,4-二氢化萘：

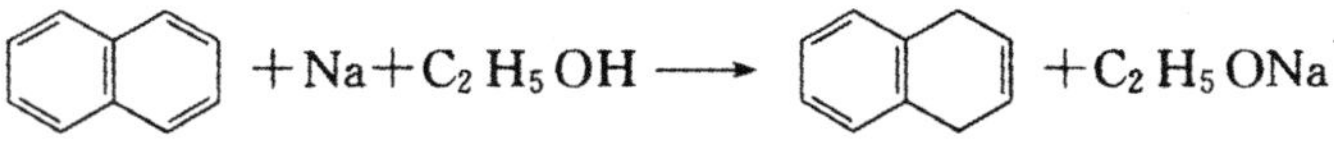

1,4-二氢化萘

1,4-二氢化萘不稳定，与乙醇钠的乙醇溶液一起加热，容易异构变成 1,2-二氢化萘：

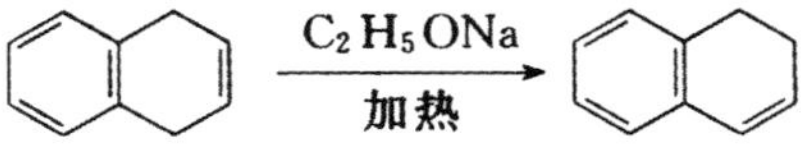

1,2-二氢化萘

用钠和戊醇使萘还原，反应在更高温度下进行，这时得到 1，2，3，4-四氢化萘。萘催化加氢也生成四氢化萘，如果催化剂或反应条件不同，也可以生成十氢化萘：

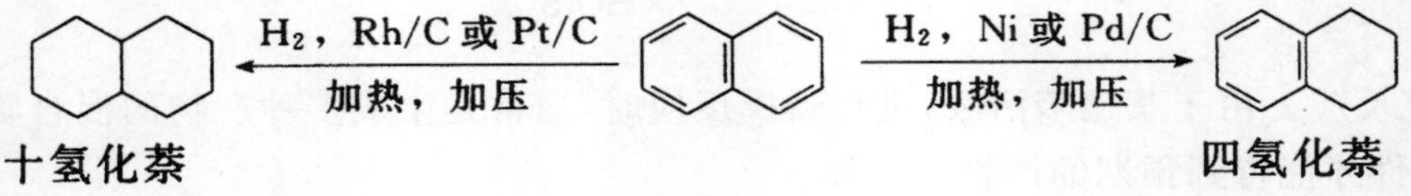

十氢化萘　　　　　　　　　　　　　　　　　　　　　　　　　四氢化萘

四氢化萘又叫萘满，是沸点为 270.2℃ 的液体，与溴反应是实验室中制取少量干燥 HBr 的方法。十氢化萘又叫萘烷，是沸点为 191.7℃ 的液体，它们都是良好的高沸点溶剂。

3.8.3　蒽和菲

蒽和菲都是由 3 个苯环稠合而成的稠环芳烃。其中，蒽的 3 个苯环直线稠合排列，菲的 3 个苯环角式稠合排列。两者的分子式均为 $C_{14}H_{10}$，互为同分异构体。它们的构造式及分子中碳原子的编号如下：

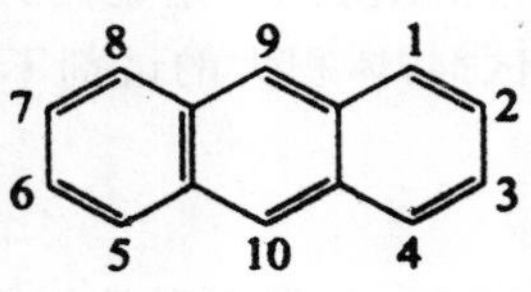

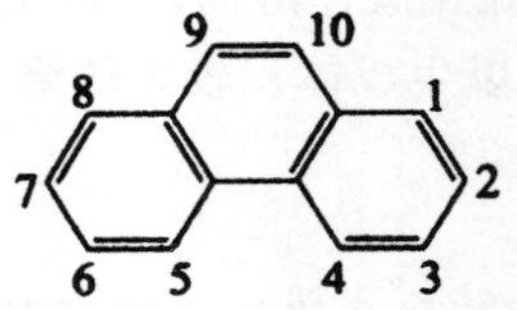

在蒽分子中，1，4，5，8 四个位置相等，称为 α 位；2，3，6，7 四个位置相等，称为 β 位；9，10 两个位置相等，称为 γ 位（或中位）。因此，蒽的一元取代物有 3 种。在 3 个位置中，γ 位比 α 位和 β 位都活泼，所以反应通常发生在 γ 位。在菲分子中有 5 对相互对应的位置，即 1 与 8，2 与 7，3 与 6，4 与 5，9 与 10，因此，菲的一元取代物有 5 种异构体。其中 9，10 位比较活泼。

蒽为白色晶体，具有蓝色的荧光，熔点为 216℃，沸点为 340℃。它不溶于水，难溶于乙醇和乙醚，能溶于苯。菲是白色片状晶体，熔点为 100℃，沸点为 340℃，易溶于苯和乙醚，溶液呈蓝色荧光。

蒽和菲的芳香性都比萘差，所以蒽和菲的化学性质比萘更活泼。对于蒽和菲来说，无论是取代反应、氧化反应还是还原反应，通常都发生在 9、10 位，这样在产物中可以保留两个完整的苯环，所得产物的稳定性最大。例如：

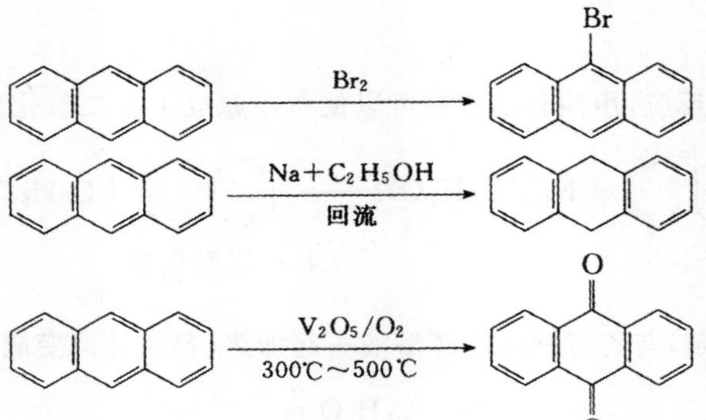

蒽还可以作为双烯体,发生狄尔斯-阿尔德(Diels-Alder)反应:

3.8.4 致癌芳烃

致癌芳烃主要是稠环芳烃及其衍生物。3 环(苯环)稠合的稠环芳烃(蒽、菲)本身不致癌,若分子中某些碳上连有甲基时就有致癌性。4 环和 5 环的稠环芳烃和它们的部分甲基衍生物有致癌性。6 环的稠环芳烃有的有致癌性。其中,1,2-苯并芘是一种强致癌物。煤的燃烧、干馏以及有机物的燃烧、焦化等都可以产生此致癌物质。目前已知,其致癌作用是由于代谢产物能够与 DNA 结合,从而导致 DNA 突变,增加了致癌的可能。

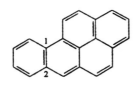

1,2-苯并芘

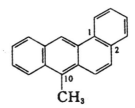

10-甲基-1,2-苯并蒽

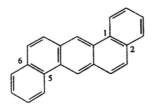

1,2,5,6-二苯并蒽

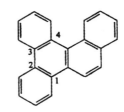

1,2,3,4-二苯并菲

第4章 卤代烃

4.1 概 述

卤代烃是指烃分子中的氢原子被卤原子取代所得到的化合物,简称卤烃。卤代烃的结构通式可用(Ar)R—X表示,X代表卤原子,是卤代烃的官能团。卤代烃的性质比烃活泼得多,能发生多种化学反应,转化成其他类型的化合物。卤代烃是一类重要的有机化合物,含有卤素的有机化合物与医药关系密切,有的是制备有机药物的重要中间体,有的本身就是药物,例如:

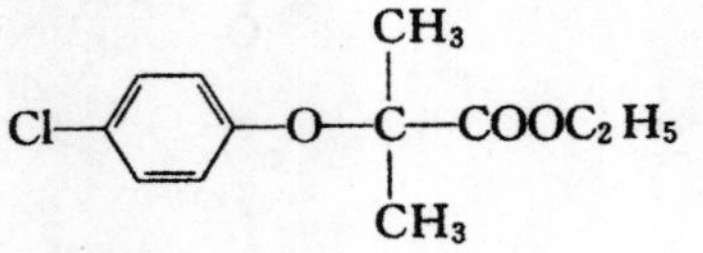

$$Cl{-}\langle\bigcirc\rangle{-}O{-}\underset{CH_3}{\overset{CH_3}{C}}{-}COOC_2H_5 \qquad 氯贝丁酯(降血脂药)$$

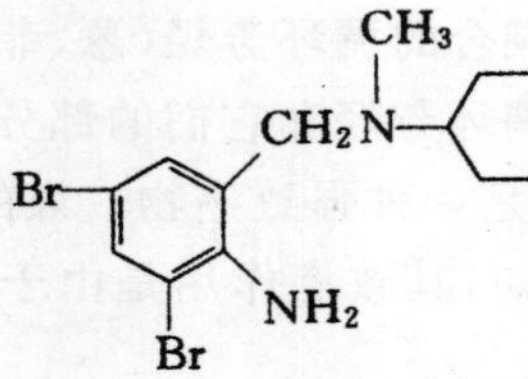

$$溴己新(祛痰药)$$

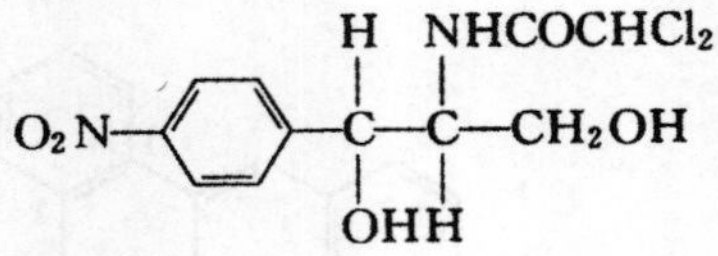

$$O_2N{-}\langle\bigcirc\rangle{-}\underset{OH}{\overset{H}{C}}{-}\underset{H}{\overset{NHCOCHCl_2}{C}}{-}CH_2OH \qquad 氯霉素(抗菌药)$$

4.1.1 卤代烃的分类

1. 按烃基种类分

根据烃基结构的不同,分为饱和卤代烃、不饱和卤代烃、卤代芳烃。

$$\begin{cases} 饱和卤代烃(卤代烷) & CH_3CH_2X \\ 不饱和卤代烃(卤代烯、卤代炔) & CH_3CH=CHX \\ 卤代芳烃 & C_6H_5—X \end{cases}$$

例如:

$$CH_3CH_2CH_2I \qquad\qquad CH_3CH=CHCH_2Cl \qquad\qquad \langle\bigcirc\rangle{-}Br$$

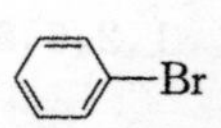

饱和卤代烃　　　　　　不饱和卤代烃　　　　　　卤代芳烃

（碘丙烷）　　　　　　（1-氯-2-丁烯）　　　　　（溴苯）

在卤代烯烃中有两种重要类型:烯丙型卤代烃和乙烯型卤代烃。例如:

$$CH_2 =\!\!=\!\!CH\!\!-\!\!CH_2X \quad 或 \quad R\!\!-\!\!CH =\!\!=\!\!CH\!\!-\!\!CH_2X$$

烯丙型卤代烃

$$CH_2 =\!\!=\!\!CH\!\!-\!\!X \quad 或 \quad R\!\!-\!\!CH =\!\!=\!\!CH\!\!-\!\!X$$

乙烯型卤代烃

这两种卤代烃各有自己的特殊结构，它们在化学性质上有极大的差异。

2. 按与卤原子相连的碳原子类型分

按与卤原子相连的碳原子类型的不同，可将卤代烃分为：

$$\begin{cases} 伯卤烃（一级卤代烃） & RCH_2X \\ 仲卤烃（二级卤代烃） & R_2CHX \\ 叔卤烃（三级卤代烃） & R_3CX \end{cases}$$

伯卤代烃、仲卤代烃、叔卤代烃又分别称为一级卤代烃、二级卤代烃、三级卤代烃。

例如：

CH₃CH₂—X　　　　　　CH₃CH₂CH₃　　　　　　CH₃CCH₂CH₃

伯（1°）卤代烃　　　仲（2°）卤代烃　　　叔（3°）卤代烃

3. 按分子中所含卤原子数目分

按分子中所含卤原子数目多少，又可分为一元卤代烃、二元卤代烃和多元卤代烃。

例如：

C_6H_5Br　　　　　　　CH_2Cl_2　　　　　　　　CHI_3

溴苯　　　　　　　　二氯甲烷　　　　　　　三碘甲烷（碘仿）

（一卤代烃）　　　　（二卤代烃）　　　　（多卤代烃）

4.1.2　卤代烃的命名

1. 普通命名法

普通命名法是按与卤原子相连的烃基名称来命名的，称为某基卤（化物），可用于简单卤代烃的命名。

CH₃CH₂—Cl　　　　　CH₃CCH₃（CH₃、Cl）　　　　环戊基溴

乙基氯　　　　　　　叔丁基氯　　　　　　　环戊基溴

也可以在母体烃名称前面加"卤代"，称为卤代某烃，"代"字常省略。

CH₃—C—CH₃（CH₃、Cl）　　CH₃CHCH₃（Br）　　CH₂=CH—Br　　溴苯

氯代叔丁烷　　　　　溴代异丙烷　　　　　溴乙烯　　　　　溴苯

2. 系统命名法

对于结构复杂的卤代烃,命名时需要采用系统命名法。在系统命名法中,卤代烃被看作烃的卤素衍生物,即以烃为母体,卤原子只作为取代基。卤代烃的命名原则与相应的烃的原则相同,可以表述为:

①选择连有卤原子的最长碳链为主链,支链和卤原子均作为取代基,根据主链碳原子数称为"某烷"。

②主链碳原子的编号也遵循最低系列原则,当从两端编号遇两个取代基位次号相同时,若取代基之一是卤原子,则根据次序规则给予卤原子所连接的碳原子以较大的编号。

③将取代基的名称和位次按次序规则顺序,依次写在主链烷烃名称之前,即得全名。

(1)饱和卤代烃(卤代烷烃)

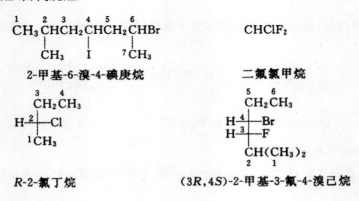

$$CH_3CHCH_2CHCH_2CHBr \qquad CHClF_2$$

2-甲基-6-溴-4-碘庚烷 　　　　 二氟氯甲烷

R-2-氯丁烷 　　　　 (3R,4S)-2-甲基-3-氟-4-溴己烷

(2)不饱和卤代烃

(Z)-3,5-二甲基-4-乙基-1-氯-3-己烯 　　　　 5-乙基-7-溴-2-庚炔

(3)卤代环烃

卤原子直接连在环上时,环为母体,卤原子为取代基。

2-氯甲苯(或邻氯甲苯) 　　　　 4-甲基-5-溴环己烯

若卤原子连在环的侧链上时,环和卤原子作为取代基,侧链烃为母体。

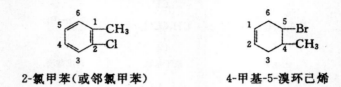

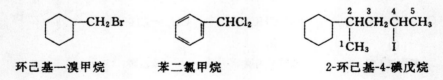

环己基一溴甲烷 　　　 苯二氯甲烷 　　　 2-环己基-4-碘戊烷

4.1.3　卤代烃的同分异构

碳原子数目相同的卤代烃比烷烃的同分异构体多,如果是卤代烷,除碳键异构外,还有卤原子的位置异构。例如,丙烷没有同分异构现象,但一元卤代丙烷就有两种同分异构体:

$$CH_3—CH_2—CH_2—X \qquad CH_3—\overset{\displaystyle X}{\overset{|}{CH}}—CH_3$$

一元氯代丁烷有四种同分异构体:

$$CH_3CH_2CH_2CH_2Cl \qquad CH_3CHClCH_2CH_3$$

$$CH_3—\overset{\displaystyle CH_3}{\overset{|}{\underset{|}{\underset{\displaystyle CH_3}{C}}}}—Cl \qquad CH_3—\overset{\displaystyle CH_3}{\overset{|}{CH}}—CH_2—Cl$$

其中前面两个异构体可看做是正丁烷的衍生物,后面两个则可看做是异丁烷的衍生物。

随着分子中碳原子数目的增加,卤代烷的同分异构体的数目也逐渐增加。在卤代烯烃分子中,除了碳链异构和卤原子的位置异构外,还由于双键和卤原子的相对位置不同而使同分异构现象更为复杂。

4.2　卤代烃的制备方法

卤代烃是一类重要的化工原料,在有机合成中的有广泛的应用,但卤代烃在自然界中是极少存在的,只能用合成的方法在制备。

4.2.1　通过烃来制备

1. 烃的卤代

在光照或高温下,烷烃可直接与卤素发生卤代反应。因为烷烃分子中每个碳原子上氢都有可能被卤素原子取代,因此往往得到一元或多元卤代烃的混合物,所以用途不是太大。一些特定结构的烃通过调节原料的比例和控制反应条件也能得到某种主要取代产物。例如:

N-溴代丁二酰亚胺,简称 NBS,是一种极好的溴代试剂,反应中常常得到应用。

2. 不饱和烃的加成

烯烃、炔烃、二烯烃与卤素（Cl_2、Br_2、I_2）、氢卤酸（HCl、HBr、HI）的加成，可以制得各种卤代烃。例如：

$$CH_3CH = CH_2 \xrightarrow[\text{HBr}]{} CH_3CHCH_3 \quad \text{马氏产物}$$

（反应式图）

$$CH_3CH = CH_2$$
- $\xrightarrow{HBr}$ $CH_3\underset{Br}{CH}CH_3$ 马氏产物
- $\xrightarrow[H_2O_2]{HBr}$ $CH_3CH_2CH_2Br$ 反马氏产物
- $\xrightarrow{Br_2}$ $CH_3CHBrCH_2Br$ 二元卤代烃

$$CH_3C \equiv CH$$
- $\xrightarrow{HBr}$ $CH_3C = CH_2$ $\xrightarrow{HBr}$ CH_3CCH_3 马氏产物
- $\xrightarrow[H_2O_2]{HBr}$ $CH_3CH = CHBr$ $\xrightarrow[H_2O_2]{HBr}$ $CH_3CH_2CHBr_2$ 反马氏产物
- $\xrightarrow{Br_2}$ $CH_3CBr = CHBr$ $\xrightarrow{Br_2}$ $CH_3CBr_2CHBr_2$ 多元卤代烃

（环己烯与 Cl_2 加成反应图）

1,2-加成产物　　　1,4-加成产物

3. 氯甲基化反应

氯甲基化反应主要用来制备苄氯。苯环上有第一类取代基时，反应易进行；有第二类取代基和卤素时则反应难进行。

$$3 \text{（苯）} + (CH_2O)_3 + 3HCl \xrightarrow[70℃]{\text{无水 } ZnCl_2} \text{（苯）} - CH_2Cl + 3H_2O$$

4.2.2　通过醇来制备

醇分子中的羟基可被卤素原子取代而生成相应的卤代烃。这是制备卤代烃最普遍的方法。最常用的试剂是氢卤酸、卤化磷和二氯亚砜。

1. 醇与氢卤酸的反应

$$ROH + HX \underset{}{\overset{\text{催化剂}}{\rightleftharpoons}} RX + H_2O$$

醇与氢卤酸的反应是可逆反应，增加反应物的浓度和去除生成的水，可以提高卤代烷的的产率。氯代烷的制备一般是将浓盐酸和醇在无水氯化锌存在下制得的；溴代烷的制备需要将氢溴酸与浓硫酸共热来制得；碘代烷则可将醇与恒沸的氢碘酸一起回流来制得。例如：

$$CH_3CH_2CH_2CH_2OH + HBr \xrightarrow[\triangle]{\text{浓 } H_2SO_4} CH_3CH_2CH_2CH_2Br + H_2O$$

2. 醇与卤化磷的反应

醇与三卤化磷作用生成卤烷。这是制备溴烷和碘烷的常用方法。

$$3ROH + RX_3 \longrightarrow 3R-X + P(OH)_3$$
$$X = Br, I(Cl \text{ 的反应产率低于 } 50\%)$$

通常用的三卤化磷不必事先制备,只要将卤素单质和赤磷加到醇中共热,卤素与赤磷。作用生成三卤化磷,后者立即与醇作用,生成卤烷。这种方法又称一锅煮法。

$$3ROH + \underset{PX_3}{\underbrace{P + 3/2X_2}} \longrightarrow 3R-X + \underset{\text{亚磷酸酯}}{P(OH)_3}$$

伯醇与三卤化磷作用,常因副反应而生成亚磷酸酯,因此卤烷的产率不高,一般低于 50%。所以伯醇制备卤烷时一般用五卤化磷。

$$ROH + PX_5 \longrightarrow R-X + POX_3 + HX$$

3. 醇与二氯亚砜的反应

醇与二氯亚砜的反应的优点是不仅反应速度快,而且产率高,一般在 90% 左右,副产物二氧化硫和氯化氢都是气体,容易和产物分离。但也有缺点,二氯亚砜自身不稳定,易分解,生成的副产物造成环境污染。所以该法主要用于实验室制备一些少量的氯烷。

$$R-OH + SOCl_2 \xrightarrow{\text{回流}} R-Cl + SO_2\uparrow + HCl\uparrow$$

4.2.3　其他制备方法

1. 卤原子置换制备法

$$RCl(Br) + NaI \xrightarrow[\triangle]{CH_3COCH_3} RI + NaCl(Br)\downarrow$$

上述反应是一个可逆反应,通常将氯代烷或溴代烷的丙酮溶液与碘化钠共热,由于碘化钠(碘化钾)溶于丙酮后反应生成的 NaCl、NaBr(KCl、KBr)的溶解度都很小,这样可使平衡向右移动促使反应继续进行。这是制备碘代烷比较方便而且产率较高的方法。但这一反应一般只适用于制备伯碘烷。

2. 重氮盐法

重氮盐法通过反应主要在芳环上引入卤素原子。

4.3　卤代烃的物理性质与波谱性质

室温下,氯甲烷、溴甲烷和氯乙烷为气体,低级的卤代烷为液体,15 个碳以上的高级卤代烃为固体。许多卤代烃具有强烈的气味。卤代烃均不溶于水,但能溶于大多数有机溶剂。多数一氯代烃的密度比水小,而溴代烃、碘代烃的密度则比水大,分子中卤素原子的数目增多,卤代烃的密度增大。

1. 卤代烃的物理性质

常温常压下,氯甲烷、氯乙烷和溴甲烷是气体;其他卤代烷(除氟代烷)为液体,一般无色;C_{15} 以上的卤代烷为固体。

(1)密度

一氟代烷、一氯代烷密度小于1,其余相对密度均大于1。在同系列中,相对密度随碳原子数的增加而降低,这是由于卤素在分子中所占比例逐渐减少的缘故。利用相对密度的差异,可对卤代烃进行分离和提纯。

(2)沸点

卤原子相同时,卤代烷的沸点随碳原子数的增加而升高;烃基相同时,沸点变化规律为:

$$RI > RBr > RCl > RF$$

(3)溶解性

卤代烷不溶于水,易溶于乙醇、乙醚等有机溶剂。纯净的卤代烷是无色的,碘代烷因易分解,产生游离碘而显示碘的颜色。多卤代烷对油污有很强的溶解能力,可用作干洗剂。

表 4-1 列出了常见卤代烃的沸点及相对密度。

表 4-1 常见卤代烃的物理常数

名称	结构简式	熔点/℃	沸点/℃	相对密度
氯甲烷	CH_3Cl	−97.6	−23.76	0.920
溴甲烷	CH_3Br	−93	3.59	1.732
碘甲烷	CH_3I	−66.1	42.5	2.279
氯乙烷	C_2H_5Cl	−138.7	13.1	0.9028
溴乙烷	C_2H_5Br	−119	38.4	1.4612
碘乙烷	C_2H_5I	−111	72.3	1.933
1-氯丙烷	$CH_3CH_2CH_2Cl$	−123	46.4	0.890
1-溴丙烷	$CH_3CH_2CH_2Br$	−110	71.0	1.353
1-碘丙烷	$CH_3CH_2CH_2I$	−101	102.5	1.747
2-氯丙烷	$CH_3CHClCH_3$	−117.6	34.8	0.8590
2-溴丙烷	$CH_3CHBrCH_3$	—	59.4	1.310
2-碘丙烷	CH_3CHICH_3	—	89.5	1.705
氯仿	$CHCl_3$	63.5	61.2	1.4916
溴仿	$CHBr_3$	8.3	149.5	2.8899
碘仿	CHI_3	119	在沸点升华	4.008
氯乙烯	$CH_2=CHCl$	−160	−13.9	0.9121
溴乙烯	$CH_2=CHBr$	−138	15.8	1.517
3-氯丙烯	$CH_2=CHCH_2Cl$	−134.5	45.0	0.9382
3-溴丙烯	$CH_2=CHCH_2Br$	−119	70.0	—

名称	结构简式	熔点/℃	沸点/℃	相对密度
3-碘丙烯	$CH_2=CHCH_2I$	-99	102.0	1.848
氯苯	C_6H_5Cl	-45	132	1.1064
溴苯	C_6H_5Br	-30.6	155.5	1.499
碘苯	C_6H_5I	-29	188.5	1.832
邻氯甲苯	$o\text{-}CH_3\text{-}C_6H_4Cl$	-36	159	1.0817
邻溴甲苯	$o\text{-}CH_3\text{-}C_6H_4Br$	-26	182	1.422
邻碘甲苯	$o\text{-}CH_3\text{-}C_6H_4I$	—	211	1.697
间氯甲苯	$m\text{-}CH_3\text{-}C_6H_4Cl$	-48	162	1.0722
间溴甲苯	$m\text{-}CH_3\text{-}C_6H_4Br$	-40	184	1.4099
间碘甲苯	$m\text{-}CH_3\text{-}C_6H_4I$	—	204	1.698
对氯甲苯	$p\text{-}CH_3\text{-}C_6H_4Cl$	7	162	1.0697
对溴甲苯	$p\text{-}CH_3\text{-}C_6H_4Br$	28	184	1.3898
对碘甲苯	$p\text{-}CH_3\text{-}C_6H_4I$	35	211.5	—
苄基氯	$C_6H_5CH_2Cl$	-43	179.4	1.100

卤烷在铜丝上燃烧时能产生绿色火焰,这可作为定性鉴定卤素的简便方法。

偶极矩是衡量分子极性大小的物理量。偶极矩与原子的电负性和化学键的键长有关。卤素的电负性比碳大,碳卤键有一定的极性。卤素的电负性次序为:

$$I<Br<Cl<F$$

电负性　2.7　3.0　3.2　4.0

碳卤键的键长顺序为:

$$C—F<C—Cl<C—Br<C—I$$

键长($1\text{Å}=10^{-10}\text{m}$)　1.38Å　1.78Å　1.94Å　2.14Å

综合上面两个因素,卤代烷的偶极矩顺序为:

$$C—I<C—Br<C—Cl<C—F$$

偶极矩　　　1.29D　1.48D　1.51D　1.56D

2. 卤代烃的波普性质

(1)卤烃的 IR 谱

卤烃的 IR 谱,具体可见表 4-2 所示。

表 4-2　C—X 伸缩振动吸收峰

化学键	吸收频率（cm^{-1}）
C—F	1000～1400（极强）
C—Cl	600～850（强）
C—Br	500～700（强）
C—I	500～600（强）

表中，由于溴和碘原子的质量大，C—I 和 C—Br 键的伸缩振动出现在低波段。但很多红外光谱仪在 700cm^{-1} 以下较难显示，因此 C—I 和 C—Br 键在一般红外光谱中难以检出。

（2）卤代烃的 ^{1}H—NMR 谱

由于卤原子的电负性强，与卤原子直接相连的碳或邻近的 β-碳原子上的质子都会受到卤原子的去屏蔽作用。因此，与相应的烷烃相比，化学位移均向低场移动（δ 代表化学位移），且卤素越多，影响越大。

　　　　CH$_3$F　CH$_3$Cl　CH$_3$Br　　CH$_3$I
δ　　4.3　　3.2　　　2.2　　　　2.2
　　　　CH$_3$H　CH$_3$Cl　CH$_2$Cl$_2$　CHCl$_3$
δ　　0.23　　3.2　　　5.3　　　7.3

（3）卤烃的 UV 谱

卤代烷 C—X 基团有 n→σ^* 跃迁，C—Cl 基团吸收光的波长小于 200nm，即在近紫外区没有吸收，C—Br 和 C—I 基团吸收光的波长大于 200nm，在近紫外区可看到它们的弱吸收。

（4）卤烃的 MS 谱

质谱法对氯代烃和溴代烃的鉴别很有用，因为氯和溴这两种元素的同位素（高两个质量单位 ^{37}Cl 和 ^{81}Br）含量较高，在 M、M+2、M+4 等处出现特征性强度的分子离子峰，峰间距为两个质量单位。例如，在溴乙烷的质谱中，$m/z=108$ 和 110 处有两个强度相近的峰。

4.4　卤代烃的取代反应

卤代烃的化学性质主要是由官能团卤素原子决定的。由于卤素原子的电负性比碳原子强，C—X 键为极性共价键，容易断裂，所以卤代烃的化学性质比较活泼。在外界电场的影响下，C—X 键可以被极化，极化性强弱的顺序为：C—I＞C—Br＞C—Cl。极化性强的分子在外界条件影响下，更容易发生化学反应，所以卤代烃发生化学反应的活性顺序为：R—I＞R—Br＞R—Cl。现以卤代烷为例，讨论卤代烃的主要化学性质。

卤代烃的化学反应主要发生在官能团卤原子以及受卤原子影响而比较活泼的 β-氢原子上，其反应的主要部位如图 4-1 所示。

在卤代烃分子中，由于 Cl 的电负性大于 C，则 C—Cl 键中的共用电子对就偏向于 Cl 原子一端，使得 Cl 带有部分负电荷，碳原子带部分正电荷。这样 C 就成为亲电反应中心，当与—OH、—NH$_2$ 等一些亲核试剂反应部位反应时，亲核试剂就会进攻碳原子，Cl 则带一个单位负电荷离去。

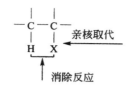

图 4-1 卤代烃主要反应部位

4.4.1 水解反应

卤代烷与水作用,卤原子被羟基取代生成醇,这个反应称为卤代烷的水解反应。在一般情况下卤素与水的反应速度很慢,并且是一个可逆反应,通常加入少量碱(如 NaOH)来加快反应的进行。例如:

$$R—X + HOH \rightleftharpoons ROH + HX$$
$$\downarrow OH^- \rightarrow H_2O + X^-$$

加入碱后卤代烷的水解速度大大加快可解释为:加入碱后,OH^- 的浓度大大增加,OH^- 的亲核性比水大,OH^- 进攻卤代烷比水更有利,同时 OH 还能中和反应中生成的 HX,这也可使反应向生成醇的方向移动。

4.4.2 氰解反应

卤代烷与氰化钠的醇溶液反应,卤原子被氰基所取代生成腈。在此反应中,产物分子中增加了一个碳原子,而氰基可进一步转化为—COOH,—CONH$_2$ 等其他基团,是有机合成中增长碳链的方法之一。

$$RCH_2X+NaCN \xrightarrow[\triangle]{醇} RCH_2CN+NaX$$
$$腈$$
$$CH_3CH_2Br+NaCN \xrightarrow[\triangle]{C_2H_5OH} CH_3CH_2CN+NaBr$$

此反应以用伯卤代烷为最佳,因为仲卤代烷的产率很低,叔卤代烷通常只得到烯烃。氰化钠有剧毒,使用的时候要加以注意。

4.4.3 醇解反应

卤代烷和醇反应生成醚,称为卤代烷的醇解反应。醇解反应和卤代烷水解反应相似,也是可逆反应,比较难进行。如果采用醇钠代替醇作为亲核试剂,醇为溶剂,则反应可以顺利进行。

$$R—X+NaOR' \longrightarrow ROR'+NaX$$

这种方法常用于合成不对称醚,称为威廉森(Williamson)法。例如,溴乙烷和叔丁基醇钠反应生成乙基叔丁基醚。

$$CH_3CH_2Br + NaO-\overset{\overset{\displaystyle CH_3}{|}}{\underset{\underset{\displaystyle CH_3}{|}}{C}}-CH_3 \longrightarrow CH_3CH_2O-\overset{\overset{\displaystyle CH_3}{|}}{\underset{\underset{\displaystyle CH_3}{|}}{C}}-CH_3 + NaBr$$

该反应一般不能使用叔卤代烷,否则,叔卤代烷在醇钠(强碱)下主要发生消除反应得到烯。

如果分子内同时含有卤原子和羟基时,在碱作用下可发生分子内的亲核取代反应生成环醚。

例如 2,3-二氯丙醇用碱处理可获得 3-氯-1,2-环氧丙烷。

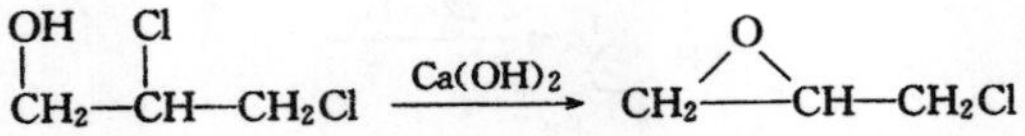

$$\underset{\text{CH}_2-\text{CH}-\text{CH}_2\text{Cl}}{\overset{\overset{\text{OH}\quad\text{Cl}}{|\quad\ |}}{}} \xrightarrow{\text{Ca(OH)}_2} \underset{\text{CH}_2-\text{CH}-\text{CH}_2\text{Cl}}{\overset{\overset{\text{O}}{\diagup\diagdown}}{}}$$

4.4.4 氨解反应

卤代烷与氨作用,卤原子被氨基取代生成胺,称为卤代烷的氨解。

$$R-X+NH_3 \xrightarrow{ROH} R-NH_2+HX$$

$$CH_3CH_2CH_2Cl+NH_3 \longrightarrow CH_3CH_2CH_2NH_2+HCl$$

由于生成的伯胺仍是亲核试剂,可继续与卤代烷进一步发生胺解反应,得仲胺、叔胺,叔胺再与一卤代烷作用得到季铵盐。

$$CH_3CH_2CH_2Br + CH_3CH_2CH_2NH_2 \longrightarrow (CH_3CH_2CH_2)_2NH+HBr$$

$$CH_3CH_2CH_2Br+(CH_3CH_2CH_2)_2NH \longrightarrow (CH_3CH_2CH_2)_3N+HBr$$

$$CH_3CH_2CH_2Br+(CH_3CH_2CH_2)_3N \longrightarrow (CH_3CH_2CH_2)_4N^+Br^-$$

卤代烷的氨解很难停留在一取代阶段,如想制备伯胺需氨大大过量。

4.4.5 与硝酸银醇溶液反应

卤代烷和硝酸银的醇溶液反应,生成硝酸酯和卤化银沉淀,由于卤代烷不溶于水,所以用醇作溶剂。

$$R-X+AgNO_3 \longrightarrow RONO_2+AgX \downarrow$$

其他类型的卤代烃与卤代烷一样也能反应,它们的反应活性不相同。实验表明,反应时各类卤代烃的活性次序为:

$$R-I>R-Br>R-Cl$$

$$叔卤代烃>仲卤代烃>伯卤代烃>CH_3X$$

卤代烷与硝酸银醇溶液的反应常用于各类卤代烃的鉴别。例如:

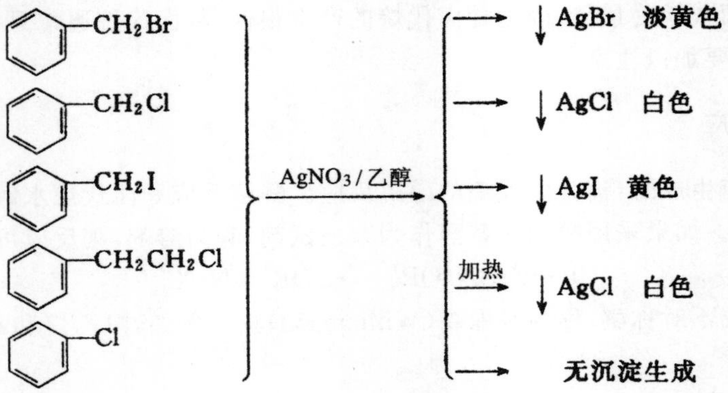

4.4.6 亲核取代反应机理

用不同卤代烷进行碱性水解反应,其在动力学上的表现不同。如叔丁基溴水解速度只与叔丁基溴本身的浓度成正比,与碱(OH^-)的浓度无关,在动力学上称为一级反应;而溴甲烷碱性水解的速度不仅与自身浓度有关,而且还与碱(OH⁻)的浓度有关,在动力学上称为二级反应。

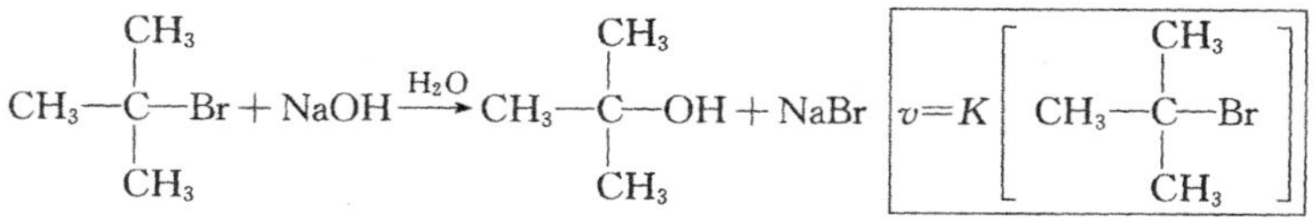

$$CH_3-\underset{\underset{CH_3}{|}}{\overset{\overset{CH_3}{|}}{C}}-Br + NaOH \xrightarrow{H_2O} CH_3-\underset{\underset{CH_3}{|}}{\overset{\overset{CH_3}{|}}{C}}-OH + NaBr \quad v=K\left[CH_3-\underset{\underset{CH_3}{|}}{\overset{\overset{CH_3}{|}}{C}}-Br\right]$$

$$CH_3Br + NaOH \xrightarrow{H_2O} CH_3OH + NaBr \quad \boxed{v=K[CH_3Br][OH^-]}$$

为了解释这种现象,英国伦敦大学休斯(Hughes)和英果尔德(Ingold)教授通过研究在 20 世纪 30 年代指出,卤代烷的亲核取代反应是按两种历程进行的,即双分子亲核取代反应(简称 S_N2 反应)和单分子亲核取代反应(简称 S_N1 反应)。

1. 单分子亲核取代反应(S_N1)

以叔丁基溴与碱性水溶液作用生成叔丁醇的反应为例:

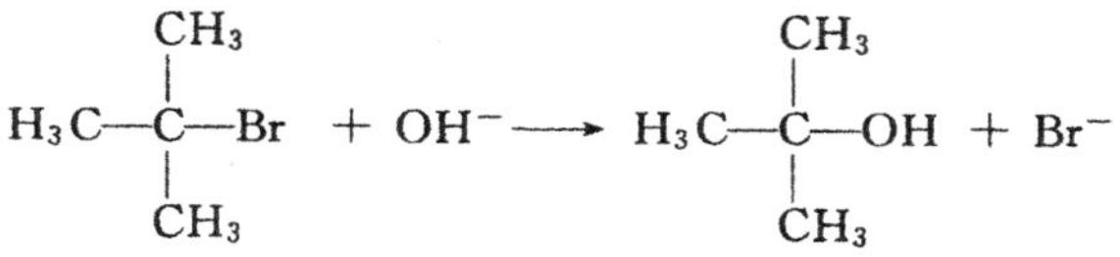

$$H_3C-\underset{\underset{CH_3}{|}}{\overset{\overset{CH_3}{|}}{C}}-Br + OH^- \longrightarrow H_3C-\underset{\underset{CH_3}{|}}{\overset{\overset{CH_3}{|}}{C}}-OH + Br^-$$

叔丁基溴的浓度加倍或减半时,反应速度也加倍或减半;而碱的浓度改变时,对反应速度几乎无影响,叔丁基溴的水解速率只与叔丁基溴的浓度成正比,即:

$$v=k[(CH_3)_3CBr]$$

叔丁基溴水解反应分两步进行,历程可表示如下:

$$(CH_3)_3C-Br \xrightarrow{慢} (CH_3)_3C^+ + Br^-$$

$$(CH_3)_3C^+-OH^- \xrightarrow{快} (CH_3)_3C-OH$$

①叔丁基溴中 C—Br 键发生异裂,溴带了一对电子离去,生成叔碳正离子与溴负离子,不同于无机物在水中的解离,叔丁基溴在溶剂作用下,C—Br 键发生极化,才有可能异裂为正负离子,所以这一步的反应速率是比较慢的。

②生成的叔碳正离子很不稳定,立即与溶液中的氢氧根负离子结合生成叔丁醇。

在化学动力学中,对于一个多步反应,整个反应速率由速率慢的一步来决定,为一级反应。因此,叔丁基溴碱性水解的反应速率由第一步来决定,而第一步反应只有叔丁基溴一分子参与,所以,这种反应速率只与一种反应物的浓度有关的反应历程称为单分子历程。

2. 双分子亲核取代反应(S_N2)

溴甲烷在碱性下水解生成甲醇,反应如下:

$$CH_3Br + OH^- \longrightarrow CH_3OH + Br^-$$

该反应的速率取决于反应物 CH_3Br 和反应物 OH^- 的浓度,反应速率方程为:

$$v=k[CH_3Br][OH]^-$$

由此可知,反应速率与每个反应物浓度的一次方成正比。在液相的反应中,在反应温度、压力、溶剂性质等条件保持不变的情况下,每个卤代烷的足值不同。从方程中可知,反应速率与溴甲烷和碱的浓度有关,是双分子反应,这种由两个反应物决定反应速率大小的亲核取代反应称为双分子亲核取代反应,表示为 S_N2。CH_3Br 和 OH^- 以 S_N2 反应历程过程如图 4-2 所示。

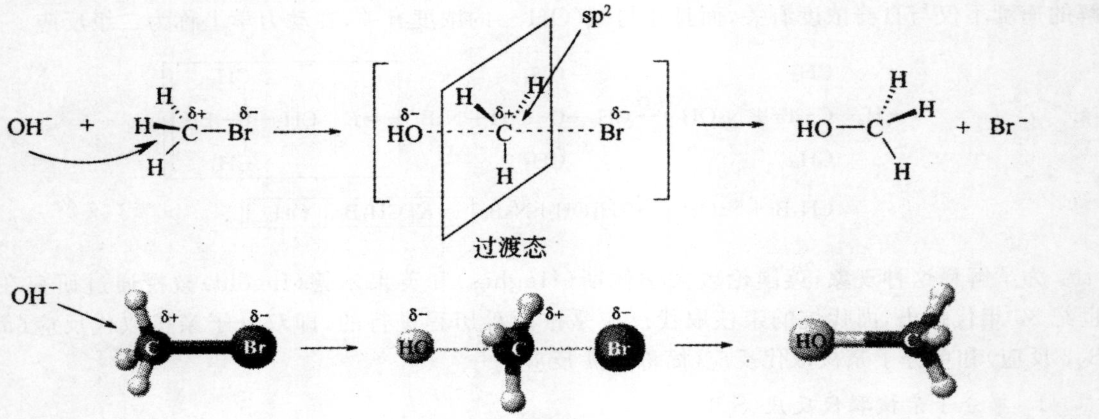

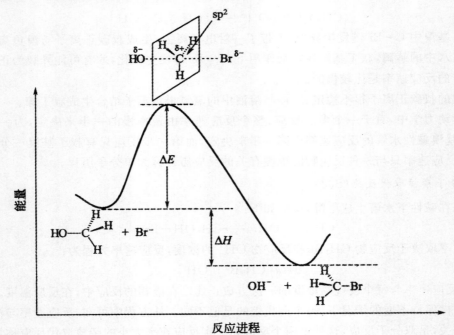

图 4-2　S_N2 反应历程

　　在该反应历程中,亲核试剂 OH^- 从溴原子的背后进攻与溴原子连接带正电荷的碳原子,在接近碳原子的过程中,逐渐形成 C—O 键,同时 C—Br 逐渐伸长变弱,溴原子带着原来成键的电子对逐渐离开碳原子。这种碳氧键逐渐形成而未形成,碳溴键逐渐断裂而未完全断裂的状态称为"过渡态"。在过渡态中,中心碳原子可以看成是 sp^2 杂化状态,三个氢原子与碳原子处在同一平面内,带负电荷的 $\overset{\delta-}{OH}$ 和带负电荷的 $\overset{\delta-}{Br}$ 处于平面的两侧并与碳原子在同一直线上。在该历程中,体系的能量随着反应的进程逐渐升高,在过渡态能量到达一个最大值。随着 C—Br 的完全断裂和 C—O 键的形成,碳原子又恢复 sp^3 杂化状态。C—Br 键断裂是使体系能量降低的,提供C—O 键形成的能量,由于 C—O 键能大于 C—Br 键能,所以产物的能量低于反应物的能量,整个反应过程是放热的。反应能量变化如图 4-3 所示。

图 4-3　S_N2 反应能量变化曲线

亲核试剂是从溴原子的背面进攻,这就使得反应物溴甲烷分子中连接碳原子的三个氢原子在反应过程中完全转向偏向溴原子的一边,就像雨伞被大风吹得向外翻转一样,生成物甲醇中的—OH连接碳原子的位置不是在原来溴原子的位置上,而是位于溴原子的背面位置。这种空间位置上的变化称为瓦尔登转化(Walden inversion)或瓦尔登反转。如果卤原子是连接在手性碳原子上,发生双分子亲核取代(S_N2)后,产物的构型与原来反应物的构型相反。

S_N2 反应中新化学键的形成和旧化学键的断裂同步进行,共价键的变化发生在两分子中,反应一步完成,反应速率与反应物的浓度和试剂的浓度有关,所得的产物发生瓦尔登反转。

3. 影响亲核取代反应的因素

卤代烃亲核取代反应按机理与很多因素有关。除了卤代烃的结构外,卤原子的性质,亲核试剂的亲核能力以及溶剂的极性等对反应的历程都是有影响的。

（1）卤代烃的结构

表 4-3 是一些溴代烷进行亲核取代反应的相对速率。

表 4-3　亲核取代反应的相对速率

	CH_3Br	CH_3CH_2Br	$(CH_3)_2CHBr$	$(CH_3)_3CBr$
S_N1 相对速率（R—Br＋H_2O）	1.0	1.7	45	10^8
S_N2 相对速率（R—Br＋I^-）	150	1	0.01	0.001

对表进行分析,当反应按 S_N1 机理进行时,其相对速度为：
$$(CH_3)_3CBr > (CH_3)_2CHBr > CH_3CH_2Br > CH_3Br$$
反应按 S_N2 机理进行时,其相对速度正好相反,次序为：
$$CH_3Br > CH_3CH_2Br > (CH_3)_2CHBr > (CH_3)_3CBr$$

各种卤代烷总是优先选择对自己有利的途径进行反应。一般情况下,叔卤代烷倾向于按 S_N1 历程进行反应；甲基卤、伯卤代烷倾向于按 S_N2 历程进行反应；仲卤代烷或按 S_N1 历程,或按 S_N2 历程,或者两者兼而有之,主要取决于具体反应条件。烯丙型和苄基型卤代烃在 S_N1 和 S_N2 反应中活性都比较高,究竟选择哪种机理,主要也取决于具体反应条件。

（2）离去基团

亲核取代反应无论是 S_N1 还是 S_N2,决定反应速率的一步都涉及到碳卤键的断裂,所以离去基团的离去能力大小对两类反应的影响几乎相同,即离去基团的离去能力越强,对反应就越有利。不过从两种反应历程的特点来说,离去能力强的离去基团对 S_N1 反应更有利,因为更易形成碳正离子。一般来说,亲核性强的试剂是一个差的离去基团,但有例外。我们知道碘离子是一个好的亲核试剂,但同时又是一个好的离去基团。这是由于碘离子半径较大,与碳形成的共价键的键能较弱(约 221.8kJ/mol),比其他碳卤键更易断裂。

（3）烃基结构对 S_N2 反应的影响

当选用不同烃基卤化物在弱极性的丙酮溶液中进行卤素置换反应时,测得这些反应按 S_N2 历程进行的相对反应速率。见表 4-4。

表 4-4 各类溴代烷以 S_N2 历程进行卤素置换反应的相对速率

反应物	烷基类型	反应相对速率
$CH_3—Br$	$CH_3—$	200000
$CH_3CH_2—Br$	伯卤烷（1°）	1000
$(CH_3)_2CH—Br$	仲卤烷（2°）	12
$(CH_3)_3C—Br$	叔卤烷（3°）	1

从表 4-4 中数据我们可以得出不同结构的卤代烃在 S_N2 的反应环境中的活泼顺序为 CH_3X $>1°>2°>3°$。与 S_N1 反应的活泼顺序刚好相反。

S_N2 历程是一步进行的，反应速度的快慢取决于反应的活化能的大小，即活化过渡态稳定性的大小。从电子效应方面考虑，反应物卤代烃到达过渡态阶段，中心碳原子上的电荷分布变化不大，$Nu^{\delta-}\cdots\overset{\displaystyle R\quad R}{\underset{\displaystyle R}{C}}\cdots X^{\delta-}$，所以烃基结构变化对过渡态稳定性影响不大。从空间效应考虑，卤代烃转变到过渡态阶段，中心碳原子从四价转变为五价（类似五价碳化合物），基团之间必定显得更为拥挤，基团愈大，拥挤程度愈大，过渡态能量愈高，对反应愈不利。显然，我们可以得出空间效应对 S_N2 反应的活性顺序为：

$$CH_3X>RCH_2X>R_2CHX>R_3CX$$

上述讨论的是 α-取代烷基对 S_N2 反应活性的影响，若 p 碳原子上的基团改变，对 S_N2 反应活性又有何影响呢？见表 4-5。

表 4-5 β-碳原子上的基团变换，对 S_N2 反应活性的影响

（反应 $R—Br+CH_3CH_2O^- \xrightarrow{S_N2} R—O—CH_2CH_3+Br^-$）

R	相对反应速率
$\overset{\beta}{C}H_3CH_2—$	500000
$CH_3\overset{\beta}{C}H_2CH_2—$	28000
$CH_3—\overset{\beta}{C}HCH_2— \atop CH_3$	4000
$CH_3—\underset{CH_3}{\overset{CH_3}{\underset{\displaystyle }{C_\beta}}}—CH_2—$	1

可以明显看出当 R 基团中的 β-碳原子上取代基增多时，空间位阻增大，反应速度相应降低，与前面讨论的结果是一致的。

通常情况下，对 S_N2 反应活性影响主要考虑空间效应。

（4）烯丙基型和苄基型卤化物对 SN 反应活性的影响

烯丙基型和苄基型卤化物以 S_N1 和 S_N2 反应方式都是容易的。

对 S_N1 体系我们已经认识到能使中间体碳正离子稳定性提高,则对反应有利。由烯丙基卤化物生成的烯丙基碳正离子($CH_2 =CH—\overset{+}{C}H_2$)和由苄基卤化物生成的苄基碳正离子($\langle\!\!\!\!\rangle—\overset{+}{C}H_2$),分子内都存在 p-π 共轭体系,如图 4-4 所示,能使正电荷得到较好的分散,

碳正离子稳定性得到很大提高,而且 p-π 共轭效应的作用远大于 σ-p 的超共轭效应。就此可以得出在 S_N1 反应条件下烯丙基卤化物或苄基卤化物的反应活性强于叔卤烷。

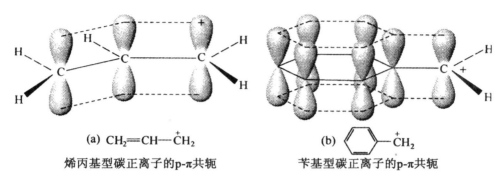

(a) $CH_2 =CH—\overset{+}{C}H_2$
烯丙基型碳正离子的p-π共轭

(b) $\langle\!\!\!\!\rangle—\overset{+}{C}H_2$
苄基型碳正离子的p-π共轭

图 4-4　碳正离子的 p-π 共轭

此外,烯丙基型卤化物在 S_N1 反应中,往往有烯丙位重排产物生成。例如:1-氯-2-丁烯在以 S_N1 反应形式水解时,可得到 2-丁烯-1-醇和 3-丁烯-2-醇两种产物。其原因就在于生成的碳正离子经 p-π 共轭,正电荷被重新分配到两个碳原子上,然后与亲核试剂作用时,就有两个部位发生结合,而得到两种产物。通过下列共振结构式能更容易得出结论。

$$CH_3—CH=CH—CH_2—Cl \xrightarrow[\text{慢}]{-Cl^-} [CH_3—CH=CH—\overset{+}{C}H_2 \longleftrightarrow CH_3—\overset{+}{C}H—CH=CH_2]$$

$$H_2O \downarrow 迅速 \qquad\qquad H_2O \downarrow 迅速$$

$$CH_3—CH=CH—CH_2—OH \qquad CH_3—CH—CH=CH_2$$
$$\qquad\qquad\qquad\qquad\qquad\qquad\qquad |$$
$$\qquad\qquad\qquad\qquad\qquad\qquad\qquad OH$$

$$40\% \qquad\qquad\qquad\qquad 60\%$$

在 S_N2 反应体系中,烯丙基和苄基卤代物分子中的 π 键都能对反应中形成的过渡态起到稳定作用,对降低反应活化能有利。所以它们的反应活性强于卤代甲烷。

(5)乙烯型卤化物对 S_N 反应活性的影响

由于乙烯型卤化物($CH_2 =CH—X$,$\langle\!\!\!\!\rangle—X$)中的卤原子直接与不饱和碳原子相连,共轭效应使 C—X 键的键能增强,卤原子难以离去。所以,乙类型卤化物,无论是 S_N1 反应还是 S_N2 反应,都是困难的。

(6)亲核试剂的影响

亲核试剂对 S_N1 反应来说影响不大,因为 S_N1 反应的快速步骤与亲核试剂的浓度无关。但需要指出的是较低的浓度和较弱的亲核性对 S_N1 反应是有利的(为什么?)。

亲核试剂对 S_N2 反应来说有着直接的影响。S_N2 反应是一步完成的,亲核试剂参与了过渡态的形成,因此亲核试剂的浓度和亲核性强弱对 S_N2 反应有很大的影响。提高亲核试剂的浓度

和增强亲核试剂的亲核性对 S_N2 反应都是有利的。

试剂的亲核性是指它与带正电荷碳原子的结合能力,带有未共享电子对的物质都具有一定的亲核能力,可以说 Lewis 碱都是亲核试剂。对于亲核原子相同的亲核试剂,碱性强亲核性也强。例如,含氧化合物的碱性和亲核性强弱顺序同为:

$$C_2H_5O^- > HO^- > C_6H_5O^- > CH_3O^- > H_2O$$

需要指出的碱性和亲核性是两个不同的概念。碱性指的是对质子或 Lewis 酸的亲和力,亲核性指的是对带正电荷碳原子的亲和力。由于质子和碳原子核的大小不同,使得试剂亲核性强弱除了与碱性因素有关外,还与试剂的可极化度和溶剂化效应有关。我们知道卤素离子的碱性强弱顺序为 $F^- > Cl^- > Br^- > I^-$,而在质子性溶剂水中的亲核性强弱顺序与碱性恰好相反 $F^- < Cl^- < Br^- < I^-$,其原因就在于试剂的可极化度和溶剂化效应。

氟离子半径很小,电荷集中,在质子性溶剂中很容易形成氢键,使得氟离子周围被溶剂所包围,溶剂化作用很强,氟离子很难与碳原子结合,而氢质子半径很小,很容易进入溶剂化分子内部与氟离子结合,所以氟离子显示出强碱性和弱亲核性。而碘离子半径较大,原子核对核外电子的束缚能力较差,在外电场作用下,易发生变形(可极化度大),负电荷被分散,很难与质了形成氢键,溶剂化作用小,当碳原子与其靠近时,变形的电子云伸向碳原子,显示出强的亲核性。对于一个亲核取代反应来说,改变亲核试剂可能会导致反应历程的改变。当亲核试剂的亲核性增强时,反应可能由 S_N1 转变为 S_N2。

在极性溶剂中一些亲核试剂的亲核性强弱为:

$$HS^- > RS^- > CN^- > I^- > NH_3 > NO^- > N_3^- > Br^- > RO^- > Cr^- > F^- > H_2O$$

(7)溶剂的影响

溶剂不但能影响亲核取代反应的速率,而且还会影响反应的类型。溶剂对 S_N1 反应影响较大,由于碳卤键的断裂,反应物由中性分子转化为带电荷的离子,显然极性溶剂或质子性溶剂对 C—X 键的解离和碳正离子的稳定性都是有利的。例如:叔丁基氯在 50% 乙醇水溶液中进行溶剂解反应比在纯乙醇中的反应快 100000 倍。但是卤代烃以水作溶剂解反应时,却得不到很好效果。这是由于卤烷难溶于水,溶剂解反应是非均相的,分子之间难以有足够的碰撞概率。如果在水中加入一些可溶性的有机溶剂,增加卤烷在混合溶剂中的溶解度,则反应速率可被加快。

溶剂对反应类型的影响也很大。伯卤烷难以按 S_N1 历程进行反应。但是,在极性质子性溶剂中,选择亲核性较差的亲核试剂时,反应基本可按 S_N1 历程进行。例如:在甲酸水溶液中,伯卤烷的水解反应就是按 S_N1 历程进行的。S_N1 和 S_N2 反应机理区别见表 4-6。

表 4-6 S_N1 和 S_N2 反应机理差异

类 项	S_N1 反应	S_N2 反应
化学动力学	单分子	双分子
速率方程	$\upsilon = k_1[RX]$	$\upsilon = k_2[RX][Nu:]$
立体化学	通常产物外消旋化	产物构型完全反转
卤烷活性	苄基 烯丙基 > 3° > 2° > 1° > 甲基	苄基 烯丙基 > 甲基 > 1° > 2° > 3°
特征	可能有重排发生	没有重排现象

溶剂对 S_N2 反应的影响较弱。这是因为在 S_N2 反应中,亲核试剂和过渡态都带有一个负电荷,电荷变化不大,只是过渡态时电荷被分散。所以溶剂极性的变化对 S_N2 反应速率影响不大。但是质子性溶剂和非质子性溶剂对 S_N2 反应却有较大影响。由于极性质子性溶剂往往能与亲核试剂形成氢键而显示出良好的溶剂化作用,使得亲核试剂的亲核能力大大降低,导致反应速率下降。而极性非质子性溶剂因溶剂化作用小而对反应影响不大。

4.5　卤代烃的消除反应

4.5.1　卤代烃的消除反应

1. 消除反应

卤代烃的另一类重要反应就是消除反应。从一分子中脱去两个原子或基团的反应,称为消藻爱应。最常见的消除反应是 β-消除,就是脱去卤原子和 β-碳原子上的氢原子(简称 β-H),生成烯烃或炔烃的反应。例如:

$$CH_3CHCH_3 \xrightarrow[\text{KOH,加热}]{C_2H_5OH} CH_3CH\!=\!\!CH_2 + KBr + H_2O$$
$$\qquad\ \ |$$
$$\qquad\ \ Br$$

反应通常在强碱(如 NaOH、KOH)及极性较小的溶剂(如 C_2H_5OH)条件下进行。

当卤代烃有多种 β-H 时,其消除方向服从扎衣夫(Saytzeff)规则,即氢原子主要从含氢较少的 β-碳原子上脱去,主要产物为双键碳上含烃基较多的烯烃。例如:

$$CH_3CH_2CHCH_3 \xrightarrow[\text{乙醇}]{KOH} CH_3CH\!=\!\!CHCH_3 + CH_3CH_2CH\!=\!\!CH_2$$
$$\qquad\qquad |$$
$$\qquad\qquad Br$$

81%　　　　　　　　　　19%

$$CH_3CH_2\!-\!\underset{\underset{Br}{|}}{\overset{\overset{CH_3}{|}}{C}}\!-\!CH_3 \xrightarrow[\text{乙醇}]{KOH} CH_3CH\!=\!\!\underset{\underset{CH_3}{|}}{\overset{\overset{CH_3}{|}}{C}} + CH_3CH_2\!-\!\underset{}{\overset{\overset{CH_3}{|}}{C}}\!=\!\!CH_2$$

71%　　　　　　　　　　29%

2. 消除反应机理

卤代烃的消除反应和亲核取代反应一样也有两种反应机理,即单分子消除反应(E1)和双分子消除反应(E2)。

(1)单分子消除反应(E1)机理

单分子消除反应机理与单分子亲核取代反应机理相似,反应分两步进行。第一步与 S_N1 反应机理相似,首先碳卤键发生异裂,生成碳正离子,由于需要较高的能量,辱壁兰率较慢。反应的第二步是进攻试剂进攻 β-碳原子上的氢,这步是快步骤。由于反应速速率由第一步决定,所以只是与卤代烃的浓度有关,此反应机理称为单分子消除反应(E1 反应)机理。

$$-\overset{|}{\underset{\underset{H}{|}}{C}}-\overset{|}{\underset{\alpha}{C}}-X \rightleftharpoons \left[-\overset{|}{\underset{\underset{H}{|}}{C}}-\overset{\delta+}{\underset{|}{C}}\cdots\overset{\delta}{X} \right] \rightleftharpoons -\overset{|}{\underset{\underset{H}{|}}{C}}-\overset{+}{\underset{|}{C}} + X^-$$

$$-\overset{|}{\underset{\underset{H}{|}}{C}}-\overset{+}{\underset{|}{C}} + OH^- \xrightarrow{\text{快}} -\overset{|}{C}=\overset{|}{C}- + H_2O$$

（2）双分子消除反应（E2）机理

与 S_N2 一样，E2 也是一步完成的反应，但双分子消除反应机理中碱试剂进攻卤代烷分子中的 β-氢原子，使氢原子以质子形式与试剂结合而离去，同时卤原子则在溶剂作用下带着一对电子以负离子的形式离去，形成碳碳双键，C—H 键和 C—X 键的断裂和 π 键的生成是协同进行的，反应一步完成。由于卤代烃和碱试剂都参与过渡态的生成，所以称为双分子消除。

$$\beta\overset{|}{\underset{\underset{H}{|}}{C}}-\overset{|}{\underset{\alpha}{C}}-X + OH^- \xrightarrow{\text{慢}} \left[\overset{\overset{|}{}}{\underset{\underset{HO---H}{\delta-}}{C}}=\overset{|}{\underset{}{C}}\cdots\overset{\delta}{X} \right] \xrightarrow{\text{快}} -\overset{|}{C}=\overset{|}{C}- + H_2O + X^-$$

E2 反应机理与 S_N2 反应机理相似，反应速率也与卤代烃和进攻试剂两者的浓度成正比，反应不发生重排。不同的是，在 S_N2 反应中，进攻试剂作为亲核试剂进攻中心碳原子，而在 E2 消除反应中，试剂进攻 β 碳上的氢原子，氢原子以质子形式与试剂结合而离去。可见，S_N2 反应和 E2 反应是两个彼此相互竞争的反应。

4.5.2 影响卤代烃消除反应的因素

对消除反应产生影响的因素主要是烃基结构、试剂、溶剂和反应温度等。通过对各种因素的讨论，可以为有机合成提供有效的控制手段。

1. 烃基结构的影响

消除反应可以分为单分子消除历程（E1）和双分子消除历程（E2）两类。E1 历程的决速步骤是碳卤（C—X）键的断裂，这与 S_N1 历程相似，反应的快慢取决于碳正离子的稳定性，所以不同烃基结构的卤代烃发生 E1 反应的活性顺序为：$R_3CX > R_2CHX > RCH_2X$。根据 E2 历程，碱性试剂进攻的是 β-H（S_N2 反应，亲核试剂进攻 α-C），与 α-碳上所连基团数目（决定卤烷结构）所引起的空间障碍关系不大，反而因 α-碳上烃基的增多而增加了 β-H 的数量，对碱进攻更有利，并且 α-碳上烃基增多对产物烯烃的稳定性也是有利的。所以 E2 反应的活性顺序与 E1 是一致的。即：$R_3CX > R_2CHX > RCH_2X$。伯卤烷发生消除反应活性较差，若使伯卤烷 β 碳上的烃基增多，则消除反应活性也可相应增大。例如，一溴代烷在乙醇钠—乙醇体系中（55℃）生成烯烃的产率为：CH_3CH_2Br 0.9%，$CH_3CH_2CH_2Br$ 8.9%，$(CH_3)_2CHCH_2Br$ 60%。

2. 试剂的影响

消除反应是用碱夺取氢质子的反应，所以试剂的碱性愈强，对消除反席愈有利。例如：

$$CH_3-\underset{\underset{CH_3}{|}}{\overset{\overset{CH_3}{|}}{C}}-Br + NaOH \xrightarrow[55℃]{C_2H_5OH} CH_3-\underset{\underset{CH_3}{|}}{C}=CH_2$$

碱浓度/(mol/L)	烯烃产率/%
0	28
0.05	34
2.00	93

3. 溶剂和温度的影响

(1)溶剂的影响

溶剂极性对 E1 和 E2 反应的影响是不一致的。溶剂极性增大,对 E1 反应有利,对 E2 反应影响不大。因为 E1 反应的中间体碳正离子电荷集中,极性溶剂对其有很好的稳定性;E2 反应过渡态负电荷分散,极性溶剂对其稳定性作用不大。

(2)温度的影响

消除反应涉及到 C—H 键的断裂,需要较高的活化能,因此升高温度对消除反应有明显的促进作用。

4. 消除反应的立体化学

当卤代烃消除卤化氢有不同取向时,产物主要按 Saytzeff 规律生成,即生成含取代基较多的烯烃(脱去含氢较少一边的 β-H)。例如:

$$CH_3\underset{\underset{Br}{|}}{CH}CH_2CH_3 \xrightarrow[C_2H_5OH]{C_2H_5ONa} \underset{81\%}{CH_3CH=CHCH_3} + \underset{19\%}{CH_2=CHCH_2CH_3}$$

$$CH_3CH_2-\underset{\underset{Br}{|}}{\overset{\overset{CH_3}{|}}{C}}-CH_3 \xrightarrow{C_2H_5ONa} \underset{71\%}{CH_3CH=C\overset{CH_3}{\underset{CH_3}{}}} + \underset{29\%}{CH_3CH_2\underset{\underset{CH_3}{|}}{C}=CH_2}$$

都由生成烯烃过渡态的活化能大小决定(E1 反应是第二步)。由于此过渡态形式有部分双键特性,其稳定性与产物烯烃的稳定性更相近,所以产物稳定性愈好,那么其过渡态的活化能就愈低,对反应就愈有利。卤代烃消除含氢较少一边的 β-H,能生成较为稳定的烯烃。

当卤代烃分子中含有不饱和键,能与新生成的双键形成共轭时,消除反应的取向以形成稳定共轭烯烃为主。例如:

$$CH_2=CH-\underset{\underset{Br}{|}}{CH}-CH_3 \xrightarrow[C_2H_5OH]{NaOH} CH_2=CH-CH=CH_2$$

$$\underset{\text{(苯基)}}{\bigcirc}-CH_2-\underset{\underset{Br}{|}}{CH}-CH_2CH_3 \xrightarrow[C_2H_5OH]{NaOH} \bigcirc-CH=CH-CH_2CH_3$$

对于一个 E1 反应来说是完全非立体选择的,因为在两个键断裂步骤之间没有任何的关联,生成的两种构型烯烃几乎等同(特殊情况例外)。对于一个 E2 反应来说,由于双键的形成和基团的离去是协同进行的。反应过程中 α-碳和 β-碳原子的杂化轨道由 sp^3 逐渐变化为 sp^2,要使它们之间形成 π 键,必须使新形成的 p 轨道相互平行重叠,能符合此要求的构象只能是对位交叉式和重叠式构象。以交叉式构象进行的消除反应为反式消除;以重叠式构象进行的消除反应为顺式消除。由于重叠式构象不如交叉式构象稳定,并且重叠式构象消除时,进攻的碱试剂与离去基团处于同一侧,对反应不利,所以 E2 反应主要采用反式消除。例如:

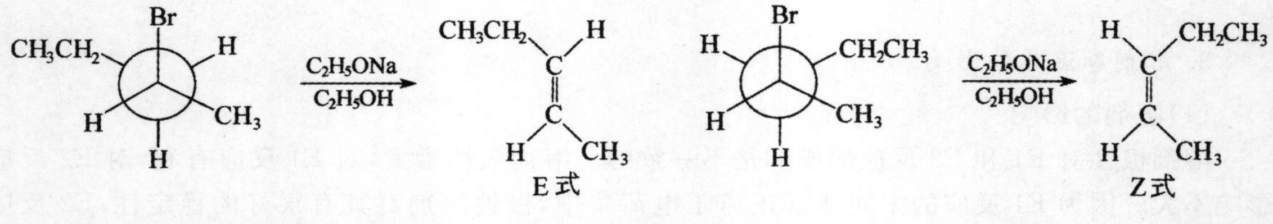

已经介绍的取代反应和消除反应在本质上是相互竞争的反应,当试剂进攻 α-碳时就发生取代反应;当试剂进攻 β-H 时就发生消除反应。反应以何种方式进行往往与诸多因素有关。

(1)卤代烃的结构

伯卤烷易发生亲核取代反应,叔卤烷易发生消除反应,仲卤烷的活性介于两者之间。卤代烃的支链愈多,对消除反应愈有利。

(2)试剂的碱性和亲核性

试剂的碱性愈强对消除反应愈有利,消除反应常用试剂为:KOH/乙醇溶剂,RONa/乙醇溶液和 RONa/DMSO 溶液。碱性增强,反应对 E2 更有利。

试剂的亲核性愈强对亲核取代反应更有利。亲核性增强,反应对 S_N2 更有利。试剂的体积愈大,对消除反应愈有利。例如:

$$CH_3-\underset{}{\overset{CH_3}{\overset{|}{C}}}HBr + Nu:^- \longrightarrow CH_3-\overset{CH_3}{\overset{|}{C}}H-Nu + CH_3-CH{=}CH_2$$

$Nu:^-=CH_3CH_2O^-$		
(CH_3CH_2ONa/C_2H_5OH)	25%	75%
$Nu:^-=Cl^-$	100%	0%
(n-$Bu_4N^+Cl^-$/丙酮)		

(3)反应温度

提高反应温度对取代和消除反应均有利,而对消除更有利。例如:

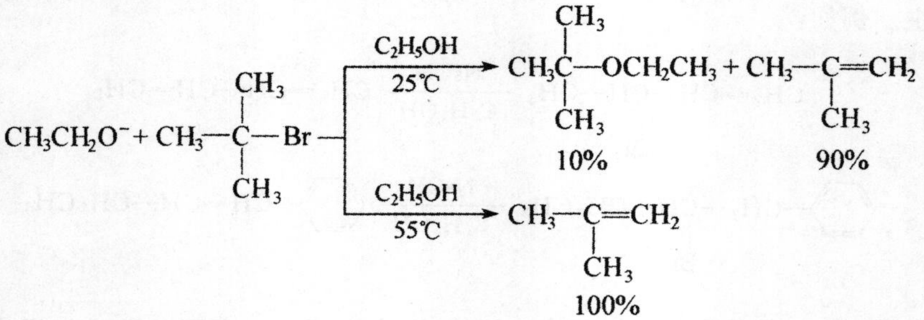

4.6 卤代烃与镁的反应

卤代烷可以和某些活泼金属(如 Li、Mg、Na、Al 等)反应,生成金属原子与碳原子直接相连的一类化合物——金属有机化合物,目前,此部分已发展为一门独立的分支学科,成为化学研究领域的一个热点,对科研、生产、生活有着极重要的意义。

卤代烷与金属镁反应,生成有机镁化合物 RMgX,由法国化学家格利雅(Grignard)在 1900年发现,于是 RMgX 就被人们命名为格利雅试剂,简称格氏试剂。RMgX 的性质非常活泼,可与水、二氧化碳、羰基化合物反应,通常需保存在无水乙醚中。制取格氏试剂时,不同卤代烷的反应活性次序为:RI>RBr>RCl。

$$RX + Mg \xrightarrow[\triangle]{\text{干醚}} RMgX$$

在格氏试剂中,碳的电负性比镁大,碳原子带有负电荷,是一良好的亲核试剂,其性质非常活泼,可与许多含活泼氢的化合物反应。

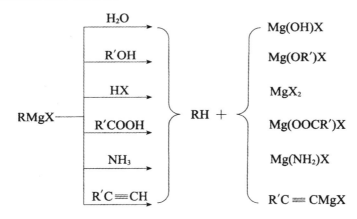

4.7 重要的卤代烃

4.7.1 三氯甲烷

三氯甲烷($CHCl_3$)又称氯仿。无色易挥发液体,稍有甜味,熔点 $-63.5℃$,沸点 $61.7℃$,相对密度 1.4832;微溶于水,溶于乙醚、乙醇、苯等,难燃烧。三氯甲烷的蒸气对眼黏膜有刺激性。

三氯甲烷在光照下,能被空气氧化成氯化氢和有剧毒的光气,应密封于棕色瓶中,同时加入1%的乙醇使可能产生的光气生成无毒的碳酸二乙酯。

工业上三氯甲烷的生产方法很多,可从甲烷氯化制得,也可利用含有乙酰基的醛或酮与次氯酸盐作用制得。例如:

$$CH_3\overset{O}{\overset{\|}{C}}CH_3 + NaOCl \longrightarrow CHCl_3 + CH_3\overset{O}{\overset{\|}{C}}ONa$$

三氯甲烷是常用的有机溶剂、萃取剂,也是重要的有机合成原料。

4.7.2 四氯化碳

四氯化碳（CCl_4）又称四氯甲烷,是无色、易挥发、不易燃的液体。具氯仿的微甜气味。相对密度 1.595,沸点 76.8℃。微溶于水,可与乙醇、乙醚、氯仿及石油醚等混溶。遇火或炽热物可分解为二氧化碳、氯化氢、光气和氯气等。工业制备方法以甲烷氯化为主。

四氯化碳用途广泛,主要作为化工原料,还可制造氯氟甲烷、氯仿和多种药物;也是性能优良的溶剂,可溶解油、脂肪、蜡、橡胶、油漆、沥青及树脂等;还可作灭火剂,但使用时须注意通风,以免中毒。

4.7.3 氯苯

氯苯（C_6H_5Cl）,无色透明液体,沸点 132℃,不溶于水,密度比水大,溶于醇、醚、氯仿及苯等有机溶剂。

氯苯可由苯直接氯化制得。

氯苯主要用作有机溶剂,是合成化学药物及染料中间体的重要原料。

4.7.4 氯乙烯

氯乙烯（C_2H_3Cl）,无色气体,沸点 -13.9℃,12℃~14℃时为液体,不溶于水,易溶于乙醚和四氯化碳。

氯乙烯是塑料工业的重要生产原料,是生产聚氯乙烯塑料的单体;与醋酸乙烯、丙烯腈制成的共聚物,可用作黏合剂、涂料、绝缘材料和合成纤维,也用作化学中间体或溶剂。

氯乙烯的制备方法目前有乙炔法、乙烯法和乙烯的氧氯化法。

1. 乙炔法

乙炔与氯化氢一步加成可得氯乙烯。例如:

$$CH\equiv CH + HCl \xrightarrow[150℃\sim160℃]{HgCl_2/活性炭} CH_2=CHCl$$

乙炔法的优点是收率高,流程短,技术成熟;缺点是耗电量大,成本高,催化剂有毒。该法逐渐被淘汰,只有 20 世纪 80 年代前创建的老厂在沿用。

2. 乙烯法

乙烯与 Cl_2 加成得中间产物 1,2-二氯乙烷,1,2-二氯乙烷再脱一分子氯化氢得到氯乙烯。过程如下:

$$CH_2=CH_2 + Cl_2 \xrightarrow[40℃]{FeCl_3} ClCH_2CH_2Cl \xrightarrow[\triangle]{-HCl} CH_2=CHCl + HCl$$

本法的缺点是氯化氢的利用率仅 50%,生产成本大。

3. 乙烯的氧氯化法

现代石油化工发展迅速,乙烯来源丰富,价格低廉,加速了氯乙烯生产工艺的改进,以乙烯为原料的氧氯化法有很大优势。该法与氯碱工业相结合,利用电解所得氯气与乙烯加成,先得二氯乙烷,然后加热消除一分子氯化氢得氯乙烯。副产物氯化氢和空气（氧气）混合,在催化剂作用下

加热得氯气,再与乙烯作用。其反应式为:

$$CH_2{=\!=}CH_2 + Cl_2 \longrightarrow ClCH_2CH_2Cl \xrightarrow[\triangle]{-HCl} CH_2{=\!=}CHCl + HCl$$

$$HCl + O_2 \longrightarrow Cl_2 + H_2O$$

总反应式为:

$$2CH_2{=\!=}CH_2 + Cl_2 + \frac{1}{2}O_2 \longrightarrow 2CH_2{=\!=}CHCl + H_2O$$

4.7.5 氯化苄

氯化苄($C_6H_5CH_2Cl$)也称苄基氯或氯苯甲烷,工业上可由甲苯的侧链取代及苯的氯甲基化制得。例如:

苄基氯是重要的医药化工中间体,可制备苯甲醇、苯甲胺、苯乙腈等。

4.7.6 二氟二氯甲烷

二氟二氯甲烷(CCl_2F_2),无色无臭气体,沸点$-29.8℃$,易压缩为液体,无毒、无腐蚀、不燃烧、性质稳定,在过去的很长时间广泛用作制冷剂,是氟利昂的代表物。20 世纪 80 年代后被认为会破坏臭氧层,已逐渐被禁止使用。其可由四氯化碳和三氟化锑制备:

$$CCl_4 + SbF_3 \xrightarrow{SbCl_5} CCl_2F_2 + SbCl_3$$

生成的 $SbCl_3$,可被 HF 还原为 SbF_3,重新使用。

$$SbCl_3 + HF \longrightarrow SbF_3 + HCl$$

4.7.7 四氟乙烯

四氟乙烯($CF_2{=\!=}CF_2$),无色液体,沸点$-76.3℃$,不溶于水,溶于有机溶剂。由氯仿和氟化氢先得二氟一氯甲烷,再经高温裂解制得。

$$CHCl_3 + 2HF \xrightarrow[20℃\sim30℃]{SbCl_5} CHClF_2 + 2HCl$$

$$2CHClF_2 \xrightarrow[600℃\sim800℃]{Ni-Cr} CF_2{=\!=}CF_2 + 2HCl$$

四氟乙烯可用于生产聚四氟乙烯。聚四氟乙烯是很好的耐热、耐酸碱、耐腐蚀的高档材料,机械强度高,广泛用作管件、阀、膜、电极等各类耐用材料。

第5章 醇、酚和醚

5.1 概 述

　　烃是有机化合物的母体,它们的分子中只含有碳和氢两种元素。分子中含有碳、氢和氧三种元素的有机化合物,称为烃的含氧衍生物。醇、酚、醚都是烃的含氧衍生物。

　　醇和酚都含有羟基(—OH),羟基和脂肪烃、脂环烃或芳香烃侧链的碳原子相连的化合物称为醇,羟基直接连在芳环上的化合物称为酚。

　　醚可以看作是醇或酚分子中羟基上的氢原子被烃基取代的化合物。

　　醇、酚、醚的通式和官能团如下:

$$R-OH \qquad Ar-OH \qquad \begin{array}{c} R-O-R' \\ (Ar) \quad (Ar') \end{array}$$

化合物类别	醇	酚	醚
官能团结构式	—OH	—OH	$-\overset{\textstyle |}{\underset{\textstyle |}{C}}-O-\overset{\textstyle |}{\underset{\textstyle |}{C}}-$
官能团名称	醇羟基	酚羟基	醚键

　　醇、酚、醚在医药上有重要作用,如75%的乙醇是常用的消毒杀菌剂,苯甲醇为局部止痛剂,苯酚是外用消毒剂和防腐剂,甲酚是常用的外用消毒剂,乙醚是全身麻醉药。一些醇、酚、醚的衍生物是常用的药物,例如:

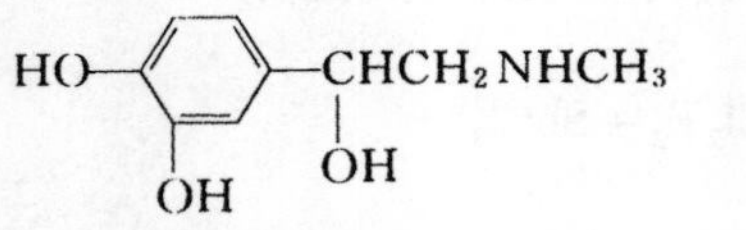

HO—〈benzene ring〉—$CHCH_2NHCH_3$ 　　　肾上腺素(心肌兴奋药) 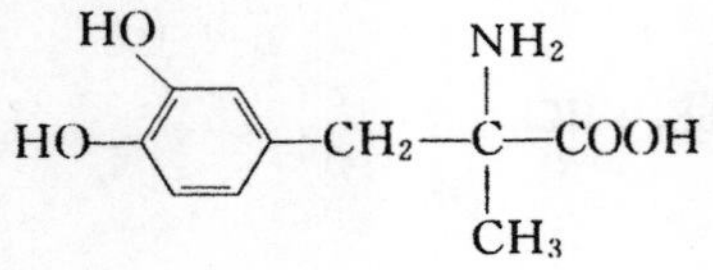
　　　　　　　　　　　　|
　　　　　　　　　　　OH
　　　　|
　　　OH

HO—〈benzene ring〉—$CH_2-\overset{\textstyle NH_2}{\underset{\textstyle CH_3}{C}}-COOH$ 　　　甲基多巴(抗高血压药)
HO

5.2 醇

　　醇有多种分类方法。根据官能团羟基所连碳原子的种类,可分为伯(1°)醇、仲(2°)醇和叔(3°)醇。例如:

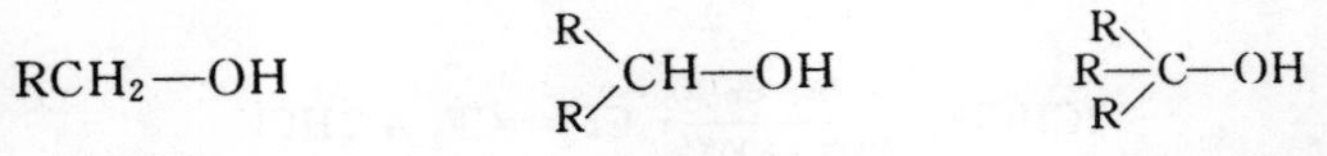

$$RCH_2-OH \qquad \overset{\textstyle R}{\underset{\textstyle R}{\diagdown}}CH-OH \qquad \overset{\textstyle R}{\underset{\textstyle R}{\overset{\textstyle R}{\diagdown}}}C-OH$$

　　　伯(1°)醇　　　　　　　仲(2°)醇　　　　　　　叔(3°)醇

　　根据烃基的种类可分为饱和醇、不饱和醇和芳香醇。例如:

饱和醇	CH₃OH	CH₃CH₂OH	⬡—OH
不饱和醇	CH₂=CHCH₂OH	CH≡CCH₂OH	
芳香醇	⬡—CH₂OH	⬡—CH₂OH, CH₃	

饱和醇　　　CH$_3$OH　　　CH$_3$CH$_2$OH　　　〈环己基〉—OH

不饱和醇　　CH$_2$=CHCH$_2$OH　　　CH≡CCH$_2$OH

芳香醇　　　〈苯基〉—CH$_2$OH　　　〈邻甲苯基〉—CH$_2$OH / CH$_3$

5.2.1　醇的结构

醇也可以看作是烃分子中的氢原子被羟基取代后的产物。

在醇分子中羟基与烃基之间的化学键（C—O 键）以及羟基中的 O—H 键都是极性共价键。在醇分子中,碳原子和氧原子均是以 sp³ 杂化轨道成键的。例如在甲醇分子中,氧原子的两对未共用电子对各占据一个 sp³ 杂化轨道,剩下两个 sp³ 杂化轨道分别与氢原子及碳原子结合,形成氧氢键和碳氧键,O—H 与 C—O 之间的键角近似于 109°,具体可见图 5-1 和表 5-1 所示。

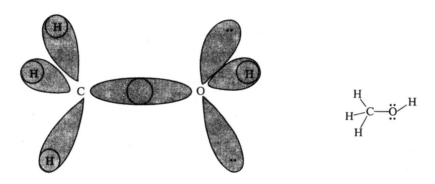

图 5-1　甲醇结构分子图

表 5-1　甲醇分子中的键长和键角

键长/nm	键角/(°)
C—H 0.109	∠COH 108.9
C—O 0.143	∠HCH 109
O—H 0.096	∠HCO 110

由于醇分子中原子的电负性为 O＞C＞H,所以氧原子上的电子云密度较高,碳原子上电子云密度较低,所以醇分子中的 C—O 键和 O—H 键均为极性键。

5.2.2　醇的物理性质

C$_{12}$ 以下的直链饱和一元醇为无色液体,其中 C$_4$ 以下具有酒味,C$_5$～C$_{11}$ 具有令人不愉快的气味。C$_{12}$ 以上的醇为无嗅无味的蜡状固体。

(1)溶解度

甲醇、乙醇、丙醇都能与水互溶。自正丁醇开始,随着烃基增大,在水中的溶解度降低,癸醇以上的醇几乎不溶于水。醇分子与水分子间能形成氢键,因此,低级醇易溶于水。但自正丁醇开始,随着烃基的增大,烃基部分的分子间吸引力增加,同时烃基对羟基有遮蔽作用,阻碍了醇羟基与水形成氢键,因此,在水中的溶解度降低以致不溶于水,故高级醇的溶解性质与烃类相似,不溶于水而溶于有机溶剂。芳香醇由于芳环的存在,溶解度都很小。醇羟基与水分子之间形成氢键如图 5-2 所示。

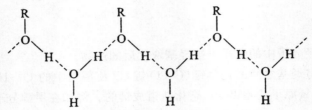

图 5-2　醇羟基与水分子之间形成氢键的示意图

(2)沸点

醇的沸点随着相对分子质量的增大而升高,在直链的同系列中,10 个碳以下的相邻醇之间的沸点相差 18℃~20℃;多于 10 个碳的相邻碳原子之间沸点相差较小。醇的沸点比相对分子质量相近的烃类高得多,例如甲醇(相对分子质量为 32)的沸点为 64.7℃,而乙烷(相对分子质量为 30)的沸点为-88.5℃。这是由于液体醇羟基之间可以通过氢键相互缔合起来所致。当醇从液态变为气态时氢键完全破裂,就必须供给破裂氢键的能量,因此醇的沸点比相应的烃高得多。醇分子之间形成氢键如图 5-3 所示。

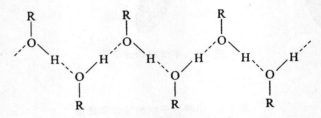

图 5-3　醇分子之间形成氢键的示意图

脂肪一元醇的相对密度小于 1,芳香醇及多元醇相对密度大于 1。部分醇的物理常数如表 5-2 所示。

表 5-2　部分醇的物理性质

名称	结构简式	熔点/℃	沸点/℃	相对密度
甲醇	CH_3OH	−93.9	65	0.7914
乙醇	CH_3CH_2OH	−114.1	78.5	0.7893
丙醇	$CH_3CH_2CH_2OH$	−126.5	97.4	0.8035
正丁醇	$CH_3CH_2CH_2CH_2OH$	−89.5	117.2	0.8098
异丁醇	$(CH_3)_2CHCH_2OH$	−108	108	0.8018
正十二醇	$CH_3(CH_2)_{10}CH_2OH$	26	255.9	0.8309
正十六醇	$CH_3(CH_2)_{14}CH_2OH$	50	344	0.8176

5.2.3　醇的化学性质与反应

醇的化学性质由羟基决定。R—O—H 分子中的 C—O 键和 O—H 键都是极性键,易断裂,反应中究竟哪个键断裂,取决于烃基的结构及反应条件。

1. 与活泼金属的反应

醇羟基中的氢原子可以被活泼金属钠(如 K、Mg、Al 等都可以)取代生成氢气与醇钠。

$$ROH + Na \longrightarrow RONa + H_2$$

醇羟基中氢原子不如水分子的活泼,因而经常用无水乙醇处理残余的金属钠。醇钠是极易溶于水、可溶于醇、不溶于乙醚的白色固体,比 NaOH 的碱性还要强,在有机合成中用做碱性试剂。

不同类型的醇中,烃基越大,和金属钠反应的速度越慢。各种醇的反应活性顺序为:

$$CH_3OH > RCH_2OH(伯醇) > R_2CHOH(仲醇) > R_3COH(叔醇)$$

2. 与 HX 的反应

醇分子中的羟基容易被卤素原子取代,生成卤代烃和水。

$$R—OH + HX \longrightarrow R—X + H_2O$$

醇与 HX 反应的速率与 HX 的类型及醇的结构有关。氢卤酸的活性顺序是:烯丙式醇(苄醇)>叔醇>仲醇>伯醇>甲醇。

利用不同类型的醇与 HX 反应速率的不同,可以区别伯醇、仲醇、叔醇。无水 $ZnCl_2$ 溶于浓盐酸称为卢卡斯(H. J. Lucas)试剂,它与叔醇反应很快发生,与仲醇反应较慢,与伯醇在常温下不发生反应。

$$(CH_3)C—OH \xrightarrow{ZnCl_2 + 浓盐酸} (CH_3)C—Cl$$
$$（叔醇） \qquad\qquad （溶液立即分层）$$

$$CH_3CH_2CHOHCH_3 \xrightarrow{ZnCl_2 + 浓盐酸} CH_3CH_2CHClCH_3$$
$$（仲醇） \qquad\qquad （静置片刻才变浑浊）$$

$$CH_3CH_2CH_2CH_2OH \xrightarrow{ZnCl_2 + 浓盐酸} CH_3CH_2CH_2CH_2Cl$$
$$（伯醇） \qquad\qquad （加热才反应）$$

有些醇与氢卤酸反应时,能发生烷基的重排;醇与 PBr_3 或 PI_3 反应生成卤代烃,很少发生分子重排。

$$CH_3CH_2CH_2CH_2OH + PBr_3 \longrightarrow CH_3CH_2CH_2CH_2Br$$

3. 与无机盐的酯化反应

醇和酸作用生成酯的反应称为酯化反应。

(1)与硫酸反应

$$RCH_2OH + H-OSO_2-OH \xrightarrow{<100\ ℃} RCH_2-OSO_3H + H_2O$$

伯醇   硫酸氢酯

硫酸氢甲酯和硫酸氢乙酯在减压下蒸馏变成中性的硫酸二甲酯和硫酸二乙酯,是很好的烷基化试剂,但因其剧毒(对呼吸器官和皮肤都有强烈刺激作用),使用范围已越来越小。

$$2CH_3OSO_3H \xrightarrow{减压蒸馏} (CH_3)_2SO_4 + H_2SO_4$$

$$2CH_3OSO_3H \xrightarrow{减压蒸馏} C_2H_5O-S(O_2)-OC_2H_5 + H_2SO_4$$

十二醇的硫酸氢酯的钠盐是一种合成洗涤剂。

$$C_{12}H_{25}OH + H_2SO_4(浓) \xrightarrow{40℃\sim55℃} C_{12}H_{25}OSO_3H + H_2O$$
$$C_{12}H_{25}OSO_3H + NaOH(浓) \longrightarrow C_{12}H_{25}OSO_3Na + H_2O$$

十二烷基硫酸钠

(2)与硝酸反应

伯醇与硝酸作用生成酯,与叔醇作用生成烯。硝酸酯受热会发生爆炸,是烈性炸药。

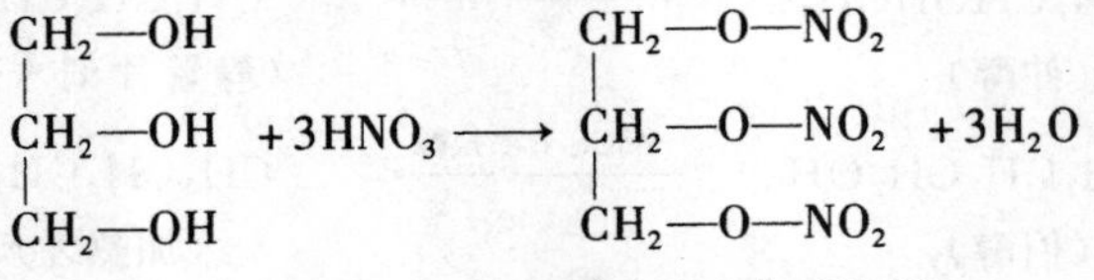

三硝酸甘油酯(炸药)

4. 脱水反应

醇和浓硫酸一起加热发生脱水反应。根据醇的结构和反应条件的不同,脱水方式有分子内脱水和分子间脱水两种。

(1)分子内脱水

将乙醇和浓硫酸加热到170℃,或将乙醇的蒸气在360℃下通过氧化铝,乙醇可经分子内脱水(消除反应)生成乙烯。

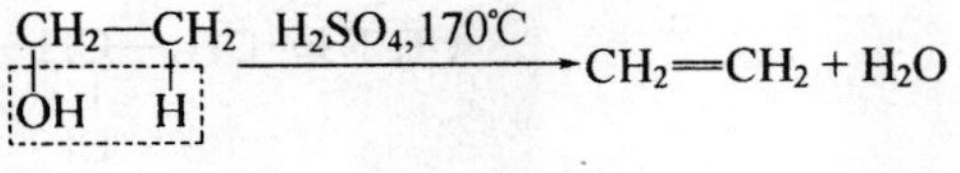

$$CH_2-CH_2 \xrightarrow{H_2SO_4,170℃} CH_2=CH_2 + H_2O$$

与卤代烃的消除反应一样,仲醇和叔醇分子内脱水时,遵循扎依采夫规则。

$$CH_3CH-CH_2CH_3 \xrightarrow[\triangle]{H_2SO_4,\ -H_2O} \begin{array}{l} CH_3CH=CHCH_3 \quad \text{主要产物} \\ CH_3CH_2CH=CH_2 \quad \text{次要产物} \end{array}$$

（2）分子间脱水

乙醇与浓硫酸加热到 140℃，或将乙醇的蒸气在 260℃下通过氧化铝，可经分子间脱水生成乙醚。

$$2CH_3CH_2OH \xrightarrow[\text{或 } Al_2O_3,260℃]{H_2SO_4} CH_3CH_2OCH_2CH_3+H_2O$$

在上面反应中，相同的反应物，相同的催化剂，反应条件对脱水方式的影响很大。在较高温度时，有利于分子内脱水生成烯烃，发生消除反应；而相对较低的温度则有利于分子间脱水生成醚。此外，醇的脱水方式还与醇的结构有关，在一般条件下，叔醇容易发生分子内脱水生成烯烃。

5. 氧化和脱氢

醇可被多种氧化剂氧化。醇的结构不同，氧化剂不同，氧化产物也各异。

（1）被 $K_2Cr_2O_7-H_2SO_4$ 或 $KMnO_4$ 氧化

伯醇首先被氧化成醛，醛比醇更容易被氧化，最后生成羧酸。

$$RCH_2OH \xrightarrow[\text{或 } KMnO_4]{K_2Cr_2O_7-H_2SO_4} \underset{\text{醛}}{R-CHO} \xrightarrow[\text{或 } KMnO_4]{K_2Cr_2O_7-H_2SO_4} \underset{\text{酸}}{RCOOH}$$

仲醇被氧化成酮。酮较稳定，在同样条件下不易继续被氧化，但用氧化性更强的氧化剂，在更高的反应的条件下，酮亦可继续被氧化，且发生碳碳键断裂。

$$\underset{OH}{\bigcirc} \xrightarrow[\triangle]{Na_2Cr_2O_7,\ H_2SO_4} \underset{O}{\bigcirc} \xrightarrow[\triangle]{KMnO_4,\ H^+} \begin{array}{l} CH_2CH_2COOH \\ | \\ CH_2CH_2COOH \end{array}$$

醇的氧化反应，可能与 α-H 有关。叔醇因无 α-H，所以很难被氧化，但用强氧化剂（如酸性高锰酸钾等），则先脱水成烯，烯再被氧化而发生碳碳键的断裂。

$$\begin{array}{l} CH_3 \\ | \\ CH_3-C-OH \\ | \\ CH_3 \end{array} \xrightarrow[H^+]{KMnO_4} \left[\begin{array}{l} CH_3C=CH_2 \\ | \\ CH_3 \end{array} \right] \xrightarrow[H^+]{KMnO_4} \begin{array}{l} CH_3-C=O \\ | \\ CH_3 \end{array} +CO_2\uparrow +H_2O$$

用上述氧化剂氧化醇时，由于反应前后有明显的颜色变化，且叔醇不反应，故可将伯醇、仲醇与叔醇区别开来。

（2）选择性氧化

醇分子中同时还存在其他可被氧化的基团（如 $C=C$，$C\equiv C$）时，若只要醇—OH 被氧化而其他基团不被氧化，则可采用选择性氧化剂氧化。

欧芬脑尔（Oppenauer）氧化：是指在异丙醇铝或叔丁醇铝的存在下，仲醇和丙酮的反应，醇被氧化成酮，丙酮被还原成异丙醇。可用通式表示为：

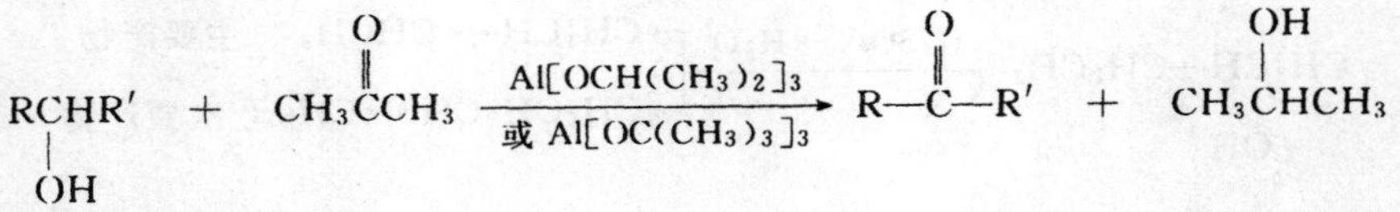

$$RCHR' + CH_3CCH_3 \xrightarrow[\text{或 Al[OC(CH_3)_3]_3}]{Al[OCH(CH_3)_2]_3} R-C-R' + CH_3CHCH_3$$

仲醇   酮

由于醇分子中的不饱和键不受影响,故可用于不饱和酮的制备。

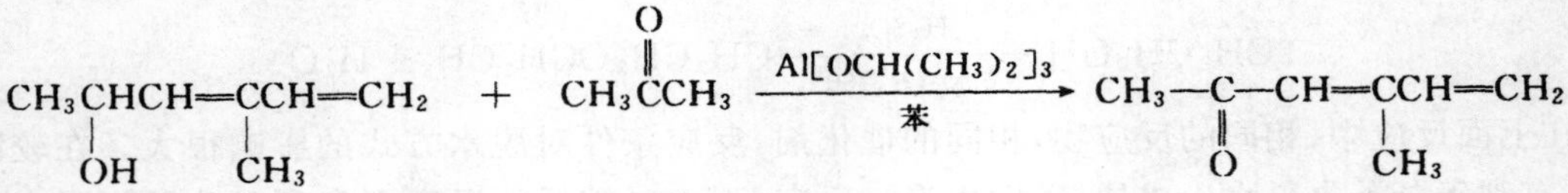

$$CH_3CHCH=CCH=CH_2 + CH_3CCH_3 \xrightarrow[\text{苯}]{Al[OCH(CH_3)_2]_3} CH_3-C-CH=CCH=CH_2$$

（过量）

沙瑞特(Sarrett)试剂:为铬酐和吡啶形成的配合物,可表示为 $CrO_3 \cdot (C_5H_5N)_2$。它可将伯醇氧化成醛,也能将仲醇氧化成酮,不影响分子中的不饱和键。

$$CH_2=C(CH_2)_2CH=C(CH_2)_3CH_2OH \xrightarrow{CrO_3,\text{吡啶}} CH_2=C(CH_2)_2CH=C(CH_2)_3C-H$$

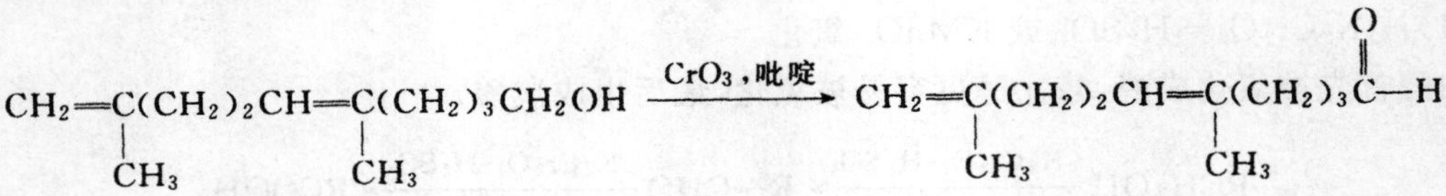

伯醇   醛

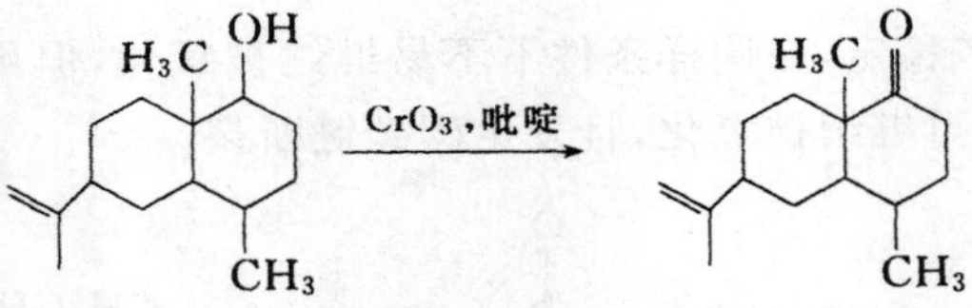

仲醇   酮

琼斯(Jones)试剂:是 CrO_3 的稀硫酸溶液,可表示为 $CrO_3-H_2SO_4$(稀)。反应时,将其滴加到被氧化醇的丙酮溶液中,同样不影响分子中的不饱和键。

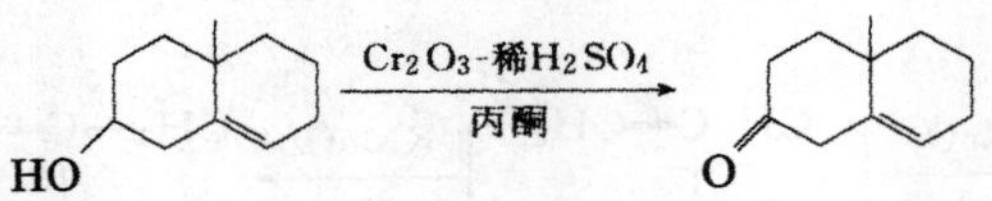

活性二氧化锰(MnO_2)试剂:为新鲜制备的 MnO_2。它可选择性地将烯丙位的伯醇、仲醇氧化成相应的不饱和醛和酮,收率较好。

$$CH_2=CH-CH_2OH \xrightarrow{\text{活性 } MnO_2} CH_2=CH-CHO$$

丙烯醛

醇的氧化是合成醛、酮和羧酸的一种重要方法。

醇的脱氢反应:将伯醇或仲醇的蒸气在高温下通过催化剂活性铜(或银、镍等),可发生脱氢反应,分别生成醛或酮。

$$CH_3CH_2OH \underset{}{\overset{Cu,325℃}{\rightleftharpoons}} CH_3CHO + H_2$$

$$CH_3\underset{\underset{OH}{|}}{CH}CH_3 \xrightarrow{Cu,325℃} CH_3\overset{\overset{O}{\parallel}}{C}CH_3 + H_2$$

叔醇无 α-H，在一般条件下不发生反应。

5.2.4 醇的制法

1. 烯烃水合

较简单的醇，如乙醇、异丙醇、叔丁醇等，一般可用烯烃直接水合来制备。烯烃的水合又分直接水合和间接水合。例如：

$$CH_2{=}CH_2 + HOH \xrightarrow[200\sim300℃,\ 8MPa]{H_3PO_4\text{-}硅藻土} CH_3{-}CH_2{-}OH$$
乙醇

$$CH_3{-}\underset{}{\overset{\overset{CH_3}{|}}{C}}{=}CH_2 \xrightarrow{H_2SO_4} CH_3{-}\underset{\underset{OSO_3H}{|}}{\overset{\overset{CH_3}{|}}{C}}{-}CH_3 \xrightarrow{H_2O} CH_3{-}\underset{\underset{OH}{|}}{\overset{\overset{CH_3}{|}}{C}}{-}CH_3$$
叔丁醇

不对称烯烃与水在酸催化下的直接水合遵循马尔科夫尼科夫（Markovnikov）规则。除乙烯水合成伯醇外，其他烯烃直接水合可得到仲醇和叔醇。

工业上，也可将烯烃通入稀硫酸（60%～65% H_2SO_4 水溶液），即在催化下水合成醇。例如：

$$(CH_3)_2C{=}CH_2 + H_2O \xrightarrow{H^+,\ 25℃} (CH_3)_3COH$$

这个反应首先是烯烃和质子加成，生成碳正离子，而后与作为亲核试剂的水分子作用，生成一个带正电荷的质子化的醇（锌盐），再脱去质子就得到醇。反应历程可表示如下：

$$(CH_3)_2C{=}CH_2 + H^+ \rightleftharpoons (CH_3)_3C^+ \xrightarrow{H_2\ddot{O}:} (CH_3)_3C{-}\overset{+}{O}H_2 \rightleftharpoons (CH_3)_3COH + H^+$$

由于反应过程中有活泼中间体碳正离子生成，因此有时有重排产物生成。例如 3,3-二甲基-1-丁烯在酸催化下水合，往往由于中间体碳正离子可发生重排而生成叔醇。

$$(CH_3)_3CCH{=}CH_2 \rightleftharpoons CH_3{-}\underset{\underset{CH_3}{|}}{\overset{\overset{CH_3}{|}}{C}}{-}\overset{+}{C}H{-}CH_3 \xrightarrow{重排} \underset{\underset{CH_3}{|}}{\overset{\overset{CH_3}{|}}{\overset{+}{C}}}{-}\underset{}{\overset{\overset{CH_3}{|}}{C}}H{-}CH_3$$

$$\xrightarrow[②\ -H^+]{①\ H_2O} \underset{\underset{CH_3}{|}}{\overset{\overset{CH_3}{|}}{C}}\overset{\overset{OH}{|}}{\underset{\underset{CH(CH_3)_2}{|}}{}}$$

2. 卤代烃的水解

卤代烃的水解可以制醇,但此制备反应有局限性,因为反应过程中会产生副产物烯烃。通常是由醇来制备卤代烃而不是由卤代烃来制备醇,只有在卤代烃容易得到的情况下才采用卤代烃制备醇。例如,用烯丙基氯水解制备烯丙醇,用苄氯制备苄醇:

$$CH_2{=}CHCH_2Cl + H_2O \xrightarrow{Na_2CO_3} CH_2{=}CHCH_2OH + HCl$$

3. 烯烃的硼氢化反应

烯烃与乙硼烷(B_2H_6)通过硼氢化反应生成三烷基硼烷,产物不需分离,在碱性溶液中,用过氧化氢直接氧化得到醇。

$$CH_2{=}CH_2 \xrightarrow{B_2H_6} (CH_3CH_2)_3B \xrightarrow[NaOH]{H_2O_2} CH_3CH_2OH$$

硼氢化反应简单方便,有高度的方向选择性,产率高。不对称烯烃的硼氢化反应产物是反马氏规则的产物,所以它在有机合成上有很大的应用,可通过烯烃的硼氢化反应制备用其他方法不易制得的醇。若反应物为不对称的末端烯烃,经硼氢化反应可得到相应的伯醇,这是制备伯醇的一个很好的方法。

4. 从醛、酮、羧酸及其酯的还原

醛、酮、羧酸和羧酸酯等利用催化氢化或金属氢化物还原可生成醇。醛、羧酸及其酯的还原后生成伯醇,而酮还原后生成仲醇。例如:

$$CH_3CH_2CH_2CHO \xrightarrow[H_2O]{NaBH_4} CH_3CH_2CH_2CH_2OH$$

丁醛   丁醇(85%)

$$CH_3CH_2COCH_3 \xrightarrow[H_2O]{NaBH_4} CH_3CH_2{-}\underset{\underset{OH}{|}}{CH}{-}CH_3$$

2-丁酮   2-丁醇(87%)

羧酸很难还原,只能用氢化铝锂这样的强还原剂才能将其还原得到伯醇,该反应需在无水溶剂如无水乙醚中进行。例如:

$$CH_3{-}\overset{\overset{O}{\|}}{C}{-}OH + LiAlH_4 \xrightarrow[\text{②水解}]{\text{①无水乙醚}} CH_3CH_2OH$$

100%

新戊醇(92%)

羧酸酯也可以用氢化铝锂还原成醇,而硼氢化钠不能使羧酸和酯还原。羧酸酯还可以用金属钠在乙醇溶液中还原成醇。

$$R\text{—}\overset{\displaystyle O}{\overset{\|}{C}}\text{—OMe} \xrightarrow[C_2H_5OH]{Na} RCH_2OH + CH_3OH$$

当用硼氢化钠作为还原剂时,可使不饱和醛、酮的羰基还原为醇而不饱碳碳双键不被还原。例如:

$$\text{—CH}\text{=}\text{CH}\text{—CHO} + NaBH_4 \xrightarrow{H^+} \text{—CH}\text{=}\text{CH}\text{—CH}_2\text{OH}$$

肉桂醛　　　　　　　　　　　　**肉桂醇**

5. 从格氏试剂制备

这是实验室制醇最常用的一种方法。其中,甲醛与格氏试剂反应得伯醇;其他醛得仲醇;酮得叔醇。

$$HCHO + R'MgX \xrightarrow{\text{无水乙醚}} R'CH_2OMgX \xrightarrow{H_2O} R'CH_2OH$$

$$RCHO + R'MgX \xrightarrow{\text{无水乙醚}} RCHOMgX \xrightarrow{H_2O} RCHOH$$
$$\qquad\qquad\qquad\qquad\qquad\quad | \qquad\qquad\qquad |$$
$$\qquad\qquad\qquad\qquad\qquad\quad R' \qquad\qquad\qquad R'$$

$$R\text{—}\overset{\displaystyle R}{\underset{\displaystyle O}{\overset{\|}{C}}}\text{—R} + R'MgX \xrightarrow{\text{无水乙醚}} R\text{—}\overset{\displaystyle R}{\underset{\displaystyle R'}{\overset{|}{C}}}\text{—OMgX} \xrightarrow{H_2O} R\text{—}\overset{\displaystyle R}{\underset{\displaystyle R'}{\overset{|}{C}}}\text{—OH}$$

用此法制备某些结构复杂的醇有一定的实用价值,但由于反应需无水乙醚作溶剂,故在药物生产中受到一定的限制。

5.3　酚

5.3.1　酚的结构

酚分子中的官能团是羟基,称为酚羟基。酚羟基的结构与醇羟基不同,如苯酚分子中,羟基氧原子是 sp^2 杂化,它以两个 sp^2 杂化轨道分别与苯环一个碳原子的 sp^2 杂化轨道和一个氢原子的 1s 轨道构成一个 C—Oσ 键和一个 O—Hσ 键,余下的一个 sp2 杂化轨道和一个 p 轨道则分别被两对孤对电子所占据。

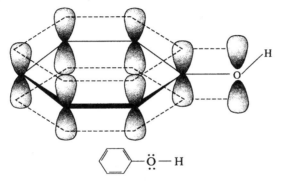

苯酚分子中,苯环与氧原子在同一平面内,氧原子 p 轨道上的孤对电子与苯环的 π 轨道形成 p-π 共轭体系,氧原子上的电子云向苯环转移,因此苯酚中的 C—O 键(键长 0.136nm)比甲醇中的 C—O 键(键长 0.142nm)短,苯酚 O—H 键中的氢原子比在醇中 O—H 键中的氢原子易离解,即苯酚的酸性比醇强。

5.3.2 酚的物理性质

酚的物理性质在许多方面与醇相似,酚分子间可以形成氢键,所以酚的沸点比分子量相近的烃类化合物要高得多。酚大多数为无色晶体,少数烷基酚为高沸点液体(如间—甲苯酚)。酚容易被空气氧化带有不同程度的黄色或红色。

虽然酚分子与水分子间可以形成氢键,但由于酚羟基在分子中占的比重小,即使是最低级的酚——苯酚,也只微溶于水。

酚和水分子间形成氢键:

酚分子间形成氢键:

酚能溶于乙醇、乙醚、苯等有机溶剂。常见酚类化合物的物理常数见表 5-3 示。

表 5-3 常见酚类化合物的物理常数

名称	构造式	熔点/℃	沸点/℃	溶解度/[g·(100g H₂O)⁻¹]	pKₐ(20℃)
苯酚	⬡—OH	40.8	181.8	8.0	9.98
邻甲苯酚	CH₃ ⬡—OH	30.5	191.0	2.5	10.29
间甲苯酚	H₃C—⬡—OH	11.9	202.2	2.6	10.09

名称	构造式	熔点/℃	沸点/℃	溶解度/[g·(100g H₂O)⁻¹]	pKₐ(20℃)
对甲苯酚	H₃C—◯—OH	34.5	201.8	2.3	10.26
邻硝基苯酚	NO₂ OH	44.5	214.5	0.2	7.21
间硝基苯酚	OH O₂N	96.0	194.0 (70 mmHg)	1.4	8.39
对硝基苯酚	O₂N—◯—OH	114.0	295.0	1.7	7.15
邻苯二酚	OH OH	105.0	245.0	45.0	9.85
间苯二酚	HO OH	110.0	281.0	123.0	9.81
对苯二酚	HO—◯—OH	170.0	285.2	8.0	10.35
1,2,3-苯三酚	OH OH OH	133.0	309.0	62.0	—
α-萘酚	OH	96.0	279.0	难	9.34
β-萘酚	OH	123.0	286.0	0.1	9.01

5.3.3 酚的化学性质与反应

在结构上,酚的羟基与苯环直接相连,由于两者存在 p-π 共轭作用,因此酚类化合物具有许多不同于醇的化学性质,如酚的酸性比醇强;酚的 C—O 键不易发生断裂;环上易发生亲电取代反应等。

1. 酚羟基的反应

(1)弱酸性

苯酚具有弱酸性,能与活泼金属和强碱反应生成易溶于水的酚盐,但不能与 Na_2CO_3、$NaHCO_3$ 作用。

$$\text{C}_6\text{H}_5\text{OH} + \text{NaOH} \rightleftharpoons \text{C}_6\text{H}_5\text{ONa} + \text{H}_2\text{O}$$

苯酚的酸性($pK_a = 9.89$)比碳酸($pK_a = 6.35$,$pK_a = 10.33$)还弱,因此,苯酚只溶于氢氧化钠或碳酸钠溶液,不溶于碳酸氢钠溶液。如果向苯酚钠溶液中通入二氧化碳,则苯酚就会游离出来而使溶液变浑浊。利用酚的这一性质可对其进行分离提纯,也可鉴别和分离酚和醇。

$$\text{C}_6\text{H}_5\text{ONa} + \text{CO}_2 + \text{H}_2\text{O} \longrightarrow \text{C}_6\text{H}_5\text{OH} + \text{NaHCO}_3$$

酚类化合物的酸性强弱,与芳环上连有取代基的种类、数目有关。当芳环上连有给电子基团时,酚的酸性减弱。当芳环上连有吸电子基团时,酚的酸性增强。吸电子基团越多,酸性越强。

pK_a 4.05   0.25

(2)显色反应

大多数酚与 $FeCl_3$ 溶液能生成有色的配离子,不同酚产生的颜色不同,常用于鉴定酚。不同酚与 $FeCl_3$ 反应产生的颜色见表 5-4。

$$6\text{C}_6\text{H}_5\text{OH} + \text{FeCl}_3 \longrightarrow [\text{Fe}(\text{C}_6\text{H}_5\text{O})_6]^{3-} + 3\text{H}^+ + 3\text{HCl}$$

表 5-4 不同酚与 $FeCl_3$ 反应产生的颜色

各种酚	产生的颜色	各种酚	产生的颜色
苯酚	紫色	间苯二酚	紫色
邻甲苯酚	蓝色	对苯二酚	暗绿色
间甲苯酚	蓝色	1,2,3-苯三酚	淡棕色
对甲苯酚	蓝色	1,3,5-苯三酚	紫色沉淀
邻苯二酚	绿色	α-萘酚	紫色沉淀

除酚类能与 $FeCl_3$ 溶液生成有色物质外,具有烯醇式结构的化合物也能发生这样的反应。

(3)酚的酯化反应

由于酚羟基与芳环共轭,降低了氧原子上的电子云密度,因此酚的亲核性比醇的弱,酚的成酯反应比醇的困难。酚很难与羧酸直接发生酯化作用,而在酸(H_2SO_4、H_3PO_4)或碱(吡啶、K_2CO_3)的催化下,可与酰氯或酸酐反应生成酯。

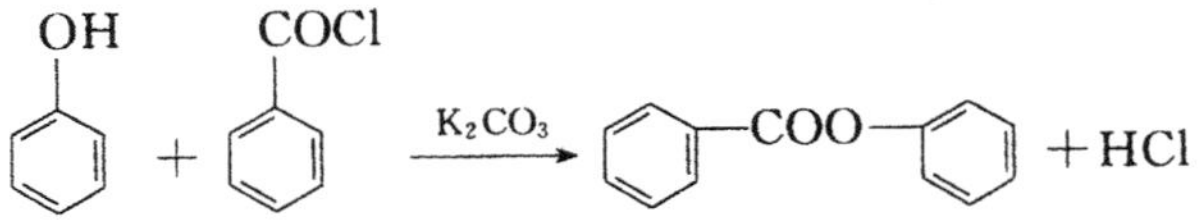

苯甲酰氯　　　　　　苯甲酸苯酯

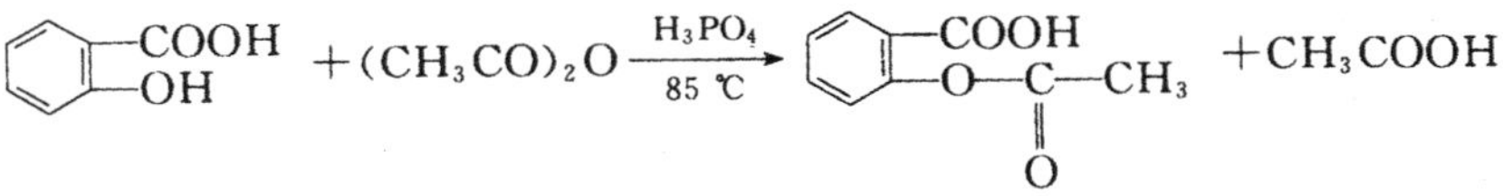

乙酰水杨酸(阿司匹林)

此外,酚羟基不能与氢卤酸发生取代反应,PX_3 虽然能与酚作用,但要比醇困难得多。

(4)酚的醚化反应

与醇相似,酚也可以生成醚。但酚醚不能通过酚分子之间脱水制得,可在碱性溶液中与烃基化试剂反应生成醚。例如:

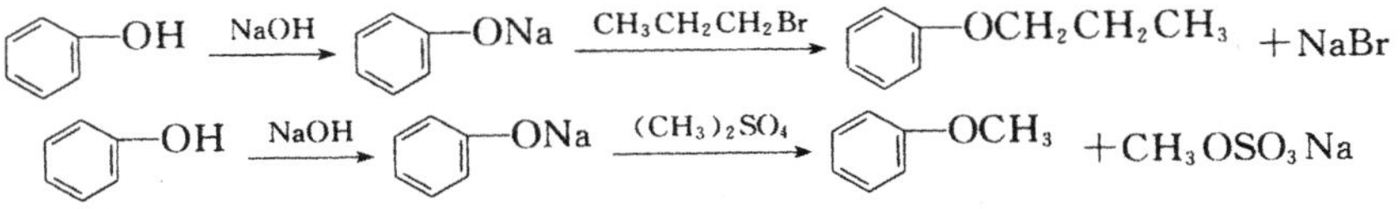

目前可用无毒的碳酸二甲酯$(CH_3O)_2C=O$ 代替硫酸二甲酯制备苯甲醚。二苯醚可用酚钠与芳卤制得,因芳环上卤原子不活泼,故需催化加热。

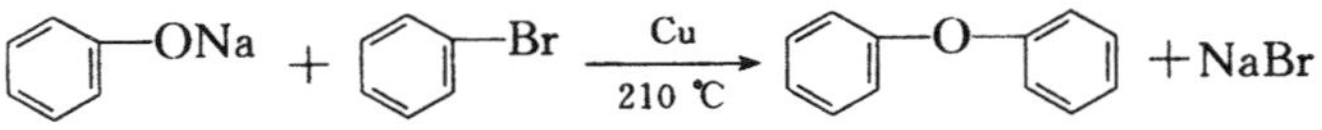

二苯醚

酚醚的化学性质较稳定,但与氢碘酸作用可分解为原来的酚。

在有机合成中,这类反应用于对活泼基团的保护,如为避免酚羟基被转化,可先将其转为稳定的醚,待其他基团的反应后,再将醚还原为酚羟基。

2. 氧化反应

酚易被氧化为醌等氧化物,氧化物的颜色随着氧化程度的深化而逐渐加深,由无色而呈粉红色、红色、以致深褐色。例如:

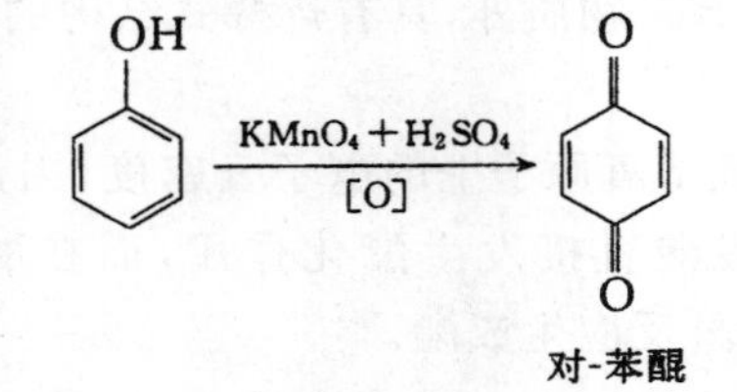

对-苯醌

多元酚更易被氧化。

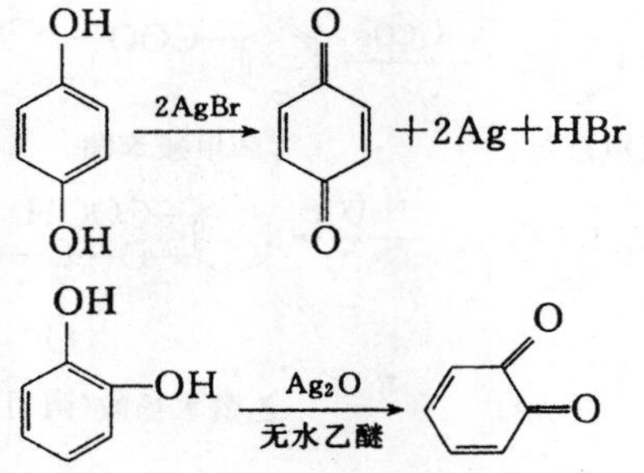

对一苯二酚是常用的显影剂。酚易被氧化的性质常用来作为抗氧剂和除氧剂。

3. 还原反应

苯酚可以通过催化加氢的方法还原成环己醇类化合物,这是工业上生产环己醇的主要方法。环己醇是制备尼龙-6 的原料。

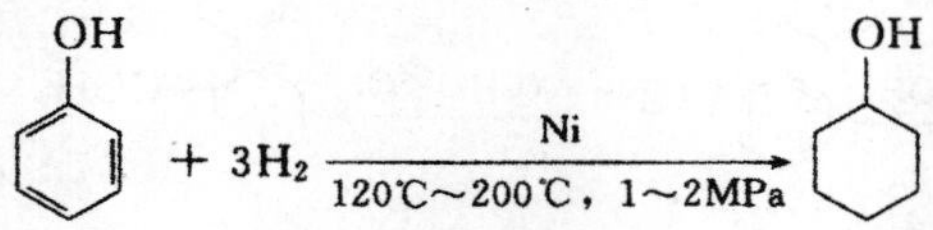

4. 芳环上的取代反应

由于酚羟基与苯环形成了 p-π 共轭体系,使苯环上电子云密度增加,尤其是在羟基的邻位、对位。因此,酚羟基是邻位、对位定位基,并使苯环活化,比苯易发生亲电取代反应。

(1)卤代反应

苯酚卤代非常容易,在室温下,苯酚能与溴水作用,立即生成 2,4,6-三溴苯酚的白色沉淀,此反应非常灵敏,故常用于苯酚的定性和定量分析。

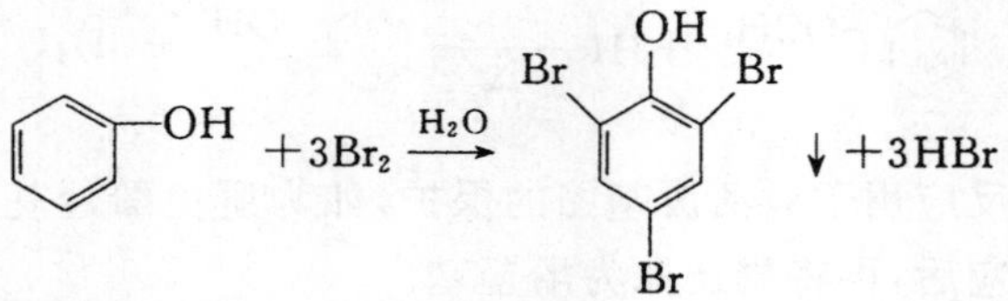

如需要制取一溴苯酚,则要在非极性溶剂(CS_2、CCl_4)和低温下进行。

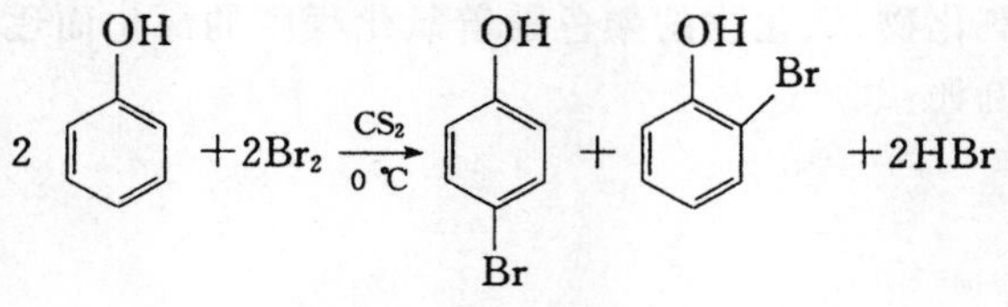

（2）硝化反应

苯酚的硝化也比苯容易，在室温下，苯酚与稀硝酸反应，可生成邻硝基苯酚和对硝基苯酚的混合物。

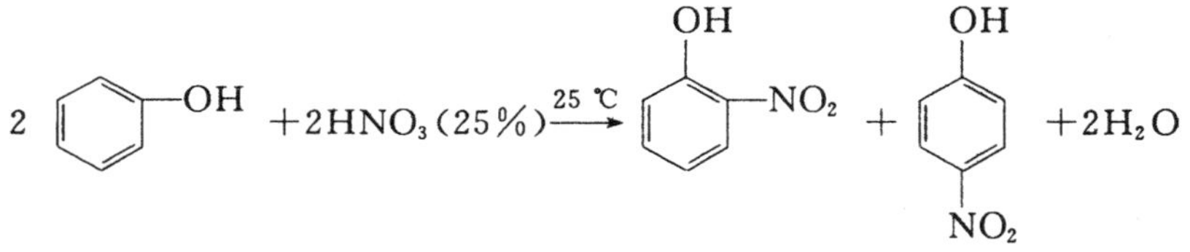

生成的这两种异构体，可用水蒸气蒸馏法进行分离。对硝基苯酚可形成分子间氢键，发生分子间缔合；邻硝基苯酚分子内的羟基和硝基相距较近，可形成分子内氢键，水溶性降低，挥发性增强，使邻硝基苯酚能随水蒸气蒸出，而对硝基苯酚则留在蒸馏残液中，达到分离的目的。

苯酚与混酸作用，可生成 2，4，6-三硝基苯酚（俗称苦味酸）。

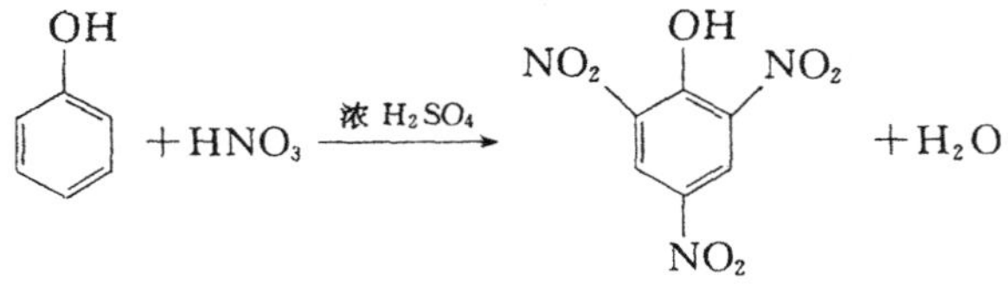

苦味酸是黄色晶体，可溶于乙醇、乙醚和热水中，其水溶液酸性很强。苦味酸及其盐类都易爆炸，可用于制造炸药和染料。

（3）磺化反应

苯酚很容易磺化，温度不仅影响磺化反应的速率，同时也影响磺酸基引入的位置。在室温下，浓硫酸可使苯酚发生磺化反应，产物主要是邻羟基苯磺酸；在 100℃时，产物主要是对羟基苯磺酸。邻羟基苯磺酸和硫酸在 100℃共热，也转位生成对羟基苯磺酸。

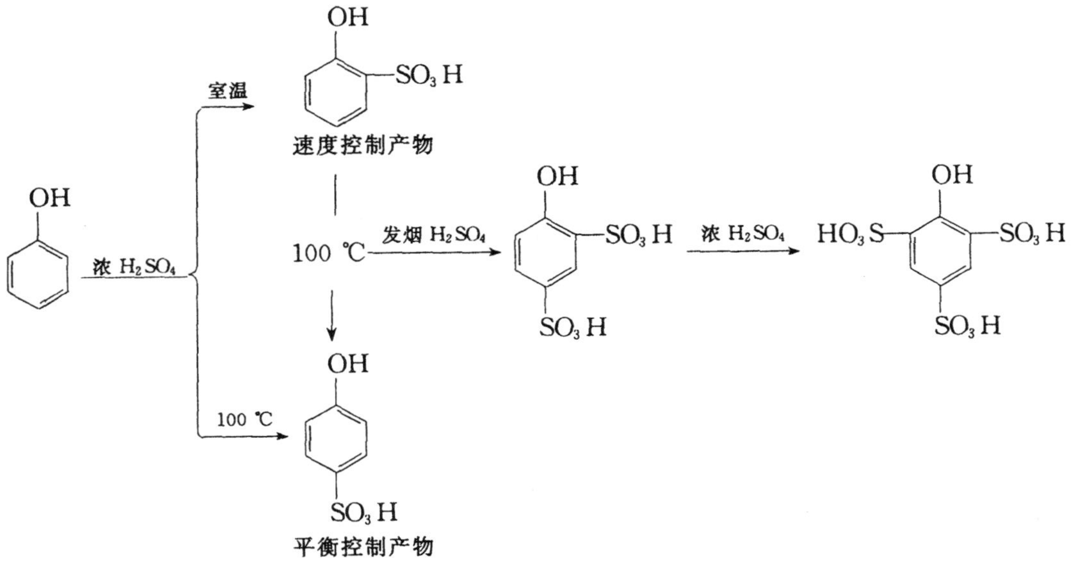

这是由于磺化反应是一个可逆反应。低温时，反应受反应速率控制；高温时，对位空间阻碍

小，较邻位稳定，反应受平衡控制而有利于对位产物的生成。

（4）与甲醛的缩合反应

酚与甲醛在酸或碱的催化下反应，先生成邻位或对位的羟基苯甲醇，进一步反应生成二元取代物，二元取代物通过一系列的脱水缩合反应，最后得到酚醛树脂。

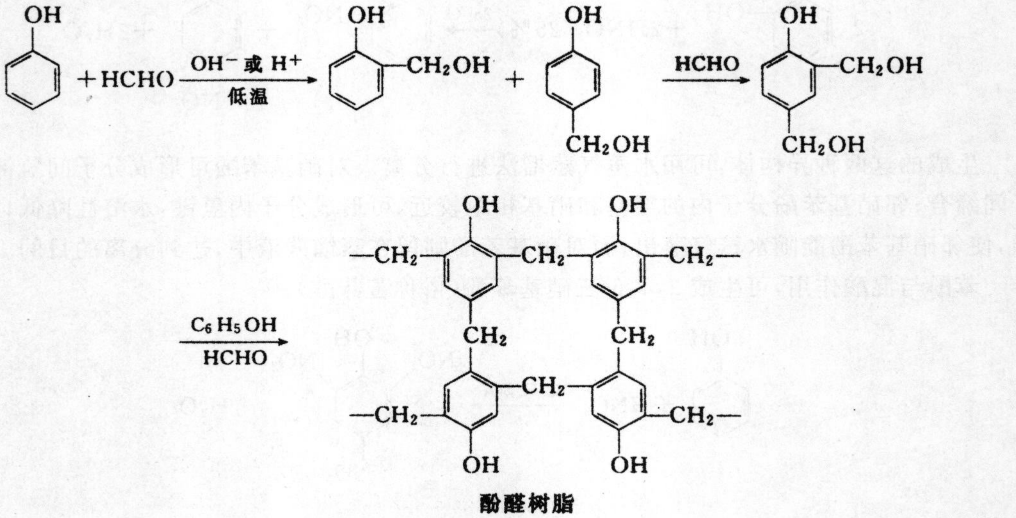

酚醛树脂

酚醛树脂是具有网状结构的大分子聚合物，俗称电木。这种材料具有良好的绝缘性和热塑性，由它制成的增强塑料是空间技术中使用的重要高分子材料。

（5）傅—克反应

苯酚与 $AlCl_3$ 会形成不溶于有机溶剂的苯酚氯化铝盐，所以苯酚的傅氏反应一般不用金属盐作催化剂，而用 HF、H_2SO_4 等。例如：

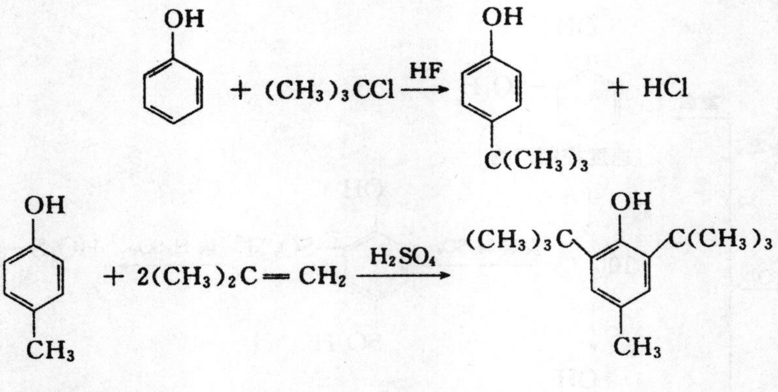

5.3.4 苯酚的制法

1. 从异丙苯制备

这是工业上制备大量苯酚的较好方法。利用石油裂解时的产品丙烯与苯发生烃基化反应，生产异丙苯，然后用空气氧化，生成异丙苯过氧化物，再经酸催化分解为苯酚和丙酮。

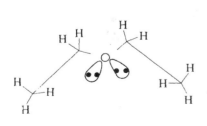

过氧化物

本法适用于规模生产,设备和技术要求高,且仅限于制备苯酚,不能推广制备其他酚。

2. 氯苯水解法

氯苯和氢氧化钠在高温高压下,经铜催化反应,再水解生成苯酚。

$$Ph—Cl+NaOH \xrightarrow[300℃,15MPa]{Cu} Ph—ONa \xrightarrow{H^+} Ph—OH$$

这是工业上制备苯酚的方法之一。

3. 从芳磺酸制备

用 Na_2SO_3 中和芳磺酸生成芳磺酸钠,将后者与氢氧化钠在高温下共熔得到相应的酚钠,再经酸化,即得相应的酚,此方法称为磺化碱熔法。磺化碱熔法是最早用来合成苯酚的一种方法,其优点是设备简单、产率高、产品纯度好;缺点是生产工序多、需消耗大量酸碱等原料,成本较高。

5.4　醚

5.4.1　醚的结构

醚(ethers)是由氧原子通过两个单键分别与两个烃基结合的分子。醚的官能团为醚键,(—O—)醚键中氧为 sp^3 杂化(酚醚除外),两个未共用电子对分别处在两个 sp^3 杂化轨道中,分子为"V"字形,分子中无活泼氢原子,性质较稳定。图 5-4 所示为乙醚分子的结构。

图 5-4　乙醚分子结构

5.4.2　醚的物理性质

大多数醚为液体,只有简单的醚如甲醚、甲乙醚为气体,易挥发,易燃。因不存在氢键,醚的沸点比分子量相近的醇要低得多。醚分子中的氧原子仍能与水分子中的氢原子形成氢键,在水中的溶解度与同碳数的醇相近。醚是弱极性分子,是良好的有机溶剂。

醚具有高度的挥发性,易着火,其蒸气与空气混合易爆,使用时要小心。表 5-5 列出了常见醚的物理常数。

表 5-5　常见醚的物理常数

名称	结构	沸点/℃	相对密度
甲醚	$CH_3—O—CH_3$	−25	0.661
甲乙醚	$CH_3—O—CH_2CH_3$	8	0.679
乙醚	$CH_3CH_2—O—CH_2CH_3$	35	0.714
正丙醚	$CH_3(CH_2)_2—O—(CH_2)_2CH_3$	90	0.736
异丙醚	$(CH_3)_2CH—O—CH(CH_3)_2$	69	0.735
正丁醚	$CH_3(CH_2)_3—O—(CH_2)_3CH_3$	143	0.769
甲丁醚	$CH_3—O—(CH_2)_3CH_3$	70	0.744
乙丁醚	$CH_3CH_2—O—(CH_2)_3CH_3$	92	0.752
乙二醇二甲醚	$CH_3—O—CH_2CH_2—O—CH_3$	83	0.863
乙烯醚	$CH_2—CH—O—CH—CH_2$	35	0.773
甲丁醚	$CH3—O—(CH_2)3CH3$	70	0.744
乙丁醚	$CH_3CH_2—O—(CH_2)_3CH_3$	92	0.752
乙二醇二甲醚	$CH_3—O—CH_2CH_2—O—CH_3$	83	0.863
乙烯醚	$CH_2—CH—O—CH—CH_2$	35	0.773
四氢呋喃		65	0.888
1,4-二氧六环		101	1.034
环氧乙烷		11	—
环氧丙烷		34	0.859
1,2-环氧丁烷		63	0.837
顺-2,3-环氧丁烷		59	0.823
反-2,3-环氧丁烷		54	0.801

注:表中的相对密度为 20℃下的值。

5.4.3　醚的化学性质与反应

除某些环醚外,醚分子中的醚键很稳定,其稳定性接近烷烃,与稀酸、强碱、氧化剂、还原剂或金属钠等都不发生反应。故在常温下可用金属钠来干燥醚。但由于醚键 C—O—C 中氧原子上含有未共用电子对以及氧的电负性影响,在一定条件下,醚也能起某些化学反应。

1. 盐的生成

由于醚上的氧原子具有未共用电子对,能接受强酸中的 H^+ 而生成详盐,因此醚能溶解于冷的强酸。详盐在浓酸中稳定,在水中容易水解,醚即重新分出,而烷烃不与冷的浓酸反应,也不溶于其中,因此可以利用此性质分离鉴别醚。

$$R—O—R + 浓\ HCl \longrightarrow R—\overset{+}{\underset{\underset{H}{|}}{O}}—R + Cl^-$$

$$CH_3CH_2—O—CH_2CH_3 + 浓\ H_2SO_4 \longrightarrow CH_3CH_2—\overset{+}{\underset{\underset{H}{|}}{O}}—CH_2CH_3 + HSO_4^-$$

$$R—\overset{+}{\underset{\underset{H}{|}}{O}}—R\ \ \overset{-}{Cl} + H_2O \longrightarrow R—O—R + H_3O^+ + Cl^-$$

由于醚键上的氧原子带有未共用电子对,所以醚是一种路易斯碱,能和缺电子的路易斯酸(三氟化硼等)络合生成络合物。

$$\begin{matrix} R \\ \diagdown \\ O + BF_3 \\ \diagup \\ R \end{matrix} \longrightarrow \begin{matrix} R \quad F \\ \diagdown \quad | \\ O:B—F \\ \diagup \quad | \\ R \quad F \end{matrix}$$

2. 醚键的断裂

醚与浓强酸(如氢碘酸)共热,醚键发生断裂,生成卤代烃和醇,如果氢卤酸过量,醇将继续转变为卤代烃。例如:

$$R—O—R' + HX \xrightarrow{\triangle} RX + R'—OH \underset{}{\overset{}{\underset{}{\big|}}}\xrightarrow{HX} R'X + H_2O$$

氢卤酸使醚键断裂的能力为 HI>HBr>HCl。

混合醚断裂时,若两个烃基均为脂肪烃基,一般是较小的烃基先形成卤代烃;如果一个为脂肪烃基,而另一个为芳烃基,则脂肪烃基先形成卤代烃。例如:

$$CH_3—O—C_2H_5 \xrightarrow[\triangle]{HI} CH_3I + C_2H_5—OH \xrightarrow[\triangle]{HI} C_2H_5I + H_2O$$

$$Ph—O—CH_3 \xrightarrow[\triangle]{HI} CH_3I + PhOH$$

$$CH_3I + AgNO_3 \xrightarrow{C_2H_5OH} CH_3ONO_2 + AgI \downarrow$$

上述反应是定量进行的,将形成的 CH_3I 蒸出用 $AgNO_3$-乙醇溶液吸收,再称量 AgI 的量,即可推算分子中甲氧基的含量。这个方法称蔡塞尔(S. Zeisel)法,可用于测定某些含有甲氧基的天然产物的结构。

甲基、叔丁基、苄基醚易形成也易被酸分解。有机合成中常用生成醚的方法来保护羟基。

例如:由 CH_3—〈 〉—OH 制备 OH—〈 〉—COOH 时,就要先保护羟基。

$$CH_3—\langle\ \rangle—OH \xrightarrow[NaOH]{(CH_3)_2SO_4} CH_3O—\langle\ \rangle—CH_3 \xrightarrow{KMnO_4}$$

$$CH_3O—\langle\ \rangle—COOK \xrightarrow[\triangle]{HBr} HO—\langle\ \rangle—COOH$$

如果不先保护羟基,用 $KMnO_4$ 氧化时,羟基也会被氧化而得不到所需的产物。

3. 过氧化物的形成

低级醚在放置过程中,因为与空气或阳光接触,会慢慢地被氧化成过氧化物。过氧化物不稳定,受热容易分解发生爆炸。因此在蒸馏醚时注意不要蒸干,以免发生爆炸事故。例如:

$$CH_3CH_2—O—CH_2CH_3 + O_2 \qquad CH_3CH_2—O—\underset{\underset{O—OH}{|}}{C}HCH_3$$

检验醚中是否有过氧化物的方法:将碘化钾的醋酸溶液(或水溶液)加入少量乙醚中,因 I^- 与过氧化物反应生成 I_2,如果溶液显紫色或棕红色,就表明有过氧化物存在。也可以用硫酸亚铁和硫氢化钾(KCNS)混合物与醚振荡,如有过氧化物存在,会显红色。当乙醚中混有过氧化物时,应将其除去后才能使用,除去过氧化物的方法是在蒸馏以前,加入适量还原剂如 5% 的 $FeSO_4$ 于醚中,使过氧化物分解。为防止过氧化物的生成,通常乙醚被保存在棕色瓶中或在乙醚中加入微量对苯二酚或其他抗氧化剂以阻止过氧化物的生成。

$$过氧化物 + Fe^{2+} \longrightarrow Fe^{3+} \xrightarrow{SCN^-} Fe(SCN)_6^{3-}$$
$$红色$$

5.4.4 醚的制备

1. 醇分子间脱水

醇和硫酸共热,在控制温度条件下,发生分子间脱水反应而生成醚。除硫酸外,还可用芳香族磺酸等作为催化剂。

例如:

$$2C_2H_5OH \xrightarrow[140℃]{H_2SO_4} C_2H_5OC_2H_5 + H_2O$$

此法只适用于伯醇、仲醇制备简单醚。

2. 威廉森合成

醇钠与卤代烃发生亲核取代反应制备醚的方法称为威廉森(Williamson)合成法。此法适用于制备混合醚。

$$R—X + NaOR' \longrightarrow ROR' + NaX$$

制备具有叔烃基的混醚时,应采用叔醇钠与伯卤烷反应,而要避免采用叔卤烷为原料,因为叔卤烷在反应过程中会发生脱卤化氢而生成烯烃的副反应。

$$(CH_3)_3CONa + ICH_3 \longrightarrow (CH_3)_3COCH_3 + NaI$$

$$(CH_3)_3C—X + NaOCH_3 \longrightarrow CH_3—\underset{\underset{CH_3}{|}}{C}=CH_2 + NaX + CH_3OH$$

制备具有苯基的混醚时应采用酚钠。例如,苯甲醚的制备只能采用酚钠与一卤甲烷反应得到:

苯甲醚(茴香醚)

第 6 章　醛和酮

6.1　醛和酮的结构

羰基碳原子是 sp² 杂化，3 个 sp² 杂化轨道分别与氧原子和另外 2 个原子形成 3 个 σ 键，这 3 个 σ 键处于同一平面上，键角近似 120℃。碳原子未杂化的 1 个 p 轨道与氧原子的 1 个 p 轨道从侧面重叠形成碳氧 π 键，与 3 个 σ 键所在的平面垂直。由于羰基氧原子的电负性大于碳原子，因此，双键电子云不是均匀地分布在碳和氧之间，而是偏向于氧原子，使氧带部分负电荷 (δ^-)，而碳带部分正电荷(δ^+)，形成一个极性双键，所以醛、酮是极性较强的分子。羰基的结构如图 6-1 所示。

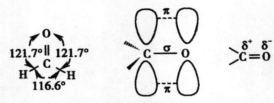

图 6-1　羰基的结构

6.2　醛和酮的物理性质和光谱性质

6.2.1　醛和酮的物理性质

在常温下，除甲醛是气体外，含 12 个碳原子以下的低级醛、酮都是液体，高级醛、酮和芳香酮多为固体。低级醛具有强烈的刺激气味，中级醛有花果的香味。

由于羰基是极性基团，故醛、酮分子间的引力较大。与相对分子质量相近的烷烃和醚的沸点相比，醛、酮的沸点较高。又由于醛、酮分子间不能形成氢键，因而沸点低于相对分子质量相近的醇的沸点。对于高级醛、酮，随着羰基在分子中所占比例越来越小，与相对分子质量相近的烷烃的沸点差别也越来越小。

醛、酮分子间虽不能形成氢键，但羰基氧原子却能和水分子形成氢键，所以，相对分子质量低的醛、酮可溶于水，如乙醛和丙酮能与水混溶。醛、酮的水溶性随相对分子质量的增加而逐渐降低，乃至不溶。醛、酮可溶于一般的有机溶剂。丙酮、丁酮能溶解许多有机化合物，故常用做有机溶剂。一些常见的醛和酮的物理常数见表 6-1。

表 6-1　常见醛、酮的物理常数

名称	熔点/℃	沸点/℃	相对密度 d_4^{20}	溶解度/$[g \cdot (100g\ H_2O)^{-1}]$
甲醛	−92	−21	0.815(−20℃/4℃)	55
乙醛	−121	20.8	0.7834(18℃/4℃)	溶
丙醛	−81	48.8	0.8058	20
丁醛	−99	75.7	0.8170	微溶
戊醛	−91	103	0.8095	微溶
苯甲醛	−26	178.1	1.0415(10℃/4℃)	0.33
丙酮	−94.6	56.5	0.7898	溶
丁酮	−86.4	79.6	0.8054	溶
2-戊酮	−77.8	102	0.8061	几乎不溶
3-戊酮	−39.9	101.7	0.8138	4.7
环己酮	−16.4	155.7	0.9478	微溶
苯乙酮	19.7	202.3	1.0281	微溶

6.2.2　醛和酮的光谱性质

1. 红外光谱

醛、酮的红外光谱在 1650~1750cm^{-1} 有一个很强的羰基(C≕O)伸缩振动吸收峰,特征性强,这个特征吸收峰通常用来检验分子中是否有羰基存在。醛、酮分子的主要红外特征吸收峰可归类为:

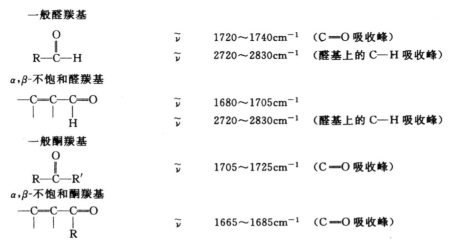

一般醛羰基
$\tilde{\nu}$　　1720~1740cm^{-1}　　(C≕O 吸收峰)
$\tilde{\nu}$　　2720~2830cm^{-1}　　(醛基上的 C—H 吸收峰)

α,β-不饱和醛羰基
$\tilde{\nu}$　　1680~1705cm^{-1}
$\tilde{\nu}$　　2720~2830cm^{-1}　　(醛基上的 C—H 吸收峰)

一般酮羰基
$\tilde{\nu}$　　1705~1725cm^{-1}　　(C≕O 吸收峰)

α,β-不饱和酮羰基
$\tilde{\nu}$　　1665~1685cm^{-1}　　(C≕O 吸收峰)

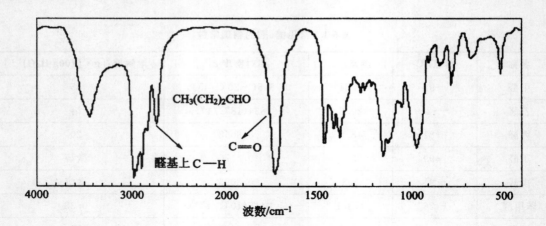

丁醛的红外光谱图

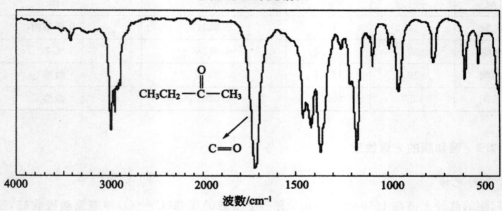

丁酮的红外光谱图

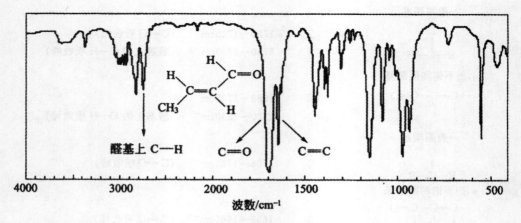

反-2-丁烯醛的红外光谱图

（α,β-不饱和醛）

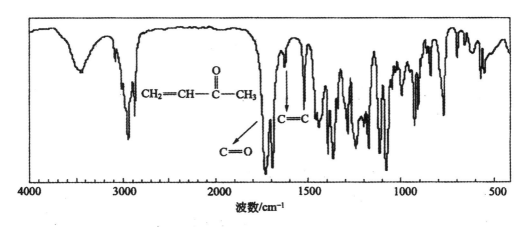

3-丁烯-2-酮的红外光谱图

（α,β-不饱和酮）

2. 核磁共振

在核磁共振谱中,由于羰基的强去屏蔽作用,醛基质子(—CHO)的化学位移移向低场,在 9～10 之间,这是醛类化合物特有的化学位移,常用于醛的鉴别。此外,由于羰基的吸电子作用,使得醛、酮分子中 α-H 也略微去屏蔽化,其化学位移一般出现在 2.0～2.9 之间。图 6-2 为 2-甲基丙醛的核磁共振谱。

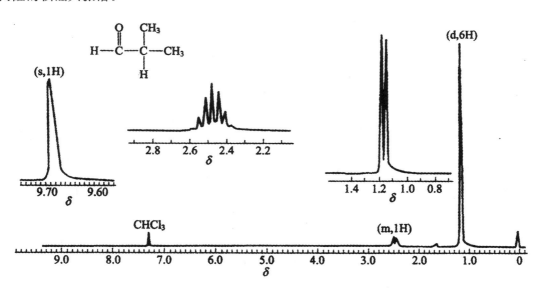

图 6-2 2-甲基丙醛的核磁共振谱

6.3 醛和酮的化学性质

6.3.1 亲核加成反应

1. 与氢氰酸的加成反应

醛及脂肪族甲基酮与氢氰酸加成所产生的氰醇也叫羟(基)腈。其反应式如下：

$$\begin{matrix} R \\ (CH_3)H \end{matrix} C=O + HCN \longrightarrow \begin{matrix} R \\ (CH_3)H \end{matrix} C \begin{matrix} OH \\ CN \end{matrix}$$

反应在碱性介质中能迅速进行，产率也高。由于氢氰酸为一弱酸，加酸可使起决定性作用的 CN^- 离子浓度降低，反应速度也随之减慢。加成反应历程如下：

$$HCN + OH^- \rightleftharpoons H_2O + CN^-$$

$$\overset{\delta+}{C} = \overset{\delta-}{O} + CN^- \xrightarrow[\text{(或 HCN)}]{H_2O} C \begin{matrix} OH \\ CN \end{matrix}$$

氢氰酸极易挥发（沸点为 26.5℃）且有剧毒，为了操作的安全，一般不直接用氢氰酸进行反应，通常是将醛、酮和氰化钾（钠）的水溶液混合，再加入无机酸。即使这样，操作仍需在通风橱中进行。例如：

$$\begin{matrix} CH_3 \\ CH_3 \end{matrix} C=O + NaCN + H_2SO_4 \longrightarrow \begin{matrix} CH_3 \\ CH_3 \end{matrix} C \begin{matrix} OH \\ CN \end{matrix} + NaHSO_4$$

也可将醛、酮制成亚硫酸氢钠加成物，然后再加入等当量的氰化钠进行上述反应，此操作较为安全。例如：

$$R-C\begin{matrix} O \\ H(CH_3) \end{matrix} \xrightarrow{NaHSO_3} R-C\begin{matrix} OH \\ SO_3Na \\ H(CH_3) \end{matrix} \xrightarrow{NaCN} \begin{matrix} R \\ C \\ (CH_3)H \end{matrix}\begin{matrix} OH \\ CN \end{matrix} + Na_2SO_3$$

与氢氰酸的加成局限于醛和脂肪族甲基酮和 8 个碳以下的环酮，其他酮类化合物难发生此反应，主要原因是空间位阻太大。α-羟腈在不同反应条件下可水解转变成 α-羟基酸或 α,β-不饱和酸。例如：

$$\text{（苯基）}C\begin{matrix} OH \\ CN \\ H \end{matrix} \xrightarrow[\triangle]{HCl, H_2O} \text{（苯基）}C\begin{matrix} OH \\ COOH \\ H \end{matrix}$$

$$\alpha\text{-羟基酸}$$

$$\begin{matrix} CH_3CH_2 \\ CH_3 \end{matrix}C\begin{matrix} OH \\ CN \end{matrix} \xrightarrow{\text{浓 } H_2SO_4} \left[\begin{matrix} CH_3CH_2 \\ CH_3 \end{matrix}C\begin{matrix} OH \\ COOH \end{matrix}\right] \xrightarrow[\triangle]{-H_2O} CH_3-CH-\overset{CH_3}{\underset{}{C}}-COOH$$

$$\alpha,\beta\text{-不饱和酸}$$

2. 与亚硫酸氢钠的加成反应

醛、酮在室温下和饱和的亚硫酸氢钠(40%)溶液一起振荡,不需要催化剂即可发生加成反应,生成 α-羟基磺酸钠,并有结晶析出。

$$R-\overset{\displaystyle O}{\underset{\displaystyle H(CH_3)}{C}} + NaHSO_3 \rightleftharpoons R-\overset{\displaystyle OH}{\underset{\displaystyle H(CH_3)}{C}}-SO_3Na$$

α-羟基磺酸钠

α-羟基磺酸钠易溶于水,不溶于乙醚,也不溶于饱和的亚硫酸氢钠中,所以析出沉淀。此反应可以用来鉴别醛和某些酮。

在加成时,醛、酮羰基碳原子与亚硫酸氢根中的硫原子相结合,生成磺酸盐。由于亚硫酸氢根离子体积相当大,因而羰基碳原子所连的基团越小,反应越容易进行,所连的基团太大,反应就难以进行。醛、酮与亚硫酸氢钠加成反应与 HCN 反应基本相似。即所有的醛、脂肪甲基酮和 8 个碳以下环酮可与亚硫酸氢钠发生反应,因此,非甲基酮一般难于和亚硫酸氢钠发生加成反应。下列醛、酮与 1mol/L 亚硫酸氢钠溶液反应 1h,其加成物产率随取代基体积的增大而降低。

CH_3CHO	$CH_3\overset{\displaystyle }{\underset{\displaystyle O}{C}}CH_3$	$CH_3\overset{\displaystyle }{\underset{\displaystyle O}{C}}CH_2CH_3$	$CH_3\overset{\displaystyle }{\underset{\displaystyle O}{C}}CH_2CH_2CH_3$	环己酮
89%	56%	36%	23%	35%

$CH_3\overset{\displaystyle }{\underset{\displaystyle O}{C}}CH(CH_3)_2$	$CH_3\overset{\displaystyle }{\underset{\displaystyle O}{C}}C(CH_3)_3$	$C_2H_5\overset{\displaystyle }{\underset{\displaystyle O}{C}}C_5$	$C_6H_5\overset{\displaystyle }{\underset{\displaystyle O}{C}}CH_3$
12%	6%	2%	1%

最后两种酮的反应产率太低,实际上可以看成与亚硫酸氢钠不反应。

亚硫酸氢根离子的亲核性与氰酸根离子相似,羰基与亚硫酸氢钠亲核加成反应历程也和 HCN 相似。可以表示如下:

$$R-\overset{\displaystyle }{\underset{\displaystyle H}{C}}=O + :\overset{\displaystyle O}{\underset{\displaystyle O^-\ Na^+}{S}}-OH \rightleftharpoons R-\overset{\displaystyle ONa}{\underset{\displaystyle H}{C}}-SO_3H \rightleftharpoons R-\overset{\displaystyle OH}{\underset{\displaystyle H}{C}}-SO_3Na$$

由于醛、酮与亚硫酸氢钠的加成反应会析出白色晶体沉淀,因而可以用来提纯或分离醛、酮。具体做法是将醛、酮混合物与饱和的亚硫酸氢钠溶液一起混合摇匀,立即析出沉淀,过滤后用乙醚洗涤,再用稀酸或稀碱分解,即得到纯的醛、酮。其反应过程如下:

$$R(R')H-\overset{\displaystyle SO_3Na}{\underset{\displaystyle OH}{C}} \begin{cases} \xrightarrow[H_2O]{HCl} \overset{\displaystyle R}{\underset{\displaystyle (R')H}{C}}=O + NaCl + SO_2 + H_2O \\ \xrightarrow[H_2O]{Na_2CO_3} \overset{\displaystyle R}{\underset{\displaystyle (R')H}{C}}=O + Na_2SO_3 + NaHCO_3 \end{cases}$$

此外,通过醛、酮与 $NaHSO_3$ 加成反应还可以制备 α-氰醇:

$$\begin{array}{c} R \\ \underset{(R')H}{\overset{}{C}} \overset{SO_3Na}{\underset{OH}{}} \end{array} + NaCN \longrightarrow \begin{array}{c} R \\ \underset{(R')H}{\overset{}{C}} \overset{CN}{\underset{OH}{}} \end{array} + Na_2SO_3$$

α-羟基醇

具体做法是先将醛、酮与亚硫酸氢钠加成反应,再用等物质的量的 NaCN 处理,这样制备 α-羟基醇的方法可以避免直接使用高毒性 HCN,安全性较高。例如:

$$C_6H_5CHO \xrightarrow[H_2O]{NaHSO_3} C_6H_5\underset{OH}{\overset{}{C}}HSO_3Na \xrightarrow[H_2O]{NaCN} C_6H_5\underset{OH}{\overset{}{C}}HCN \xrightarrow[\triangle]{HCl} C_6H_5\underset{OH}{\overset{}{C}}HCOOH$$

3. 与水的加成反应

醛、酮与水加成反应生成偕二醇。由于水是比醇更弱的亲核试剂,所以只有极少数活泼的羰基化合物才能与水加成生成相应的水合物。

$$HCHO + HOH \rightleftharpoons \begin{array}{c} H \quad OH \\ \underset{H}{\overset{}{C}} \\ OH \end{array}$$

水合甲醛

甲醛溶液中有 99.9% 都是水合物,乙醛水合物仅占 58%,丙醛水合物含量很低,而丁醛的水合物可忽略不计。

醛、酮的羰基碳原子上连有强吸电子基团时,羰基碳原子的正电性增强,可以形成稳定的水合物。如三氯乙醛和茚三酮容易与水形成稳定的水合物:

水合三氯乙醛

茚三酮　　　　　水合茚三酮

水合三氯乙醛简称水合氯醛,可做安眠药和麻醉剂。水合茚三酮可用于 α-氨基酸色谱分析的显色剂。

4. 与醇的加成反应

在干燥氯化氢或浓硫酸的催化下,一分子醛或酮可与一分子醇发生亲核加成反应,生成的化合物称为半缩醛或半缩酮。一般半缩醛(酮)不稳定,不能分离出来,但它可再与另一分子醇进行反应,失去一分子水,生成稳定的化合物——缩醛(酮),并能从过量的醇中分离出来。

$$R-\overset{R}{\underset{H\,(R')}{C}}=O + R''OH \underset{无水\ HCl}{\rightleftharpoons} \overset{OH}{\underset{H\,(R')}{\overset{R}{C}}}{OR''} \underset{干\ HCl}{\overset{R''OH}{\rightleftharpoons}} \overset{OR''}{\underset{H\,(R')}{\overset{R}{C}}}{OR''} + H_2O$$

缩醛(酮)具有双醚结构,可以看作是同碳二元醚,其性质与醚相似,对碱、氧化剂及还原剂都很稳定,但与醚不同的是,它在稀酸中易水解转变为原来的醛(酮)。一般情况下,醛较易形成缩醛,而酮形成缩酮较困难,酮一般也不与一元醇反应,但可与某些二元醇(如乙二醇)反应,生成环状缩酮。

$$\overset{R}{\underset{R}{C}}=O + \overset{HO-CH_2}{\underset{HO-CH_2}{}} \xrightarrow{H^+} \overset{R}{\underset{R}{\overset{O-CH_2}{\underset{O-CH_2}{C}}}} + H_2O$$

由于缩醛(酮)对碱及氧化剂都很稳定,因此,在有机合成中常用这一反应来保护醛基。

$$CH_3-\underset{}{\bigcirc}-CHO \longrightarrow HOOC-\underset{}{\bigcirc}-CHO$$

$$CH_3-\underset{}{\bigcirc}-CHO \xrightarrow[干\ HCl]{CH_3OH} CH_3-\underset{}{\bigcirc}-\overset{OCH_3}{\underset{OCH_3}{CH}} \xrightarrow{冷、稀\ KMnO_4}$$

$$HOOC-\underset{}{\bigcirc}-\overset{OCH_3}{\underset{OCH_3}{CH}} \xrightarrow[H_2O]{H^+} HOOC-\underset{}{\bigcirc}-CHO + 2CH_3OH$$

5. 与格氏试剂的加成反应

醛、酮与格氏试剂进行加成反应后,中间产物不必分离,直接用水分解可生成醇。

$$\underset{\diagup}{\overset{\diagdown}{C}}=O + RMgX \xrightarrow{无水乙醚} R-\overset{|}{\underset{|}{C}}-OMgX \xrightarrow[H_2O]{H^+} R-\overset{|}{\underset{|}{C}}-OH$$

格氏试剂与甲醛反应后生成伯醇,与其他醛反应后生成仲醇,而与酮反应后则生成叔醇,这是一种合成醇的重要方法。例如:

$$\overset{H}{\underset{H}{C}}=O + \underset{}{\bigcirc}-MgX \xrightarrow[(2)H_2O/H^+]{(1)无水乙醚} \underset{}{\bigcirc}-CH_2OH$$

甲醛　　　　　　　　　　　　　　　　　伯醇

$$\overset{CH_3}{\underset{H}{C}}=O + \underset{}{\bigcirc}-MgX \xrightarrow[(2)H_2O/H^+]{(1)无水乙醚} \underset{}{\bigcirc}-\overset{}{\underset{OH}{CHCH_3}}$$

乙醛　　　　　　　　　　　　　　　　　仲醇

$$\overset{CH_3}{\underset{CH_3}{C}}=O + \underset{}{\bigcirc}-MgX \xrightarrow[(2)H_2O/H^+]{(1)无水乙醚} \underset{}{\bigcirc}-\overset{}{\underset{OH}{C(CH_3)_2}}$$

丙酮　　　　　　　　　　　　　　　　　叔醇

同一种醇可用不同的格氏试剂与不同的羰基化合物作用生成。可根据目标化合物的结构选择合适的原料。

例如,用格氏反应制备 3-甲基-2-丁醇。

方法 A:

$$CH_3-CHO + CH_3-\underset{\underset{CH_3}{|}}{CH}MgBr \xrightarrow[(2)H_2O/H^+]{(1)干醚} CH_3-\underset{\underset{CH_3}{|}}{CH}-\underset{\underset{OH}{|}}{CH}-CH_3$$

方法 B:

$$CH_3MgBr + \underset{\overset{CH_3}{|}}{CH_3-CH}-CHO \xrightarrow[(2)H_2O/H^+]{(1)干醚} \underset{\overset{CH_3}{|}}{CH_3-CH}-\underset{\underset{OH}{|}}{CH}-CH_3$$

由于乙醛及 2-溴丙烷都很容易得到,故方法 A 较方便。

6. 与氨的衍生物的加成反应

羰基化合物可与氨的衍生物发生亲核加成反应,最初生成的加成产物容易脱水,生成含碳氮双键(C=N)的化合物。反应一般是在 CH_3COOH/CH_3COONa 溶液中进行的。氨的衍生物可以是伯氨、羟胺、肼、苯肼、2,4-二硝基苯肼及氨基脲等。

$$\diagup\!\!\!\diagdown C=O + NH_2-Y \longrightarrow -\underset{\underset{OH}{|}}{C}-NH-Y \xrightarrow{-H_2O} \diagup\!\!\!\diagdown C=N-Y$$

例如:

$$\diagup\!\!\!\diagdown C=O + \underset{羟胺}{NH_2-OH} \xrightarrow{-H_2O} \underset{肟}{\diagup\!\!\!\diagdown C=N-OH}$$

$$\diagup\!\!\!\diagdown C=O + \underset{肼}{NH_2-NH_2} \xrightarrow{-H_2O} \underset{腙}{\diagup\!\!\!\diagdown C=N-NH_2}$$

$$\diagup\!\!\!\diagdown C=O + \underset{苯肼}{NH_2-NH-\bigcirc} \longrightarrow \xrightarrow{-H_2O} \underset{苯腙}{\diagup\!\!\!\diagdown C=N-NH-\bigcirc}$$

$$\diagup\!\!\!\diagdown C=O + \underset{2,4-二硝基苯肼}{NH_2-NH-\overset{NO_2}{\underset{NO_2}{\bigcirc}}} \longrightarrow \xrightarrow{-H_2O} \underset{2,4-二硝基苯腙}{\diagup\!\!\!\diagdown C=N-NH-\overset{NO_2}{\underset{NO_2}{\bigcirc}}}$$

羰基化合物与氨的衍生物反应,其生成的产物肟、腙、2,4-二硝基苯腙、缩氨脲都是具有一定熔点、不溶于水的晶体,通过核对熔点数据,可以指认原始的醛、酮。这在醛、酮的鉴定中是有实用价值的反应。

另外,上述反应产物在稀酸存在下能水解为原来的醛、酮,故又可用来分离和提纯醛、酮。

2,4-二硝基苯肼与醛、酮加成反应生成的 2,4-二硝基苯腙均为黄色晶体,且现象非常明显,常用来检验羰基,称为羰基试剂。

7. 亲核加成反应机理

综上所述,醛、酮能与氢氰酸、亚硫酸氢钠、水、醇、格氏试剂、氨的衍生物等试剂发生加成反应。在反应过程中,反应的第一步是亲核试剂中带负电的部分进攻羰基的碳原子,形成氧负离子中间体,速率较慢;反应的第二步是试剂中带正电部分加到羰基氧原子上,速率较快。整个反应的速率决定于第一步的速率。这类加成反应可用以下通式表示:

$$
\underset{R'}{\overset{R}{\diagdown}} \overset{\delta^+}{C} = \overset{\delta^-}{O} \; + \; :NuA \quad \underset{慢}{\rightleftharpoons} \quad \left[R - \underset{R'}{\overset{Nu}{\underset{|}{\overset{|}{C}}}} - O^- \right] \quad \underset{A^+}{\overset{快}{\rightleftharpoons}} \quad R - \underset{R'}{\overset{Nu}{\underset{|}{\overset{|}{C}}}} - OA
$$

羰基亲核加成反应的活性大小,除了与亲核试剂的性质有关外,还取决于羰基碳上连接的基团的电子效应和空间效应。对于同一亲核试剂,醛、酮加成反应的活性次序与氢氰酸加成反应活性次序一致。

6.3.2　α-H 原子反应

醛酮分子中与羰基相邻的碳原子,即 α-H 原子,受羰基的影响而变得非常活泼,具有一定的酸性,在强碱的作用下,可作为质子离去,所以带有 α-H 的醛、酮很容易发生以下反应。

1. 酸性和酮-烯醇互变异构

醛、酮的 α-H 原子由于受到羰基较强的吸电子效应而具有一定的酸性。醛、酮 α-H 的酸性比乙炔的酸性大(见表 6-2)。

表 6-2　几种化合物的 pK_a 值

化合物	乙醛	丙酮	乙炔	乙烷
pK_a 值	17	20	25	50

醛、酮的 α-H 具有一定的酸性是因为醛、酮离去一个 α-H 后,生成的碳负离子能和羰基产生 p-π 共轭,从而比较稳定的缘故。

$$
R - \underset{}{\overset{O}{\underset{\|}{C}}} - CH_2 - R' \; \rightleftharpoons \; R - \overset{O}{\underset{\|}{C}} - CH - R' + H^+
$$

p-π共轭体系

在强碱的作用下,醛、酮的 α-H 可被夺去。

$$
R - \overset{O}{\underset{\|}{C}} - CH_2 - R' + B^- \; \rightleftharpoons \; R - \overset{O}{\underset{\|}{C}} - \bar{C}H - R' + HB
$$

$$
R - \overset{O}{\underset{\|}{C}} - \bar{C}H - R' \; \longleftarrow \; R - \underset{}{\overset{O^-}{\underset{\|}{C}}} = CH - R'
$$

在醛、酮分子中,还存在以下酮式与烯醇式的互变异构现象:

$$R-\overset{\overset{\displaystyle O}{\|}}{C}-CH_2-R' \rightleftharpoons R-\overset{\overset{\displaystyle OH}{|}}{C}=CH-R'$$

酮式 　　　　　烯醇式

对大部分的醛、酮来说,互变异构平衡偏向于酮式的一边。例如,乙醛和丙酮的互变异构平衡中,几乎是 100％ 的酮式。

$$CH_3-\overset{\overset{\displaystyle O}{\|}}{C}-H \rightleftharpoons CH_2=\overset{\overset{\displaystyle OH}{|}}{C}-H \qquad CH_3-\overset{\overset{\displaystyle O}{\|}}{C}-CH_3 \rightleftharpoons CH_3-\overset{\overset{\displaystyle OH}{|}}{C}=CH_2$$

酮式≈100％ 　　　烯醇式 　　　　　酮式≈100％ 　　　烯醇式

但对某些二羰基化合物,尤其是 α-C 处在两个羰基之间时,互变异构平衡则偏向于烯醇式。例如,β-戊二酮的互变异构:

$$CH_3-\overset{\overset{\displaystyle O}{\|}}{C}-CH_2-\overset{\overset{\displaystyle O}{\|}}{C}-CH_3 \rightleftharpoons CH_3-\overset{\overset{\displaystyle O}{|}}{C}=CH-\overset{\overset{\displaystyle O}{\|}}{C}-CH_3$$

酮式20％ 　　　　　　　　　烯醇式80％

β-戊二酮的互变异构过程如下:

$$CH_3-\overset{\overset{\displaystyle O}{\|}}{C}-CH_2-\overset{\overset{\displaystyle O}{\|}}{C}-CH_3 \rightleftharpoons CH_3-\overset{\overset{\displaystyle O}{\|}}{C}-\overset{-}{C}H-\overset{\overset{\displaystyle O}{\|}}{C}-CH_3 + H^+$$

$$CH_3-\overset{\overset{\displaystyle O}{\|}}{C}-\overset{-}{C}H-\overset{\overset{\displaystyle O}{\|}}{C}-CH_3 \longleftrightarrow CH_3-\overset{\overset{\displaystyle O^-}{|}}{C}=CH-\overset{\overset{\displaystyle O}{\|}}{C}-CH_3$$

$$CH_3-\overset{\overset{\displaystyle O^-}{|}}{C}=CH-\overset{\overset{\displaystyle O}{\|}}{C}-CH_3 \underset{-H^+}{\overset{+H^+}{\rightleftharpoons}} CH_3-\overset{\overset{\displaystyle O}{|}}{C}=CH-\overset{\overset{\displaystyle O}{\|}}{C}-CH_3$$

β-戊二酮互变异构平衡偏向于烯醇式是因为烯醇式分子中,分子内的羟基和羰基可形成氢键,从而使得烯醇式结构稳定。

2. 羟醛缩合反应

含有 α-H 的醛,在稀碱的存在下,可以互相结合生成 β-羟基醛,受热后进而生成 α,β-不饱和醛(有第二个 α-H)。通过羟醛缩合,在分子中形成了新的碳碳键,增长了碳链。例如:

$$CH_3\overset{\overset{\displaystyle O}{\|}}{C}-H + CH_2\overset{\overset{\displaystyle O}{\|}}{C}-H \overset{NaOH}{\underset{H_2O}{\longrightarrow}} CH_3\overset{\overset{\displaystyle OH}{|}}{CH}-CH_2\overset{\overset{\displaystyle O}{\|}}{C}-H \overset{\triangle}{\longrightarrow} CH_3CH=CH\overset{\overset{\displaystyle O}{\|}}{C}-H$$

巴豆醛

该反应机理为:

$$HO^-\overset{\frown}{}H-CH_2-\overset{\overset{\displaystyle O}{\|}}{C}-H \rightleftharpoons H_2O + \left[\overset{-}{C}H_2-\overset{\overset{\displaystyle O}{\|}}{C}-H \longleftrightarrow CH_2=\overset{\overset{\displaystyle O^-}{|}}{C}-H\right]$$

· 120 ·

$$CH_3\overset{O}{\underset{}{C}}-H \quad \overset{\delta}{CH_2}=\overset{O^{\delta}}{\underset{}{C}}-H \Longrightarrow CH_3\overset{O^-}{\underset{}{CH}}-CH_2\overset{O}{\underset{}{C}}-H \xrightarrow{HOH}$$

$$CH_3\overset{OH}{\underset{}{CH}}-CH_2\overset{O}{\underset{}{C}}-H \xrightarrow{\triangle} CH_3CH=CHC-H$$

由反应机理可知,羟醛缩合是由羰基的带负电性的活泼 α-C 进攻另一分子的带有正电性的羰基上的碳原子而进行的。例如,正丁醛在碱性下发生羟醛缩合:

$$CH_3CH_2CH_2\overset{O}{\underset{}{C}}H + H-\overset{C_2H_5}{\underset{\alpha}{CHCHO}} \xrightarrow{OH^-} CH_3CH_2CH_2\overset{OH}{\underset{}{CH}}-\overset{C_2H_5}{\underset{\alpha}{CHCHO}} \xrightarrow[\triangle]{-H_2O} CH_3CH_2CH_2CH=\overset{C_2H_5}{\underset{\alpha}{C}}CHO$$

若反应产物 β-羟基醛分子中不存在 α-H,则不发生进一步的脱水。例如:

$$H_3C-\overset{CH_3}{\underset{H}{C}}-\overset{O}{\underset{}{CH}} + H-\overset{CH_3}{\underset{CH_3}{\underset{\alpha}{C}}}-\overset{O}{\underset{}{CH}} \xrightarrow[\triangle]{OH^-} H_3C-\overset{CH_3}{\underset{H}{C}}-\overset{OH}{\underset{\beta}{CH}}-\overset{CH_3}{\underset{CH_3}{\underset{\alpha}{C}}}-\overset{O}{\underset{}{CH}}$$

$$\beta\text{-羟基醛}$$

含 α-H 的酮也能发生类似的反应,但比醛难,最后生成 α,β 不饱和酮。例如:

$$CH_3\overset{O}{\underset{}{C}}-CH_3 + CH_3\overset{O}{\underset{}{C}}-CH_3 \xrightarrow[H_2O]{NaOH} CH_3\overset{OH}{\underset{CH_3}{C}}-CH_2\overset{O}{\underset{}{C}}-CH_3 \xrightarrow{蒸馏} CH_3\overset{}{\underset{CH_3}{C}}=CH\overset{O}{\underset{}{C}}-CH_3$$

$$CH_3\overset{O}{\underset{}{C}}CH_2CH_2CH_2CH_2\overset{O}{\underset{}{C}}CH_3 \xrightarrow{KOH/H_2O} \quad (85\%)$$

$$\xrightarrow{Al[OC(CH_3)_3]_3} \quad (78\%)$$

采用两种不同的 α-H 的羰基化合物也能进行羟醛缩合,可以预料能够得到四种不同结构化合物的混合物,一般实用意义不大。但是如果选用一分子含有 α-H,另一分子不含 α-H 的化合物(如甲醛等),则可得到有合成价值的产物,这一类型反应称为交叉羟醛缩合。例如:

$$\text{C}_6\text{H}_5-CHO + CH_3CHO \xrightarrow[10℃]{OH^-} \text{C}_6\text{H}_5-CH=CHCHO$$

$$肉桂醛$$

3. 卤化和卤仿反应

在酸或碱的催化下,醛、酮的 α-H 可以被卤化,得到 α-卤代醛或酮。

$$+Cl_2 \xrightarrow{H_2O} \quad -Cl + HCl$$

$$61\%\sim66\%$$

$$CH_3-\overset{CH_3}{\underset{}{CH}}-\overset{O}{\underset{}{C}}-CH_3 + Br_2 \xrightarrow{CH_3OH} CH_3\overset{CH_3}{\underset{}{CH}}-\overset{O}{\underset{}{C}}-CH_2Br + HBr$$

醛、酮在酸催化下反应，往往只能得一取代产物：

$$CH_3\overset{O}{\underset{||}{C}}CH_3 \underset{}{\overset{H^+，快}{\rightleftharpoons}} CH_3\overset{\overset{+}{O}H}{\underset{||}{C}}CH_3 \underset{}{\overset{-H^+，慢}{\rightleftharpoons}} CH_3\overset{OH}{\underset{|}{C}}=CH_2 \overset{Br-Br，快}{\longrightarrow} CH_3\overset{\overset{+}{O}H}{\underset{|}{C}}-CH_2Br + Br^-$$

$$\Big\downarrow 快$$

$$CH_3\overset{O}{\underset{||}{C}}-CH_2Br$$

发生一取代后，卤素的吸电子作用使羰基氧的电子云密度下降，难以形成烯醇，不利于第二个卤原子取代。

醛、酮在碱催化下反应，可以得到多取代产物，并导致碳-碳键的断裂而发生卤仿反应。

$$CH_3\overset{O}{\underset{||}{C}}-CH_3 + OH^- \overset{慢}{\rightleftharpoons} \left[CH_3\overset{O}{\underset{||}{C}}-\overset{-}{C}H_2 \longleftrightarrow CH_3\overset{O^-}{\underset{|}{C}}=CH_2 \right] \overset{Br-Br，快}{\longrightarrow} CH_3\overset{O}{\underset{||}{C}}-CH_2Br$$

可继续进行第二个卤原子的取代，因为卤原子的吸电子作用，使 α-H 更易被碱夺取（α-H 的酸性增强）。随后可进行第三个氢被卤原子取代，得三卤代羰基化合物：

$$CH_3\overset{O}{\underset{||}{C}}-CH_2Br \overset{OH^-，Br-Br}{\underset{}{\rightleftharpoons}} \cdots\cdots \rightleftharpoons CH_3\overset{O}{\underset{||}{C}}-CBr_3$$

三卤代物在碱的存在下发生三卤甲基和羰基之间的键的断裂，得到卤仿和羧酸，这一反应称为卤仿反应。凡是具有 α-甲基酮结构 $\left[CH_3-\overset{O}{\underset{||}{C}}- \right]$ 的化合物都能发生卤仿反应。

$$CH_3\overset{O}{\underset{||}{C}}-CX_3 + OH^- \rightleftharpoons CH_3\overset{O}{\underset{}{C}}\overset{\diagup}{\underset{\diagdown}{O^-}} + HCX_3$$

例如：

$$(CH_3)_3CCOCH_3 + Cl_2 + NaOH \overset{}{\underset{\triangle}{\longrightarrow}} (CH_3)_3CCOONa + CHCl_3$$
$$(NaOCl) \qquad\qquad 74\%$$

具有 $\overset{CH_3CH-}{\underset{OH}{|}}$ 结构的醇因次卤酸能将其氧化为 $CH_3\overset{O}{\underset{}{C}}-$ 结构，而能发生卤仿反应：

$$CH_3CH_2OH \overset{NaOX}{\longrightarrow} CH_3CHO \overset{NaOX}{\longrightarrow} HCOONa + HCX_3$$

由于碘仿是不溶于水的黄色固体，有特殊气味，易于识别，在鉴别 α-甲基酮结构时，常用 I_2 + NaOH 作为反应试剂。

6.3.3 氧化-还原反应

1. 氧化反应

醛酮的结构上的差异反映在氧化反应上非常突出，醛比酮明显地容易被氧化。醛对氧化剂较敏感,它很容易被氧化为羧酸,即使用一些弱氧化剂也可以。

在高锰酸钾、铬酸或硝酸等强氧化剂存在的条件下,醛被氧化为酸。而酮与稀的高锰酸钾溶液没有反应,但是在较强的氧化条件下,酮被氧化,分子碳架同时发生裂解,往往生成较复杂的氧化产物。故酮的氧化反应在有机合成反应上意义不大。但是,某些环酮类化合物在适当的氧化条件下可以只得到一种产物,如制造尼龙 66 的重要原料己二酸可以通过环己酮氧化制得。

温和的、弱的氧化剂也可以使醛氧化成酸,而其他官能团不受影响。如托伦(Tollens)试剂或费林(Fehling)试剂,均可与醛反应。

$$RCHO \xrightarrow{[O]} RCOOH$$

$$\text{(环)}C=O \xrightarrow[V_2O_5]{HNO_3} HOOCCH_2CH_2CH_2CH_2COOH$$

托伦试剂是 $AgNO_3$ 的氨溶液,它是利用 Ag^+ 的氧化性将醛氧化成羧酸,而自身被还原为金属银。如试管干净,还原生成的银附着在试管壁上,形成银镜,这个反应称作银镜反应。

$$RCHO + 2[Ag(NH_3)_2]^+ + 2OH^- \longrightarrow 2Ag\downarrow + RCOONH_4 + NH_3 + H_2O$$
$$\text{托伦试剂} \qquad\qquad\qquad \text{银镜}$$

托伦试剂只氧化醛,不氧化酮和 C=C,因此,可用来区别醛和酮。此外,由于 $Ag(NH_3)_2^+$ 不氧化双键,因此,在合成上可用不饱和醛制备不饱和酸。

$$RCH=CHCHO \xrightarrow{Ag(NH_3)_2^+} RCH=CHCOOH$$

费林试剂是由 $CuSO_4$ 和酒石酸钾钠碱溶液等量混合而成的,试剂中起氧化作用的是 Cu^{2+}。醛与费林试剂反应,醛被氧化为羧酸盐,而 Cu^{2+} 被还原为砖红色的 Cu_2O 沉淀。

$$RCHO + 2Cu^{2+} + OH^- + H_2O \longrightarrow RCOO^- + Cu_2O\downarrow + 4H^+$$

托伦试剂和费林试剂都是弱氧化剂,都不能氧化醛分子中的—OH、C=C、C≡C 等,所以是良好的选择性氧化剂。例如:

$$CH_3CH=CHCHO \xrightarrow{\text{托伦试剂或费林试剂}} CH_3CH=CHCOOH$$

$$HOCH_2CH_2CHO \xrightarrow{\text{托伦试剂或费林试剂}} HOCH_2CH_2COOH$$

许多醛在空气中常温下能发生自动氧化,最后生成羧酸。如乙醛、苯甲醛等在空气中就会被氧化,苯甲醛置于空气中就得到苯甲酸的白色晶体,这个过程称为醛的自氧化作用。因此,对苯甲醛之类的化合物,为了防止自氧化反应的发生,应保存在深色瓶子内,且尽量避免接触空气和金属杂质化合物。

2. 还原反应

醛和酮在一定条件下可以被还原生成醇或者烃。还原剂和羰基化合物的结构不同时,所生成的产物也不同。

(1)催化加氢还原

醛、酮在金属催化剂的存在下加氢分别生成伯醇和仲醇。

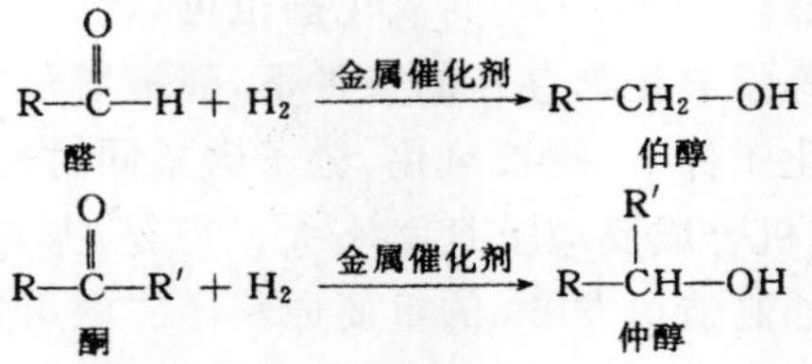

$$R-\overset{\overset{O}{\|}}{C}-H + H_2 \xrightarrow{\text{金属催化剂}} R-CH_2-OH$$

醛   伯醇

$$R-\overset{\overset{O}{\|}}{C}-R' + H_2 \xrightarrow{\text{金属催化剂}} R-\overset{\overset{R'}{|}}{C}H-OH$$

酮   仲醇

例如：

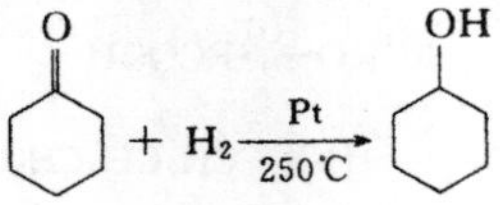

在催化加氢条件下，—CH=CH—，—C≡C—；NO₂ 和—C≡N等也都被还原。

$$-CH=CH- \xrightarrow{[H]} -CH_2-CH_2-$$
$$-C\equiv C- \xrightarrow{[H]} -CH_2-CH_2-$$
$$-C\equiv N \xrightarrow{[H]} -CH_2NH_2$$
$$NO_2 \xrightarrow{[H]} NH_2$$

例如：

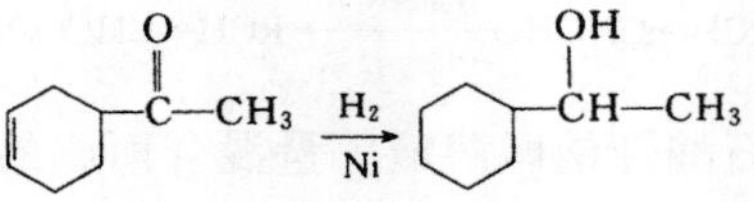

（2）金属氢化物还原

$$CH_3CH=CHCHO \xrightarrow{\text{H}_2}{\text{Ni}} CH_3CH_2CH_2CH_2OH$$

醛和酮在金属氢化物还原剂的作用下被还原为伯醇和仲醇。金属氢化物还原效果好，选择性高。常用的还原剂有氢化锂铝（LiAlH₄）、硼氢化钠（NaBH₄）和异丙醇铝{Al[OCH(CH₃)₂]₃}，三种还原剂各有自身的特点，它们只对羰基起还原作用，不影响分子中的碳碳双键和三键。其中LiAlH₄还原能力比较强，除可以还原醛、酮外，还能还原羧酸、酯等多种有机化合物，产率也很高。LiAlH₄遇水会发生激烈反应，必须在无水条件下操作。例如：

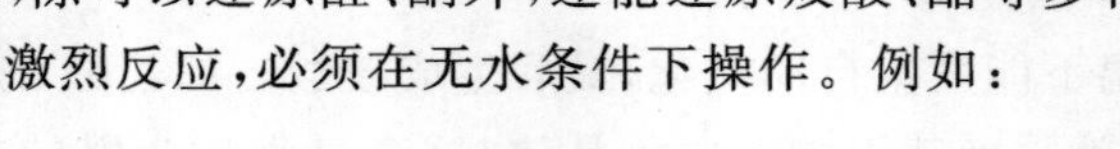

NaBH₄ 也是一种常用的金属氢化物还原剂，反应活性不如 LiAlH₄，但反应的选择性高，只能还原醛和酮，不能还原碳碳双键、碳碳三键、羧基等基团。NaBH₄ 在水和醇中较为稳定，可在水或醇溶液中进行反应。

$$CH_3CH=CHCHO \xrightarrow{\text{NaBH}_4}{\text{H}_2\text{O}} CH_3CH=CHCH_2OH$$

异丙醇铝-异丙醇是一种选择性很高的还原剂，与 NaBH₄ 一样只还原醛和酮而不还原碳碳双键、碳碳三键、羧基等基团。反应一般在苯或甲苯溶液中进行。异丙醇铝-异丙醇在还原醛、酮时，自身则氧化为丙酮。

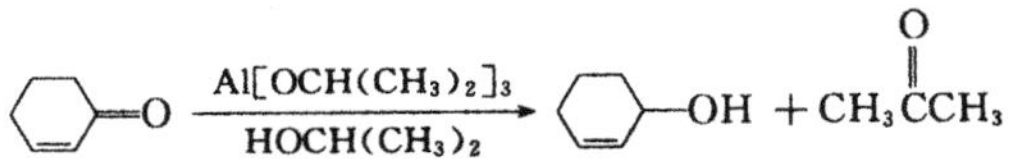

（3）克莱门森还原

醛、酮与锌汞齐、浓盐酸一起加热，可以将羰基直接还原为亚甲基，这个反应称为克莱门森（Clemmensen）还原法。

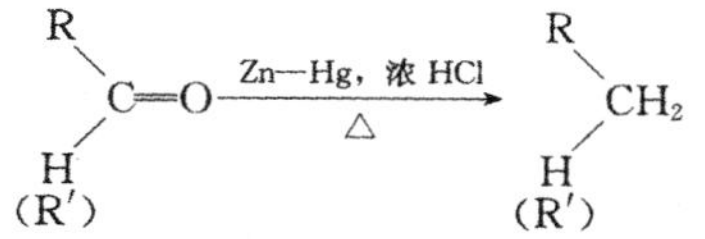

此法适用于还原芳香酮，是间接在芳环上引入直链烃基的方法。例如：

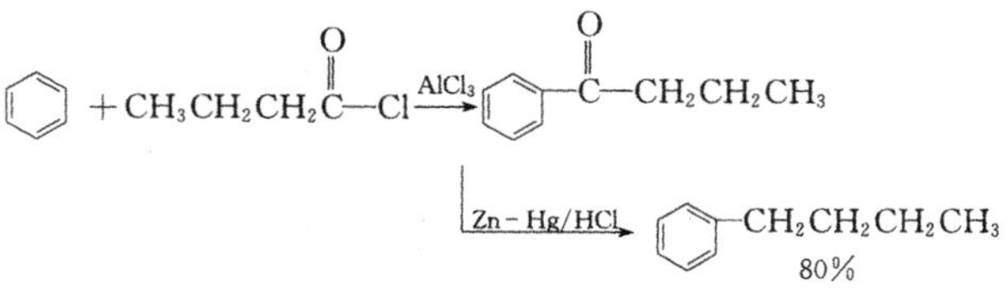

直链烷基苯

需要注意的是，该反应是在酸性条件下进行的，因此，对酸敏感的底物（醛酮）不能使用此法还原（如醇羟基、C＝C 等）。

（4）沃尔夫-凯惜纳-黄鸣龙还原

对酸不稳定而对碱稳定的羰基化合物可以用沃尔夫-凯惜纳-黄鸣龙方法还原。将醛或酮与肼在高沸点溶剂（如一缩乙二醇）中与碱一起加热，羰基与肼先生成腙，腙在碱性条件下加热失去氮，结果羰基变成了亚甲基。此反应称为沃尔夫（Wolff）-凯惜纳（Kishner）-黄鸣龙反应。

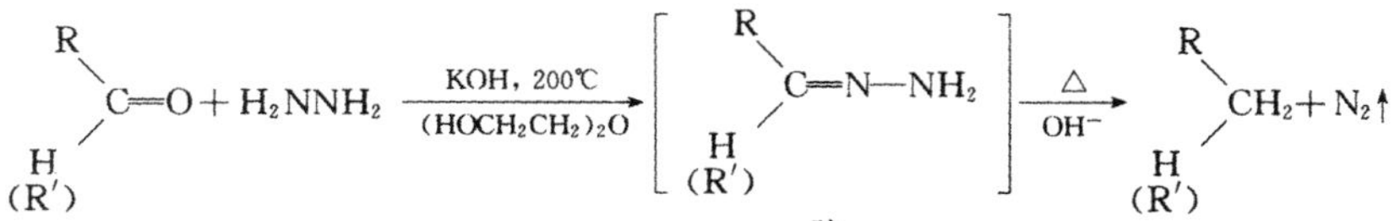

腙

3. 歧化反应

不含 α-H 的醛（如甲醛、苯甲醛等）在浓碱作用下，一分子醛被氧化成羧酸，一分子醛被还原成醇，这种发生在分子内的自身氧化-还原反应称为坎尼扎罗（Cannizzaro）反应。例如：

$$HCHO + HCHO \xrightarrow{\text{浓 NaOH}} HCOONa + CH_3OH$$

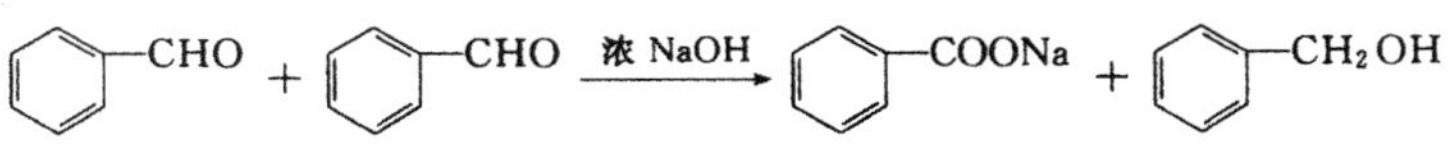

坎尼扎罗反应可以看作是醛分子进行了两次连续亲核加成。首先是 OH^- 进攻羰基碳，生成氧负离子中间体，然后氧负离子中间体产生的氢负离子进攻另一分子醛羰基。例如，甲醛的坎尼

扎罗反应过程如下：

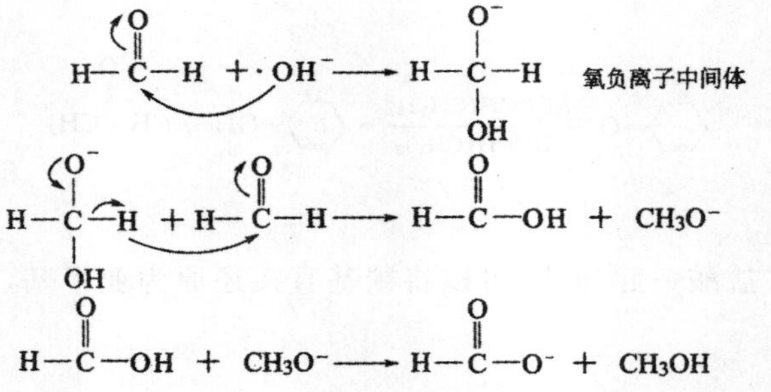

两种不同的不含 α-H 的醛进行坎尼扎罗反应时，产物复杂，若其中一种是甲醛时，由于甲醛的还原性强，总是另一种醛还原成醇，而甲醛氧化成羧酸。例如：

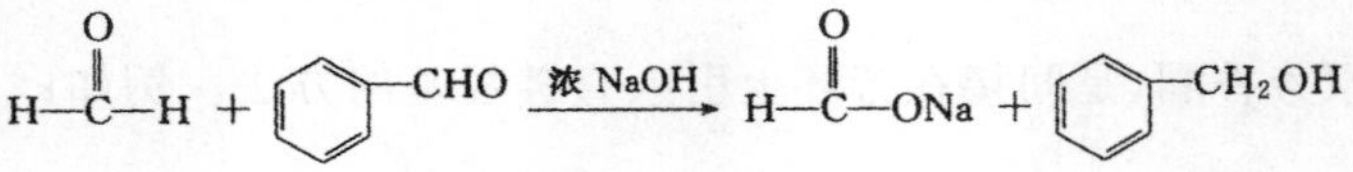

季戊四醇可由甲醛和乙醛首先在稀碱的作用下进行羟醛缩合反应，然后在浓碱作用下进行交叉坎尼扎罗反应来制备。

乙醛有三个 α-H，可以和三分子甲醛进行交叉羟醛缩合生成三羟甲基乙醛，所生成的羟醛缩合产物随后和甲醛进行交叉坎尼扎罗反应产生季戊四醇和甲酸盐。

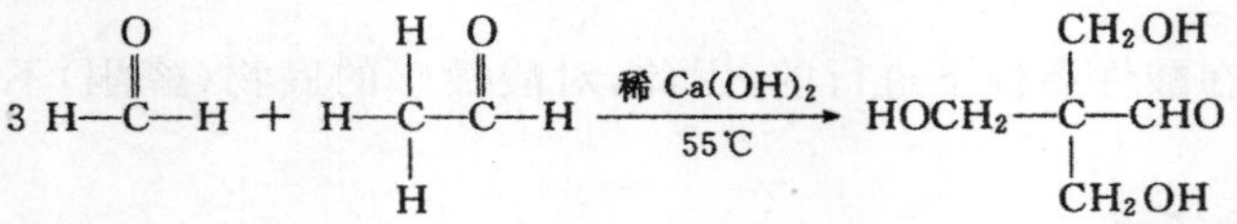

6.4 醛和酮的制法

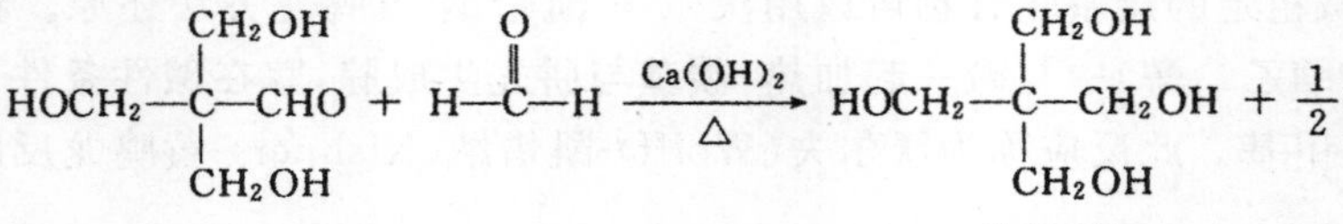

醛和酮的制法有很多，先讨论一些常用的制备方法。

6.4.1 醇的氧化和脱氢

氧化伯醇和仲醇可制备醛和酮。叔醇由于分子中没有 α-H，在碱性条件下不被氧化，在酸性条件下脱水生成烯烃，然后被氧化发生断链。使用不同的氧化剂其氧化结果不同。常用的氧化剂有高锰酸钾（$KMnO_4$）加硫酸、重铬酸钠（$Na_2Cr_2O_7$）或重铬酸钾（$K_2Cr_2O_7$）加硫酸、三氧化铬（CrO_3）和吡啶的配合物［又称 PCC 氧化剂，或称沙瑞特（Sarrett）试剂］、丙酮-异丙醇铝（或叔丁醇铝）等。

伯醇在高锰酸钾或重铬酸钾的酸性条件下被氧化为醛，生成的醛被进一步氧化成羧酸。如若生成的醛能够及时移出,则可以获得较好的收率。该方法主要适用于制备比较容易移出反应体系的醛。如制备沸点较低的乙醛(沸点为 20.2℃),可以使用重铬酸钾氧化乙醇,并在反应同时及时蒸出乙醛获得。

$$CH_3CH_2OH \xrightarrow[H_2SO_4]{K_2Cr_2O_7} CH_3CHO$$

为了避免生成的醛进一步被氧化,可采用三氧化铬和吡啶的配合物(PCC)作为氧化剂氧化伯醇,获得醛。

$$CH_3(CH_2)_6CH_2OH \xrightarrow[CH_2Cl_2,25℃]{CrO_3(C_5H_5N)_2} CH_3(CH_2)_6CHO$$

如果伯醇中含有碳碳双键,则碳碳双键可以和一般氧化剂发生作用而被破坏,若要保留碳碳双键,可以采用特殊的氧化剂丙酮-异丙醇铝或三氧化铬和吡啶的配合物(PCC)。

$$CH_3\underset{CH_3}{\overset{|}{C}}=CH(CH_2)_2CH_2OH \xrightarrow[CH_3COCH_3]{异丙醇铝} CH_3\underset{CH_3}{\overset{|}{C}}=CH(CH_2)_2CHO$$

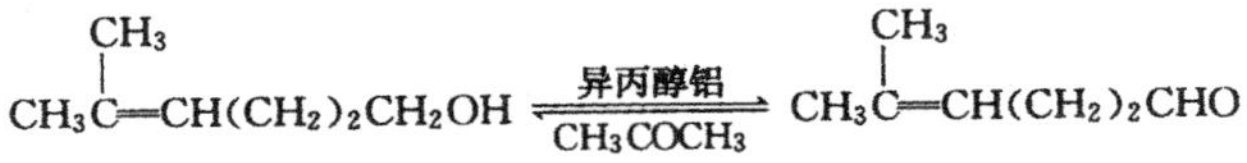

这种选择氧化醇羟基的方法称为欧芬脑尔(Oppenauer)氧化法。生成的醛在碱性条件下容易发生羟醛缩合反应,所以该氧化法更适合于制备酮。

　　仲醇被氧化剂氧化生成酮,酮一般较为稳定,不容易被氧化剂继续氧化。故常利用该方法制备酮。例如:

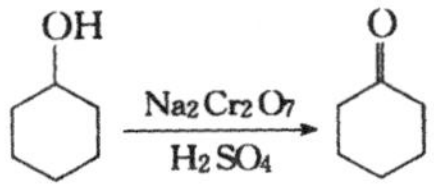

若仲醇分子结构中含有碳碳双键,采用一般氧化剂会和双键发生反应,为了保留双键,可以采用欧芬脑尔氧化法制备酮。

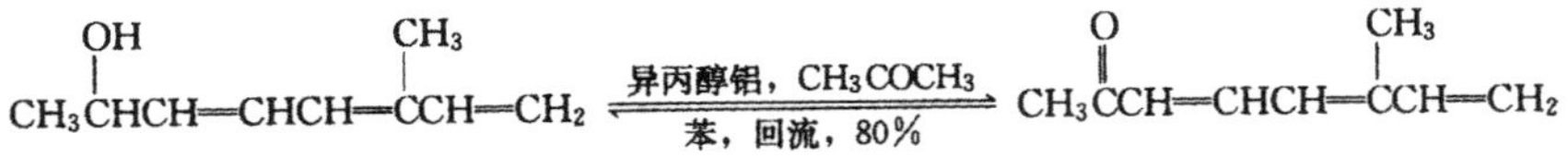

　　除了采用氧化法制备醛、酮外,醇在适当的催化剂存在下可脱去一分子氢来获得醛或酮。将伯醇或仲醇的蒸气通过加热到 250℃~300℃ 的铜催化剂(银、镍等),则伯醇脱氢生成醛,仲醇脱氢生成酮。

$$CH_3CH_2OH \xrightarrow[270℃\sim300℃]{Cu} CH_3CHO + H_2\uparrow$$

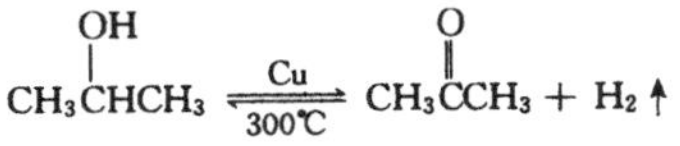

$$CH_3\underset{}{\overset{OH}{\overset{|}{C}}}HCH_3 \xrightarrow[300℃]{Cu} CH_3\overset{O}{\overset{\|}{C}}CH_3 + H_2\uparrow$$

6.4.2　炔烃水合

除乙炔水合生成乙醛,其他炔烃水合均生成酮,末端炔烃水合生成甲基酮。

$$CH \equiv CH + H_2O \xrightarrow[H_2SO_4]{HgSO_4} CH_3CHO$$

$$CH_3C \equiv CCH_3 + H_2O \xrightarrow[H_2SO_4]{HgSO_4} CH_3COCH_2CH_3$$

如果要由末端炔烃得到醛,则可用硼氢化-氧化法进行水合。

$$CH_3CH_2C \equiv CH \xrightarrow{B_2H_6} \xrightarrow[NaOH]{H_2O_2} CH_3CH_2CH_2CHO$$

6.4.3　烯烃的氧化

烯烃经臭氧氧化、还原,生成醛或酮。例如:

$$RCH = CH_2 \xrightarrow{O_3,Zn,HOAc} RCHO + H_2C = O$$

乙醛在工业上是由乙烯经空气氧化制备:

$$H_2C = CH_2 + O_2 \xrightarrow{CuCl_2-PdCl_2} CH_3CHO$$

烯烃和 CO、H_2 在高压和催化剂 $[Co(CO)_4]_2$ 的作用下,可在分子中引入醛基,这个反应相当于向双键加上一个醛基和氢原子,所以叫氢甲酰化法:

$$R-CH = CH_2 \xrightarrow[125℃,15MPa\sim30MPa]{CO,H_2,[Co(CO)_4]_2} RCH_2CH_2CHO + \underset{CHO}{R-CH-CH_3}$$

$$（主）\qquad\qquad （次）$$

6.4.4　羰基合成

α-烯烃与一氧化碳和氢气在八羰基二钴 $[Co(CO)_4]_2$ 催化下生成多一个碳原子醛的反应称为羰基合成,又称为烯烃的醛化。乙烯羰基合成得到丙醛,其他 α-烯烃羰基合成可得到直链醛和支链醛两种,其产物以直链醛为主。例如:

$$CH_2 = CH_2 + CO + H_2 \xrightarrow[110℃\sim120℃,10\sim20MPa]{[Co(CO)_4]_2} CH_3CH_2CHO$$

$$CH_3-CH = CH_2 + CO + H_2 \xrightarrow[170℃,25MPa]{[Co(CO)_4]_2} CH_3CH_2CH_2CHO + \underset{CH_3}{CH_3CHCHO}$$

$$正丁醛（75\%）\qquad 异丁醛（25\%）$$

羰基合成得到的醛,进一步加氢可得到伯醇。这是工业生产伯醇的一个重要方法。

6.4.5　傅-克酰基化反应

在无水三氯化铝($AlCl_3$)等催化作用下,芳烃与酰氯、酸酐等反应,芳烃上的氢原子被酰基取代,生成芳香酮。例如:

$$\text{苯} + CH_3COCl \xrightarrow[\text{② } H_2O]{\text{① } AlCl_3, \triangle} \text{苯-}COCH_3 + HCl$$

$$\text{苯-}CH_2CH_2CH_2COCl \xrightarrow[\text{② } H_2O]{\text{① } AlCl_3, \triangle} \text{(四氢萘酮)} + HCl$$

$$\text{苯} + H_3C-\overset{O}{\underset{\parallel}{C}}-O-\overset{O}{\underset{\parallel}{C}}-CH_3 \xrightarrow{AlCl_3} \text{苯-}COCH_3 + CH_3COOH$$

酰基化反应不发生重排,也不会生成多元取代物。所生成的酮或副产物与 AlCl_3 络合,消耗催化剂,因此,催化剂的用量至少是酰化试剂的 2 倍以上。另外,由于使用 AlCl_3 催化反应后,体系中大量存在水合 AlCl_3,给产物的纯化带来麻烦,现已经开发出一些新的试剂或催化剂,如金属离子交换蒙脱土等来催化酰基化反应,不仅提高了产物的选择性,而且改善了环境质量。

芳烃与一氧化碳和氯化氢在 AlCl_3-Cu_2Cl_2 存在下发生反应,可以生成在芳环上引入一个甲酰基的产物,该反应称为伽特曼-科赫(Gattermann-Koch)反应。例如:

$$\text{苯} + CO + HCl \xrightarrow{AlCl_3, Cu_2Cl_2} \text{苯-}CHO$$

$$\text{甲苯} + CO + HCl \xrightarrow{AlCl_3, Cu_2Cl_2} \text{对甲基苯甲醛}$$

$$(46\% \sim 51\%)$$

该反应的本质是亲电取代反应,CO 与 HCl 首先生成$[HC^+ = O]AlCl_4^-$。加入 Cu_2Cl_2 的目的是使反应可在常压下进行,否则需要加压才能完成。

6.4.6　芳烃侧链的氧化

芳烃侧链上的 α-H 原子易被氧化。例如,采用 MnO_2/H_2SO_4、$CrO_3/(CH_3CO)_2O$ 等氧化剂时,侧链甲基被氧化为醛基,其他具有两个 α-氢原子的烃则被氧化为酮。芳烃侧链的氧化制备芳醛时应控制氧化条件,氧化剂不要过量,否则生成的醛易被进一步氧化生成羧酸。例如:

$$\text{苯-}CH_3 + O_2 \xrightarrow[\triangle]{MnO_2/H_2SO_4} \text{苯-}CHO + H_2O$$

$$\text{乙苯}(CH_2CH_3) + O_2 \xrightarrow[130℃]{Mn(OAc)_2} \text{苯乙酮}(COCH_3)$$

$$\text{(3-溴甲苯)} \xrightarrow[HOAc, H_2SO_4]{CrO_3, \text{乙酐}} \text{(} CH(O-\overset{O}{\underset{\parallel}{C}}CH_3)_2 \text{衍生物)} \xrightarrow{H_2O} \text{(3-溴苯甲醛)} \quad 45\%$$

6.4.7　瑞穆-梯曼反应

酚类化合物在碱性溶液中与氯仿加热回流,在羟基的邻位或对位上引入醛基的反应,生成酚醛,称为瑞穆-梯曼(Reimer-Tiemann)反应。

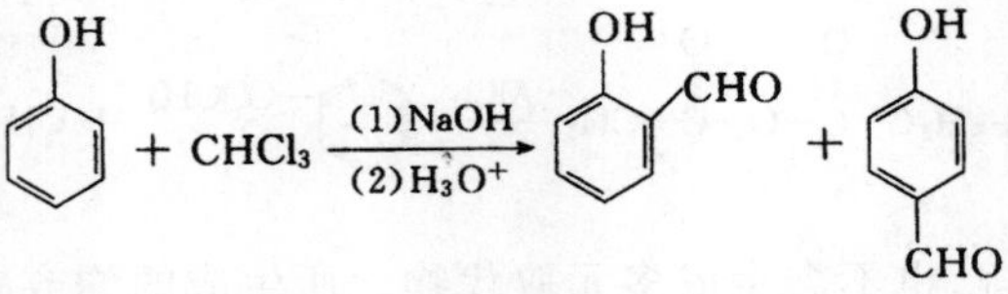

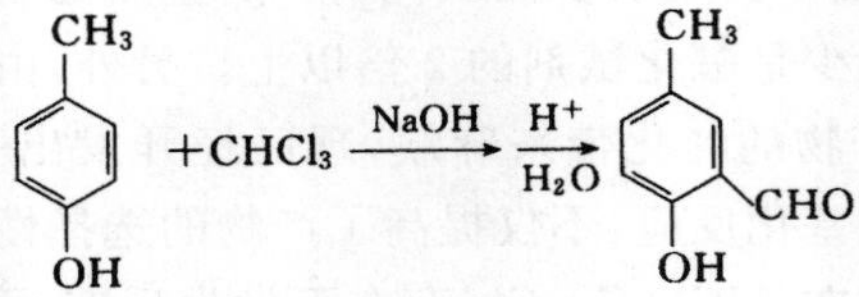

6.4.8　羧酸衍生物的还原

羧酸的衍生物如酰氯、酯、酰胺、腈均可通过各种方法还原成醛或酮。例如:

用活性较低的 Pd 催化剂(如 Pd-BaSO₄)进行催化氢化,可使酰氯还原为醛,不会再进一步还原成醇。这种还原法叫罗森德(Rosenmund)还原法。

将酰氯转化成醛的另一种选择性还原剂三叔丁氧氢化锂铝[LiAlH(t-C₄H₉O)₃]。

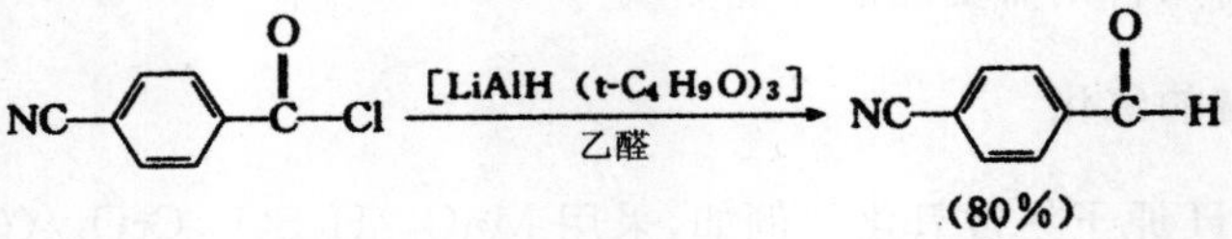

LiAlH₄ 是强还原剂,其中的氢被三个叔丁氧基取代成 LiAlH(t-C₄H₉O)₃,则还原能力减弱,只能还原酰氯,而与醛、酮和氰基等不反应。

第7章 羧酸及衍生物

7.1 概 述

羧酸是分子中含有羧基 —$\overset{O}{\underset{}{\overset{\|}{C}}}$—OH 官能团的一类化合物的总称,其通式为 RCOOH。羧酸这类化合物在自然界广泛存在,与人们的日常生活有较密切的关系,而且是重要的有机合成原料。

7.1.1 羧酸的结构、分类和命名

1. 羧酸的结构

羧基中的碳原子与醛、酮中的羰基一样,也是 sp^2 杂化,它的三个 sp^2 杂化轨道分别与两个氧原子和另一个碳原子或氢原子形成三个 σ 键,这三个 σ 键在同一平面上,键角约 120°。羧基碳原子未参与杂化的 p 轨道与一个氧原子的 p 轨道形成一个 π 键,同时羟基氧原子上的 p 电子对与 π 键形成 p-π 共轭体系。其结构表示如下:

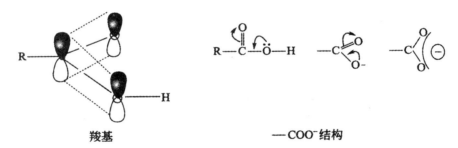

羧基　　　　　　　　　　　　—COO⁻结构

由于 p-π 共轭的影响,使羧基中的键长部分平均化。X-光衍射和电子衍射证明,在甲酸分子中 C=O 键长为 0.123nm,较醛、酮羰基键长 0.120nm 略有所增长,C—O 单键键长为 0.136nm,较醇中的 C—O 键长 0.143nm 短些。

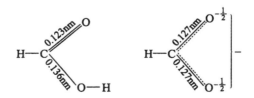

当羧基离解为负离子后,带负电荷的氧更容易提供电子,从而增强了 p-π 共轭作用,使负电荷完全均等地分布在两个氧原子上,两 C—O 键的键长完全相等,都为 0.127nm,没有双键与单键的差别。

—COOH 中的 C=O 失去了典型的羰基的性质。p-π 共轭使羰基碳正性减弱,如与羰基试剂 HONH₂ 不发生反应。—OH 的酸性比醇的 O—H 酸性强。其原因为:p-π 共轭使羟基氧原

子上的电子云密度降低,使羟基之间的电子更靠近氧原子,O—H 键减弱,H$^+$易离去;—COOH 中的 H$^+$离去后,(—CO$_2^-$)p-π 共轭更完全,键长平均化使体系更稳定,因此,羧酸的 H$^+$更易离去,生成更稳定的羧酸负离子。

2. 羧酸的分类

根据分子中烃基的结构,可把羧酸分为脂肪羧酸(饱和脂肪羧酸和不饱和脂肪羧酸)、脂环羧酸(饱和脂环羧酸和不饱和脂环羧酸)、芳香羧酸等;根据分子中羧基的数目,又可把羧酸分为一元羧酸、二元羧酸、多元羧酸等。例如:

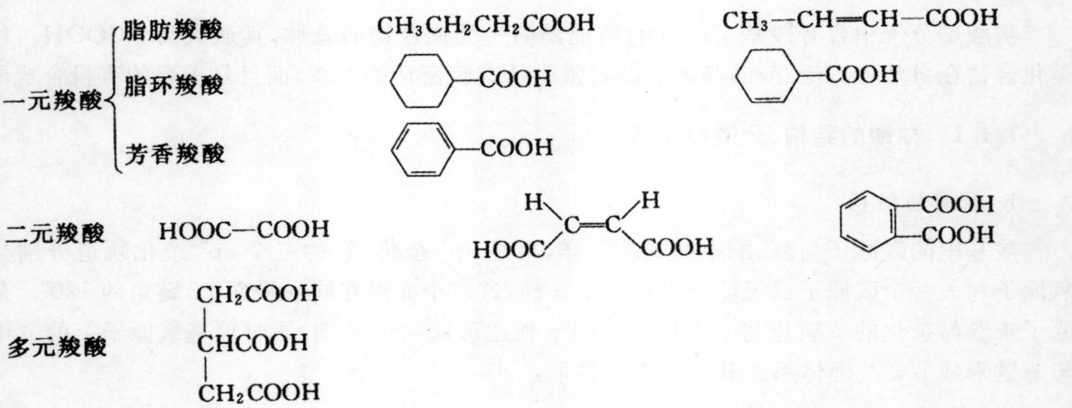

3. 羧酸的命名

羧酸的命名方法有俗名和系统命名两种。

某些羧酸最初是根据来源命名的,称为俗名。例如,甲酸来自蚂蚁,称为蚁酸;乙酸存在于食醋中,称为醋酸;丁酸存在于奶油中,称为酪酸;苯甲酸存在于安息香胶中,称为安息香酸。一些常见羧酸的名称见表 7-1。

表 7-1　常见羧酸的名称

构造式	系统名	俗名
HCOOH	甲酸	蚁酸
CH$_3$COOH	乙酸	醋酸
CH$_3$CH$_2$COOH	丙酸	初油酸
CH$_3$(CH$_2$)$_2$COOH	丁酸	酪酸
CH$_3$(CH$_2$)$_3$COOH	戊酸	缬草酸
CH$_3$(CH$_2$)$_4$COOH	己酸	羊油酸
CH$_3$(CH$_2$)$_5$COOH	庚酸	葡萄花酸
CH$_3$(CH$_2$)$_6$COOH	辛酸	亚羊脂酸
CH$_3$(CH$_2$)$_7$COOH	壬酸	天竺葵酸(风吕草酸)
CH$_3$(CH$_2$)$_8$COOH	癸酸	羊蜡酸
CH$_3$(CH$_2$)$_{10}$COOH	十二酸	月桂酸

构造式	系统名	俗名
$CH_3(CH_2)_{12}COOH$	十四酸	肉豆蔻酸
$CH_3(CH_2)_{14}COOH$	十六酸	软脂酸（棕榈酸）
$CH_3(CH_2)_{16}COOH$	十八酸	硬脂酸
$CH_2=CHCOOH$	丙烯酸	败脂酸
$CH_3CH=CHCOOH$	2-丁烯酸	巴豆酸
$HOOC—COOH$	乙二酸	草酸
$HOOCCH_2COOH$	丙二酸	胡萝卜酸
C_6H_5COOH	苯甲酸	安息香酸
$HOOC(CH_2)_4COOH$	己二酸	肥酸
$\begin{array}{l} CH—COOH \\ \parallel \\ CH—COOH \end{array}$	顺丁烯二酸	马来酸（失水苹果酸）
$\begin{array}{l} HOOC—CH \\ \parallel \\ HC—COOH \end{array}$	反丁烯二酸	富马酸
⟨苯环⟩—CH=CHCOOH	β-苯丙烯酸	肉桂酸
⟨苯环⟩—COOH / —COOH	邻苯二甲酸	酞酸

　　脂肪族羧酸的系统命名原则与醛相同,即选择含有羧基的最长的碳链作主链,从羧基中的碳原子开始给主链上的碳原子编号。取代基的位次用阿拉伯数字标明。有时也用希腊字母来表示取代基的位次,从与羧基相邻的碳原子开始,依次为 α、β、γ 等。例如:

$$CH_3CH_2CH—CHCOOH \atop \quad\quad\quad | \quad\ | \atop \quad\quad\ CH_3\ CH_3$$

$$CH_3CH=CHCOOH$$

2-丁烯酸

2,3-二甲基戊酸　　　　　**α-丁烯酸（巴豆酸）**

　　芳香族羧酸和脂环族羧酸,可把芳环和脂环作为取代基来命名。例如:

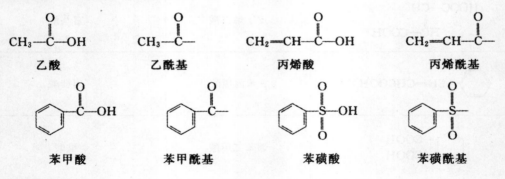

对甲基环己基乙酸   3-苯丙烯酸（肉桂酸）   4-甲基-3-(2-萘）丙酸

命名脂肪族二元羧酸时,则应选择包含两个羧基的最长碳链作主链,叫某二酸。例如:

邻-苯二甲酸   正丙基丙二酸

7.1.2　羧酸衍生物的分类和命名

羧酸分子中去掉羧基中的羟基后剩余的部分称为酰基（R—C—）。酰基的命名可将相应羧酸的"酸"字改为"酰基"即可。例如:

乙酸　　　　　乙酰基　　　　　丙烯酸　　　　　丙烯酰基

苯甲酸　　　　苯甲酰基　　　　苯磺酸　　　　　苯磺酰基

1. 酰卤的命名

酰卤由酰基和卤原子组成,其通式为 R—C—X（X＝F、Cl、Br、I）。

酰卤的命名是以相应的酰基和卤素的名称,称为"某酰卤"。例如:

丙酰氯　　　　丙烯酰氯　　　　2-甲基丙酰溴　　　　苯甲酰溴

2. 酸酐的命名

酸酐由酰基和酰氧基（R—C—O—）组成,其通式为 R—C—O—C—R'。

酸酐的命名由相应的羧酸加"酐"字组成。如果 R 和 R′相同,称为单酐;R 和 R′不同称为混酐;二元羧酸分子内失水形成环状酐称为环酐或内酐。例如:

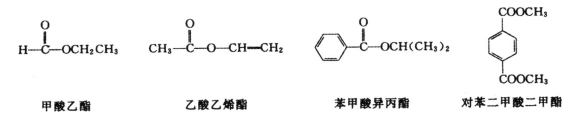

乙酸酐(单酐)　　　　乙丙酸酐(混酐)

顺丁烯二酸酐(内酐)　　　　邻苯二甲酸酐(内酐)

3. 酯的命名

酯由酰基和烷氧基(RO—)组成,其通式为 $R-\overset{O}{\overset{\|}{C}}-OR′$。

酯的命名由相应的羧酸和烃基的名称组合,称"某酸某酯"。例如:

甲酸乙酯　　　　乙酸乙烯酯　　　　苯甲酸异丙酯　　　　对苯二甲酸二甲酯

4. 酰胺的命名

酰胺是由酰基和氨基(包括取代氨基—NHR、—NR₂)组成,其通式为 $R-\overset{O}{\overset{\|}{C}}-NH_2$。

酰胺的命名是根据酰基的名称,称为"某酰胺"。例如:

乙酰胺　　　　苯甲酰胺　　　　丙烯酰胺

如果酰胺分子中含有取代氨基,命名时,把氮原子上所连的烃基作为取代基,写名称时用"N"表示其位次。例如:

N-乙基乙酰胺　　　　N,N-二甲基甲酰胺　　　　N-甲基-N-乙基苯甲酰胺

7.2 羧酸的制备方法

羧酸于自然界中广泛存在,尤其是一些特殊的酸,多以酯的形式存在于油、脂、蜡中,油、脂、蜡水解后可以得到多种羧酸的混合物。羧酸也可从植物或动物中提取,以及通过发酵来制取。

工业上或实验室中羧酸的制备常通过以下方法完成。

7.2.1 氧化法

1. 烃的氧化

高级脂肪烃(如石蜡)加热到120℃和在催化剂硬脂酸锰存在的条件下通入空气,可被氧化生成多种脂肪酸的混合物。

$$RCH_2CH_2R' + \frac{5}{2}O_2 \xrightarrow[120℃]{硬脂酸锰} RCOOH + R'COOH + H_2O$$

烯烃通过氧化,碳链在双键处断裂得到羧酸。例如:

$$RCH{=\!\!=}CH_2 \xrightarrow{KMnO_4/H^+} RCOOH + CO_2 + H_2O$$

含 α-H 的烷基苯用高锰酸钾、重铬酸钾氧化时,产物均为苯甲酸。例如:

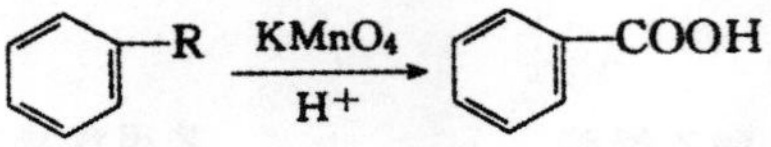

2. 伯醇或醛的氧化

伯醇或醛氧化可得相应的酸。

$$RCH_2OH \xrightarrow{[O]} RCHO \xrightarrow{[O]} RCOOH$$

常用的氧化剂有:$K_2Cr_2O_7 + H_2SO_4$、CrO_3 + 冰醋酸、$KMnO_4$、HNO_3 等。

不饱和醇或醛也可以氧化生成相应的羧酸,但需选用适当弱的氧化剂,以防止氧化不饱和键。

$$CH_3CH{=\!\!=}CHCHO \xrightarrow[{[O]}]{AgNO_3,NH_3} CH_3CH{=\!\!=}CHCOOH$$

另外,甲基酮(或甲基仲醇)在碱溶液中卤化成三卤甲酮,后者在碱液中很快分解成卤仿和羧酸盐。这一方法用于合成不饱和酸很成功,未观察到卤素与烯键的竞争反应。此反应的意义在于减少一个碳原子。

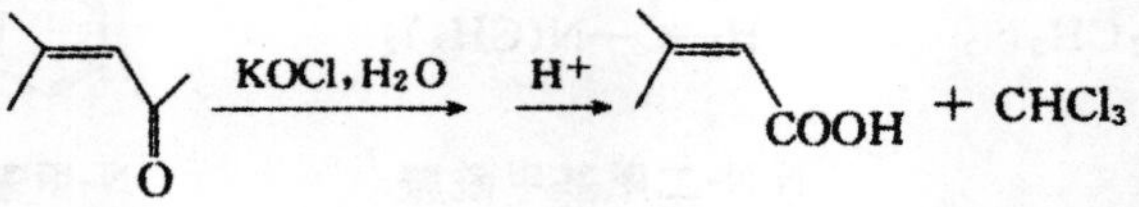

7.2.2 卤仿反应

卤仿反应用于制备减少一个碳原子的羧酸。

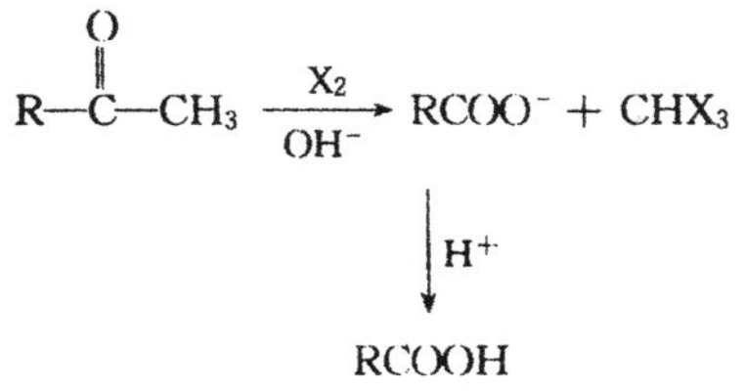

$$R-\overset{O}{\underset{||}{C}}-CH_3 \xrightarrow[OH^-]{X_2} RCOO^- + CHX_3$$

$$\downarrow H^+$$

$$RCOOH$$

7.2.3 由格氏试剂制备

格氏试剂与 CO_2 作用后,再酸化、水解得羧酸。格氏试剂可由卤代烃制得。

$$R-MgX + CO_2 \longrightarrow RCOOMgX \xrightarrow[H_2O]{H^+} RCOOH$$

此法用于制备比原料多一个碳的羧酸,可使用 $1°$、$2°$、$3°RX$,乙烯式卤代烃则很难反应。

7.2.4 水解法

1. 腈的水解

在酸或碱的催化下,腈水解可制得羧酸。

$$RCN \xrightarrow[\triangle]{H_2O,H^+} RCOOH$$

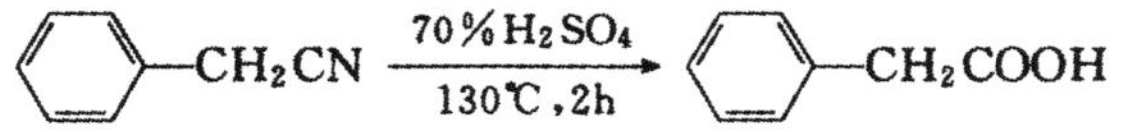

苯乙腈 → **苯乙酸**

2. 油脂和羧酸衍生物的水解

油脂的主要成分是偶数碳原子的高级脂肪酸的甘油酯,由其水解可制得高级脂肪酸。水解反应可被酸或碱催化,酸催化条件下油脂水解产物为羧酸和甘油。

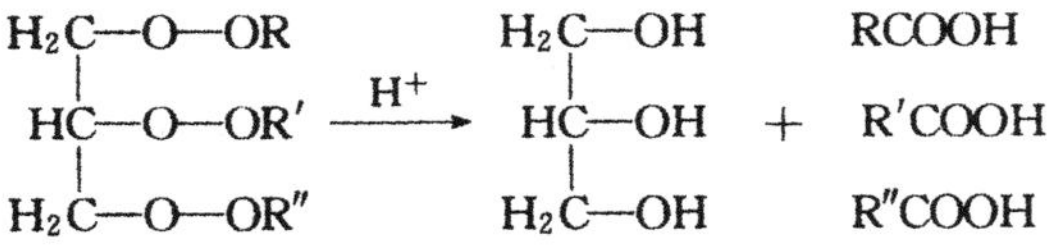

碱催化油脂水解所得产物高级脂肪酸盐就是肥皂。

其他羧酸衍生物如酰氯、酸酐和酰胺水解也制得羧酸。

3. 苯三氯甲烷水解

工业上苯甲酸可由苯三氯甲烷水解制备。

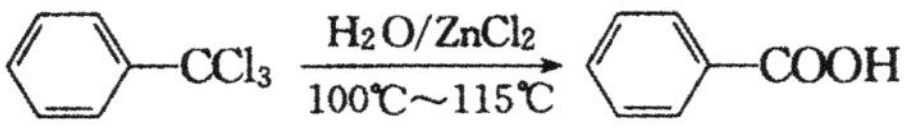

而三氯甲烷可由甲苯氯化制得。

$$\text{C}_6\text{H}_5\text{—CH}_3 \xrightarrow[\text{光,100℃～150℃}]{\text{Cl}_2\text{(过量)}} \text{C}_6\text{H}_5\text{—CCl}_3$$

7.3 羧酸及衍生物的物理性质

7.3.1 羧酸的物理性质

10 个碳以下的一元酸为无色液体,高级脂肪羧酸为蜡状物质。脂肪二元酸与芳香羧酸均为结晶体。低级的酸易溶于水中,随着分子量的升高,溶解度下降。含有 1～3 个碳原子的羧酸有强烈刺激气味,含有 4～8 个碳原子的羧酸有腐败恶臭味,高级羧酸无味。饱和一元羧酸熔点、沸点变化规律与烷烃相似,沸点随着分子中碳原子数的增加而升高,熔点随分子中碳原子数目的增多呈锯齿状的变化。

羧酸沸点比相应分子量的醇醛醚要高,其中的原因为羧酸分子间存在氢键,且两分子间能形成两个氢键,故其氢键比醇强,可以发生分子间的缔合。

羧酸与水也能形成氢键,由于羧基中的羰基和羟基均能分别与水形成氢键,故羧酸与水形成氢键的能力比相应的醇大,因此,羧酸在水中的溶解度比相应的醇大。低级羧酸能与水混溶,如甲酸、乙酸、丙酸等;随着碳原子数的递增,相对分子质量的增加,羧酸在水中的溶解度迅速减小。高级脂肪酸都不溶于水。常见羧酸的物理常数见表 7-2。

表 7-2 常见羧酸的物理常数

名称(俗名)	熔点/℃	沸点/℃	溶解度/$[g \cdot (100g\ H_2O)^{-1}]$	相对密度(20℃)
甲酸(蚁酸)	8.4	100.7	∞	1.220
乙酸(醋酸)	16.6	117.9	∞	1.0492
丙酸(初油酸)	−20.8	141.1	∞	0.9934
正丁酸(酪酸)	−4.5	165.6	∞	0.9577
正戊酸(缬草酸)	−34.5	186	4.97	0.9391
正己酸(羊油酸)	−2～−1.5	205	0.968	0.9274
正辛酸(羊脂酸)	16.5	239.3	0.068	0.9088

续表

名称(俗名)	熔点/℃	沸点/℃	溶解度/[g·(100g H₂O)⁻¹]	相对密度 (20℃)
正癸酸(羊腊酸)	31.5	270	0.015	0.8858(40℃)
十二酸(月桂酸)	44	225(13.3kPa)	0.0055	0.8679(50℃)
十四酸(豆蔻酸)	58.5	326.2	0.0020	0.8439(60℃)
十六酸(软脂酸)	63	351.5	0.00072	0.853(62℃)
十八酸(硬脂酸)	71.2	383	0.00029	0.9408
乙二酸(草酸)	189.5	157(升华)	9	1.650
丙二酸(缩苹果酸)	135.6	140(分解)	74	1.619(16℃)
丁二酸(琥珀酸)	187~189	235(脱水分解)	5.8	1.572(25℃)
戊二酸(胶酸)	98	302~304	63.9	1.424(25℃)
己二酸(肥酸)	153	265(13.3kPa)	1.5	1.360(25℃)
顺丁烯二酸(马来酸)	138~140	160(脱水成酐)	78.8	1.590
反丁烯二酸(富马酸)	287	165(0.23kPa,升华)	0.7	1.635
苯甲酸(安息香酸)	122.4	249	0.34(热水)	1.2659(15℃)
邻苯二甲酸(邻酞酸)	206~208(分解)	—	0.7	1.593
对苯二甲酸(对酞酸)	300	—	0.002	1.510
3-苯基丙烯酸(肉桂酸)	135~136	300	溶于热水	1.2475(4℃)

7.3.2　羧酸衍生物的物理性质

低级酰氯是具有刺激性气味的无色液体,高级酰氯为白色固体。因其分子间不能产生氢键缔合,所以酰氯的沸点比相应的羧酸低。酰氯不溶于水,易溶于有机溶剂,低级酰氯遇水易分解。酰氯对黏膜有刺激性。

低级酸酐是具有刺激性气味的无色液体,高级酸酐为固体。酸酐的沸点较相对分子质量相近的羧酸低。因分子间无形成氢键的条件,所以酸酐难溶于水而易溶于有机溶剂。

低级酯是具有水果香味的无色液体,广泛存在于水果和花草中,例如,香蕉和梨中含有乙酸异戊酯,茉莉花中含苯甲酸甲酯;高级酯为蜡状固体。酯的沸点比相对分子质量相近的醇和羧酸都低。低级酯微溶于水;其他酯难溶于水,易溶于乙醇、乙醚等有机溶剂。

除甲酰胺是液体外,其余酰胺均为固体。低级酰胺溶于水,随着相对分子质量增大,在水中的溶解度逐渐降低。

酰胺由于分子间的氢键缔合作用较强,其沸点比相对分子质量相近的羧酸、醇都高。常见羧酸衍生物的物理常数见表 7-3。

表 7-3　常见羧酸衍生物的物理常数

名称	沸点/℃	熔点/℃
乙酰氯	52	−112
乙酰溴	76.6	−98
丙酰氯	80	−94
正丁酰氯	102	−89
苯甲酰氯	197.2	−1
乙酸酐	140	−73
丙酸酐	169	−45
丁二酸酐	261	119.6
苯甲酸酐	360	42
邻苯二甲酸酐	284.5	132
甲酸甲酯	32	−100
甲酸乙酯	54	−80
乙酸乙酯	77.1	−83
乙酸戊酯	142	−78
苯甲酸乙酯	213	−34
甲酰胺	192	2.5
乙酰胺	222	81
丙酰胺	213	79
N,N-二甲基甲酰胺	153	−61
苯甲酰胺	290	130

7.4　羧酸及衍生物的化学性质与反应

7.4.1　羧酸的化学性质及反应

由于共轭体系中电子的离域,羟基中氧原子上的电子云密度降低,氧原子便强烈吸引氧氢键的共用电子对,从而使氧氢键极性增强,有利于氧氢键的断裂,使其呈现酸性;也由于羟基中氧原子上未共用电子对的偏移,使羧基碳原子上电子云密度比醛、酮中增高,不利于发生亲核加成反应,所以羧酸的羧基没有像醛、酮那样典型的亲核加成反应。

另外,α-H 原子由于受到羧基的影响,其活性升高,容易发生取代反应;羧基的吸电子效应,

使羧基与 α-C 原子间的价键容易断裂,能够发生脱羧反应。

根据羧酸的结构,它可发生的一些主要反应如下所示:

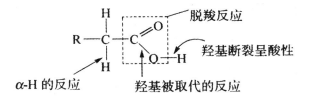

1. 酸性

羧酸具有酸性,在水溶液中能电离出 H^+:

因此,羧酸能与氢氧化钠反应生成羧酸盐和水。

$$RCOOH + NaOH \longrightarrow RCOONa + H_2O$$

羧酸的酸性比苯酚和碳酸的酸性强,因此,羧酸能与碳酸钠、碳酸氢钠反应生成羧酸盐。

$$RCOOH + NaHCO_3 (Na_2CO_3) \longrightarrow RCOONa + H_2O + CO_2 \uparrow$$

但羧酸的酸性比无机酸弱,所以在羧酸盐中加入无机酸时,羧酸又游离出来。利用这一性质,不仅可以鉴别羧酸和苯酚,还可以用来分离提纯有关化合物。

例如,欲鉴别苯甲酸、苯甲醇和对-甲苯酚,可按如下步骤进行,在这三者中加入碳酸氢钠溶液,能溶解并有气体产生的是苯甲酸;再在剩下的二者中加入氢氧化钠溶液,溶解的是对-甲苯酚,不溶解的是苯甲醇。

当羧酸的烃基上(特别是 α-C 原子上)连有电负性大的基团时,由于它们的吸电子诱导效应,使氢氧间电子云偏向氧原子,氢氧键的极性增强,促进解离,使酸性增大。基团的电负性越大,取代基的数目越多,距羧基的位置越近,吸电子诱导效应越强,则使羧酸的酸性更强。例如:

	三氯乙酸	二氯乙酸	氯乙酸
pK_a	0.64	1.29	2.86

因此,低级的二元酸的酸性比饱和一元酸强,特别是乙二酸,它是由两个电负性大的羧基直接相连而成的,由于两个羧基的相互影响,使酸性显著增强,乙二酸的 $pK_{a1} = 1.46$,其酸性比磷酸的 $pK_{a1} = 1.59$ 强。

取代基对芳香酸酸性的影响也有同样的规律。当羧基的对位连有硝基、卤素原子等吸电子基时,酸性增强;而对位连有甲基、甲氧基等斥电子基时,则酸性减弱。至于邻位取代基的影响,因受位阻影响比较复杂,间位取代基的影响不能在共轭体系内传递,影响较小。

	对硝基苯甲酸	对氯苯甲酸	对甲氧基苯甲酸	对甲基苯甲酸
pK_a	3.42	3.97	4.47	4.38

常见羧酸的 pK_a 值见表 7-4。

表 7-4　常见羧酸的 pK_a 值

化合物	pK_a(25℃)	化合物	pK_a(25℃)	
			pK_{a1}	pK_{a2}
甲酸	3.75	乙二酸	1.2	4.2
乙酸	4.75	丙二酸	2.9	5.7
丙酸	4.87	丁二酸	4.2	5.6
丁酸	4.82	己二酸	4.4	5.6
三甲基乙酸	5.03	顺丁烯二酸	1.9	6.1
氟乙酸	2.66	反丁烯二酸	3.0	4.4
氯乙酸	2.81	苯甲酸	4.20	
溴乙酸	2.87	对甲基苯甲酸	4.38	
碘乙酸	3.13	对硝基苯甲酸	3.42	
羟基乙酸	3.87	邻苯二甲酸	2.9	5.4
苯乙酸	4.31	间苯二甲酸	3.5	4.6
3-丁烯酸	4.35	对苯二甲酸	3.5	4.8

2. 羧基中羟基的取代反应

羧基分子中的羟基可以被卤素原子(—X)、酰氧基(—OOCR)、烷氧基(—OR)、氨基(—NH$_2$)取代,生成一系列的羧酸衍生物。

(1)酰卤的生成

酰氯是最常用的酰卤,它可由羧酸与五氯化磷、三氯化磷或氯化亚砜等卤化剂作用制得。

用氯化亚砜卤代剂制取酰氯较易提纯处理,因副产物 SO$_2$ 和 HCl 是气体易于挥发,而过量的低沸点 SOCl$_2$ 可通过蒸馏除去,所得的酰卤较纯,此法应用较广。

由于酰卤很活泼,容易水解,所以分离精制酰卤产品宜采用蒸馏的方法。选用哪种含磷卤代剂，这取决于所生成的酰卤与含磷副产物之间的沸点差异。通常用分子量小的羧酸来制备酰卤时，用三卤化磷作卤代剂，反应中生成的酰卤沸点低可随时蒸出；分子量大的酰卤沸点高，制备它时可用五卤化磷作卤代剂，反应后容易把三卤氧磷蒸馏出来。

(2)酸酐的生成

羧酸(除甲酸外)在脱水剂(如五氧化二磷、乙酐等)作用下，发生分子间脱水，生成酸酐。

$$RCOO\text{—}\boxed{H+HO}\text{—}\overset{\overset{\displaystyle O}{\|}}{C}\text{—}R \xrightarrow[\triangle]{P_2O_5} RCOO\text{—}\overset{\overset{\displaystyle O}{\|}}{C}\text{—}R + H_2O$$

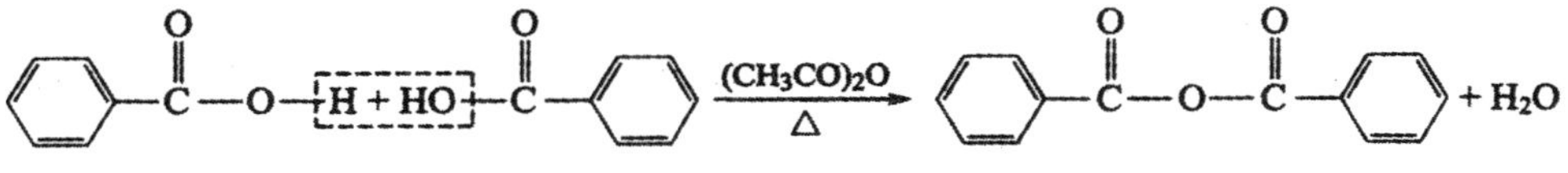

苯甲酸酐

某些二元酸(如丁二酸、戊二酸、邻苯二甲酸等)不需要脱水剂，加热就可发生分子内脱水生成酸酐。例如：

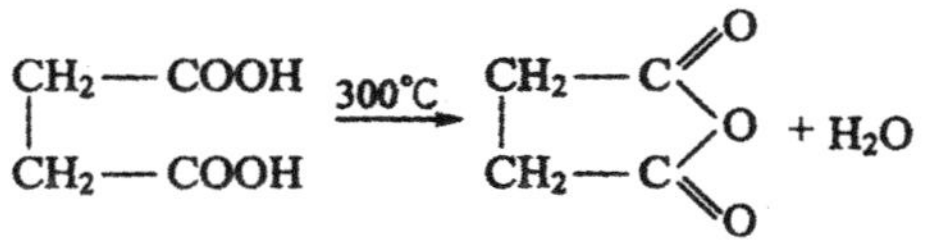

丁二酸酐

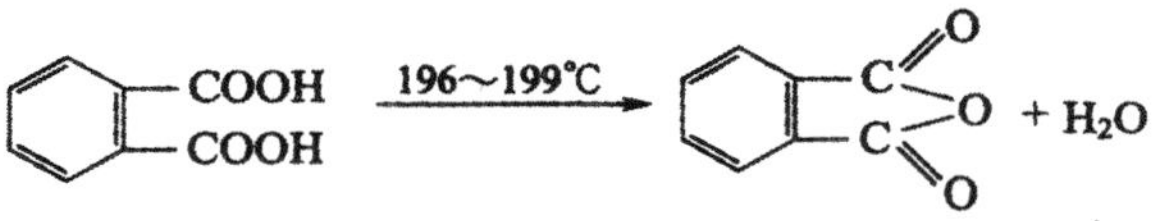

邻苯二甲酸酐

(3)酯的生成

羧酸与醇在酸(H_2SO_4)的催化作用下生成酯的反应，称为酯化反应。

$$R\text{—}\overset{\overset{\displaystyle O}{\|}}{C}\text{—}OH + HO\text{—}R' \overset{H^+}{\rightleftharpoons} R\text{—}\overset{\overset{\displaystyle O}{\|}}{C}\text{—}OR' + H_2O$$

酯化反应是可逆的，欲提高产率，必须增大某一反应物的用量或降低生成物的浓度，使平衡向生成酯的方向移动。

酯化反应中羧基是提供羟基还是提供氢，为解决这一问题，使用同位素^{18}O标记的醇进行酯化，反应完成后发现^{18}O在酯分子中而不是在水分子中，这说明酯化反应生成的水，是醇羟基中的氢与羧基中的羟基结合而成的，即羧酸发生了酰氧键的断裂。

$$CH_3\text{—}\overset{\overset{\displaystyle O}{\|}}{C}\text{—}OH + H\text{—}^{18}OC_2H_5 \overset{H^+}{\rightleftharpoons} CH_3\text{—}\overset{\overset{\displaystyle O}{\|}}{C}\text{—}^{18}OC_2H_5 + H_2O$$

酸催化下的酯化反应按如下历程进行：

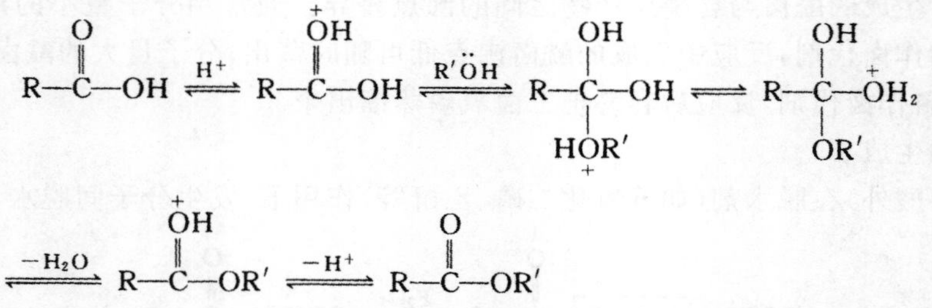

在酯化反应中,醇作为亲核试剂进攻具有部分正电性的羧基碳原子,由于羧基碳原子的正电性较小,很难接受醇的进攻,所以反应很慢。当加入少量无机酸作催化剂时,羧基中的羰基氧接受质子,使羧基碳原子的正电性增强,从而有利于醇分子的进攻,加快酯的生成。

（4）酰胺的生成

羧酸与氨或胺反应生成的铵盐,加热失水后形成酰胺。最终结果是羧基中的羟基被氨基取代。

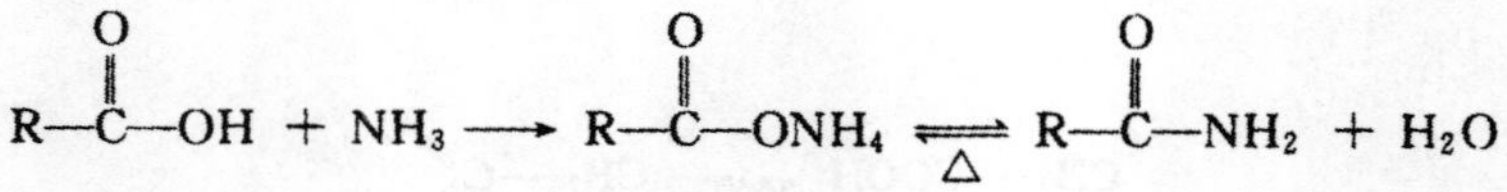

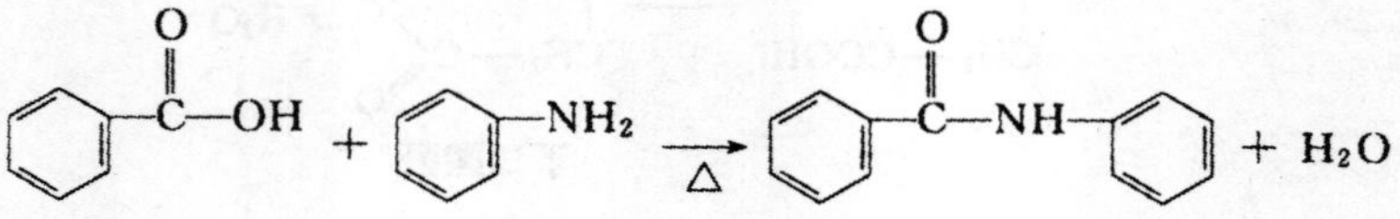

3. 脱羧反应

羧酸分子脱去羧基放出二氧化碳的反应称为脱羧反应。饱和一元酸一般比较稳定,难于脱羧,但羧酸的碱金属盐与碱石灰共热,则发生脱羧反应。

$$CH_3COONa + NaOH \xrightarrow[\triangle]{CaO} CH_4 \uparrow + Na_2CO_3$$

此反应在实验室中用于少量甲烷的制备。

当羧酸分子中的 α-C 原子上连有吸电子基时,受热容易脱羧。例如：

$$Cl_3CCOOH \xrightarrow{\triangle} CHCl_3 + CO_2 \uparrow$$

$$CH_3COCH_2COOH \xrightarrow{\triangle} CH_3COCH_3 + CO_2 \uparrow$$

$$HOOCCH_2COOH \xrightarrow{\triangle} CH_3COOH + CO_2 \uparrow$$

芳酸比脂肪酸容易脱羧,尤其是芳环上连有吸电子基时,更容易发生脱羧反应。例如：

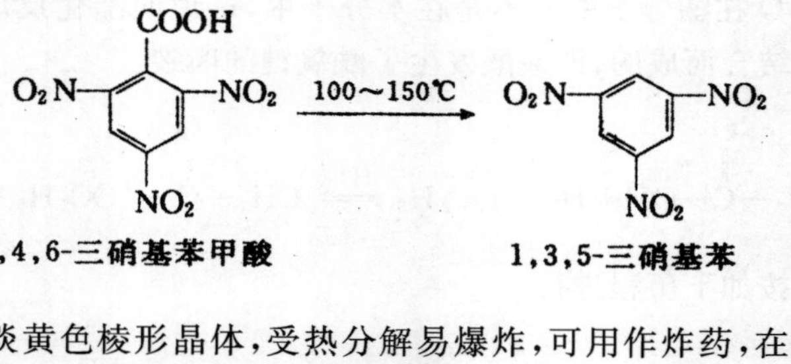

2,4,6-三硝基苯甲酸　　　　　　　1,3,5-三硝基苯

1,3,5-三硝基苯为淡黄色棱形晶体,受热分解易爆炸,可用作炸药,在分析化学中还可用作

pH 指示剂。

4.α-H 的卤代反应

由于羧基的吸电子作用,饱和一元羧酸 α-C 原子上的氢有一定的活性,它可被卤素取代生成 α-卤代羧酸,但羧酸 α-H 的活性不及醛、酮的 α-H,反应通常要在少量红磷的催化作用下才能顺利进行。例如:

$$CH_3COOH \xrightarrow[P]{Br_2} CH_2BrCOOH \xrightarrow[P]{Br_2} CHBr_2COOH \xrightarrow[P]{Br_2} CBr_3COOH$$

$$CH_3COOH \xrightarrow[P]{Cl_2} CH_2ClCOOH \xrightarrow[P]{Cl_2} CHCl_2COOH \xrightarrow[P]{Cl_2} CCl_3COOH$$

α-卤代羧酸可以发生卤代烃中的亲核取代反应和消除反应。利用这些反应可以制备取代羧酸。例如:

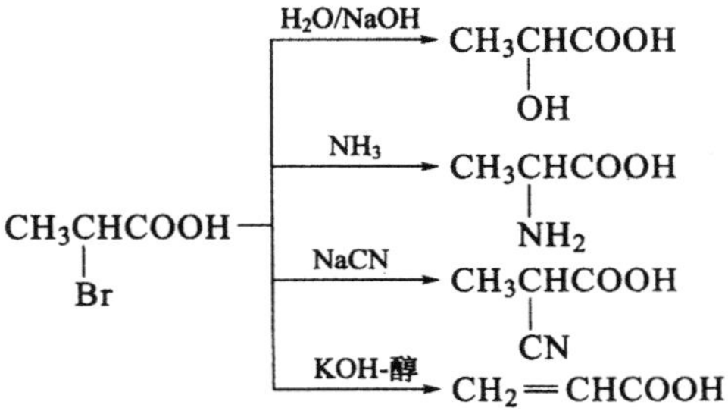

5. 还原反应

羧基中羰基由于受到羟基的影响,很难被一般的还原剂或催化氢化法还原,但可被强还原剂氢化铝锂(LiAlH$_4$)还原成醇。

$$\underset{\overset{\displaystyle \|}{\underset{}{}}}{R-C-OH} \xrightarrow{LiAlH_4} R-CH_2-OH$$

用氢化铝锂还原羧酸,不但产量高,还原条件温和(室温下就能进行),而且还原不饱和羧酸时,不会影响双键,属于选择性还原。

$$CH_2=CHCH_2-COOH \xrightarrow[H^+,H_2O]{LiAlH_4} CH_2=CHCH_2CH_2-OH$$

6. 二元羧酸的受热反应

二元羧酸具有羧酸的通性,但加热时易发生分解,这种特殊的分解反应可分为以下三类:
①1,2-和 1,3-二元羧酸受热,脱羧。例如:

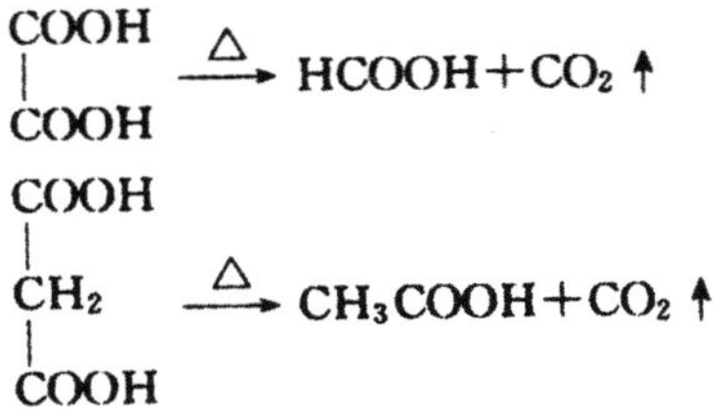

$$\underset{COOH}{\overset{COOH}{|}} \xrightarrow{\triangle} HCOOH + CO_2\uparrow$$

$$\underset{COOH}{\overset{COOH}{\underset{|}{\overset{|}{CH_2}}}} \xrightarrow{\triangle} CH_3COOH + CO_2\uparrow$$

羧基的吸电子效应使得另一个羧基的脱羧反应容易进行。

②1,4-和1,5-二元羧酸受热，脱水。产物为稳定的五元或六元环状酸酐。例如：

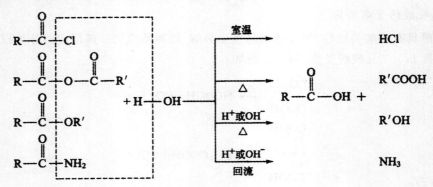

由以上反应可知，反应中有成环可能时，一般形成五元或六元环，称布朗克（Blanc）规则。

7.4.2　羧酸衍生物的性质及反应

羧酸衍生物分子中都有酰基，能发生一些相似的化学反应，但因酰基所连接的基团不同，反应活性有一定的差异。

1. 水解反应

酰卤、酸酐、酯和酰胺均能水解生成相应的羧酸。

其水解反应速率为：

酰卤＞酸酐＞酯＞酰胺

酯的水解需要酸或碱催化并加热，酸催化水解是酯化反应的逆反应，水解不完全。酯的碱性水解产物是羧酸盐和醇。

2. 醇解反应

酰氯、酸酐和酯都可以与醇作用生成相应的酯。

酰氯和酸酐容易与醇反应生成相应的酯，工业上常用此方法制取一些难以用羧酸酯化法得到的酯。例如：

乙酸苯酯

酯与醇反应，生成另外的酯和醇，称为酯交换反应。例如：

对苯二甲酸二甲酯　　　乙二醇　　　　　　对苯二甲酸二乙二醇酯

3. 氨解反应

酰氯、酸酐和酯都可以与氨作用生成酰胺。

酰胺与过量的胺作用可得到 N-取代酰胺。

$$R-\overset{\overset{\displaystyle O}{\|}}{C}-NH_2 + H-NHR' \longrightarrow R-\overset{\overset{\displaystyle O}{\|}}{C}-NHR' + NH_3$$

羧酸衍生物的水解、醇解和氨解反应相当于在水、醇、氨分子中引入酰基。凡是向其他分子中引入酰基的反应都叫酰基化反应。提供酰基的试剂叫酰基化试剂,酰氯、酸酐是常用的酰基化试剂。

4. 还原反应

羧酸衍生物都能被还原,酰氯还原最容易,酰胺还原最难。羧酸衍生物(除酰胺外)用氢化铝锂作为催化剂都能被还原成醇。

酰氯用钯催化加氢或用氢化铝锂作为催化剂均可被还原为醇:

$$R-\overset{\overset{\displaystyle O}{\|}}{C}-Cl \xrightarrow[\text{或 LiAlH}_4]{\text{H}_2/\text{Pd}} RCH_2OH$$

但如果把钯分散在 $BaSO_4$ 上,并加入少量喹啉-硫,可降低 Pd 的催化活性(又称催化剂毒化),则酰氯可被还原为醛:

$$R-\overset{\overset{\displaystyle O}{\|}}{C}-Cl \xrightarrow[\text{喹啉}]{\text{H}_2/\text{Pd-BaSO}_4} RCHO$$

这种把酰氯还原为醛的还原方法又称罗森蒙德(Rosemund)还原法。

酸酐可被氢化铝锂还原为醇:

$$\xrightarrow{\text{LiAlH}_4} \begin{matrix} H_2C-CH_2-OH \\ H_2C-CH_2-OH \end{matrix}$$

酯用氢化铝锂还原或与金属钠在乙醇溶液中回流,可被还原为醇:

$$CH_3(CH_2)_7CH=CH(CH_2)_7COOEt \xrightarrow[\text{EtOH}]{\text{Na}} CH_3(CH_2)_7CH=CH(CH_2)_7CH_2OH + EtOH$$

$$H_2C=CH-CH_2-COOEt \xrightarrow{\text{LiAlH}_4} H_2C=CH-CH_2-CH_2OH + EtOH$$

需要注意的是,这两个还原反应中的双键没发生变化。

非取代酰胺可被氢化铝锂还原为伯胺,酰胺分子中 N 上的一个氢或两个氢被取代时,用氢化铝锂还原则分别生成仲胺和叔胺。

$$R-\overset{\overset{\displaystyle O}{\|}}{C}-NH_2 \xrightarrow{\text{LiAlH}_4} RCH_2NH_2 \quad \text{伯胺}$$

$$R-\overset{\overset{\displaystyle O}{\|}}{C}-NHR' \xrightarrow{\text{LiAlH}_4} RCH_2NHR' \quad \text{仲胺}$$

$$R-\overset{\overset{\displaystyle O}{\|}}{C}-N\overset{R'}{\underset{R'}{\big<}} \xrightarrow{\text{LiAlH}_4} RCH_2NR_2' \quad \text{叔胺}$$

5. 与格氏试剂反应

格氏试剂是一个亲核试剂,羧酸衍生物都能与格氏试剂发生反应。

酰氯与格氏试剂作用生成酮或叔醇。

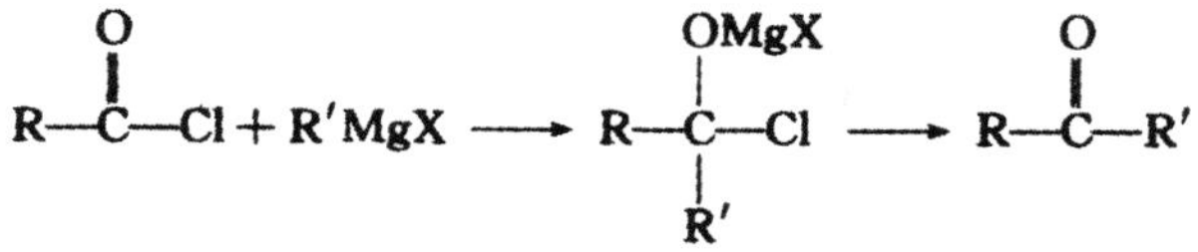

如果格氏试剂过量,则很容易和酮继续反应,生成叔醇。

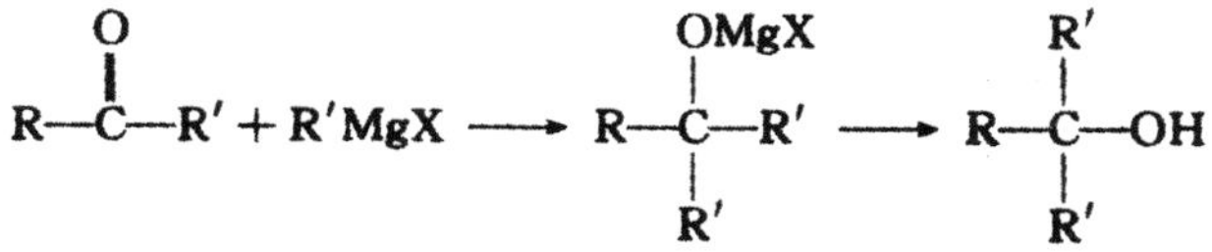

低温下,用 1mol 的格氏试剂,慢慢滴入含有 1mol 酰氯的溶液中,可使反应停留在酮的一步,但产率不高。

酸酐与格氏试剂在室温下也可以得到酮。例如:

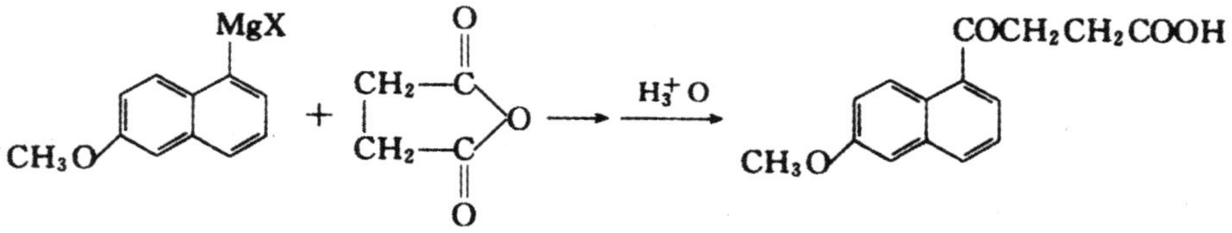

酯与格氏试剂反应生成酮,由于格氏试剂与酮反应比酯还快,反应很难停留在酮阶段,最终产物为叔醇。这是制备叔醇的一个很好的方法,具有合成上的意义。

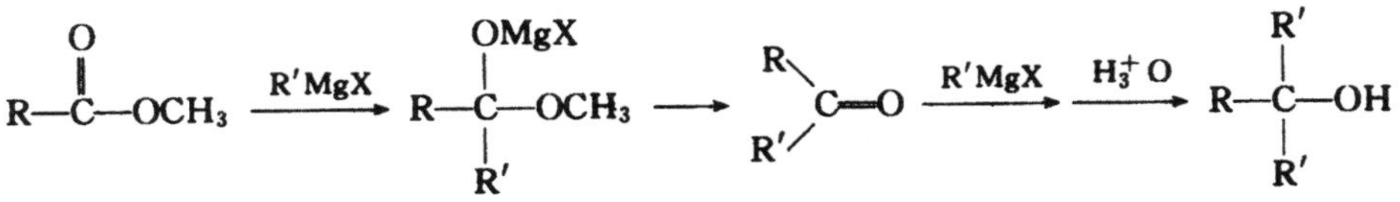

α-或 β-碳上取代基多的酯,位阻大,可以停留在生成酮阶段。例如:

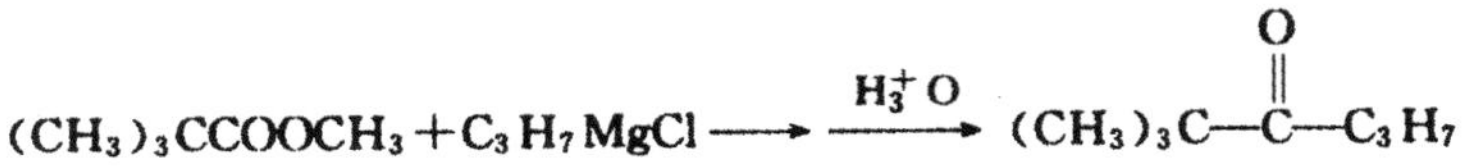

$$(CH_3)_3CCOOCH_3 + C_3H_7MgCl \xrightarrow{} \xrightarrow{H_3^+O} (CH_3)_3C-\overset{\displaystyle O}{\overset{\|}{C}}-C_3H_7$$

内酯则得到叔醇。

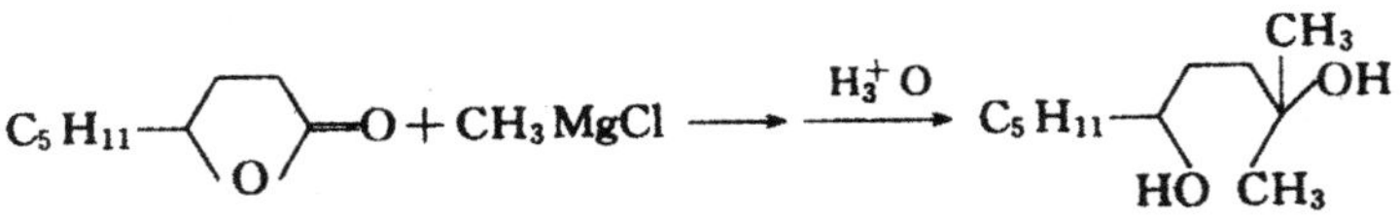

6. 酯缩合反应

在醇钠的作用下,含有 α-H 的酯可与另一分子酯失去一分子醇,生成 β-酮酸酯的反应,称为克莱森(Claisen)酯缩合反应。例如：

$$CH_3C\underset{O}{\underset{\|}{}}\text{-}[\overline{OC_2H_5+H}]\text{-}CH_2C\underset{O}{\underset{\|}{}}\text{-}OC_2H_5 \xrightarrow{C_2H_5ONa} CH_3CCH_2C\text{-}OC_2H_5 + C_2H_5OH$$

乙酰乙酸乙酯

    反应的机理为：乙酸乙酯在乙醇钠作用下，失去一个 α-H，形成负碳离子，负碳离子很快与另一分子乙酸乙酯的羰基发生亲核加成，然后失去 $C_2H_5O^-$，生成乙酰乙酸乙酯。

$$C_2H_5O^- + H\text{-}CH_2\text{-}C\text{-}OC_2H_5 \rightleftharpoons {}^-CH_2\text{-}C\text{-}OC_2H_5 + C_2H_5OH$$

$$CH_3\text{-}C\text{-}OC_2H_5 + {}^-CH_2\text{-}C\text{-}OC_2H_5 \rightleftharpoons CH_3\text{-}\underset{CH_2COOC_2H_5}{\overset{O^-}{\underset{|}{\overset{|}{C}}}}\text{-}OC_2H_5 \xrightarrow{-C_2H_5O^-}$$

$$CH_3\text{-}C\text{-}CH_2\text{-}C\text{-}OC_2H_5$$

    酯缩合反应相当于一个酯的 α-H 被另一个酯的酰基所取代，所以凡含有 α-H 的酯都可发生克莱森酯缩合反应。

    含 α-H 的酯与无 α-H 且羰基比较活泼的酯(甲酸酯、草酸酯、碳酸酯、苯甲酸酯)进行的酯缩合反应，称为交叉克莱森酯缩合反应。例如：

$$H\text{-}C\text{-}OC_2H_5 + CH_3CH_2CH_2C\text{-}OC_2H_5 \xrightarrow{NaOC_2H_5} H\text{-}C\text{-}\underset{CH_2CH_3}{\overset{|}{CH}}\text{-}C\text{-}OC_2H_5 + C_2H_5OH$$

7. 酰胺的特性

酰胺除具有羧酸衍生物的通性外，还具有一些特殊性质。

(1)酰胺的酸碱性

当氨分子中的氢原子被酰基取代后，由于氮原子上的孤对电子与碳氧双键形成 p-π 共轭，使氮原子上的电子云密度降低，减弱了它接受质子的能力，故只显弱碱性，与 Na 作用，放出氢气。另一方面，与氮原子连接的氢原子变得稍为活泼，表现出微弱的酸性。

$$R\text{-}\underset{NH_2}{\overset{O}{\underset{|}{\overset{\|}{C}}}}$$

    酰胺由于碱性很弱，只能与强酸作用生成盐。例如，将氯化氢气体通入乙酰胺的乙醚溶液中，则生成不溶于乙醚的盐。

$$CH_2CONH_2 + HCl \longrightarrow CH_3CONH_2 \cdot HCl$$

生成的盐不稳定，遇水即分解成乙酰胺和盐酸。

    如果氨分子中的第二个氢原子也被酰基取代，则生成酰亚胺化合物。由于受到两个酰基的影响，使得氮原子上剩余的一个氢原子容易以质子的形式与碱结合，因此，酰亚胺化合物具有弱酸性，能与强碱的水溶液反应生成盐，例如，邻苯二甲酰亚胺。

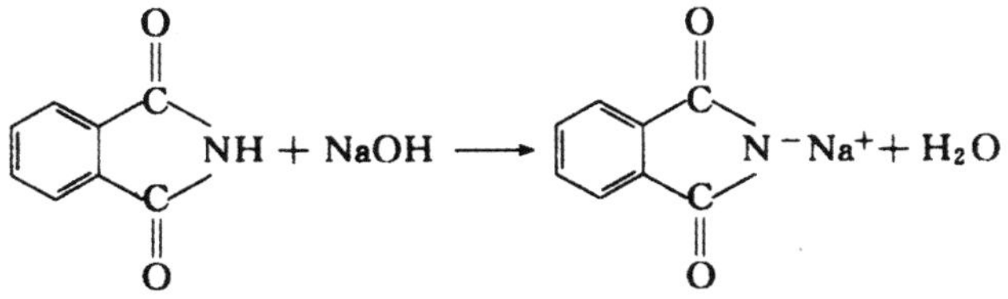

$pK_a = 7.4$

因此，当氨分子中的氢被酰基取代后，其酸碱性变化如下：

$$\xrightarrow{\text{酸性加强，碱性减弱}}$$
$$NH_3 \rightarrow RCONH_2 \rightarrow (RCO)_2NH$$

(2)脱水反应

酰胺在脱水剂的作用下，失去水生成腈。常用脱水剂有五氧化二磷、三氯氧磷($POCl_3$)、亚硫酰氯($SOCl_2$)等。

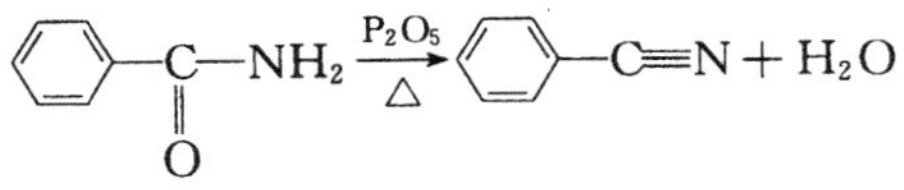

$$RCONH_2 + P_2O_5 \longrightarrow RCN + 2HPO_3 + H_2O$$

(3)霍夫曼降级反应

酰胺与溴(或氯)的氢氧化钠溶液反应，脱去羰基，生成伯胺，这个反应叫做酰胺的霍夫曼(Hofmann)降级反应。该反应可从酰胺制备少一个碳的伯胺。

$$R-\overset{\overset{\large O}{\|}}{C}-NH_2 + Br_2(\text{或 }Cl_2) + 4NaOH \longrightarrow \underset{\text{伯胺}}{RNH_2} + 2NaBr(\text{或 }2NaCl) + Na_2CO_3 + 2H_2O$$

霍夫曼降级反应也可写成：

$$R-\overset{\overset{\large O}{\|}}{C}-NH_2 + NaXO + 2NaOH \longrightarrow \underset{\text{伯胺}}{RNH_2} + NaX + Na_2CO_3 + H_2O$$

霍夫曼降级反应机理如下：

$$R-\overset{\overset{\large O}{\|}}{C}-\ddot{N}H_2 + Br_2 + OH^- \longrightarrow R-\overset{\overset{\large O}{\|}}{C}-\underset{\underset{\large H}{|}}{\ddot{N}}-Br + Br^- + H_2O$$

$$R-\overset{\overset{\large O}{\|}}{C}-\underset{\underset{\large H}{|}}{\ddot{N}}-Br + OH^- \longrightarrow \underset{\text{氮烯}}{R-\overset{\overset{\large O}{\|}}{C}-\ddot{N}\!:} + Br^- + H_2O$$

$$R-\overset{\overset{\displaystyle O}{\|}}{C}-\ddot{N}: \xrightarrow{\text{重排}} R-\ddot{N}=C=O \text{（异氰酸酯）}$$

$$R-N=C=O+H_2O \longrightarrow RNH-\overset{\overset{\displaystyle O}{\|}}{C}-OH \xrightarrow{-CO_2} RNH_2+CO_2$$

7.5　重要的羧酸和羧酸衍生物

7.5.1　重要的羧酸

1. 甲酸

甲酸俗称蚁酸。在自然界中,甲酸存在于某些昆虫如蜜蜂、蚂蚁和某些植物(如荨麻)中。人们被蜜蜂或蚂蚁蛰、刺会感到肿痛,就是由于这些昆虫分泌了甲酸所致。工业上将一氧化碳和氢氧化钠水溶液在加热、加压下制成甲酸钠,再经酸化制成甲酸。

$$CO+NaOH \xrightarrow[210℃]{0.6\sim0.8MPa} HCOONa$$

$$2HCOONa+H_2SO_4 \longrightarrow 2HCOOH+Na_2SO_4$$

甲酸是有刺激性的无色液体,沸点为100.7℃,有极强的腐蚀性,因此,使用时要避免与皮肤接触。甲酸能与水和乙醇混溶。

由于甲酸的分子结构比较特殊,羧基和氢原子直接相连,它不但含有羧基结构,同时也含有醛基的结构,是一个具有双官能团的化合物。

$$\text{醛基}\quad H-\overset{\overset{\displaystyle O}{\|}}{C}-OH \quad \text{羧基}$$

因此,甲酸既有羧酸的一般通性,也有醛类的某些性质。例如,甲酸有还原性,不仅容易被高锰酸钾氧化,还能被弱氧化剂如托伦试剂氧化而发生银镜反应,这也是甲酸的鉴定反应。甲酸也较易发生脱水、脱羧反应。

甲酸在工业上用作还原剂、橡胶的凝固剂、缩合剂和甲酰化剂,也用于纺织品和纸张的着色和抛光、皮革的处理以及用作消毒剂和防腐剂等。

2. 乙酸

乙酸俗名醋酸,是食醋的主要成分,普通的醋约含6%～8%乙酸。乙酸为无色有刺激性气味液体,沸点为118℃,熔点为16.6℃,易冻结成冰状固体,故称为冰醋酸。乙酸能与水以任意比混溶。普通的醋酸是36%～37%的醋酸的水溶液。

目前工业上采用乙烯或乙炔合成乙醛,乙醛在二氧化锰催化下,用空气或氧气氧化成乙酸的方法来大规模生产乙酸。

$$CaC_2 \xrightarrow{H_2O} HC\equiv CH \xrightarrow{H_2O,Hg^{2+}-H_2SO_4} CH_3CHO \xrightarrow[65℃\sim70℃,0.2\sim0.3MPa]{O_2,MnO_2} CH_3COOH$$

乙酸是重要的化工原料,可以合成许多有机物,例如,醋酸纤维、乙酸酐、乙酸酯是染料工业、香料工业、制药业、塑料工业等不可缺少的原料。

3. 苯甲酸

苯甲酸为无色、无味片状晶体。熔点为 122.13℃,沸点为 249℃,相对密度为 1.2659。在 100℃时迅速升华。苯甲酸又称安息香酸。以游离酸、酯或其衍生物的形式广泛存在于自然界中,例如,在安息香胶内以游离酸和苄酯的形式存在;在一些植物的叶和茎皮中以游离的形式存在;在香精油中以甲酯或苄酯的形式存在;在马尿中以其衍生物马尿酸的形式存在。

最初苯甲酸是由安息香胶干馏或碱水水解制得,也可由马尿酸水解制得。工业上苯甲酸是在钴、锰等催化剂存在下用空气氧化甲苯制得;或由邻苯二甲酸酐水解脱羧制得。苯甲酸及其钠盐可用作乳胶、牙膏、果酱或其他食品的抑菌剂,也可作为染色和印色的媒染剂。

4. 乙二酸

乙二酸俗称草酸,常以钾盐或钙盐的形式存在于多种植物中。草酸是无色结晶。常见的草酸含有两分子的结晶水,当加热到 100℃～105℃会失去结晶水得到无水草酸,熔点为 189.5℃。草酸易溶于水,不溶于乙醚等有机溶剂。

草酸很容易被氧化成二氧化碳和水。在定量分析中常用草酸来标定高锰酸钾溶液。

$$5(COOH)_2 + 2KMnO_4 + 3H_2SO_4 \longrightarrow K_2SO_4 + 2MnSO_4 + 10CO_2 + 8H_2O$$

草酸可以与许多金属生成可溶性的配离子,因此,草酸可用来除去铁锈或蓝墨水的痕迹。

5. 丁二酸

丁二酸存在于琥珀中,又称琥珀酸。它还广泛存在于多种植物及人和动物的组织中,如未成熟的葡萄、甜菜、人的血液和肌肉。丁二酸是无色晶体,溶于水,微溶于乙醇、乙醚和丙酮。

丁二酸在医药中有抗痉挛、祛痰和利尿的作用。丁二酸受热失水生成的丁二酸酐是制造药物、染料和醇酸树脂的原料。

7.5.2　重要的羧酸衍生物

1. 乙酰氯

乙酰氯是一种在空气中发烟的无色液体,有窒息性的刺鼻气味,沸点为 51℃。能与乙醚、氯仿、冰醋酸、苯和汽油混溶。

乙酰氯是重要的乙酰化试剂,可用 PCl_3 或亚硫酰氯($SOCl_2$)制备。

$$3H_3C-\overset{O}{\underset{\|}{C}}-OH + PCl_3 \longrightarrow 3H_3C-\overset{O}{\underset{\|}{C}}-Cl + H_3PO_3$$

$$CH_3COOH + SOCl_2 \longrightarrow CH_3COCl + SO_2 + HCl$$

2. 乙酐

乙酐又名醋(酸)酐,是无色有极强醋酸气味的液体,沸点为 139.5℃,是良好的溶剂,溶于乙醚、苯和氯仿,也是重要的乙酰化试剂及化工原料,大量用于合成药物中间体、染料、醋酸纤维、香料和油漆等。

乙酸酐可由乙酸与乙烯酮作用制得:

$$CH_3\overset{\displaystyle O}{\underset{\displaystyle OH}{C}} + CH_2{=}C{=}O \longrightarrow \overset{\displaystyle H_3C-C-O}{\underset{\displaystyle H_3C-C}{}}$$

3. α-甲基丙烯酸甲酯

在常温下,α-甲基丙烯酸甲酯为无色液体,熔点为 −48.2℃,沸点为 100～101℃,微溶于水,溶于乙醇和乙醚,易挥发,易聚合。

工业上生产 α-甲基丙烯酸甲酯主要以丙酮、氢氰酸为原料,与甲醇和硫酸作用而制得。

$$CH_3COCH_3 \xrightarrow[\;OH^-\;]{HCN} CH_3\overset{\displaystyle CH_3}{\underset{\displaystyle OH}{C}}CN \xrightarrow[H_2SO_4]{CH_3OH} CH_2{=}\underset{\displaystyle CH_3}{C}{-}COOCH_3$$

α-甲基丙烯酸甲酯

α-甲基丙烯酸甲酯在引发剂(如偶氮二异丁腈)存在下,聚合生成聚 α-甲基丙烯酸甲酯。

$$nCH_2{=}\underset{\displaystyle COOCH_3}{\overset{\displaystyle CH_3}{C}} \xrightarrow{90℃～100℃} {\left[CH_2{-}\underset{\displaystyle COOCH_3}{\overset{\displaystyle CH_3}{C}}\right]}_n$$

聚α-甲基丙烯酸甲酯

聚 α-甲基丙烯酸甲酯是无色透明的聚合物,俗称有机玻璃,质轻、不易碎裂,溶于丙酮、乙酸乙酯、芳烃和卤代烃。由于它的高度透明性,多用于制造光学仪器和照明用品,如航空玻璃、仪表盘、防护罩等,着色后可制纽扣、牙刷柄、广告牌等。

4. N,N-甲基甲酰胺

N,N-甲基甲酰胺,简称 DMF。它是带有氨味的无色液体,沸点为 153℃。它的蒸气有毒,对皮肤、眼睛和黏膜有刺激作用。

工业上用氨、甲醇和一氧化碳为原料,在高压下反应制备 N,N-甲基甲酰胺。

$$2CH_3OH + NH_3 + CO \xrightarrow{15MPa} HC\overset{\displaystyle O}{-}N(CH_3)_2 + 2H_2O$$

N,N-二甲基甲酰胺能与水及大多数有机溶剂混溶,能溶解很多无机物和许多难溶的有机物特别是一些高聚物。例如,它是聚丙烯腈抽丝的良好溶剂,也是丙烯酸纤维加工中使用的溶剂,有"万能溶剂"之称。

5. 尿素

尿素也叫脲,存在于哺乳动物的尿液中。它是哺乳动物体内蛋白质代谢的最终产物,成人每天可随尿排出约 30g 的尿素。

尿素是白色结晶,熔点为 132℃,易溶于水和乙醇中。尿素在医药上用作角质软化药。

尿素是碳酸的二酰胺,在性质上与酰胺相似,具有弱碱性,但碱性很弱,不能使石蕊试纸变色。

将尿素缓慢加热至熔点以上,生成缩二脲。

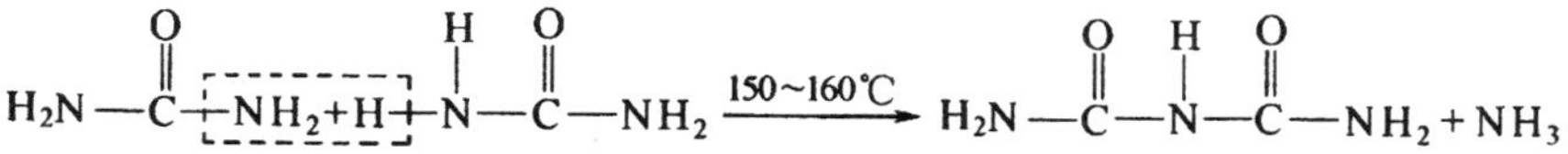

$$H_2N-\underset{\overset{\parallel}{O}}{C}-[NH_2+H]-N-\underset{\overset{\parallel}{O}}{C}-NH_2 \xrightarrow{150\sim160℃} H_2N-\underset{\overset{\parallel}{O}}{C}-N-\underset{\overset{\parallel}{O}}{C}-NH_2+NH_3$$

缩二脲在碱性溶液中与稀硫酸铜溶液作用,呈现紫红色,这种颜色反应叫做缩二脲反应。分子中含有两个或两个以上酰氨键($-\underset{\overset{\parallel}{O}}{C}-NH-$)的化合物都有类似反应,如多肽、蛋白质。

6. 青霉素

青霉素属 β-内酰胺类抗生素。其基本结构如下:

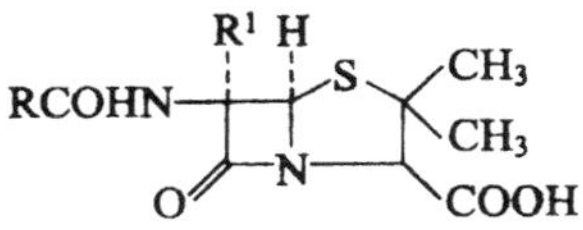

由于分子中含有一个游离羧基和酰胺侧链,青霉素有相当强的酸性,能与无机碱或某些有机碱作用成盐。干燥纯净的青霉素盐比较稳定;青霉素的水溶液很不稳定,微量的水分即易引起其水解。

7. 胍

胍分子中的氨基除去一个氢原子后剩下的原子团称为胍基;除去一个氨基后剩下的原子团称为脒基。一些药物含有胍基、脒基。

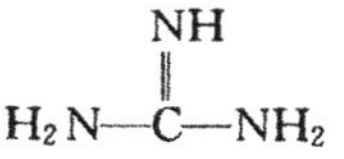

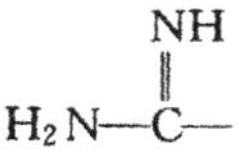

胍是强碱,碱性与氢氧化钾相当。胍易水解,特别在碱性条件下,是不稳定的,通常以盐的形式保存。很多含有胍结构的药物,往往制成盐类使用,例如:

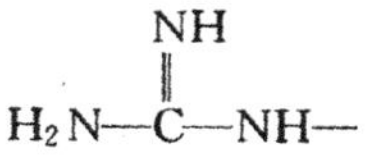

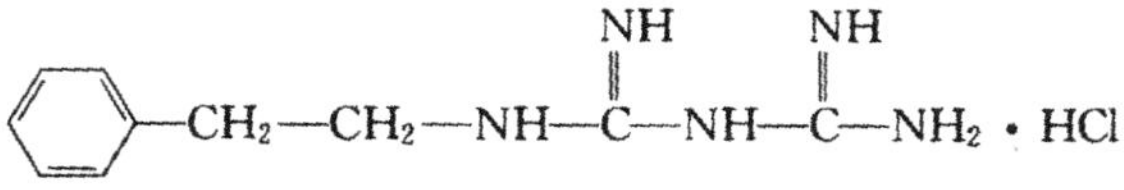

盐酸苯乙双胍 (降糖灵)

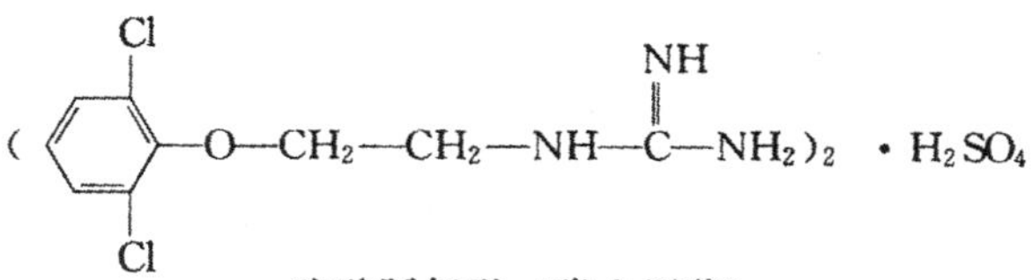

硫酸胍氯酚 (降血压药)

7.6 油脂与表面活性剂

7.6.1 油脂

1. 概述

油脂普遍存在于动物的脂肪组织和植物的种子中。习惯上,我们将在室温下呈液态的称为油,呈固态的称为脂。从化学结构上看,油脂是直链高级脂肪酸和甘油生成的酯,其通式为:

$$
\begin{array}{l}
CH_2-O-\overset{\displaystyle O}{\overset{\displaystyle \|}{C}}-R \\[2mm]
CH-O-\overset{\displaystyle O}{\overset{\displaystyle \|}{C}}-R' \\[2mm]
CH_2-O-\overset{\displaystyle O}{\overset{\displaystyle \|}{C}}-R''
\end{array}
$$

如果 R、R′、R″ 相同,称为单纯甘油酯,R、R′、R″ 不同,则称为混合甘油酯。天然的油脂大多为混合甘油酯。

组成甘油酯的脂肪酸的种类很多,但绝大多数都是含有偶数碳原子的直链羧酸,其中有饱和的,也有不饱和的。现已从油脂水解得到的有 $C_4 \sim C_{26}$ 的各种饱和脂肪酸和 $C_{10} \sim C_{24}$ 的各种不饱和脂肪酸。常见的饱和脂肪酸以十六碳酸(软脂酸)分布最广,几乎所有的油脂中都含有;而在动物脂肪中十八碳酸(硬脂酸)含量最多。不饱和脂肪酸以油酸、亚油酸分布最广。油脂中常见的重要脂肪酸见表 7-5。

表 7-5 油脂中常见的重要脂肪酸

类别	名称	系统命名	结构式	熔点/℃
饱和脂肪酸	月桂酸	十二碳酸	$CH_3(CH_2)_{10}COOH$	44
	肉豆蔻酸	十四碳酸	$CH_3(CH_2)_{12}COOH$	54
	软脂酸	十六碳酸	$CH_3(CH_2)_{14}COOH$	63
	硬脂酸	十八碳酸	$CH_3(CH_2)_{16}COOH$	70
不饱和脂肪酸	油酸	Δ^3-十八碳烯酸	$CH_3(CH_2)_7CH=CH(CH_2)_7COOH$	13
	亚油酸	$\Delta^{9,12}$-十八碳二烯酸	$CH_3(CH_2)_4CH=CHCH_2CH=CH(CH_2)_7COOH$	−5
	蓖麻油酸	12-羟基-Δ^9-十八碳烯酸	$CH_3(CH_2)_5CHOHCH_2CH=CH(CH_2)_7COOH$	50
	亚麻油酸	$\Delta^{9,12,15}$-十八碳三烯酸	$CH_3(CH_2CH=CH)_3(CH_2)_7COOH$	−11
	桐油酸	$\Delta^{9,11,13}$-十八碳三烯酸	$CH_3(CH_2)_3(CH=CH)_3(CH_2)_7COOH$	49
	花生四烯酸	$\Delta^{5,8,11,14}$-二十碳四烯酸	$CH_3(CH_2)_4(CH=CHCH_2)_4(CH_2)_2COOH$	−49.5

注:△ 为希腊字母,与其右上角的数字一同表明烯键的位次。

不饱和脂肪酸的熔点比饱和脂肪酸要低。脂肪酸不饱和度越高,由它所组成的油脂的熔点也越低。因此,固体的脂含有较多的饱和脂肪酸甘油酯,而液态的油则含有较多的不饱和脂肪酸甘油酯。不饱和脂肪酸的 C＝C 键多数为顺式构型。一些常见的油脂见表 7-6。

表 7-6　一些常见油脂的性能及其高级脂肪酸的含量

油脂名称	皂化值	碘值	软脂酸%	硬脂酸%	油酸%	亚油酸%	其他%
大豆油	188～194	124～136	6～10	2～4	21～29	50～59	蓖麻油酸 80～92 桐油酸 74～91 亚麻油酸 25～58
花生油	185～195	84～100	6～9	2～6	50～70	13～26	
棉籽油	191～196	103～115	19～24	1～2	23～33	40～48	
蓖麻油	176～187	81～90	0～2	—	0～9	3～7	
桐油	190～197	160～180	—	2～6	4～16	0～1	
亚麻油	189～196	170～204	47	2～5	9～38	3～43	
猪油	193～203	46～66	28～30	12～18	41～48	6～7	
牛油	193～200	31～47	24～32	14～32	35～48	2～4	

2. 油脂的性质

纯净的油脂是无色、无味、无臭的,相对密度小于 1,比水轻,难溶于水,易溶于有机溶剂。由于天然油脂是混合物,所以没有固定的熔点和沸点。

油脂的化学性质与其主要成分脂肪酸甘油酯的结构密切相关,重要的化学性质如下所示。

（1）水解

油脂与氢氧化钠（或氢氧化钾）水溶液共热,发生水解反应,生成甘油和高级脂肪酸盐,此盐就是日常所用的肥皂。因此,油脂在碱性溶液中的水解称为皂化。

$$
\begin{array}{l}
CH_2-O-\overset{\overset{O}{\|}}{C}-R \\
CH-O-\overset{\overset{O}{\|}}{C}-R' + 3KOH \xrightarrow{\triangle} \\
CH_2-O-\overset{\overset{O}{\|}}{C}-R''
\end{array}
\quad
\begin{array}{l}
CH_2-OH \quad RCOOK \\
CH-OH \ + \ R'COOK \\
CH_2-OH \quad R''COOK
\end{array}
$$

工业上把 1g 油脂皂化所需氢氧化钾的质量（mg）称为皂化值。根据皂化值的大小,可估算油脂的相对分子质量。皂化值越大,油脂的相对分子质量越小。

（2）加成

油脂的羧酸部分有的含有不饱和键,可以发生加成反应。下列两个加成反应最重要。

①氢化:含有不饱和脂肪酸的油脂以镍为催化剂,在 110℃～190℃,催化加氢后可以转化为饱和程度较高的固态或半固态的脂。这种加氢后的油脂,称为氢化油或硬化油。

②加碘:不饱和脂肪酸甘油酯的碳碳双键可以和碘发生加成反应。工业上将 100g 油脂所吸收的碘的质量（以 g 计）称为碘值。碘值是油脂的重要参数。碘值愈大,表示油脂的不饱和程度愈高。

（3）干性

有些油脂暴露在空气中,其表面能形成有韧性的固态薄膜,油的这种结膜特性叫做干性。

干性的化学反应是很复杂的,主要是一系列氧化聚合的结果。实践证明,油的干性强弱（即干结成膜的快慢)和分子中所含双键数目及双键的相对位置有关,含双键数目多,结膜快;数目少,结膜慢。

油的干性可以用碘值大小来衡量。一般碘值大于 130 的是干性油;碘值在 $100 \sim 130$ 之间的为半干性油;碘值小于 100 的为不干性油。

油能结膜的特性,使油成为油漆工业中的一种重要原料。干性油、半干性油可作为油漆原料。桐油是最好的干性油,它的特性与桐酸的共轭双键体系有关。用桐油制成的油漆不仅成膜快,而且漆膜坚韧、耐光、耐冷热变化、耐腐蚀。桐油是我国的特产,产量占世界总产量的 90% 以上。

(4)酸败

油脂在空气中长期储存,逐渐变质,产生异味、异臭,这种变化称为酸败。引起油脂酸败的主要原因是由于空气中的氧气、水以及细菌的作用,使油脂的不饱和键被氧化、分解,产生具有特殊气味的低级醛、酮、羧酸等。因此,贮存油脂时,应保存在干燥、避光的密闭容器中。

油脂酸败后有游离脂肪酸产生。油脂中脂肪酸的含量可用氢氧化钾中和进行测定。中和 1g 油脂中游离脂肪酸所需氢氧化钾的质量(以 mg 计),称为酸值。一般情况下,酸值大于 6 的油脂不宜食用。

3. 油脂的用途

油脂和蛋白质、碳水化合物一样,是动、植物体的重要成分,也是人类生命活动所必需的营养物质。油脂通过氧化可以供给人类生命过程所需要的热能。1g 脂肪在人体内氧化时,可以放出 39.3kJ 的热能,比 1g 蛋白质和 1g 碳水化合物所放出热能的总和还多。

此外,油脂还可以用来制造肥皂、油漆、润滑油等。

7.6.2 表面活性剂

凡能显著降低水的表面张力或两种液体(如水和油)界面张力的物质称为表面活性剂。当表面活性剂溶于液体后,它能使溶液具有润湿、乳化、起泡、消泡、洗涤、润滑、杀菌和防静电等作用。表面活性剂的种类很多,但在结构上有共同的特征,就是分子内既有亲水基团,也有憎水基团(亲油基团)。常见的亲水基有羧基,磺酸基,羟基,伯、仲、叔胺盐和季铵盐等强极性基团;憎水基大多是较长碳链的烃基,如 $C_{10} \sim C_{18}$ 的烷基或烷基取代的芳烃基。当在不相溶的水油两相物质中加入表面活性剂时,亲油基插入油滴中,而把亲水基留在油滴的外部,将油分散为微小的粒子,粒子的外面由一层亲水基包围,从而将不溶于水的油分散在水中。

表面活性剂的分类方法很多,根据使用的目的不同,表面活性剂可分为洗涤剂、乳化剂、润湿剂、分散剂和发泡剂等。按照分子结构,即溶于水时能否电离以及电离后生成离子的种类,可分为阴离子、阳离子、两性和非离子表面活性剂。

1. 阴离子表面活性剂

阴离子表面活性剂是目前应用最广泛的合成洗涤剂。像肥皂分子一样,是具有表面活性作用的阴离子,其中一端是憎水的烃基,另一端是亲水基团。这类洗涤剂中,最常见的是烷基硫酸盐、烷基苯基磺酸盐等,见表 7-7。

表 7-7　常见阴离子洗涤剂

洗涤剂	憎水基团　亲水基团
肥皂	$R-COO^-\ Na^+$
烷基硫酸酯盐	$R-O-SO_3^-\ Na^+$
烷基苯基磺酸盐	$R-\bigcirc\!\!-\!\!SO_3^-\ Na^+$

　　烃基含碳原子数一般在 C_{12} 左右为好,过大使油溶性太强,水溶性相应减弱;太小又使油溶性减弱,水溶性增强,都直接影响洗涤剂的去污效果。

　　现在国内外使用最广泛的洗涤剂是十二烷基苯磺酸钠,一般是以煤油($180\sim280℃$的馏分)或丙烯的四聚体(丙烯聚合时的副产物)为原料,经过氯化、烷基化、磺化、中和等工序而制得。

　　2. 阳离子表面活性剂

　　阳离子表面活性剂溶于水后生成离子,其亲水基为带有正电荷的基团,主要有胺盐型和季铵盐型两大类。

　　阳离子表面活性剂价格较高,洗涤力较差,但具有很强的杀菌力和润湿、起泡、乳化等性能,以及容易吸附在金属和纤维表面,因此,可作杀菌剂、纤维柔软剂、金属防锈剂、抗静电剂等。例如:

$$\left[\bigcirc\!\!-CH_2-\overset{\overset{\displaystyle CH_3}{|}}{\underset{\underset{\displaystyle CH_3}{|}}{N^+}}-C_{12}H_{25}\right]Br^-$$

溴化二甲基十二烷基苄基铵(新洁尔灭)

　　溴化二甲基十二烷基苄基铵又称新洁尔灭,具有较强的杀菌力,主要用于外科手术前皮肤、器械的消毒。

　　值得注意的是,阴离子表面活性剂不能与阳离子表面活性剂一同使用,但可与非离子表面活性剂一同使用。

　　3. 两性表面活性剂

　　亲水基由阴离子和阳离子以内盐的形式构成的表面活性剂,称为两性表面活性剂。其中阴离子部分主要是羧酸盐、磺酸盐或硫酸酯盐;阳离子部分是胺盐或季铵盐。两性表面活性剂在酸性介质中,显示阳离子性质;在碱性介质中显示阴离子性质。这类表面活性剂易溶于水、杀菌作用温和、刺激性小、毒性小,可用作洗涤剂、柔软剂、抗静电剂、分散剂等。其代表物有:

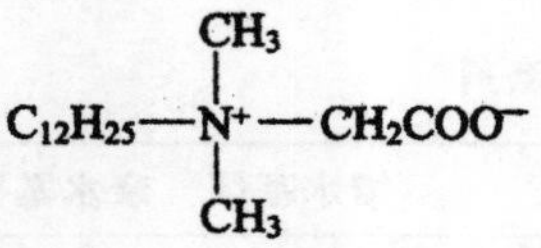

$$\begin{array}{c} CH_3 \\ | \\ C_{12}H_{25}-N^+-CH_2COO^- \\ | \\ CH_3 \end{array}$$

二甲基十二烷铵基乙酸盐

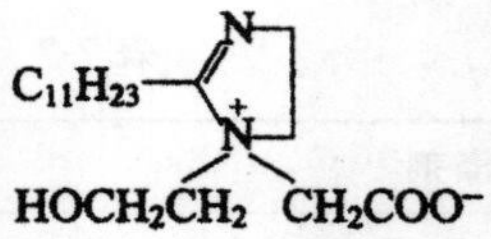

1-羟乙基-1-羧甲基-2-十一烷基咪唑啉

二甲基十二烷铵基乙酸盐溶于水呈透明溶液,易起泡、洗涤力很强,可用作洗涤剂。1-羟乙基-1-羧甲基-2-十一烷基咪唑啉具有低毒、低刺激、去污力强、配伍性好等优点,可用作洗涤剂、柔软剂、抗静电剂等,广泛应用于制造高档香波。

4. 非离子表面活性剂

非离子表面活性剂在水中不解离成离子,一般以羧基、醚键等作为亲水基团。它主要分为聚氧乙烯缩合物和多元醇两种类型。例如:

$$C_{12}H_{25}O(CH_2CH_2O)_nH$$

聚氧乙烯十二烷基醚

由于在溶液中不解离,因此,非离子表面活性剂稳定性高,不易受酸、碱、盐的影响,与其他类型表面活性剂的配伍性好。非离子表面活性剂主要用作洗涤剂、助染剂和乳化剂等,少数用作纤维柔软剂。

第8章 取代酸

8.1 概　述

羧酸碳链或环上的氢原子被其他原子或基团取代的化合物称为取代酸。例如:卤代酸、羟基酸、氨基酸、羰基酸,其中重要的是羟基酸和羰基酸。羟基酸广泛存在于动植物体内,并对生物体的生命活动起着重要作用,也可作为药物合成的原料或食品的调味剂。

$$X(OH, NH_2, \!\!=\!\!O)$$
$$|$$
$$R—C(H)—COOH$$

根据取代基的种类不同,取代酸可分为卤代酸、羟基酸、羰基酸和氨基酸等。羟基酸又可分为醇酸和酚酸,羰基酸又可分为醛酸和酮酸。

取代酸是多官能团化合物,不仅具有羧基和其他官能团的一些典型性质,而且还有这些官能团之间相互作用和相互影响而产生的一些特殊性质,这也充分地说明了分子中各原子或原子团之间并不是孤立存在的,而是在一定的化学环境中相互联系、相互影响的。

取代酸的命名以羧酸作为母体,分子中的卤素、羟基、氨基、羰基等官能团作为取代基。取代基在分子主链上的位置用阿拉伯数字或希腊字母表示(如果取代基在末端可直接用 ω,表示),许多取代酸是天然产物,所以根据来源经常用俗名。

羟基酸是分子中既有羟基又有羧基的化合物,它在生物体的生命活动中起重要的作用。如人体代谢中产生的乳酸,水果中的苹果酸、柠檬酸等。羟基酸也可作为药物合成的原料及食品的调味剂。它包括醇酸和酚酸两类,前者是指脂肪羧酸烃基上的氢原子被羟基取代的衍生物。后者是指芳香羧酸芳环上的氢腰子被羟基取代的衍生物。

8.1.1　结构和分类

羧酸分子中烃基上的氢原子被其他原子或基团取代生成的化合物叫做取代羧酸。取代羧酸按取代基的种类分为卤代酸、羟基酸、羰基酸(氧代酸)和氨基酸等。例如:

CH₂COOH	CH₃COOH	CH₂COOH	COOH ... OH	OH CH₃CHCOOH
卤代酸	羰基酸	氨基酸	酚酸	羟基酸

取代酸是同时具有两种或两种以上官能团的化合物,属于复合官能团化合物。它们不仅具有羧基和其他官能团的一些化学性质,并且还有这些官能团之间相互作用和相互影响而产生的一些特殊性质。这也说明了分子中各基团不是孤立的,在一定的化学结构中相互联系、相互影响。

8.1.2 命名

取代羧酸的命名以羧酸为母体,分子中以卤素、羟基、氨基、羰基等官能团作为取代基。取代基在分子主链上的位置以阿拉伯数字或希腊字母表示,取代基在羧酸碳链末端碳原子上的可用 α 表示。有些取代酸是天然产物,具有根据来源命名的俗名。

卤代酸:

$$\overset{\overset{\displaystyle Br}{\displaystyle |}}{CH_2}CH_2COOH$$

3-溴代丙酸(β-溴丙酸)

$$CH_3CH_2\overset{\overset{\displaystyle Br}{\displaystyle |}}{\underset{\underset{\displaystyle Br}{\displaystyle |}}{C}}COOH$$

2,2-二溴丁酸(α,α-二溴丁酸)

$$ClCH_2CH_2CH_2COOH$$

γ-氯丁酸(ω-氯丁酸)

间溴苯甲酸(3-溴苯甲酸)

羟基酸:

$$CH_3\overset{\overset{\displaystyle OH}{\displaystyle |}}{CH}COOH$$

α-羟基丙酸(2-羟基丙酸)

(俗名:乳酸)

$$\overset{\overset{\displaystyle OH}{\displaystyle |}}{CH_2}CH_2CH_2CH_2COOH$$

δ-羟基戊酸(ω-羟基戊酸)

2-羟基苯甲酸(邻羟基苯甲酸)

(俗名:水杨酸)

3,4-二羟基苯甲酸

(俗名:原儿茶酸)

在脂肪族取代二元羧酸中,碳链用希腊字母编号时,可以从两端开始,同时进行,直到相遇为止。例如:

$$\begin{array}{c} COOH \\ | \\ CHOH \\ | \\ CHOH \\ | \\ COOH \end{array}$$

2,3-二羟基丁二酸

或 α,α'-二羟基丁二酸

(俗名:酒石酸)

$$\begin{array}{c} COOH \\ | \\ CHOH \\ | \\ CH_2 \\ | \\ COOH \end{array}$$

2-羟基丁二酸

或 α-羟基丁二酸

(俗名:苹果酸)

$$\begin{array}{c} CH_2COOH \\ | \\ HO-C-COOH \\ | \\ CH_2COOH \end{array}$$

3-羟基-3-羧基戊二酸

(俗名:枸橼酸、柠檬酸)

羰基酸：

醇酸的命名以羧酸为母体,羟基为取代基来命名,主链从羧基碳原子开始用阿拉伯数字编号,也可从与羧基相连的碳原子开始用希腊字母 α、β、γ、…、ω 编号。许多羟基酸是天然产物,也有根据来源而得名的俗名。例如：

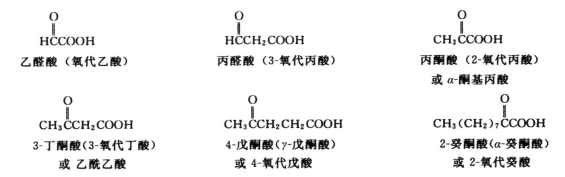

乙醛酸（氧代乙酸）　　　丙醛酸（3-氧代丙酸）　　　丙酮酸（2-氧代丙酸）
或 α-酮基丙酸

3-丁酮酸（3-氧代丁酸）　　4-戊酮酸（γ-戊酮酸）　　2-癸酮酸（α-癸酮酸）
或 乙酰乙酸　　　　　　　或 4-氧代戊酸　　　　　　或 2-氧代癸酸

氨基酸：

α-氨基丙酸(丙氨酸)　　　　　　α-氨基丁二酸(天门冬氨酸)

α-氨基-β-苯基丙酸(苯丙氨酸)　　　邻氨基苯甲酸

8.1.3 取代基对酸的影响

取代羧酸的酸性强弱与其分子结构密切相关。在取代羧酸分子中与羧基直接或间接相连的取代基,对羧酸的酸性都有不同程度的影响。但总的说来,若分子中含有降低羧基中羟基氧原子的电子云密度,从而增强氧氢键极性,使羧酸负离子稳定性增强的因素,则酸性增强;反之,则酸性减弱。

具体可见表 8-1 所示,从卤代羧酸的酸性可以归纳出这种原子间的相互影响。

表 8-1　几种卤代酸的 pK_a 值

名称	结构简式	pK_a	名称	结构简式	pK_a
乙酸	CH_3COOH	4.76	三氯乙酸	$Cl_3CHCOOH$	0.66
一氟乙酸	FCH_2COOH	2.57	丁酸	$CH_3CH_2CH_2COOH$	4.82
一氯乙酸	$ClCH_2COOH$	2.87	α-氯丁酸	$CH_3CH_2CHClCOOH$	2.86
一溴乙酸	$BrCH_2COOH$	2.90	β-氯丁酸	$CH_3CHClCH_2COOH$	4.41
一碘乙酸	ICH_2COOH	3.16	γ-氯丁酸	$ClCH_2CH_2CH_2COOH$	4.70
二氯乙酸	$Cl_2CHCOOH$	1.25			

（1）卤素的位置

羧酸分子中的 α-碳原子上的氢原子被取代后，则酸性明显增强，而 β、γ-碳原子上的氢原子被卤素取代后，酸性虽有所增强，但与没有取代的羧酸相比较，差别不太大，主要是因为诱导效应在碳链上传递时，随着距离的增大而很快减弱或消失。

（2）卤素的数目

由于诱导效应的加和性，同一碳原子上，卤素的数目越多，吸电子的诱导效应就越强，酸性就越强。

（3）卤素的种类

卤素不同，其电负性大小不同，诱导效应的影响不同，导致酸性强度不同。氟代酸的酸性最强，氯代酸和溴代酸次之，碘代酸最弱。即各种卤素原子对酸性影响的大小次序为 F＞Cl＞Br＞I。

在饱和一元取代羧酸分子中，烃基上的氢原子被卤素、氰基、硝基等电负性大的基团取代后，由于这些基团具有吸电子诱导效应（—I），通过碳链上的传递，使羧基上 O—H 键的电子云更靠近氧原子，氢容易以质子的形式脱去。同时，也使形成的羧基负离子的负电荷更为分散，稳定性增加，酸性也增强。取代基的电负性愈强，吸电子诱导效应愈强；取代基的数目愈多，对羧酸的酸性影响愈大。

羧基直接与芳香环相连的取代芳香酸，由于苯环与羧基形成共轭体系，苯环上的取代基对羧基的影响和在饱和碳链中传递的情况有所不同。苯环上的取代基对芳香酸酸性的影响，除了取代基的结构因素外，还随着取代基与羧基的相对位置不同而变化。

共轭效应常与诱导效应同时存在，反映出来的物质性质是两种影响共同作用的结果，这可由下列化合物的 pK_a 值看出，具体可见表 8-2 所示。

表 8-2　对位和间位取代苯甲酸的 pK_a

基团	间位	对位	基团	间位	对位
—NH₂	4.36	4.86	—Cl	3.83	3.97
—OH	4.10	4.57	—Br	3.85	4.18
—OCH₃	4.08	4.47	—I	3.85	4.02
—H	4.20	4.20	—CN	3.64	3.54
—N⁺(CH₃)₃	3.32	3.38	—NO₂	3.50	3.42
—F	3.86	4.84			

当对位取代基为—CN、—NO₂ 时，诱导效应和共轭效应都是吸电子的，—I 和—C 效应一致，所以使取代苯甲酸的酸性明显增强。当苯甲酸的对位取代基为—OH、—OCH₃、—NH₂ 时，诱导效应为—I 效应，共轭效应（p-π 共轭）是＋C 效应，由于＋C 效应与—I 效应的不一致，＋C 效应大于—I 效应，两种效应的综合结果，使取代苯甲酸的酸性减弱。当对位取代基为—Cl、—Br、—I 时，则—I 效应大于＋C 效应，结果使羧基的酸性增强，例如：

$$pK_a = 4.17 \qquad pK_a = 3.42 \qquad pK_a = 4.47$$

对硝基苯甲酸的酸性比对甲氧基苯甲酸强些,这是由于苯甲酸的对位连有硝基或甲氧基时,因距离羧基较远,诱导效应很弱,主要为共轭效应。结果硝基的—C 效应使羧酸的酸性增强,而甲氧基的＋C 效应使羧酸的酸性减弱。

当取代基处在间位时,取代基对羧基的共轭效应受到阻碍,共轭效应作用较小,对羧基的电子效应主要表现为诱导效应,但因取代基与羧基之间隔了三个碳原子,影响随之减弱。

例如,间甲氧基苯甲酸的酸性比对甲氧基苯甲酸强:

$$pK_a = 4.47 \qquad\qquad pK_a = 4.08$$

对邻位取代基来说,共轭效应和诱导效应都发挥作用,同时由于取代基团之间的距离很近,还要考虑空间立体效应,情况要复杂一些。一般说来,邻位取代的苯甲酸,除氨基以外,不论是—X、—CH₃、—OH 或—NO₂ 等,其酸性都比间位或对位取代的苯甲酸强。例如:邻、间、对位的硝基苯甲酸,pK_a 值分别为:

$$pK_a = 2.21 \qquad\qquad pK_a = 3.42 \qquad\qquad pK_a = 3.50$$

其中,邻位异构体的酸性最强。这是因为在苯甲酸分子中羧基与苯环在同一平面上,形成共轭体系。当取代基位于羧基邻位时,由于取代基占据一定的空间,在一定程度上排挤了羧基,使它偏离苯环的平面,这就削弱了苯环与羧基的共轭作用,并减少了苯环的 π 键电子云向羧基偏移,从而使羧基氢原子更易离解;同时由于离解后羧酸根负离子上带负电荷的氧原子与硝基上显正电性的氮原子在空间相互作用,使羧酸根负离子更为稳定。因此,邻硝基苯甲酸比间位或对位硝基苯甲酸酸性强。

邻位上的取代基所占的空间愈大，影响也愈大。同时电性效应也仍显示作用，吸电性愈强的取代基，使酸性增强愈多。

一般有吸电子基团会增强酸性，但在某些情况却有例外。例如：化合物（Ⅰ）和（Ⅱ），按一般诱导效应与酸性的关系判断，较强的酸性应是具有吸电子氯的酸，即化合物（Ⅱ），但实际结果却相反，这是场效应影响所致。

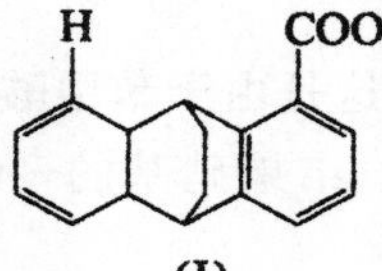

(Ⅰ)

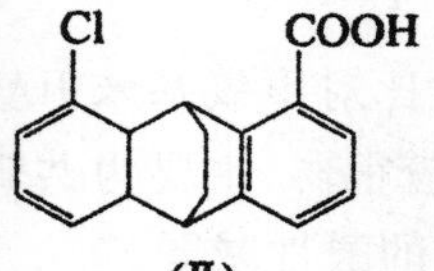

(Ⅱ)

pK_a 6.04 6.25

极性键电场影响，除了通过碳链传递，还可以通过空间或溶剂分子传递。这种影响方式称为场效应，也是诱导效应的一种形式。一个带电粒子（包括极性共价键和极性分子）在其周围空间都存在静电场，在这个静电场中的任意一个带电体都要受到其静电力的作用，这就是场效应的本质。例如：丙二酸的羧酸根负离子对另一端的羧基除有诱导效应外，还存在场效应。这两个效应都使氢原子不易离解，因而使丙二酸的 K_{a2} 远远小于 K_{a1}。

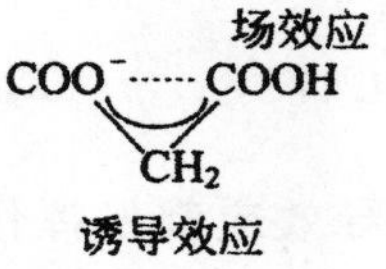

又如，邻卤代苯丙炔酸：

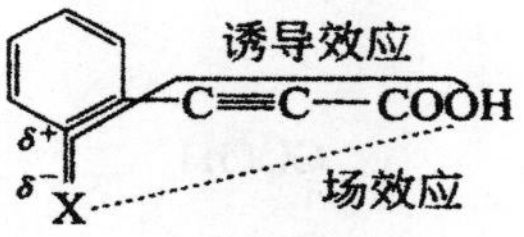

卤素的—I 效应使酸性增强，而 C—X 偶极的场效应将使酸性减弱（即卤原子的负电荷阻止了羧基氢原子以质子形式离解）。邻卤代苯丙炔酸的酸性比卤原子在间位及对位的酸性弱，这显然是由于场效应所致。

场效应的大小与距离的平方成反比，距离愈远，作用愈小。

8.1.4 羟基酸制备

1. 卤代酸水解

α-卤代酸水解可制备 α-羟基酸，产率较高。例如：

$$\underset{\displaystyle Cl}{\underset{|}{CH_2}}COOH + H_2O \xrightarrow{\triangle} \underset{\displaystyle OH}{\underset{|}{CH_2}}COOH + HCl$$

α-羟基乙酸

β-、γ-、δ-等卤代酸水解后，主要产物往往不是羟基酸，因此这个方法只适宜于制取 α-羟基酸。

2. 羟基腈水解

醛或酮与氢氰酸发生加成反应,生成的羟基腈再经水解就得 α-羟基酸。

$$RCHO + HCN \longrightarrow R-\underset{H}{\overset{OH}{\underset{|}{\overset{|}{C}}}}-CN \xrightarrow[H^+]{H_2O} R-\underset{H}{\overset{OH}{\underset{|}{\overset{|}{C}}}}-COOH$$

α-羟基酸

$$R-\overset{O}{\overset{\|}{C}}-R + HCN \longrightarrow R-\underset{R}{\overset{OH}{\underset{|}{\overset{|}{C}}}}-CN \xrightarrow[H^+]{H_2O} R-\underset{R}{\overset{OH}{\underset{|}{\overset{|}{C}}}}-COOH$$

α-羟基酸

用烯烃与次氯酸加成后再与氰化钾作用制得 β-羟基腈,β-羟基腈经水解得到了 β-羟基酸。

$$RCH=CH_2 \xrightarrow{HClO} R-\underset{}{\overset{OH}{\underset{|}{CH}}}-\underset{}{\overset{Cl}{\underset{|}{CH_2}}} \xrightarrow{KCN} R-\overset{OH}{\underset{|}{CH}}-CH_2CN \xrightarrow[H^+]{H_2O} R-\overset{OH}{\underset{|}{CH}}-CH_2COOH$$

β-羟基酸

3. 雷福尔马斯基反应

α-卤代酸酯在锌粉作用下先生成有机锌化合物,所得到的有机锌化合物与醛或酮的羰基发生亲核加成反应后再水解,生成 β-羟基酸酯,β-羟基酸酯水解生成 β-羟基酸,这个反应称为雷福尔马斯基(Reformatsky)反应。

$$\underset{X}{\overset{CH_2COOC_2H_5}{|}} + Zn \xrightarrow{Et_2O} \underset{ZnX}{\overset{CH_2COOC_2H_5}{|}} \xrightarrow{R_2C=O} R-\underset{OZnX}{\overset{R}{\underset{|}{\overset{|}{C}}}}-CH_2COOC_2H_5 \xrightarrow{H_2O/H^+}$$

$$R-\underset{OH}{\overset{R}{\underset{|}{\overset{|}{C}}}}-CH_2COOC_2H_5 \xrightarrow{H_2O/H^+} R-\underset{OH}{\overset{R}{\underset{|}{\overset{|}{C}}}}-CH_2COOH$$

β-羟基酸酯

在这里用有机锌化合物而不用 Grignard 这样的有机镁化合物,是因为 Grignard 试剂会和酯反应,因而得不到羟基酸酯,也就无法得到羟基酸。

4. 酚酸的制备

许多酚酸是从天然产物中提取出来的。合成酚酸一般采用柯尔贝施密特(Kolbe-Schmidt)反应,此法是将干燥的苯酚钠与二氧化碳在 $405 \sim 709 \mathrm{kPa}$ 和 $120\,℃ \sim 140\,℃$ 的条件下作用,得到水杨酸钠,经酸化即可得水杨酸。

产物中含有少量对位异构体。如果反应温度在 140℃以上，或用酚的钾盐为原料，则主要是对羟基苯甲酸：

其他的酚酸也可以用上述方法制备，只是反应的难易和条件有所不同。

2,4-二羟基苯甲酸

8.1.5 人体中的羟基酸和羰基酸

人体内的羟基酸和酮酸均为糖、脂肪和蛋白质代谢的中间产物，这些中间产物在体内各种酶的催化下，发生一系列化学反应（如氧化，脱羧及脱水等）。在反应过程中，伴随着氧气的吸收，二氧化碳的放出以及能量的产生，为生命活动提供了物质基础。

1. 丙酮酸

丙酮酸是最简单的酮酸，为无色有刺激性臭味的液体，沸点 165℃（分解），可与水混溶。由于受羰基的影响，丙酮酸的酸性比丙酸的酸性强，也比乳酸的酸性强。丙酮酸是人体内糖、脂肪、蛋白质代谢的中间产物，在体内酯的催化下，易脱羧氧化生成乙酸，也可被还原生成乳酸。

2. β-丁酮酸

β-丁酮酸又称乙酰乙酸或 3-氧代丁酸。β-丁酮酸是人体内脂肪代谢的中间产物，其纯品为无色黏稠液体，酸性比醋酸强，性质不稳定，受热易发生脱羧反应生成丙酮和二氧化碳，亦可被还原生成 β-羟基丁酸。

人体内脂肪代谢时能生成 β-丁酮酸，β-丁酮酸在酶的催化下可还原生成 β-羟基丁酸，脱羧则生成丙酮。

医学上将 β-丁酮酸、β-羟基丁酸和丙酮三者总称为酮体。酮体是脂肪酸在人体内不能完全被氧化成二氧化碳和水的中间产物，正常情况下能进一步氧化分解，因此正常人体血液中只存在微量（小于 0.5mmol/L）酮体。但长期饥饿或患糖尿病时，由于代谢发生障碍，血液和尿中的酮体含量就会增高。酮体呈酸性，如果酮体的增加超过了血液抗酸的缓冲能力，就会引起酸中毒，并能导致患者的昏迷和死亡。所以临床上对于进入昏迷状态的糖尿病患者，除检查小便中含有葡萄糖外，还需要检查是否有酮体的存在。因此，检查酮体可以帮助对疾病的诊断。

3. α-酮戊二酸

在生物体内进行物质代谢的三羧酸循环过程中，柠檬酸发生降解反应生成 α-酮戊二酸。α-酮戊二酸是晶体，熔点为 109℃～110℃，能溶于水，具有 α-酮酸的化学性质。α-酮戊二酸是人体内糖代谢的中间产物,在酶的作用下,发生脱羧和氧化反应生成琥珀酸。

4.α-酮丁二酸

α-酮丁二酸又称草酰乙酸,为晶体,能溶于水,是生物体内物质代谢的中间产物,在酶的作用下由琥珀酸转变而成。

草酰乙酸既是α-酮酸,又是β-酮酸,在室温以上易脱羧生成丙酮酸。在人体内经酶作用也能发生此反应。

8.2　取代酸的物理性质

羟基酸一般为结晶性固体或黏稠性液体。羟基酸由于分子中所含的羟基和羧基都可以与水形成氢键,所以在水中的溶解度大于相应的羧酸。低级的羟基酸可与水混溶。羟基酸的沸点和熔点也比相应的羧酸高。酚酸都为结晶性固体。

醇酸一般是黏稠状液体或结晶物质。易溶于水,不易溶于石油醚,其溶解度一般都大于相应的脂肪酸和醇,这是因为羟基和羧基都能与水形成氢键。

酚酸都是固体,多以盐、酯或糖苷的形式存在于植物中。酚酸在水中的溶解度与含羟基和羧基的数目有关。它具有芳香羧酸和酚的通性,与 $FeCl_3$ 显色;羧基和酚羟基能分别成酯、成盐等。下面以水杨酸为例进行说明。

水杨酸又名柳酸,存在于柳树、水杨树及其他许多植物中。水杨酸是白色针状结晶,熔点157℃～159℃,微溶于水,易溶于乙醇。水杨酸属酚酸,具有酚和羧酸的一般性质。例如,与三氯化铁试剂反应显紫色,在空气中易氧化,水溶液显酸性,能成盐、成酯等。

水杨酸具有清热、解毒和杀菌作用,其酒精溶液可用于治疗因霉菌感染而引起的皮肤病。

8.3　取代酸的化学性质与反应

8.3.1　醇酸的化学性质与反应

醇酸具有醇和酸的典型化学性质,但由于两个官能团的相互影响而具有一些特殊性质。

1. 酸性

醇酸分子中,羟基是一个吸电子基,可通过诱导效应使羧基的离解度增加,则酸性增强。醇酸的酸性与分子中羟基的数目、羟基与羧基的相对位置有关,分子中羟基越多、羟基距离羧幕越近,酸性就越强。

2. 氧化反应

醇酸中羟基可以被氧化生成醛酸或酮酸。特别是α-羟基酸中的羟基比醇中的羟基更易被氧化。

$$HO—CH_2—COOH \xrightarrow{[O]} H—\overset{\overset{\displaystyle O}{\|}}{C}—COOH \xrightarrow{[O]} HOOC—COOH$$

$$\text{羟基乙酸} \qquad\qquad \text{乙醛酸} \qquad\qquad \text{乙二酸}$$

$$CH_3\!-\!\overset{\displaystyle OH}{\underset{\displaystyle |}{CH}}\!-\!COOH \xrightarrow{[O]} CH_3\!-\!\overset{\displaystyle O}{\underset{\displaystyle \|}{C}}\!-\!COOH$$
丙酮酸

$$CH_3\overset{\displaystyle OH}{\underset{\displaystyle |}{CH}}CH_2COOH \xrightarrow{[O]} CH_3\overset{\displaystyle O}{\underset{\displaystyle \|}{C}}CH_2COOH$$
β-羟基丁酸　　　　　　　　　　　β-丁酮酸

生成的 α-和 β-酮酸不稳定,容易脱羧生成醛或酮。

$$R\!-\!\overset{\displaystyle OH}{\underset{\displaystyle |}{CH}}\!-\!COOH \xrightarrow{[O]} R\!-\!\overset{\displaystyle O}{\underset{\displaystyle \|}{C}}\!-\!COOH \xrightarrow{-CO_2} RCHO$$

$$R\overset{\displaystyle OH}{\underset{\displaystyle |}{CH}}CH_2COOH \xrightarrow{[O]} R\!-\!\overset{\displaystyle O}{\underset{\displaystyle \|}{C}}\!-\!CH_2COOH \xrightarrow{-CO_2} R\!-\!\overset{\displaystyle O}{\underset{\displaystyle \|}{C}}\!-\!CH_3$$

3. 脱水反应

醇酸受热后能发生脱水反应,随着羧基和羟基的相对位置的不同而生成不同的产物。α-醇酸受热时发生两个分子间脱水,生成六元环的交酯。

$$\xrightarrow{\triangle} \quad + 2H_2O$$
交酯

交酯多为结晶物质,和其他酯类一样,与酸或碱溶液共热时,容易发生水解又变成原来的醇酸:

$$\xrightarrow[H^+或OH^-]{H_2O} 2R\!-\!\overset{\displaystyle }{\underset{\displaystyle OH}{CH}}\!-\!COOH$$

β-醇酸受热时,非常容易发生分子内脱水反应,生成 α,β-不饱和酸。

$$R\!-\!\overset{\displaystyle }{\underset{\displaystyle OH}{CH}}\!-\!\overset{\displaystyle }{\underset{\displaystyle H}{CH}}\!-\!COOH \xrightarrow{\triangle} R\!-\!CH\!=\!CH\!-\!COOH$$

γ-醇酸或 δ-醇酸容易发生分子内脱水,形成环状内酯。

$$\xrightarrow{} \quad + H_2O$$
γ-丁内酯

$$\xrightarrow{\triangle}$$
δ-戊内酯

通常情况下,γ-醇酸在室温即可反应;而δ-醇酸则需要在加热条件下方可进行。形成的内酯对酸较稳定,但是,在碱性条件下易水解开环。例如:

$$\begin{array}{c} H_2C—CH_2 \\ \mid \quad\quad \mid \\ H_2C \quad C=O \\ \diagdown O \diagup \end{array} \xrightarrow{NaOH(H_2O)} \underset{\underset{OH}{\mid}}{CH_2CH_2CH_2COONa} + H_2O$$

一些中药的有效成分中常含有内酯的结构。例如中药木香及川芎中含有的有效成分木香内酯和川芎内酯:

4. 分解反应

α-醇酸与稀硫酸或酸性高锰酸钾溶液加热,分解为醛(酮)和甲酸:

$$R—\underset{\underset{OH}{\mid}}{CH}COOH \xrightarrow[\triangle]{稀\ H_2SO_4} RCHO + HCOOH$$

$$R—\underset{\underset{OH}{\mid}}{CH}COOH \xrightarrow[H^+]{KMnO_4} RCHO + CO_2 + H_2O$$

用浓硫酸处理,则分解为醛(酮)、一氧化碳及水。

$$R_2\underset{\underset{OH}{\mid}}{C}—COOH \xrightarrow[\triangle]{浓\ H_2SO_4} R—\underset{\underset{O}{\parallel}}{C}—R + CO + H_2O$$

此反应在有机合成上可用来使羧酸降解,也可用于区别 α-醇酸和其他类型的醇酸。

8.3.2　羰基酸的化学性质与反应

1. 脱羧反应

酮酸的脱羧反应远较脂肪酸容易,而且随着羰基和羧基的相对位置不同,脱羧的难易程度和产物也不同,α-酮酸在一定条件下脱羧生成醛,β-酮酸在室温或微热的条件下就能脱羧生成酮。例如:

$$R—\underset{\underset{O}{\parallel}}{C}—COOH \xrightarrow[\triangle]{稀\ H_2SO_4} RCHO + CO_2$$

$$R—\underset{\underset{O}{\parallel}}{C}—CH_2COOH \xrightarrow{\triangle} RCOCH_3 + CO_2$$

β-丁酮酸存在于糖尿病患者的血液和尿中,这是因为体内缺乏胰岛素,使脂肪酸不能完全氧化。

生物体内的 α-酮酸、β-酮酸在酶的作用下,都能发生脱羧反应。例如:植物、微生物体内的丙酮酸在缺氧的条件下,脱羧生成乙醛,继而加氢还原成乙醇。

$$CH_3-\overset{O}{\underset{}{C}}-COOH \xrightarrow{\text{酶}} CH_3-\overset{O}{\underset{}{C}}-H + CO_2\uparrow$$

$$HOOC-\overset{O}{\underset{}{C}}-CH_2-COOH \xrightarrow{\text{酶}} CH_3-\overset{O}{\underset{}{C}}-COOH + CO_2\uparrow$$

草酰乙酸脱羧生成丙酮酸是生物体内糖类代谢中的重要反应之一。

2. 氧化和还原反应

酮和羧酸都不易被氧化,但 α-酮酸很容易发生氧化脱羧反应。如用弱氧化剂托伦试剂或斐林试剂即可氧化。

$$CH_3-\overset{O}{\underset{}{C}}-COOH \xrightarrow{[O]} CH_3COOH + CO_2$$

醇酸能被氧化成羰基酸,羰基酸也能还原成醇酸。这种氧化还原反应在生物体内普遍存在。

$$CH_3-\overset{O}{\underset{}{C}}-COOH \underset{-2H}{\overset{+2H}{\rightleftharpoons}} CH_3-\underset{OH}{\underset{|}{CH}}-COOH$$

3. 互变异构现象

β-酮酸酯,如乙酰乙酸乙酯具有酮的性质,它能与羰基试剂(苯肼、羟胺等)反应,与氢氰酸、亚硫酸氢钠等起加成反应。同时,它还能使溴的四氯化碳溶液颜色消失,说明分子中有碳—碳双键存在;能与金属钠反应放出氢气,这说明分子中含有活泼的氢;能与乙酰氯作用生成酯,说明分子中有醇羟基;能与三氯化铁水溶液作用呈紫红色,说明分子中具有烯醇式结构。根据上述实验事实,可以认为乙酰乙酸乙酯是酮式和烯醇式两种结构以动态平衡而同时存在的互变异构体。

无论用化学方法或物理方法都已证明乙酰乙酸乙酯是酮式和烯醇式的混合物所形成的平衡体系,它们能互相转变。在室温下的乙醇溶液中,酮式占 92.5%,烯醇式占 7.5%。

$$CH_3-\overset{O}{\underset{}{C}}-CH_2-\overset{O}{\underset{}{C}}-OC_2H_5 \rightleftharpoons CH_3-\underset{OH}{\overset{}{C}}=CH-\overset{O}{\underset{}{C}}-OC_2H_5$$
$$\text{酮式(92.5\%)} \qquad\qquad\qquad \text{烯酸式(7.5\%)}$$

这种同分异构体之间自动互变并以动态平衡同时存在的现象称为互变异构现象。

酮式和烯醇式互变是互变异构现象中最常见的一种。除乙酰乙酸乙酯外,一般分子结构为 $R-CO-CH_2Y$(Y 为 $-COR'$、$-COOR'$、$-CN$、$-CHO$ 等吸电子基团)的化合物都能发生互变异构。在生物体内的代谢过程中,酮式和烯醇式的互变异构现象普遍存在。常见的互变异构现象见表 8-3 所示。

表 8-3　常见的互变异构现象

化合物	互变平衡	烯醇式含量/(%)
丙酮	$CH_3-\overset{\displaystyle O}{\overset{\|}{C}}-CH_3 \rightleftharpoons CH_3-\overset{\displaystyle OH}{\overset{\|}{C}}=CH_2$	0.00025
2-甲基乙酰乙酸乙酯	$CH_3-\overset{\displaystyle O}{\overset{\|}{C}}-\underset{\underset{\displaystyle CH_3}{\|}}{CH}-\overset{\displaystyle O}{\overset{\|}{C}}-OC_2H_5 \rightleftharpoons CH_3-\overset{\displaystyle OH}{\overset{\|}{C}}=\underset{\underset{\displaystyle CH_3}{\|}}{C}-\overset{\displaystyle O}{\overset{\|}{C}}-OC_2H_5$	4
乙酰乙酸乙酯	$CH_3-\overset{\displaystyle O}{\overset{\|}{C}}-CH_2-\overset{\displaystyle O}{\overset{\|}{C}}-OC_2H_5 \rightleftharpoons CH_3-\overset{\displaystyle OH}{\overset{\|}{C}}=CH-\overset{\displaystyle O}{\overset{\|}{C}}-OC_2H_5$	7
2,4-戊二酮	$CH_3\overset{\displaystyle O}{\overset{\|}{C}}-CH_2-\overset{\displaystyle O}{\overset{\|}{C}}-CH_3 \rightleftharpoons CH_3-\overset{\displaystyle O}{\overset{\|}{C}}-CH=\overset{\displaystyle OH}{\overset{\|}{C}}-CH_3$	80
苯甲酰丙酮	$C_6H_5-\overset{\displaystyle O}{\overset{\|}{C}}-CH_2-\overset{\displaystyle O}{\overset{\|}{C}}CH_3 \rightleftharpoons C_6H_5-\overset{\displaystyle OH}{\overset{\|}{C}}=CH-\overset{\displaystyle O}{\overset{\|}{C}}CH_3$	99
醛	$R-CH_2-\overset{\displaystyle O}{\overset{\|}{C}}-H \rightleftharpoons R-CH=\overset{\displaystyle OH}{\overset{\|}{C}}-H$	痕量

　　乙酰乙酸乙酯的酮式和烯醇式异构体在室温时彼此互变很快,但在低温时互变速度很慢,因此可以用低温冷冻的方法进行分离。在－78℃时,用不同的方法可分别得到结晶态酮式异构体(熔点为－39℃)和烯醇式异构体(在－78℃时,将理论量的干燥氯化氢通入乙酰乙酸乙酯钠衍生物的石油醚悬浮液中,滤去生成的氯化钠,再在减压和低温下蒸发溶剂,即得),这证明了酮式和烯醇式在低温时互变的速度很慢,因此,在低温时纯的酮式或烯醇式可以保留一段时间,但如果温度升高,互变速度就加快,所以在室温时得不到纯的烯醇式或酮式。

　　此外,溶剂、浓度等也可影响烯醇式的含量。乙酰乙酸乙酯在达到平衡状态的混合物中,其异构体含量随溶剂、浓度、温度的差异而有所不同,在水或其他含质子的极性溶剂中,烯醇式含量较少;在非极性溶剂中,烯醇式含量较多。

8.4 重要的取代酸

8.4.1 重要的羧基酸

1. 乳酸

乳酸（$\overset{\overset{\text{OH}}{|}}{CH_3CHCOOH}$）化学名称为 α-羟基丙酸，最初从酸乳中得到，所以俗名叫乳酸。也存在于动物的肌肉中，在剧烈活动后乳酸含量增加，因此感觉肌肉酸胀。乳酸在工业上是由糖经乳酸菌发酵而制得。

$$C_6H_{12}O_6 \xrightarrow[35\sim45℃]{\text{乳酸菌}} 2CH_3\overset{\overset{\text{OH}}{|}}{CH}\text{—COOH}$$

乳酸是无色黏稠液体，溶于水、乙醇和乙醚中，但不溶于氯仿和油脂，吸湿性强。乳酸具有旋光性。由酸牛奶得到的乳酸是外消旋的，由糖发酵制得的乳酸是左旋的，而肌肉中的乳酸是右旋的。

乳酸有消毒防腐作用，它的蒸气用于空气消毒。

2. 苹果酸

苹果酸化学名称为 α-羟基丁二酸，因最初从未成熟的苹果中得到而得名。天然苹果酸为无色晶体，熔点为 $100℃$，易溶于水和乙醇。苹果酸广泛存在于植物中，如未成熟的山楂、葡萄、杨梅、番茄，尤其是在未成熟的苹果中含量最多，所以称为苹果酸。苹果酸是植物体内重要的有机酸之一。它是生物体内糖代谢的重要中间物。在生物体内，苹果酸受延胡索酸酶的催化，发生分子内脱水生成延胡索酸。

$$\begin{matrix} \text{CHOH—COOH} \\ | \\ \text{CH}_2\text{—COOH} \end{matrix} \xrightarrow{\text{酶}} \begin{matrix} \text{CH—COOH} \\ \| \\ \text{CH—COOH} \end{matrix} + H_2O$$

苹果酸的钠盐为白色粉末，易溶于水，用于制药及食品工业，也可作为食盐的代用品。

3. 枸橼酸

枸橼酸（$\begin{matrix} \text{CH}_2\text{—COOH} \\ | \\ \text{OH—C—COOH} \\ | \\ \text{CH}_2\text{—COOH} \end{matrix}$）化学名称为 3-羟基-3-羧基戊二酸，存在于柑橘、山楂、乌梅等的果实中，尤以柠檬中含量最多，约占 $6\%\sim10\%$，因此俗名又叫柠檬酸。枸橼酸为无色结晶或结晶性粉末，无臭、味酸，易溶于水和醇，内服有清凉解渴作用，常用作调味剂、清凉剂，用来配制汽水和酸性饮料。

枸橼酸的钾盐（$C_6H_5O_7K \cdot 6H_2O$）为白色结晶，易溶于水，用作祛痰剂和利尿剂。

枸橼酸的钠盐（$C_6H_5O_7Na \cdot 2H_2O$）也是白色易溶于水的结晶，有防止血液凝固的作用。

枸橼酸的铁铵盐为易溶于水的棕红色固体，常用作贫血患者的补血药。

4. 五倍子酸和单宁

五倍子酸又称没食子酸,化学名称为 3,4,5-三羟基苯甲酸,是植物中分布最广的一种酚酸。五倍子酸以游离态或结合成单宁存在于植物的叶子中,特别是大量存在于五倍子(一种寄生昆虫的虫瘿)中。

五倍子酸纯品为白色结晶粉末,熔点为 253℃(分解),难溶于冷水,易溶于热水、乙醇和乙醚。它有强还原性,在空气中迅速被氧化成褐色,可作抗氧剂和照片显影剂。五倍子酸与氯化铁反应产生蓝黑色沉淀,是墨水的原料之一。

单宁是五倍子酸的衍生物,因具有鞣革功能,又称鞣酸。单宁广泛存在于植物中,因来源和提取方法不同,有不同的组成和结构。单宁的种类很多,结构各异,但具有相似的性质。例如,单宁是一种生物碱试剂,能使许多生物碱和蛋白质沉淀或凝结;其水溶液遇氯化铁产生蓝黑色沉淀;单宁都有还原性,易被氧化成黑褐色物质。

5. 对羟基苯甲酸

对羟基苯甲酸(　　　)是一种优良的防腐剂,商品名称尼泊金(Nipagin)。它有抑制细菌、真菌和酶的作用,毒性较小。因此广泛用于食品和药品的防腐剂。常用的尼泊金类防腐剂有以下几种:

学 名	结构式	商品名称
对羟基苯甲酸甲酯	COOCH₃ ... OH	尼泊金或尼泊金 M
对羟基苯甲酸乙酯	COOC₂H₅ ... OH	尼泊金 A
对羟基苯甲酸丙酯	COOC₃H₇ ... OH	尼泊索(Nipasol)

尼泊金类防腐剂在酸性溶液中比在碱性溶液中效果好。对羟基苯甲酸甲酯、乙酯、丙酯合并使用,可因协同作用而增加效果。

6. 水杨酸及其衍生物

(1)水杨酸 $\left[\begin{array}{c}\text{COOH}\\\text{OH}\end{array}\right]$

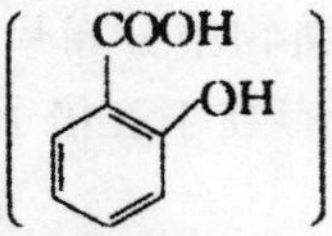

水杨酸又称柳酸,化学名称为邻羟基苯甲酸,存在于柳树和水杨树皮中。水杨酸为无色针状晶体,熔点 159℃,在 79℃时升华,易溶于热水、乙醇、乙醚和氯仿。水杨酸易被氧化,遇三氯化铁显紫红色,酸性比苯甲酸强,加热易脱羧,具有酚和羧酸的一般性质。

水杨酸具有杀菌作用,其钠盐可作口腔清洁剂和食品防腐剂;水杨酸的酒精溶液用于治疗霉菌感染引起的皮肤病;水杨酸有解热镇痛作用,因对食道和胃黏膜刺激性大,不宜内服。医学上多用其衍生物,主要有乙酰水杨酸、水杨酸甲酯和对氨基水杨酸。

(2)乙酰水杨酸 $\left[\begin{array}{c}\text{COOH}\\\text{O}-\overset{\text{O}}{\underset{}{\text{C}}}\text{CH}_3\end{array}\right]$

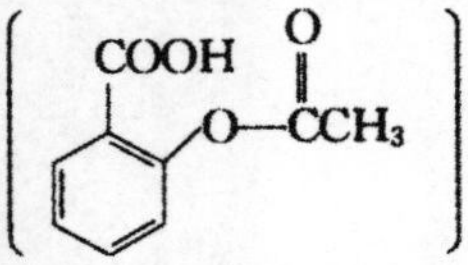

乙酰水杨酸俗称阿司匹林,为白色结晶,熔点 135℃,味微酸,无臭,难溶于水,溶于乙醇、乙醚、氯仿。在干燥空气中稳定,但在湿空气中易水解为水杨酸和醋酸,所以应密闭在干燥处贮存。水解后产生水杨酸,可以与三氯化铁溶液作用呈紫色,常用此法检查阿司匹林中游离水杨酸的存在。

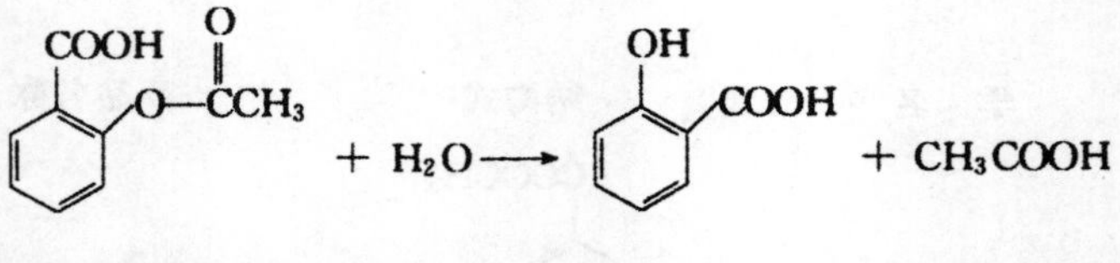

乙酰水杨酸可由水杨酸与乙酐在乙酸中加热到 80℃进行酰化而制得:

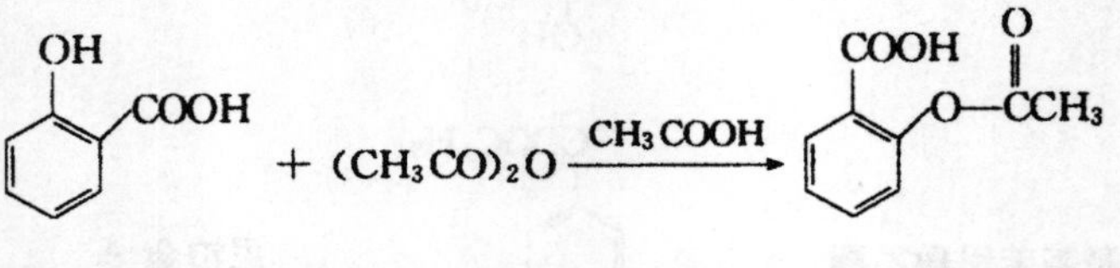

阿司匹林有退热、镇痛和抗风湿痛的作用,而且对胃的刺激作用小,故常用于治疗发烧、头痛、关节痛、活动性风湿病等。与非那西丁、咖啡因等合用称为复方阿司匹林,简称 APC。

(3)水杨酸甲酯 $\left[\begin{array}{c}\text{COOCH}_3\\\text{OH}\end{array}\right]$

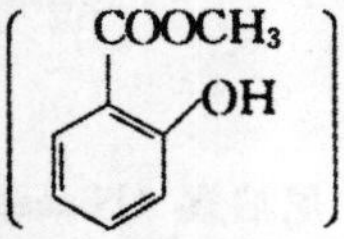

水杨酸甲酯俗名冬青油,由冬青树叶中提取。水杨酸甲酯为无色液体,有特殊香味。可用作配制牙膏、糖果等的香精,也可用作扭伤的外用药,可通过水杨酸直接酯化而得。

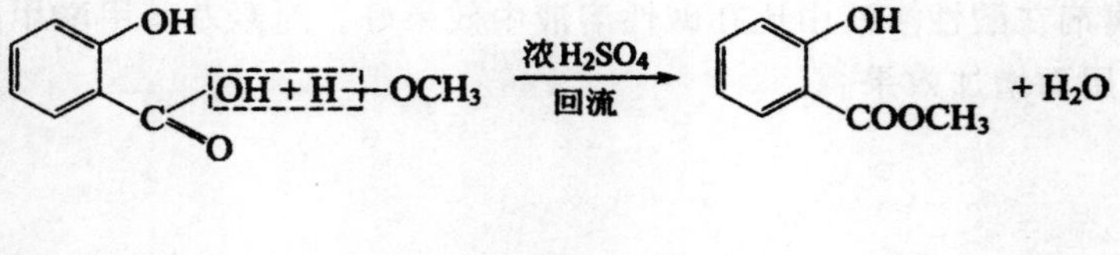

（4）对氨基水杨酸

$$\left[\begin{array}{c}\text{COOH}\\\text{OH}\\\text{NH}_2\end{array}\right]$$

对氨基水杨酸简称 PAS，为白色粉末，熔点 $146\,^\circ\!C\sim147\,^\circ\!C$，微溶于水，能溶于乙醇，是一种抗结核病药物。PAS 呈酸性，能和碱作用生成盐，它与碳酸氢钠作用生成对氨基水杨酸钠简称 PAS-Na：

$$\text{（苯环）COOH, OH, NH}_2 + NaHCO_3 \longrightarrow \text{（苯环）COONa, OH, NH}_2 + H_2O + CO_2$$

PAS 和 PAS-Na 的水溶液都不稳定，遇光、热或露置在空气中颜色变深，颜色变深后，不能供药用。

PAS-Na 的水溶性大，刺激性小，故常作为注射剂使用。PAS-Na 用于治疗各种结核病，对肠结核、胃结核以及渗透性肺结核的效果较好。

8.4.2　重要的羰基酸

1.α-羰基酸

丙酮酸是最简单的 α-羰基酸。因最早从酒石酸制得，故俗称焦性酒石酸。它是动植物体内碳水化合物和蛋白质代谢的中间产物，因此也是生化过程重要的中间产物。乳酸氧化可制得丙酮酸。

$$CH_3CHCOOH \xrightarrow{[O]} CH_3CCOOH$$
$$\quad\ \ |\qquad\qquad\qquad\ \ \|$$
$$\quad\ OH\qquad\qquad\qquad O$$

丙酮酸是无色、有刺激性臭味的液体，沸点 $105\,^\circ\!C$（分解），易溶于水、乙醇和醚，除有一般羧酸和酮的典型性质外，还具有 α-酮酸的特殊性质。在一定条件下，丙酮酸可以脱羧或脱去一氧化碳（即脱羰）分别生成乙醛或乙酸。和稀硫酸共热发生脱羧作用，得到乙醛和二氧化碳。

$$CH_3\overset{\displaystyle O}{\overset{\|}{C}}\text{—COOH} \xrightarrow[\triangle]{\text{稀}H_2SO_4} CH_3CHO + CO$$

但是与浓硫酸共热则发生脱羰作用，得到乙酸和一氧化碳。

$$CH_3\overset{\displaystyle O}{\overset{\|}{C}}\text{—COOH} \xrightarrow[\triangle]{\text{浓}H_2SO_4} CH_3COOH + CO$$

这是因为 α-酮酸中羰基和羧基直接相连，由于氧原子具有较强的电负性，使得羰基和羧基碳原子间的电子云密度较低，这使碳碳键容易断裂，所以丙酮酸可脱羧或脱羰。

丙酮酸极易被氧化,使用弱氧化剂(如 Fe^{2+} 与 H_2O_2)也能使丙酮酸氧化分解成乙酸,并放出二氧化碳。

$$CH_3\overset{O}{\overset{\|}{C}}-COOH \xrightarrow[Fe^{2+},\ H_2O_2]{[O]} CH_3COOH+CO_2$$

在同样的条件下,酮和羧酸都难以发生上述反应,这是 α-酮酸的特有反应。

2. β-羰基酸

β-丁酮酸($CH_3\overset{O}{\overset{\|}{C}}-CH_2COOH$)又叫乙酰乙酸,是最简单的 β-酮酸。乙酰乙酸为无色黏稠的液体。由于羰基和羧基的相互影响,β-丁酮酸很不稳定,受热时容易脱羧生成丙酮。这是 β-酮酸共同具有的一种反应。

$$CH_3\overset{O}{\overset{\|}{C}}CH_2COOH \xrightarrow{\triangle} CH_3-\overset{O}{\overset{\|}{C}}-CH_3 + CO_2$$

$$R-\overset{O}{\overset{\|}{C}}-CH_2COOH \xrightarrow{\triangle} R-\overset{O}{\overset{\|}{C}}-CH_3 + CO_2$$

β-丁酮酸被还原则生成 β-羟基丁酸:

$$CH_3\overset{O}{\overset{\|}{C}}CH_2COOH \xrightarrow{[H]} CH_3\overset{OH}{\overset{|}{C}}HCH_2COOH$$

丙酮、β-丁酮酸和 β-羟基丁酸统称为酮体。酮体存在于糖尿病患者的小便和血液中,并能引起患者的昏迷和死亡。临床上对于进入昏迷状态的糖尿病患者,除检查小便中含葡萄糖外,还需要检查是否有酮体的存在。

3. 乙酰乙酸乙酯

乙酰乙酸乙酯又叫 3-丁酮酸乙酯,简称三乙酯。它是一种具有清香气的无色透明液体,熔点 45℃,沸点 181℃,稍溶于水,易溶于乙醇、乙醚、氯仿等有机溶剂。可通过以下两种方式制备:

(1)二乙烯酮与醇作用

二乙烯酮(乙烯酮二聚体)与乙醇作用生成的烯醇,经 1,3-重排而制得乙酰乙酸乙酯:反应历程可能如下:

反应历程可能如下:

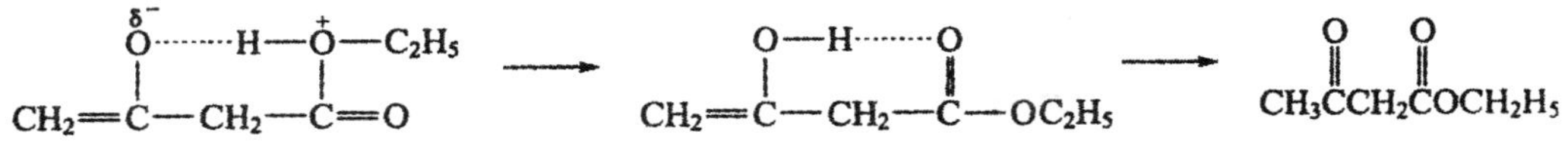

（2）克莱森（Claisen）酯缩合反应

乙酸乙酯在乙醇钠或金属钠等碱性试剂的作用下，发生酯缩合反应，生成乙酰乙酸乙酯。

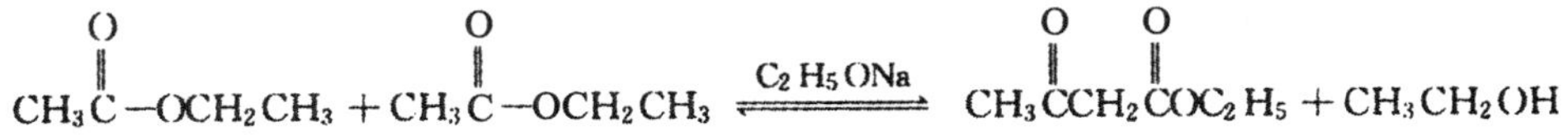

由于乙酰乙酸乙酯分子中的 α-H 相当活泼，同时又能进行酮式分解或酸式分解，可以用来合成甲基酮、一元羧酸、二酮、一元酸、二元酸、酮酸等多种有机化合物。

乙酰乙酸乙酯通过烷基化可制备取代丙酮。乙酰乙酸乙酯的 α-H 具有显著的酸性，与强碱作用，可以生成乙酰乙酸乙酯碳负离子。

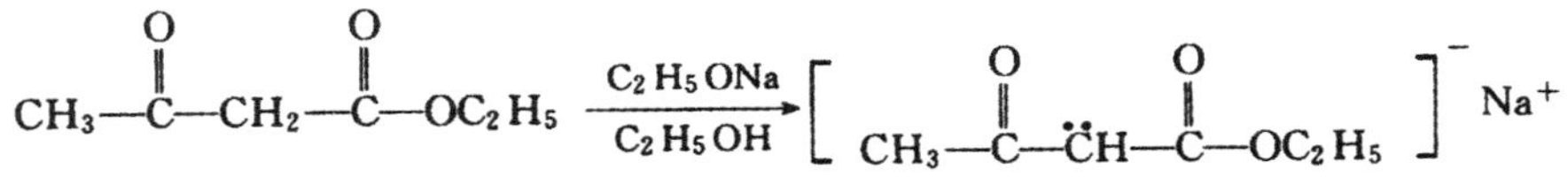

这个碳负离子可作为亲核试剂与卤代烃进行 S_N2 反应，反应结果是在乙酰乙酸乙酯的 α-C 上引进了烷基——烷基化。

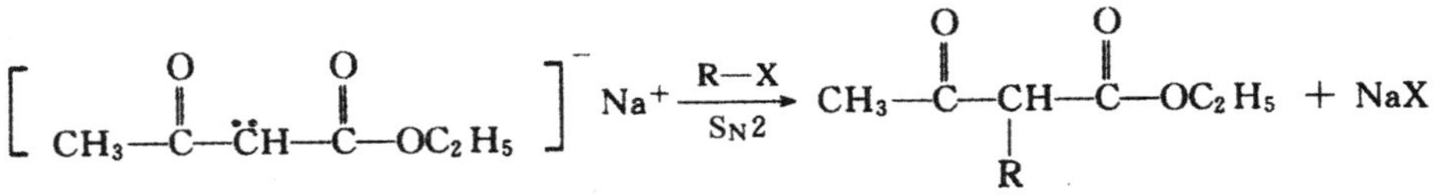

一烷基取代乙酰乙酸乙酯

一烷基取代乙酰乙酸乙酯还有一个酸性的 α-H，仍可转化成碳负离子，并进一步烷基化。

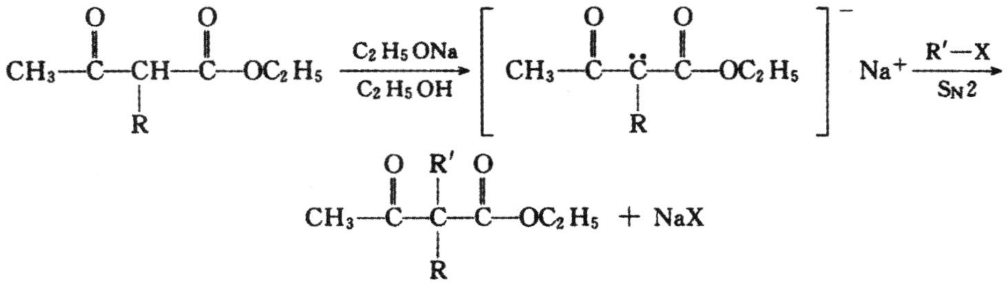

二烷基取代乙酰乙酸乙酯

一烷基或二烷基取代乙酰乙酸乙酯在稀碱溶液中水解，酸化后生成相应的酸，加热脱羧生成酮。

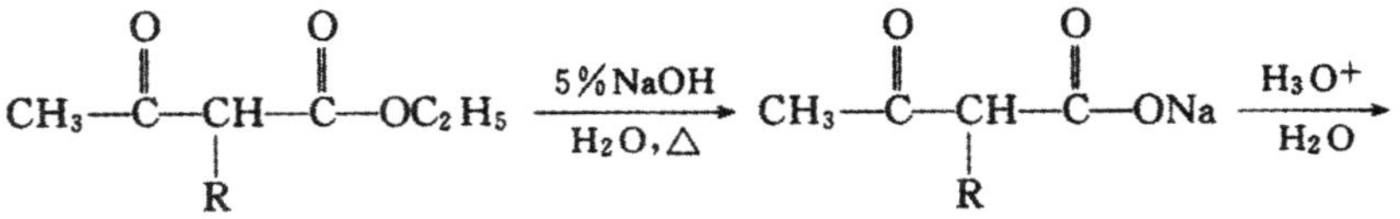

$$CH_3-\overset{\overset{\displaystyle O}{\|}}{C}-\underset{\underset{\displaystyle R}{|}}{C}H-\overset{\overset{\displaystyle O}{\|}}{C}-OH \xrightarrow[\triangle]{-CO_2} CH_3-\overset{\overset{\displaystyle O}{\|}}{C}-CH_2-R$$

一取代丙酮

4. 丙二酸二乙酯

丙二酸二乙酯($H_5C_2OOCCH_2COOC_2H_5$)是具有香味的无色液味,熔点为$-50℃$,沸点为$198.8℃$,不溶于水,溶于乙醇、乙醚等有机溶剂。丙二酸二乙酯是合成取代乙酸和其他羧酸常用的试剂,在有机合成中具有广泛的用途。

（1）制备

丙二酸二乙酯是一个二元羧酸的酯,是由氯乙酸的钠盐氰解后再水解酯化而制得：

$$Cl-CH_2COOH \xrightarrow[NaOH]{NaCN} NC-CH_2COONa \xrightarrow[H_2SO_4]{C_2H_5OH} CH_2\overset{\overset{\displaystyle O}{\|}}{\underset{\underset{\displaystyle O}{\|}}{\overset{\displaystyle C-OC_2H_5}{\underset{\displaystyle C-OC_2H_5}{}}}}$$

$NC-CH_2COONa$ 的酯化历程如下：

$$N\equiv C-CH_2COONa \xrightarrow{H^+} N\equiv C-CH_2COOH \xrightarrow[H^+]{C_2H_5OH} N\equiv C-CH_2COOC_2H_5$$

$$\xrightarrow[H^+]{C_2H_5OH} NH\overset{\overset{\displaystyle OC_2H_5}{|}}{=}C-CH_2COOC_2H_5 \xrightarrow{H_2O,\ H^+} CH_2\overset{\displaystyle COOC_2H_5}{\underset{\displaystyle COOC_2H_5}{}}$$

（2）性质

丙二酸二乙酯中亚甲基上的氢由于受两个酯基的影响呈酸性,非常活泼,与醇钠反应时生成钠盐。该钠盐也能进行烷基化和酰基化反应。

烷基化：

$$CH_2\overset{\displaystyle COOC_2H_5}{\underset{\displaystyle COOC_2H_5}{}} \xrightarrow[CH_3CH_2OH]{C_2H_5ONa} [CH(COOC_2H_5)_2]^- Na^+ \xrightarrow{RX} RCH(COOC_2H_5)_2$$

烷基丙二酸二乙酯

一烷基取代后的丙二酸二乙酯中还有一个活泼氢原子,还可继续被取代：

$$RCH(COOC_2H_5)_2 \xrightarrow[C_2H_5OH]{C_2H_5ONa} [RC(COOC_2H_5)_2]^- Na^+ \xrightarrow{R'X} RC(COOC_2H_5)_2 \atop \underset{\displaystyle R'}{|}$$

二烷基丙二酸二乙酯

烷基化反应中,伯卤烷最好,叔卤烷易发生消除反应而生成烯烃,乙烯卤和芳卤烃不能反应。

酰基化：

$$CH_2\!\!\begin{array}{c}COOC_2H_5\\COOC_2H_5\end{array}\xrightarrow[\text{无水乙醚}]{Mg(OC_2H_5)_2} C_2H_5\overset{O}{\underset{}{C}}CH\overset{O}{\underset{}{C}}OOC_2H_5\xrightarrow{R-\overset{O}{\underset{}{C}}-Cl} R\overset{O}{\underset{}{C}}CH(COOC_2H_5)_2$$

酰基丙二酸二乙酯

丙二酸酯负离子作为亲核试剂进攻羰基化合物中的羰基,发生亲核加成或亲核加成—消除反应,生成 α,β-不饱和酸酯,水解后即得 α,β-不饱和酸。用于合成 α,β-不饱和酸类化合物。

$$RCHO+Na^+[CH(COOC_2H_5)_2]^-\xrightarrow[-H_2O]{NH_3} RCH\!=\!C(COOC_2H_5)_2\xrightarrow[\triangle]{\text{水解}} RCH\!=\!CHCOOH$$

由于受酯基吸电子效应的影响, α,β-不饱和酸酯的碳碳双键上 β-碳原子的电子云密度降低,可接受丙二酸酯负离子的进攻而发生亲核加成反应,加成产物经水解脱羧便得到戊二酸的衍生物。可用于合成戊二酸的衍生物。

$$CH_3CH\!=\!CHCOOC_2H_5+CH_2(COOC_2H_5)_2\xrightarrow{KCN} \underset{CH(COOC_2H_5)_2}{CH_3CHCH_2COOC_2H_5}\xrightarrow[\triangle]{\text{水解}} HOOCCH_2\underset{CH_3}{CH}CH_2COOH$$

第9章 含氮有机物

9.1 概 述

9.1.1 硝基化合物的结构、分类和命名

1. 硝基化合物的结构

烃分子中的氢原子被硝基（—NO_2）取代后所得到的产物，称为硝基化合物。硝基是硝基化合物的官能团，一般表示为 —N（由一个 N＝O 双键和一个 N→O 配位键组成）。

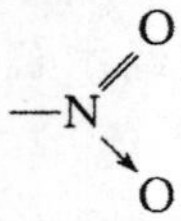

氮原子与一个氧原子以配位键结合，与另一个氧原子以共价双键结合。据此，这两个氮-氧键的键长应该是不同的。但是用电子衍射法的测定结果表明，两个氮-氧键的键长相等，均为 0.121nm。对于这个事实，理论上合理的解释是：硝基中的氮原子和两个氧原子均为 sp^2 杂化，它们之间形成一个 p-π 共轭体系，经电子离域，电子云密度在该共轭体系中完全平均化。所以，导致硝基中两个 N—O 键键长相等。硝基化合物的结构如下图所示。

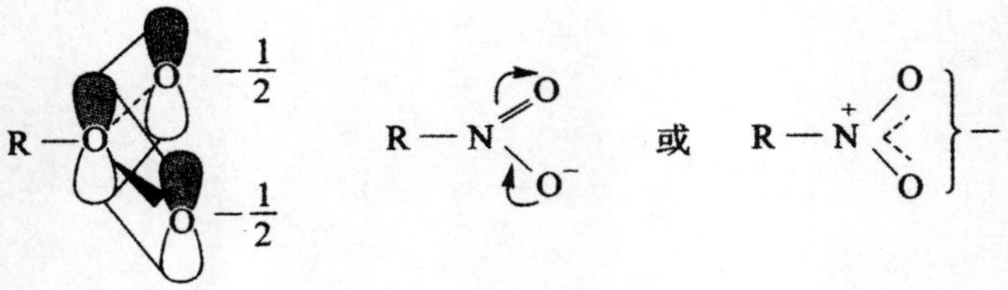

2. 硝基化合物的分类和命名

根据烃基的类别，硝基化合物分为脂肪族硝基化合物和芳香族硝基化合物；根据分子中所含硝基的数目，硝基化合物分为一元硝基化合物和多元硝基化合物。

硝基化合物的命名与卤代烃相似。以烃为母体，把硝基作为取代基。例如：

$CH_3CH_2NO_2$

硝基乙烷

$CH_3CH_2CH_2CHCH_3$ 上的 NO_2

2-硝基戊烷

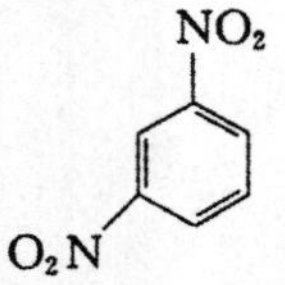

间-二硝基苯

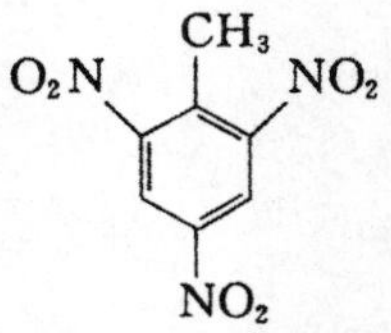

2,4,6-三硝基甲苯

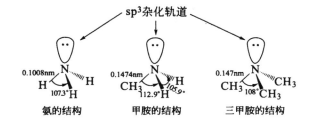

硝基环戊烷　　　　　　　　　2-甲基-4-硝基戊烷

9.1.2　胺的结构、分类和命名

胺是最重要的含氮化合物,它可看作时氨(NH_3)的衍生物,即氨分子中的氢原子被烃基取代的产物。

1. 胺的结构

胺的结构和氨相似,氮原子以 sp^3 杂化轨道与其他三个原子形成三个 σ 键,还有一对孤对电子在剩下的一个 sp^3 杂化轨道上,分子呈棱锥形结构。例如,氨、甲胺和三甲胺的结构如下:

sp^3杂化轨道

0.1008nm

N

H　H

107.3° H

氨的结构

0.1474nm

N

CH_3

112.9° H 105.9°

甲胺的结构

0.147nm

N

CH_3　CH_3

108 CH_3

三甲胺的结构

氨基直接与芳环相连的芳胺结构与脂肪胺的结构有所不同,氮原子上剩下的一对孤对电子与芳环上的 π 电子产生了共轭,使整个分子的能量有所降低,同时也使氮原子提供孤电子对的能力大大降低。例如,苯胺的结构如下:

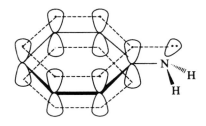

在氮原子上连有三个不同基团的伯胺和仲胺,氮原子理论上来说是手性的,存在一对对映异构体,但由于在常温下这对对映异构体就能发生下列转变,不能分离其中的对映体,所以分子并无手性。

sp^3杂化轨道　　　　　p轨道

N

H　CH_3

C_2H_5

⇌

H—N

CH_3

C_2H_5

⇌

H　N

C_2H_5　CH_3

sp^2杂化轨道　　　　　　sp^3杂化轨道

而对于季铵盐和季铵碱,四个 sp^3 杂化轨道都和其他原子形成了 σ 键,所以对于连有四个不同基团的季铵来说是有手性的,具有对映异构体。例如,下列季铵盐有一对对映异构体:

$$
\begin{array}{cc}
\underset{(S)}{\overset{CH_3}{\underset{C_2H_5}{C_6H_5-\overset{+}{N}-CH_2CH=CH_2}}} & \underset{(R)}{\overset{CH_3}{\underset{C_2H_5}{CH_2=CHCH_2-\overset{+}{N}-C_6H_5}}}
\end{array}
$$

2. 胺的分类

根据氮原子上所连烃基数目的不同,可将胺分为伯胺($1°$胺)、仲胺($2°$胺)和叔胺($3°$胺)。氮原子上连有一个烃基的胺称伯胺;氮原子上连两个烃基的胺称仲胺;氮原子上连三个烃基的胺称叔胺。例如:

$$
\underset{\text{氨}}{NH_3} \quad \underset{\text{伯胺}}{NH_2R} \quad \underset{\text{仲胺}}{NHR_2} \quad \underset{\text{叔胺}}{NR_3}
$$

在上述伯胺、仲胺、叔胺中如 R 是脂肪族烃基时,为脂肪胺;如氮原子连有芳环则为芳香胺,简称芳胺。例如:

$$
\underset{\substack{\text{苯胺}\\\text{芳胺}}}{\bigcirc\!\!-NH_2} \quad \underset{\substack{\beta\text{-萘胺}\\\text{芳胺}}}{\bigcirc\!\!\bigcirc\!\!-NH_2} \quad \underset{\substack{\text{环己胺}\\\text{脂肪胺}}}{\bigcirc\!\!-NH_2} \quad \underset{\substack{\text{叔丁胺}\\\text{脂肪胺}}}{(CH_3)_3CNH_2}
$$

根据分子中氨基($-NH_2$)的数目,胺可分为一元胺、二元胺和多元胺。例如:

$$
\underset{\substack{\text{丙胺}\\\text{一元胺}}}{CH_3CH_2CH_2NH_2} \quad \underset{\substack{\text{1,4-丁二胺}\\\text{二元胺}}}{NH_2\overset{4}{C}H_2\overset{3}{C}H_2\overset{2}{C}H_2\overset{1}{C}H_2NH_2} \quad \underset{\substack{\text{2-氨基-1,6-己二胺}\\\text{三元胺}}}{NH_2\overset{6}{C}H_2\overset{5}{C}H_2\overset{4}{C}H_2\overset{3}{C}H_2\underset{NH_2}{\overset{2}{C}H}\overset{1}{C}H_2NH_2}
$$

如果氮原子与四个烃基相连,称为季铵化合物,其中 $R_4N^+X^-$ 称为季铵盐、$R_4N^+OH^-$ 称为季铵碱。

值得注意的是,伯、仲、叔胺与伯、仲、叔醇的涵义不同。例如,$(CH_3)_3C-OH$ 为叔醇;$(CH_3)_3C-NH_2$ 为伯胺。

3. 胺的命名

简单胺以胺作为母体,烃基作为取代基,称为"某胺"。对于仲胺和叔胺,有相同取代基时则在前面用"二"和"三"表明取代基的数目,有不同取代基时则把简单烃基的名称放在前面,复杂烃基的名称放在后边。例如:

$$
\underset{\text{甲胺}}{CH_3-NH_2} \quad \underset{\text{仲丁胺}}{\overset{CH_3}{CH_3CH_2CH-NH_2}} \quad \underset{\text{二乙胺}}{\overset{H}{CH_3CH_2-N-CH_2CH_3}} \quad \underset{\text{甲乙丙胺}}{\overset{CH_2CH_3}{CH_3-N-CH_2CH_2CH_3}}
$$

最简单的芳胺是苯胺。当苯胺环上有 1 个取代基时,当作苯胺的衍生物来命名,当烃基连在

芳胺氮原子上时,命名时在烃基名称前加"N"字表示烃基的位置。例如:

苯胺　　　　　　　对甲基苯胺　　　　　　N-甲基-N-乙基苯胺

对于复杂的胺,可以把烃作为母体、氨基作为取代基来命名。例如:

$$CH_3-CH_2-CH-CH_2-CH_2-CH_3$$

3-氨基己烷　　　　　　　　2-甲基-4-(二甲氨基)戊烷

季铵盐与季铵碱的命名举例如下:

$$[(CH_3)_2N(CH_2CH_3)_2]^+Br^-$$ 　　　　$$[(CH_3CH_2)_4N]^+OH^-$$

溴化二甲基二乙基铵　　　　　　氢氧化四乙基铵

9.1.3　重氮化合物和偶氮化合物的结构和命名

重氮化合物和偶氮化合物分子中都含有氮氮重键(—N_2—)官能团。其中—N_2—基团的一端与烃基相连,另一端与非碳原子相连的化合物,叫做重氮化合物,可分为重氮化合物和重氮盐。其命名方法如下。

重氮化合物命名为"某重氮某"。例如:

苯重氮氨基苯　　　　　　　氢氧化重氮苯

重氮盐命名为"重氮某酸盐"或"某化重氮某、某酸重氮某"。例如:

氯化重氮苯(重氮苯盐酸盐)　硫酸氢邻硝基重氮苯(邻硝基重氮苯硫酸盐)

—N_2—基团以 —N = N— 的形式两端都与碳原子相连的化合物叫做偶氮化合物,命名为"偶氮某"或"某偶氮某";如果为 D—〇—N=N—〇—A 型的化合物,一般以"偶氮苯"为母体,苯环上连有的基团作取代基,命名为"某偶氮苯"。例如:

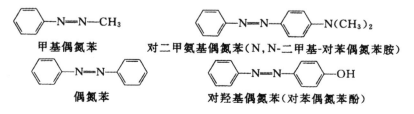

甲基偶氮苯　　　　　对二甲氨基偶氮苯(N,N-二甲基-对苯偶氮苯胺)

偶氮苯　　　　　　　对羟基偶氮苯(对苯偶氮苯酚)

9.2 含氮有机物的制备方法

9.2.1 硝基化合物的制备方法

脂肪族硝基化合物在工业上由烷烃在高温下用浓硝酸、N_2O_4 或 NO_2 直接硝化制备,例如:

$$CH_4 + HNO_3 \xrightarrow{400℃} CH_3NO_2 + H_2O$$

$$CH_3CH_2CH_3 + NO_2 \xrightarrow{200℃} CH_3CH_2CH_2NO_2 + (CH_3)_2CHNO_2$$

烷烃的硝化反应与烷烃卤化反应相似,也是自由基取代反应。实验室中可通过卤代烷与亚硝酸盐(如 $NaNO_2$、$AgNO_2$ 等)的取代反应来制备一些硝基烷。例如:

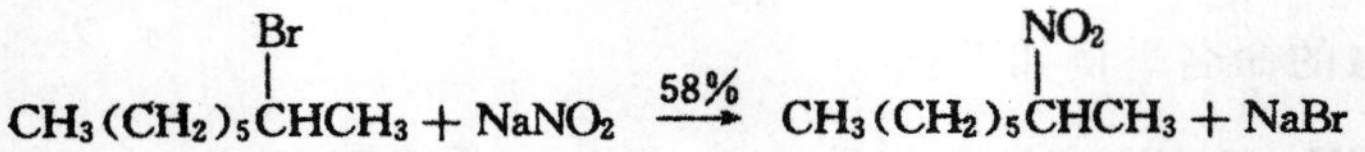

$$CH_3(CH_2)_5\overset{\text{Br}}{\underset{}{C}}HCH_3 + NaNO_2 \xrightarrow{58\%} CH_3(CH_2)_5\overset{\text{NO}_2}{\underset{}{C}}HCH_3 + NaBr$$

在工业应用上,芳香族硝基化合物的重要性要远远大于脂肪族硝基化合物。芳香族硝基化合物一般采用直接硝化法制备。硝化时所用的试剂和反应条件因反应物不同而异,常用的硝化剂是浓硝酸和浓硫酸的混合液(或称混酸)。例如:

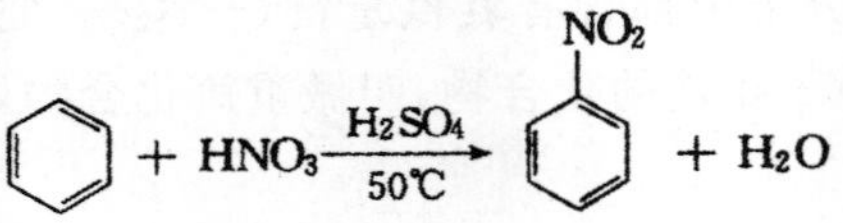

9.2.2 胺的制备方法

胺广泛存在于自然界,可从许多天然产物中分离得到胺类化合物,但大多数胺类化合物常用化学方法合成得到。

1. 胺的烃基化

氨或胺与卤代烃或醇等烃基化试剂作用生成胺。胺与卤代烃或醇反应时,通常得到伯胺、仲胺、叔胺和季铵盐的混合物。

$$\underset{\text{伯胺}}{RNH_2} \xrightarrow{CH_3X} \underset{\text{仲胺}}{RNHCH_3} \xrightarrow{CH_3X} \underset{\text{叔胺}}{RN(CH_3)_2} \xrightarrow{CH_3X} \underset{\text{季铵盐}}{[RN(CH_3)_3]^+X^-}$$

由于产物难于分离,使以上反应在应用上受到一定限制。但通过长期实践,在药物合成中利用卤代烃或胺结构的差异(位阻、活性不同)、不同的烃基化试剂、原料配比、溶剂、添加的盐等因素对反应速率和反应产物的影响,已成功地制备了各种胺。例如:

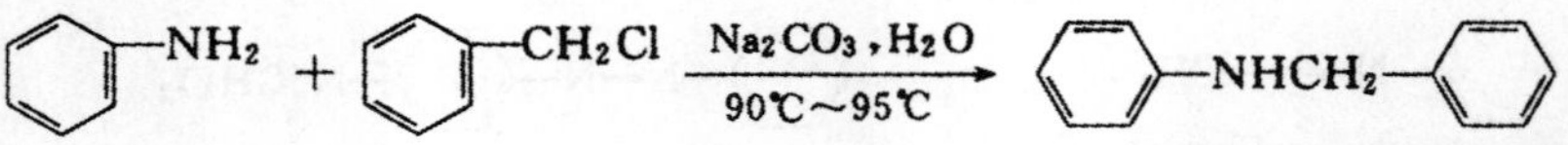

N-苄基苯胺(83%~87%)

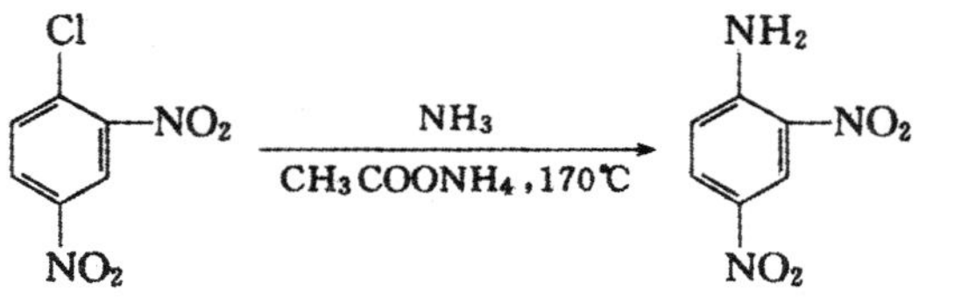

（68%～70%）

又如,降压药优降宁中间体的合成:

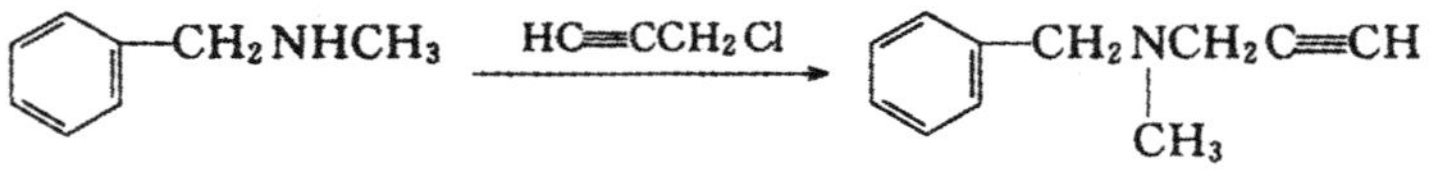

2. 硝基化合物还原

将硝基化合物还原可以得到伯胺。由于芳香硝基化合物容易制得,因此,这是药物合成中制取芳伯胺最常用的方法。例如:

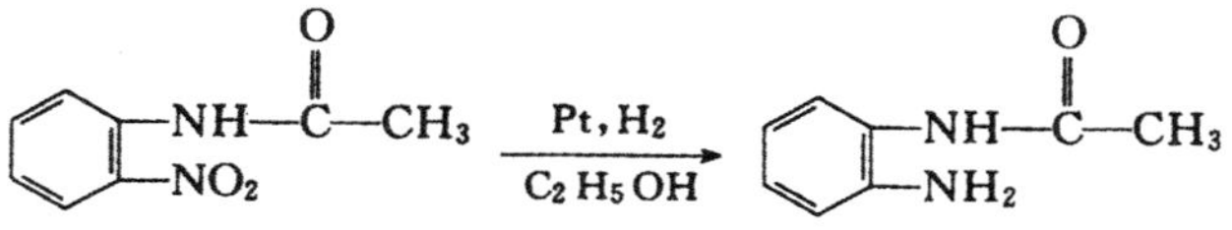

（90%）

3. 腈和酰胺的还原

腈容易被催化氢化或用氢化锂铝还原得到伯胺。

$$RX \xrightarrow{NaCN} R-CN \xrightarrow[\text{②}H_3O^+]{\text{①}LiAlH_4,Et_2O} R-CH_2NH_2$$

腈一般由卤代烃通过亲核取代反应制得,此法可由卤代烃制备多一个碳原子的胺。

酰胺容易由羧酸或酰氯制备,伯、仲和叔酰胺被氢化锂铝还原可分别得到伯、仲和叔胺。例如:

$$R-\overset{O}{\underset{}{C}}-NH_2 \xrightarrow[\text{②}H_3O^+]{\text{①}LiAlH_4,Et_2O} R-CH_2NH_2$$

4. 醛和酮的还原胺化

醛、酮与氨或胺缩合生成亚胺,再通过催化加氢或化学还原剂,很容易还原为相应的胺。

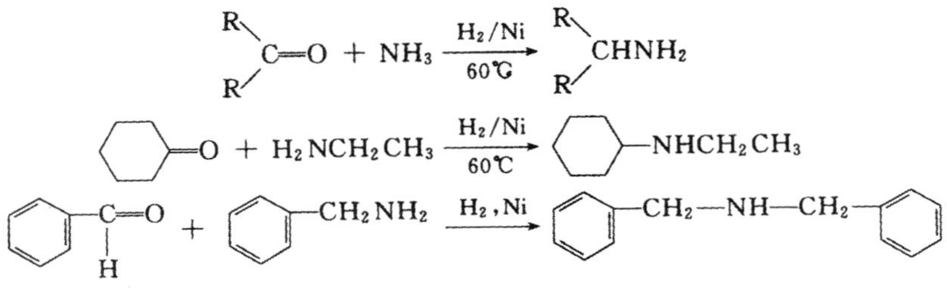

5. 盖布瑞尔合成法

盖布瑞尔(Gaberiel)合成法是制备纯净的伯胺的一种好方法，用邻苯二甲酰亚胺形成亚胺盐，再进行烷基化。

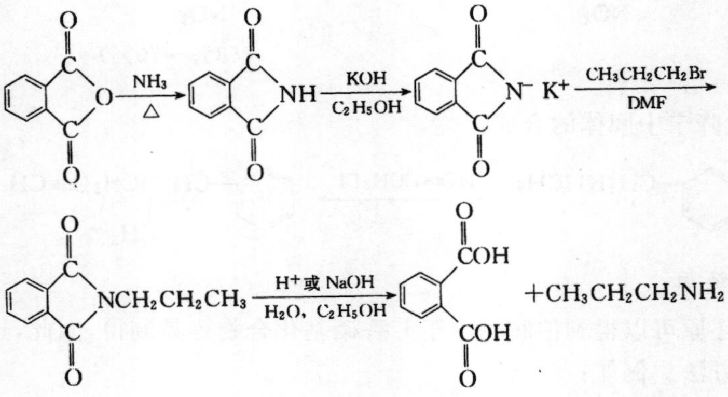

6. 霍夫曼酰胺降级反应

酰胺与次卤酸钠溶液共热，可以得到比原来酰胺少一个碳原子的伯胺。

$$RCONH_2 + NaOX + 2NaOH \longrightarrow RNH_2 + NaX + Na_2CO_3 + H_2O$$

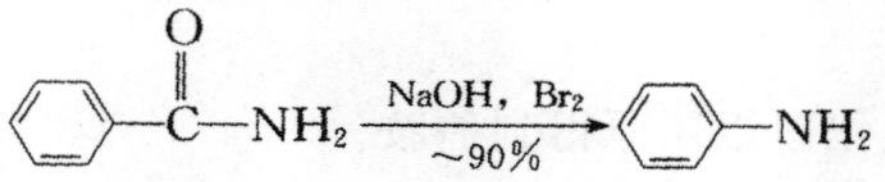

9.2.3 重氮盐的制备——重氮化反应

芳香伯胺在低温和强酸性溶液中与亚硝酸作用生成重氮盐的反应叫重氮化反应。例如：

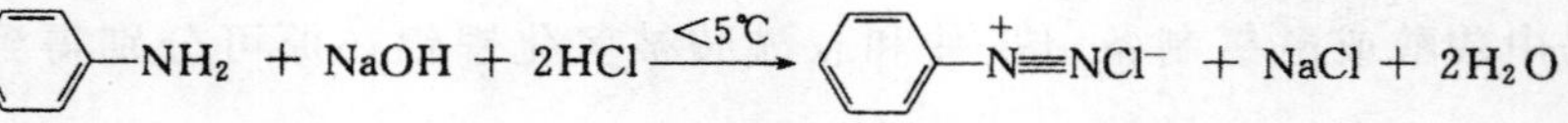

苯重氮盐酸盐

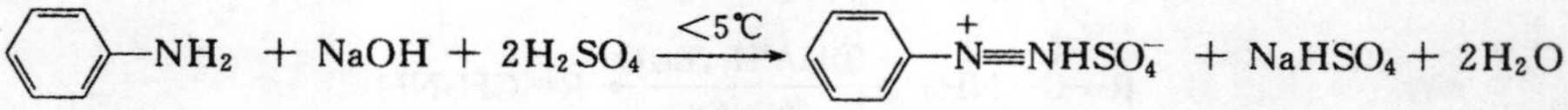

苯重氮硫酸盐

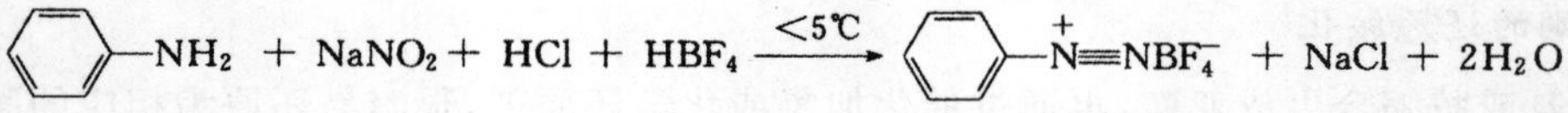

苯重氮氟硼酸盐

重氮盐在温度过高时易发生分解反应或其他反应，因此，重氮化反应一定要在低温下进行，一般在 0℃～5℃，个别较稳定的重氮盐可在 40℃～60℃。为避免芳胺与生成的重氮盐发生偶合反应，必须加入过量的强酸(盐酸或硫酸)，一般酸与芳胺的摩尔比为 2.25～2.5：1。另外，为避免生成的重氮盐发生分解，亚硝酸盐也不能过量。

实际操作中，将芳伯胺溶于过量的稀酸中，然后在冷却下慢慢滴加冷却的亚硝酸盐，不断搅拌至反应完全即得到重氮盐溶液。由于重氮盐在水溶液中较稳定，因此，得到的重氮盐溶液无需分离可直接用于合成其他化合物。

9.3　含氮有机物的物理性质

9.3.1　硝基化合物的物理性质

硝基化合物分子中含有强极性的硝基,所以一般都具有较大的偶极矩,其沸点和熔点明显高于相应的烃类,也高于相应的卤烃。脂肪族硝基化合物一般为无色液体。芳香族硝基化合物除了单环一硝基化合物为高沸点的液体外,其他多为淡黄色固体。硝基化合物不溶于水,但能与大多数有机物互溶,并能溶解大多数无机盐(形成络合物),故液体硝基化合物常用作某些有机反应(如傅-克反应)的溶剂。硝基化合物大多具有特殊气味,个别有香味,可用作香料(如人造麝香),但大多硝基化合物具有毒性,使用时要注意防护。多硝基化合物不稳定,遇光、热或振动易爆炸分解,可用作炸药(如三硝基甲苯)。一些常见硝基化合物的物理常数见表 9-1。

表 9-1　常见硝基化合物的物理常数

名称	熔点/℃	沸点/℃	相对密度 d_4^{20}
硝基甲烷	−28.5	100.8	1.1354(22℃)
硝基乙烷	−50	115	1.0448(25℃)
1-硝基丙烷	−108	131.5	1.022
2-硝基丙烷	−93	120	1.024
硝基苯	5.7	210.8	1.203
间二硝基苯	89.8	303	1.571
1,3,5-三硝基苯	122	315	1.688
邻硝基甲苯	−4	222.3	1.163
对硝基甲苯	51.4	237.7	1.286

9.3.2　胺的物理性质

常温常压下,甲胺、二甲胺、三甲胺、乙胺为无色气体,其他胺为液体或固体。低级胺有类似氨的气味;高级胺无味;芳胺有特殊气味且毒性较大,与皮肤接触或吸入其蒸气都会引起中毒,所以使用时应注意防护。有些芳胺(如萘胺、联苯胺等)还能致癌。

胺的沸点比相对分子质量相近的烃和醚高,比醇和羧酸低。在相对分子质量相同的脂肪胺中,伯胺的沸点最高,仲胺次之,叔胺最低。这是因为伯胺和仲胺分子中存在极性的 N—H 键,可以形成分子间氢键。而叔胺不能形成分子间氢键,所以其沸点远远低于伯胺和仲胺。但由于氮原子的电负性小于氧原子,N—H 键的极性比 O—H 键弱,形成的氢键也较弱,因此,伯胺和仲胺的沸点比相对分子质量相近的醇和羧酸低。

低级胺易溶于水,随着相对分子质量的增加,胺的溶解度逐渐降低。例如,甲胺、二甲胺、乙胺、二乙胺等可与水以任意比例混溶,C_6 以上的胺则不溶于水。这是因为低级胺与水分子间能形成氢键,所以易溶于水。随着胺分子中烃基的增大,空间阻碍作用增强,难与水形成氢键,因此,高级胺难溶于水。一些常见胺的物理常数见表 9-2。

表 9-2 常见胺的物理常数

名称	熔点/℃	沸点/℃	溶解度/[g·(100g H₂O)⁻¹]	相对密度 d_4^{20}
甲胺	-93.5	-6.3	易溶	0.7961(-10℃)
二甲胺	-93	7.4	易溶	0.6604(0℃)
三甲胺	-117.2	2.9	91	0.7229(25℃)
乙胺	-81	16.6	∞	0.706(0℃)
二乙胺	-48	56.3	易溶	0.705
三乙胺	-114.7	89.4	14	0.756
正丙胺	-83	47.8	∞	0.719
正丁胺	-49.1	77.8	易溶	0.740
正戊胺	-55	104.4	溶	0.7614
乙二胺	8.5	116.5	溶	0.899
己二胺	41	204	易溶	—
苯胺	-6.3	184	3.7	1.022
N-甲基苯胺	-57	196.3	难溶	0.989
N,N-二甲基苯胺	2.5	194	1.4	0.956
二苯胺	54	302	不溶	1.159
三苯胺	127	365	不溶	0.774(0℃)
联苯胺	127	401.7	0.05	1.250
α-萘胺	50	300.8	难溶	1.131
β-萘胺	113	306.1	不溶	1.0614(25℃)

9.3.3 重氮盐的物理性质

重氮盐为白色晶体,能溶于水,不溶于有机溶剂。重氮盐在稀溶液中能完全电离出重氮阳离子。重氮盐不稳定,对热、振动较敏感,易发生爆炸,在水溶液中较稳定,制备后可直接应用于其他反应。

9.4 含氮有机物的化学性质与反应

9.4.1 硝基化合物的化学性质与反应

硝基是一个强吸电子基团,脂肪族硝基化合物的 α-H 具有一定酸性,芳香族硝基化合物由于硝基的钝化作用,芳环上的亲电取代反应活性大大降低。

1. α-H 的活性

含有 α-H 的脂肪族伯或仲硝基化合物能与氢氧化钠反应而生成钠盐。例如：

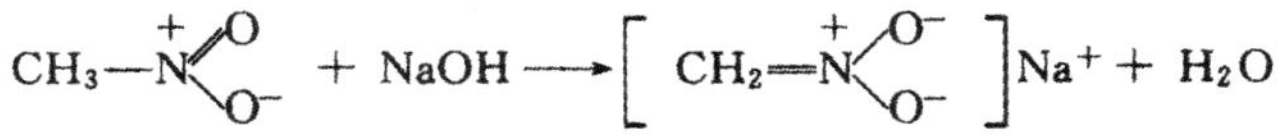

$$CH_3-N\overset{+}{\underset{O^-}{\overset{O}{\cdots}}} + NaOH \longrightarrow \left[CH_2=N\overset{+}{\underset{O^-}{\overset{O}{\cdots}}} \right] Na^+ + H_2O$$

这是因为在伯、仲硝基化合物中，存在 α-π 超共轭效应，从而使 α-H 变得较活泼，发生互变异构现象：

$$R-CH_2-N\overset{O}{\underset{O}{\cdots}} \Longleftrightarrow R-CH=N\overset{OH}{\underset{O}{\cdots}}$$
硝基式　　　　　　　酸式

在上式互变异构体系中，平衡的位置几乎完全偏向左边，因而硝基式稳定。当遇到碱溶液时，碱与酸式中羟基作用生成盐，破坏了硝基式与酸式的平衡，硝基式不断转化为酸式，最后全部与碱作用而生成盐：

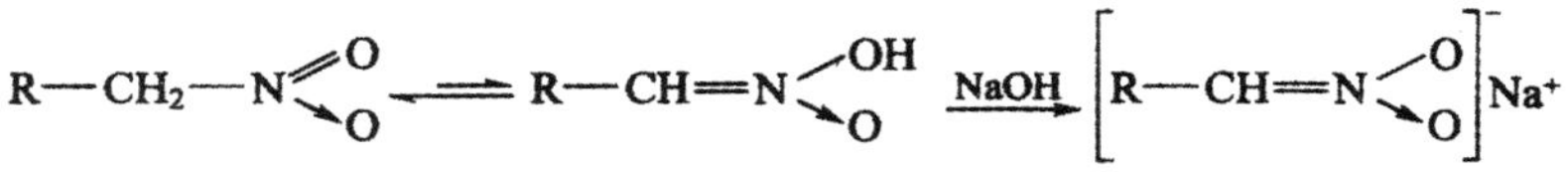

$$R-CH_2-N\overset{O}{\underset{O}{\cdots}} \Longleftrightarrow R-CH=N\overset{OH}{\underset{O}{\cdots}} \xrightarrow{NaOH} \left[R-CH=N\overset{O}{\underset{O}{\cdots}} \right] Na^+$$

脂肪族叔硝基化合物和芳香族硝基化合物因没有 α-H，故不能与碱作用。

2. 还原反应

硝基化合物容易被还原，其还原产物因还原条件不同而异。因芳香族硝基化合物的应用比脂肪族硝基化合物更为广泛，且还原也较为复杂，故以硝基苯为例进行讨论。

芳香族硝基化合物可采用化学还原法或催化加氢法还原为相应的胺。常用的还原剂有 Fe/HCl、Zn/HCl、SnCl$_2$/HCl 等。例如：

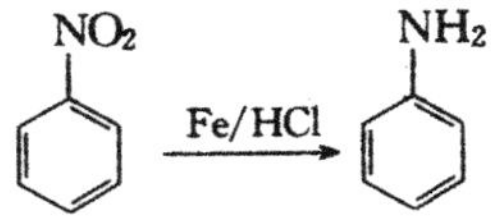

当芳环上还连有可被还原的羰基时，则用氯化亚锡和盐酸作为还原剂，因为它只还原硝基成为氨基，可以避免分子中的醛基被还原。

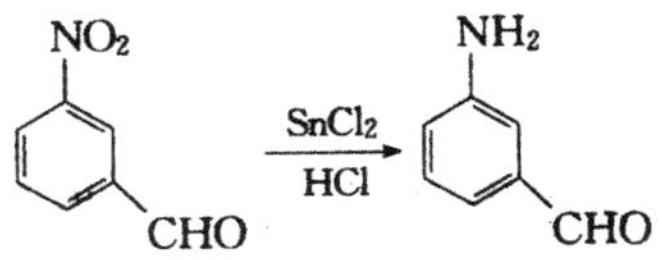

催化加氢法在产品质量和收率等方面都优于化学还原法，对环境污染少，故在工业上被越来越多地采用。常用的催化剂有 Ni、Pd、Pt 等，工业上常用 Raney-Ni 或铜在加压下氢化。反应是在中性条件下进行的，因此，对于带有对酸或碱敏感基团的化合物，可用此法还原。例如：

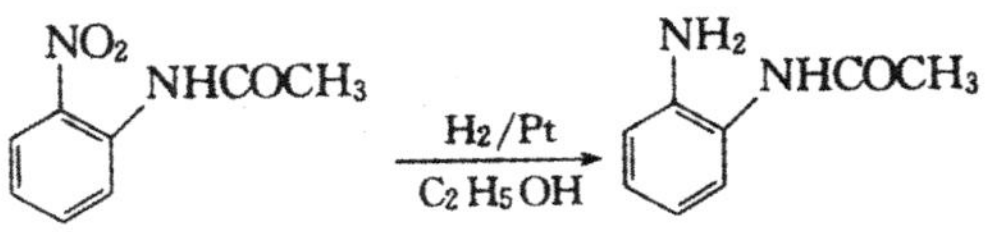

采用硫化钠（铵）、硫氢化钠（铵）、多硫化铵等比较温和的还原剂,在适当条件下,可以选择性地将多硝基化合物分子中的一个硝基还原成氨基。例如:

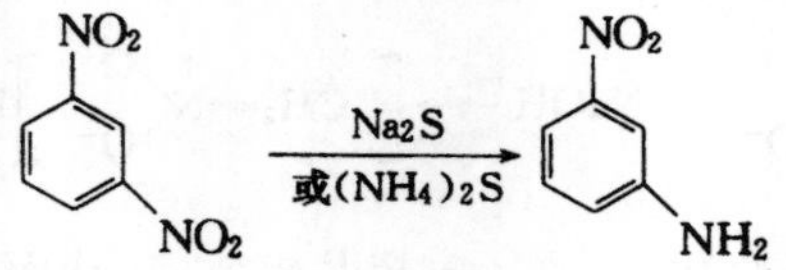

3. 苯环上的取代反应

硝基是强吸电子基团,它严重钝化苯环,硝基苯类化合物不能进行傅-克反应。它的苯环上的亲电取代反应也比苯要困难得多。在较剧烈的条件下,硝基苯类化合物能发生硝化、磺化、卤化等反应。例如:

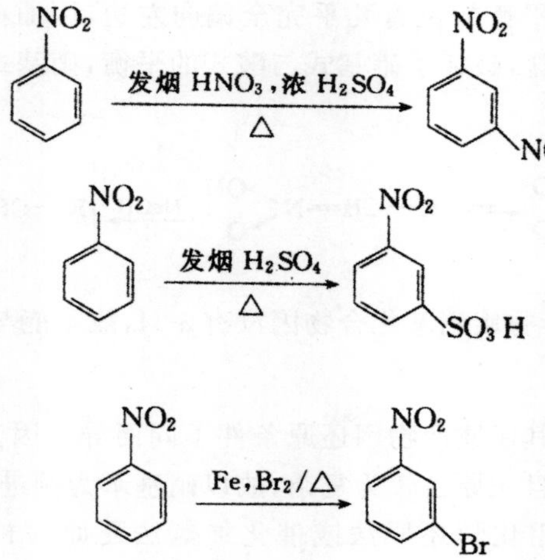

4. 硝基对其邻、对位取代基的影响

硝基对处在其邻、对位上的基团的化学性质有较大的影响。

(1)对卤原子活泼性的影响

通常情况下,氯苯中的氯原子不活泼,难发生亲核取代反应。例如,将氯苯和氢氧化钠溶液共热到 $200℃$,也不能水解生成苯酚。但是,若在氯苯的邻位或对位连有硝基时,氯原子就比较活泼,容易被羟基取代。而且邻、对位上的硝基数目越多,氯原子越活泼,反应就越容易进行,例如:

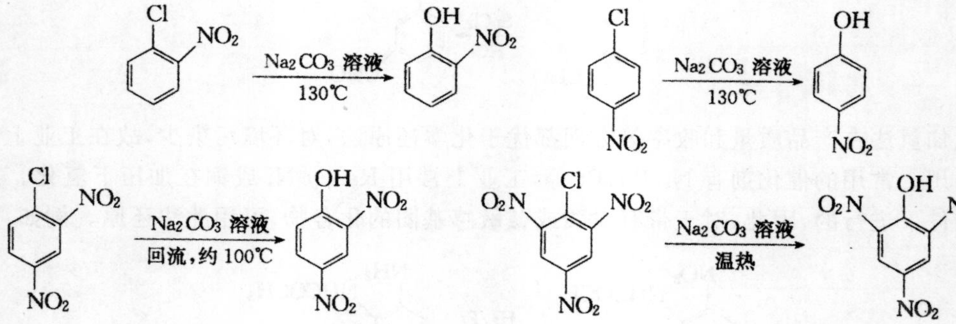

这是因为硝基氯苯的水解反应属于亲核取代反应,分两步进行。首先是亲核试剂进攻氯原子连接的碳原子,形成碳负离子中间体(又称迈森海默络合物),然后碳负离子失去氯离子生成产物,属于加成-消除反应历程。

由于硝基强的吸电子诱导和共轭效应的影响,使碳负离子中间体的负电荷得到分散,稳定性增加,因此,有利于水解反应的进行。显然,处于邻、对位上的硝基数目越多,碳负离子中间体的负电荷越分散,其稳定性也越好,反应也就更容易进行。但是,当硝基处于氯原子的间位时,仅能通过吸电子诱导效应对中间体负电荷起到分散的作用,故对氯原子的活泼性影响不大。

(2)对酚类酸性的影响

苯酚是一种弱酸,其酸性比碳酸还弱。当在苯环上引入硝基时可使其酸性增强。例如,2,4-二硝基苯酚的酸性与甲酸相近,2,4,6-三硝基苯酚的酸性几乎与强无机酸相近。苯酚和硝基酚类的 pK_a 值见表 9-3。

表 9-3　苯酚和硝基酚类的 pK_a 值

名称	苯酚	邻硝基苯酚	间硝基苯酚	对硝基苯酚	2,4-二硝基苯酚	2,4,6-三硝基苯酚
pK_a(25℃)	10	7.22	8.39	7.15	4.09	0.25

硝基对酚羟基的影响与硝基和羟基在环上的相对位置有关。当硝基处于羟基的邻、对位时,由于产物邻或对硝基苯氧负离子上的负电荷可以通过诱导效应和共轭效应分散到硝基上而得到稳定,故邻或对硝基苯酚的酸性较强。

9.4.2　胺的化学性质与反应

1. 碱性

胺与氨相似,由于氮原子上有一对未共用电子对,容易接受质子形成铵离子,因而呈碱性。胺的碱性强弱可用 pK_b 值表示。pK_b 值愈小,其碱性愈强。一些常见胺的 pK_b 值见表 9-4。

表 9-4　常见胺的 pK_b 值

名称	pK_b(25℃)	名称	pK_b(25℃)
甲胺	3.38	苯胺	9.37
二甲胺	3.27	N-甲基苯胺	9.16
三甲胺	4.21	N,N-二甲基苯胺	8.93
环已胺	3.63	对甲苯胺	8.92
苄胺	4.07	对氯苯胺	10.00
α-萘胺	10.10	对硝基苯胺	13.00
β-萘胺	9.90	二苯胺	13.21

由表 9-4 的 pK_b 值可以看出,脂肪胺的碱性比氨($pK_b=4.76$)强,芳香胺的碱性比氨弱。这是因为烷基是给电子基,它能使氮原子周围的电子云密度增大,接受质子的能力增强,所以碱性增强。氮原子上连接的烷基越多,碱性越强。而芳胺分子中由于存在多电子 p-π 共轭效应,发生电子离域,使氮原子周围的电子云密度减小,接受质子的能力减弱,所以碱性减弱。影响胺类化合物碱性强弱的主要因素还有溶剂化效应和立体效应,胺的氮原子上连的氢原子越多,溶剂化的程度就越大,空间位阻就越小,铵离子越易形成并且稳定性越强,碱性也就越强。所以,胺的碱性强弱是电子效应、溶剂化效应和立体效应综合影响的结果。不同胺的碱性强弱的一般规律为:

脂肪胺(仲胺＞伯胺＞叔胺)＞氨＞芳香胺

苯胺＞二苯胺＞三苯胺(近于中性)

当芳胺的苯环上连有给电子基时,可使其碱性增强;而连有吸电子基时,则使其碱性减弱。例如,下列芳胺的碱性强弱顺序为:

对甲苯胺＞苯胺＞对氯苯胺＞对硝基苯胺

胺是弱碱,可与酸发生中和反应生成盐而溶于水中,生成的弱碱盐与强碱作用时,胺又重新游离出来。例如:

$$\text{（不溶于水）} \qquad \text{（溶于水）} \qquad \text{（不溶于水）}$$

2. 烷基化反应

胺与氨一样都是亲核试剂,可与卤代烃、醇等烷基化试剂作用,氨基上的氢原子被烃基取代。

最后产物为季铵盐,如 R 为甲基,则常称此反应为"彻底甲基化作用"。工业上,苯胺和过量的甲醇在硫酸存在时,在高温高压下则生成 N,N-二甲基苯胺。

N,N-二甲基苯胺是合成香兰素的基础物质之一。香兰素是一种重要的香料,常用作日用香精,同时也是饮料和食品的重要增香剂。此外,N,N-二甲基苯胺还是重要的合成染料中间体,在有机合成工业中有重要的用途。

3. 酰基化反应

伯胺和仲胺氮原子上有氢原子,可以和酰卤、酸酐和磺酰氯反应,得到相应的酰基化产物,这种反应叫胺的酰基化反应。叔胺氮原子上没有氢原子,不能发生酰基化反应。

$$RNH_2 \xrightarrow[\text{或}(R'CO)_2O]{R'COCl} R'CONHR + HCl(R'COOH)$$

$$R_2NH \xrightarrow[\text{或}(R'CO)_2O]{R'COCl} R'CONR_2 + HCl(R'COOH)$$

$$R_3N \xrightarrow[\text{或}(R'CO)_2O]{R'COCl} \text{不反应}$$

在用酰氯来进行酰基化反应时,通常加入适量碱(如 NaOH 或吡啶)来中和生成的氯化氢,以避免氯化氢和胺反应浪费原料。这种在碱存在下酰氯和胺作用得到酰胺的反应叫 Schotten-Baumann 反应。例如:

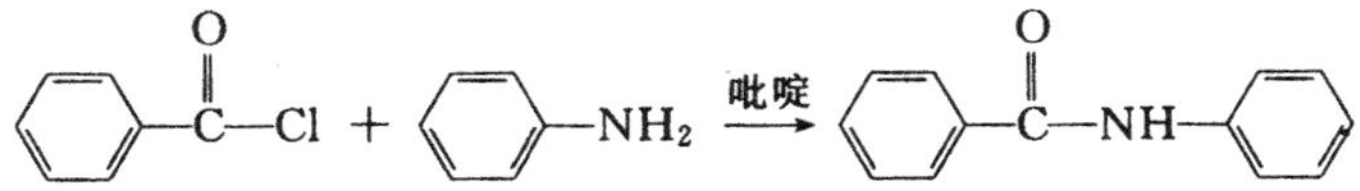

胺的酰基化反应可用于胺的鉴定。例如,酰胺都是具有固定熔点的良好结晶,通过测定熔点,可以确定酰胺。

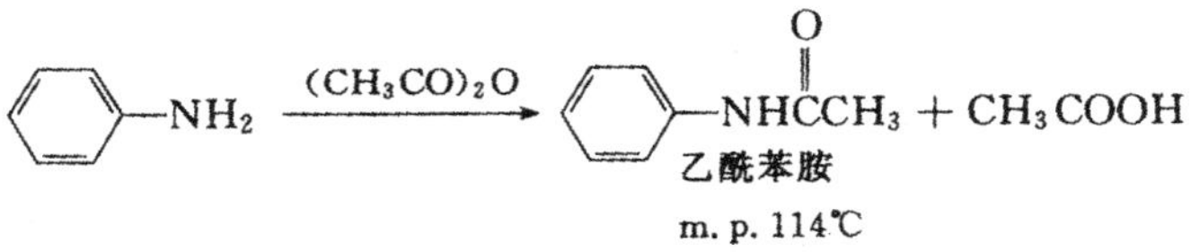

乙酰苯胺
m. p. 114℃

在芳胺的氮原子上引入酰基,这在有机合成上用于保护氨基,具有重要的合成意义。例如:

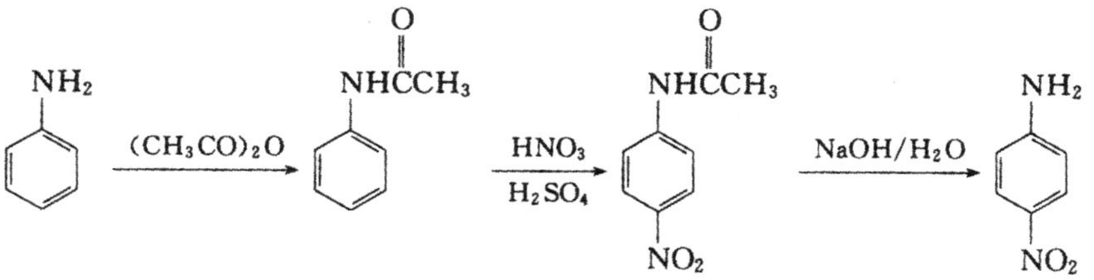

以上反应如果不保护氨基,苯胺直接硝化时芳环将会被氧化破裂。

4. 磺酰化反应

伯胺和仲胺还能与苯磺酰氯作用,生成相应的苯磺酰胺,这一反应称为兴斯堡(Hinsberg)反应,叔胺与苯磺酰氯不能发生兴斯堡反应。

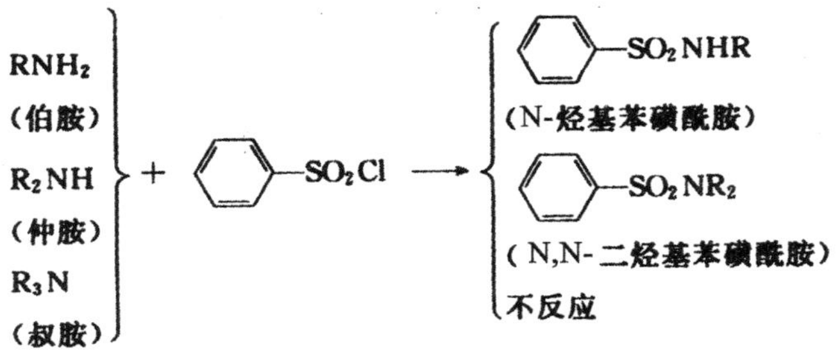

伯胺与苯磺酰氯作用生成的 N-烃基苯磺酰胺氮原子上的氢原子由于受到磺酰基及氮原子吸电子作用的影响呈现出酸性,可与氢氧化钠成盐而溶解在氢氧化钠溶液中。仲胺与苯磺酰氯作用生成的 N,N-二烃基苯磺酰胺氮原子上没有氢原子,不溶于氢氧化钠溶液。

$$\langle\!\!\!\bigcirc\!\!\!\rangle\text{—SO}_2\text{NHR} + \text{NaOH} \longrightarrow \left[\langle\!\!\!\bigcirc\!\!\!\rangle\text{—SO}_2\text{NR}\right]^{-}\text{Na}^{+}$$

可溶于水

伯胺和仲胺与苯磺酰氯作用,生成的苯磺酰胺在酸或碱的催化作用下可水解生成原来的胺。因此,兴斯堡反应既可用于鉴别伯、仲、叔胺,又可用于分离或提纯伯、仲、叔胺的混合物。另外,苯磺酰胺为固体,有固定的熔点,也可将胺转化为相应的苯磺酰胺,通过测定相应苯磺酰胺的熔点来鉴别原来的胺。

5. 与亚硝酸反应

不同的胺与亚硝酸反应可生成不同的产物。由于亚硝酸不稳定,一般是在反应过程中由 $NaNO_2$ 和 HCl 或 H_2SO_4 作用产生。

(1)伯胺与亚硝酸反应

伯胺与亚硝酸反应生成重氮盐,其中脂肪族重氮盐很不稳定,即使在低温下也会立即分解成氮气和一个碳正离子,然后此碳正离子继续反应,生成醇、烯烃、卤烷等复杂的混合物。

$$\text{RNH}_2 + \text{NaNO}_2 + \text{HCl} \longrightarrow \left[\text{R}\overset{+}{-}\text{N}\equiv\text{NCl}^{-}\right] \longrightarrow \text{N}_2\uparrow + \text{R}^{+} + \text{Cl}^{-}$$

$$\text{R}^{+} \begin{cases} \xrightarrow{\text{H}_2\text{O}} \text{ROH} \\ \xrightarrow{\text{Cl}^{-}} \text{RCl} \\ \xrightarrow{-\text{H}^{+}} \text{烯烃} \end{cases}$$

由于产物是混合物,因此,无合成价值。但放出的氮气是定量的,可用于伯胺的定性和定量分析。

芳香族伯胺与亚硝酸在低温(一般小于 5℃)及强酸性条件下反应生成芳香族重氮盐。此反应称为重氮化反应。

$$\langle\!\!\!\bigcirc\!\!\!\rangle\text{—NH}_2 + \text{NaNO}_2 + 2\text{HCl} \xrightarrow{0℃\sim5℃} \langle\!\!\!\bigcirc\!\!\!\rangle\text{—N}_2^{+}\text{Cl}^{-} + \text{NaCl} + 2\text{H}_2\text{O}$$

芳香族重氮盐虽然也不稳定,但在低温下可保持不分解,被广泛用于芳香族化合物的合成中。

(2)仲胺与亚硝酸反应

脂肪族和芳香族仲胺与亚硝酸作用均生成 N-亚硝基胺,例如:

$$(\text{CH}_3\text{CH}_2)_2\text{NH} + \text{NaNO}_2 + \text{HCl} \longrightarrow (\text{C}_2\text{H}_5)_2\text{N}\text{—N}\text{=}\text{O} + \text{NaCl} + \text{H}_2\text{O}$$

N-亚硝基二乙胺

$$\langle\!\!\!\bigcirc\!\!\!\rangle\text{—NHCH}_3 + \text{NaNO}_2 + \text{HCl} \longrightarrow \langle\!\!\!\bigcirc\!\!\!\rangle\text{—N}\text{—N}\text{=}\text{O} + \text{NaCl} + \text{H}_2\text{O}$$
$$\underset{\text{CH}_3}{|}$$

N-甲基-N-亚硝基苯胺

N-亚硝基胺是难溶于水的黄色中性油状物或固体,它与稀盐酸共热时,又可水解为原来的仲胺,因而可利用此反应来鉴定或分离和提纯仲胺。N-亚硝基胺有较强的致癌作用,已在多种熏肉中被检测到,如熏鱼和熏肠中检测到 N-亚硝基二甲胺,在熏猪肉中检测到 N-亚硝基吡咯烷。

(3)叔胺与亚硝酸反应

脂肪叔胺一般不与亚硝酸反应,虽然能与亚硝酸形成盐,但此盐并不稳定,加碱后可重新得到游离的叔胺。

芳香叔胺与亚硝酸反应时,则发生环上的亲电取代反应——亚硝化反应,生成对亚硝基化合物。例如:

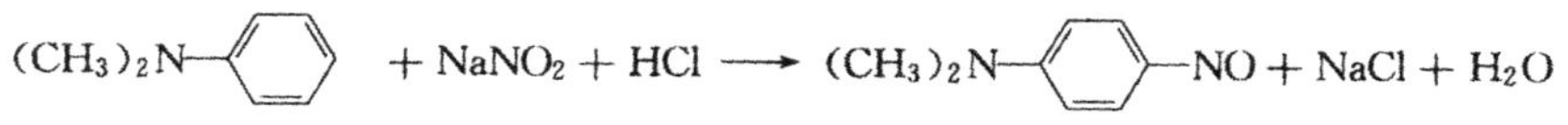

$$(CH_3)_2N- \!\!\!\!\bigcirc\!\!\!\!- + NaNO_2 + HCl \longrightarrow (CH_3)_2N- \!\!\!\!\bigcirc\!\!\!\!- NO + NaCl + H_2O$$

对亚硝基 -N,N-二甲基苯胺

对亚硝基-N,N-二甲基苯胺为绿色固体,难溶于水。亚硝基化合物毒性很强,是一个很强的致癌物质。

从以上讨论可以看出,由于伯、仲、叔胺与亚硝酸的反应现象明显不同,因此也常用此反应来鉴别伯、仲、叔胺。

6. 芳环上的取代反应

氨基是使苯环活化的强的邻、对位定位基,所以芳胺很容易进行亲电反应(如卤代、硝化、磺化等)反应。

(1)卤代反应

苯胺与氯或溴反应时,邻、对位上的氢都可以被取代,生成三卤代产物:

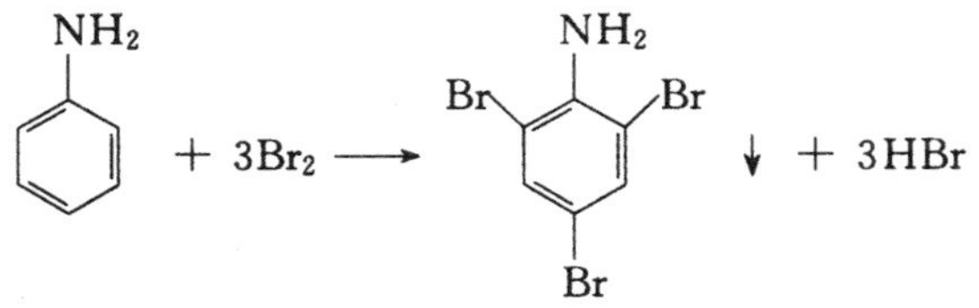

白色沉淀

上述反应中的 2,4,6-三溴苯胺是白色固体,现象明显,且反应可定量进行,此反应可用于苯胺的定性鉴别和定量测定。其他的苯胺类化合物与溴作用时,也很容易得到多溴代物。如果想得到一卤代产物,必须降低氨基对苯环的致活作用。例如,将氨基先转变成酰胺基,再进行溴代反应,溴代反应完成后再通过水解来恢复氨基。例如:

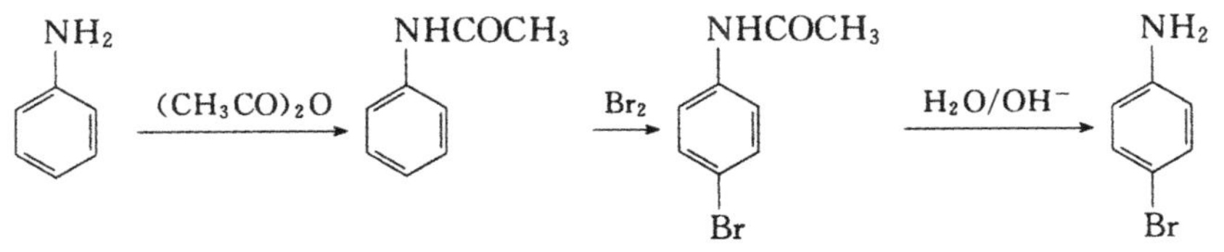

(2)硝化反应

由于芳胺对氧化剂极其敏感,硝化剂硝酸又具有很强的氧化性,因此,芳胺硝化时应先将氨基酰化或转化成盐来保护氨基。例如,将苯胺转化成乙酰苯胺后,如果在乙酸中用硝酸进行硝化,得到的主要为对位取代物;如果在乙酸酐中用硝酸进行硝化,得到的主要为邻位取代物。

如果将苯胺转化为盐后再进行硝化,则得到的主要为间位取代物。例如:

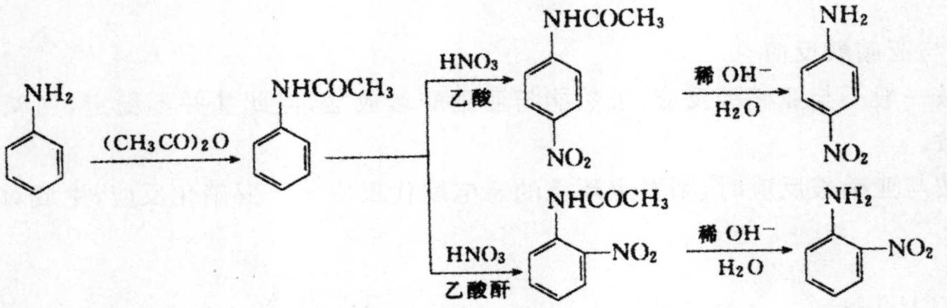

如果将苯胺转化为盐后再进行硝化,则得到的主要为间位取代物。例如:

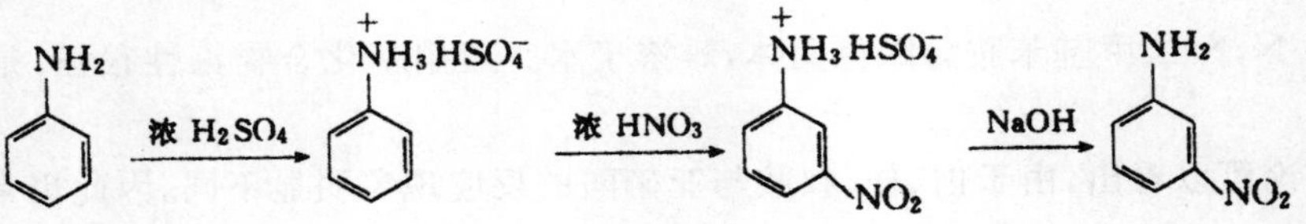

（3）磺化反应

苯胺的磺化是分步进行的,先将苯胺与等物质的量的硫酸混合,使之先生成苯胺硫酸盐,然后在 180℃～190℃ 的条件下烘焙,则可转化为对氨基苯磺酸:

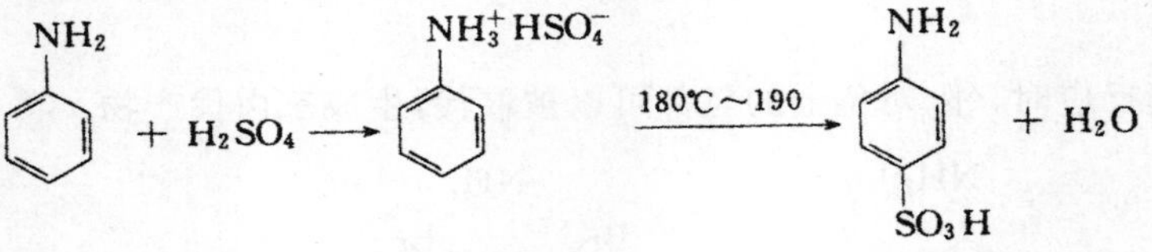

对氨基苯磺酸分子同时具有酸性基团（—SO₃H）和碱性基团（—NH₂）,它们之间可中和成盐,称内盐（$H_3\overset{+}{N}$—$\bigcirc$—SO_3^-）。地氨基苯磺酸的熔点较高（288℃）,不溶于水,能溶于氢氧化钠和碳酸钠,是重要的染料中间体。

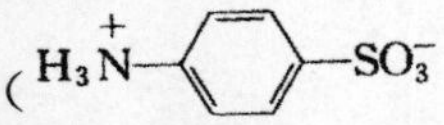

7. 苯胺的氧化反应

苯胺很容易被氧化,且氧化产物复杂,如用适当的氧化剂,控制氧化条件,苯胺可氧化生成对苯醌。如苯胺久置后,空气中的氧可使苯胺由无色透明→黄→浅棕→红棕。

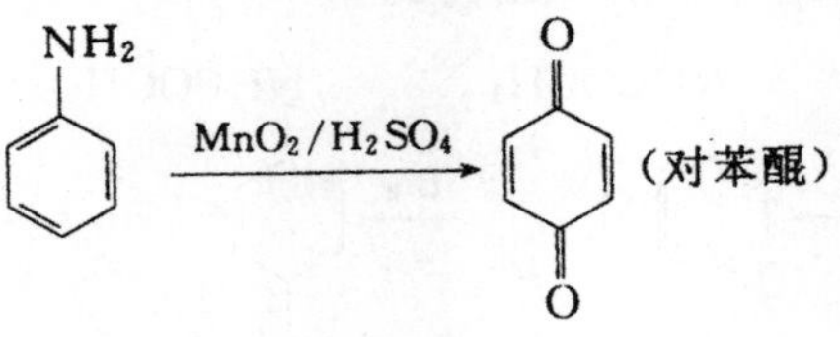

苯胺遇漂白粉显紫色,可用该反应检验苯胺:

8. 伯胺的特殊反应

(1)与醛类的缩合

伯胺能与醛类脱水缩合生成希夫碱：

$$RNH_2 + O{=}CHR' \xrightarrow[-H_2O]{\triangle} RN{=}CHR'$$

N-取代亚胺（希夫碱）

当 R、R' 为脂肪烃基时,希夫碱不稳定,容易发生聚合;R、R' 为芳香烃基时一般较稳定,形成的希夫碱往往呈现出一定的颜色。例如：

$$ArNH_2 + O{=}C{-}\text{(benzene ring)}{-}N(CH_3)_2 \xrightarrow[-H_2O]{\triangle} Ar{-}N{=}C{-}\text{(benzene ring)}{-}N(CH_3)_2$$

芳伯胺　　　对二甲氨基苯甲醛　　　　　　有色物质

对二甲氨基苯甲醛常用作含氨基药物薄层层析的显色剂。

(2)成异腈反应

伯胺与氯仿和氢氧化钾的醇溶液共热,生成具有恶臭味的异腈,因此,常用于鉴别伯胺或氯仿。异腈有毒,可用稀酸使其水解而破坏。

$$R{-}NH_2 + CHCl_3 + 3KOH \xrightarrow{\triangle} R{-}N{=}C + 3KCl + 3H_2O$$

异腈（胩）

$$R{-}N{=}C + 2H_2O \xrightarrow[\triangle]{HCl} R{-}NH_2 + HCOOH$$

9. 季铵化合物

季铵化合物包括季铵盐和季铵碱,它们都是离子型化合物,其正离子部分(R_4N^+)可看成铵正离子(NH_4^+)中的四个氢原子被烃基取代后而形成的。

(1)季铵盐

叔胺与卤代烃(脂肪族或活化的芳卤代烃)作用生成季铵盐。

$$R_3N + RX \longrightarrow R_4N^+ + X^-$$

季铵盐为白色结晶固体,离子型化合物,具有盐的特性,易溶于水而不溶于非极性的有机溶剂,熔点高,在加热时分解为叔胺和卤代烃。

季铵盐与强碱作用得到含季铵碱的平衡混合物。

$$R_4\overset{+}{N}X^- + KOH \longrightarrow R_4\overset{+}{N}OH^- + KX$$

该反应若在强碱的醇溶液中进行,则由于碱金属的卤化物不溶于醇,可使反应进行到底而制得季铵碱。如果用湿的氧化银代替氢氧化钾,反应也可顺利完成。

$$(CH_3)_4\overset{+}{N}I^- + AgOH \longrightarrow (CH_3)_4\overset{+}{N}OH^- + AgI\downarrow$$

具有一个 C_{12} 以上烷基的季铵盐是一类重要的阳离子表面活性剂,而且大多数还具有杀菌作用,例如,溴化二甲基苄基十二烷基铵(商品名"新洁尔灭")是具有去污能力的表面活性剂,也是杀菌特别强的消毒剂。

季铵盐的另一个应用是用作相转移催化剂,它能加速分别处于互不相溶的两相中的物质发生作用,其用量仅为作用物的 0.05mol 以下。常用的相转移催化剂有氯化四丁基铵、溴化三乙基苄基铵、溴化三乙基十六烷基铵等。例如,1-氯辛烷与氰化钠水溶液反应制备壬腈,由于两种反应物形成两相,是一种非均相反应,加热两周也不反应,若加入相转移催化剂溴化三丁基十六烷基铵,加热回流 1.5h,壬腈的产率达到 99%。

另外,某些低碳链的季铵盐(或季铵碱)具有生理活性,例如,乙酰胆碱 $[(CH_3)_3NCH_2CH_2OCOCH_3]^+OH^-$ 对动物神经有调节保护作用;矮壮素 $[(CH_3)_3NCH_2CH_2Cl]^+Cl^-$ 是一种植物生长调节剂,能使植株变矮,杆茎变粗,叶色变绿,具有提高农作物耐旱、耐盐碱和抗倒伏的能力。

(2)季铵碱

季铵碱是一种强碱,其强度与氢氧化钠相当。季铵碱一般由氢氧化银和季铵盐的水溶液作用而制得。

$$R_4\overset{+}{N}I^- + AgOH \longrightarrow R_4\overset{+}{N}OH^- + AgI\downarrow$$

季铵碱受热易发生分解反应,生成叔胺和醇。例如:

$$(CH_3)_4\overset{+}{N}OH^- \xrightarrow{\triangle} (CH_3)_3N + CH_3OH$$

以上反应可看成是 OH^- 作为亲核试剂进攻受带正电荷的氮原子诱导而带正电的甲基碳原子发生的 S_N2 反应:

$$(CH_3)_3N{-}CH_3 + OH^- \xrightarrow{\triangle} (CH_3)_3N + CH_3OH$$

含有 β-H 原子的季铵碱加热至 100℃~200℃时,OH^- 进攻并夺取 β-H,同时 C—N 键断裂发生消除反应,生成烯烃和叔胺,这一反应称为霍夫曼消除反应。例如:

$$\underset{\text{季铵碱}}{(CH_3)_3\overset{+}{N}CH_2\overset{\beta}{C}H_3OH^-} \xrightarrow{\triangle} \underset{\text{叔胺}}{(CH_3)_3N} + \underset{\text{烯烃}}{CH_2{=\!=}CH_2} + H_2O$$

当季铵碱裂解成烯烃的消除方向有选择余地时,则反应的主要产物为双键碳上带有较少烷基的烯烃(与查依采夫规则相反),这一规律称为霍夫曼消除规则。例如:

$$\underset{\beta\quad\beta}{CH_3CH_2\overset{\overset{\displaystyle HO^-\overset{+}{N}(CH_3)_3}{|}}{C}HCH_3} \xrightarrow{\triangle} CH_3CH_2HC{=\!=}CH_2 + CH_3CH{=\!=}CHCH_3$$

$$95\%5\%$$

$$95\%1\%$$

利用霍夫曼消除反应,对一个未知胺,可用过量的碘甲烷与之作用生成季铵盐,然后转化成季铵碱,再进行热分解,从反应过程中消耗碘甲烷的摩尔数可推知原来胺的级数,再由所得烯烃

的结构,可推测出原来胺的结构。例如:

$$RCH_2CH_2NH_2 \xrightarrow{3CH_3I} RCH_2CH_2\overset{+}{N}(CH_3)_3I^- \xrightarrow{AgOH}$$

$$RCH_2CH_2\overset{+}{N}(CH_3)_3OH^- \xrightarrow{\triangle} RCH{=\!\!=}CH_2 + N(CH_3)_3 + H_2O$$

这种用过量的碘甲烷与胺作用生成季铵盐,然后转化为季铵碱,最后消除生成烯烃的反应称为霍夫曼彻底甲基化反应。

环状胺需经过多次霍夫曼彻底甲基化反应才能形成烯烃。例如,毒芹的活性成分毒芹碱$(C_8H_{17}N)$需经过两次霍夫曼降解反应最终得到 1,4-辛二烯。

9.4.3　重氮盐的化学性质与反应

重氮盐的化学性质非常活泼,可发生以下两大类:一类是重氮基被其他基团取代,同时放出氮气的反应;另一类是其他基团与氮原子相连而保留氮原子的反应。

1. 放出氮的反应

芳基重氮盐易于分解,放出氮气,所得芳基正离子可以与羟基、卤素、氰基等亲核试剂反应。升温或有亚铜盐存在,分解速度加快。

(1)被羟基取代

芳基重氮盐在硫酸水溶液中受热,迅速水解,放出氮气,并生成酚。由此反应可将氨基转变为羟基,合成出不宜用苯磺酸－碱熔法等制备的酚类:

$$ArN_2HSO_4 + H_2O \xrightarrow[\text{加热}]{H^+} ArOH + N_2 + H_2SO_4$$

反应会受卤离子存在的影响,因此,如果水溶液中有卤离子,则会有少量卤苯生成,不过除了碘苯外,其他卤苯此法合成产率很低。

又如,由对硝基苯胺制取对硝基苯酚。

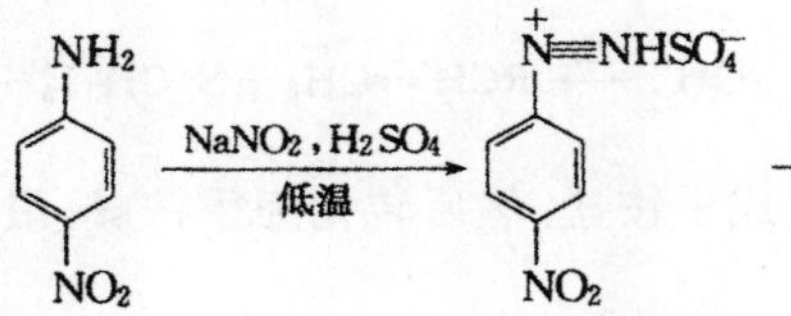

(2)被卤素取代

芳香重氮盐中的重氮基很容易被碘取代,直接将碘化钾与重氮盐共热,就能得到收率良好的碘代物。

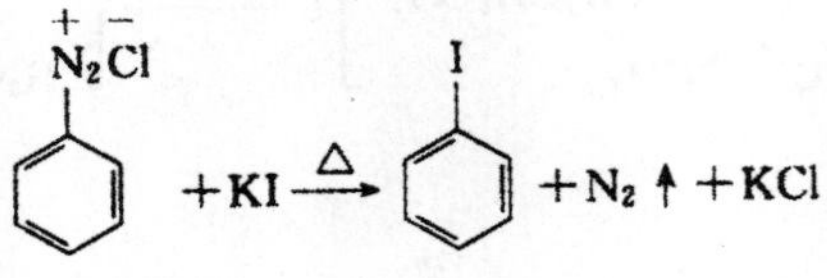

芳香重氮盐溴代或氯代必须与溴化亚铜或氯化亚铜的酸性溶液作用。例如:

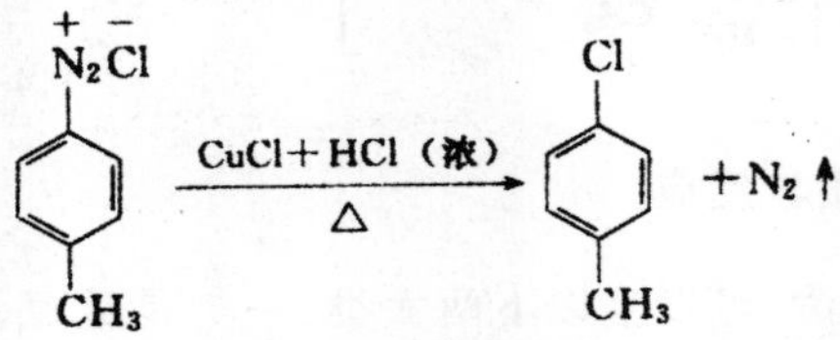

(89%~95%)

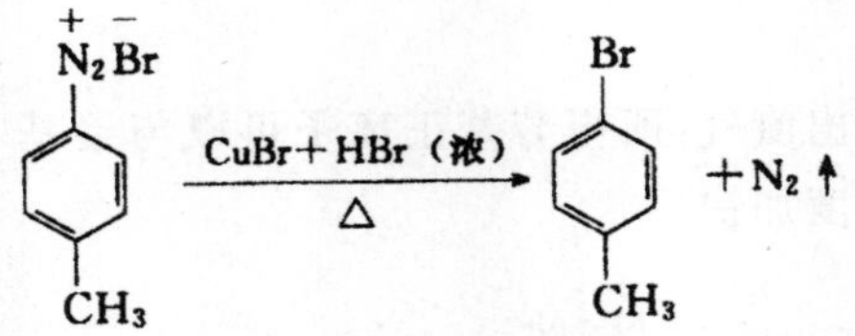

(70%~79%)

以上反应称为桑得迈尔(Sandmeyer)反应。盖特曼(Gattermann)改用精制的铜粉代替卤化亚铜作催化剂,所用铜粉的量很少,操作更为方便,称为桑得迈尔-盖特曼(Sandmeyer-Gattermann)反应。

由于氟硼酸重氮盐不溶于水,可将干燥或溶于惰性溶剂中的氟硼酸重氮盐缓慢加热分解,则生成相应的氟化物,称为希曼(G. Schiemann)反应。例如:

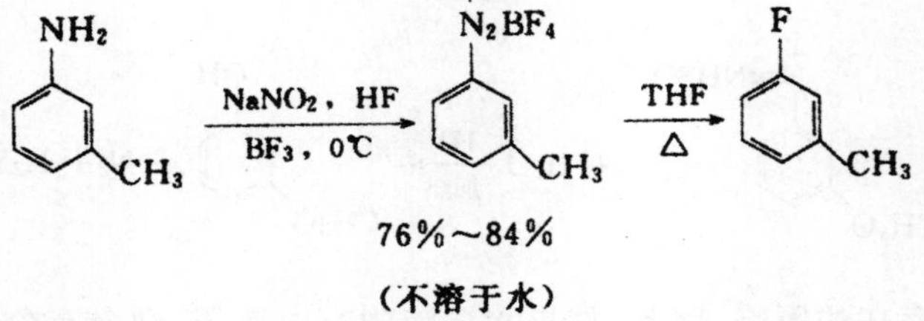

76%~84%

(不溶于水)

该反应也可用六氟磷酸重氮盐加热分解来获得氟化物。例如：

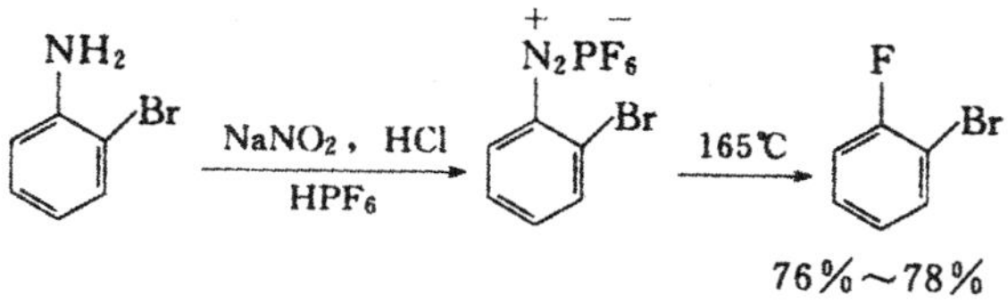

（3）被氰基取代

芳香重氮盐在 CuCN 的催化作用下与 KCN 反应，重氮基被 CN 取代生成芳香腈化合物，这类反应叫 Sandmeyer 反应，如果用铜粉代替 CuCN 则属于 Gattermann 反应。利用此反应，可在苯环上引入氰基。

$$Ar\overset{+}{N}\equiv NCl^- \xrightarrow[\text{或 Cu,KCN}]{\text{CuCN,KCN}} ArCN + N_2 \uparrow$$

$$Ar\overset{+}{N}\equiv NHSO_4^- \xrightarrow[\text{或 Cu,KCN}]{\text{CuCN,KCN}} ArHSO_4 + N_2 \uparrow$$

例如，邻甲基苯甲腈的合成：

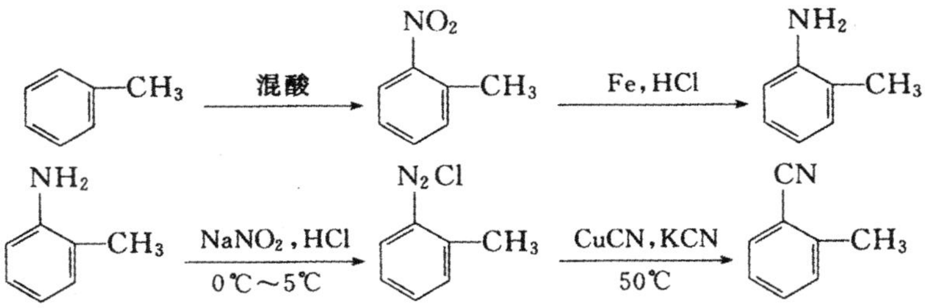

由于氰基可水解生成羧酸，还原可得氨，因此，可通过重氮基被氰基取代进一步制备芳香族羧酸和芳胺类化合物。例如：

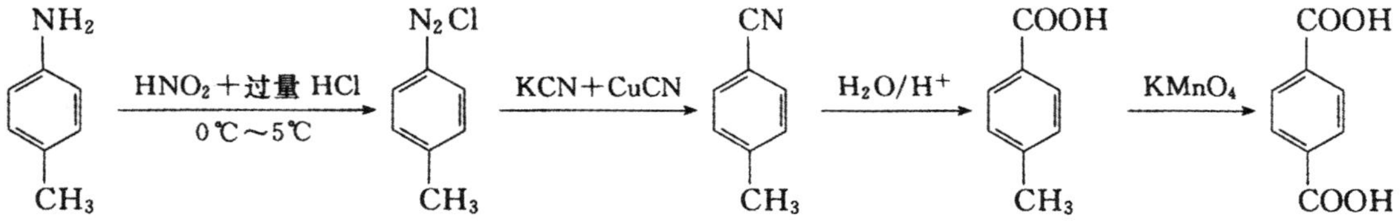

（4）被氢原子取代

芳基重氮盐与次磷酸 H_3PO_2、甲醛-NaOH 或硼氢化钠等还原剂作用，则重氮基可被氢原子取代，称为还原除氨基反应。

$$ArN_2HSO_4 + H_3PO_2 + H_2O \longrightarrow ArH + N_2 + H_3PO_3 + H_2SO_4$$

$$ArN_2HSO_4 + HCHO + 2KOH \longrightarrow ArH + N_2 + HCOOH + K_2SO_4 + H_2O$$

也可以用乙醇作为还原剂，但会有副产物醚的生成。若用甲醇代替乙醇，则有大量的醚生成。

$$ArN_2HSO_4 + C_2H_5OH \longrightarrow ArOC_2H_5 + N_2 + H_2SO_4$$

$$ArN_2HSO_4 + C_2H_5OH \longrightarrow ArH + N_2 + CH_3CHO + H_2SO_4$$

通过重氮化及还原除氨基反应可将芳环上的 NH$_2$ 除去。在有机合成上,可以借助氨基的定位、占位作用,制备特定的芳香族衍生物。

例如,1,3,5-三溴苯的合成:

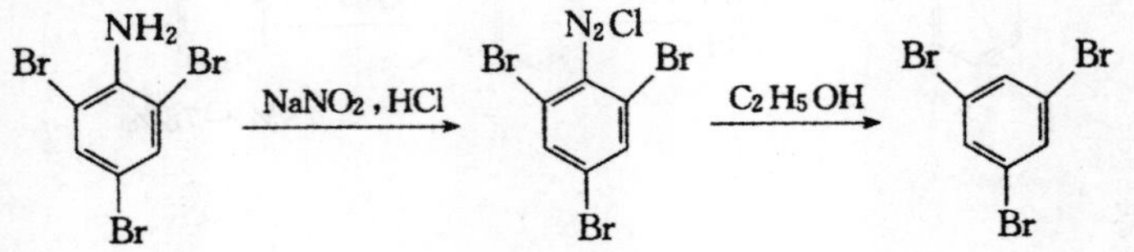

又如,间溴叔丁苯的合成:

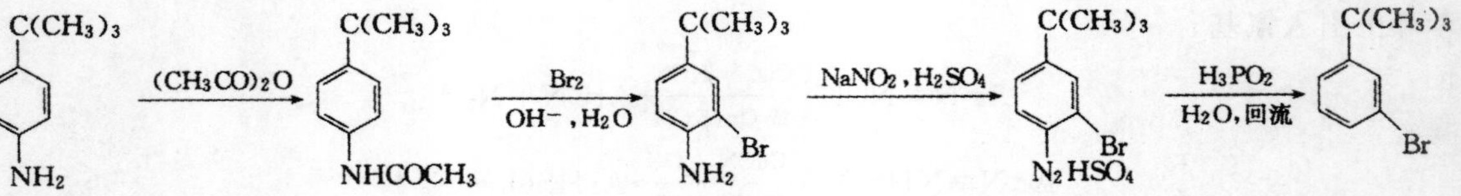

(5)被硝基取代

芳香重氮盐用精制的铜粉作催化剂时,与亚硝酸盐作用,重氮基则被硝基所取代。例如:

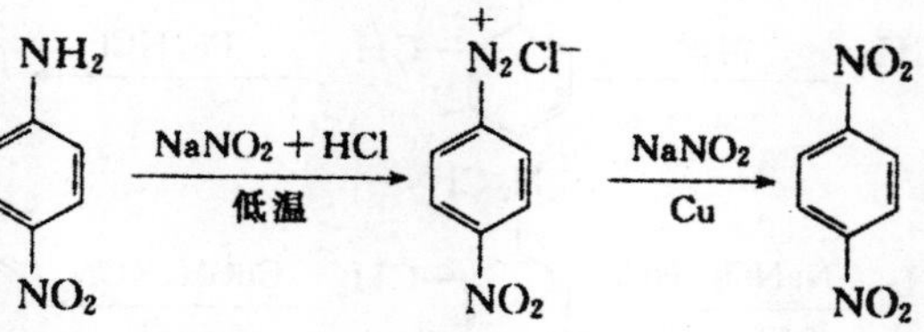

以上反应提供了由—NH$_2$ 转化为—NO$_2$ 的方法。

2. 保留氮的反应

(1)还原反应

用硫代硫酸钠、亚硫酸钠、氯化亚锡加盐酸等还原芳基重氮盐,可制备芳基肼:

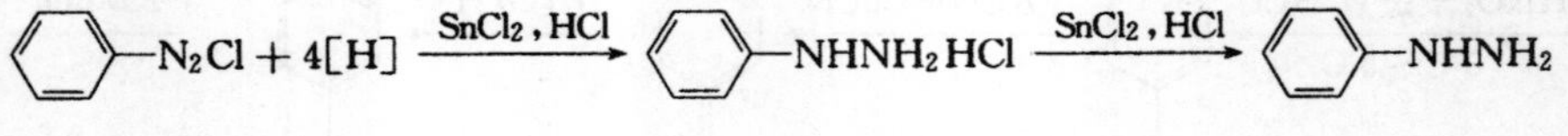

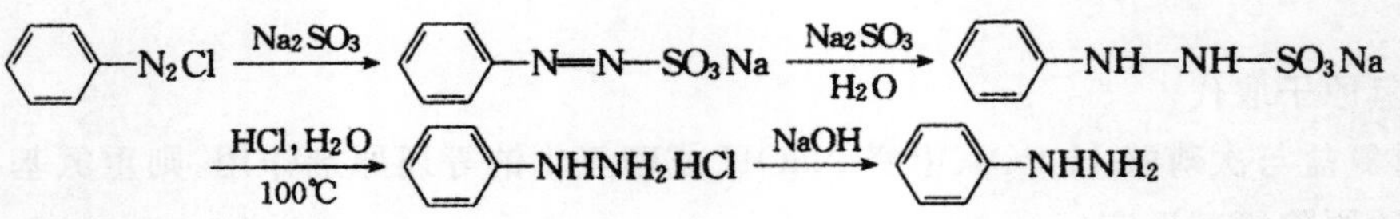

芳基肼是常用的有机分析试剂及重要的精细化工原料。

如果用较强的还原剂(如锌和盐酸或四氯化锡和盐酸)则生成两种苯胺。

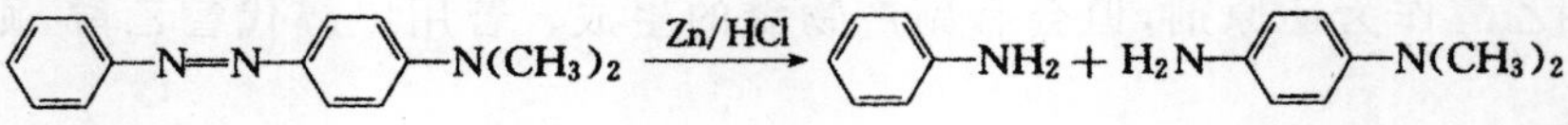

(2)偶合反应

在适当的酸碱条件下,重氮盐可以和酚和芳胺等连有强供电子基团的芳香化合物作用,生成偶氮化合物，这个反应叫偶合反应。重氮盐与酚类化合物的偶合反应在弱碱性条件下进行（pH≈10），而重氮盐与芳胺类化合物的偶合反应在弱酸性或中性条件下进行（pH＝5～7）。例如：

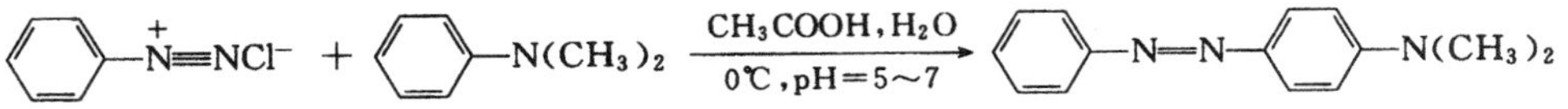

对-（N,N-二甲氨基）偶氮苯

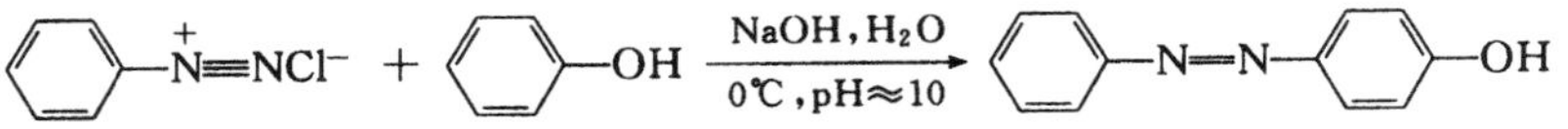

对羟基偶氮苯

重氮盐与酚类化合物的偶合反应之所以在弱碱性条件下进行，是因为在弱碱性条件下，酚（ArOH）变成芳氧基负离子 ArO^-，氧负离子（O^-）是一个比羟基（—OH）更强的活化芳环的基团，有利于偶合反应进行。但重氮盐与酚的偶合不能在强碱性条件下进行。因为当 pH＞10 时，重氮离子会形成不能发生偶合反应的重氮酸。

$$\underset{\text{可偶合}}{Ar—\overset{+}{N}\equiv N} + OH^- \underset{H^+}{\overset{OH^-}{\rightleftharpoons}} \underset{\text{不可偶合}}{Ar—N=N—OH}\text{（重氮酸）}$$

$$\underset{\text{不可偶合}}{Ar—N=N—OH} \underset{H^+}{\overset{OH^-}{\rightleftharpoons}} \underset{\text{不可偶合}}{Ar—N=N—O^-} + H^+$$

重氮盐与芳胺的偶合反应要在弱酸性或中性条件下进行（pH＝5～7），是因为在强酸性条件下，芳胺（$ArNR_2$）变成芳铵盐（Ar^+NHR_2），而$^+NHR_2$ 正离子是一个强的钝化芳环的基团。只含钝化基团的芳环不能进行偶合反应。

重氮盐的偶合反应是芳香族亲电取代反应。由于重氮基是弱的亲电试剂，因此，通常只与酚类和芳胺或含有强的活化基团的芳香化合物才能发生偶合反应。例如，甲基橙可由以下步骤合成：

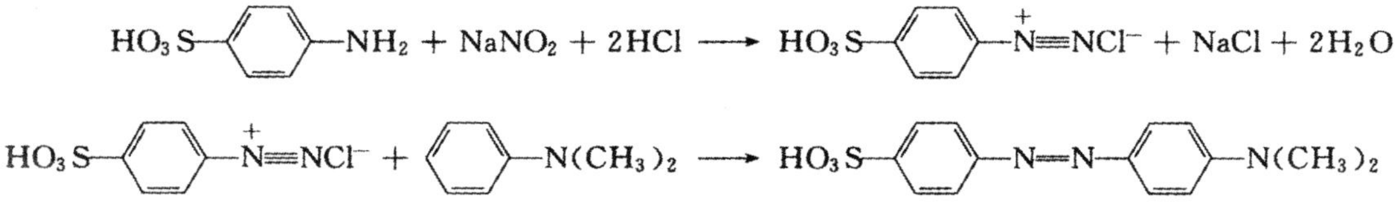

甲基橙

但甲基橙不能由以下步骤合成：

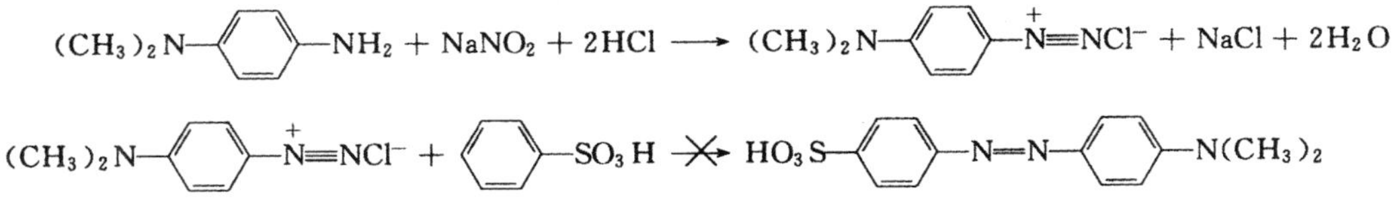

重氮盐的偶合反应通常发生在酚羟基或芳胺的对位，如对位被其他基团占据，也能在羟基或氨基的邻位偶联。例如：

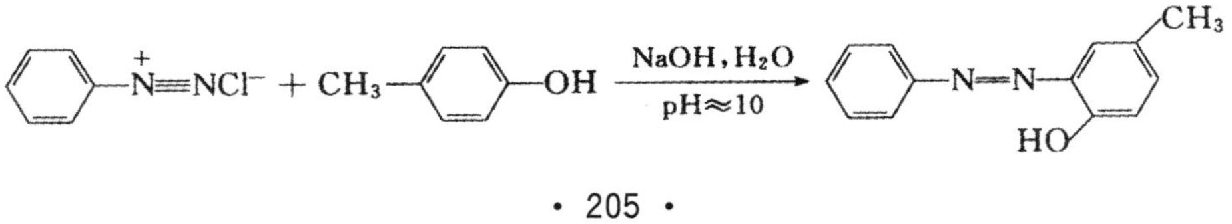

当重氮盐与 α-萘酚或 α-萘胺反应时，偶合反应发生在 4 位，如果 4 位被占，则发生在 2 位。例如：

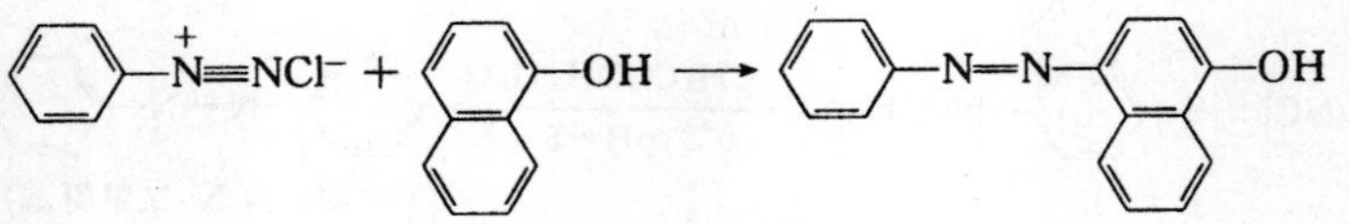

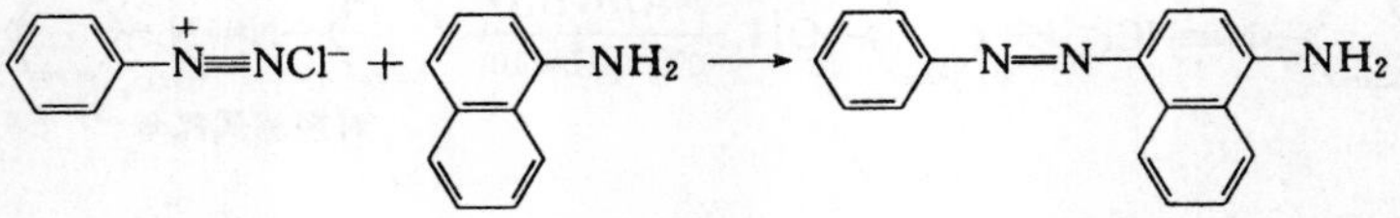

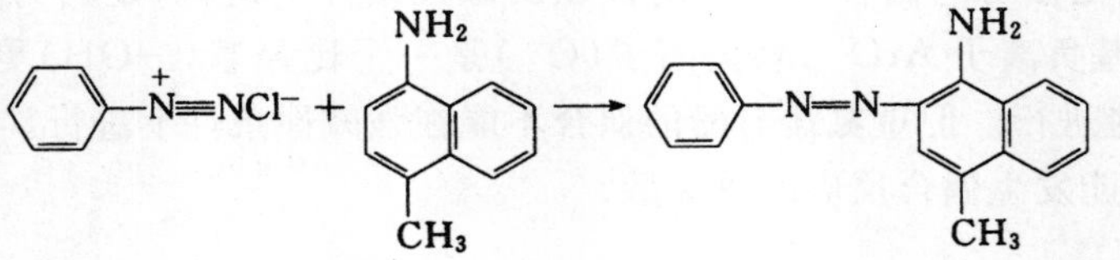

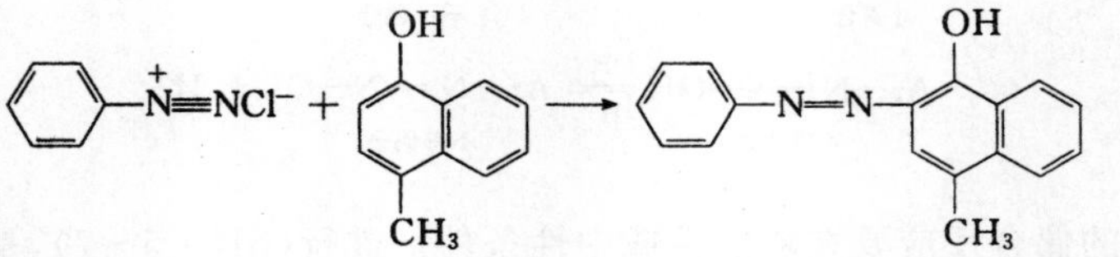

而当重氮盐与 β-萘酚或 β-萘胺偶合时，反应发生在 1 位，如果 1 位被占，则不发生偶合。例如：

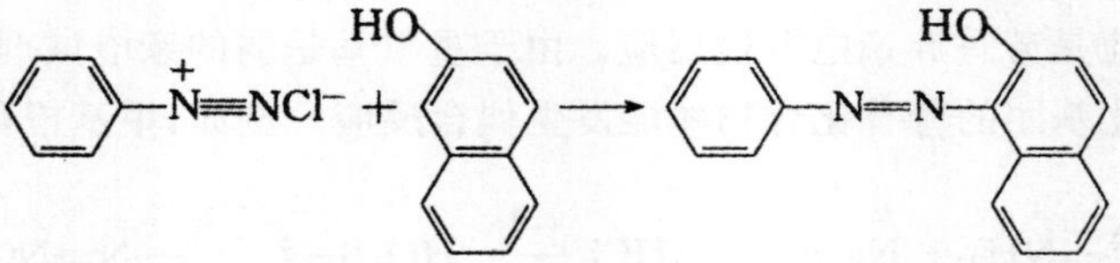

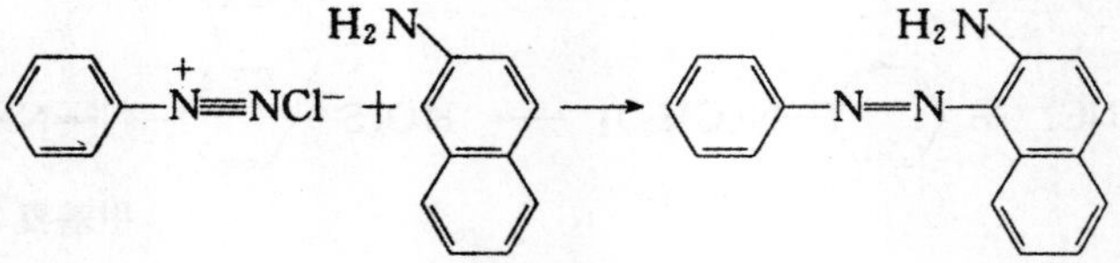

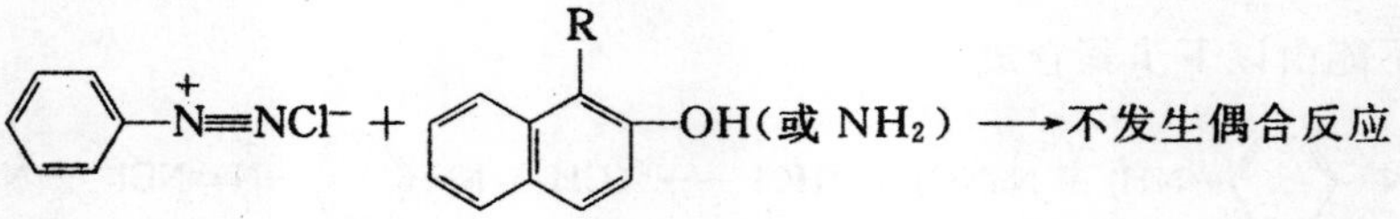

第10章 杂环化合物

10.1 概述

在环状有机化合物中,构成环的原子除碳原子外还含有其他原子,这种环状化合物称为杂环化合物,除碳以外的其他原子称为杂原子。常见的杂原子有氮、氧和硫。

杂环化合物在自然界分布很广,也很重要。例如,在动、植物体内起着重要生理作用的血红素、叶绿素、核酸的碱基、中草药的有效成分——生物碱等都是含氮杂环化合物。蛋白质(酶)中含的杂环就是它们发生反应的位置。一部分维生素、抗生素、植物色素等很多重要的合成药物及合成染料也含有杂环。近几十年来,杂环化合物在理论和应用方面的研究都有很大的进展,杂环化合物已成为有机化合物的最大一类化合物,据报道,有机化合物中大约有二分之一是杂环化合物。

10.1.1 杂环化合物的分类

根据杂环母体中所含环的数目,将杂环化合物分为单杂环和稠杂环两大类。最常见的单杂环按环的大小分五元环和六元环。稠杂环按稠合环的形式分苯稠杂环化合物和杂环稠杂环化合物。另外,可根据单杂环中杂原子的数目不同分为含一个杂原子的单杂环、含两个杂原子的单杂环等。

常见杂环化合物的分类和名称见表 10-1。

表 10-1 杂环化合物结构、分类和名称

杂环的分类		含一个杂原子			含两个杂原子	
单杂环	五元杂环	呋喃 (furan)	噻吩 (thiophene)	吡咯 (pyrrole)	噻唑 (thiazole)	咪唑 (imidazole)
	六元杂环	吡啶 (pyridine)	吡喃 (pyran)		嘧啶 (pyrimidine)	吡嗪 (pyrazine)
稠杂环		吲哚 (indole)	喹啉 (quinoline)	异喹啉 (isoquinoline)	嘌呤 (purine)	苯并噻唑 (benzothiazole)

10.1.2 杂化化合物的命名

杂环化合物的命名在我国有两种方法：一种是译音命名法；另一种是系统命名法。

1. 译音命名法

译音法是根据 IUPAC 推荐的通用名，按外文名称的译音来命名，并用带"口"旁的同音汉字来表示环状化合物。例如：

呋喃	咪唑	吡啶	嘌呤
(furan)	(imidazole)	(pyridine)	(purine)

2. 系统命名法

对杂环的衍生物命名时，采用系统命名法。与芳香族化合物命名原则类似，当杂环上连有—R、—X、—OH、—NH₂ 等取代基时，以杂环为母体；如果连有—CHO、—COOH、—SO₃H 等时，把杂环作为取代基。

环上连有取代基时，需要给杂环编号，编号规则如下所示。

①从杂原子开始编号，杂原子位次为1。当环上只有一个杂原子时，也可把与杂原子直接相连的碳原子称为 α 位，其后依次为 β 位和 γ 位。例如：

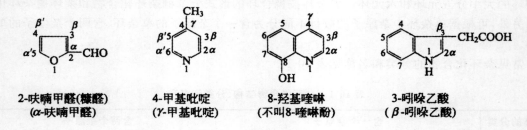

2-呋喃甲醛(糠醛)	4-甲基吡啶	8-羟基喹啉	3-吲哚乙酸
(α-呋喃甲醛)	(γ-甲基吡啶)	(不叫8-喹啉酚)	(β-吲哚乙酸)

②如果杂环上含有多个相同的杂原子，则从连有氢原子或取代基的杂原子开始编号，并是其他杂原子的位次尽可能最小。例如：

CH₃—〔5-甲基咪唑结构式〕

5-甲基咪唑

③如果杂环上含有不相同的杂原子，则按 O、S、N 的顺序编号。例如：

Cl—〔4-氯噻唑结构式〕

4-氯噻唑

某些特殊的稠杂环，不符合以上编号规则，有其特定的编号。例如：

4-异喹啉甲酸　　　　**6-氨基嘌呤(不叫6-嘌呤胺)**

当杂环的氮原子上连有取代基时,往往用"N"表示取代基的位次。例如:

N-甲基吡咯

10.1.3　杂化化合物的结构

1. 五元杂环化合物的结构

含有一个杂原子的五元杂环化合物,具有代表性的是呋喃、噻吩、吡咯。

五元杂环化合物呋喃、噻吩、吡咯在结构上有以下共同点:五元杂环的 5 个原子都位于同一个平面上,彼此以 σ 键相连接;每一碳原子还有一个电子在 p 轨道上,杂原子有 2 个电子在 p 轨道上,这 5 个 p 轨道垂直于环所在的平面相互交盖形成大 π 键(一个闭合的共轭体系)。杂原子的未共用电子对参加了芳香性的六 π 电子体系的形成,这样,五元杂环的 6 个 π 电子就分布在包括环上 5 个原子在内的分子轨道中。因为五元杂环化合物如呋喃、噻吩及吡咯在环上都有 6 个 π 电子,与苯环的六 π 电子结构相似,所以都像苯一样具有芳香性。如图 10-1 所示。

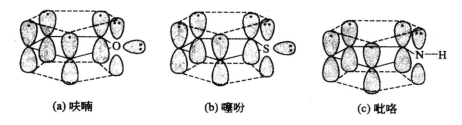

(a) 呋喃　　　　　　**(b) 噻吩**　　　　　　**(c) 吡咯**

图 10-1　呋喃、噻吩、吡咯的原子轨道

由于呋喃、噻吩、吡咯分子中的杂原子不同,因此,它们的芳香性在程度上也有所不同。其中噻吩的芳香性较强,比较稳定;呋喃的芳香性较弱;吡咯介于呋喃和噻吩之间。另外,吡咯分子中的氮原子上连有一个氢原子,由于氮原子的 p 电子参与了环上共轭,降低了对这个氢原子的吸引力,使得氢原子变得比较活泼,具有弱酸性。

2. 六元杂环化合物的结构

六元杂环化合物中最重要的是吡啶。吡啶环与苯环很相似,氮原子与碳原子处在同一平面上,原子间是以 sp² 杂化轨道相互交盖形成 6 个 σ 键,键角为 120°。环上每个原子还有一个电子在 p 轨道上,6 个 p 轨道垂直于环所在的平面,相互交盖形成一个闭合的共轭体系。因此,吡啶也具有芳香性。氮原子的第 3 个 sp² 杂化轨道上有一对未共用电子对,未参与共轭。如图 10-2 所示。

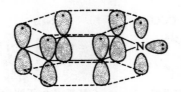

图 10-2　吡啶的原子轨道

10.2　杂环化合物的性质

10.2.1　杂环化合物的物理性质

1. 五元杂环化合物的物理性质

呋喃存在于松木焦油中,为无色液体,沸点为 32℃,具有类似氯仿的气味,难溶于水,易溶于有机溶剂。它的蒸气遇有被盐酸浸湿过的松木片时,呈现绿色,叫做松木反应,可用来鉴定呋喃的存在。

噻吩存在于煤焦油的粗苯中,为无色液体,沸点为 84℃,难溶于水,易溶于有机溶剂,不易发生水解、聚合反应,是三个五元杂环化合物中最稳定的一个。噻吩在浓硫酸存在下,与靛红一同加热显示蓝色,可用做检验噻吩。

吡咯及其同系物主要存在于骨焦油中,为无色油状液体,沸点为 131℃,有微弱的类似苯胺的气味,难溶于水,易溶于醇或醚中,在空气中颜色逐渐变深。它的蒸气遇有被盐酸浸湿过的松木片时,呈现红色。

2. 六元杂环化合物的物理性质

吡啶存在于煤焦油及页岩油中,是无色而具有特殊臭味的液体,沸点为 115℃,熔点为 −42℃,相对密度为 0.982,可与水、乙醇、乙醚等混溶,能溶解大部分有机化合物和许多无机盐类,是一种很好的溶剂。

10.2.2　杂环化合物的化学性质与反应

1. 五元杂环化合物的化学性质与反应

(1) 环的稳定性

呋喃和吡咯对氧化剂(甚至空气中的氧)不稳定,尤其是呋喃可被氧化成树脂状物,噻吩对氧化剂却比较稳定。

3 种杂环化合物对碱是稳定的,但对酸的稳定性则不同。噻吩对酸较稳定,而吡咯与浓酸作用可聚合成树脂状物。呋喃对酸则很不稳定,稀酸就可使其生成不稳定的二醛,然后聚合成树脂状物。

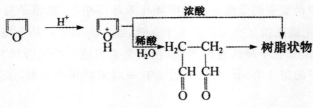

(2)酸碱性

含氮化合物的碱性强弱主要取决于氮原子上未共用电子对与 H^+ 的结合能力。在吡咯分子中，由于氮原子上的未共用电子对参与环的共轭体系，使氮原子上电子云密度降低，吸引 H^+ 的能力减弱。另一方面，由于这种 p-π 共轭效应使与氮原子相连的氢原子有离解成 H^+ 的可能，因此，吡咯不但不显碱性，反而呈弱酸性，可与碱金属、氢氧化钾或氢氧化钠作用生成盐。

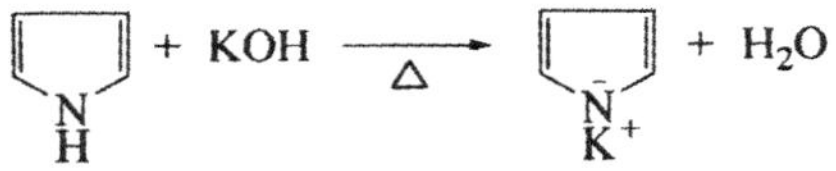

呋喃分子中的氧原子因其未用共用的电子对参与了大 π 键的形成，而失去了醚的弱碱性，不易与无机强酸反应。噻吩中的硫原子不能与质子结合，所以也无碱性。

(3)亲电取代反应

由于吡啶环上氮原子的电负性比碳原子强，杂环碳原子上的电子云密度有所降低，所以吡啶的亲电取代不如苯活泼，而与硝基苯相似，主要发生在 β 位上。并且不能发生傅-克反应。

①卤代反应。呋喃、噻吩、吡咯都容易发生卤化反应。例如：

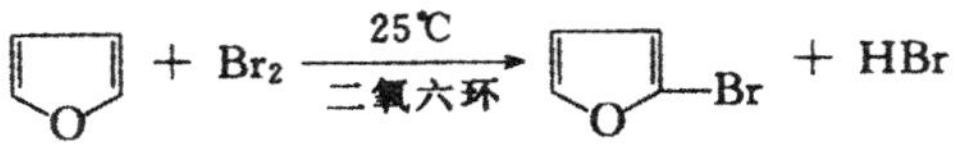

2-溴呋喃(75%)

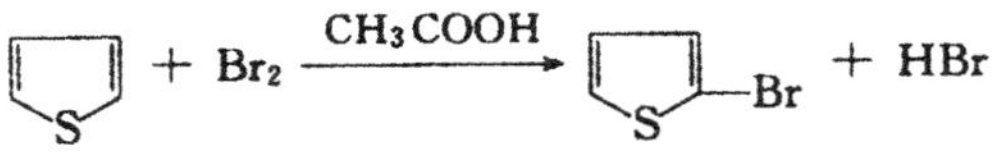

2-溴噻吩

2-溴噻吩可用于合成治疗心脏病的药物。

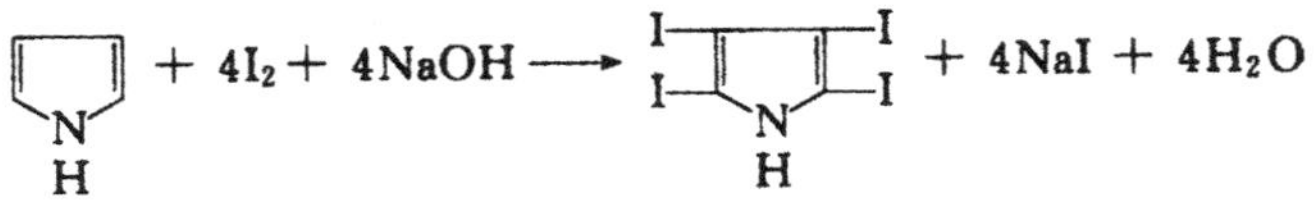

四碘吡咯

四碘吡咯可用作伤口消毒剂。

②硝化反应。呋喃、噻吩、吡咯不能采用一般的硝化试剂硝化，通常使用比较缓和的硝化剂硝酸乙酰酯，并在低温下进行。

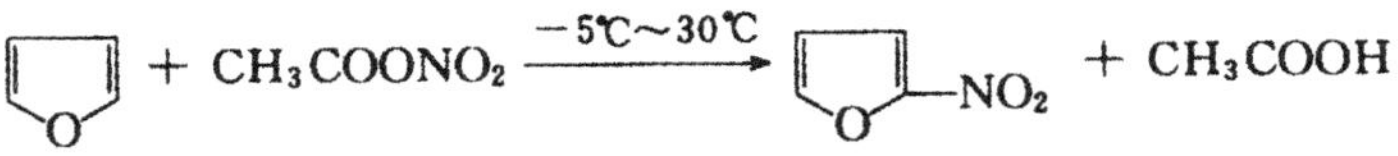

硝酸乙酰酯　　α-硝基呋喃(35%)

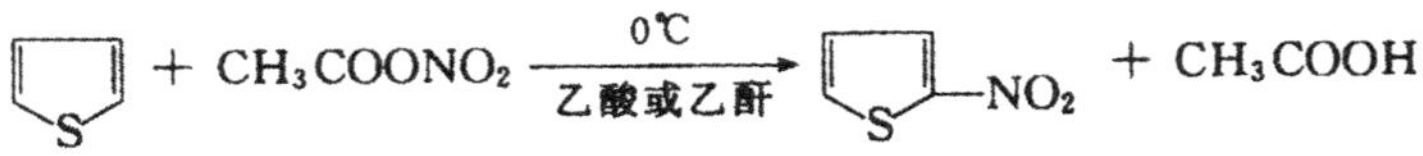

α-硝基噻吩(60%)

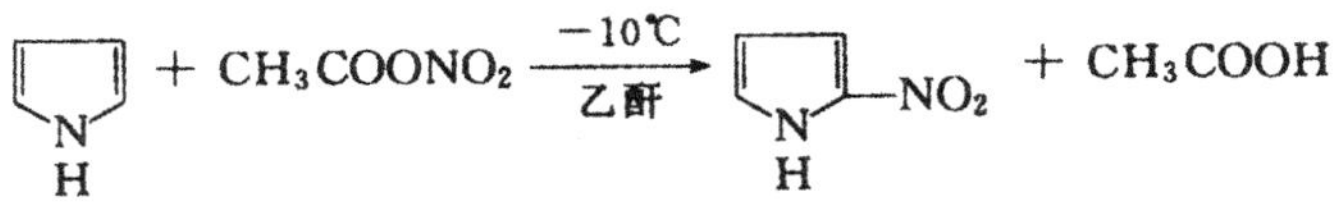

α-硝基吡咯(51%)

硝酸乙酰酯由硝酸和乙酸酐反应制得。α-硝基噻吩用于合成抗生素或有抗原虫作用的药物。

③磺化反应。噻吩在室温下可溶于浓硫酸,并发生磺化反应。

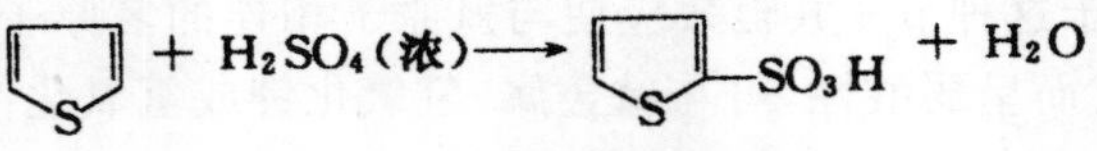

α-噻吩磺酸(70%)

由于呋喃和吡咯的芳香性较弱,遇酸容易发生环的断裂,磺化时往往使用比较缓和的磺化剂吡啶三氧化硫。

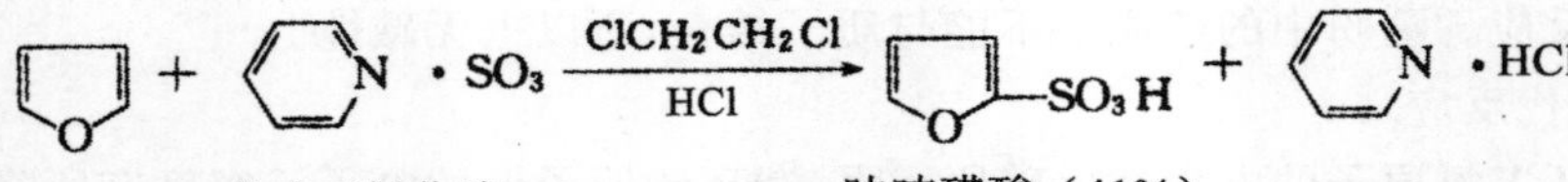

吡啶三氧化硫　　　　　　　α-呋喃磺酸(41%)

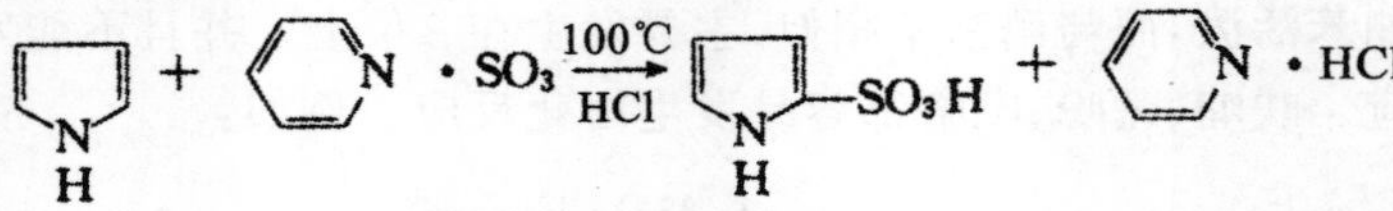

α-吡咯磺酸(90%)

④傅-克酰基化反应。傅-克酰基化反应常采用较温和的催化剂如 $SnCl_4$、BF_3 等,对活性较大的吡咯可不用催化剂,直接用酸酐酰化。

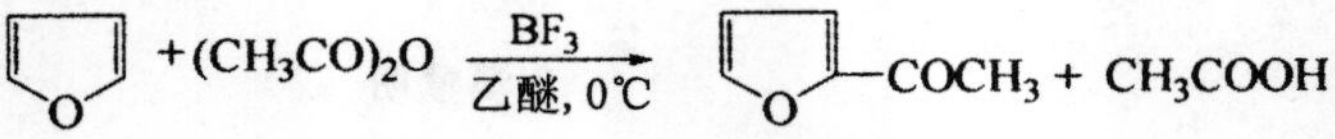

α-乙酰基呋喃

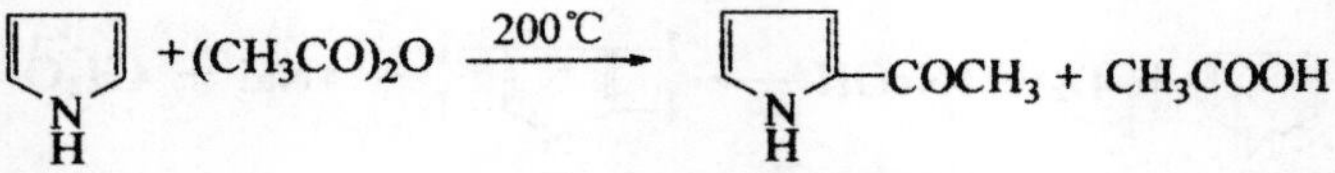

α-乙酰基吡咯

(4)加成反应

呋喃、噻吩、吡咯在催化剂存在下,都能进行加氢反应,生成相应的四氢化物。

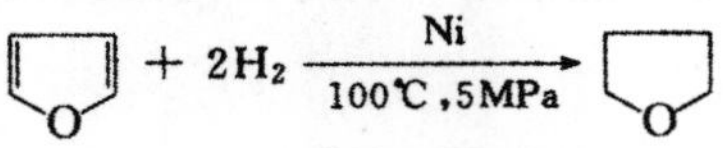

四氢呋喃

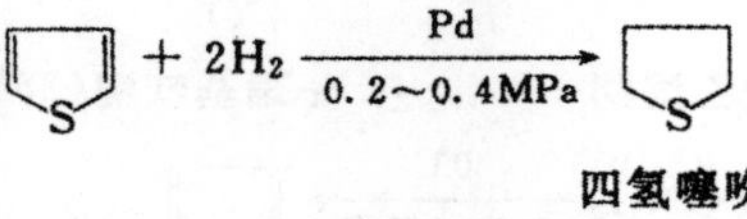

四氢噻吩

四氢吡咯

2. 六元杂环化合物的化学性质与反应

(1)碱性

吡啶的氮原子上有一对孤对电子(sp^2 杂化电子)没有参与共轭,可与质子结合,因此,具有碱性。吡啶的碱性比吡咯、苯胺强,但比氨弱。不同化合物的碱性大小顺序为:

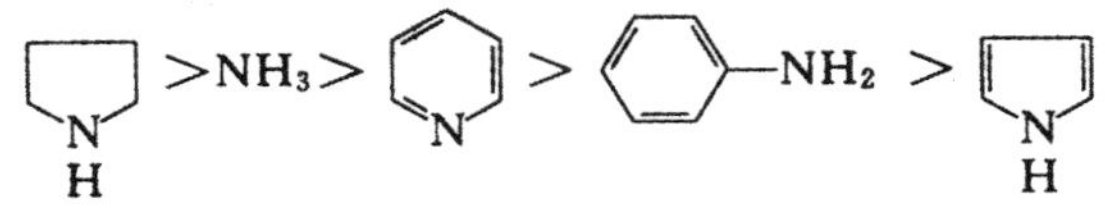

四氢吡咯　　氨　　吡啶　　苯胺　　　吡咯

吡啶能与无机酸作用生成盐,得到的吡啶盐再碱化可恢复原物。例如:

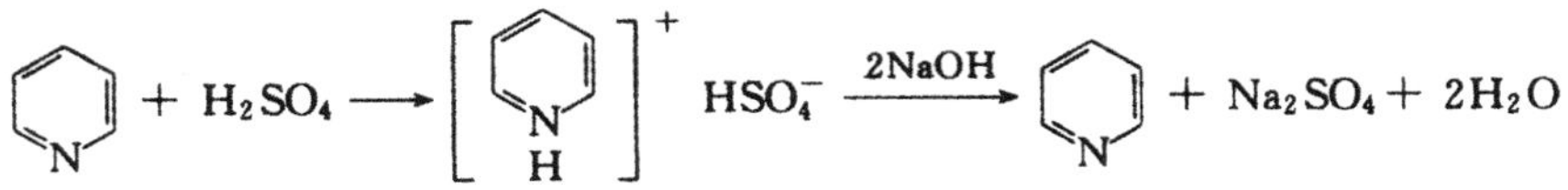

吡啶硫酸盐

吡啶容易与三氧化硫结合,生成吡啶三氧化硫。

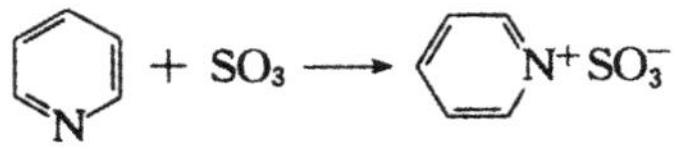

吡啶三氧化硫

吡啶三氧化硫是缓和的磺化剂,用于对强酸敏感的化合物(如呋喃、吡咯等)的磺化。吡啶与叔胺相似,也可与卤代烷作用生成季铵盐。例如:

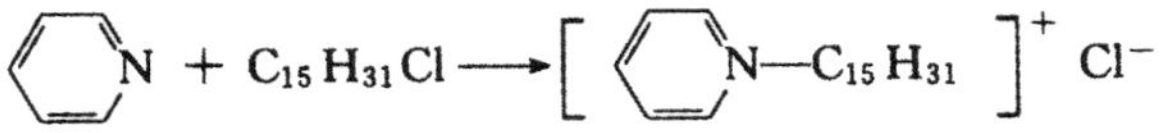

氯化十五烷基吡啶

氯化十五烷基吡啶是一种阳离子表面活性剂。

(2)亲电取代反应

吡啶环上的 N 原子吸电子(可近似看成—NO_2),所以,吡啶环发生亲电取代反应较苯难,且取代多在 N 的间位。亲电取代类型主要有卤代、硝化和磺化,不能发生傅-克反应。

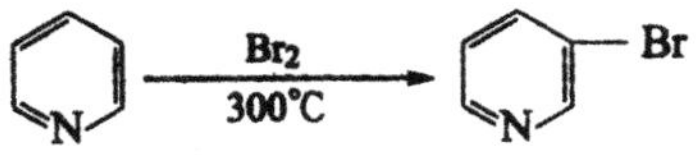

(β-溴代吡啶)

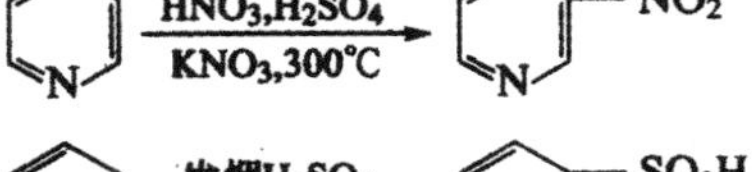

(β-硝基吡啶,15%)

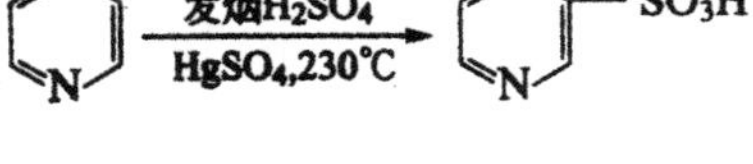

(β-吡啶磺酸,71%)

（3）亲核取代反应

受 N 原子强吸电子影响，吡啶环较易发生亲核取代反应。例如：

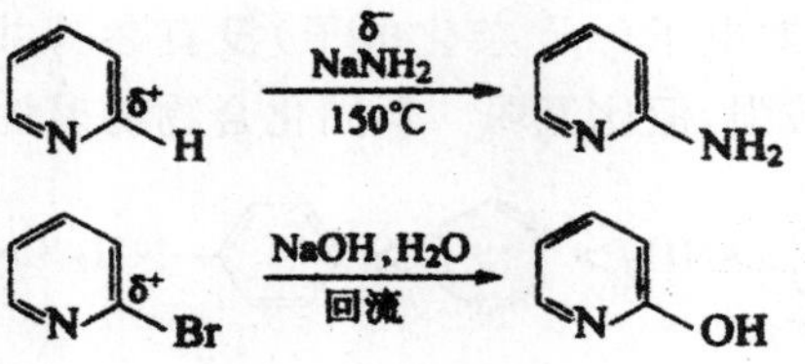

（4）加成反应

吡啶比苯容易还原，经催化氢化或用醇钠还原都可以得到六氢吡啶。

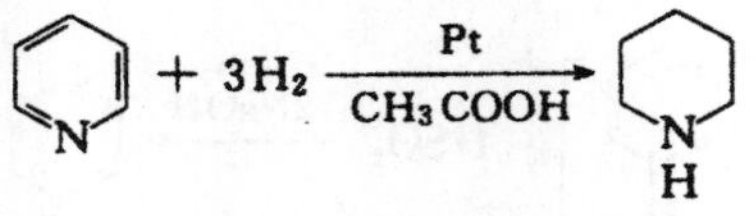

六氢吡啶

（5）氧化反应

吡啶比苯稳定，不易被氧化剂氧化，当环上连有含 α-氢原子的侧链时，侧链容易被氧化成羧基。例如：

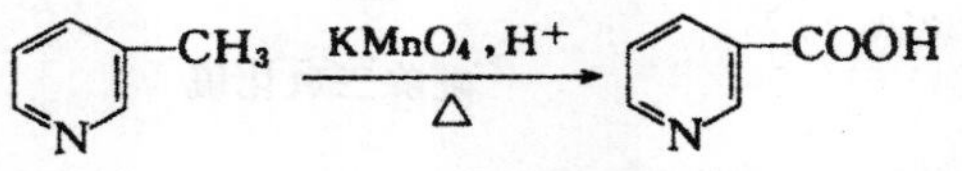

β-吡啶甲酸（烟酸）

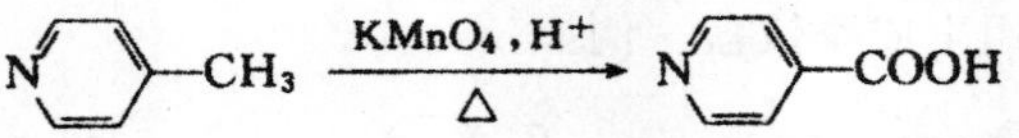

γ-吡啶甲酸（异烟酸）

10.3 重要的杂环化合物及其衍生物

10.3.1 呋喃衍生物

1. 糠醛

糠醛是最重要的呋喃衍生物。糠醛即 α-呋喃甲醛，系用稀酸处理米糠、玉米芯、高粱秆、花生壳等农作物而得，故名糠醛。

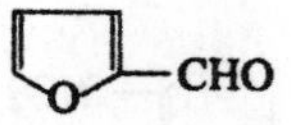

纯糠醛为无色、有毒液体，沸点为 161.8℃，可溶于水。在光、热、空气中易聚合而变色。糠醛遇苯胺醋酸盐溶液显深红色，这是鉴别糠醛（及其他戊糖）常用的方法。

糠醛的性质与苯甲醛相近，能发生歧化、氧化及芳香醛的缩合反应。例如：

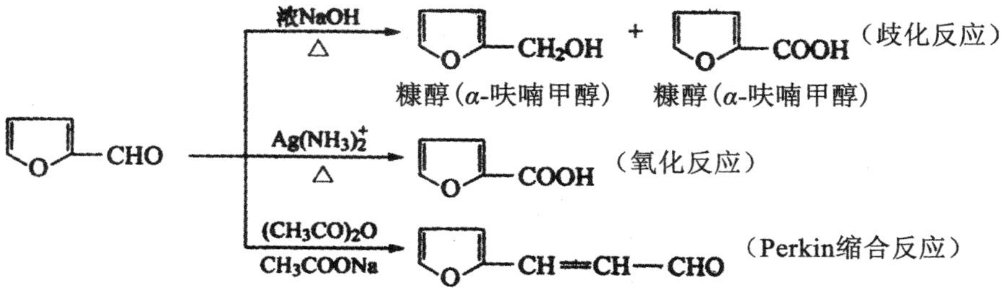

糠醛用途广泛,可用于合成药物(如痢特灵、呋喃西林)及酚醛树脂、农药等。

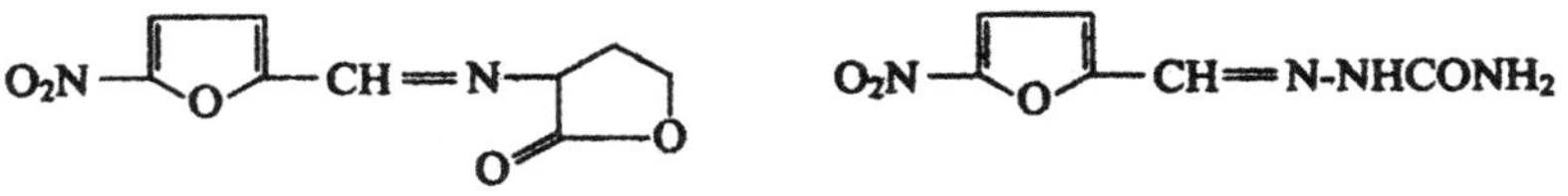

痢特灵
(呋喃唑酮,抗菌药)

呋喃西林
(抗菌药,广泛用于抑制乃至杀灭细菌)

2. 呋喃唑酮

呋喃唑酮又名痢特灵,分子式为 $C_8H_7N_3O_5$,为黄色结晶粉末,熔点为 275℃,无臭,味苦,难溶于水、乙醇。呋喃唑酮遇碱分解,在日光下颜色逐渐变深,由 5-硝基-2-呋喃甲醛合成。

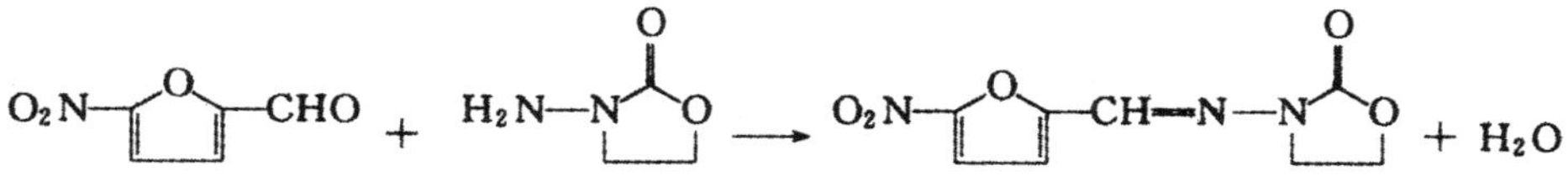

5-硝基-2-呋喃甲醛　　　　　　　　　　呋喃唑酮(痢特灵)

5-硝基-2-呋喃甲醛为无色结晶,有明显的抑菌作用,是合成呋喃类药物的中间体。

呋喃唑酮主要用于细菌性痢疾、肠炎、伤寒等疾病的治疗,另外对胃炎、十二指肠溃疡也有治疗作用。

3. 呋喃妥因

呋喃妥因的别名为呋喃坦丁,分子式为 $C_8H_6N_4O_5$,为黄色结晶粉末,熔点为 270℃～272℃,无臭,味苦,遇光颜色加深。它溶于二甲基甲酰胺,在丙酮中微溶,在水或氯仿中几乎不溶。呋喃妥因由 5-硝基-2-呋喃甲醛和 N-氨基-2,5-咪唑二酮合成。

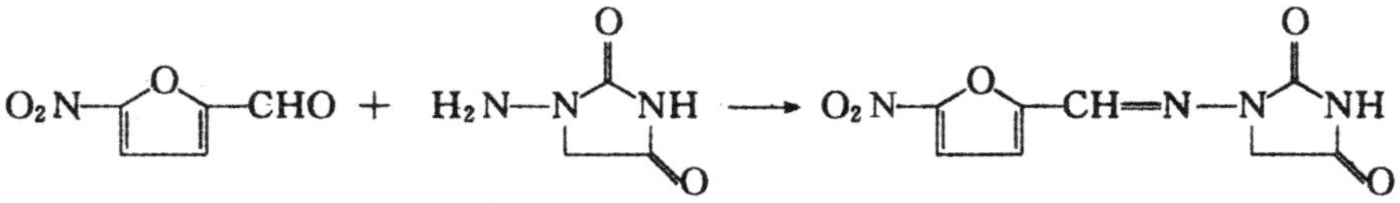

N-氨基-2,5-咪唑二酮　　　　　　　　　　呋喃妥因(呋喃坦丁)

呋喃妥因主要用于敏感菌引起的急性肾盂肾炎、膀胱炎、尿道炎和前列腺炎等泌尿系统感染的治疗。

10.3.2 吡咯衍生物

吡咯衍生物大多以卟吩环的形式存在。所谓卟吩环,是指由四个吡咯环的 α-C 通过次甲基(—CH=)相连形成的稳定且复杂的共轭体系(卟吩结构如图 10-3 所示)。其衍生物叫做卟啉。卟啉类化合物广泛存在于动植物体中,环内的 N 原子易与金属(Mg、Fe 等)络合,多显色。较重要的卟啉类化合物有叶绿素、血红素及维生素 B_{12}。

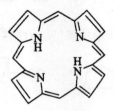

图 10-3 卟吩

1. 叶绿素

叶绿素与蛋白质结合存在于绿色植物中,是绿色植物进行光合作用的必需催化剂,能把太阳能转化为化学能储藏在有机化合物中。叶绿素是叶绿素 a 与叶绿素 b 以 3∶1 组成的混合物。叶绿素不溶于水,可溶于非极性有机溶剂,可作为有机着色剂。

叶绿素分子中卟吩环中心是一个镁离子,用 $CuSO_4$ 的酸性溶液小心处理,Cu^{2+} 可取代 Mg^{2+} 进入卟吩环的中心,处理后的植物仍呈绿色,可作为保存绿色植物标本的方法。叶绿素结构如图 10-4 所示。

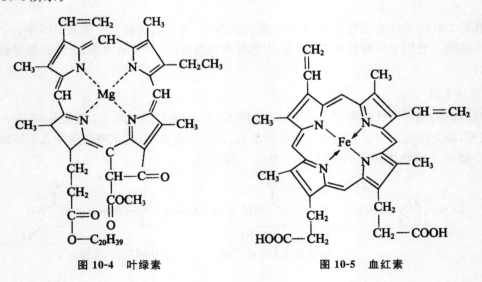

图 10-4 叶绿素　　　　　　　图 10-5 血红素

2. 血红素

血红素卟吩环中心结合一个二价铁离子,血红素是血红蛋白辅基,血红素镶嵌在蛋白质表面"空洞"中,结合形成血红蛋白,具有携带氧气输送到全身各器官的功能。血红素结构如图 10-5 所示。

3. 维生素 B$_{12}$

维生素 B$_{12}$又名"钴胺素"，B 族维生素之一。动物肝脏中含量丰富。其烷基（甲基）衍生物，以辅基形式参与生物体的几种重要甲基转移反应。缺乏维生素 B$_{12}$会影响核酸的代谢，导致恶性贫血。故可用于治疗恶性贫血，也能促进鸡、猪等的生长。维生素 B$_{12}$可由抗生素发酵废液或地下水道的淤泥提取，也可由丙酸菌发酵而得。维生素 B$_{12}$结构如图 10-6 所示。

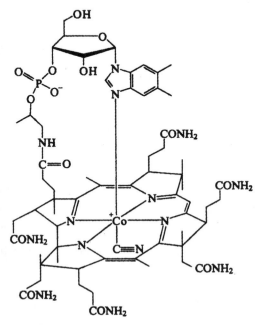

图 10-6　维生素 B$_{12}$

除卟啉环外，存在于动物体中的胆红素及一些药物（如佐美酸）也含有独立的吡咯环。

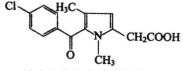

镇痛和抗炎药"佐美酸"
[5-(4-氯苯甲酰基)-1,4-二甲基吡咯-2-乙酸]

10.3.3　吡啶衍生物

1. 维生素 PP

维生素 PP 又名抗癞皮病因子，包括烟酸和烟酰胺两种物质。其结构式如下：

烟酸(β-吡啶甲酸)　　　　　　烟酰胺(β-吡啶甲酰胺)

烟酸为白色针状结晶体，熔点为 237℃，相对密度为 1.473，无臭，味微酸，易溶于沸水、沸乙醇,不溶于乙醚。

烟酰胺为白色针状结晶体,熔点为 128℃～131℃,沸点为 150℃,相对密度为 1.400,无臭,味苦,溶于水、乙醇,在空气中略有吸湿性。

维生素 PP 具有扩张血管、预防和缓解严重的偏头痛和降压等作用。体内缺乏维生素 PP 易引起癞皮病。它广泛存在于自然界中,在动物肝脏与肾脏、瘦肉、鱼、全麦制品、无花果等食物中含量丰富。维生素 PP 还是合成抗高血压药的药物中间体。

2. 维生素 B_6

维生素 B_6 是 B 族维生素之一,广泛存在于食物中。含三种形式:吡哆醇、吡哆醛和吡哆胺,三者在体内可以相互转化。三者的盐酸盐为无色晶体,易溶于水,微溶于乙醇、丙酮。因最初得到的是吡哆醇,故多以吡哆醇为维生素 B_6 的代表。

    吡哆醇   吡哆醛   吡哆胺

维生素 B_6 与氨基酸的代谢密切相关,缺乏维生素 B_6 可导致皮炎、痉挛、贫血等。临床用维生素 B_6 防治妊娠呕吐、糙皮病、白细胞减少病等多种疾病。

3. 异烟肼

异烟肼俗名雷米封,为无色或白色结晶,熔点为 171℃,无臭,味微甜后苦,易溶于水,微溶于乙醇,不溶于乙醚,遇光逐渐变质。它可由异烟酸与水合肼缩合制得。

COOH $\xrightarrow[\triangle]{NH_2NH_2 \cdot H_2O}$ CONHNH$_2$

异烟肼(γ-吡啶甲酰肼)

异烟肼具有较强的抗结核作用,是常用的抗结核药物。此外,对痢疾、百日咳、睑腺炎等也有一定疗效。它的结构与维生素 PP 相似,对维生素 PP 有拮抗作用,若长期服用异烟肼,应适当补充维生素 PP。

此外,在中药中也存在许多吡啶(或哌啶)的衍生物,如八角枫中的毒藜碱等。

10.3.4 嘧啶、嘌呤及其衍生物

1. 嘧啶及其衍生物

嘧啶为无色结晶,熔点为 22℃,沸点为 134℃。由于环上两个处于间位的 N 原子都是吡啶型 N 原子,因此,嘧啶与吡啶一样易溶于水且具有弱碱性。但这种 N 原子是吸电子的(相当于—NO_2),故嘧啶的碱性比吡啶更弱。

由于 N 原子是吸电子的,因此,嘧啶环比吡啶更难发生亲电取代反应。其反应活性大致相当于 1,3-二硝基苯或 3-硝基吡啶。但是,如果环上有其他的供电子基存在,芳环得以活化,也可以反应。例如:

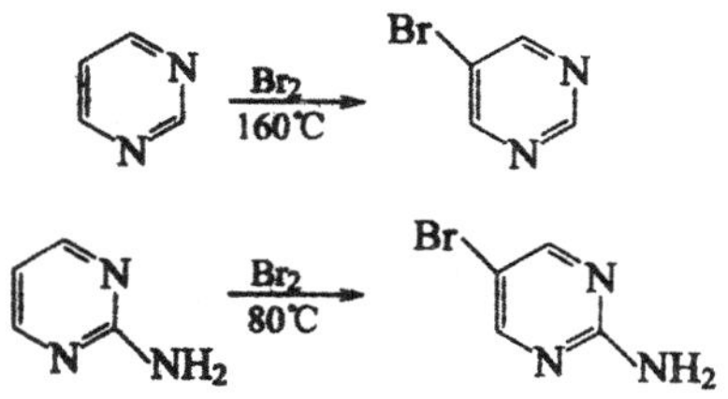

由于 N 原子是吸电子的,因此,嘧啶较易发生亲核取代,反应多发生在分子中的 2 位、4 位。例如:

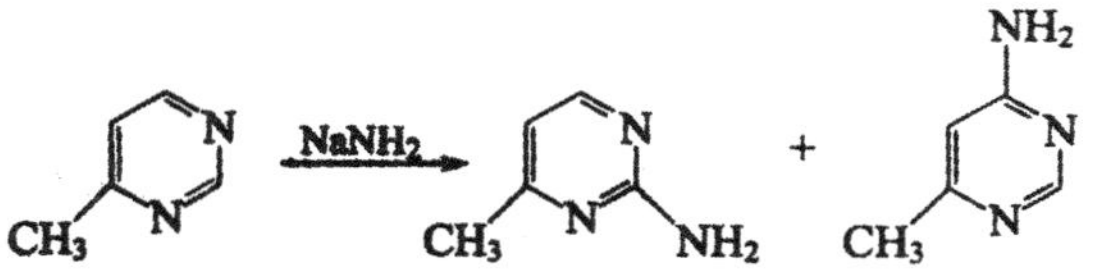

此外,嘧啶环还像吡啶环一样,可以发生还原反应;取代嘧啶的侧链也可以被氧化。

嘧啶的衍生物如胞嘧啶、尿嘧啶、胸腺嘧啶等,都是核酸的重要成分。

胞嘧啶(C)

尿嘧啶(U)

胸腺嘧啶(T)

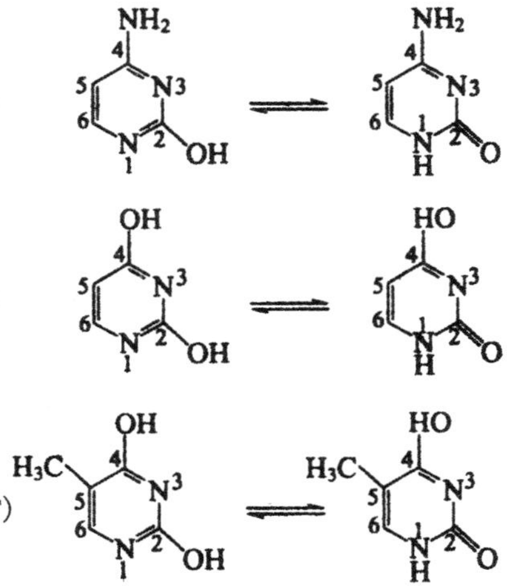

上述三者均存在互变异构体,其互变异构体含量受 pH 值影响而变化,在生理系统中主要以右式存在。

维生素 B_1、磺胺药和抗肿瘤药中也含有嘧啶环。其结构式如下:

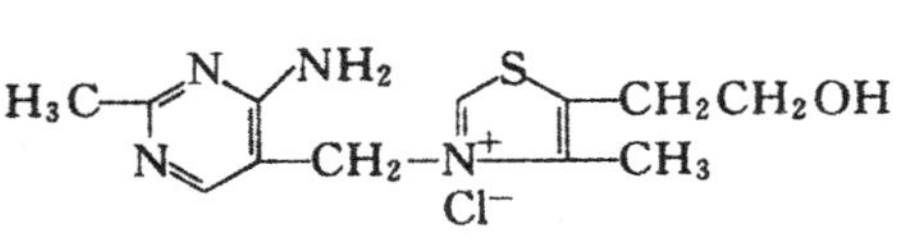

维生素 B_1(硫胺素)

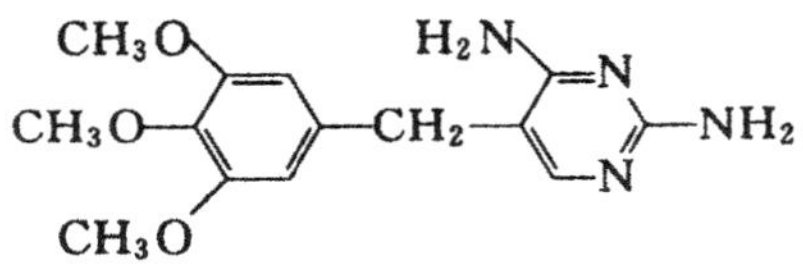

甲氧苄氨嘧啶(TMP)
(磺胺药)

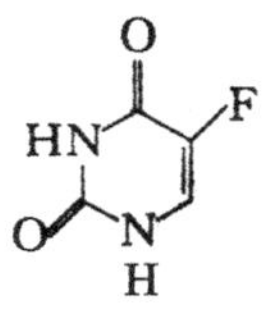

5-氟尿嘧啶
(抗肿瘤药)

维生素 B_1 又名硫胺素,因其结构中有含硫的噻唑环与含氨基的嘧啶环而得名。它的分子式为 $C_{12}H_{17}N_4OSCl$,其纯品大多以盐酸盐或硫酸盐的形式存在。盐酸硫胺素($C_{12}H_{17}N_4OSCl \cdot HCl$)为白色结晶性粉末,熔点为 246℃~250℃,溶于水、甘油,微溶于乙醇,不溶于苯、乙醚。盐酸硫胺素有微弱的臭味,在空气中容易潮解。

维生素 B_1 是维生素 B 族中首先被发现的维生素,主要用于脚气病的防治及全身感染、高热、糖尿病、甲状腺功能亢进等各种疾病的辅助治疗。缺乏维生素 B_1 会出现患脚气病、手足麻木、四肢无力等多发性周围神经炎的症状。其衍生物呋喃硫胺可用于治疗各种神经炎、神经痛、维生素 B_1 缺乏症等。

维生素 B_1 分布广泛,一般动植物及菌类皆含维生素 B_1,动物中主要存在于肉类、肝脏、肾脏中;植物中主要以绿色叶子、玉米、花生、黄豆等含量较丰富。

2. 嘌呤及其衍生物

嘌呤的分子式为 $C_5H_4N_4$,它的结构是由一个嘧啶环和一个咪唑环稠合而成的。嘌呤环的编号常用标氢法区别。

药物分子中多为 7H 嘌呤,生物体内则 9H 嘌呤比较常见。

9H-嘌呤   7H-嘌呤

嘌呤为无色结晶,熔点为 216℃~217℃,易溶于水。其水溶液呈中性,却能与强酸或强碱生成盐。

嘌呤本身不存在于自然界中,但其衍生物在自然界分布很广。例如,嘌呤的衍生物腺嘌呤、鸟嘌呤是核酸的组成部分,它们在体内的代谢产物尿酸也是常见的嘌呤衍生物。

腺嘌呤(争氨基嘌呤)和鸟嘌呤(2-氨基16-羟基嘌呤)均存在如下互变异构体(以右式为主):

腺嘌呤(A)

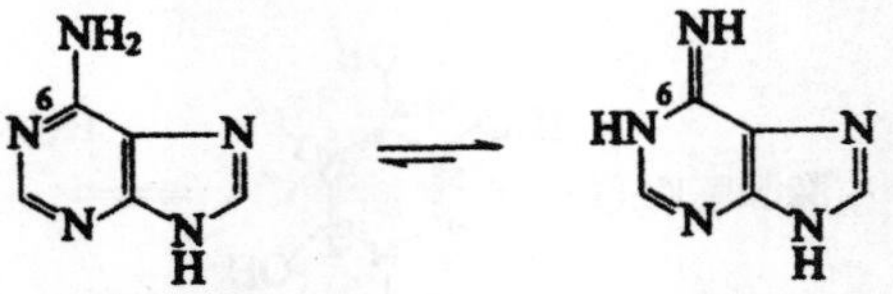

（烯醇式）   （酮式）

鸟嘌呤(G)

（烯醇式）   （酮式）

腺嘌呤和鸟嘌呤与前述的尿嘧啶、胞嘧啶、胸腺嘧啶一样,是构成核苷酸的碱基。核苷酸聚合便形成了核酸,核酸是重要的生命物质。

尿酸即 2,6,8-三羟基嘌呤,存在于某些动物的排泄物中,人体中也有少量存在。因最初由尿结石中发现,故名尿酸。存在如下互变异构体:

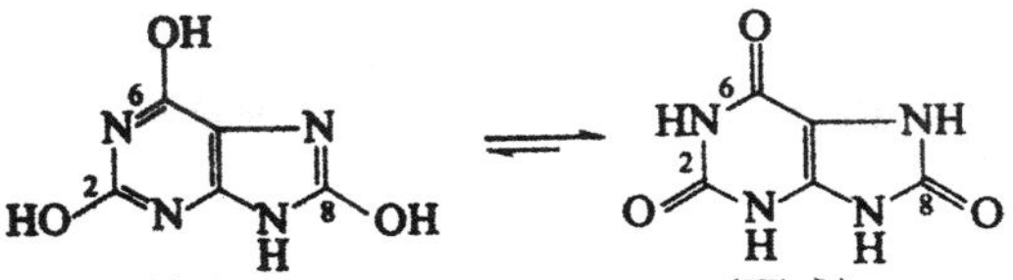

（烯醇式）　　　　　　　　　（酮式）

尿酸为白色晶体,难溶于水。在体内以钠盐形式存在,故易溶于水。当尿酸的排泄发生障碍时,可在关节中沉淀,引起关节痛。

许多药物也含有嘌呤环的结构。例如:

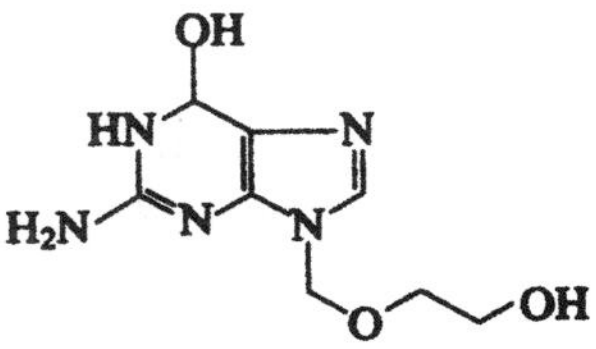

无环鸟苷(阿昔洛韦,抗病毒药) 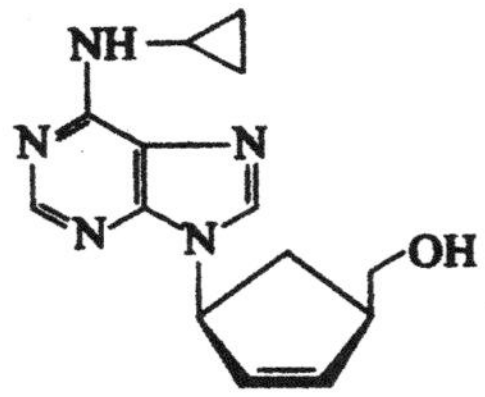　　　阿巴卡韦(abacavir)　　　9-β-D-阿糖腺苷
(抗HIV病毒药)　　　(抗病毒和抗肿瘤药)

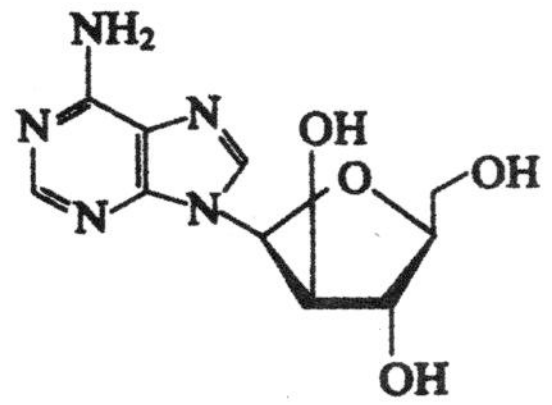

10.4　生物碱

10.4.1　生物碱概述

1. 生物碱的概念

生物碱是指存在于生物体内,有一定生理活性的碱性含氮杂环化合物。它们主要存在于植物中,所以又称植物碱。大多数生物碱是结构复杂的多环化合物,其分子构造多数属于仲胺、叔胺或季胺类,少数为伯胺类。它们在植物中通常与有机酸(如柠檬酸、乳酸、草酸等)结合成盐的形式存在。

生物碱大多数来自植物界,少数也来自动物界,如肾上腺素等。生物体内生物碱的含量一般较低。许多中草药的有效成分都是生物碱,如黄连、防己、贝母、麻黄等。至今分离出来的生物碱已有数千种,其中用于临床的有近百种。

2. 生物碱的分类

生物碱的分类方法有多种,比较常见的分类方法是根据生物碱的化学结构进行分类。例如,麻黄碱属有机胺类,茶碱属嘌呤衍生物类,一叶萩碱、苦参碱属吡啶衍生物类,莨菪碱属托品烷类,喜树碱属喹啉衍生物类,常山碱属喹唑酮衍生物类,小檗碱、吗啡属异喹啉衍生物类,利血平属吲哚衍生物类等。

3. 生物碱的命名

生物碱的命名一般根据它所来源的植物命名,如烟碱因由烟草中提取出来而得名,喜树碱因由喜树中提取出来而得名。生物碱的名称也可采用国际通用名称的译音,如烟碱又称尼古丁。

10.4.2 生物碱的性质

1. 生物碱的物理性质

绝大多数生物碱为无色晶体,有少数为液体(如烟碱)。另外也有少数生物碱有颜色,如小檗碱和一叶获碱为黄色。生物碱大多有苦味,具有旋光性,通常左旋的生物碱有较强的生理活性,具有止痛、平喘、止咳、清热、抗癌等作用。

游离生物碱极性较小,一般不溶或难溶于水,能溶于氯仿、二氯乙烷、乙醚、乙醇、丙酮、苯等有机溶剂,在稀酸水溶液中溶解而成盐。生物碱的盐类极性较大,大多易溶于水及醇,不溶或难溶于苯、氯仿、乙醚等有机溶剂;其溶解性与游离生物碱恰好相反。

生物碱及其盐类的溶解性也有例外的情况。季铵碱如小檗碱、酰胺型生物碱和一些极性基团较多的生物碱则一般能溶于水,习惯上常将能溶于水的生物碱叫做水溶性生物碱;中性生物碱难溶于酸;含羧基、酚羟基或内酯环的生物碱等能溶于稀碱溶液;某些生物碱的盐类如盐酸小檗碱则难溶于水;另有少数生物碱的盐酸盐能溶于氯仿。生物碱的溶解性对提取、分离和精制生物碱十分重要。

生物碱有一定的毒性,量小可作为药物治疗疾病,量大时可引起中毒,因此,使用时应当注意剂量。

2. 生物碱的化学性质与反应

(1)弱碱性

生物碱分子中的氮原子通常结合在环状结构中,有仲胺、叔胺和季铵碱 3 种形式,呈弱碱性,可与酸作用生成盐。

生物碱的盐遇碱还能变为不溶于水的生物碱。这个性质可表示如下。

$$\text{生物碱} \equiv N : \underset{\text{NaOH}}{\overset{\text{HCl}}{\rightleftharpoons}} [\text{生物碱} \equiv N : H]^+ Cl^-$$

（水中析出）　　　　　　　　　　　（溶于水中）

通常生物碱的提取、分离和精制都是利用这个性质。

生物碱的碱性取决于分子中氮原子的电子云密度,电子云密度增高,碱性增强。

①氮原子的杂化方式对碱性的影响。碱性为 $sp^3 > sp^2 > sp$。杂化轨道中 p 轨道的成分增多、能量升高,成对电子的能量也随之升高,易接受质子,碱性增强。

②诱导效应对碱性的影响。氮原子连接给电子基碱性增强,连接吸电基碱性减弱。

③共轭效应对碱性的影响。吸电子共轭效应使氮原子上的电子云密度降低,碱性减弱;给电子共轭效应使碱性增强。例如,含胍基生物碱呈强碱性。

④空间效应对碱性的影响。如果氮原子周围的取代基分子较大,对氮原子构成屏蔽作用,使氮原子难于接受质子,则碱性减弱。

⑤氢键效应对碱性的影响。生物碱的共轭酸盐若生成稳定的分子内氢键(与含氧基团),则共轭酸的酸性较弱,而其共轭碱的碱性较强。

生物碱结构中的碱性基团与碱性强弱之间的关系为:胍基＞季铵碱＞脂肪胺和脂杂环＞芳胺和吡啶环＞多氮同环芳杂环＞酰胺基和吡咯环。

（2）氧化反应

生物碱能够发生氧化反应生成相应的氧化产物。例如：

烟碱　　　　　　　　　烟酸（β-吡啶甲酸）

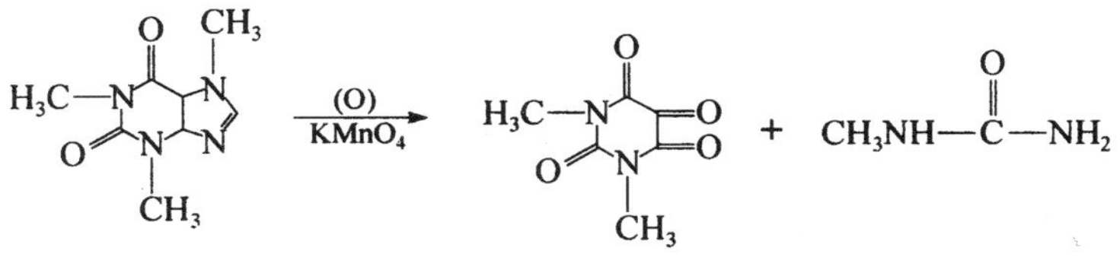

咖啡碱

（3）沉淀反应

沉淀反应是指大多数生物碱或生物碱的盐类水溶液，能与一些试剂生成不溶性沉淀。这些试剂称为生物碱沉淀剂。沉淀反应可用于鉴别和分离生物碱。常用的生物碱沉淀剂及其沉淀颜色见表 10-2。

表 10-2　常用的生物碱沉淀剂及其沉淀颜色

生物碱沉淀剂	碘化汞钾（$HgI_2 \cdot 2KI$）	碘化铋钾（$BiI_3 \cdot KI$）	磷钨酸（$H_3PO_4 \cdot 12WO_3$）	鞣酸	苦味酸
沉淀颜色	黄色	黄褐色	黄色	白色	黄色

（4）颜色反应

一些生物碱单体能与浓无机酸等试剂反应，生成不同颜色的化合物，这类试剂称为生物碱显色试剂，常用于鉴定和区别某些生物碱。

可与生物碱产生颜色反应的有浓硫酸、硝酸、甲醛和氨水等。例如，用浓硝酸氧化尿酸后，加入浓氨水呈紫红色，称为红紫酸铵反应，十分灵敏。用于鉴定尿酸、咖啡碱和黄嘌呤等嘌呤衍生物。反应式如下。

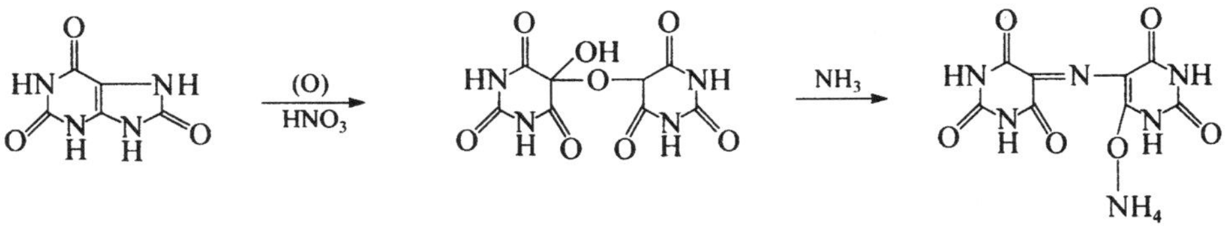

尿酸　　　　　　　　　　　　　　　　　　　　　　红紫酸铵（紫红色）

尿酸超标，可能引起剧痛。

常见的显色试剂有矾酸铵-浓硫酸溶液［曼得灵（Mandelin）试剂］，钼酸铵-浓硫酸溶液［弗德（Frohde）试剂］，甲醛-浓硫酸试剂［马尔基（Marquis）试剂］。

10.4.3　重要的生物碱

1. 烟碱

烟碱又名尼古丁,属于吡啶类生物碱。它以柠檬酸盐或苹果酸盐的形式存在于烟草中,国产烟叶含烟碱的质量分数为 1%~4%。

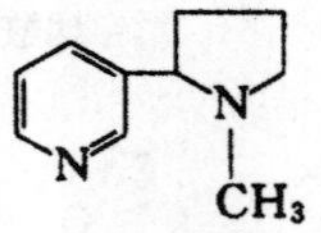

烟碱

烟碱极毒,少量能引起中枢神经兴奋,血压升高;大量就会抑制中枢神经系统,使心脏麻痹而致死,(十)-烟碱的毒性比(一)-烟碱的小得多,几毫克的烟碱就能引起头痛、呕吐、意识模糊等中毒症状。成人口服致死量为 40~60mg。因此,吸烟时人体有害,尤其是对青少年危害更大。应提倡不要吸烟。烟碱在农业上用作杀虫剂。

2. 麻黄碱

麻黄碱是由草麻黄和木贼麻黄等植物中提取的生物碱,所以称麻黄碱。它为无色结晶固体,熔点为 90℃,易溶于水、乙醇、乙醚和氯仿。麻黄碱是仲胺类生物碱,不含氮杂环,不易与一般的生物碱沉淀剂生成沉淀。

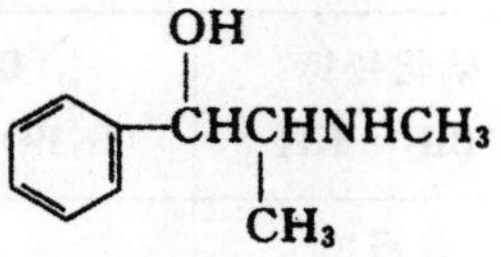

麻黄碱

麻黄碱在 1887 年就已经被发现,1930 年用于临床治疗。麻黄碱具有拟肾上腺素(激素)作用,能兴奋 α 和 β 受体,即能直接与 α 和 β 肾上腺素受体结合,故也有收缩血管、升高血压、增强心肌收缩力、使心输出量增加、促进汗腺分泌和中枢兴奋的作用。临床上常使用盐酸麻黄碱治疗低血压、气喘等病症。

3. 咖啡碱和茶碱

咖啡碱(又名咖啡因)和茶碱都存在于茶叶、咖啡和可可豆中,它们属于嘌呤类生物碱。咖啡因具有利尿、止痛和兴奋中枢神经的作用,临床上常用作利尿剂和用于呼吸衰竭的解救。它也是常用的解热镇痛药物 APC 的成分之一。

茶碱的熔点为 270℃~274℃,味苦,溶于水、乙醇和氯仿。茶碱具有松弛平滑肌和较强的利尿作用,常用于慢性支气管炎和支气管哮喘等病症的治疗,也可用来消除各种水肿症。

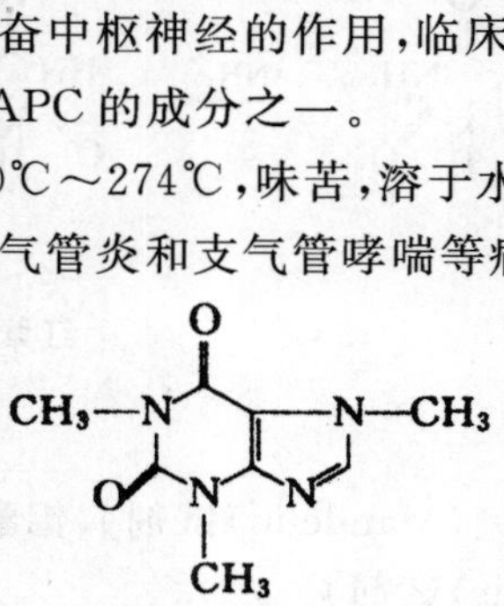

咖啡碱 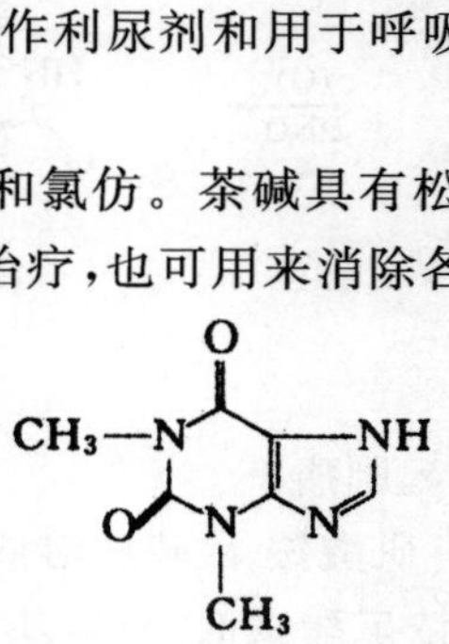　　　　　　　　茶碱

4. 吗啡和可待因

吗啡和可待因是罂粟科植物所含的生物碱,属异喹啉类衍生物。鸦片来源于植物罂粟,所含生物碱以吗啡最重要,约含 10%,其次为可待因,含 0.3%～1.9%。

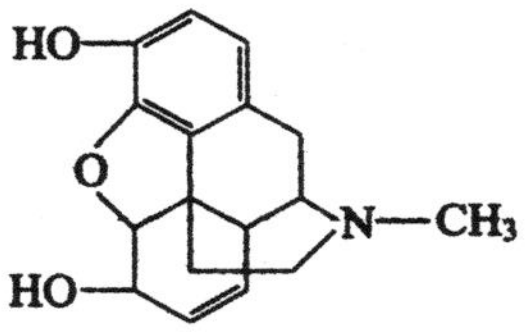

吗啡 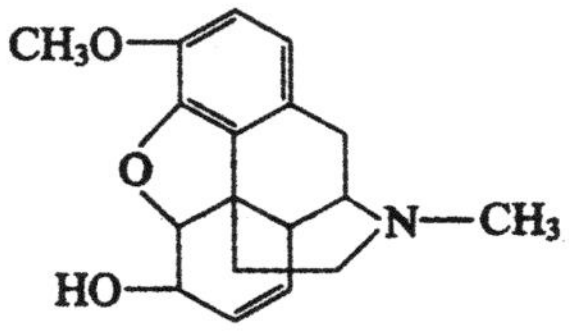　　　　　　　　可待因

吗啡对中枢神经有麻醉作用,有极快的镇痛效力,但久用成瘾,不宜常用。可待因是吗啡的甲基醚,其生理作用与吗啡相似,可用来镇痛,医药上主要用作镇咳剂。

5. 小檗碱

小檗碱又名黄连素,存在于黄连、黄柏等小檗科植物中。其分子中含有异喹啉环,为黄色晶体,味很苦,不溶于乙醚,易溶于热水和热乙醇。具有很强的抗菌作用,常用于治疗菌痢、胃肠炎等疾病。

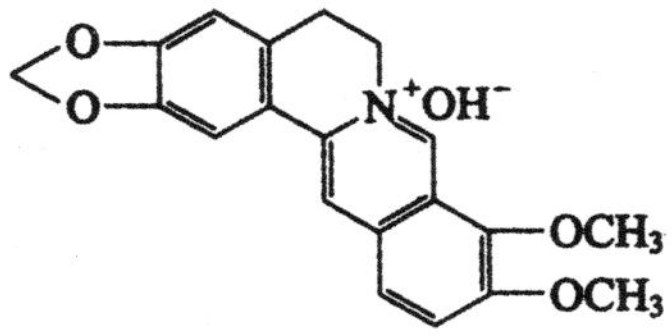

小檗碱

6. 莨菪碱

莨菪碱的俗名为阿托品,属于吡啶类生物碱。它存在于颠茄、莨菪、洋金花等植物中。

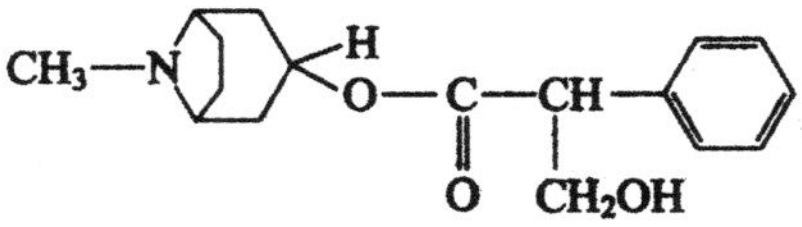

莨菪碱

阿托品硫酸盐具有镇痛解痉作用,主要用于治疗胃、肠、胆、肾的绞痛,还能扩散瞳孔,也是有机磷、锑剂中毒的解毒剂。

除莨菪碱外,我国学者又从茄科植物中分离出两种新的莨菪烷系生物碱,即山莨菪碱和樟柳碱。两者均有明显的抗胆碱作用,并有扩张微动脉、改善血液循环的作用,还可用于散瞳、慢性气管炎的平喘等,也能解除有机磷中毒,其毒性比阿托品硫酸盐小。

7. 利血平

利血平又称蛇根草素,是从萝芙木中提取的生物碱,具有降血压的作用,含有吲哚环,呈弱碱性。

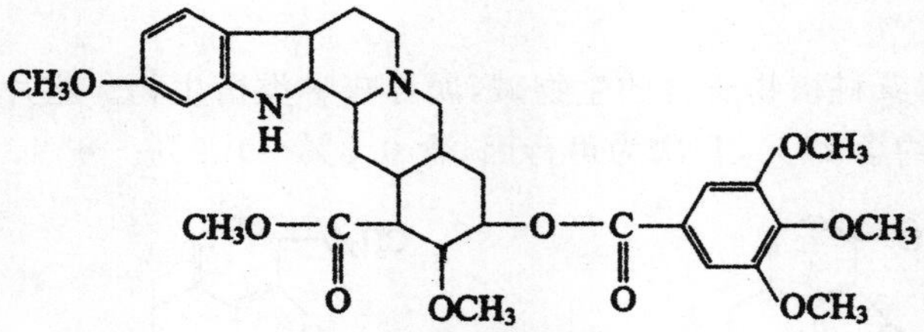

利血平

利血平的结构已经测定,它的全合成已于 1956 年由美国化学家伍德沃德(Wood-ward R B)完成,但是合成路线比较复杂,在每一步合成过程中,都要考虑立体定向的问题。药用的利血平是用人工培植的萝芙木根中提取得到的。我国目前药用的"降压灵",是国产萝芙木中提取的弱碱性的混合生物碱,能降低血压,作用温和,副作用较小,对于初期高血压患者比较适用。

8. 奎宁

奎宁又名金鸡纳碱,存在于金鸡纳树中。分子内含有喹啉环,为针状结晶,熔点为 177℃,微溶于水,易溶于乙醚、乙醇等有机溶剂。奎宁是使用最早的一种抗疟疾药。

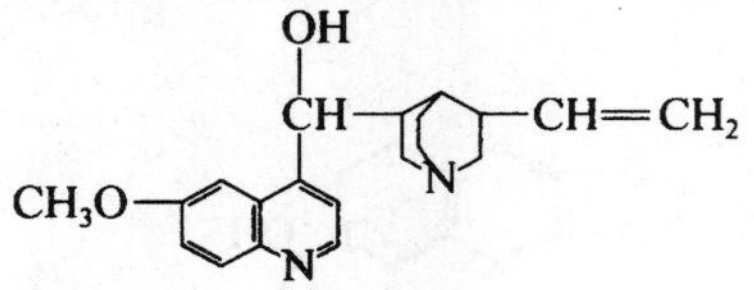

奎宁

由于受到产量的限制,不能满足医药上的需求,又因为奎宁只有抵抗疟原虫的作用,却没有杀灭作用,因此,人们一直在寻找合成方便、疗效更好的抗疟药物。目前已从几万种化合物中筛选出以下几种作为临床治疗疟疾的新药。

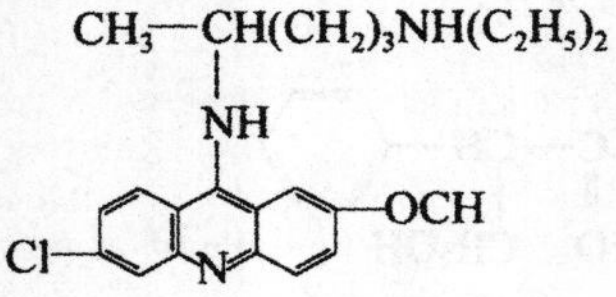

阿的平

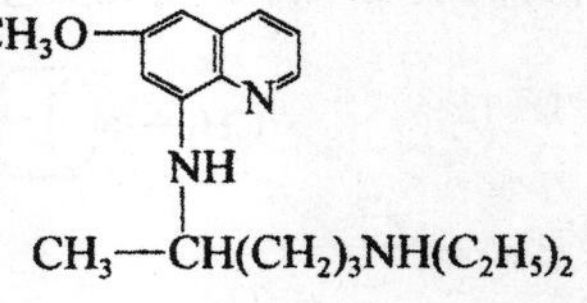

扑疟母星

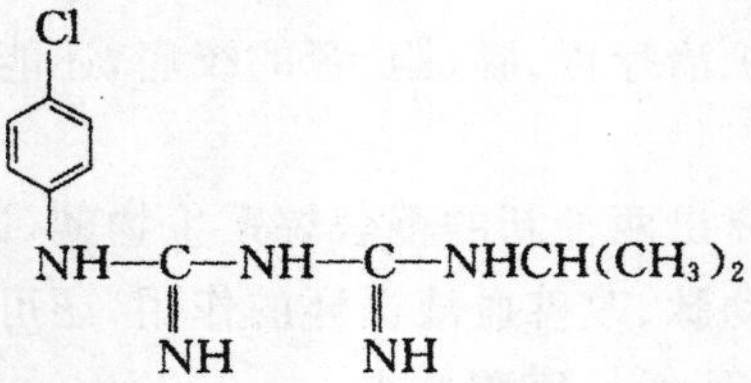

百乐君

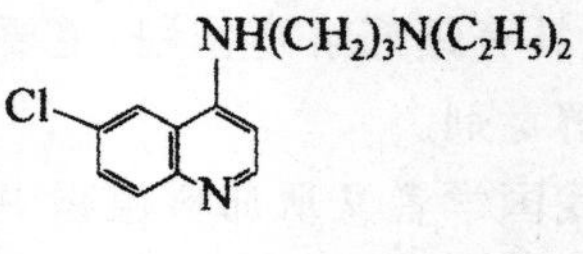

氯奎宁

第11章　立体异构

11.1　分子模型表示法

由于分子是以一定的空间形象存在的,很多情况下,特别是在研究分子的立体化学行为时,分子结构必须用立体形式来表达。虽然可以借助分子模型来描述分子的立体形象,但是不可能在任何情况下总用分子模型来讨论立体化学问题。因此必须学会用平面结构来表达分子的立体形象,并且能从平面结构中辨认出分子中原子或基团的相对位置和空间关系。

如何用平面结构来表达分子的立体形式呢? 现介绍四种常用的分子模型表示法。

11.1.1　费歇尔投影式

费歇尔投影式也叫十字式,是德国化学家费歇尔(E. Fischer)1891 年提出的一种平面表达式。这种表达式在描述分子的构型时经常使用。

1. 投影规则

下面以乳酸分子模型为例讲述投影规则。

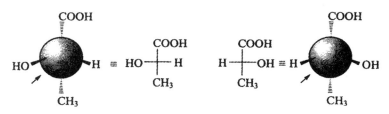

①把球棒模型所代表的分子碳链竖立放置,将命名时编号最小的碳原子放在上面,编号最大的碳原子放在下方。

②中心碳原子在纸平面上,竖键指向纸平面的后方,横键指向纸平面的前方,由前向后投影。投影式中的 OH 与 H 在横键上,表示向前,COOH 与 CH_3 竖键上,表示朝后。"＋"交叉处为中心碳原子。

2. 使用的基本规则

在不需要强调命名顺序时,分子模型可以改变位置,按其他方式放置(但左右指向的原子或基团必须朝前,上下指向的朝后)和投影。如乳酸的分子模型可有多种放置方法,每种放置都会得到原子或基团位置不同的平面投影式。下述四个投影式代表的是同一个构型的乳酸分子。

如何识别出同一个分子模型所得的不同投影式呢? 下面介绍几种有关费歇尔投影式的使用规则:

①旋转规则:费歇尔投影式在纸平面上旋转 180°,得到的平面投影式与原来的构型相同,如图 11-1 中第一和第二个投影式表示同一构型。

②交换规则:将费歇尔投影式中心碳原子上任何两个原子或基团交换一次位置,得到的平面表达式其构型发生改变,如图 11-2 所示;但费歇尔投影式中的原子或基团经两次交换位置,得到的平面表达式构型相同,如图 11-1 中第三和第四个投影式代表同一种构型。在费歇尔投影式中固定其中任意一个原子或基团的位置,将其他三个原子或基团的位置依次交换,所得到平面表达式其构型不变,如图 11-2 中第一和第三个投影式、第二和第三个投影式均代表同一构型。

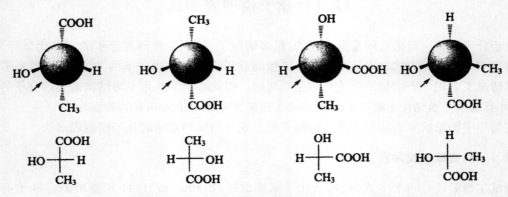

图 11-1　同一构型的乳酸分子模型不同放置时的费歇尔投影式歇尔投影式

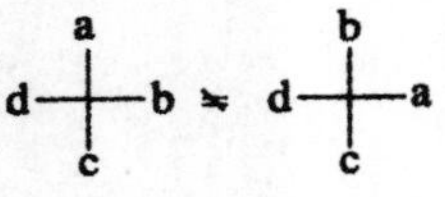

图 11-2　a 与 b 交换,构型改变 　　　图 11-3　前后关系改变

费歇尔投影式不能在纸平面上旋转 90°或 270°,因为这样会改变原子或基团的前后关系(见图 11-3),此时的横键已经不再朝前,违背了投影规则。

费歇尔投影式也不能离开纸平面反转过来,因为这样操作同样会改变原子的前后关系,横键也不再朝前,如图 11-4 所示)。

图 11-4　前后关系改变

按照上述使用规则,下列四个投影式中(Ⅰ)与(Ⅲ)不是同一种构型;(Ⅰ)与(Ⅱ)和(Ⅳ)为同一种构型。

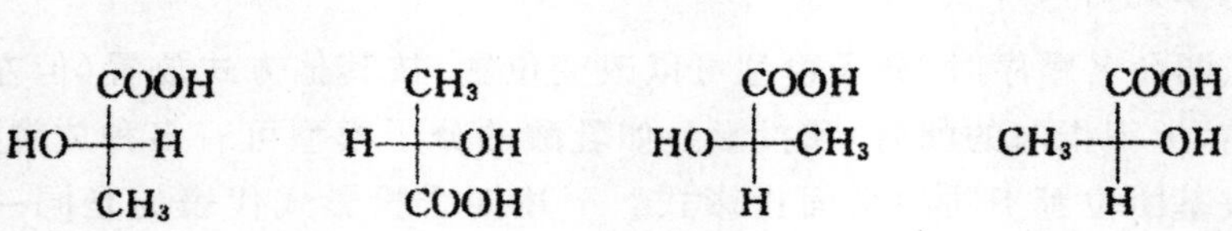

习惯上总是把主链写在竖线上,官能团写在上方,因此,(Ⅰ)式最常见。

11.1.2　萨哈斯投影式

萨哈斯(Sawhares)投影式也叫锯架式,它是从分子碳链的侧面进行观察和投影。

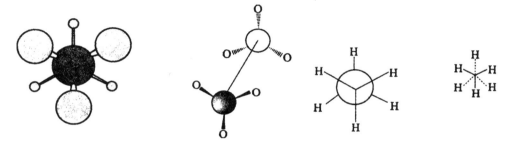

式中实线表示在纸平面上的价键,虚线表示伸向纸后面的价键,黑色的楔型线表示伸向纸平面前方的价键。该投影式主要用于表示相邻两个碳原子上所连原子或基团的空间关系。

11.1.3　纽曼投影式

纽曼投影式是纽曼(Newman)1955 年提出的一种平面表达式,也是用来表示相邻两个碳原子上所连原子或基团的空间关系。它要求把碳链水平放置,从前面沿碳碳键轴进行观察和投影:

上述三种投影式分别是在不同的角度对分子模型进行观察和投影,它们之间可以相互转换(以 2,3-丁二醇为例):

（Ⅰ）　　　（Ⅱ）　　　（Ⅲ）

以左侧分子模型为例,(Ⅰ)为它的费歇尔投影式,(Ⅱ)为萨哈斯投影式,(Ⅲ)为纽曼投影式。

11.1.4　透视式

透视式也叫立体结构式,是按照分子的几何形象,将分子中的原子或基团在空间伸展方向表示出来。例如:乳酸。

实线表示与纸同平面,楔线表示在纸平面前面,虚线表示在纸平面后面。

11.2 顺反异构

11.2.1 概述

有机化合物中同分异构现象可分两大类:构造异构和立体异构。构造异构是分子式相同,分子中原子或原子团连接次序或方式不同所引起的异构现象。立体异构是分子式相同,结构式相同,分子中原子或原子团在空间的排列方式(构型)不同所引起的异构现象。

同分异构现象可有以下分类。

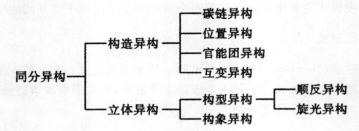

构造异构是指分子式相同但构造不同,即分子中原子之间的连接方式和次序不同的异构。构造异构主要包括碳架异构、位置异构、官能团异构、互变异构等。

例如:

位置异构体 $CH_2\!=\!CHCH_2CH_3$ 与 $CH_3CH\!=\!CHCH_3$

官能团异构体 $CH_2\!=\!CH\!-\!CH\!=\!CH_2$ 与 $CH_3CH_2C\!\equiv\!CH$

立体异构是指分子式相同,构造也相同,但由于分子中原子或基团在空间的排布位置不同而产生的异构。立体异构体包括构型异构和构象异构。构型异构又包括旋光异构和顺反异构。

分子的立体结构与其性质关系密切,同种化合物的不同异构体在性质上存在一定的差异,生理作用就可能不同。

11.2.2 碳双键化合物的顺反异构

在含有双键或小环结构的分子中,由于分子中双键或环的原子间的键的自由旋转受到阻碍,存在不同的空间排列方式而产生的立体异构现象,称为顺反异构。双键不能自由旋转,使得在两个双键碳上各连接两个不同基团的烯烃有顺反异构体。例如,2-丁烯($CH_3\!-\!CH\!=\!CH\!-\!CH_3$),该分子在空间有如下两种排列方式。

顺-2-丁烯   反-2-丁烯

它们的物理性质(如熔点、沸点和相对密度)也有所不同,见表 11-1 所示。

表 11-1　顺-2-丁烯和反-2-丁烯的物理性质

物理特性	顺-2-丁烯	反-2-丁烯
熔点	139.3℃	-105.4℃
沸点	4℃	1℃
相对密度	0.621	0.604

相同的原子或原子团在双键的同一侧,称为顺式构型(可用 *cis*-表示);相同的原子或原子团分别位于双键的不同侧,则称为反式构型(可用 *trans*-表示)。这种分子构造相同,只是由于双键旋转受阻而产生的原子或原子团的空间排列方式不同而引起的异构叫顺反异构(*cis-trans* isomerism),又称几何异构。

单不是所有带双键的化合物都有顺反异构现象,如果同一个双键碳原子上所连接的两个基团相同,就没有顺反异构体。例如,1-丁烯和 2-甲基丙烯。

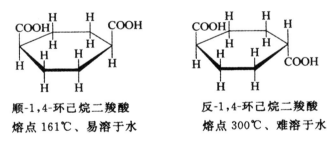

在脂环化合物中,环的结构也限制了碳碳 σ 键的自由旋转。当环上两个或多个碳原子连接的原子或原子团不相同时,也有顺反异构现象。例如,1,4-环己烷二羧酸。

顺-1,4-环己烷二羧酸
熔点 161℃、易溶于水

反-1,4-环己烷二羧酸
熔点 300℃、难溶于水

综上所述,分子产生顺反异构现象,必须在结构上具备两个条件:

①分子中存在着限制旋转的因素,如双键或脂环等结构。

②每个不能自由旋转的碳原子必须连有两个不同的原子或原子团。

即 a≠d,b≠e 时有顺反异构;但如果 a=d 或 b=e 时就不会产生顺反异构。

11.2.3　顺反异构体的构型表示

1. 顺、反构型

简单的顺反异构体,当两个相同原子或原子团处于双键(或脂环)平面同侧时,称为顺式

$(cis-)$；处于双键(或脂环)平面异侧时。称为反式$(trans-)$。例如：

Cl、H / Cl、CH₃

顺-2-氯-2-丁烯　　　反-2-氯-2-丁烯

2. 命名

(1)习惯命名法

有机化合物的顺反异构体的习惯命名法就是在有机化合物的构造式名称前面加"顺"或"反"字。它是常用的表示顺反异构体构型的一种方法,其具体规定为:比较 C ═ C 双键原子或成环原子上所连的基团,相同的基团在双键或环平面同侧的异构体称为顺式;相同的基团在双键或环平面异侧的异构体称为反式。

习惯命名法是有局限性的,只适用于 C ═ C 双键或脂环上至少有一对原子或原子团是相同的情况,当双键或脂环上多连接的四个原子或原子团都不相同时,用习惯命名法就有困难。

(2)系统命名法(Z、E 标记法)

系统命名法规定用 Z、E 来标记顺反异构体的构型。Z 为德语 Zusammen 的字头(是"在一起"的意思);E 为德语 Entgegen 的字头(是"相反"的意思)。其命名方法是用取代基"次序规则"来确定 Z 和 E 构型。首先应用"次序规则"比较每个双键碳原子所连接的两个原子或基团的相对次序,从而确定"较优"基团。如果两个"较优"基团在双键的同一侧,则称为 Z 型。反之,在异侧的则称为 E 型。例如,当 a 优于 b,d 优于 e 时:

a、d / b、d
C═C　　　C═C
b、e / a、e

Z-构型　　　**E-构型**

次序规则的主要内容如下:

①将与双键碳直接相连的两个原子按原子序数由大到小排出次序,原子序数较大者为优先基团。则一些常见的原子或原子团的优先次序为:—I＞—Br＞—Cl＞—SH＞—OH＞—NH₂＞—CH₃＞—H。

②若原子团中与双键原子直接相连的原子相同而无法确定次序时,则比较与该原子相连的其他原子的原子序数,直到比出大小为止。例如,—CH₃ 和—CH₂CH₃,第一个原子都是碳,比较碳原子上所连的原子,在—CH₃ 中,与碳原子相连的是 3 个 H;而—CH₂CH₃ 中,与碳原子相连的是 1 个 C,2 个 H,C 的原子序数大于 H,所以—CH₂CH₃＞—CH₃。

同理推得:—C(CH₃)₃＞—CH(CH₃)₂＞—CH₂CH₂CH₃＞—CH₂CH₃＞—CH₃

③若原子团中含有不饱和键时,将双键或三键原子看做是以单键和 2 个或 3 个相同原子相连接。例如:

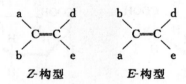

Z、E 标记法只是顺反异构体的一种构型表示形式,它和习惯命名法没有任何固定联系,只不过在命名时使用的规则不同而已,因此,有些顺反异构体的命名两种方法都可以用。

11.2.4　顺反异构体的理化性质

1. 物理性质

顺反异构体的化学性质相似,但其在物理性质上,如偶极矩、熔点、溶解度、沸点、相对密度、折射率等方面都存在差异。并表现出某些规律性。其中比较显著的是,顺式异构体的熔点、相对密度较反式异构体低,在水中的溶解度、燃烧热等较反式的大。一些顺反异构体的物理常数见表 11-2。

表 11-2　一些顺反异构体的物理常数

名称	熔点/℃	相对密度(d^{20})	燃烧热/(kJ/mol)	溶解度/$g \cdot (100\ g\ H_2O)^{-1}$
顺-丁烯二酸	130	1.5900	327	78.8
反-丁烯二酸	300	1.6350	320	0.7
顺-2-丁烯酸	15	1.0180	486	40.0
反-2-丁烯酸	72	1.0312	478	8.3

2. 化学性质

顺反异构体在化学性质上也存在某些差异,如顺丁烯二酸在 140℃ 可失去水生成酸酐,反丁烯二酸在同样温度下不反应,只有在温度增加至 275℃ 时,才有部分反丁烯二酸转变为顺丁烯二酸,然后再失水生成顺丁烯二酸酐。

3. 生理活性

顺反异构体不仅理化性质不同,而且生理活性也不相同。例如:女性激素合成代用品己烯雌酚的生理活性,反式异构体活性较大,顺式则很低;维生素 A 的结构中具有 4 个双键,全部是反式构型,如果其中出现顺式构型,则生理活性大大降低;具有降血脂作用的亚油酸和花生四烯酸则全部为顺式构型。

11.3　对映异构

许多天然的和合成的有机化合物分子存在着对映异构现象,如氨基酸、糖类化合物、生物碱及药物分子等。不同的对映异构体,结构上的微小差异,会使其生理活性和药理作用产生显著的不同。

11.3.1　物质的旋光性

对映异构(enantiomerism)也称旋光异构或光学异构,它与化合物的一种特殊物理性质——旋光性有关。

1. 偏振光与物质的旋光性

　　光是一种电磁波,光波的振动方向垂直于光波前进的方向,普通光是由各种波长的,由垂直于其前进方向的各个平面内振动的光波所组成。如图 11-5 圈表示一束朝着我们直射过来的光的横截面,0 表示光波振动的平面。当普通光通过具有特殊光学性质的尼可尔(Nicol)镜,一部分光线将被阻挡不能通过,只有与尼可尔棱镜的晶轴平行振动的光才能通过。通过尼可尔棱镜的光只在一个平面上振动。这种只在一个平面上振动的光称为平面偏振光。简称偏振光。偏振光振动的平面称为偏振面(图 11-6)。此时,若使所得偏振光射在偏振光的传播方向上的第二个尼可尔棱镜上,只有第二个棱镜与第一个棱镜的晶轴平行,偏振光才能通过第二个棱镜;若互相垂直,则不能通过(图 11-7)。

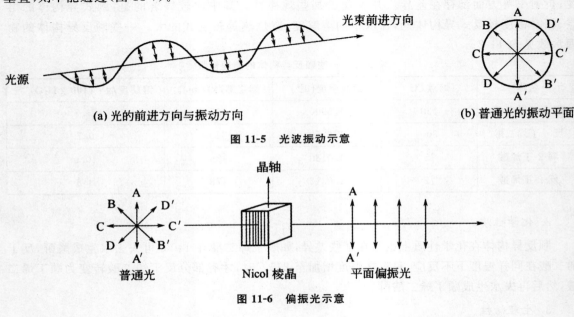

(a) 光的前进方向与振动方向　　　　　　　　　　　　　　　**(b) 普通光的振动平面**

图 11-5　光波振动示意

普通光　　　　　Nicol 棱晶　　　　平面偏振光

图 11-6　偏振光示意

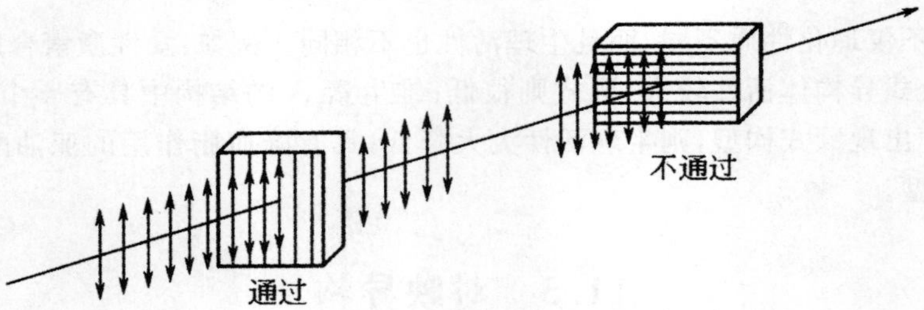

不通过

通过

图 11-7　偏振光与不同轴向的尼克尔棱镜

　　如果在两个晶轴平行的棱镜之间放置一个盛满乙醇的测定管,则偏振光能通过第二个棱镜,见到最大强度的光;若将乙醇换成乳酸或葡萄糖溶液,所见到的光,其亮度减弱;如将第二个棱镜向左或向右旋转一定角度,又能见到最大强度的光亮。其现象说明乳酸或葡萄糖能使偏振光的振动平面发生了改变,这种能使偏振光的振动平面发生改变的性质称旋光性或光学活性。

　　这样,根据是否具有旋光性,物质可分为两类:一类是像乳酸、葡萄糖等具有旋光性,能使偏振光的振动平面发生改变的物质,称为旋光性物质或光学活性物质;另一类是像酒精、丙酮等不具有旋光性,不能使偏振光的振动平面发生改变的物质,称为非旋光性物质。旋光性物质使偏振光的振动平面旋转的角度称为旋光度,能使偏振光的振动平面按顺时针方向旋转的旋光性物质称为右旋体;相反则称为左旋体。用来测定物质旋光性及旋光度大小的仪器称为旋光仪。

2. 旋光仪

旋光仪主要是由一定波长的光源、起偏镜、测定管、检偏镜组成,如图 11-8 所示。

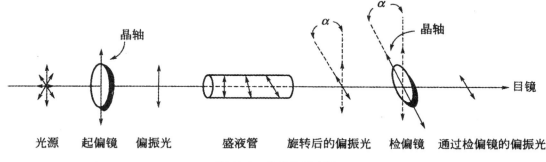

图 11-8　旋光仪示意图

由光源发出来的光通过起偏镜后变成偏振光,然后通过盛有旋光性物质溶液的测定管,偏振光的方向发生偏转,再由连有刻度盘的检偏镜检测偏振光旋转的角度和方向。旋光方向有向左旋和向右旋的区别,通常右旋用"+"或"d"表示,左旋用"-"或"l"表示。目前大多使用自动旋光仪测定物质的旋光度,其工作原理也是如此。

3. 旋光度和比旋光度

偏振光旋转的角度称该物质的旋光度,用"α"表示。旋光度及旋光方向可用旋光仪测定。

物质旋光度的大小不仅与物质的分子结构有关,而且还随测定时溶液的浓度、温度、盛液管的长度、光源的波长以及溶剂等因素而改变。测定条件不同,旋光度度数不同。通常规定溶液的浓度为 1g/mL,盛液管的长度为 1dm,在这种条件下测得的旋光度称为该物质的比旋光度,用 $[\alpha]_\lambda^t$ 表示。旋光度与比旋光度之间的关系可用公式表示为:

$$[\alpha]_\lambda^t = \frac{\alpha}{cl}$$

式中,α 为旋光仪侧得的旋光度,单位是度(°);$[\alpha]_\lambda^t$ 为比旋光度,单位是度(°);c 为溶液的浓度,每毫升溶液中所含溶质的克数(g/mL),如果待测定的旋光性物质是液体,c 换成该液体的密度 d(g/cm³);l 为盛液管的长度,单位是 dm(分米);t 为测定时的温度,一般为室温 15℃～30℃;λ 为所用光源的波长,常用钠光 D 线(波长是 588nm)。

比旋光度是旋光性物质特有的物理常数。例如,葡萄糖 $[\alpha]_D^{20} = +52.5°$,氯霉素 $[\alpha]_D^{25} = +17°\sim+20.0°$(无水乙醇)。若非水溶剂配制的溶液,要注明溶剂,溶剂是水时可省略。

通过旋光度的测定,可以计算物质的比旋光度;根据比旋光度,也能计算被测定物质溶液的浓度。例如,某糖溶液的浓度为 5g/100mL,在 20℃时,以钠光为光源,用 1dm 长的盛液管,测得它的旋光度为 -4.64°,按照上面公式计算它的比旋光度为:

$$[\alpha]_D^{20} = \frac{\alpha}{cl} = \frac{-4.64}{0.05 \times 1} = -92.8°$$

再如,测得某葡萄糖溶液的旋光度为$+4.2°$,从手册上查出葡萄糖的比旋光度为$+52.5°$,若测定时盛液管的长度为 1dm,则可计算出葡萄糖溶液的浓度为:

$$c=\frac{\alpha}{[\alpha]l}=\frac{+4.2}{+52.5\times1}=0.08\text{g/mL}$$

11.3.2　分子结构与物质旋光性

1. 分子的手性对映异构

有些物质有旋光性,有些物质没有旋光性,这主要与物质的分子结构有关。实验证明,乳酸、酒石酸分子有旋光性,经研究发现这些分子中都含有不对称碳原子。凡是连有四个不同的原子或原子团的碳原子称为不对称碳原子,也称为手性碳原子,用"*"标出。

乳酸的结构式为

$$H_3C—\overset{\overset{\displaystyle H}{|}}{\underset{\underset{\displaystyle OH}{|}}{C^*}}—COOH$$

在乳酸分子中,不对称碳原子上连有四个不同的基团,它们分别是—COOH、—CH₃、—OH、—H,把每个基团作为一个质点处理,它们的空间结构是正四面体型。其中 C* 位于正四面体的中心,四个基团位于正四面体的四个顶角。如图 11-9 所示。

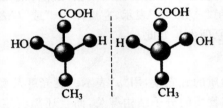

图 11-9　乳酸分子模型

假设在乳酸的两种空间构型中间有一面镜子,将其中一种构型看做物体,另一种构型就好像它的镜像。两种构型相似而不能完全重叠,正如人的左手和右手一样:左手和右手互为实物与镜像的关系又不能完全重合。这种不能完全重叠,具有实物与镜像关系的两种构型互为对映异构体,简称对映体。产生对映体的现象称为对映异构现象。

物质的分子与其镜像不能重合的性质称为手性。具有手性的分子称为手性分子。凡是手性分子一定具有旋光性和对映异构现象。

通常来说,有机化合物分子具有手性的最普遍的因素就是分子中含有手性碳原子。但是,这个条件并不是分子具有手性的必要条件,有些分子并不拥有手性碳原子,但具有手性;而有些分子虽然具有手性碳原子,但没有手性。因此,在判断分子是否具有手性时,还要考虑更加可靠的因素,那就是对称因素。

2. 对称因素

一个假想的平面能把分子分割成两半,而这两半互为实物与镜像的关系,则此假想的平面就是分子的对称面。例如:2-丙醇分子,由于中间碳原子同时连有 2 个相同的基团(—CH₃),所以分子存在一个对称面,如图 11-10(A)所示。如果分子中所有的原子都处在某个平面上,这个平面也是该分子的对称面。比如反-1,2-二溴乙烯分子是平面结构,所有的原子均处在同一平面上,这个平面就是该分子的对称面,如图 11-10(B)所示。

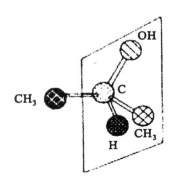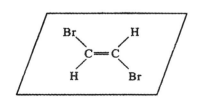

（a)2-丙醇分子存在一个对称面　　　　（b)反-1,2-二溴乙烯分子的平面即为其对称面

图 11-10　对称面

3. 对称中心

若通过分子中心的任何一条直线,在距分子中心等距离处都能找到对应点,则称此分子的中心为对称中心。如:反-2,4. 二甲基-1,3-环丁二酸就有 1 个对称中心。如图 11-11 所示。

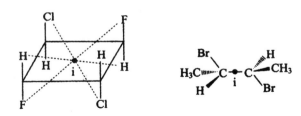

图 11-11　分子的对称中心

分子没有对称面、对称中心等对称因素是分子具有手性的充分必要条件。一般来说,只要分子不存在对称面和对称中心,就可以断定这个分子是手性分子,一定具有旋光性和对映异构现象。而分子若存在对称面或对称中心,这个分子一定不是手性分子,也就没有旋光性和对映异构现象。

11.3.3　对映异构的表示方法和命名

1. 对映异构的表示方法

对映异构是立体异构的一种,最好用立体图式表示对映异构体,但是很不方便,对映异构常用的表示方法是费歇尔投影式。下面以乳酸为例来说明费歇尔投影式。

费歇尔投影式是由立体模型投影到平面上得到的。它的投影方法如下。

①把含有手性碳原子的主链直立,编号最小的基团放在上端。

②用十字交叉点代表手性碳原子。

③手性碳原子的两个横键所连的原子或原子团,表示伸向纸平面的前方;两个竖键所连的原

子或原子团,表示伸向纸平面的后方。

按照上面的规定,将乳酸的模型投影到纸平面,便得到相应的乳酸的费歇尔投影式。如图 11-12 所示。

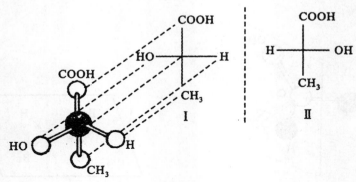

图 11-12　乳酸的费歇尔投影式

需要注意的是,投影式是用平面式代表立体结构的。为保持构型不变,投影式只能在纸平面上旋转 180°或 90°的偶数次,不能离开纸平面翻转。否则就改变了基团的前后关系,不能代表同一种构型。若将任意基团两两交换偶数次,得到的投影式与原投影式表示的是同一构型。

2. D、L 命名法

1950 年以前,人们只知道旋光性不同的一对对映体,分别属于两种不同的构型,但无法确定这两种构型中哪个是左旋体,哪个是右旋体,于是人为规定:在费歇尔投影式中,以甘油醛为标准,右旋甘油醛的手性碳原子上的羟基写在右侧,为 D 型;左旋甘油醛的手性碳原子上的羟基写在左侧,为 L 型。

$$
\begin{array}{cc}
\text{CHO} & \text{CHO} \\
\text{H——OH} & \text{HO——H} \\
\text{CH}_2\text{OH} & \text{CH}_2\text{OH} \\
\text{D-(+)-甘油醛} & \text{L-(—)-甘油醛}
\end{array}
$$

D、L 构型因为是人为规定的,其他手性分子的构型是根据甘油醛的构型而定的,所以称为相对构型。1950 年测得了甘油醛的真实构型与人为规定的构型恰巧完全符合,因此原来的相对构型也是真实构型,这种真实构型又称绝对构型。

D、L 只表示构型,(+)、(—)表示旋光方向,两者之间没有必然的联系。

$$
\begin{array}{ccc}
\text{CHO} & & \text{CHO} \\
\text{H——OH} & \xrightarrow{\text{HgO}} & \text{H——OH} \\
\text{CH}_2\text{OH} & & \text{CH}_2\text{OH} \\
\text{D-(+)-甘油醛} & & \text{D-(—)-甘油酸}
\end{array}
$$

若有几个手性碳原子,在费歇尔投影式中以标号高的手性碳确定 D、L。例如:

$$\begin{array}{c}\text{CHO}\\ \text{HO}\!-\!\!\!|\!-\!\text{H}\\ \text{H}\!-\!\!\!|\!-\!\text{OH}\\ \text{CH}_2\text{OH}\end{array} \qquad \begin{array}{c}\text{CHO}\\ \text{HO}\!-\!\!\!|\!-\!\text{H}\\ \text{HO}\!-\!\!\!|\!-\!\text{H}\\ \text{CH}_2\text{OH}\end{array}$$

D-构型   L-构型

3.R、S 命名法

对于手性碳原子上不连羟基、氨基的化合物,使用 D、L 命名法就很不方便,有时甚至无法与甘油醛比较。对于含有多个手性碳原子的化合物,选择的手性碳原子不同,往往会得出不同的结果。因此近年来采用了另一种命名法,即 R、S 命名法。

其方法是:首先按"次序规则"(图 11-13)确定手性碳原子上相连的四个基团的大小顺序,使 a>b>c>d。然后将最小的基团 d 摆在离观察者最远的位置,最后绕 a→b→c 划圆,如果为顺时针方向,则该手性碳原子为 R 型(拉丁文 Rectus 的缩写,意为"右");如果为逆时针方向,则该手性碳原子为 S 型(拉丁文 Sinister 的缩写,意为"左")。

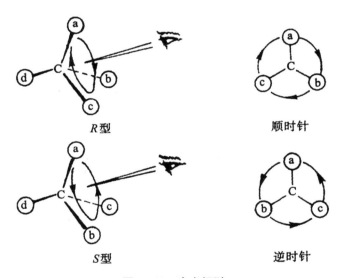

图 11-13 次序规则

如果在费歇尔投影式中,则可直接按 a→b→c 划圆方向表示 R 型、S 型。

其规律是:确定手性碳原子上相连的四个基团的大小顺序,使 a>b>c>d。若最小的基团 d 在横键上,a→b→c 为逆时针分布时,称为 R 型;a→b→c 为顺时针分布时,称为 S 型。若最小的基团 d 在竖键上,a→b→c 为顺时针分布时,称为 R 型;a→b→c 为逆时针分布时,称为 S 型。

上述规律可概括为"小左右,顺 S 反 R;小上下,反 S 顺 R"。例如:甘油醛的结构式为

$$\begin{array}{c}\text{OH}\\ |\\ \text{HOH}_2\text{C}\!-\!\text{CH}\!-\!\text{CHO}\end{array}$$

甘油醛分子中含有一个手性碳原子,它所连接的四个原子和原子团按由大到小的顺序排列是

$$-\text{OH}>-\text{CHO}>-\text{CH}_2\text{OH}>-\text{H}$$

甘油醛对映体的构型为

$$
\begin{array}{ccc}
& \text{CHO} & \\
\text{H} & - & \text{OH} \\
& \text{CH}_2\text{OH} &
\end{array}
\qquad\qquad
\begin{array}{ccc}
& \text{CHO} & \\
\text{HO} & - & \text{H} \\
& \text{CH}_2\text{OH} &
\end{array}
$$

R-(＋)-甘油醛　　　　　　S-(－)-甘油醛

D-(＋)-甘油醛　　　　　　L-(－)-甘油醛

11.3.4　对映异构的类型

1. 含一个手性碳原子化合物

在有机化合物中,含有一个手性碳原子的分子,一定是手性分子,并具有旋光性和对映异构现象,例如乳酸和甘油醛。

凡是含有一个手性碳原子的化合物都有一对对映体,其中一个是左旋体,另一个是右旋体,两者旋光度相同,但旋光方向相反。比如 D-乳酸能使偏振光的振动平面向左旋转,称为左旋乳酸,用(－)-乳酸表示。L-乳酸能使偏振光的振动平面向右旋转,称为右旋乳酸,用(＋)-乳酸表示。将这两种异构体等量混合,由于它们的旋光角度相同,旋光方向相反,所以混合物是没有旋光性的。即等量的对映体的混合物无旋光性,称为外消旋体。常以(±)或(DL)表示外消旋体。通常,人工合成或用乳酸杆菌使乳糖发酵制得的乳酸为外消旋乳酸。

2. 含有两个手性碳原子的化合物

(1)含有两个不同的手性碳原子的化合物

这种类型的化合物最典型的是 2,3,4-三羟基丁醛(丁醛糖):

$$
\overset{4}{\text{CH}_2}-\overset{3}{\text{CH}}-\overset{2}{\text{CH}}-\text{CHO}
$$
$$
\quad\ \ |\qquad\ |\qquad\ |
$$
$$
\quad\ \text{OH}\quad\ \text{OH}\quad\ \text{OH}
$$

在分子中有两个手性碳原子 C_2 和 C_3;两个手性碳原子上所连基团不完全相同,C_2 上连接的是—H、—OH、—CHO 和—CH(OH)—CH$_2$OH;C_3 上连接的是—H、—OH、—CH$_2$OH 和—CH(OH)—CHO。它可以形成四种旋光异构体,现用费歇尔投影式分别表示如下:

CHO	CHO	CHO	CHO
C—OH	HO—C—H	HO—C—H	H—C—OH
C—OH	HO—C—H	H—C—OH	HO—C—H
CH₂OH	CH₂OH	CH₂OH	CH₂OH
D-(－)-赤藓糖	L-(＋)-赤藓糖	D-(－)-苏阿糖	L-(＋)-苏阿糖
(2R,3R)	(2S,3S)	(2S,3R)	(2R,3S)
（Ⅰ）	（Ⅱ）	（Ⅲ）	（Ⅳ）

对于有多个不对称碳原子的旋光异构体,为方便起见,使用 D、L 构型标记法时,只看最后一个手性碳原子(C_3)的构型,并用最后一个手性碳原子的构型作为这种异构体的构型。

上述四个异构体中,(Ⅰ)和(Ⅱ)是对映体,(Ⅲ)和(Ⅳ)是对映体,而(Ⅰ)和(Ⅲ)、(Ⅰ)和

（Ⅳ）、（Ⅱ）和（Ⅲ）、（Ⅱ）和（Ⅳ）之间不存在物体与镜像之间的关系。这种不具有物体与镜像关系的旋光异构体称为非对映体。非对映体之间旋光度不同，其他物理性质也不相同。在化学性质上，它们虽然有相类似的反应，但反应速率、反应条件都不相同。在生理作用上也是不相同的。

在含有多个不对称碳原子的旋光异构体中，如果只有一个不对称碳原子的构型不同，称为差向异构体。如（Ⅰ）和（Ⅲ）为 C_2 差向异构体，（Ⅱ）和（Ⅲ）为 C_3 差向异构体。差向异构体是非对映体的一种，其特点与非对映体一样。

（2）含两个相同手性碳原子化合物

这种类型的化合物中最典型的是酒石酸：

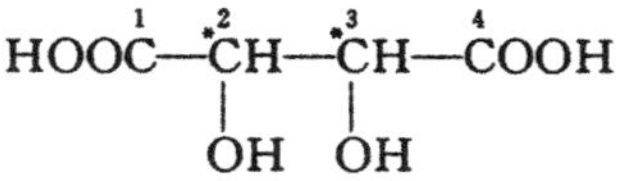

$$\overset{1}{HOOC}-\overset{2}{CH}-\overset{3}{CH}-\overset{4}{COOH}$$
$$\qquad\quad | \qquad | \\ \qquad\quad OH \quad OH$$

在酒石酸分子中，C_2^*、C_3^* 上都连有—H、—OH、—COOH、—CH(OH)COOH，是含有两个相同的手性碳原子的化合物。它只有三种光学异构体，现用费歇尔投影式分别表示如下：

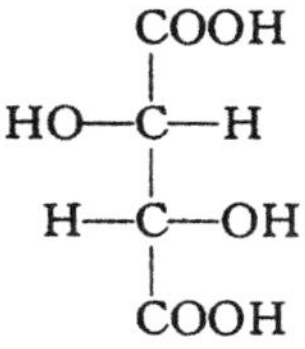

COOH	COOH	COOH
HO—C—H	H—C—OH	H—C—OH
H—C—OH	HO—C—H	H—C—OH
COOH	COOH	COOH
左旋酒石酸	右旋酒石酸	内消旋酒石酸
(2S,3S)-(−)-酒石酸	(2R,3R)-(＋)-酒石酸	(2R,3S)-酒石酸
（Ⅰ）	（Ⅱ）	（Ⅲ）

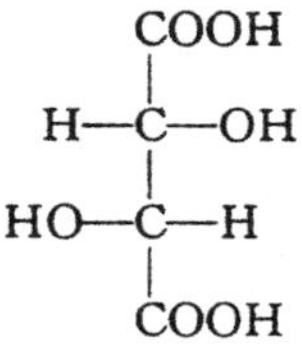

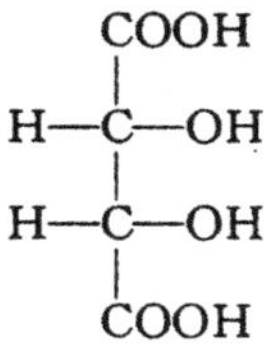

（Ⅰ）和（Ⅱ）为对映体，其等量混合物为外消旋体。（Ⅲ）和（Ⅳ）似乎也为对映体，其实不然。因为将（Ⅲ）不离开纸平面旋转 $180°$，就得到（Ⅳ），所以（Ⅲ）和（Ⅳ）是同一种物质。同时不难看出，（Ⅲ）和（Ⅳ）分子中有对称面（如下图），所以整个分子不是手性分子。分子中虽有手性碳原子，但因有对称平面而使旋光性在分子内相互抵消，整个分子不显旋光性的化合物，称为内消旋体，通常用"meso"或"i"表示。

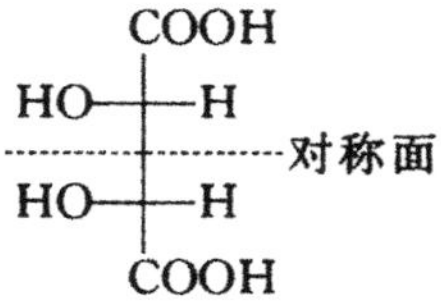

COOH
HO———H
--------对称面
HO———H
COOH

（2S，3R）-酒石酸

内消旋体虽然没有旋光性，但仍然是光学异构体的一种。因此酒石酸有三种异构体：（＋）-酒石酸；（-）-酒石酸和（i）-酒石酸。

内消旋体与外消旋体虽都无旋光性，但是有本质的区别，内消旋体是纯净化合物，而外消旋体是等量的对映体的混合物，可拆分成具有旋光性的左旋体和右旋体。

对映异构体之间，除了旋光方向相反外，其他物理性质如熔点、沸点、溶解度及旋光度等都相同；而非对映异构体之间，不仅旋光性不同，而且其他物理性质也不相同。

物　质	熔点/℃	$[\alpha]_D$(水)	溶解度/(g/100mL)	pK_a
（＋）-酒石酸	170	＋12.0°	139	2.98
（一）-酒石酸	170	一12.0°	139	2.98
（±）-酒石酸(dl)	206	0	20.6	2.96
meso-酒石酸	140	0	125	3.11

对映异构体之间更为重要的区别在于它们对生物体的作用不同,不同构型的一对对映异构体对人体的生理和药理作用的差异往往很大。例如左旋麻黄碱在升高血压方面的作用比右旋麻黄碱大 20 倍,左旋一肾上腺素的生理活性比右旋肾上腺素强 14 倍;左旋氯霉素可以用于治疗伤寒等疾病,而右旋氯霉素几乎无效;左旋抗坏血酸有抗坏血病的作用,而右旋的则没有;L-型氨基酸、D-型糖是人体所需要的,但它们的对映体对人体却没有营养价值。

11.3.5　旋光异构体的拆分

随着科学技术的不断发展,科学家们研究出越来越多的方法来制取各种化合物,其中包括利用特殊的方法和手段合成出单一组分的旋光异构体,但通过一般化学合成得到的化合物往往是多种旋光异构体的混合物,而具有光学活性的药物,常常只有一种旋光异构体有显著疗效,如氯霉素有 4 个旋光异构体,而具有抗菌作用的只是其中的 1 个左旋氯霉素（1R,2R 型）,其他对映体则无此疗效。因此在制药工业中常需要对外消旋体进行拆分。外消旋体的拆分方法有多种,如化学拆分法、诱导拆分法、生化拆分法等,

1. 化学拆分法

化学拆分法的原理是将对映体转化为非对映体,利用非对映体之间物理性质的差异,采用重结晶、蒸馏等一般方法达到分离的目的。

例如要拆分酸性外消旋体的混合物,可以选用一种具有旋光性的碱性物质与它们作用生成非对映体盐,然后利用它们的溶解度不同,用重结晶方法将它们分离、提纯。

$$(\pm)\text{-R}\cdot\text{COOH} + (-)\text{-R}\cdot\text{NH}_2 \longrightarrow (+)\text{-R}\cdot\text{COOH}\cdot(-)\text{-R}\cdot\text{NH}_2 + (-)\text{-R}\cdot\text{COOH}\cdot(-)\text{-R}\cdot\text{NH}_2$$

$$\textbf{分离}\left\{\begin{array}{l} (+)\text{-R}\cdot\text{COOH}\cdot(-)\text{-R}\cdot\text{NH}_2 \xrightarrow{\text{NaOH}} (+)\text{-R}\cdot\text{COOH} \\ \\ (-)\text{-R}\cdot\text{COOH}\cdot(-)\text{-R}\cdot\text{NH}_2 \xrightarrow{\text{NaOH}} (-)\text{-R}\cdot\text{COOH} \end{array}\right.$$

将对映体转化成非对映体时所加的试剂称为拆分剂。拆分外消旋的酸性物质,要用碱性拆分剂,拆分外消旋的碱性物质,则要用酸性拆分剂。

2. 机械拆分法

机械拆分法是利用外消旋体中对映体的结晶形态上的差异,借肉眼或通过放大镜进行辨认,而把两种结晶体挑拣分开。此法要求结晶形态有明显的不对称性,且结晶大小适宜。此法比较原始,不仅操作麻烦,而且不能用于液态的化合物,只在实验室中少量制备时偶然采用。

3. 色谱分离法

色谱分离法是利用光活性吸附剂与一对对映体形成的两个非对映吸附物,其稳定性不同,被

吸附剂吸附的强弱不同而依次进行洗脱。

4. 结晶拆分法

结晶拆分法的原理是先将需要拆分的外消旋体溶液制成过饱和溶液,再加入一定量的同样左旋体或右旋体的晶种,与晶种相同构型的异构体立即析出结晶而拆分。其拆分过程如下

外消旋体 $\xrightarrow[\triangle]{右旋体}$ 右旋体饱和溶液 $\xrightarrow{冷却}$ $\begin{bmatrix} 右旋体结晶 \\ 母液 \end{bmatrix}$ $\xrightarrow{外消旋体}$ 左旋饱和溶液 $\xrightarrow{冷却}$ $\begin{bmatrix} 右旋体结晶 \\ 母液 \end{bmatrix}$ $\xrightarrow[\triangle]{外消旋体}$ 反复上述操作

该法成本低,效果好,但要求外消旋体的溶解度大于纯对映体,故在应用方面具有一定的限制。

5. 微生物拆分法

某些微生物或它们产生的酶,对于对映体中的一种异构体有选择性的分解作用。利用微生物或酶的这种性质可以从外消旋体中把一种旋光体拆分出来。此法缺点是在分离过程中外消旋体至少有一半被消耗,而且加入的培养微生物或酶的原料在后继的纯化处理中带来麻烦。

11.4　构象异构

烷烃分子中碳碳单键均为 σ 键,σ 键的特点之一就是电子云以键轴为轴呈圆柱对称分布,成键的碳原子之间可以沿键轴任意旋转。如果固定乙烷分子中的一个碳原子,使另一个碳原子绕 C—C 键旋转,每旋转任何一个角度,两个甲基上的氢原子的相对位置将发生改变,产生不同的空间排列方式。这种由碳碳 σ 键沿键轴旋转而引起分子中原子或原子团在空间的不同排列形式称构象。由单键的旋转而产生的异构体叫构象异构。在构象异构体之间,结构式相同,只是原子或原子团在空间的相对位置或排列方式不同,故属于立体异构。

11.4.1　乙烷的构象

乙烷分子的构象可以用"双三脚架"比喻。六个 H 是六个脚底,C—C 键连接两个三角。由于 C—C 单键可以自由旋转,因此这三个脚像电风扇一样可以自由转动。为了便于观察,使一个甲基固定不动,另一个甲基绕 C—C 键轴转动,则分子中氢原子在空间的排列形式将不断改变,从而有无数种排布。这种由于原子或原子团绕单键旋转而产生的分子中各原子或原子团的不同的空间排布,称为构象。乙烷分子最典型的两种构象是交叉式和重叠式,可用三种最常使用的投影式表示,如图 11-14 所示。

纽曼(Newman)投影式在研究构象上非常有用。其画法是,将乙烷分子平放,眼睛对准 C—C 键轴的延长线,用圆圈表示远离眼睛的碳原子,其上连接的三个氢原子画在圆外,而圆圈上的三个氢原子表示离眼睛较远的甲基。

从上面投影式可以看出:(Ⅰ)式中两组氢原子处于交错的位置,这种构象称为交叉式。在交叉式构象中,两个碳原子上两组氢原子相距最远,相互间的排斥力最小,因而分子的热力学能最低,是较稳定的构象。(Ⅱ)式中两组氢原子相互重叠,这种构象称为重叠式。在重叠式构象中两个碳原子上的氢原子两两相对,距离最近,由于它们的空间相互作用,分子的热力学能最高,也就是最不稳定。交叉式与重叠式是乙烷的两种极端构象。介于这两者之间还可以有无数种构象,称为扭曲式(skewed)。

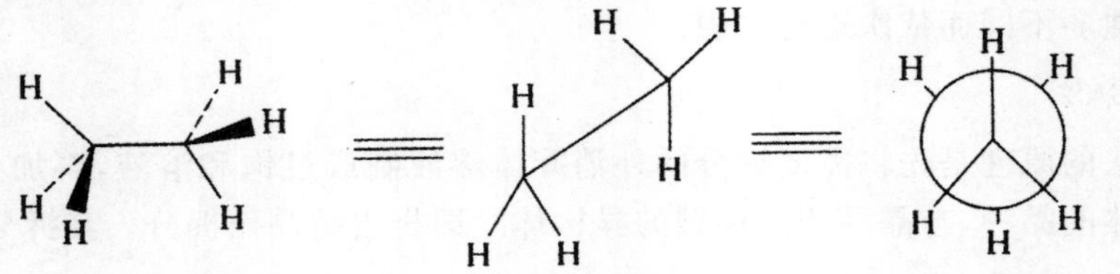

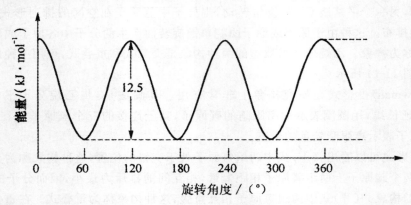

伞形式　　　　　　锯架式　　　　　　纽曼式

（Ⅰ）交叉式构象

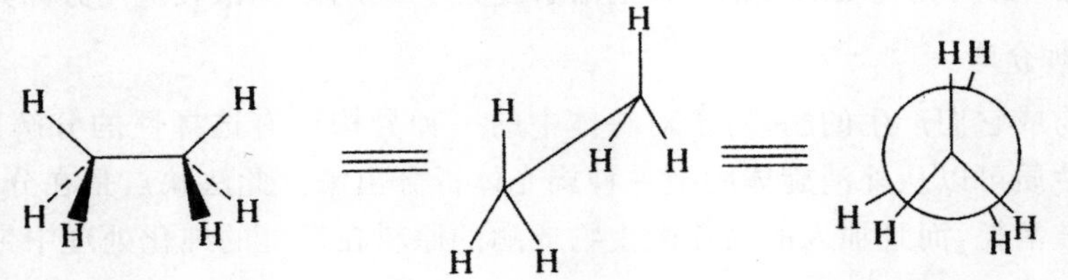

伞形式　　　　　　锯架式　　　　　　纽曼式

（Ⅱ）重叠式构象

图 11-14　乙烷不同构象的三种表示方法

　　图 11-15 所示为当绕 C—C 单键旋转时,乙烷分子各种构象的能量关系。图中曲线上任意一点代表一种构象对应的能量。位于曲线中最低的一点即谷底,能量最低,它所代表的构象最稳定(交叉式)。只要稍离开谷底一点,就意味着能量的升高,分子的构象就变得不稳定一些。这种不稳定性使分子中产生一种"张力",这种张力是由于键的扭转要恢复最稳定的交叉式构象而引起的,通常称为扭转张力。与交叉式排列的任何偏差都会引起扭转张力。交叉式与重叠式的能量虽然不同,但能量差不太大,约为 $12kJ \cdot mol^{-1}$,也就是说,由交叉式转变为重叠式只需吸收 $12kJ \cdot mol^{-1}$,的能量即可完成。而室温时分子的热运动即可产生 $83.6 \ kJ \cdot mol^{-1}$ 的能量,所以在常温下乙烷的各种构象之间迅速互变。乙烷分子在某一构象停留的时间(寿命)很短($<10^{-6}s$),因此不能把某一构象"分离"出来。

图 11-15　乙烷分子各种构象的能量关系

　　从乙烷分子构象的分析中知道,由于不同构象的热力学能不同,要想彼此互变,必须越过一定的能垒才能完成。因此,所谓单键的自由旋转并不是完全自由的。

11.4.2　正丁烷的构象

正丁烷分子可以看作乙烷的二甲基衍生物。如图 11-16 所示,当绕 $\sigma c_2 - c_3$ 键轴旋转时,情况较乙烷要复杂,用纽曼投影式可表示四个典型构象表示。

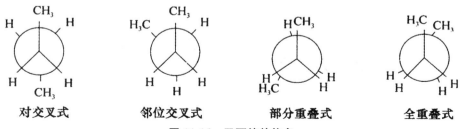

图 11-16　正丁烷的构象

正丁烷分子随着绕 C_2—C_3 键轴旋转,它的构象变化情况如图 11-17 所示,而由图 11-18 可知,能量最低的构象为(Ⅰ)对交叉式,能量最高的构象为(Ⅳ)全重叠式。从能量上看,(Ⅱ)与(Ⅵ)相同,(Ⅲ)与(Ⅴ)相同。所以,四种典型的构象能量高低顺序:对交叉式<邻位交叉式<部分重叠式<全重叠式,它们的稳定性顺序正好相反。从图中还可以看到构象为(Ⅰ)、(Ⅲ)、(Ⅴ)的分子能量最低。一般说来,相当于最低能量的各构象称为构象异构体。正丁烷有两种不同的稳定构象,三个稳定的构象异构体:一个对交叉式,两个邻位交叉式。邻位交叉式构象异构体(Ⅲ)和(Ⅴ)互为镜影和实物的关系,因此是(构象)对映体,它们是两个不相同的不对称分子。所以正丁烷实际上是一个构象异构体的平衡混合物。该混合物的组成取决于不同构象异构体之间的能量差别。在室温下约 68% 为对交叉式,约 32% 为邻位交叉式,部分重叠式和全重叠式极少。因为正丁烷各构象之间能量差(能垒)不大,最大不超过 $25.1 kJ \cdot mol^{-1}$,所以分子的热运动就可使各种构象迅速互变,这些异构体也不能分离出来。易于相互转换是构象异构体的特性(当然也有一些构象异构体不易互换的),也是这种异构体与今后要学习的其他立体异构体最不同的性质。

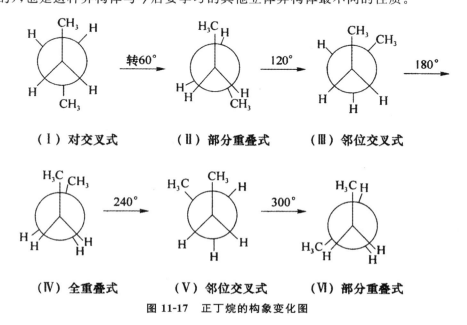

图 11-17　正丁烷的构象变化图

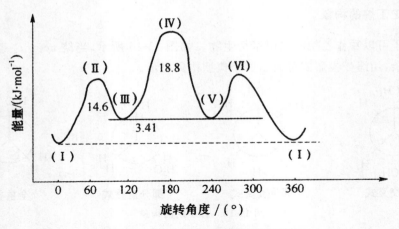

图 11-18　正丁烷 C_2—C_3 键旋转势能图

脂肪族化合物的构象都与正丁烷的构象相似,占优势的构象通常是全交叉式,即分子中两个最大的基团处于对位呈 $180°$ 的排布。

11.4.3　环乙烷的构象

1. 椅式、船式

环己烷是自然界存在最广泛的脂环烃。它是由六个碳原子所组成的环状碳氢化合物。它有两种空间排列方式,即船式构象和椅式构象。

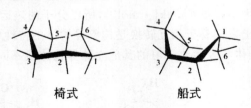

在椅式构象中,C_1、C_3、C_5 在一个平面上,C_2、C_4、C_6 在另一个平面上,分子中所有的碳原子和氢原子的相对距离都最远,原子间相互排斥力最小,因而能量较低,稳定。而在船式构象中,C_2、C_3、C_5、C_6 也在同一平面上,但 C_1 及 C_4 上的两个氢原子相距较近,相互间的排斥力较大,内能较高不稳定。

在环己烷的构象中,椅式构象是最稳定的构象,是环己烷的优势构象,所以环己烷及其取代物,在一般情况下几乎都是以椅式构象存在。

2. 直立键和平伏键

在环己烷的椅式构象中,12 个碳氢键可以分成两种情况:一种是 6 个碳氢键与环己烷分子的对称轴平行,叫做直立键,简称为 a 键;另一种是 6 个碳氢键与对称轴成 $109°28'$ 的夹角,叫做平伏键,简称 e 键。环己烷的 6 个 a 键中,3 个向上 3 个向下,交替排列,6 个 e 键中,3 个向上斜伸,3 个向下斜伸,交替排列。见下图。

对称轴

(a-H)　　　　　　(e-H)

3. 取代环己烷的构象

环己烷上的氢原子,被其他原子或原子团取代后,取代基可处于直立键或平伏键。如甲基环己烷可以有两种不同的典型的椅式构象,一种是甲基处于直立键,一种是甲基处于平伏键。

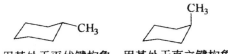

甲基处于平伏键构象　　甲基处于直立键构象

当甲基处于直立键的构象时,甲基上的氢原子与 C_3、C_5 上的氢原子距离较近,能量较高,不稳定。而甲基处于平伏键时,它与 C_3、C_5 上的氢原子距离较远,斥力较小,较稳定。在室温下,甲基在平伏键上的构象占平衡混合物的 95%。

当取代基体积增大时,两种椅式构象的能量差也增大,平伏键上取代的构象所占的比例就更高。如室温下,异丙基环己烷平衡混合物中异丙基处于平伏键的构象约占 97%,叔丁基取代环己烷几乎完全以一种构象存在。可见,取代环己烷中大基团处于平伏键的构象较稳定,为优势构象。

当环己烷环上有不止一个取代基时,其优势构象遵从如下规律:取代基相同,e 键最多的构象最稳定;取代基不同,大基团在 e 键的构象最稳定。

第 12 章　生命有机大分子

12.1　糖　类

　　糖类是自然界中存在最多、分布最广的有机化合物,如葡萄糖、蔗糖、淀粉、纤维素等都是人类生活不可缺少的糖类化合物。由于最初发现的这类化合物都是由 C、H、O 三种元素组成且分子中氢和氧的比例与水相同为 2∶1,通式可表示为 $C_x(H_2O)_y$,故将此类物质称为碳水化合物。但后来研究发现有些结构和性质上应该属于糖类的化合物如鼠李糖($C_6H_{12}O_5$),其分子组成并不符合上述通式;而有些分子式符合上述通式的化合物如乙酸($C_2H_4O_2$),其结构和性质却与糖类完全不同。因此,把糖称为"碳水化合物"是不确切的,但因沿用已久,至今仍在使用。随着对糖类化合物研究的深入,现在认为糖是多羟基醛或多羟基酮以及它们的脱水缩合产物。

　　糖类化合物除作为能量来源外,同时也是体内遗传物质、酶、抗体、激素、膜蛋白等在生命活动中起重要作用的物质的重要组成部分,生物体的生、老、病、死均涉及糖类,大量事实证明对糖类化合物的研究已成为有机化学及生物化学中最令人感兴趣的领域之一。

　　糖类化合物按照其能否水解以及完全水解后生成的产物数目分为三大类。

　　①单糖:不能水解成更小分子的糖,如葡萄糖、果糖、核糖。

　　②寡糖:又称低聚糖,是指水解后能生成 2～10 个单糖的糖类。其中能水解为两分子单糖的称为双糖(或二糖),如蔗糖、麦芽糖等。低聚糖中以双糖首要。

　　③多糖:水解后能产生 10 个以上单糖的糖类。它们是十个到几千个单糖形成的高聚物,属于天然高分子化合物,如淀粉、纤维素。

12.1.1　单糖

1. 单糖的结构

经过研究现在已经证明单糖有开链结构,也有环状结构。

(1)单糖的开链结构及构型

许多研究表明,单糖就是多羟基醛或多羟基酮。通常含醛基的糖称醛糖,含酮基的糖称酮糖。按分子中所含碳原子个数单糖分为丙糖、丁糖、戊糖、己糖、庚糖等。

$$
\begin{array}{cc}
\text{CHO} & \text{CH}_2\text{OH} \\
| & | \\
(\text{CHOH})_n & \text{C}=\!=\!\text{O} \\
| & | \\
\text{CH}_2\text{OH} & (\text{CHOH})_n \\
& | \\
& \text{CH}_2\text{OH} \\
\text{醛糖} & \text{酮糖}
\end{array}
$$

　　葡萄糖(分子式为 $C_6H_{12}O_6$)是醛糖,结构是开链的五羟基己醛;果糖(分子式为 $C_6H_{12}O_6$)是酮糖,结构是开链的五羟基-2-己酮。单糖分子结构可用费歇尔投影式来表示。在书写时,一般将碳链竖写,羰基写在上端。碳链的编号从靠近羰基的一端开始。为了手写方便,碳原子上的氢可以省去,甚至羟基也可以省去,只用一短横线表示。例如:

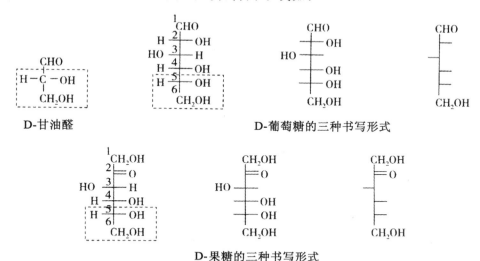

D-甘油醛　　　　　D-葡萄糖的三种书写形式

D-果糖的三种书写形式

单糖的构型常用 D、L 标记法表示。以甘油醛的构型作为比较标准来确定。在单糖分子中离羰基最远的手性碳原子的构型,与 D-甘油醛构型相同的,属于 D 型,反之,属于 L 型。天然存在的单糖大多是 D 型的。

(2)单糖的环状结构及构象

单糖的许多化学性质证明其具有多羟基醛或酮的开链结构,但是,这种开链结构却与某些实验事实不符。例如,D-葡萄糖的有些性质用其开链结构就无法解释:

①它具有醛基,但却不与 $NaHSO_3$ 发生加成反应。

②醛在干燥 HCl 作用下应与二分子醇反应形成缩醛类化合物,但葡萄糖只与一分子甲醇反应生成稳定化合物。

③D-葡萄糖在不同的条件下可得到两种结晶,从冷乙醇中可结晶得到熔点为 146℃,比旋光度为+112°的晶体;而从热吡啶中则结晶得到熔点为 150℃,比旋光度为+18.7°的晶体。

④上述两种晶体溶于水后,其比旋光度随时间发生变化,并都在+52.7°时稳定不变。这种比旋光度自行发生改变的现象称为变旋光现象。

⑤固体葡萄糖红外光谱中找不到羰基伸缩振动的特征峰值;在 H^1NMR 中,也不显示醛基的质子的特征峰。

受醛可以与醇作用生成半缩醛这一反应的启示,人们注意到,葡萄糖分子中同时存在醛基和羟基,可发生分子内的羟醛缩合反应形成稳定的环状半缩醛,这种环状结构已被 X 射线衍射结果所证实。

糖通常以五元或六元环形式存在,当以六元环存在时,与杂环化合物吡喃(pyrane)相似,称为吡喃糖(glycopyranose);当以五元环存在时,与杂环化合物呋喃(furan)相似,称为呋喃糖(glycofuranose)。D-葡萄糖的半缩醛结构是由 C_1 醛基与 C_5 羟基作用形成的,是一个含氧六元环;单糖的环状结构一般以哈沃斯(Haworth)式表示。

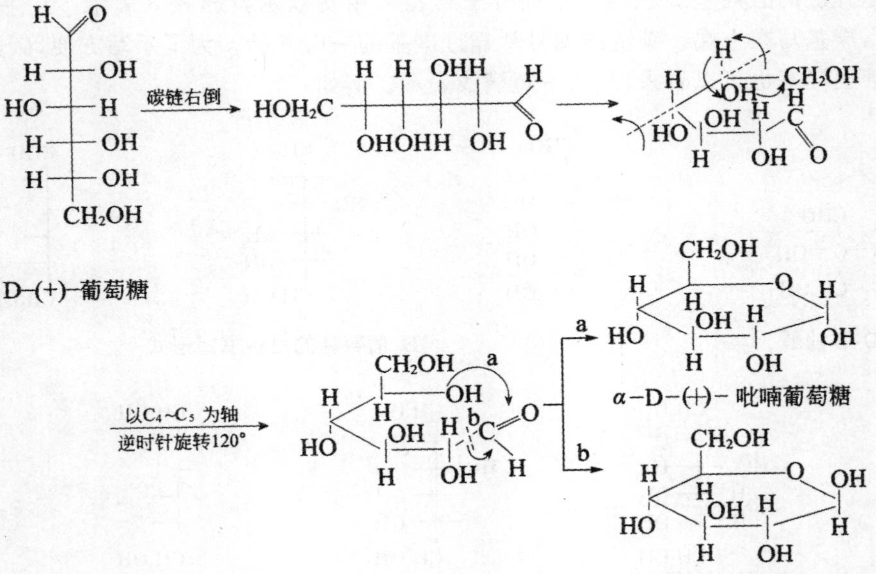

D-(+)-葡萄糖

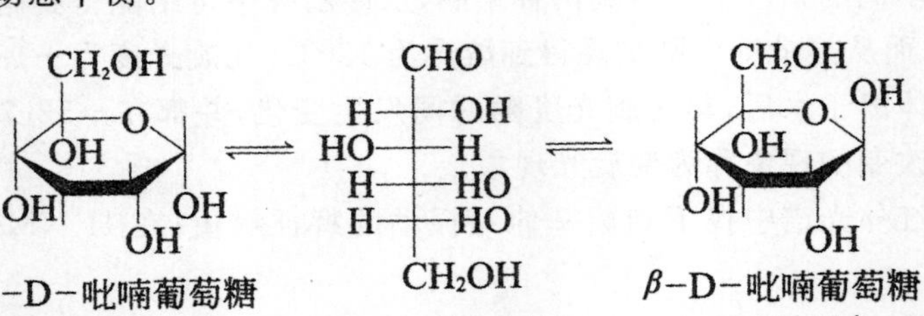

α-D-(+)-吡喃葡萄糖

β-D-(+)-吡喃葡萄糖

以 C_4~C_5 为轴
逆时针旋转120°

碳链右倒

D-葡萄糖由开链醛式转变为环状半缩醛式时，C_1 由 sp^2 杂化状态转化为 sp^3 杂化状态，形成一个新的手性碳原子，新形成的手性碳原子上的羟基称为半缩醛羟基或苷羟基，可以有两种构型，即上述的 α-D-吡喃葡萄糖与 β-D-吡喃葡萄糖，二者除苷羟基构型不同外，其余手性碳原子的构型均相同，互称为端基异构体或异头物(anomie)。

书写吡喃糖的哈沃斯式时，通常将氧原子写在环的右上角，碳原子编号按顺时针排列，则原来投影式中左侧的羟基处于环平面上方；位于右侧的羟基处于环平面下方。对 D-型糖而言，凡苷羟基在下方的称为 α-异构体；苷羟基在环平面上方的称为 β-异构体。L-型糖的哈沃斯式可由相应 D-型糖的哈沃斯式得到。

在结晶状态下，α-D-葡萄糖与 β-D-葡萄糖均可稳定存在，但它们溶于水后，可通过开链结构互相转化，最终达到动态平衡。

α-D-吡喃葡萄糖
36%
$[\alpha]_D^t = +112°$

0.024%

β-D-吡喃葡萄糖
63.7%
$[\alpha]_D^t = +18.7°$

平衡混合物中 α-异构体占 36%，β-异构体占 64%，开链结构含量极少，因而 α-D-葡萄糖或 β-D-葡萄糖溶于水之后均可通过开链结构的过渡向对方转化，最终达到固定的比例。此时体系的比旋光度将逐渐下降或上升，至 +52.7° 后不再变化。这也是为什么单糖会出现变旋光现象的原因。

果糖结晶的吡喃结构，也有 α 及 β 两种异构体，在水溶液中同样存在环式和链式的互变平衡体系,而且平衡混合物中除有两种吡喃型果糖外,还有两种呋喃型异构体。

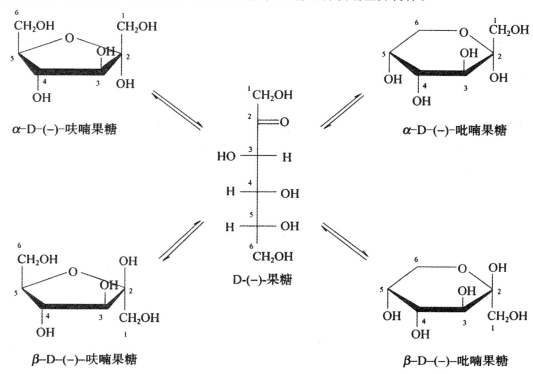

α-D-(–)-呋喃果糖　　　　　　　　　　　α-D-(–)-吡喃果糖

D-(–)-果糖

β-D-(–)-呋喃果糖　　　　　　　　　　　β-D-(–)-吡喃果糖

　　在 D-葡萄糖的水溶液中,β-型的含量要比 α-型高(64∶36),这是因为前者比后者稳定,这种相对稳定性与它们的构象有关。实际上,吡喃糖六元环的空间排列与环己烷类似,也具有稳定的椅式构象。例如,B-D-葡萄糖的椅式构象为:

（Ⅰ）　　　　　　　　　　（Ⅱ）

　　在以上两种椅式构象中,Ⅰ比Ⅱ稳定的多。因为工中所有取代基都在 e 键上,而Ⅱ式中取代基均在 a 键。Ⅰ式比Ⅱ式位能低(约差 $6kJ \cdot mol^{-1}$),故 β-D-葡萄糖的优势构象为Ⅰ。

　　而在 α-D-葡萄糖的两种椅式构象Ⅲ和Ⅳ中,优势构象为Ⅲ。此构象中苷羟基在 a 键上,故不如 β-D-葡萄糖的优势构象Ⅰ稳定。这就是葡萄糖的互变平衡混合物中 β-型含量较高的原因。

（Ⅲ）　　　　　　　　　　（Ⅳ）

在所有 D-型己醛糖中,只有 β-D-葡萄糖的五个取代基全在 e 键上,故具有很稳定的构象。这也是 D-葡萄糖在自然界含量最丰富、分布最广泛的原因。

2. 单糖的分类

根据单糖分子中碳原子的数目,可将单糖分为丙糖、丁糖、戊糖、己糖等,或称三碳糖、四碳糖、五碳糖、六碳糖等。又根据单糖分子中是否含有醛基或者酮基,将含有醛基的单糖,称为醛糖,含有酮基的单糖,称为酮糖。这两种分类方法常常合并使用,例如:

$$
\begin{array}{cccc}
& & \text{CHO} & \text{CH}_2\text{OH} \\
& \text{CHO} & |\ \text{CHOH} & |\ \text{C=O} \\
\text{CHO} & |\ \text{CHOH} & |\ \text{CHOH} & |\ \text{CHOH} \\
|\ \text{CHOH} & |\ \text{CHOH} & |\ \text{CHOH} & |\ \text{CHOH} \\
|\ \text{CH}_2\text{OH} & |\ \text{CH}_2\text{OH} & |\ \text{CH}_2\text{OH} & |\ \text{CH}_2\text{OH} \\
\text{丙醛糖} & \text{丁醛糖} & \text{戊醛糖} & \text{丁酮糖}
\end{array}
$$

在书写单糖开链式时,常常将碳链竖写,羰基写上面,碳链的编号从靠近羰基的一端开始。

3. 单糖的物理性质

由于单糖有多个羟基,所以单糖可以溶解于水中,而不溶于非极性溶剂。单糖在水中的溶解度很大,而且易形成过饱和溶液——糖浆。

由于糖分子间可形成多个氢键,所以单糖的熔点、沸点都很高。如最小的 D-甘油醛的沸点达 150℃(1.06kPa),α-D-葡萄糖的熔点为 146℃,β-D-葡萄糖的熔点为 150℃。

因单糖溶于水后产生开链式与环状结构之间的互变,所以新配制的单糖溶液可观察到变旋现象。许多糖都有变旋现象。表 12-1 列出了一些常见糖的比旋光度和变旋后的平衡值。

表 12-1　常见糖的比旋光度

名称	α-异构体	β-异构体	变旋后的平衡值
D-葡萄糖	+112°	+19°	+53°
D-果糖	−21°	−113°	−92°
D-半乳糖	+151°	−53°	+83°
D-甘露糖	+30°	−17°	+14°
D-乳糖	+90°	+35°	+55°
D-麦芽糖	+168°	+112°	+136°

4. 单糖的化学性质与反应

单糖是多羟基醛或多羟基酮,因此,除具有醇和醛、酮的性质外,还因分子内羟基和羰基等基团的相互影响而产生一些特殊性质。此外,单糖在溶液中是以开链式和氧环式平衡混合物的形式存在,因此,单糖的反应有的以开链结构的形式进行,有的则以环状结构为主发生。

（1）差向异构化

用稀碱性溶液处理 D-葡萄糖时，由于是在碱性溶液中，醛糖与酮糖都能发生互变反应，所以 D-葡萄糖可通过烯二醇中间体，转化为 D-果糖以及 D-甘露糖，生成三种糖的平衡混合物。

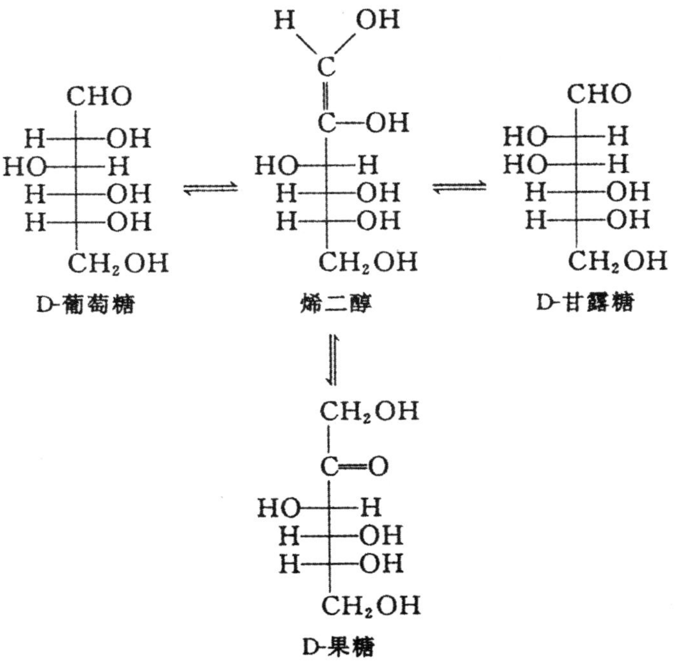

上式中的 D-葡萄糖、D-甘露糖和 D-果糖在碱性溶液中通过烯二醇中间体相互转化的过程称为差向异构化。在含有多个手性碳原子的旋光异构体之间，凡是只有一个手性碳原子构型不同，其他手性碳原子的构型相同的异构体互称为差向异构体。D-葡萄糖与 D-甘露糖仅仅是 C_2 构型不同，其余各手性碳原子构型均相同，因此，两者互称为 C_2 差向异构体。

（2）氧化反应

单糖可被多种氧化剂氧化，所用氧化剂的种类及介质的酸碱性不同，氧化产物也不同。

①被硝酸氧化。硝酸的氧化性比溴水强，可以将醛糖的醛基和末端的羟甲基氧化成羧基生成二酸。例如：

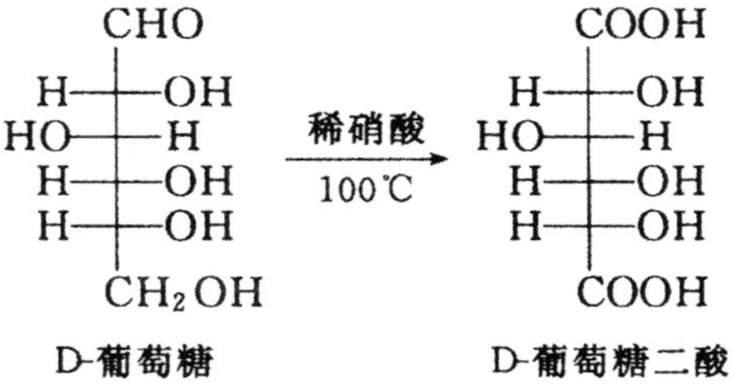

果糖可以被硝酸氧化成少一个碳的二酸：

$$
\begin{array}{c}
\text{CH}_2\text{OH} \\
| \\
\text{C}=\text{O} \\
\text{HO}-|-\text{H} \\
\text{H}-|-\text{OH} \\
\text{H}-|-\text{OH} \\
| \\
\text{CH}_2\text{OH}
\end{array}
\xrightarrow[100℃]{\text{稀硝酸}}
\begin{array}{c}
\text{COOH} \\
\text{HO}-|-\text{H} \\
\text{H}-|-\text{OH} \\
\text{H}-|-\text{OH} \\
| \\
\text{COOH}
\end{array}
$$

D-(一)-果糖

②被溴水氧化。溴水只能氧化醛糖,不能氧化酮糖。在 pH＝5～6 的缓冲溶液中用溴水氧化醛糖可生成糖酸,但在加热蒸除溶剂的过程中,糖酸脱水形成 γ-内酯。例如:

$$
\begin{array}{c}
\text{CHO} \\
\text{H}-|-\text{OH} \\
\text{HO}-|-\text{H} \\
\text{H}-|-\text{OH} \\
\text{H}-|-\text{OH} \\
| \\
\text{CH}_2\text{OH}
\end{array}
\xrightarrow[\text{H}_2\text{O}]{\text{Br}_2}
\begin{array}{c}
\text{COOH} \\
\text{H}-|-\text{OH} \\
\text{HO}-|-\text{H} \\
\text{H}-|-\text{OH} \\
\text{H}-|-\text{OH} \\
| \\
\text{CH}_2\text{OH}
\end{array}
$$

D-葡萄糖　　　　　　D-葡萄糖酸

$$
\begin{array}{c}
\text{CHO} \\
\text{HO}-|-\text{H} \\
\text{HO}-|-\text{H} \\
\text{H}-|-\text{OH} \\
\text{H}-|-\text{OH} \\
| \\
\text{CH}_2\text{OH}
\end{array}
\xrightarrow{\text{Br}_2,\text{H}_2\text{O}}
\begin{array}{c}
\text{COOH} \\
\text{HO}-|-\text{H} \\
\text{HO}-|-\text{H} \\
\text{H}-|-\text{OH} \\
\text{H}-|-\text{OH} \\
| \\
\text{CH}_2\text{OH}
\end{array}
\xrightarrow[-\text{H}_2\text{O}]{\text{加热}}
$$

D-甘露糖

工业上常用电解氧化使醛糖转化为糖酸。例如,在碳酸钙和少量溴化钙存在下,电解 D-葡萄糖,可生成 D-葡萄糖酸钙即钙片,是重要的营养物质。

③被高碘酸氧化。单糖分子中含有邻二醇结构片断,因而能与高碘酸反应,发生碳碳键断裂,这个反应可以定量进行,每断裂一个碳碳键需要一摩尔的高碘酸,此反应可用于糖的结构研究。例如:

$$
\begin{array}{c}
\text{CHO} \\
\text{H}-|-\text{OH} \\
\text{HO}-|-\text{H} \\
\text{H}-|-\text{OH} \\
\text{H}-|-\text{OH} \\
| \\
\text{CH}_2\text{OH}
\end{array}
\xrightarrow{5\text{HIO}_4}
5\text{HCOOH} + \text{HCHO}
$$

D-葡萄糖

④被托伦斯试剂和斐林试剂氧化。醛糖和酮糖都能被托伦(Tollens)试剂和费林(Fehling)试剂氧化。在碳水化合物中,能还原这两种试剂的糖叫还原糖,不能还原这两种试剂的糖叫非还原糖。具有半缩醛结构和半缩酮结构的糖都是还原糖。或者说分子中有游离苷羟基的糖是还原糖,没有苷羟基的糖是非还原糖。单糖都是还原糖。糖被 Tollens 试剂和 Fehling 试剂氧化的产

物复杂,此反应主要用来鉴别是否为还原糖。例如:

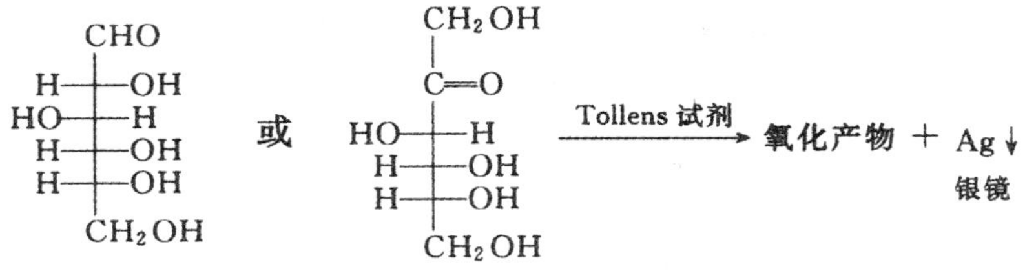

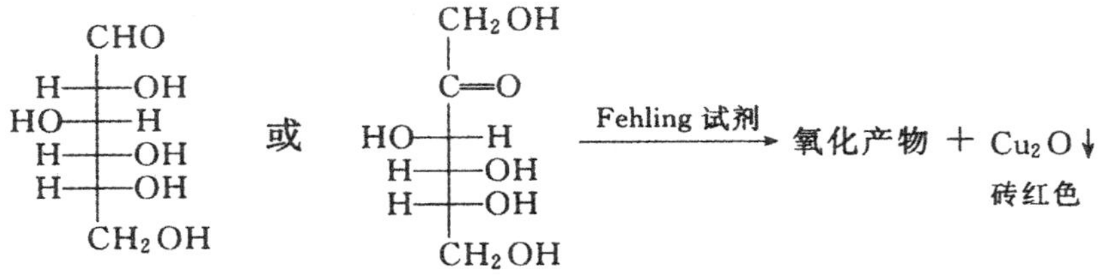

$$D\text{-}(+)\text{-葡萄糖} \qquad D\text{-}(-)\text{-果糖} \xrightarrow{\text{Tollens 试剂}} \text{氧化产物} + Ag\downarrow$$
$$\text{银镜}$$

$$D\text{-}(+)\text{-葡萄糖} \qquad D\text{-}(-)\text{-果糖} \xrightarrow{\text{Fehling 试剂}} \text{氧化产物} + Cu_2O\downarrow$$
$$\text{砖红色}$$

Tollens 试剂和 Fehling 试剂能氧化酮糖的原因:酮糖都是 α-羟基酮,α-羟基酮在发生氧化反应时会发生两次烯醇式重排,通过互变异构变成 α-羟基醛。

(3)还原反应

单糖的羰基可经催化氢化或硼氢化钠还原得到相应的醇,这类多元醇通称为糖醇。例如,D-核糖的还原产物为 D-核糖醇,是维生素 B_2 的组分;D-葡萄糖的还原产物是葡萄糖醇,也称作山梨醇,是制造维生素 C 的原料;D-甘露糖的还原产物是甘露糖醇;D-果糖的还原产物是 D-葡萄糖醇和 D-甘露糖醇的混合物。山梨醇和甘露醇在饮食疗法中常用于代替糖类,它们所含的热量与糖差不多,但山梨醇不易引起龋齿。

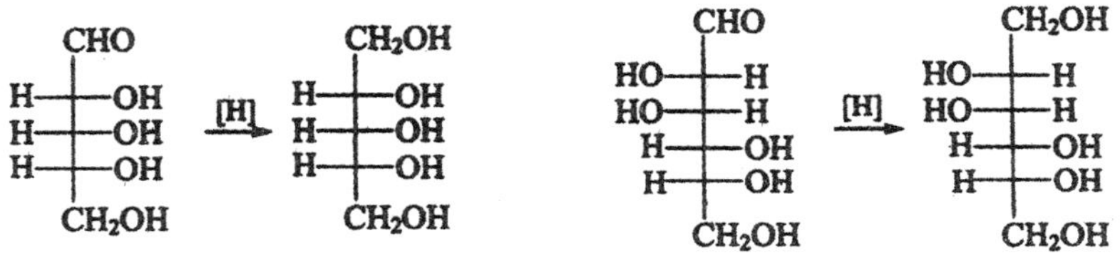

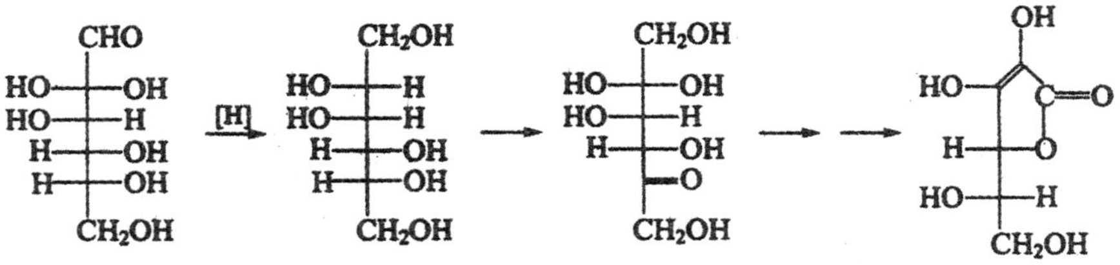

(4)成脎反应

醛糖或酮糖可与苯肼发生反应,生成糖苯腙,如果苯肼过量,则进一步反应生成糖脎。例如:

D- 葡萄糖 → D- 葡萄糖苯腙 → D- 葡萄糖脎

生成的糖脎可以通过分子内的氢键形成螯环化合物,从而阻止了 C_3 上的羟基继续被苯肼氧化。无论醛糖还是酮糖,脎的生成只发生在 C_1 和 C_2 上,而不涉及其他碳原子。因此,凡生成相同脎的己糖,C_3、C_4 和 C_5 的构型是相同的。

糖脎是不溶于水的黄色晶体。不同的糖的糖脎结晶形状不同,熔点不同,成脎的速率也不同,所以成脎反应可用于单糖的鉴定。成脎反应并非局限于单糖,凡是具有 α-羟基的酮和醛都能发生成脎反应。

(5)成苷反应

单糖的环式结构中含有活泼的半缩醛羟基,它能与醇或酚等含羟基的化合物脱水形成缩醛型物质,称为糖苷,也称为配糖体,其糖的部分称为糖基,非糖的部分称为配基。例如,α-D-葡萄糖在干燥氯化氢催化下,与无水甲醇作用生成甲基-α-D-葡萄糖苷;β-D-葡萄糖在同样条件下形成甲基-β-D-葡萄糖苷。

α-D-葡萄糖 → 甲基 α-D-葡萄糖苷

α-D-葡萄糖和 β-D-葡萄糖通过开链式可以相互转变,形成糖苷后,不能再相互转变。糖苷是一种缩醛(或缩酮),所以比较稳定,其不易被氧化,不与苯肼、托伦斯试剂、斐林试剂等作用,也无变旋现象。糖苷对碱稳定,但在稀酸或酶作用下,可水解成原来的糖和甲醇。

糖苷广泛存在于自然界,在植物的根、茎、叶、花和种子中含量较多。低聚糖和多糖也都是糖苷存在的一种形式。

(6)颜色反应

定性地检测糖类是否存在,可依靠糖类的特征颜色反应来进行判断。常用的试剂很多,就反应的化学过程来说,可以概括为两种不同的类别。其一,用非氧化性酸(硫酸或盐酸)使糖脱水形成呋喃醛类衍生物,进一步与酚类或含氮碱缩合生成有色物质。这是最重要的糖类颜色反应的基础。其二,用碱处理糖类,产生复杂的裂解衍生物,与某些试剂作用,呈现特殊的颜色。

①莫力希(Molisch)反应。所有糖都能与 α-萘酚的酒精溶液混合。然后沿容器壁小心注入浓硫酸,在两层液面间可生成紫红色物质。因为所有糖(包括低聚糖和多糖)均能发生莫力希反应,因此,此反应是鉴别糖类最常用的方法之一。

②西里瓦诺夫(Seliwanoff)反应。与间苯二酚的反应,是鉴别酮糖的特殊反应。酮糖在浓酸作用下,脱水生成羟甲基糠醛,两分钟内后者与间苯二酚结合成鲜红色物质,醛糖也有此反应,但速度较慢,两分钟内不显色,延长时间后可生成玫瑰色的物质,故可以此反应鉴别醛糖和酮糖。

③拜尔(Bial)反应。此反应为鉴别戊糖的颜色反应。戊糖在浓盐酸溶液中脱水成糠醛,糠醛与甲基间苯二酚(地衣酚)结合成绿色物质。

5. 重要的单糖及其衍生物

单糖在自然界中广泛存在,戊糖主要有 D-阿拉伯糖、D-木糖、D-核糖、D-2-脱氧核糖,已糖主要有 D-葡萄糖、D-果糖等,它们都广泛存在于动植物体内。

(1)D-核糖及 D-2-脱氧核糖

D-核糖及 D-2-脱氧核糖均为重要的戊醛糖,常与磷酸及碱基化合物结合存在于核蛋白中,它们的开链结构及环状结构如下:

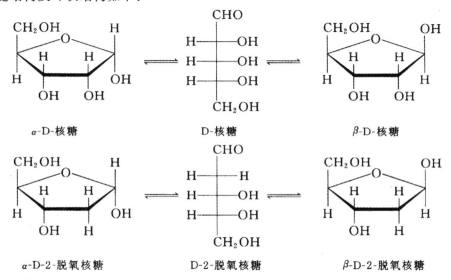

(2)D-葡萄糖

D-葡萄糖是自然界分布最广的己醛糖,以苷的形式存在于蜂蜜、成熟的葡萄和其他果汁以及植物的根、茎、叶、花中,在动物的血液、淋巴液和脊髓液中也含有葡萄糖。D-葡萄糖为无色晶体,熔点为 146℃,甜度约为蔗糖的 70%,易溶于水,微溶于乙醇和丙酮,不溶于乙醚和烃类化合物。由于 D-葡萄糖是右旋的,在商品中,常以"右旋糖"代表葡萄糖。

葡萄糖在医药上用作营养剂,并有强心、利尿、解毒等作用。在食品工业上用来制作糖浆,在印染工业上用作还原剂。它也是合成维生素 C 的原料。

(3)D-果糖

果糖是自然界中发现的最甜的一种单糖,因为它是左旋的,所以常叫左旋糖。它存在于果蔬和蜂蜜中,为无色结晶,易溶于水,可溶于乙醇和乙醚,熔点为 102℃(分解)。

D-果糖是蔗糖和菊粉的组成部分,其中菊粉就是果糖的高聚体。工业上用酸或酶水解菊粉来制取果糖。D-果糖不易发酵,用它制成的糖果不易龋齿,用它制成的面包不易干硬。

(4)D-半乳糖

D-半乳糖是许多低聚糖(乳糖、棉籽糖)的组分,以多糖形式存在于植物种子和树胶中。由藻类植物浸出的黏液——石花菜胶主要是半乳糖醛酸的高聚物,也是组成脑苷和神经中枢的重要物质,具有右旋光性,常用于有机合成及医药上。

(5)D-甘露糖

D-甘露糖为无色晶体和粉末,易溶于水,微溶于乙醇,几乎不溶于乙醚,熔点为132℃(分解)。甘露糖在自然界主要以高聚体的形式存在于核桃壳、椰子壳等果壳中,用稀硫酸水解这些物质即得甘露糖。

(6)氨基糖

大多数天然氨基糖是己醛糖分子中第二个碳原子的羟基被氨基取代的衍生物。它们以结合状态存在于糖蛋白和黏多糖中。如D-氨基葡萄糖和D-氨基半乳糖。

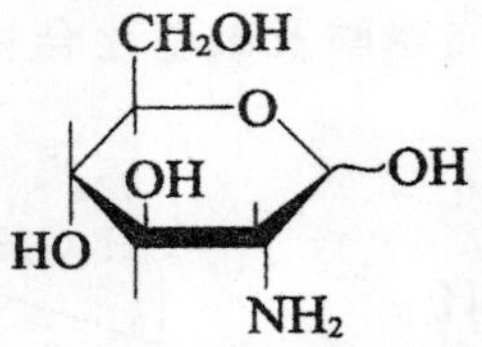

D-氨基葡萄糖 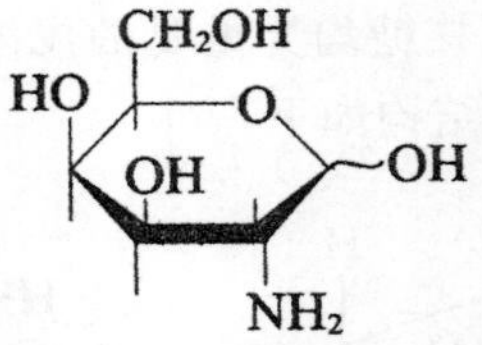   D-氨基半乳糖

以上两种氨基糖的氨基乙酰化后,生成N-乙酰基-D-氨基葡萄糖和N-乙酰基-D-氨基半乳糖,它们分别是甲壳质(虾壳、蟹壳以及昆虫等外骨骼的主要成分)和软骨素中所含多糖的基本单位。链霉素分子中含有2-甲氨基-L-葡萄糖。

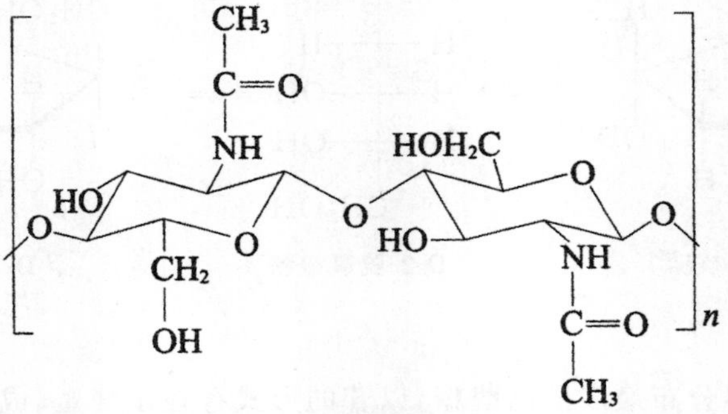

甲壳质

(7)维生素C

维生素C可看作是单糖的衍生物,它是由L-山梨糖经氧化和内酯化制备而成的,L-山梨糖则是由D-葡萄糖制备的。

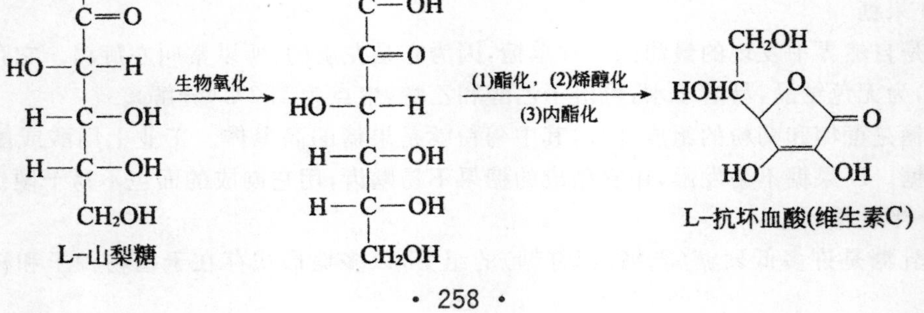

L-山梨糖   L-抗坏血酸(维生素C)

维生素 C 是可溶于水的无色晶体，L-型，比旋光度为＋24°。烯醇型羟基上的氢显酸性，能防治坏血病，故医药上称为 L-抗坏血酸。维生素 C 分子中相邻的烯醇型羟基（烯二醇结构）很易被氧化，故具有很强的还原性，它之所以能起重要的生理作用，就在于它在体内可发生氧化还原反应。此外，维生素 C 还可作食品的抗氧剂。

维生素 C 在新鲜蔬菜水果，尤其是柠檬、柑橘、番茄中含量丰富，许多动植物自己能合成维生素 C，但人类却无此能力，必须从食物中摄取。人体缺乏维生素 C 会引起坏血病。

12.1.2　二糖

低聚糖中二糖是最重要的糖。二糖是由一个单糖分子中的苷羟基与另一个单糖分子中的苷羟基或醇羟基之间脱水后的缩合物，最常见的二糖是麦芽糖、纤维二糖和蔗糖。

1. 麦芽糖

麦芽糖（分子式 $C_{12}H_{22}O_{11}$）存在于麦芽中，麦芽中含有淀粉酶，可将淀粉水解成麦芽糖，麦芽糖由此得名。麦芽糖是由一分子 α-D-吡喃葡萄糖 C_1 上的羟基与另一分子 D-吡喃葡萄糖 C_4 上的醇羟基脱水而成的糖苷。因为成苷的葡萄糖单位的苷羟基是 α-型的，所以把这种苷键称为 α-1,4-苷键。

麦芽糖: 4-*O*-(α-D-吡喃葡萄糖基)-β-D-吡喃葡萄糖苷

麦芽糖在水溶液中的比旋光度为＋136°，甜度约为蔗糖的 40％，在酸性溶液中水解成两分子 D-葡萄糖，用作营养剂和细菌培养基。

2. 纤维二糖

纤维二糖（分子式 $C_{12}H_{22}O_{11}$）是纤维素部分水解生成的二糖，水解后也得到两分子 D-葡萄糖，纤维二糖不能被 α-葡萄糖苷酶水解，却能被 β-葡萄糖苷酶水解，因此，组成纤维二糖的两个葡萄糖单位是以 β-1,4-苷键相连的。

纤维二糖: 4-*O*-(β-D-吡喃葡萄糖基)-β-D-吡喃葡萄糖苷

纤维二糖与麦芽糖虽只是苷键构型不同，但在生理上却有较大差别。如麦芽糖可在人体内分解消化，而纤维二糖则不能被人体消化吸收且无甜味。

3. 蔗糖

蔗糖(分子式 $C_{12}H_{22}O_{11}$)是自然界中分布最广泛也是最重要的非还原性二糖,主要存在于甘蔗和甜菜中。它是由 α-D-葡萄糖的 C_1 苷羟基和 β-D-果糖的 C_2 苷羟基脱水形成的,因此,蔗糖即是 α-D-葡萄糖苷,也是 β-D-果糖苷。

蔗糖

β-D-呋喃果糖基-α-D-吡喃葡萄糖苷或 α-D-吡喃葡萄糖基-β-D-呋喃果糖苷

蔗糖是白色晶体,熔点为 186℃,甜味仅次于果糖,易溶于水,难溶于乙醇,其水溶液的比旋光度为＋66.5°,是右旋糖。蔗糖在酸或酶的作用下水解生成等分子的 D-葡萄糖与 D-果糖的混合物,这种混合物比旋光度为－19.7°,为左旋,水解前后旋光方向发生了改变,所以蔗糖的水解过程一般称为转化反应,把水解产物称为转化糖。蜜蜂体内就含有水解蔗糖的转化酶,所以蜂蜜的主要成分是转化糖。

蔗糖在医药上用作矫味剂,常制成糖浆使用,把蔗糖加热至 200℃ 以上变成褐色焦糖后,可用作饮料和食品的着色剂。

12.1.3 多糖

多糖是许多单糖分子彼此缩水而成的糖苷,属于高分子化合物,其最终的水解产物是单糖。一分子多糖可以水解成几百、几千,甚至几万个单糖分子。连接单糖的苷键通常有 α-1,4-苷键、β-1,4-苷键、α-1,6-苷键。与单糖和二糖不同,多糖大多为无定形粉末,一般不溶于水,即便溶解也多形成胶体溶液。多糖没有甜味。多糖分子的末端虽含有苷羟基,但因相对分子质量很大,苷羟基对多糖化学性质的影响极不明显,所以表现为无还原性,也无变旋光现象。多糖广泛存在于自然界中,它是动植物组织的重要组成部分。常见的多糖包括淀粉、纤维素和糖原等。

1. 淀粉

淀粉[分子式 $(C_6H_{10}O_5)_n$]是白色、无味的无定形粉末,大量存在于植物的种子、茎和块根中。例如,大米含淀粉 62%～82%(质量分数),小麦含淀粉 57%～75%(质量分数),玉米含淀粉 65%～72%(质量分数),马铃薯含淀粉 12%～20%(质量分数)。淀粉是人类三大营养素之一,也是重要的工业原料。淀粉可制备乙醇、丁醇、丙酮、葡萄糖、饴糖,还大量用于食品工业。随着变性淀粉、接枝淀粉的工业化,其用途愈来愈广。在纺织、印染工业中,淀粉浆用于浆纱、印花。

淀粉包括直链淀粉和支链淀粉两种结构,普通淀粉中约含 20% 的直链淀粉和 80% 的支链淀粉。

(1)直链淀粉

直链淀粉是由葡萄糖单元通过 α-1,4-苷键连接起来的。其结构式如下:

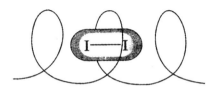

直链淀粉的结构

这样的链由于分子内氢键的作用使其卷曲成螺旋状,不利于水分子的接近,故不溶于冷水,而碘分子易插入其通道中形成深蓝色的淀粉-碘配合物,所以直链淀粉遇碘呈深蓝色。淀粉遇碘显色,并不是它们之间形成化学键,而是碘分子钻入了淀粉分子的螺旋链中的空隙,被吸附于螺旋内生成淀粉-I_2配合物,从而改变了碘原有的颜色。

（2）支链淀粉

支链淀粉中葡萄糖单元之间除以 α-1,4-苷键连接成主链外,还以 α-1,6-苷键相连而形成支链。支链淀粉的聚合度一般是 600～6000,有的可高达 20000。具有高度分支的支链淀粉,易与水分子接近,故溶于水,与热水作用则膨胀成糊状。支链淀粉遇碘呈深紫色。其结构式如下:

支链淀粉的结构

2. 纤维素

纤维素[分子式$(C_6H_{10}O_5)_n$]是植物细胞壁的主要组分,构成植物的支持组织,也是自然界分布最广的多糖。棉花中含量高达 98%,木材约含 50%,脱脂棉花及滤纸几乎全部是纤维素。

纤维素是纤维二糖的高聚体,彻底水解产物也是 D-葡萄糖。一般由 8000～10000 个 D-葡萄

糖单位以 β-1,4-苷键连接成直链,无支链。分子链之间借助分子间氢键维系成束状,几个纤维束又像麻绳一样拧在一起形成绳索状分子,如图 12-1 所示。

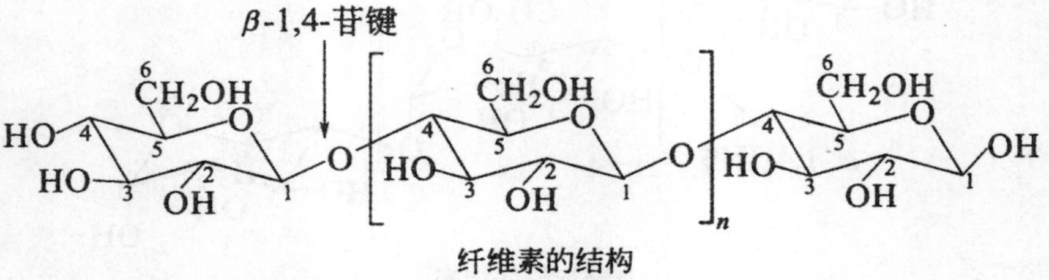

图 12-1 拧在一起的纤维素链示意图

纤维素的结构类似于直链淀粉,二者仅是苷键的构型不同。这种 α、β-苷键的区别有重要的生理意义,人体内的淀粉酶只能水解 α-苷键,而不能水解 β-苷键,因此,人类只能消化淀粉而不能消化纤维素。食草动物依靠消化道内微生物所分泌的酶,能把纤维素水解成葡萄糖,所以可用草作饲料。

纯粹的纤维素是白色固体,不溶于水和一般的有机溶剂。遇碘不显色,在酸作用下的水解比淀粉难。

纤维素的用途很广,除可用来制造各种纺织品和纸张外,还能制成人造丝、人造棉、玻璃纸、火棉胶、电影胶片等;纤维素用碱处理后再与氯乙酸反应即生成羧甲基纤维素钠(CMC),常用作增稠剂、混悬剂、黏合剂和延效剂。

3. 糖原

糖原是动物体内贮存的碳水化合物,又称动物淀粉。糖原的结构与支链淀粉相似,由 D-葡萄糖通过 α-1,4-苷键和 α-1,6-苷键组成,但分支程度比支链淀粉高,分支点之间的间隔大约是 3~4 个葡萄糖单位,支链中葡萄糖单位约 12~18 个,外圈链甚至只有 6~7 个,所以糖原的分子结构比较紧密。它的平均相对分子质量为 10^6~10^7 之间。

糖原是无色粉末,易溶于水及三氯乙酸,不溶于乙醇等有机溶剂,遇碘呈紫红色,没有还原性。它主要存在于肝脏和肌肉中,因此,有肝糖原和肌糖原之分,是动物能量的主要来源。当动物血液中葡萄糖含量较高时,它就结合成糖原贮存在肝脏和肌肉中;当血液中的葡萄糖含量降低时,糖原就分解为葡萄糖,供给机体能量。

12.2 氨基酸

氨基酸是组成蛋白质的基本单位,在一定的条件下氨基酸可以合成蛋白质。蛋白质是复杂的高分子化合物,是与生命起源和生命活动密切相关的重要物质。核酸存在于细胞核内,它携带有遗传信息,在生物体的新陈代谢、生长、遗传和变异等生命活动中起着重要作用。没有核酸,就没有蛋白质。因此,研究生命的活动,必须学习氨基酸、蛋白质和核酸。

12.2.1　氨基酸概述

1. 氨基酸的结构

羧酸分子中烃基上的氢原子被氨基取代后的化合物,称为氨基酸。氨基酸属于复合官能团化合物,在自然界主要以多肽或蛋白质的形式存在于生物体内。自然界中的氨基酸有几百种,但存在于生物体内构成蛋白质的氨基酸主要有 20 种(见表 12-2)。这些氨基酸在化学结构上都有共同的特点,即氨基连在 α-碳原子上,故称 α-氨基酸(脯氨酸为 α-亚氨基酸)。α-氨基酸的结构通式如下:

$$R\overset{*}{-}CH\!-\!COOH$$
$$|$$
$$NH_2$$

构成蛋白质的 α-氨基酸,除甘氨酸外,其他氨基酸的 α-碳原子均为手性碳原子,因此,有两种不同的构型,即 L-构型和 D-构型,构成人体蛋白质的氨基酸都是 L-构型。

$$
\begin{array}{ccc}
COOH & & COOH \\
| & & | \\
H_2N\overset{*}{-}C\!-\!H & & H\overset{*}{-}C\!-\!NH_2 \\
| & & | \\
R & & R \\
\text{L-氨基酸} & & \text{D-氨基酸}
\end{array}
$$

表 12-2　常见的 20 种氨基酸

结构式	中文名	英文名	缩写	汉字代码	等电点(pI)
	甘氨酸	glycine	Gly	苷	5.97
	丙氨酸	alanine	Ala	丙	6.02
	缬氨酸 *	valine	Val	缬	5.97
	亮氨酸 *	leucine	Leu	亮	5.98
	异亮氨酸 *	isoleucine	Ile	异亮	6.02

结构式	中文名	英文名	缩写	汉字代码	等电点（pI）
	苯丙氨酸 *	phenylalanine	Phe	苯丙	5.48
	脯氨酸	proline	Pro	脯	6.48
	色氨酸 *	tryptophan	Trp	色	5.89
	丝氨酸	serine	Ser	丝	5.68
	酪氨酸	tyrosine	Tyr	酪	5.89
	半胱氨酸	cysteine	Cys	半胱	5.07
	蛋氨酸 *	methionine	Met	蛋	5.75
	天冬酰胺	asparagines	Asn	天冬	5.41
	谷氨酰胺	glutamine	Gln	谷	5.65

续表

结构式	中文名	英文名	缩写	汉字代码	等电点(pI)
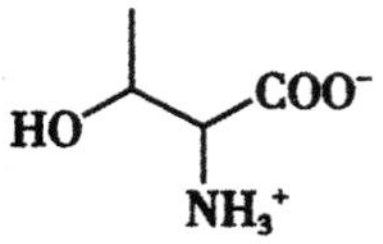	苏氨酸 *	threonine	Thr	苏	5.60
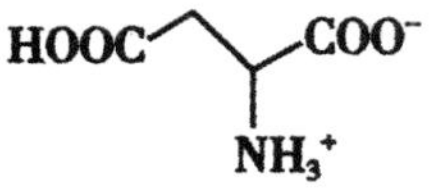	天冬氨酸	aspartic acid	Asp	天冬	2.77
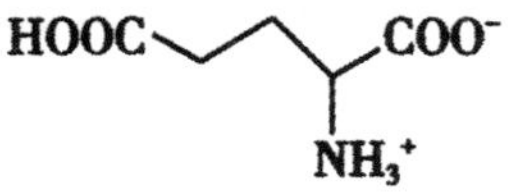	谷氨酸	glutamic acid	Glu	谷	3.32
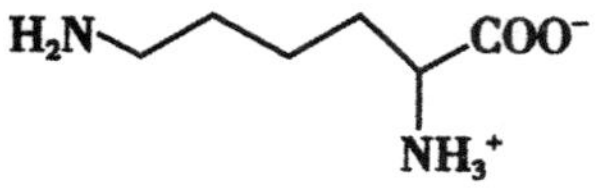	赖氨酸 *	lysine	Lys	赖	9.74
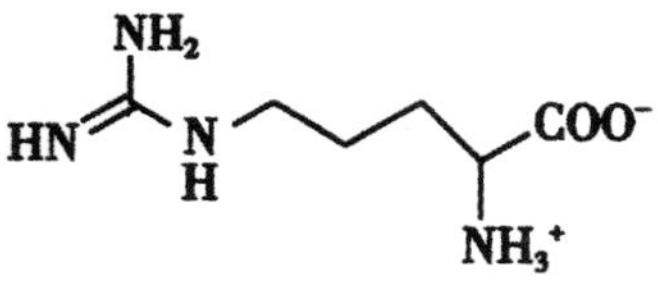	精氨酸	arginine	Arg	精	10.76
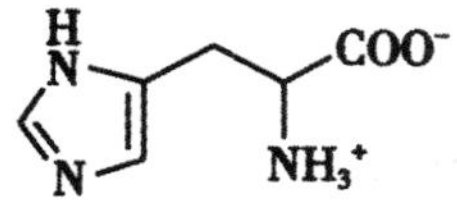	组氨酸	histidine	His	组	7.59

注：带"＊"的氨基酸是人体内不能合成，必须由食物供给的氨基酸，称必需氨基酸。

2. 氨基酸的分类和命名

氨基酸可根据化学结构不同，分为链状氨基酸、碳环氨基酸和杂环氨基酸，也可根据氨基酸分子中所含羧基和氨基的数目，分为中性氨基酸、酸性氨基酸和碱性氨基酸三类。中性氨基酸是指氨基酸分子中氨基和羧基的数目相等；酸性氨基酸是指氨基酸分子中羧基的数目多于氨基的数目；碱性氨基酸是指氨基酸分子中氨基的数目多于羧基的数目。这三类氨基酸除含有羧基和氨基外，有的还含有羟基、巯基、芳香环或杂环。

氨基酸的系统命名一般以羧酸为母体，氨基为取代基，称为"氨基某酸"，氨基所连的碳原子用阿拉伯数字或希腊字母标示。例如：

$$\underset{\underset{NH_2}{|}}{CH_3CHCOOH} \qquad \underset{\underset{NH_2}{|}}{CH_2CH_2COOH} \qquad \underset{\underset{NH_2}{|}}{CH_2CH_2CH_2COOH}$$

2-氨基丙酸   3-氨基丙酸   4-氨基丁酸

α-氨基丙酸   β-氨基丙酸   γ-氨基丁酸

习惯上氨基酸的命名多根据其来源或某些特性使用俗名,有时还用中文或英文缩写符号表示,见表12-2。如氨基乙酸因具有甜味俗名为甘氨酸。中文缩写为"甘"、英文缩写为"Gly"。

12.2.2 氨基酸的制备方法

1. 蛋白质水解法

利用蛋白质的水解,可以得到氨基酸。例如,毛发在 6mol/L 盐酸中于 110℃水解几小时,可以得到 L-胱氨酸等多种氨基酸。糖、淀粉等的微生物发酵,也可得到氨基酸。例如,糖或淀粉在谷氨酸短杆菌存在下发酵,可得到谷氨酸。食用味精(谷氨酸钠)就是用这种方法生产的。

2. 化学合成法

用化学合成法制得的氨基酸,通常是外消旋体。

(1)由卤代酸氨解

羧酸在三溴化磷作用下与溴作用,生成铲溴代酸,再与过量氨作用,生成氨基酸。例如:

$$BrCH_2COOH \xrightarrow[25℃\ 48h]{NH_3,H_2O} \underset{65\%}{H_2NCH_2COOH}$$

利用卤代烷的氨解制备胺通常很难控制在生成伯胺一步,而得到伯、仲、叔胺和季铵盐的混合物。但 α-卤代酸的氨解生成的伯胺则由于其羧酸根负离子强的吸电子诱导效应,降低了氨基的碱性和亲核性,氨基进一步烷基化的倾向较小,故反应可顺利得到 α-氨基酸。

(2)由醛(或酮)制备

此法有副产物仲胺和叔胺生成,不易纯化。因此,常用盖伯瑞尔(Gabriel)法代替上法,可得较纯的产品。

$$RCHO \xrightarrow{KCN+NH_4Cl} \underset{\underset{OH}{|}}{R-CH-CN} \xrightarrow{NH_3} \underset{\underset{NH_2}{|}}{R-CH-CN} \xrightarrow{H_2O} \underset{\underset{NH_2}{|}}{R-CH-COOH}$$

(3)由丙二酸酯

制备 α-氨基酸可以用丙二酸酯为原料来制备。先将丙二酸酯转化为 N-邻苯二甲酰亚氨基丙二酸酯,然后烷基化、水解,最后脱羧,即可制得 α-氨基酸。N-邻苯二甲酰亚氨基丙二酸酯可用下法制得。

$$CH_2(COOC_2H_5)_2 \xrightarrow[CCl_4]{Br_2} BrCH(COOC_2H_5)_2 \longrightarrow$$

例如,通过丙二酸酯制备甲硫氨酸:

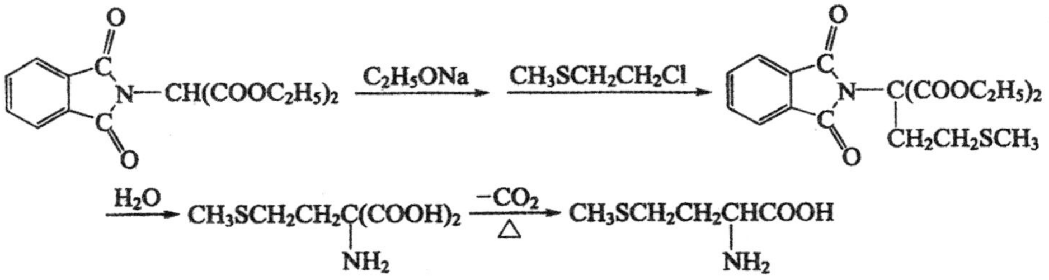

12.2.3　氨基酸的物理性质

α-氨基酸都是无色晶体。分子中羧基和氨基的相互作用形成内盐,所以氨基酸通常有较高的熔点,一般在 200℃～300℃之间。但熔化时易发生分解,放出 CO_2。

大多数 α-氨基酸能溶于水,但溶解度差别很大。易溶解于酸性和碱性溶剂中,但是难溶于非极性的有机溶剂。

12.2.4　氨基酸的化学性质与反应

氨基酸分子中既含有氨基又含有羧基,因此,具有胺和羧酸的一些性质。但由于氨基和羧基的相互影响,氨基酸又具有胺和羧酸所没有的一些特殊性质。

1. 两性和等电点

氨基酸分子中既有弱碱性的氨基又有弱酸性的羧基,分子内形成盐,是一个偶极离子。它既能与较强的酸作用生成铵盐,又能与较强的碱作用生成羧酸盐,显两性化合物的特性。在水溶液中与酸、碱反应的过程表示如下:

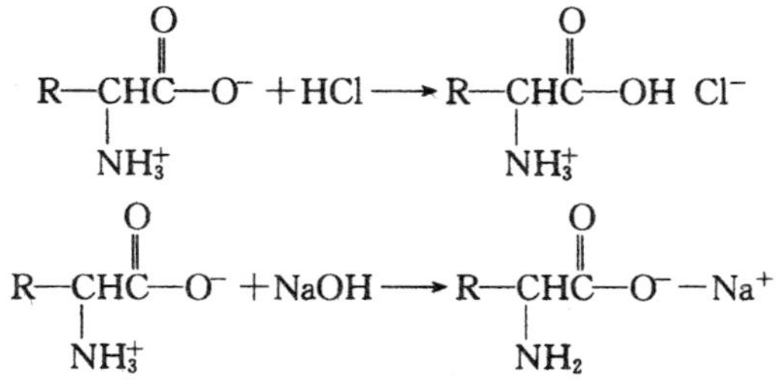

氨基酸在水溶液中存在如下平衡:

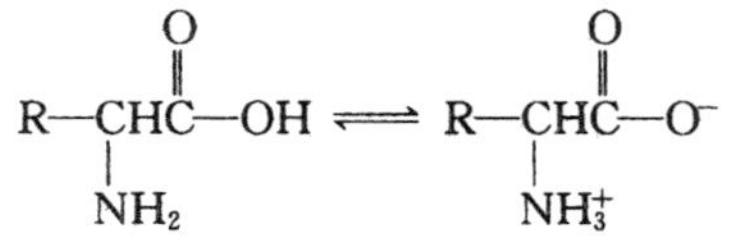

由于氨基酸中—COOH 的离解能力与—NH_2 接受质子的能力不相等,或者说—COO^- 接受质子的能力与—NH 手解离出质子的能力不相等,因此,中性氨基酸水溶液的 pH 不等于 7(一般小于 7),酸性氨基酸和碱性氨基酸的 pH 分别小于 7 和大于 7。当外加适量的酸和碱时,有可能使溶液中正离子和负离子浓度相等,此时氨基酸完全以两性离子形式存在。将此溶液置于电场

中,氨基酸既不会向阳极移动,也不会向阴极移动,这时溶液的 pH 称为该氨基酸的等电点(PI)。不同的氨基酸其等电点也不相同,中性 α-氨基酸的等电点为 $5\sim6.3$,酸性的为 $2.8\sim3.2$,碱性的为 $9.7\sim10.7$。在等电点时,偶极离子的浓度最大,氨基酸的溶解度最小,因此,可以通过调节等电点来分离、提纯氨基酸。

2. 与亚硝酸的反应

氨基酸中的氨基可以与亚硝基作用放出 N_2。

$$R-\underset{\underset{NH_2}{|}}{\overset{\overset{H}{|}}{C}}-COOH \;+\; HNO_2 \longrightarrow R-\underset{\underset{OH}{|}}{\overset{\overset{H}{|}}{C}}-COOH \;+\; N_2\uparrow \;+\; H_2O$$

该反应可以测定蛋白质中游离氨基酸分子中的氨基含量。此方法称为 Van Slyke 氨基酸测法。

3. 与甲醛反应

氨基酸和甲醛首先发生亲核加成反应,然后脱去一分子水生成含碳-氮双键的酸:

$$R-\underset{\underset{NH_2}{|}}{CHCOOH} \;+\; HCHO \longrightarrow R-\underset{\underset{NHCH_2OH}{|}}{CHCOOH} \xrightarrow{-H_2O} R-\underset{\underset{N=CH_2}{|}}{CHCOOH}$$

氨基酸中同时含有氨基和羧基,一般不能用碱滴定来分析氨基酸的羧基,上述反应发生后,由于氨基酸中氨基的碱性不再显现出来,就可以用碱来滴定氨基酸中的羧基了。

4. 烃基化反应

氨基酸的氨基可与卤代烃反应。例如:

DNFB　　　　　　　　　　　　　　　　　　DNP-氨基酸

此反应常用来测定蛋白质或多肽中氨基酸的排列次序。

5. 脱氨反应

α-氨基酸经氧化剂或氨基酸氧化酶作用,可脱去氨基生成酮酸。该反应共氧化成氨基酸,接着水解,然后脱去一分子氨生成酮酸,故称氧化脱氨反应。这也是生物体内氨基酸分解代谢的重要方式。

$$R-\underset{\underset{NH_2}{|}}{\overset{\overset{H}{|}}{C}}-COOH \xrightarrow{[O]} R-\underset{\underset{NH}{||}}{C}-COOH \xrightarrow{H_2O} R-\underset{\underset{NH_2}{|}}{\overset{\overset{OH}{|}}{C}}-COOH \xrightarrow{-NH_2} R-\underset{\underset{O}{||}}{C}-COOH$$

6. 脱羧反应

α-氨基酸与 $Ba(OH)_2$ 共热,发生脱羧反应,生成少一个碳原子的伯胺。

$$R-\underset{\underset{NH_2}{|}}{CH}COOH \xrightarrow[\triangle]{Ba(OH)_2} RCH_2NH_2 + CO_2 \uparrow$$

氨基酸的脱羧反应也可以在细菌或酶的作用下进行。动物死亡后,散发出难闻的气味,就是蛋白质腐败时精氨酸、鸟氨酸或赖氨酸脱羧生成有毒的腐胺和尸胺引起的。误食变质的肉可引起食物中毒。例如,赖氨酸脱羧生成 1,5-戊二胺(尸胺)。

$$H_2N(CH_2)_4\underset{\underset{NH_2}{|}}{CH}COOH \xrightarrow{\triangle} H_2N(CH_2)_5NH_2$$

戊二胺(尸胺)

7. 与水合茚三酮反应

α-氨基酸与水合茚三酮的水溶液反应能生成蓝紫色物质,α-氨基酸的这个显色反应叫水合茚三酮反应。

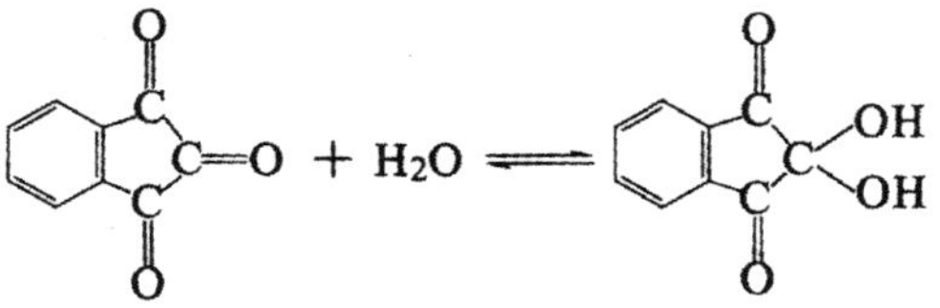

茚三酮　　　　　　水合茚三酮

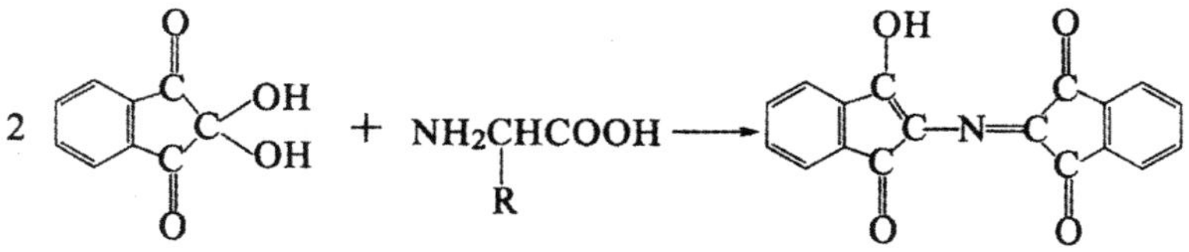

蓝紫色物质

水合茚三酮反应是鉴别 α-氨基酸(分子中要含有 NH_2 基团)的一种简便、迅速的方法。但有一点要注意的是伯胺、氨和铵盐也能发生水合茚三酮反应。而脯氨酸(无 NH_2 基团)不发生这个显色反应。

8. 受热后的反应

α-氨基酸受热后,能在两分子之间发生脱水反应,生成环状的交酰胺,也称为环肽。

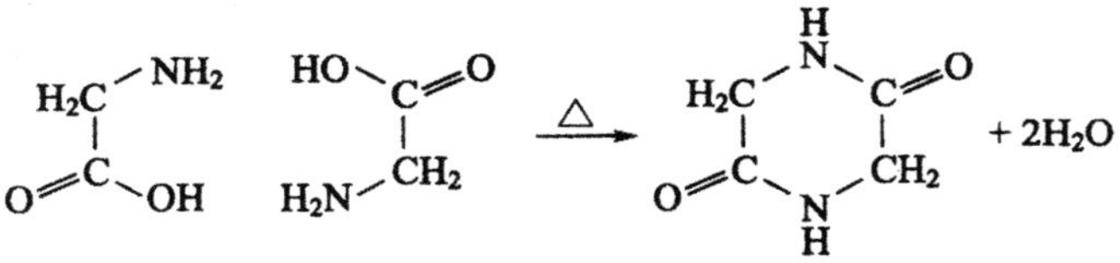

交酰胺

β-氨基酸受热后,容易脱去一分子氨,生成 α,β 不饱和羧酸。

$$CH_3\underset{\underset{H}{|}}{C}H\underset{\underset{NH_2}{|}}{C}HCOOH \xrightarrow{\triangle} CH_3-CH=CH-COOH + NH_3$$

α,β-不饱和羧酸

γ-或 δ-氨基酸受热后，容易分子内脱去一分子水，生成 γ-或 δ-内酰胺。例如：

γ-内酰胺

当分子中氨基和羧基相隔更远时，受热后可以多分子脱水，生成聚酰胺。

$$n\mathrm{H_2N(CH_2)_{\mathit{x}}COOH} \xrightarrow{\triangle} \mathrm{H_2N(CH_2)_{\mathit{x}}CO\text{—}[NH(CH_2)_{\mathit{x}}CO]_{\mathit{n}-2}NH(CH_2)_{\mathit{x}}COOH} + (n-1)\mathrm{H_2O}$$
聚酰胺类

12.3　蛋白质

蛋白质是一类复杂的生物高分子化合物。蛋白质是由几十个或上百个，甚至上千个氨基酸组成的生物大分子，它是组成一切细胞和组织的重要成分，约占人体干重的 45%。蛋白质在生命活动过程中起着决定性作用。蛋白质是生命的物质基础，没有蛋白质就没有生命。

12.3.1　蛋白质概述

1. 蛋白质的组成

天然蛋白质结构复杂、种类繁多，但组成蛋白质的元素并不多，主要为碳、氢、氧、氮等。有些蛋白质还含有硫、磷、铁、铜、锌、锰等元素。各种天然蛋白质经元素分析，得出的主要元素含量为：

C:50%~55%，H:6.0%~7.3%，O:19%~24%，N:13%~19%，S:0~4%

生物体内的蛋白质的含氮量相当接近，其平均值约为 16%，即 1g 氮相当于 6.25g 蛋白质，6.25 称为蛋白质系数。这样在分析一个样品的蛋白质含量时，只要测定样品中的含氮量，就可算出其中蛋白质的大致含量。

2. 蛋白质的分类

蛋白质的种类很多，有各种不同的分类方法。

(1)按蛋白质的形状分类

按蛋白质的形状，分为纤维蛋白质(如丝蛋白、角蛋白等)和球蛋白质(如蛋清蛋白、酪蛋白等)。

(2)按蛋白质的化学组成分类

按蛋白质的化学组成，分为单纯蛋白质和结合蛋白质。

①单纯蛋白质。这类蛋白质水解的最终产物都是 α-氨基酸，如蛋清蛋白。

②结合蛋白质。这类蛋白质水解的最终产物除生成 α-氨基酸外，还有辅基(糖、脂肪、色素等)。

(3)按蛋白质的功能分类

按蛋白质的功能，分为活性蛋白质和非活性蛋白质。

①活性蛋白质,如酶、激素蛋白、转运蛋白、储存蛋白等。

②非活性蛋白质,如胶原蛋白、角蛋白、丝蛋白、弹性蛋白等。

3. 蛋白质的结构

蛋白质的结构非常复杂,蛋白质中氨基酸的类别和组成可以不同,多肽链中氨基酸的连接有一定的排列顺序,并且整个蛋白质分子在空间也有一定的排列顺序和空间构型。蛋白质的结构可用四级结构来描述。

(1)蛋白质的一级结构

蛋白质的一级结构是指蛋白质多肽链中氨基酸的组成和排列顺序。氨基酸组成或排列的任何不同都是不同的蛋白质。蛋白质的一级结构只是蛋白质的最基本结构,也称为蛋白质的初级结构,蛋白质的其他结构称为蛋白质的高级结构。蛋白质的一级结构决定蛋白质的性质类别。蛋白质的生理作用、变性等特征主要与蛋白质的高级结构有关。在蛋白质的一级结构中,肽键是主要的连接键,多肽链是一级结构的主体。

(2)蛋白质的二级结构

蛋白质的二级结构是指蛋白质的空间构象,由于氢键的作用使肽链(蛋白质)呈 α-螺旋或 β-折叠片结构。

①α-螺旋:肽链呈右手螺旋状。每圈 3.6 个氨基酸残基单位,螺距 0.54nm,如图 12-2 所示。

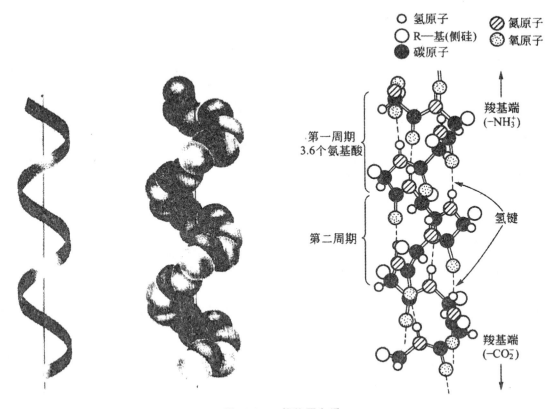

图 12-2 α-螺旋蛋白质

②β-折叠片:肽链伸展在褶纸形的平面上,相邻的肽链又通过氢键缔合,如图 12-3 所示。

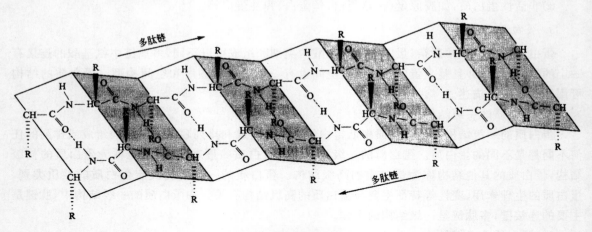

图 12-3 β-折叠片蛋白质

很多蛋白质常常是在分子链中既有 α-螺旋,又有 β-折叠,并且多次重复这两种空间结构,如图 12-4 所示。

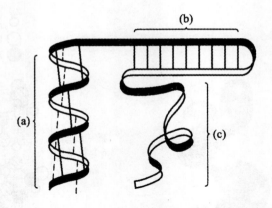

(a) α-螺旋 (b) β-折叠 (c) 无规则卷曲

图 12-4 既有 α-螺旋又有 β-折叠片的蛋白质

(3)蛋白质的三级结构

蛋白质的三级结构是多肽链在二级结构的基础上进一步扭曲折叠形成的复杂空间结构。图 12-5 为肌红蛋白的三级结构示意图。

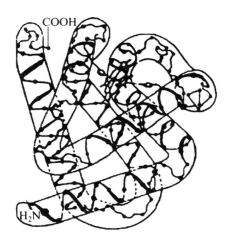

图 12-5　肌红蛋白的三级结构

在蛋白质的三级结构中,多肽链借助副键(氢键、酯键、盐键以及疏水键等)构成较为复杂的空间结构。如果蛋白质分子仅由一条多肽链组成,三级结构就是它的最高结构层次。

(4)蛋白质的四级结构

结构复杂的蛋白质是由两条或多条具有三级结构的多肽链(称为亚基)以一定形式聚合成一定空间构型的聚合体,这种空间构象称为蛋白质的四级结构。血红蛋白的四级结构如图 12-6 所示。

图 12-6　血红蛋白的四级结构

蛋白质四级结构的作用力与稳定的三级结构的没有本质的区别。亚基的聚合作用包括范德华力、氢键、离子键、疏水键以及亚基间的二硫键等。蛋白质的结构非常复杂。人类虽然对蛋白质的结构有了一定的认识,但对多数蛋白质的复杂结构有待进一步研究。

12.3.2　蛋白质的性质

蛋白质分子的多肽链无论多长,总还有游离的氨基和羧基,因此,具有一些与氨基酸相似的性质。但由于蛋白质是高分子化合物,又使其具有某些特性。

1. 两性和等电点

两性:蛋白质与氨基酸相似,也是两性物质,可与强酸、强碱作用生成盐。

等电点:在一定的 pH 值的溶液中,某一种蛋白质所带的正电荷与负电荷相等,净电荷为零,在电场中不向阳极移动,也不向阴极移动,此溶液的 pH 值就是该蛋白质的等电点。

与氨基酸类似,在等电点时,蛋白质的溶解度最小,可以通过调节溶液的 pH 至等电点,使蛋白质从溶液中分离出来。

不同蛋白质有不同的等电点,如表 12-3 所示。

表 12-3　一些蛋白质的等电点

蛋白质	等电点
丝纤维蛋白	2.0～2.4
酪蛋白	4.6
白明胶	4.8～4.85
血清蛋白	4.88
卵清蛋白	4.84～4.90
乳球蛋白	4.5～5.5
胰岛素	5.3～5.35
血清球蛋白	5.4～5.5
血红蛋白	6.79～6.83
鱼精蛋白	12～12.4

由于组成蛋白质的基本单位是氨基酸,肽链末端有游离的—NH_2 和—COOH,侧链中还有未结合的碱性基团和酸性基团,所以蛋白质也是两性物质。蛋白质的两性离子性质使其成为生物体内的重要缓冲剂,人体的正常 pH 值主要是靠血液中的蛋白质(如血浆蛋白)来调节的,和氨基酸一样,在等电点时,蛋白质分子在电场中也不迁移,其导电性、溶解度、黏度、渗透压等皆最小。

2. 沉淀

蛋白质分子颗粒直径在 1～100nm 之间,属于胶体溶液范围。因此,蛋白质溶液具有一定的稳定性。沉淀蛋白质主要有以下几种方法。

(1)盐析

在蛋白质溶液中加入大量盐(如 NaCl、Na_2SO_4、$(NH_4)_2SO_4$ 等),由于盐既是电解质又是亲水性的物质,它能破坏蛋白质的水化膜,又能中和蛋白质颗粒所带的电荷。因此,当加入的盐达到一定的浓度时,蛋白质就会从溶液中沉淀析出。

（2）加入脱水剂

向蛋白质溶液中加入亲水的有机溶剂如甲醇、乙醇或丙酮等，能破坏蛋白质的水化膜，使蛋白质沉淀析出。沉淀后若迅速将脱水剂与蛋白质分离，仍可保持蛋白质原有的性质。若脱水剂浓度较大且较长时间地与蛋白质共存，会使蛋白质难以恢复原有的活性。

（3）加入重金属盐

蛋白质在 pH 值高于等电点的溶液中带负电荷，此时若加入重金属盐，蛋白质会和重金属盐的阳离子如 Hg^{2+}、Pb^{2+} 等结合，沉淀析出。重金属中毒，可用蛋白质（如牛奶、豆浆、生鸡蛋等）解毒就是根据这一原理。

3. 变性

蛋白质受物理或化学因素影响，分子内部原有的高度规律的空间排列发生变化，致使原有性质部分或全部丧失，称为蛋白质的变性。

使蛋白质变性的因素有光照、受热、遇酸碱、有机溶剂等。蛋白质变性后，溶解度大为降低，从而凝固或析出。Pb^{2+}、Cu^{2+}、Ag^+ 等重金属盐使蛋白质变性，就是人体重金属中毒的缘由。解毒的方法是大量服用蛋白质，如牛奶、生鸡蛋，然后用催吐剂将凝固的蛋白质重金属盐吐出来。

利用高温和酒精消毒灭菌，就是利用蛋白质的变性使细菌失去生理功能和生物活性。

有些蛋白质当变性作用不超过一定限度时，除去致变因素仍可恢复或部分恢复原有性能，这种变性是可逆的。例如，血红蛋白经酸变性后加碱中和可恢复原输氧性能的 2/3。有些蛋白质的变性是不可逆的，例如，鸡蛋的蛋白热变性后便不能复原。一般认为，蛋白质变性主要是二级结构和三级结构改变，不涉及一级结构。变性蛋白质理化性质的改变最明显的是溶解度降低。

4. 水解

蛋白质可以逐步水解，最后产生 α-氨基酸。

蛋白质的水解过程：蛋白质→多肽→小肽→二肽→α-氨基酸

5. 颜色反应

蛋白质能发生多种显色反应，可用来鉴别蛋白质。

（1）与水合茚三酮反应

与氨基酸相似，在蛋白质溶液中加入水合茚三酮，加热，呈现蓝紫色。

（2）与缩二脲反应

在蛋白质分子结构中含有很多个肽键，因此，其与 $CuSO_4$ 的强碱性溶液反应会呈现红色至紫色。

（3）与黄蛋白反应

蛋白质分子中存在有苯环的氨基酸（如苯丙氨酸、酪氨酸、色氨酸），遇浓硝酸呈黄色。这是由于苯环发生了硝化反应，生成黄色的硝基化合物。皮肤接触浓硝酸变黄就是这个缘故。

（4）米伦（Millon）反应

在蛋白质溶液中加入米伦试剂（硝酸汞、硝酸亚汞的硝酸溶液），先析出沉淀，再加热，沉淀变为砖红色（酪氨酸的反应）。

（5）醋酸铅反应

含硫（如含有半胱氨酸）的蛋白质与碱共热后与醋酸铅反应，可生成黑色的硫化铅沉淀。

12.4 核 酸

核酸是一种非常重要的生物高分子。因最早是从细胞核分离得到的,且有酸性,故称为核酸。在细胞内,大部分核酸是与蛋白质结合以核蛋白的形式存在,也有少量是以游离形式或与氨基酸结合形式存在。

核酸是支配人体整个生命活动的本源物质,是"生命之源"、"生命之本",是生物化学、有机化学、医学中研究最活跃的课题。

12.4.1 核酸概述

1. 核酸的分类

核酸可分为脱氧核糖核酸(DNA)和核糖核酸(RNA)。所有生物细胞都含有这两类核酸。它们是各种有机体遗传信息的载体。

(1)DNA

DNA 主要集中在细胞核内,是染色体的主要成分,线粒体和叶绿体也含有 DNA。RNA 主要分布在细胞质中,少数存在细胞核中。但是对于病毒来说,要么只含 DNA,要么只含 RNA。还没有发现既含 DNA 又含 RNA 的病毒。

(2)RNA

核糖核酸(RNA)按其功能的不同分为三大类:核糖体 RNA、信使 RNA 和转运 RNA。

①核糖体 RNA(rRNA):约占 RNA 总量的 80%,它们与蛋白质结合构成核糖体的骨架。核糖体是蛋白质合成的场所,所以 rRNA 的功能是作为核糖体的重要组成成分参与蛋白质的生物合成,在蛋白质合成中起着"装配机"的作用。rRNA 是细胞中含量最多的一类 RNA,且分子量比较大,代谢并不活跃,种类仅有几种。

②信使 RNA(mRNA):约占 RNA 总量的 5%。但其种类最多,mRNA 的功能是作为遗传信息的传递者,将核内 DNA 的碱基(遗传信息)按一定顺序转录并转运至核糖体,指导蛋白质的合成。

③转运 RNA(tRNA):约占 RNA 总量的 15%。tRNA 的分子量在 2.5×10^4 左右,由 70~90 个核苷酸组成,因此,它是最小的 RNA 分子。tRNA 在蛋白质生物合成过程中具有转运氨基酸和识别密码子的作用,它的名称也是由此而来的。此外,它在蛋白质生物合成的起始过程中,在 DNA 反转录合成中及其他代谢调节中也起重要作用。细胞内 tRNA 的种类很多,每一种氨基酸都有其相应的一种或几种 tRNA。

因此,核酸分类如下:

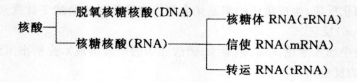

2.核酸的组成

核酸仅由 C、H、O、N、P 五种元素组成,其中 P 的含量变化不大,平均含量为 9.5%,每克磷相当于 10.5g 的核酸。因此,通过测定核酸的含磷量,即可计算出核酸的大约含量。

$$W_{粗核酸}(\%)=W_P \times 10.5$$

核酸是由单核苷酸连接而成的高分子化合物,而单核苷酸又是由核苷和磷酸结合而成的磷酸酯。核酸在酸、碱或酶的作用下可以水解为核苷酸(单核苷酸)。核苷酸水解后得到磷酸和核苷,核苷最终水解得到戊糖和含氮碱。

$$
\underset{(多核苷酸)}{核酸} \xrightarrow{水解} \underset{(单核苷酸)}{核苷酸} \xrightarrow{水解} \left\{ \begin{array}{l} 核苷 \xrightarrow{水解} \left\{ \begin{array}{l} 戊糖 \\ 杂环碱 \end{array} \right. \\ 磷酸 \end{array} \right.
$$

(1)戊糖

核糖组成核酸的戊糖有 D-核糖和 D-2-脱氧核糖:

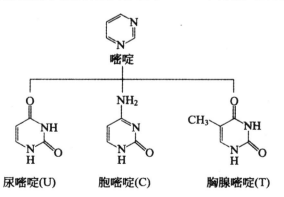

DNA 与 RNA 的主要差别在于戊糖上,前者含 D-2-脱氧核糖,后者含 D-核糖。

(2)碱基

核酸中碱基可分为嘧啶碱和嘌呤碱。

①嘧啶碱。核酸分子中所含的嘧啶碱都是嘧啶的衍生物,主要有胞嘧啶(2-氧-4-氨基嘧啶,以 C 表示),尿嘧啶(2,4-二氧嘧啶,以 U 表示),胸腺嘧啶(5-甲基-2,4-二氧嘧啶,以 T 表示),共三种。胞嘧啶存在于所有的核酸中,尿嘧啶只存在于 RNA 中,胸腺嘧啶存在于 DNA 中。

②嘌呤碱。组成核酸的嘌呤碱主要有腺嘌呤(6-氨基嘌呤,以 A 表示)和鸟嘌呤(2-氨基-6 羟基嘌呤,以 G 表示)两种。两种嘌呤碱在 RNA 和 DNA 中都存在。

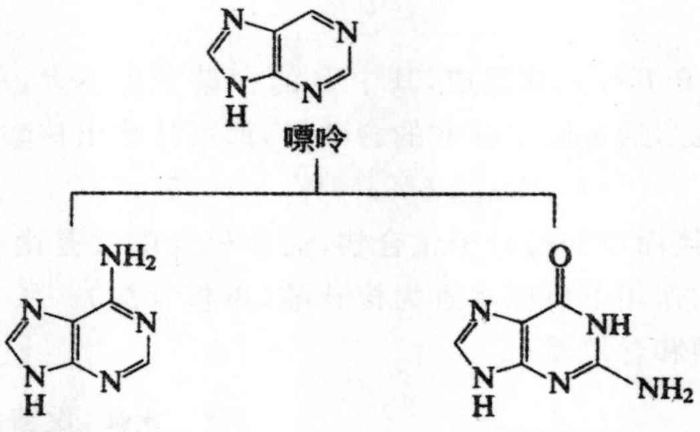

嘌呤

腺嘌呤(A)　　　　　　　　　　　鸟嘌呤(G)

RNA 中的碱基为 A、G、C、U；DNA 中的碱基为 A、G、C、T。

（3）磷酸

磷酸分子中含有三个羟基，其中一个与戊糖碳 5′缩水成酯键形成核苷酸，第二个羟基或与第二个磷酸相连，或与其他原子成键。磷酸分子结构式为：

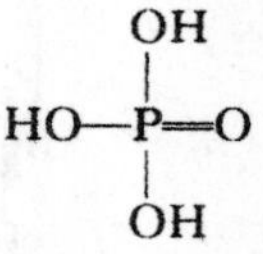

磷酸

（4）核苷

核苷由核糖或脱氧核糖与杂环碱组成。X-射线分析证实：核苷的形成是由核糖或脱氧核糖 1′位上的羟基与嘌呤环上 9 位或嘧啶环上 1 位氮原子上的氢失水而形成的。DNA 的核苷由脱氧核糖分别与鸟嘌呤、腺嘌呤、胞嘧啶和胸腺嘧啶组成。

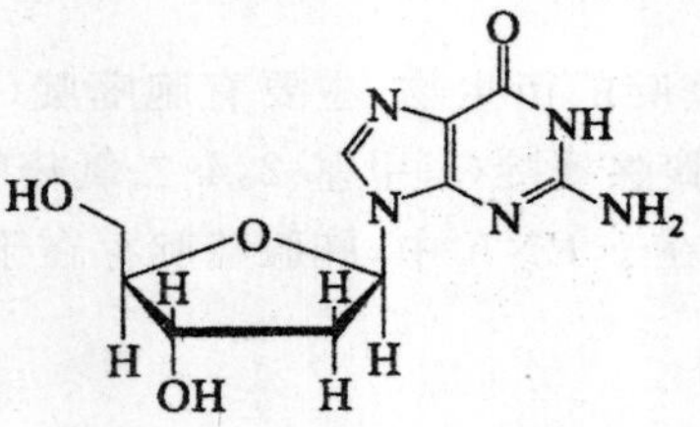

鸟嘌呤脱氧核苷 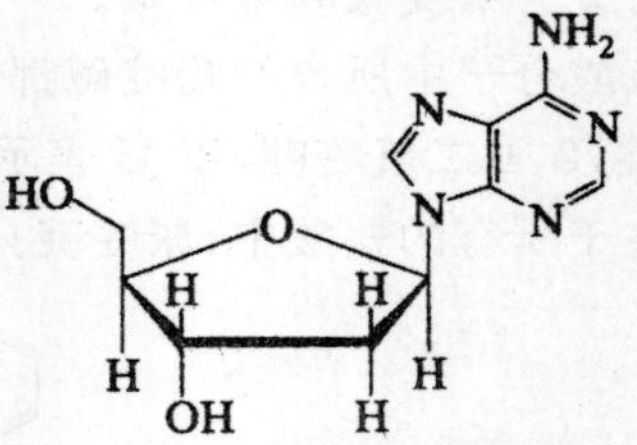　　　　　　　　　腺嘌呤脱氧核苷

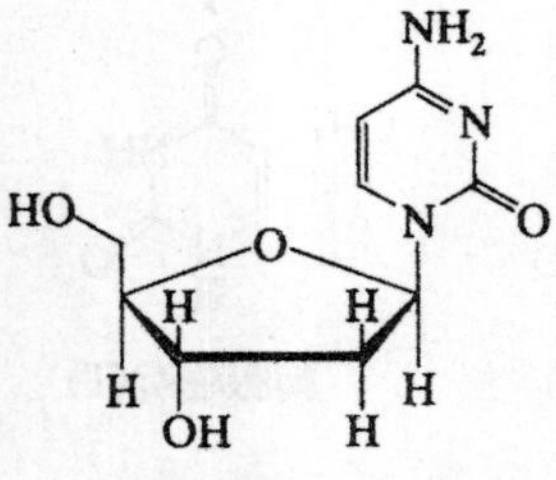

胞嘧啶脱氧核苷 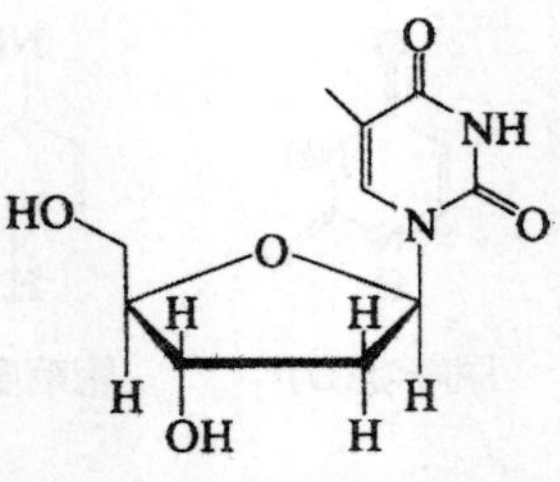　　　　　　　　　胸腺嘧啶脱氧核苷

RNA 的核苷由核糖分别与鸟嘌呤、腺嘌呤、胞嘧啶和尿嘧啶组成。

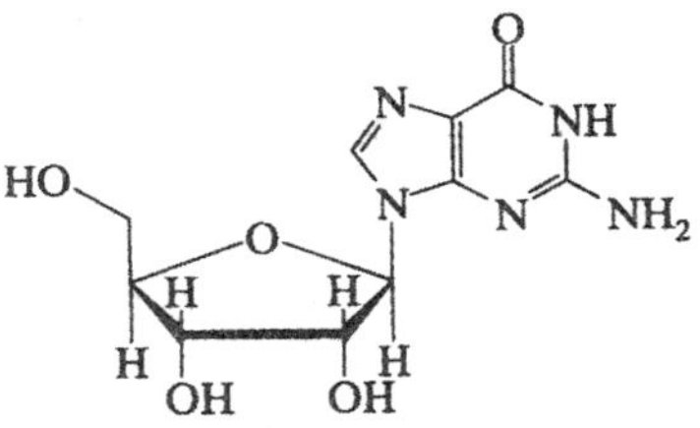

鸟嘌呤核苷 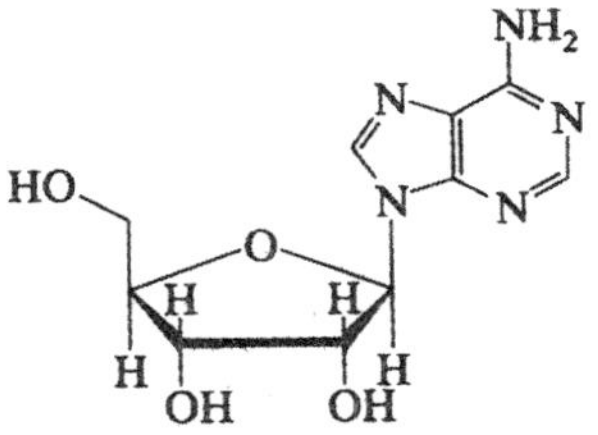　　　　　　　　腺嘌呤核苷

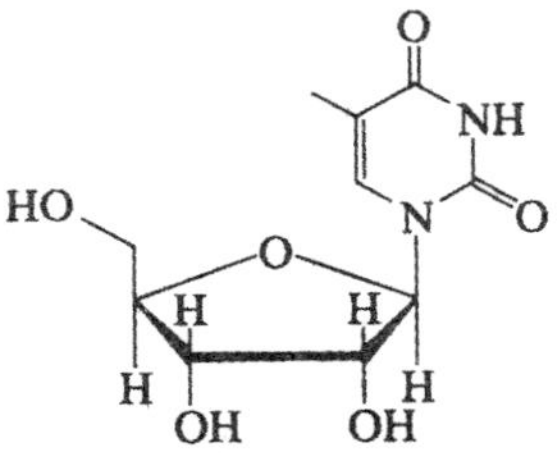

胸腺嘧啶核苷 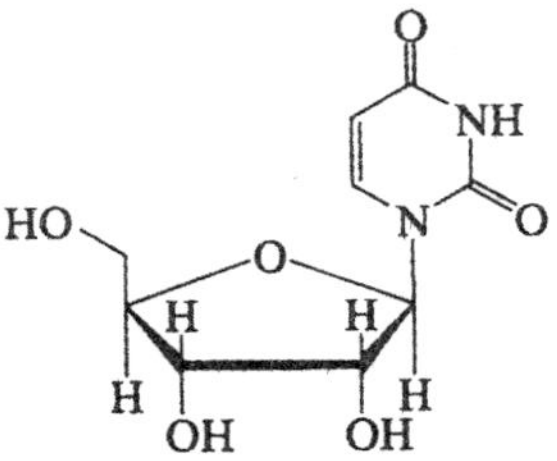　　　　　　　尿嘧啶核苷

（5）核苷酸

核苷酸是核苷的磷酸酯，是一种强酸性的化合物，它是组成核酸的基本单位，所以也称为单核苷酸，而把核酸称为多核苷酸。核苷酸根据所含戊糖不同，分为核糖核苷酸和脱氧核糖核苷酸。核苷酸的分子中，磷酸主要结合在戊糖的 $3'$ 和 $5'$ 位上。

由于 RNA 与 DNA 所含的嘌呤碱与嘧啶碱各有两种，所以各有四种相应的核苷酸：腺嘌呤核苷酸、腺嘌呤脱氧核苷酸、鸟嘌呤核苷酸、鸟嘌呤脱氧核苷酸、胞嘧啶核苷酸、胞嘧啶脱氧核苷酸、尿嘧啶核苷酸、胸腺嘧啶脱氧核苷酸。各种核苷酸之间通过磷酸酯键相互连接起来的高分子就是核酸。

3. 核酸的结构

核酸的结构和蛋白质的结构一样，非常复杂，分为一级结构和空间结构。一级结构指组成核酸的诸核苷酸之间连键的性质及核苷酸的排列顺序。空间结构指多核苷酸链内或链与链之间通过氢键折叠卷曲而形成的构象。

（1）核酸的一级结构

核酸的一级结构是指组成核酸的各种单核苷酸按照一定比例和一定的顺序，通过磷酸二酯键连接而成的核苷酸长链。图 12-7 是一个 RNA 片断的示意图。

DNA 是以脱氧核糖核苷酸为单体通过磷酸二酯键而形成的高分子化合物。

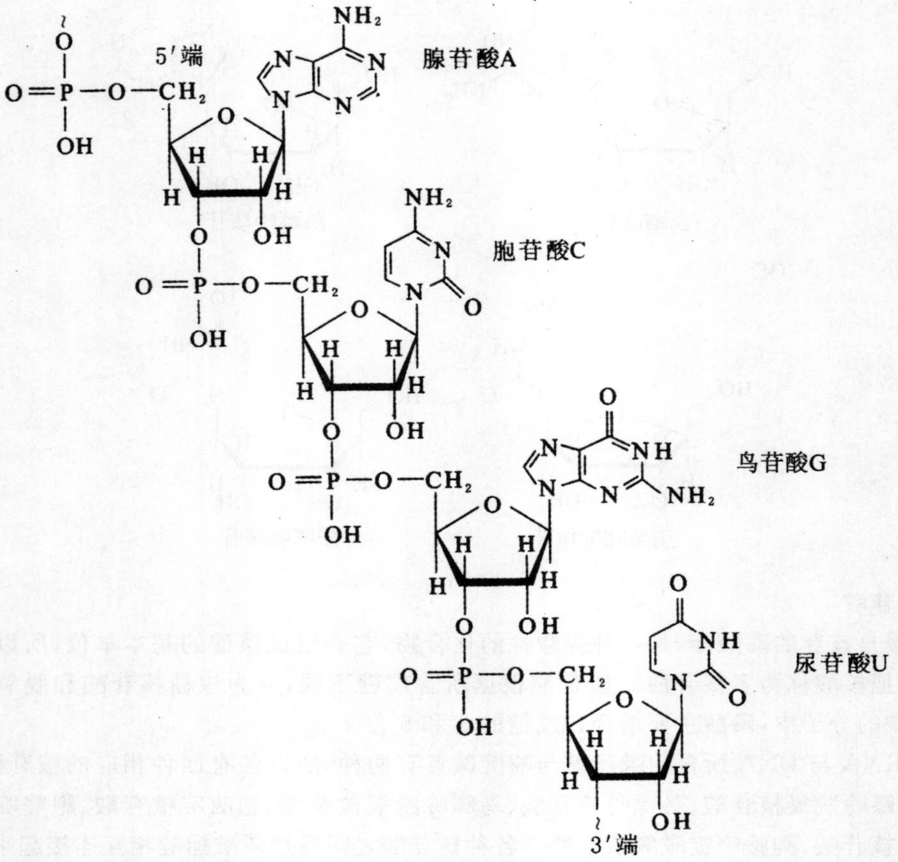

图 12-7　RNA 片段示意图

(2)DNA 的二级结构

Watson 和 Crick 通过多年研究,提出了脱氧核糖核酸(DNA)的双螺旋二级结构。这种结构中,两条 DNA 链反向平行沿着一个轴向右盘旋。其中一条 DNA 链上的碱基与另一条链上的碱基通过氢键相互连接。嘌呤碱和嘧啶碱两两成对;腺嘌呤与胸腺嘧啶配对形成氢键;鸟嘌呤和胞嘧啶配对形成氢键。图 12-8 是 DNA 双螺旋二级结构示意图。

(3)RNA 的二级结构

与 DNA 分子不同,大多数 RNA 分子是一条多核苷酸单链。该单链局部可回折,同时在回折区域内进行碱基配对。其配对规律是:腺嘌呤(A)与尿嘧啶(U)配对,鸟嘌呤(G)与胞嘧啶(C)配对而形成氢键。从而在局部构成如 DNA 那样的双螺旋区,不能配对的碱基则形成空环被排斥在双螺旋区之外,如图 12-9 所示,图中 X 表示螺旋的环状突起。

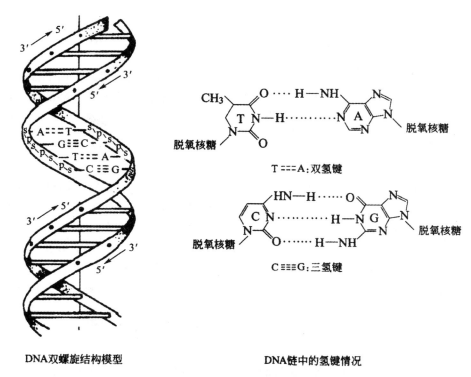

DNA双螺旋结构模型　　　　　　DNA链中的氢键情况

图 12-8　DNA 双螺旋二级结构示意图

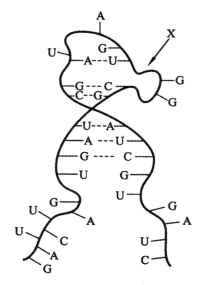

图 12-9　RNA 的二级结构示意图

12.4.2　核酸的物理性质

DNA 为白色纤维状物质,RNA 为白色粉状物质。它们都微溶于水,水溶液显酸性,具有一定的黏度及胶体溶液的性质。它们可溶于稀碱和中性盐溶液,易溶于 2-甲氧基乙醇,难溶于乙醇、乙醚等溶剂。核酸在 260nm 左右都有最大吸收,可利用紫外分光光度法进行定量测定。

12.4.3　核酸的化学性质

1. 水解

核酸是核苷通过磷酸二酯键连接而成的高分子化合物,在酸、碱或酶的作用下都能水解。在酸性条件下,由于糖苷键对酸不稳定,核酸水解生成碱基、戊糖、磷酸及单核苷酸的混合物。在碱性条件下,可得单核苷酸或核苷(DNA 较 RNA 稳定)。酶催化的水解比较温和,可有选择性地断裂某些键。

2. 变性

核酸的变性是指核酸双螺旋区的氢键断裂,碱基有规律的堆积被破坏,双螺旋松散,发生从螺旋到单链线团的转变,并分离成两条缠绕的无定形的多核苷酸单链的过程。变性主要是由二级结构的改变引起的,因不涉及共价键的断裂,故一级结构并不发生破坏。

引起核酸变性的因素很多,如加热引起热变性,pH 值过低(如 pH≤4)的酸变性和 pH 值过高(如 pH>11.5)的碱变性,纯水条件下引起的变性以及各种变性试剂,如甲醇、乙醇、尿素等都能使核酸变性。此外,DNA 的变性还与其分子本身的稳定性有关,由于 C—G 中有三对氢键而 A—T 中只有两对氢键,故 C+G 百分含量高的 DNA 分子就较稳定,当 DNA 分子中 A+T 百分含量高时就容易变性。环状 DNA 分子比线形 DNA 要稳定,因此,线状 DNA 较环状 DNA 容易变性。

核酸变性后,一系列物理和化学性质也随之发生改变,有的会失去部分或全部生物活性。

3. 复性

核酸的复性是 DNA 在适当条件下,又可使两条彼此分开的链重新缔合成为双螺旋结构的过程。DNA 复性后,许多物理、化学性质又得到恢复,生物活性也可以得到部分恢复。DNA 的片段越大,复性越慢;DNA 的浓度越高,复性越快。

DNA 或 RNA 变性或降解时,其紫外吸收值增加,这种现象叫做增色效应,与增色效应相反的现象称为减色效应,变性核酸复性时则发生减色效应。它们是由堆积碱基的电子间相互作用的变化引起的。

4. 酸碱性

核酸和核苷酸既有磷酸基团,又有碱性基团,为两性电解质,因磷酸的酸性强,通常表现为酸性。核酸可被酸、碱或酶水解成为各种组分,其水解程度因水解条件而异。RNA 在室温条件下被稀碱水解成核苷酸,而 DNA 对碱较稳定,常利用该性质测定 RNA 的碱基组成或除去溶液中的 RNA 杂质。

5. 颜色反应

核酸的颜色反应主要是由核酸中的磷酸及戊糖所致。核酸在强酸中加热水解有磷酸生成,能与钼酸铵(在有还原剂如抗坏血酸等存在时)作用,生成蓝色的钼蓝,在 660nm 处有最大吸收。这是分光光度法通过测定磷的含量,粗略推算核酸含量的依据。

12.4.4　核酸的生物功能

DNA 在蛋白质的生物合成上起着决定作用,它能通过自我复制合成出完全相同的分子,从而将遗传信息由亲代传到子代。DNA 复制机制示意图如图 12-10 所示。

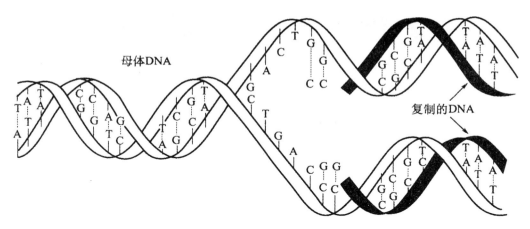

图 12-10　DNA 复制机制示意图

当机体内合成的或从外界摄取的各种氨基酸进入细胞后,就可以合成蛋白质。在生物体的每一个细胞内都有携带遗传密码的 DNA。DNA 将特殊信息传给 mRNA,mRNA 接受信息后移至核糖体,当向前传送时,tRNA 接受 mRNA 的信息,得知如何排列某些氨基酸,每个 tRNA 将二十种不同氨基酸之一放在适当位置,当 tRNA 将氨基酸一个接一个排列成长肽链时,就产生了蛋白质。

第 13 章　脂类、萜类和甾体化合物

13.1　脂类化合物

脂类是广泛存在于生物体内的一类有机化合物,它包括油脂、类脂和甾族化合物等。脂类化合物的共同特征是:难溶于水而易溶于乙醚、氯仿、丙酮、苯等有机溶剂;都能被生物体所利用,它们是构成生物体的重要成分。因此,脂类在生理上具有非常重要的意义。

油脂是构成人体和动植物体的重要成分,在生物体内有着重要的生理功能。类脂是组织细胞的重要成分,并具有特殊的生理功能,它们在细胞内与蛋白质结合在一起形成脂蛋白,构成细胞的膜,类脂均不溶于水而易溶于乙醚、丙酮及氯仿等有机溶剂。

类脂主要包括磷脂、糖脂和胆固醇及胆固醇酯三大类。这三大类类脂是生物膜的主要组成成分,构成疏水性的"屏障",分隔细胞水溶性成分和细胞器,维持细胞正常的结构与功能。

13.1.1　油脂

油脂是油和脂肪的总称。一般在室温下呈液态的称为油,如菜油、蓖麻油等;呈半固态或固态的称为脂肪,如猪油、牛油等。

1. 油脂的组成和结构

从化学结构和组成上看,油脂是各种高级脂肪酸与甘油所形成的酯,其通式为:

$$
\begin{array}{l}
CH_2-O-\overset{\displaystyle O}{\overset{\|}{C}}-R' \\[4pt]
CH\ -O-\overset{\displaystyle O}{\overset{\|}{C}}-R'' \qquad (R'、R''、R'''可以相同或不同)\\[4pt]
CH_2-O-\overset{\displaystyle O}{\overset{\|}{C}}-R'''
\end{array}
$$

油脂水解后得到的高级脂肪酸的种类很多,一般都是含偶数碳原子的直链羧酸,碳原子数一般都在十二到二十个之间,其中以十六个和十八个较多;有饱和脂肪酸,也有不饱和脂肪酸。饱和脂肪酸中,十六碳酸(软脂酸)和十八碳酸(硬脂酸)的分布最广;不饱和脂肪酸中,最常见的是烯酸,其中以油酸、亚油酸和亚麻酸等最常见。

主要的饱和脂肪酸有:月桂酸 $CH_3(CH_2)_{10}COOH$、肉豆蔻酸 $CH_3(CH_2)_{12}COOH$、棕榈酸(软脂酸)$CH_3(CH_2)_{14}COOH$、硬脂酸 $CH_3(CH_2)_{16}COOH$。

主要的不饱和脂肪酸有:棕榈油酸(9-十六碳烯酸)$CH_3(CH_2)_5CH=CH(CH_2)_7COOH$、油酸(9-十八碳烯酸)$CH_3(CH_2)_7CH=CH(CH_2)_7COOH$、蓖麻油酸(12-羟基-9-十八碳烯酸)$CH_3(CH_2)_5CHOHCH_2CH=CH(CH_2)_7COOH$、亚麻酸(9,12,15-十八碳三烯酸)$CH_3(CH_2CH=CH)_3(CH_2)_7COOH$ 等。

多数脂肪酸在人体内都能合成,而亚油酸、亚麻酸和花生四烯酸等多双键的不饱和脂肪酸因

不能在人体内合成,必须由食物供给,故称为必需脂肪酸。

在油脂分子中,若三个脂肪酸部分是相同的,称为单甘油酯;若不同则称为混甘油酯。甘油酯命名时将脂肪酸名称放在前面,甘油的名称放在后面,称为某酸甘油酯。如果是混合甘油酯,则需用 α、α' 和 β 分别表明脂肪酸的位次。例如:

$$
\begin{array}{l}
{}^{\alpha}CH_2OCOCH_2(CH_2)_{15}CH_3 \\
{}^{\beta}CHOCOCH_2(CH_2)_{15}CH_3 \\
{}^{\alpha'}CH_2OCOCH_2(CH_2)_{15}CH_3
\end{array}
$$

三硬脂酰甘油

$$
\begin{array}{l}
{}^{\alpha}CH_2OCOCH_2(CH_2)_{15}CH_3 \\
{}^{\beta}CHOCOCH_2(CH_2)_{13}CH_3 \\
{}^{\alpha'}CH_2OCOCH_2(CH_2)_6CH=CH(CH_2)_7CH_3
\end{array}
$$

α-硬脂酰-β-软脂酰-α'-油酰甘油

天然油脂是各种混合甘油酯的混合物。

2. 油脂的性质

油脂包括油和脂肪。习惯上将在室温下为液态的称为油,如花生油、菜油等,为固态或半固态的称为脂肪,如猪油、牛油等。油脂的相对密度都小于 1,不溶于水,易溶于丙酮、乙醚、氯仿等有机溶剂。由于天然油脂都是混合物,所以熔点范围大。

(1)皂化和皂化值

油脂是酯类化合物,如在碱性条件下水解,则得到甘油和相应的高级脂肪酸盐,即肥皂。因此,油脂在碱性溶液中的水解称为皂化。推而广之,羧酸酯在碱性溶液中的水解都称为皂化。

$$
\begin{array}{l}
CH_2-O-\overset{\displaystyle O}{\overset{\|}{C}}-R' \\
CH-O-\overset{\displaystyle O}{\overset{\|}{C}}-R''+3KOH \\
CH_2-O-\overset{\displaystyle O}{\overset{\|}{C}}-R'''
\end{array}
\longrightarrow
\begin{array}{l}
CH_2-OH \quad R'-COOK \\
CH-OH \ + \ R''-COOK \\
CH_2-OH \quad R'''-COOK
\end{array}
$$

油脂　　　　　　　　　　　甘油　　　肥皂

工业上将 1g 油脂完全皂化时所需氢氧化钾的毫克数称为皂化值。根据皂化值的大小,可计算出油脂的平均分子量。皂化值越大,油脂的平均分子量越小。

人体摄入的油脂主要在小肠内进行催化水解,此过程称为消化。水解产物透过肠壁被吸收,进一步合成人体自身的脂肪。这种吸收后的脂肪除一部分氧化供给能量外,大部分储存于皮下、肠系膜等处脂肪组织中。

脂肪乳剂一般用精制植物油与磷脂酰胆碱、甘油及水混合,用物理方法制成白色而稳定的脂肪乳剂,供静脉注射,广泛用于晚期癌症和术后康复等。肥皂的乳化作用如图 13-1 所示。

(2)酸败

油脂在空气中放置过久,就会变质产生难闻的气味,这种变化称为酸败。酸败是由空气中的氧、水分或微生物作用引起的。油脂中不饱酸的双键部分受到空气中氧的作用,氧化成过氧化物,后者进一步分解或氧化,产生有臭味的低级醛或羧酸。光、热或湿气都可以加速油脂的酸败。

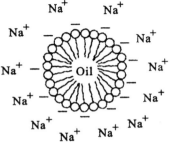

图 13-1　肥皂的乳化作用

油脂酸败的另一个原因是由于微生物或酶的作用。油脂先水解为脂肪酸,脂肪酸在微生物或酶的作用下发生 β-氧化,即羧酸中的 β-碳原子被氧化为羰基,生成 β-酮酸,后者进一步分解生成含碳较少的酮或羧酸。油脂酸败的产物有毒性和刺激性,因此酸败的油脂不能食用或药用。

对于油脂发生酸败的程度,用酸值来表示,酸值是指中和 1g 油脂中的游离脂肪酸所需氢氧化钾的质量,常用以表示其缓慢氧化后的酸败程度。一般情况下,对于酸值大于 6 的油脂不宜食用。

（3）加成

不饱和脂肪酸的油脂,其分子中的不饱和键可发生加成反应,发生加氢反应可以变成饱和脂肪酸。加氢后油脂的凝固点上升,所以油脂的催化氢化常称作油脂的硬化,氢化油又称为硬化油。硬化油容易储存、运输,还能扩大油脂的应用范围。利用油脂与碘的加成可用来测定油脂的不饱和程度。工业上把 100g 油脂所能吸收的碘的克数称为碘值。碘值越大,表示油脂的不饱和程度越大。

某些油脂在医药上可作为软膏和擦剂的基质,有些可作为注射剂的溶剂,而有些则作为药物,如蓖麻油用作缓泄剂,鱼肝油用作滋补剂等。

（4）酸值

油脂中常含有游离的脂肪酸,其含量可用氢氧化钾中和来测定。中和 1g 油脂所需氢氧化钾的毫克数称为酸值。酸值是油脂中游离的脂肪酸的量度标准。

13.1.2 类脂

类脂是一类与油脂共存于生物体内,且具有多种重要生理功能的化合物。重要的类脂有磷脂和蜡等。

1. 磷脂

磷脂是各种含磷的脂类。它们在自然界的分布很广,种类繁多。按其化学组成大体上可分为两大类。一类是分子中含甘油的,称为甘油磷脂;另一类是分子中含神经氨基醇的,称为神经磷脂。

（1）甘油磷脂

甘油磷脂是磷脂酸的衍生物。磷脂酸是由 1 分子甘油、2 分子高级脂肪酸和 1 分子磷酸通过酯键结合而成的化合物。天然磷脂酸中的脂肪酸,α-位通常是饱和脂肪酸,β-位通常是不饱和脂肪酸。由于 α'-位磷酸的引入,磷脂酸分子具有手性。

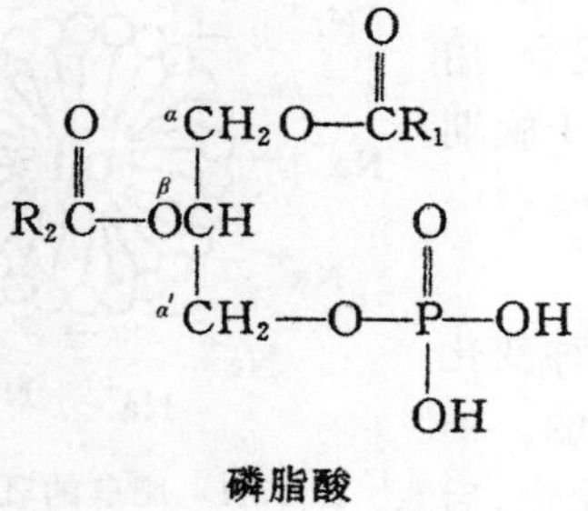

磷脂酸 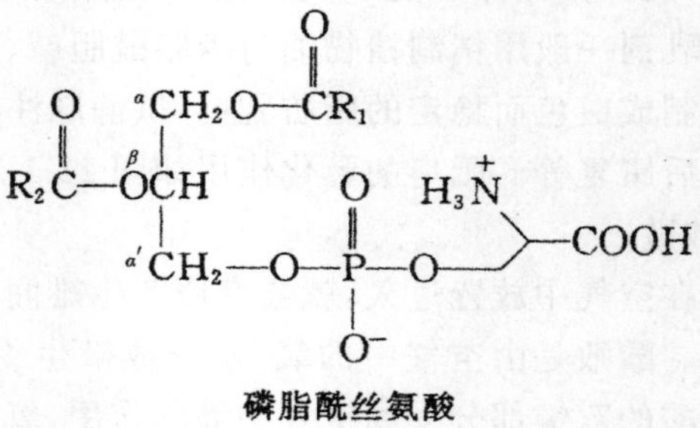　　　　　　　　　　　　　　磷脂酰丝氨酸

甘油磷脂按性质的不同又可分为中性甘油磷脂和酸性甘油磷脂两类。前者如磷脂酰胆碱

（卵磷脂）、磷脂酰乙醇胺（脑磷脂、缩醛磷脂）、溶血磷脂酰胆碱等；后者如磷脂酸、磷脂酰丝氨酸等。

磷脂酰胆碱又称为卵磷脂，它是一种结构复杂的甘油酯。由于胆碱具有碱性，磷酸基具有酸性，结果在磷脂酰胆碱分子内形成偶极离子。如自然界存在的 L-α-磷脂酰胆碱其基本结构为：

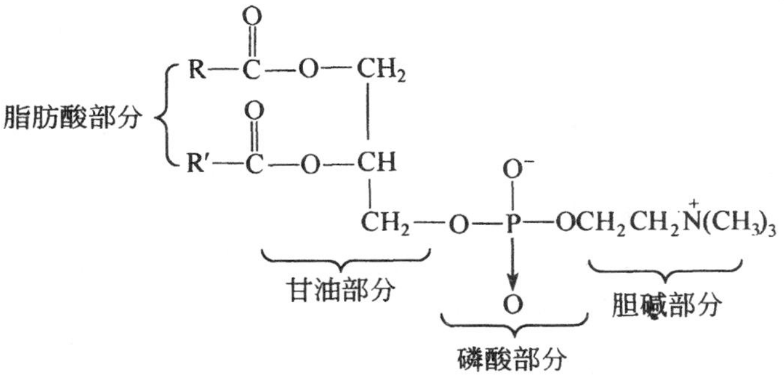

L-α-磷脂酰胆碱（α-卵磷脂）

磷脂酰乙醇胺又称为脑磷脂：它与磷脂酰胆碱共存于动植物的各种组织及器官中，以动物的脑中含量最高。自然界存在的是 L-α-磷脂酰乙醇胺。

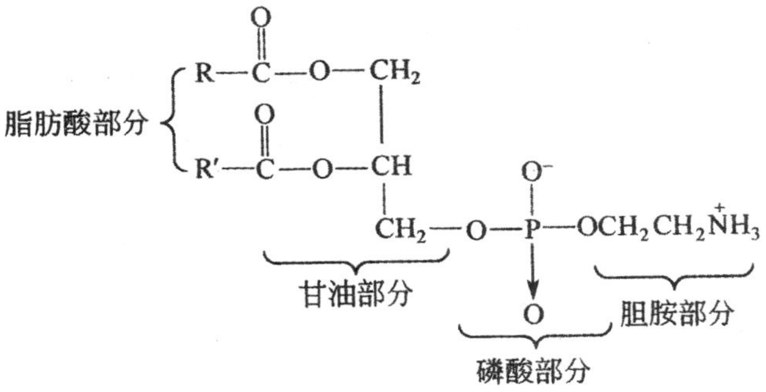

L-α-磷脂酰乙醇胺（α-脑磷脂）

磷脂酰乙醇胺与血液的凝固有关。在血小板内，能促使血液凝固的凝血激酶就是由磷脂酰乙醇胺和蛋白质所组成的。

（2）神经磷脂

神经磷脂中的神经氨基醇是一系列碳链长度不同的不饱和氨基醇，其中最常见的神经磷脂含 18 个碳原子，在磷脂中常以酰胺即脑酰胺形式存在，如鞘磷脂。

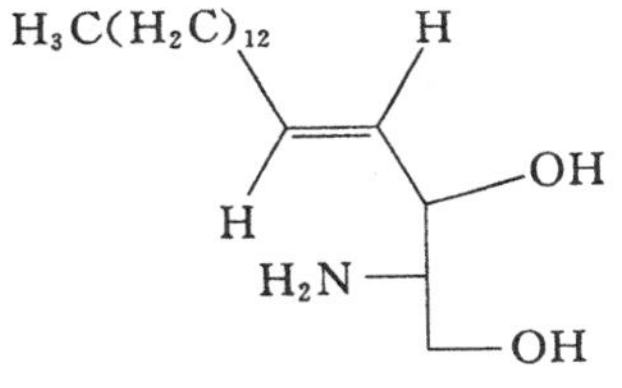

鞘氨醇

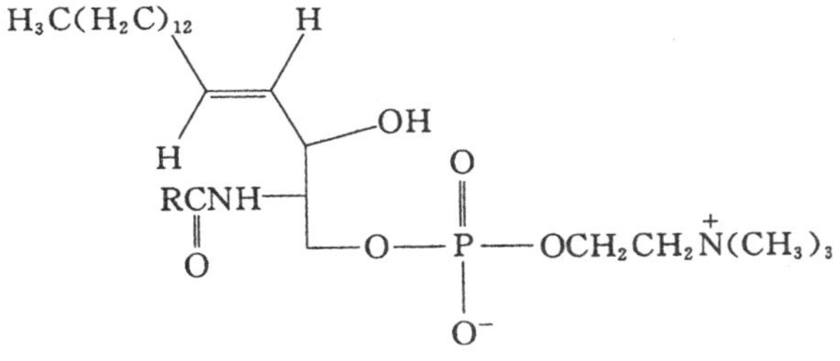

鞘磷脂

鞘磷脂是细胞膜的重要成分,大量存在于脑和神经组织中,是围绕神经纤维的鞘样结构的一种成分。鞘磷脂的结构式中 R 代表不同的脂肪酸残基。

2. 蜡

蜡的主要成分是偶数碳原子的高级脂肪酸和高级饱和一元醇所形成的酯。

蜡多为固体,不溶于水而易溶于有机溶剂。其化学性质稳定,不能皂化,不易水解,也不能消化吸收。

蜡广泛存在于自然界,根据来源可分为植物蜡和动物蜡两种。主要有:

①虫蜡又叫白蜡,是寄生于女贞树上的白蜡虫的分泌物,熔点为 80℃～83℃。

②蜂蜡又叫黄蜡,由工蜂腹部的蜡腺所分泌,熔点为 62℃～65℃。

③羊毛脂,其主要成分是硬脂酸、软脂酸或油酸与胆固醇形成的酯,是附着在羊毛上的油状分泌物,易吸水,能与两倍量的水均匀混合,并有乳化作用。

13.2 萜类化合物

萜类化合物是异戊二烯的低聚物以及它们的氢化物和含氧衍生物的总称。人们从植物的叶、茎、花、果实及根部经水蒸气蒸馏或溶剂提取等方法,可以得到有香味的油状液体,称为香精油,其主要成分是萜类化合物。萜类化合物多数是不溶于水、易挥发、具有香气的油状物质,有一定的生理及药理活性,如祛痰、止咳、祛风、发汗、驱虫或镇痛等作用,可用于香料和医药工业。

13.2.1 萜类的结构

萜类化合物的结构特征可看作是由两个或两个以上异戊二烯单位首尾相连或互相聚合而成,这种结构特点称"异戊二烯规律"。所以萜类化合物分子中碳原子数为 5 的整数倍。

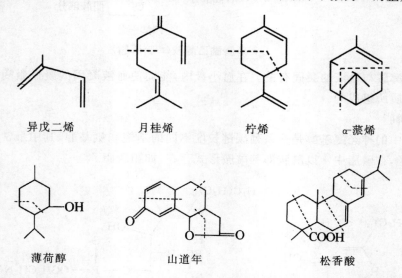

|异戊二烯|月桂烯|柠檬烯|α-蒎烯|

|薄荷醇|山道年|松香酸|

其中山道年、松香酸可分别看作是由三和四个异戊二烯单位连接而成的。因此,萜类化合物可以看作是两个或两个以上的异戊二烯的聚合物及其氢化物或含氧衍生物。

少数天然产物虽是萜类,但它们的碳原子数并不是 5 的倍数。如茯苓酸为 31 碳萜;有的碳原子数是 5 的倍数,却不能分割为异戊二烯的碳架,如莰烷。反之,有些化合物虽然是异戊二烯的高聚物,但不属于萜类化合物,如天然橡胶。由此可见,萜类化合物只能看作为由若干个异戊二烯连接而成的,而实际上并不能通过异戊二烯聚合而得。放射性核素追踪的生物合成实验已证明,在生物体内形成萜类化合物真正的前体是甲戊二羟酸。

$$\begin{array}{c} CH_3 \\ | \\ HOOC-CH_2-C-CH_2-CH_2-OH \\ | \\ OH \end{array}$$

而甲戊二羟酸在生物体内则是由醋酸合成的,醋酸在生物体内可以作为合成许多有重要生理作用的化合物的起始物质,例如维生素 A 和维生素 D、胡萝卜素、性激素、前列腺素和油脂等。将含有放射性核素^{14}C 的$^{14}CH_3COOH$ 注入桉树中,结果在桉树中生成的香茅醛分子中存在^{14}C。把$^{14}CH_3COOH$ 注入动物体,所得油脂中的软脂酸也含有^{14}C。所以把来源于醋酸的化合物称为醋源化合物。油脂、萜类和甾体化合物都是醋源化合物。

13.2.2　萜类化合物的分类及通性

1. 萜类化合物的分类

萜类化合物中异戊二烯单位可相连成链状化合物,也可连成环状化合物。根据组成分子的异戊二烯单位的数目可将萜分成几类,见表 13-1。

表 13-1　萜的分类

类别	异戊二烯单位	碳原子数	举例
单萜	2	10	蒎烯、柠檬醛
倍半萜	3	15	金合欢醇
二萜	4	20	维生素 A、松香酸
三萜	6	30	角鲨烯、甘草次酸
四萜	8	40	胡萝卜素、色素
多萜或复萜	>8	>40	

萜类化合物的命名,我国一般按英文俗名意译,再根据结构特点接上"烷"、"烯"、"醇"等类名而成;或是根据来源用俗名,如薄荷醇、樟脑等。

2. 萜类化合物的特点

萜类化合物常具有一定的生理活性,可供药用,具有祛痰、止咳、驱风、发汗、解热、镇痛、抗菌、消毒、降压、抗病毒、驱虫、活血化瘀等作用。萜类化合物是带有香味或不带香味的液体或固体。多数具有挥发性,含有手性碳原子,有旋光性。化学性质表现出所含官能团的性质,如双键上可以发生加成反应、氧化反应,在羰基、羟基、羧基等发生聚合、异构、分子重排、内酯结构水解开环等反应。

13.2.3 常见的萜类化合物

1. 单萜类化合物

单萜类化合物是由两个异戊二烯单元构成。根据单萜分子中碳环的数目不同,分为链状单萜、单环单萜和双环单萜。

(1)链状单萜类化合物

链状单萜类化合物是由两个异戊二烯连接构成的链状化合物。

许多链状单萜类化合物都是香精油的主要成分。如柠檬油中的柠檬醛,月桂子油中的月桂烯,玫瑰油中的香叶醇等。它们的结构如下:

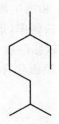

它们都可以用来制备香料,如香叶醇具有显著的玫瑰香气,在香茅中约含 60%,在玫瑰油中约含 50%。柠檬醛是合成维生素 A 的重要原料。柠檬醛是 α-柠檬醛和 β-柠檬醛的混合物,其中 α-柠檬醛约占 90%,为 E 构型。香叶醇具有 E 构型,其 Z 构型的橙花醇是它的异构体,存在于橙花油中。香茅醇分子中因有一个手性碳原子,所以具有一对对映异构体。

柠檬醛　　　　　香叶醇　　　　　香茅醇

链状单萜类化合物中分子内部多数含有碳碳双键或手性碳原子,因此它们大都存在 Z、E 异构体或对映异构体。

(2)单环单萜类化合物

单环单萜是由两个异戊二烯连接构成的具有一个六元环化合物。可看作由链状单萜环合衍变而来,比较重要的代表物为薄荷醇。薄荷醇存在于薄荷油中,为低熔点固体,具有芳香凉爽气味,有杀菌、防腐作用,并有局部止痛的效力。用于医药、化妆品及食品工业中,如清凉油、牙膏、糖果、烟酒等。

薄荷醇为 3-萜醇,又称薄荷脑,是萜烷的含氧衍生物,存在于薄荷油中。薄荷醇为无色针状或柱状结晶,熔点为 42℃~44℃,沸点为 216℃。难溶于水,易溶于乙醇、乙醚、氯仿、石油醚等有机溶剂。具有发汗解热、杀菌、驱风、局部止痛作用,是清凉油、仁丹等药品中的主要成分。

薄荷醇　　　　(-)-薄荷醇构型　　　　(-)-薄荷醇优势构象

薄荷醇分子中有三个手性碳原子,故有四对旋光异构体。即(±)-薄荷醇、(±)-新薄荷醇、(±)-异薄荷醇、(±)-新异薄荷醇。其中(-)-薄荷醇分子中 C_1^*、C_3^*、C_4^* 上的取代基均可位于椅式环己烷的 e 键上,较其他构象异构体稳定,为优势构象。所以天然的薄荷醇是左旋的薄荷醇。

(3)双环单萜类化合物

①蒎烯。蒎烯是蒎烷型的不饱和化合物,含有一个不饱和双键,按双键的位置不同,有 α-蒎烯和 β-蒎烯两种异构体。

α-蒎烯　　　　　　　β-蒎烯

蒎烯的两种异构体均存在于松节油中,但以 α-蒎烯为主要成分,占松节油含量的 70%～80%。松节油具有局部止痛作用,可作外用止痛药。α-蒎烯的沸点为 155℃～156℃,是合成龙脑、樟脑等的重要原料。

②龙脑。龙脑又称冰片,为透明六角形片状结晶,熔点为 206℃～208℃,气味似薄荷,不溶于水,而易溶于醇、醚、氯仿及甲苯等有机溶剂。龙脑具有开窍散热、发汗、镇痉、止痛等作用,是仁丹、冰硼散的主要成分,外用有消肿止痛的功效。另外,龙脑还是一种重要的中药,是人丹、冰硼散、六神丸等药物的主要成分之一。

龙脑

龙脑的右旋体存在于龙脑香树的挥发油中及其他多种挥发油中,一般以游离状态或结合成酯的形式存在。左旋体存在艾纳香的叶子和野菊花的花蕾挥发油中。工业上由樟脑经还原得龙脑的外消旋体。

樟脑　　　　　　　　龙脑　　　　　异龙脑

③樟脑。樟脑的化学名为 2-莰酮(α-莰酮),是莰烷的含氧衍生物。樟脑是最重要的萜酮之一,主要存在于樟树的挥发油中。从樟树中得到的樟脑为右旋体,人工合成品为外消旋体。樟脑为无色结晶,熔点为 179℃。易升华,有愉快的香味,难溶于水,易溶于有机溶剂。以 α-蒎烯为原料可以合成樟脑:

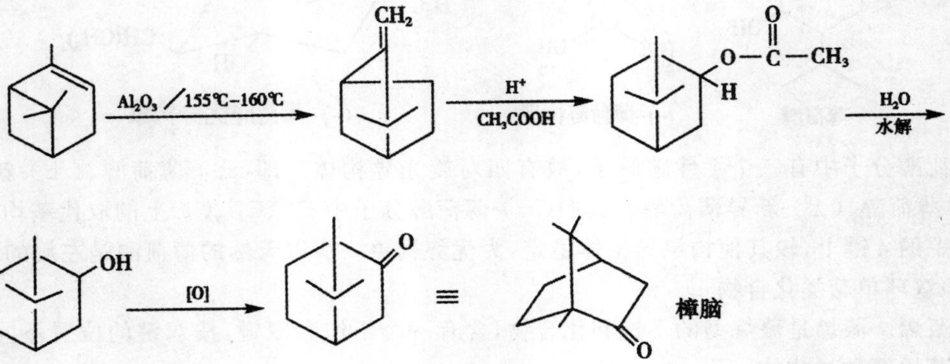

樟脑分子中含有 2 个手性碳原子,理论上存在 2 对旋光异构体。但实际上只存在一对对映异构体,这是因为樟脑分子的桥环船式构象,限制了桥头 2 个手性碳所连基团的构型,使 C_1^* 所连的甲基与 C_4^* 木所连的氢只能位于顺式构型。

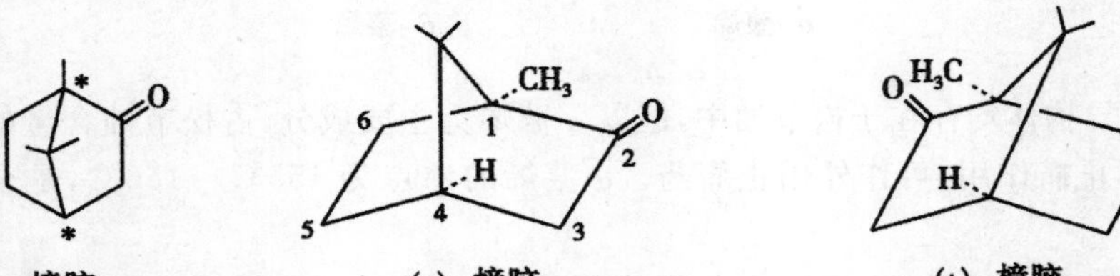

樟脑含有羰基,可与羟胺、2,4-硝基苯肼等羰基试剂反应,生成樟脑肟、樟脑腙等,利用这些反应可对樟脑进行鉴定和含量测定。

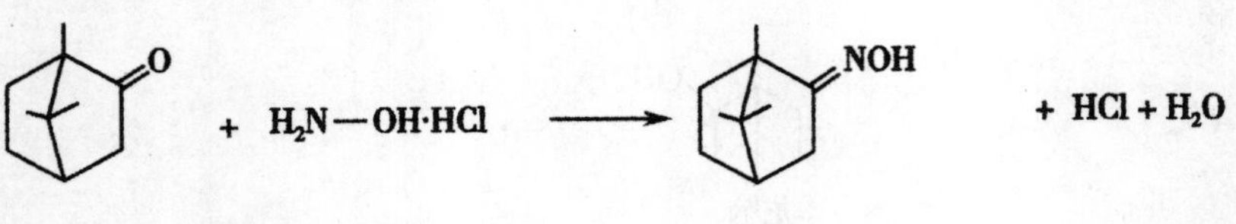

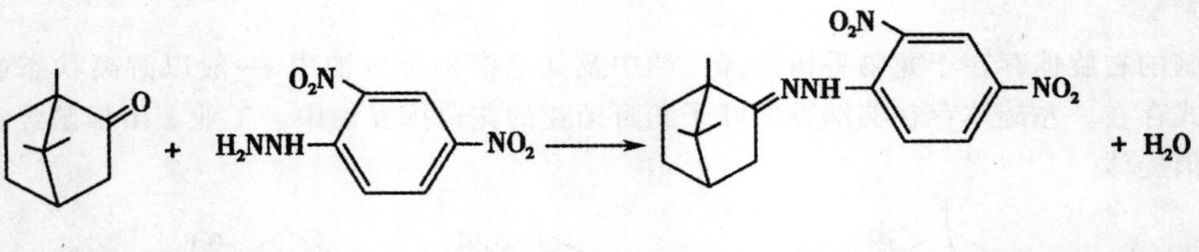

樟脑是呼吸及循环系统的兴奋剂,在医药上主要作刺激剂和强心剂。但因其水溶性低,使用上受限制。可在其分子中引入亲水性基团,可有效增加它的水溶性,制成供皮下、肌肉或静脉注射剂。

樟脑是重要的医药工业原料,我国产的天然樟脑产量占世界第一位。樟脑的气味有驱虫的作用,可用作衣物的防虫剂。

2. 倍半萜类化合物

倍半萜是有三个异戊二烯单位连接而构成的,它也有链状和环状之分,如没药醇、α-香附酮、金合欢醇、山道年等均属于倍半萜。

杜鹃酮　　**愈创木萜**　　　　　　**金合欢醇**　　　　　　**山道年**

杜鹃酮又叫枞牛儿酮,存在于满山红的挥发油中。具有祛痰镇咳作用,常用于治疗急、慢性支气管炎等疾病。

愈创木萜存在于满山红或桉叶等挥发油中,具有消炎、促进烫伤或灼伤创面愈合及防止辐射热等功效,是国内烫伤膏的主要成分。

金合欢醇又称法尼醇,为无色黏稠液体,存在于玫瑰油、茉莉油、金合欢油及橙花油中,是一种珍贵的香料,用于配制高级香精。在药物方面,金合欢醇具有抑制昆虫的变态和性成熟活性,其十万分之一浓度的水溶液即可阻止蚊的成虫出现,对虱子也有致死作用。

山道年是由山道年花蕾中提取出的无色结晶,熔点为 170℃,不溶于水,易溶于有机溶剂。过去是医药上常用的驱蛔虫药,其作用是使蛔虫麻痹而被排除体外;但对人也有相当的毒性。

3. 二萜类化合物

双萜是由四个异戊二烯单位连接而成的萜类化合物。如植物醇为链状二萜的含氧衍生物,是叶绿素的一个组成部分,广泛分布于植物中。用碱水解叶绿素可得到叶绿醇,叶绿醇是合成维生素 K 及维生素 E 的原料。

植物醇　　　　　　　　　　　　　　**维生素A**

维生素 A 是单环的二萜醇,有 5 个双键,均为反式构型。维生素 A 为淡黄色晶体,熔点 62℃～64℃,存在于奶油、蛋黄、鱼肝油及动物的肝中。不溶于水,易溶于有机溶剂,受紫外光照射后则失去活性。

维生素 A 为哺乳动物正常生长和发育所必需的物质,体内缺乏维生素 A 则发育不健全,并能引起眼膜和眼角膜硬化症,初期的症状就是夜盲症。

松香酸是松香的主要成分,是造纸、涂料、塑料和制药工业的原料。其盐有乳化作用,可作肥皂的增泡剂。

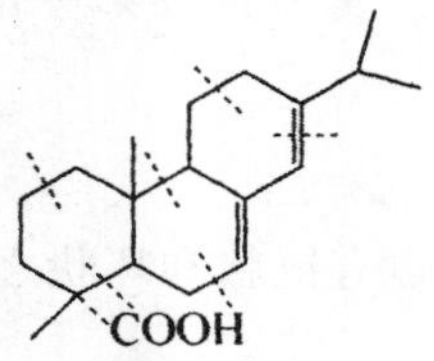

松香酸 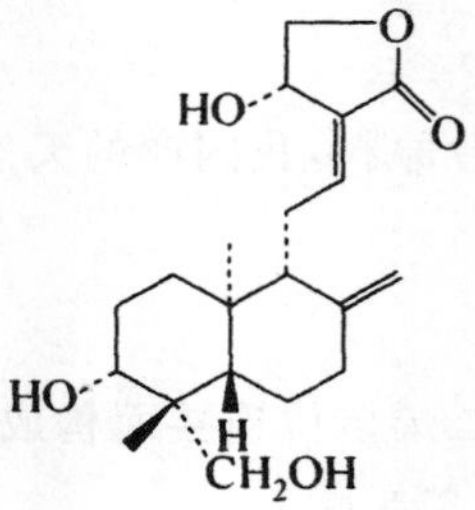　　　　　　穿心莲内酯

穿心莲内酯是穿心莲(又称榄核莲、一见喜)中抗炎作用的主要活性成分,临床上用于治疗急性菌痢、胃肠炎、咽喉炎、感冒发热等,疗效显著。

4. 三萜类化合物

三萜是由六个异戊二烯单位连接而成的化合物,如角鲨烯、甘草次酸和齐墩果酸等。在中药中分布很广,多数是含氧的衍生物并结合为酯类或苷类存在。

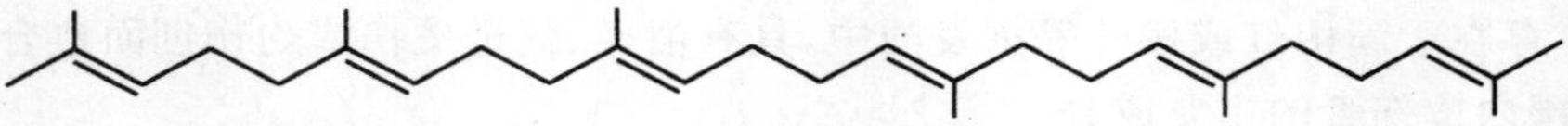

角鲨烯

角鲨烯又称鱼肝油烯,存在于鲨鱼肝油及其他鱼类鱼肝油中的不皂化部分,在茶油、橄榄油中也含有。角鲨烯的结构特点是在分子的中心处有两个异戊二烯尾尾相连,可以看作是由两分子金合欢醇焦磷酸酯缩合而成。角鲨烯为不溶于水的油状液体,是杀菌剂,其饱和物可用作皮肤润滑剂。它又是合成羊毛甾醇的前体。

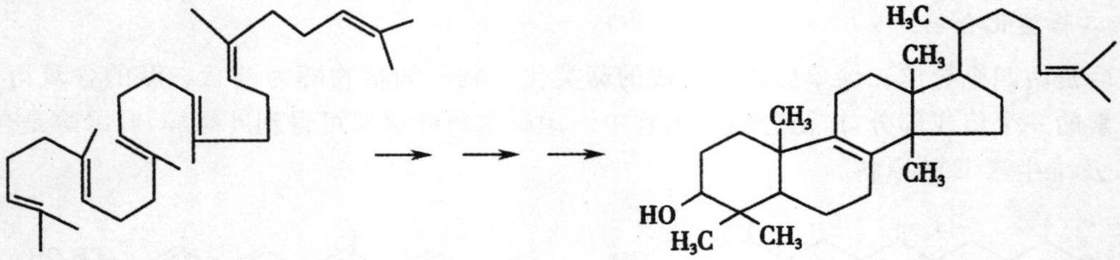

角鲨烯　　　　　　　　　　　　　　羊毛甾醇

甘草为豆科甘草属植物,具有缓急、调和诸药的作用,为常用中药。甘草酸及其苷元甘草次酸为其主要有效成分。甘草次酸在甘草中除游离存在外,主要是与两分子葡萄糖醛酸结合成甘草酸或称甘草皂苷。由于有甜味,又称甘草甜素。其结构如下:

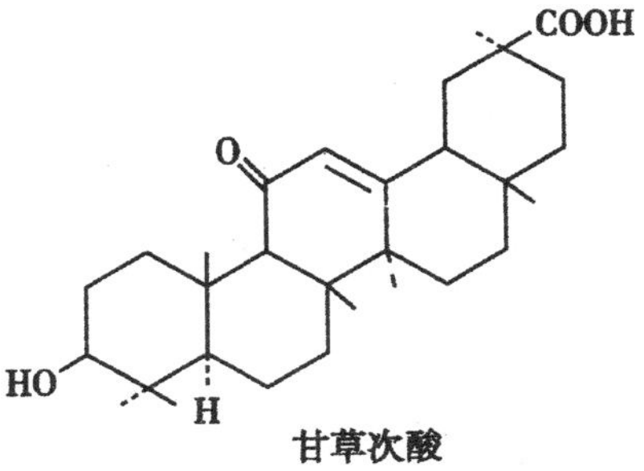

甘草次酸

齐墩果酸是由木本植物油橄榄（又称齐墩果）的叶中分离得到的。另外，在中药人参、牛膝、山楂、山茱萸等中都含有该化合物，经动物试验证明其具有降低转氨酶作用，对四氯化碳引起的大鼠急性肝损伤有明显的保护作用，可用于治疗急性黄疸型肝炎，对慢性肝炎也有一定的疗效。

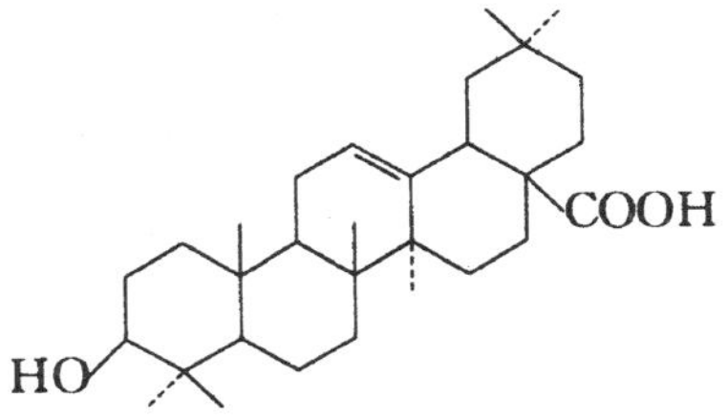

齐墩果酸

5. 四萜类化合物

四萜是由八个异戊二烯单位连接而构成的，存在于植物色素中。四萜类化合物的分子中都含有一个较长的碳碳双键共轭体系，四萜都是有颜色的物质，因此也常把四萜称为多烯色素。最早发现的四萜多烯色素是从胡萝卜素中来的，后来又发现很多结构与此相类似的色素，所以通常把四萜称为胡萝卜类色素。

胡萝卜色素广泛存在于植物和动物的脂肪中，其中大多数化合物为四萜。β-胡萝卜素的熔点为 184℃，是黄色素，可作食品色素用，位于多烯碳链中间的烯键很容易断裂，在动物和人体内经酶催化可氧化裂解成两分子维生素 A，所以称之为维生素 A 原。

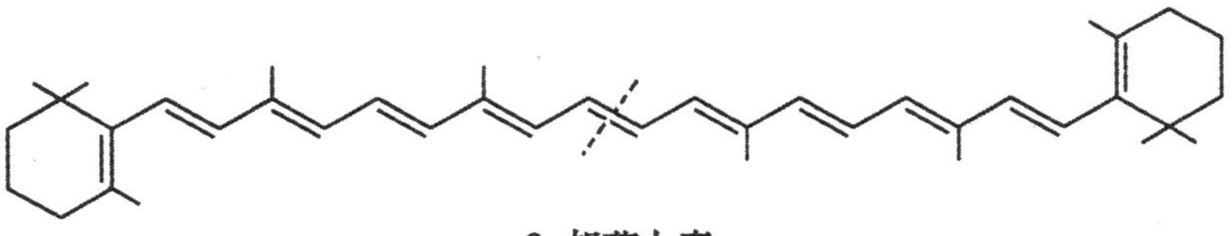

β-胡萝卜素

蕃茄红素是胡萝卜素的异构体，是开链萜，存在于番茄、西瓜、柿子等水果中，为洋红色结晶，可作食品色素用。蕃茄红素在生物体内可以合成各种胡萝卜素。

叶黄素是存在于植物体内的一种黄色的色素，与叶绿素共存，只有在秋天叶绿素破坏后，方显其黄色。

番茄红素

叶黄素

13.3　甾体化合物

甾体化合物广泛存在于动植物体内，是一类重要天然物质，在动植物生命活动中起着极其重要的调节作用，它们与医药有着密切的关系。

13.3.1　甾族化合物的结构

甾族化合物的基本骨架是由环戊烷并多氢菲以及三个侧链构成。四个环分别用 A、B、C、D表示，三个侧链分别连在 C_{10}、C_{13} 和 C_{17} 上。中文"甾"字很形象地表示了甾族化合物基本结构的特点，甾字中的"田"表示四个环，"巛"象征地表示三个侧链。一般情况下 C_{10} 和 C_{13} 两个位置上连接的均是甲基（称角甲基），C_{17} 位上连接的是一个含不同碳原子数的碳链。

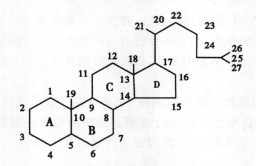

甾族化合物基本骨架及编号

1. 甾族化合物的构型

甾族化合物母核骨架中有 6 个手性碳原子（C_5、C_8、C_9、C_{10}、C_{13}、C_{14}），理论上能产生 64 对对映异构体。但自然界中的甾族化合物只存在着少数几种稳定的构型，这是由于多个环稠合在一起，相互制约，碳架刚性增大，因此异构体的数目大大减少。

甾族化合物的骨架结构中碳环之间的稠合方式可以按顺式十氢化萘的方式稠合，也可以按反式十氢化萘的方式稠合。

大多数天然的甾族化合物的母核碳架构型具有以下特点：

①B/C 环和 C/D 环一般以反式稠合。

②A/B 环之间有顺式和反式两种稠合方式，因而存在两种不同的构型。

当 A/B 顺式稠合时，C_5 上的氢原子和 C_{10} 上的角甲基在环平面的同侧，都位于纸平面的前方,即为"β构型",具有这种构型特征的称之为正系,即 5β 型。

当 A/B 反式稠合时,C_5 上的氢原子和 C_{10} 上的角甲基在环平面的异侧,C_5 上的氢原子位于纸平面的后方,即为"α构型",具有这种构型特征的称之为别系,即 5α 型。

③由于 B/C 环和 C/D 环是反式稠合,所以 C_8、C_9、C_{13} 及 C_{14} 上所连接的原子或基团的构型分别为 8β、90α、13β 和 14α。

如果 $C_4 \sim C_5$、$C_5 \sim C_6$ 或 $C_5 \sim C_{10}$ 之间有双键,则 A、B 环稠合的构型无差别,则无正系与别系之分。

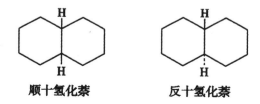

正系(5β-型)　　　　　　　　别系(5α-型)

（A/B 顺、B/C 反、C/D 反）　　（A/B 反、B/C 反、C/D 反）

2. 甾族化合物的构象

甾族化合物骨架中环与环之间的稠合方式与十氢化萘相似。十氢化萘是由两个环己烷通过共用两个碳原子稠合而成的桥环化合物。十氢化萘有顺、反两种异构体,共用稠合边上的两个碳原子上的氢原子处于环平面同侧的称为顺十氢化萘,而处于异侧的称为反十氢化萘。

顺十氢化萘　　　　　　反十氢化萘

顺或反式十氢化萘均由两个椅式环己烷稠合而成。若将一个环当作另一个环的两个取代基,则顺十氢化萘中的两个环以 ae 键稠合,反十氢化萘中的两个环以 ee 键稠合。从构象的稳定性分析,反十氢化萘比顺十氢化萘稳定。

顺式（ea稠合）　　　　　反式（ee稠合）

5β-型和5α-型甾族化合物中的 A、B 和 C 三个六元环的碳架通常均是椅式构象,并按顺式或反式十氢化萘构象的方式稠合。D 环为五元环,它具有半椅式构象,D 环取何种构象取决于 D 环上的取代基及其位置。由于反式稠合环的存在,使碳架刚性较强,很难发生构象的翻转,e 键和 a 键之间不能相互转换。所以每个构型仅有一种构象。

5β-型甾族化合物和5α-型甾族化合物的构象式如下:

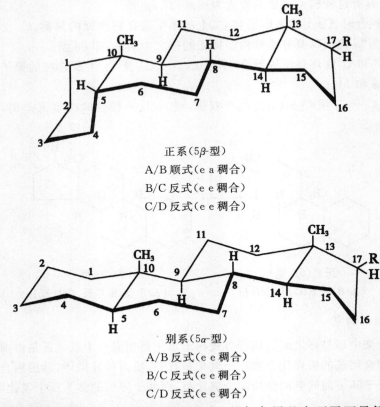

正系（5β-型）
A/B 顺式（e a 稠合）
B/C 反式（e e 稠合）
C/D 反式（e e 稠合）

别系（5α-型）
A/B 反式（e e 稠合）
B/C 反式（e e 稠合）
C/D 反式（e e 稠合）

碳架上所连的原子或基团在空间有不同的取向，凡与角甲基在环平面异侧的取代基称为 α 构型，用虚线表示；与角甲基在环平面同侧的取代基称为 β 构型，用实线表示；构型不确定者，用波纹线表示，命名时用希腊字母 ξ 标明。甾环碳架上所连的原子或基团的不同构型或构象对其化学稳定性和化学反应活性有较大的影响。

3. 甾族化合物的构象分析

甾族化合物中一些基团受构型或构象的影响，在性质上表现出较大的差异。如氢化可的松的 C_{11} 羟基为 β 构型，其生理活性比 C_{11} 羟基为 α 构型的差向异构体表氢化可的松强。

甾体母核上的角甲基及 C_{17} 处的侧链均为 β 构型，所以对甾体化合物的碳碳双键进行催化氢化、过氧酸进行环氧化时，反应一般发生在角甲基及 C_{17} 处侧链的异侧，即所引入的基团位于仅构型处。

对甾体化合物的构象进行分析，了解官能团发生反应的难易程度，在甾体化合物合成中可以预测反应的主要产物。例如，3β,5α,6β-三羟基胆甾烷，3β 构型的羟基位于 e 键，因其空间位阻相对较小，比位于 a 键的 5α 或 6β 羟基易于被酯化。

3β,5α,6β-三羟基胆甾烷

在氧化反应时,位于 e 键的羟基比 a 键的羟基难以被氧化。因为氧化反应主要发生在其 α-H 上。当羟基处于 e 键时,其处于 a 键上的 α-H 因空间位阻相对较大,脱去 α-H 的反应速度较慢,所以位于 e 键的羟基比 a 键的羟基难以被氧化。

13.3.2　甾族化合物的命名

自然界的甾族化合物多以其来源或生理作用来命名。其系统命名法是:首先确定母核的名称,然后在母核名称的前或后,标明取代基的位置、数目、名称及构型。

甾体化合物母核的名称与其所连的 R 基团有关,其关系如表 13-2 所示。

表 13-2　甾体化合物及其母核

甾体母核名称	R^1	R^2	R^3
甾烷	—H	—H	—H
雌甾烷	—H	—CH₃	—H
雄甾烷	—CH₃	—CH₃	—H
孕甾烷	—CH₃	—CH₃	—CH₂CH₃
胆烷	—CH₃	—CH₃	CH₃CHCH₂CH₂CH₃
胆甾烷	—CH₃	—CH₃	CH₃CHCH₂CH₂CH₂CHCH₃ (CH₃)
麦角甾烷	—CH₃	—CH₃	CH₃CHCH₂CH₂CHCHCH₃ (CH₃ 上, CH₃ 下)

选定甾体母核的名称后,根据以下规则对甾体化合物进行命名。

①母核中含有碳碳双键时,将"烷"改为相应的"烯"、"二烯"、"三烯"等,并标明其位置。

②官能团或取代基的名称、位置及构型放在母核名称前。若是用作母体的官能团,则放在母核名称后。例如:

3α,7α,12α-三羟基-5β-胆烷-24-酸（胆酸）　　　　　胆甾-5-烯-3β-醇（胆甾醇）

③对于差向异构体，可以在习惯名称前加"表"字。

雄甾酮　　　　　　　　　　　　　表雄甾酮

④在角甲基去除时，可加词首"Nor-"，译称"去甲基"，并在其前标明失去甲基的位置。如果同时失去两个角甲基，可用 18,19-Dinor 表示，译称 18,19-双去甲基，例如：

18-去甲基-孕甾-4-烯-3,20-二酮　　　　　　18,19-双去甲基-5α-孕甾烷

⑤词首"去甲基"的采用，可能会使某些甾体化合物出现同物异名的现象。如：

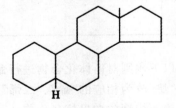

19-去甲基-5β-雄甾烷或称：5β-二雄甾烷

⑥当母核的碳环扩大或缩小时，分别用词首"增碳"或"失碳"来表示，若同时扩增或缩减两个碳原子就用词首"增双碳"或"失双碳"来表示，并在其前注明在何环改变。例如：

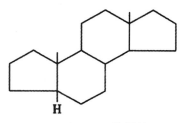

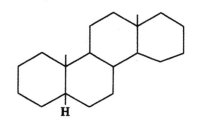

A-Nor-5β-雄甾烷　　　　　　　　D-Homo-5β-雄甾烷

⑦对于含增碳环的甾体化合物,编号顺序不变,只在增碳环最高编号数后加 a、b、c 等以表示与另一环的连接处的编号。而对含失碳环的甾体化合物,仅失碳环的最高编号被删去。例如:

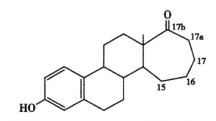

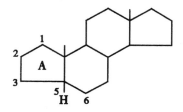

3-羟基-D-Dihomo-1,3,5(10)-雌甾三烯-17b-酮　　　　**A-Nor-5β-雄甾烷**

⑧母核碳环开裂时,且开裂处两端的碳又分别与氢相连者,用词首"Seco"表示,并在其前注明开环的位置。例如:

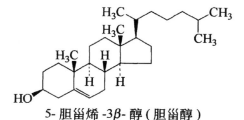

13.3.3　重要的甾族化合物

1. 甾醇类

(1)胆甾醇

胆甾醇是最早发现的一个甾体化合物,是一种动物甾醇,最初是在胆结石中发现的一种固体醇,所以亦称为胆固醇,其结构为

5-胆甾烯-3β-醇(胆甾醇)

胆甾醇存在于人及动物的血液、脂肪、脑髓及神经等组织中,为无色或略带黄色的结晶,熔点148.5℃,在高真空度下可升华,微溶于水,溶于乙醇、乙醚、氯仿等有机溶剂。人体中胆固醇含量过高是有害的,它可以引起胆结石、动脉硬化等症。

胆固醇分子中有一个碳碳双键,它可以和一分子溴或溴化氢发生加成反应,也可以催化加氢生成二氢胆固醇。胆固醇分子中的羟基可酰化形成酯,也可与糖的半缩醛羟基生成苷。溶解在氯仿中的胆固醇与乙酸酐/浓硫酸试剂作用,颜色由浅红变蓝紫,最后转为绿色,此反应称为李伯曼—布查反应,常用于胆固醇定性、定量分析。

(2)麦角甾醇

麦角甾醇存在于麦角、酵母中,最初从麦角中发现,是一种重要的植物甾醇。麦角甾醇经过日光照射,或在紫外线的作用下转化成维生素 D_2。维生素 D_2 为无色晶体,熔点为 115℃～117℃,有抗软骨病作用,又叫钙化醇或骨化醇。

(3)7-脱氢胆甾醇

胆甾醇在酶催化下氧化成 7-脱氢胆甾醇。7-脱氢胆甾醇存在于皮肤组织中,在日光照射下发生化学反应,转变为维生素 D_3。

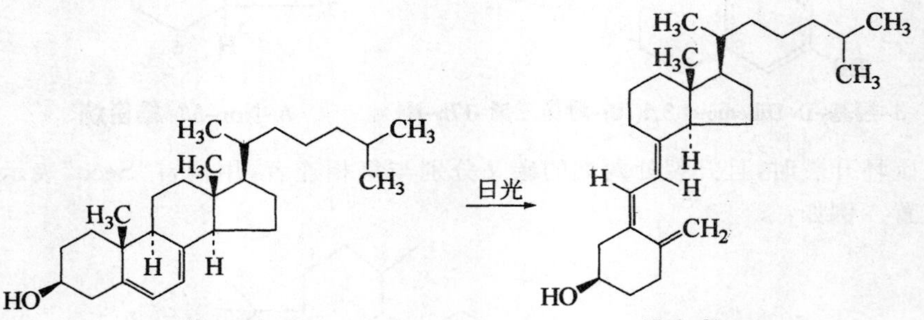

维生素 D_3 是小肠中吸收 Ca^{2+} 离子过程中的关键化合物。体内维生素 D_3 的浓度太低,会引起 Ca^{2+} 离子缺乏,不足以维持骨骼的正常生成而产生软骨病。

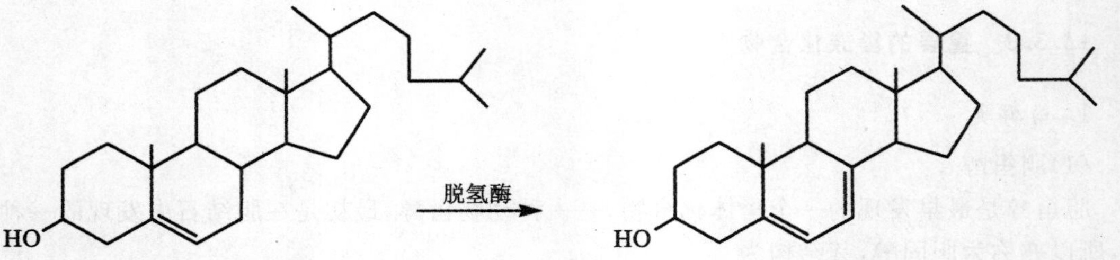

2. 胆甾酸

胆酸属于 5β-型甾族化合物,主要存在于动物胆汁中,并且分子结构中含有羧基,故它们总称为胆甾酸。胆甾酸在人体内可以以胆固醇为原料直接生物合成。至今发现的胆甾酸已有 100 多种,其中人体内重要的是胆酸和脱氧胆酸。

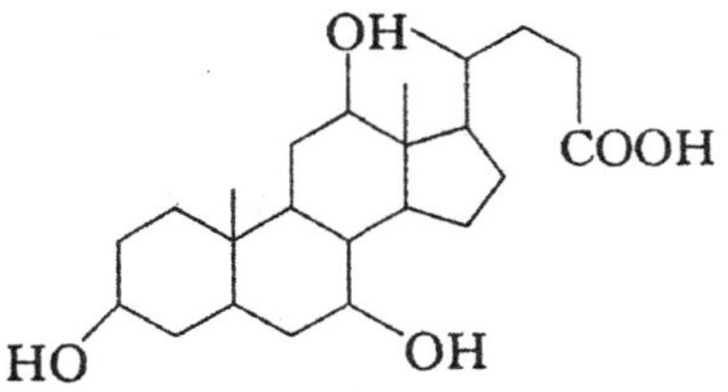

胆酸 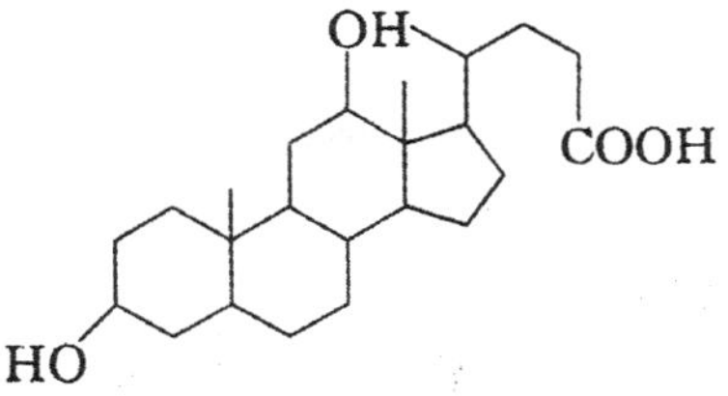　　　　　　　　　　脱氧胆酸

在胆汁中,胆甾酸分别与甘氨酸或牛磺酸通过酰胺键结合形成各种结合胆甾酸,如脱氧胆酸与甘氨酸或牛磺酸分别生成甘氨脱氧胆酸和牛磺脱氧胆酸。其形成的盐分子内部既含有亲水性的羟基和羧基(或磺酸基),又含有疏水性的甾环,这种分子结构能够降低油、水两相之间的表面张力,具有乳化剂的作用,利于脂类的消化吸收。

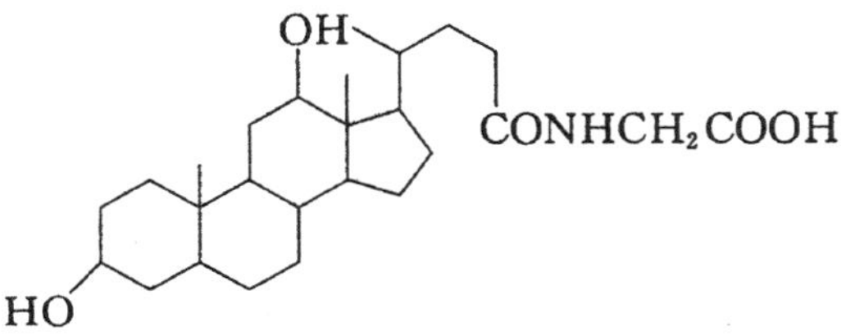

甘氨脱氧胆酸

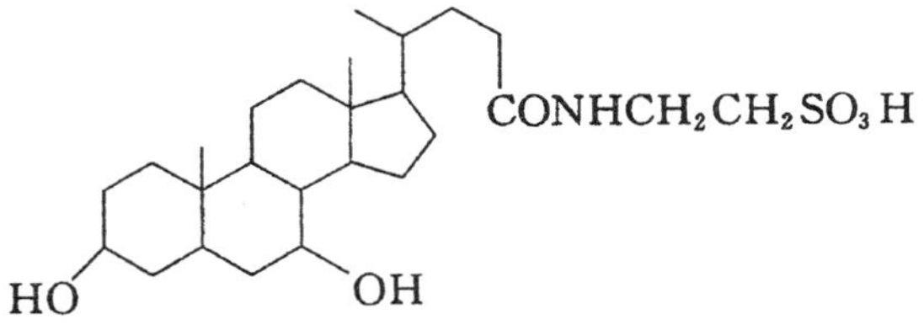

牛磺脱氧胆酸

在人体及动物小肠的碱性条件下,胆汁酸以其盐的形式存在,称为胆汁酸盐。胆汁酸盐分子内部既含有亲水性的羟基和羧基,又含有疏水性的甾环,这种分子结构能够降低油/水两相之间的表面张力,具有乳化剂的作用,使脂肪及胆固醇酯等疏水的脂质乳化呈细小微粒状态,增加消化酶对脂质的接触面积,使脂类易于消化吸收。

3. 甾族激素

甾族激素根据来源分为肾上腺皮质激素和性激素两类。肾上腺皮质激素是哺乳动物肾上腺皮质分泌的激素,皮质激素的重要功能是维持体液的电解质平衡和控制碳水化合物的代谢。动物缺乏它会引起机能失常以至死亡。皮质醇、可的松、皮质甾酮等皆此类中重要的激素。性激素分为雄性激素和雌性激素两大类,两类性激素都有很多种,雌性激素及雄性激素是决定性征的物质,在生理上各有特定的生理功能。

甾族激素按结构特点可分为雌甾烷、雄甾烷、孕甾烷类等。临床上常用的甾体激素药物分类如下:

$$\left.雌甾烷类：如雌二醇、炔雌醇等\right.$$

甾体激素药物

- 雌甾烷类：如雌二醇、炔雌醇等
- 雄甾烷类：如甲睾酮、苯丙酸诺龙等
- 孕甾烷类
  - 孕激素类：如黄体酮、醋酸甲地孕酮等
  - 肾上腺皮质激素类：醋酸地塞米松、醋酸泼尼松龙等

(1)雌二醇

雌二醇的化学名为雌甾-1,3,5(10)-三烯-3,17β-二醇。本品为白色或乳白色结晶性粉末,无臭,熔点为175～180℃,溶于二氧六环或丙酮,略溶于乙醇,不溶于水,雌二醇在280nm波长处有最大吸收。

雌二醇属于雌甾类药物,其结构特点为A环是芳环,有一个酚羟基。本品与硫酸作用显黄绿色荧光,加三氯化铁呈草绿色,再加水稀释,则变为红色。临床上主要用于治疗更年期综合征。但此药物在消化道易被破坏,不宜口服。

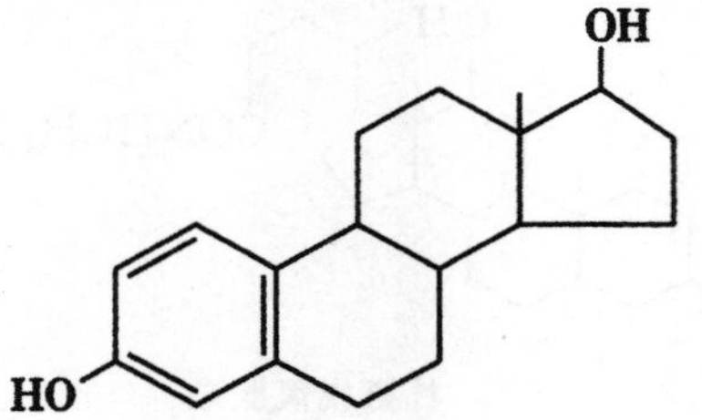

(2)甲睾酮

甲睾酮的化学名为17α-甲基-17β-羟基雄甾-4-烯-3-酮。本品为白色或类白色结晶性粉末,无臭,无味,微有吸湿性。熔点为163℃～167℃。易溶于乙醇、丙酮或氯仿,略溶于乙醚,微溶于植物油,不溶于水。加硫酸一乙醇溶解,即显黄色并带有黄绿色荧光。遇硫酸铁铵溶液显橘红色,后变为樱红色。

甲睾酮属于雄甾烷类药物,由于甲基的空间位阻作用,性质较稳定,在体内不易被氧化,可供口服,临床上主要用于男性缺乏睾丸素所引起的各种疾病。

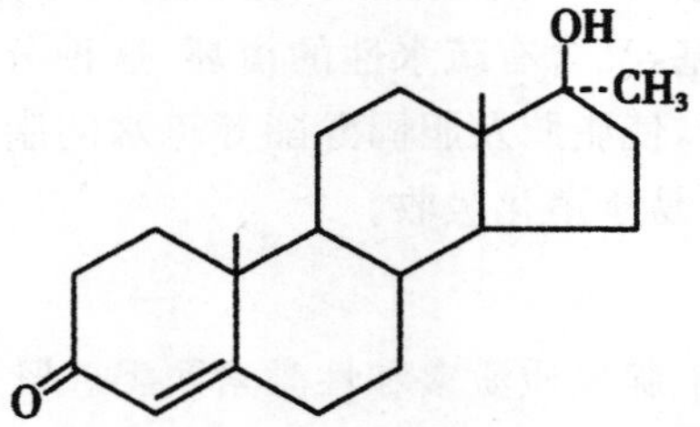

(3)黄体酮

黄体酮的化学名为孕甾-4-烯-3,20-二酮,属于孕激素类药物。黄体酮为白色结晶性粉末,无臭,无味,熔点为128℃～131℃,极易溶于氯仿,溶于乙醇、乙醚或植物油,不溶于水。本品C_{17}位的甲酮基,在碳酸钠及醋酸铵的存在下能与亚硝基铁氰化钠反应生成蓝紫色的阴离子复合物。其他常用的甾体药物呈浅橙色或无色。故此反应为黄体酮的专属性反应。

黄体酮的生理功能是在月经期的某一阶段及妊娠中抑制排卵。临床上用于治疗习惯性子宫功能性出血、痛经及月经失调等。黄体酮构效关系表明:17α位引入羟基,孕激素活性下降,但羟

基成酯则作用增强。在 C$_6$ 位引入碳碳双键和甲基或氯原子都使活性增强。因此制药工业上，以黄体酮为先导化合物，对其进行结构改造，先后合成了一系列具有孕激素活性的黄体酮衍生物。

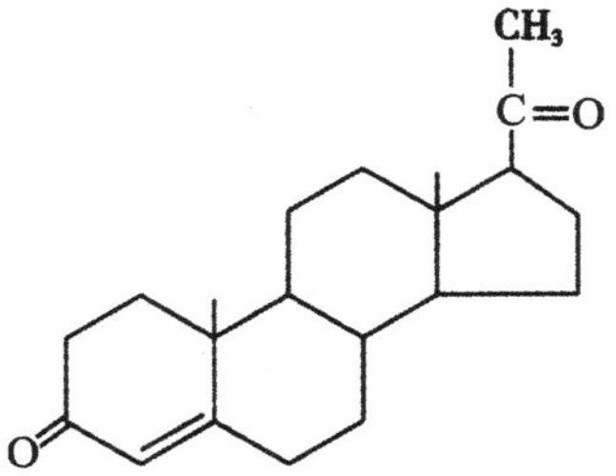

（4）肾上腺皮质激素

肾上腺皮质激素是肾上腺皮质分泌的激素，它是甾族化合物中另一类重要的激素。按照它们的生理功能可分为糖代谢皮质激素（如皮质酮、可的松等）和盐代谢皮质激素（如醛甾酮等）。肾上腺皮质分泌的激素减少，会导致人体极度虚弱，贫血，恶心，低血压，低血糖，皮肤呈青铜色，这些症状在临床上称为阿狄森病。因此，某些可的松作为药物在临床治疗中占有重要的地位，如氢化可的松、泼尼松、地塞米松等都是较好的抗炎、抗过敏药物。

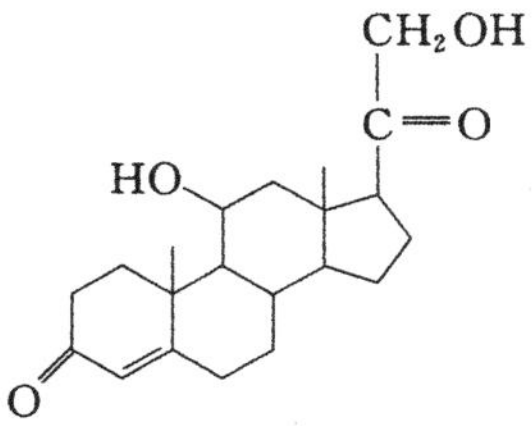

皮质酮 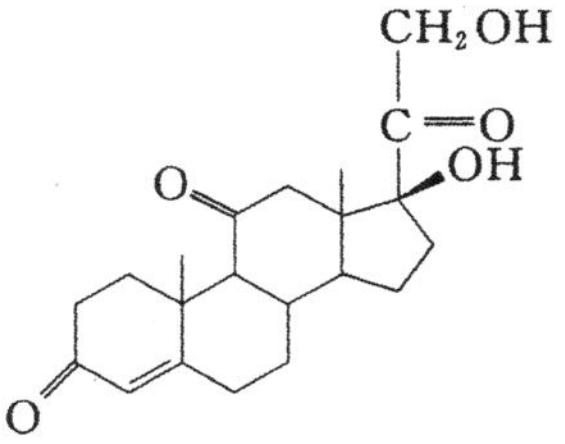　　　　　　　　　可的松 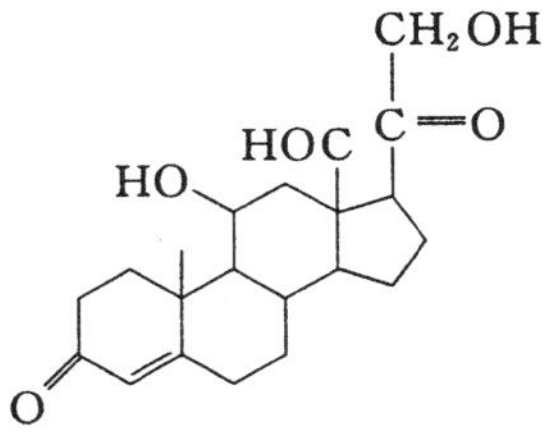　　　　　　　　　醛甾酮

昆虫变态激素——蜕皮激素也是存在于植物中的甾族化合物，有一个完整的胆甾醇边链。它与高等动物的激素一样，也是一个 α，β-不饱和酮。从蚕、蝗虫等中分离的一些蜕皮激素的结构如下：

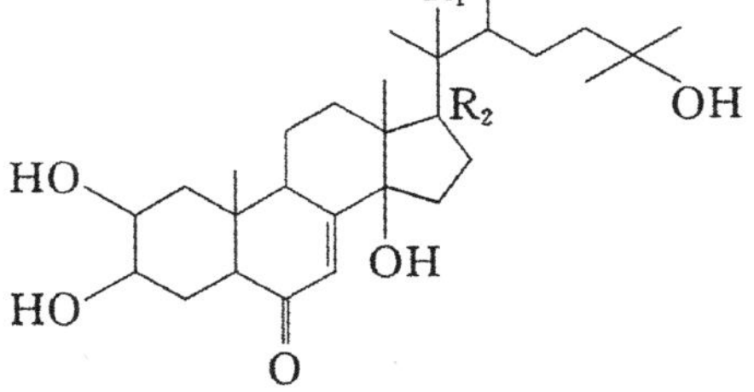

α-蜕皮激素　　　　　　β-蜕皮激素
R$_1$＝R$_2$＝H　　　　R$_1$＝OH，R$_2$＝H

皂素是一种糖苷，溶于水即成胶状溶液，经强烈摇动会产生持久性泡沫，类似于肥皂，故称为皂素，如薯皂苷元。皂素是乳化剂，用于油脂的乳化。强心苷，如毛地黄素苷元，在水溶液中也产生泡沫，但它有特殊的强心作用，主要用于心脏病治疗。

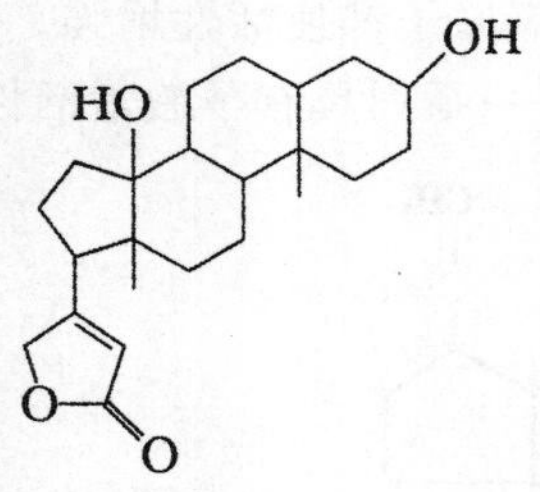

薯皂苷元 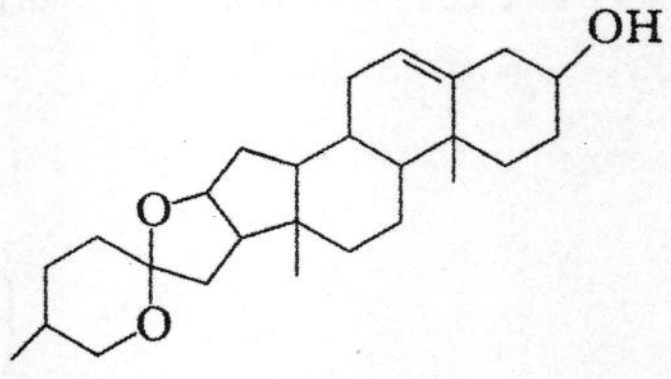　　　　　　　　　毛地黄素苷元

4. 强心苷类化合物

存在于许多有毒的植物中,在玄参科、百合科或夹竹桃科植物的花和叶中最为普遍。小剂量使用能使心跳减慢,强度增加,具有强心作用,故称为强心苷。强心苷在临床上用作强心剂,用于治疗心力衰竭和心律紊乱的治疗。

强心苷的结构比较复杂,是由强心苷元和糖两部分构成的。强心苷元中甾体母核四个环的稠合方式是 A/B 环可顺可反,B/C 环反式,C/D 环多为顺式。C_{17} 侧链为不饱和内酯环,甾核上的三个侧链都是 β 构型,C_{13} 是甲基,C_{10} 大多是甲基,也有羟基、醛基、羧基等。

例如:

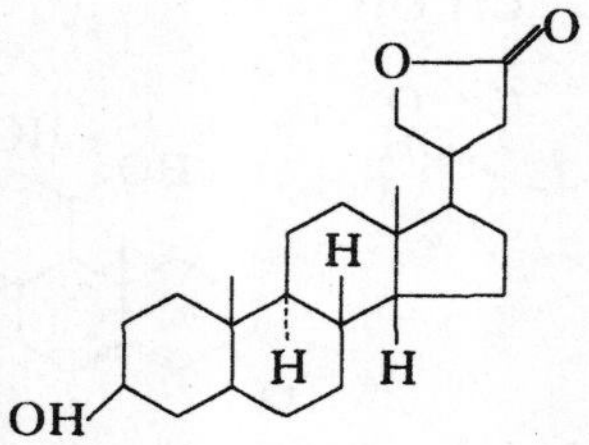

强心甾 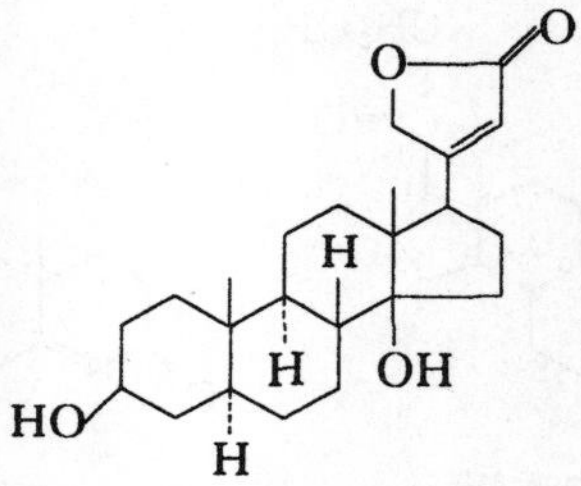　　　　　　　　　　洋地黄毒苷元

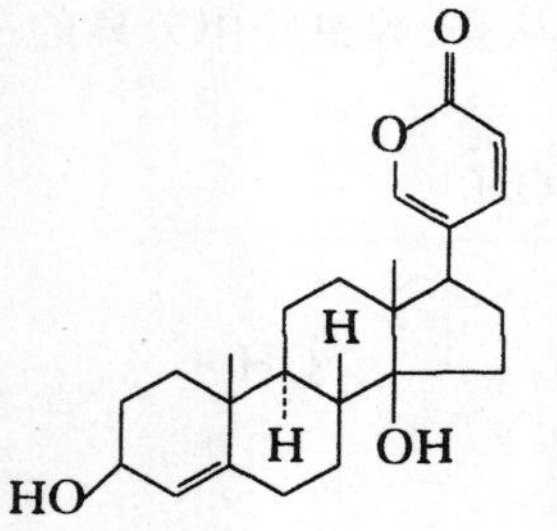

海葱苷元 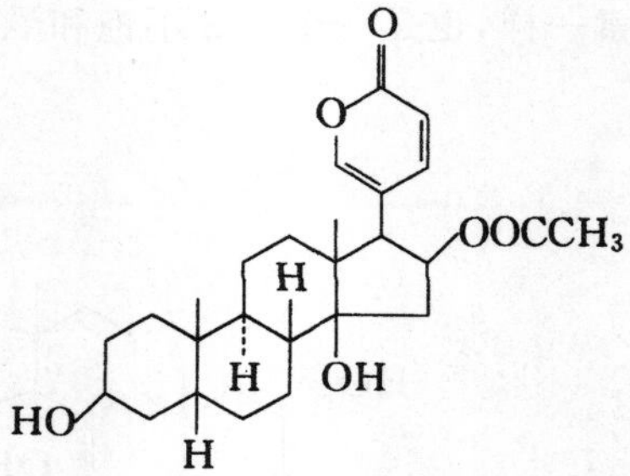　　　　　　　　　蟾酥毒苷元

5. 甾体皂苷

皂苷是一类结构较为复杂的苷类化合物,它溶于水即成胶体,振荡会产生泡沫,而且能溶解红细胞,引起溶血现象,类似肥皂,故称皂苷。例如从薯蓣科植物中可提取到薯蓣皂苷,水解得到糖和薯蓣皂苷配糖基,薯蓣皂苷元是合成性激素、肾上腺皮质激素等甾体药物的重要原料。

第 14 章　光谱测定有机化合物结构

14.1　紫外光谱

物质分子吸收一定波长的紫外光时,电子发生能级跃迁所产生的吸收光谱称为紫外光谱(UV)。

14.1.1　电子跃迁

紫外光谱检测分子中电子运动状态的跃迁产生的能量吸收。分子中某些价电子可吸收一定波长的光,并由低能级(基态)跃迁至高能态(激发态),此时产生的吸收光谱称之为UV-VIS。从化学键性质考虑,与有机物分子紫外-可见吸收光谱有关的电子是:形成 σ 键的电子,形成 π 键的电子以及未共用的或称为非键的 n 电子。有机物分子内各种电子的能级高低次序为 $\sigma^* > \pi^* > n > \pi > \sigma$。标有 * 者为反键电子。

分子轨道上电子跃迁的类型如图 14-1 所示。

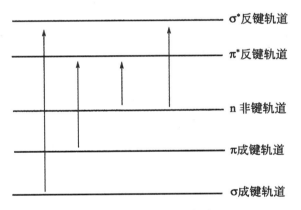

σ* 反键轨道

π* 反键轨道

n 非键轨道

π 成键轨道

σ 成键轨道

图 14-1　电子跃迁类型

小于 200nm 为远紫外区,200~400nm 为近紫外区,400~700nm 为可见区。远紫外区的紫外光被空气中的二氧化碳、氧气、氮气和水吸收,操作必须在真空条件下进行,也称为真空紫外区。

实际上,吸收波长处于近紫外区主要是 n→π* 跃迁和共轭是 π→π* 跃迁。含有未共享电子对的取代基都可能发生 n→σ* 跃迁。因此,含有 S,N,O,Cl,Br,I 等杂原子的饱和烃衍生物都出现一个 n→σ* 跃迁产生的吸收谱带。n→σ* 跃迁也是高能量跃迁,一般 $\lambda_{max} < 200nm$,落在远紫外区。但跃迁所需能量与 n 电子所属原子的性质关系很大。杂原子的电负性越小,电子越易被激发,激发波长越长。有时也落在近紫外区。如甲胺,$\lambda_{max} = 213nm$。n→π* 所需能量最低,吸收波长在 200~400nm,甚至在可见光区。而 n→π* 跃迁概率小,是弱吸收带,一般 $\varepsilon_{max} < 500$。许多化合物中的杂原子形成的单化学键既有 π 电子又有 n 电子,在电磁波作用下,既有 π→π* 又

有 n→π* 跃迁。如—COOR 基团，π→π* 跃迁 $\lambda_{max} = 165nm$，$\varepsilon_{max} = 4000$；而 n→π* 跃迁 $\lambda_{max} = 205nm$，$\varepsilon_{max} = 50$。π→π* 和 n→π* 跃迁都要求有机化合物分子中含有不饱和基团，以提供 π 轨道。n→π* 跃迁的消光系数很小。在近紫外区只有共轭体系 π→π* 跃迁具有强烈的吸收。π→π* 所需能量较少，并且随双键共轭程度增加，所需能量降低。若两个以上的双键被多个单键隔开，则所呈现的吸收强度是所有双键吸收的叠加；若双键共轭，则吸收大大增强，λ_{max} 和 ε_{max} 均增加。如单个双键，乙烯的 $\lambda_{max} = 185nm$；而共轭双键如丁二烯 $\lambda_{max} = 217nm$。因此，在近紫外区通过对化合物扫描，可以得到的结构信息是，化合物中是否存在强的吸收基团，即共轭体系。或者从吸收峰的位置判断可能的吸收体系。

14.1.2 朗伯—比尔定律

1. 朗伯—比尔(Lambert-Beer)定律

当我们用一束单色光(I_0)照射溶液时，一部分光(I)透过溶液，而另一部分光被溶液吸收了。这种吸收与溶液中物质的浓度和液层的厚度成正比，这就是朗伯—比尔定律。用数学式表式为：

$$A = -\lg \frac{I}{I_0}$$

$$A = EcL = -\lg \frac{I}{I_0}$$

式中，A 为吸光度(吸收度)；c 为溶液的物质的量浓度(mol/L)；L 为液层的厚度(cm)；E 为吸收系数(消光系数)。

若化合物的摩尔质量(M)已知，则用摩尔消光系数 $\varepsilon = E \times M$ 来表示吸收强度，上式可写成：

$$A = \varepsilon cL = -\lg \frac{I}{I_0}$$

紫外光谱的一些术语如下：

发色基团是指能引起光谱特征吸收的不饱和基团，一般为带 π 电子的基团。

助色基团是指饱和原子基团，本身吸收小于 200nm。当与发色基团连接时，可使发色基团的最大吸收波长向长波长方向移动，并且使其吸收强度增大，一般助色基团的原子上有 p 电子。

红移是指由于取代基或溶剂的影响，使发色基团的吸收波长向长波长方向移动的现象。

蓝移是指由于取代基或溶剂的影响，使发色基团的吸收波长向短波长方向移动的现象。

增色效应(助色效应)是指使吸收强度增加的效应。

减色效应是指使吸收强度减弱的效应。

2. 紫外光谱

应用紫外光谱仪，使紫外光照射一定浓度的样品溶液，分别测得消光系数 E 或 ε。以摩尔消光系数 ε 或 $\lg\varepsilon$ 为纵坐标。以波长 λ 为横坐标作图得紫外光谱吸收曲线，即紫外光谱图，如图 14-2 所示。

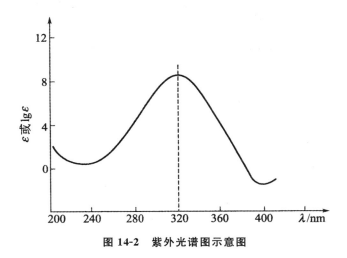

图 14-2　紫外光谱图示意图

一般紫外光谱是指 200～400nm 的近紫外区,只有 n-π* 及 π-π* 跃迁才有实际意义,即紫外光谱适用于分子中具有不饱和结构,特别是共轭结构的化合物。

①孤立重键的 π-π* 跃迁发生在远紫外区。例如:

$$>C\!\!=\!\!C< \quad \lambda_{max}=162 \quad \varepsilon_{max}=15000$$

$$>C\!\!=\!\!O \quad \lambda_{max}=190 \quad \varepsilon_{max}=1860$$

②形成共轭结构或共轭链增长时,吸收向长波方向移动——即红移。

③在 π 键上引入助色基(能与 π 键形成 p-π 共轭体系,使化合物颜色加深的基团)后,吸收带向红移动。

在一般文献中,有机物的紫外吸收光谱的数据多报道最大吸收峰的波长位置 λ_{max} 及摩尔消光系数 ε。一般 ε 大于 5000 为强吸收,在 2000～5000 范围为中吸收,而小于 2000 为弱吸收。

在紫外光谱图中常常见到有 R、K、B、E 等字样,这是表示不同的吸收带,分别称为 R 吸收带,K 吸收带,B 吸收带和 E 吸收带。

R 吸收带为 n→π* 跃迁引起的吸收带,其特点是吸收强度弱。$\varepsilon_{max}<100$,吸收峰波长一般在 270nm 以上。

K 吸收带为 π→π* 跃迁的吸收带,其特点为吸收峰很强,$\varepsilon_{max}>10000$。共轭双键增加,λ_{max} 向长波方向移动,ε_{max} 也随之增加。

B 吸收带为苯的 π-π* 跃迁的特征吸收带,为一宽峰,其波长在 230～270nm 之间,中心在 254nm 处,ε 约为 204 左右。

E 吸收带为把苯环看成乙烯键和共轭烯键的 π-π* 跃迁的吸收带。

3. 影响紫外光谱的主要因素

(1)溶剂的影响

一般溶剂极性增大,π→π* 跃迁吸收带红移,n→π* 跃迁吸收带蓝移。分子吸收电磁波后,成键轨道上的电子会跃迁至反键轨道形成激发态。一般情况下分子的激发态极性大于基态。溶剂极性越大,分子与溶剂的静电作用越强,使激发态稳定,能量降低。即 π* 轨道能量降低大于 π 轨道能量降低,因此波长红移。而产生 n→π* 跃迁的 n 电子由于与极性溶剂形成氢键,基态 n 轨道能量降低大,n→π* 跃迁能量增大,吸收带蓝移。故在给出 UV 数据时必须表明所用溶剂。

(2)分子结构的影响

结构改变,使共轭生成或消失,或共轭体系长度改变:由于共轭效应,电子离域到多个原子之间,导致 π→π* 能量降低。同时跃迁概率增大,ε_{max} 增大。当分子中的空间阻碍使共轭体系破坏,λ_{max} 蓝移,ε_{max} 减小。共轭体系中的取代基越大,分子共平面性越差,因此最大吸收波长蓝移,摩尔吸光系数降低。

供电子基团与共轭体系连接,将使共轭体系的吸收波长红移。吸电子基团与共轭体系连接,使共轭体系的吸收波长蓝移。烷基的超共轭效应使共轭体系吸收带红移。发色基团的离子化将导致吸收波长移动。形成阳离子如铵盐,导致蓝移。发色基团形成阴离子共轭体系吸收发生红移。

当共轭体系中有供电子基团时,杂原子中未共用电子对与共轭体系中的 π 轨道相互作用,形成 p-π 共轭,降低了能量,λ_{max} 红移,吸收强度增大。当共轭体系中引入吸电子基团,产生 p-π 共轭,λ_{max} 蓝移,吸收强度增加。供电子基与吸电子基同时存在时,产生分子内电荷转移吸收,λ_{max} 红移,ε_{max} 增加。

14.2 红外光谱

14.2.1 红外光谱图

红外光处在可见光区和微波之间,波长范围约为 $0.75\sim1000\mu m$,将红外光区分为三个区:近红外光区($0.75\sim2.5\mu m$);中红外光区($2.5\sim25\mu m$);远红外光区($25\sim1600\mu m$)。

近红外光区的吸收带($0.75\sim2.5\mu m$)主要是由低能电子跃迁、含氢原子团伸缩振动的倍频吸收产生。该区的光谱可用来研究稀土和其他过渡金属离子的化合物,并适用于水、醇、某些高分子化合物以及含氢原子团化合物的定量分析。

中红外光区吸收带($2.5\sim25\mu m$)是绝大多数有机化合物和无机离子的基频吸收带。由于基频振动是红外光谱中吸收最强的振动,所以该区最适于用红外光谱进行的定性和定量分析。同时,由于中红外光谱仪最为成熟、简单,而且目前已积累了该区大量的数据资料,因此它是应用极为广泛的光谱区。通常,中红外光谱法又简称为红外光谱法。

远红外光区吸收带($25\sim1000\mu m$)由气体分子中的纯转动跃迁、振动-转动跃迁、液体和固体中重原子的伸缩振动、某些变角振动、骨架振动以及晶体中的晶格振动所引起。由于低频骨架振动能灵敏地反映出结构变化,所以对异构体的研究特别方便。此外,还能用于金属有机化合物、氢键、吸附现象的研究。但由于该光区能量弱,除非其他波长区间内没有合适的分析谱带,一般不在此范围内进行分析。

红外光谱图用波长(或波数)为横坐标以表示吸收带的位置,用吸收度为纵坐标表示吸收强度。如十二烷的红外光谱图如图 14-3 所示。

物质吸收的电磁辐射如果在红外光区域,用红外光谱仪把产生的红外谱带记录下来,就得到红外光谱图。所有有机化合物在红外光谱区内都有吸收,因此,红外光谱的应用广泛。红外光谱法主要研究在振动中伴随有偶极矩变化的化合物,除了单原子和同核分子如 Ne、He、O_2、H_2 等之外,几乎所有的有机化合物在红外光谱区均有吸收。除光学异构体、某些高分子量的聚合物以及在分子上只有微小差异的同系物外,凡是具有结构不同的两个化合物,一定不会有相同的红外光谱。

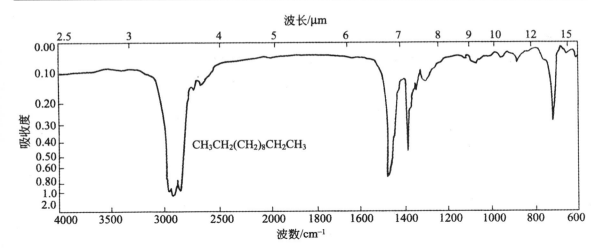

图 14-3 十二烷的红外光谱图

红外吸收带的波数位置、波峰的数目以及吸收谱带的强度反映了分子结构上的特点,可以用来鉴定未知物的结构组成或确定其化学基团;而吸收谱带的吸收强度与分子组成或化学基团的含量有关,可用以进行定量分析和纯度鉴定。

由于红外光谱分析特征性强,气体、液体、固体样品都可测定,并具有用量少,分析速度快,不破坏样品的特点。因此,红外光谱法不仅与其他许多分析方法一样能进行定性和定量分析,而且是鉴定化合物和测定分子结构的有效方法之一。

14.2.2 红外光谱的产生原理

分子中的化学键振动可以有几种不同的形式。红外光谱是由于分子的振动能级的跃迁而产生的,当物质吸收一定波长的红外光的能量时就发生振动能级的跃迁。分子的振动类型分为两大类。

(1)伸缩振动

成键原子沿着键轴伸长或缩短(键长发生改变,键角不变)。

对称伸缩振动

不对称伸缩振动

(2)弯曲振动

引起键角改变的振动

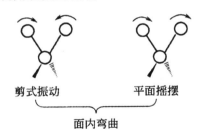

剪式振动   平面摇摆

面内弯曲

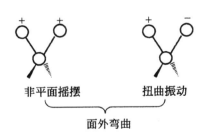

非平面摇摆   扭曲振动

面外弯曲

红外吸收峰在谱中的位置,取决于各化学键的振动频率。键的振动频率与组成化学键的原子质量及化学键的性质有关。组成化学键的原子的折合质量与键的振动频率成反比关系,键的强度与键的振动频率成正比关系。一般键合原子的折合质量越小,键能越高,键长越短,键振动所需要的能量就越大,振动频率就越高,吸收峰将出现在高波数区;反之,则吸收峰则出现在低波数区。

例如,H 的质量很小,O—H、N—H、C—H 等键的伸缩振动吸收峰都出现在较高波数范围内。

14.2.3　红外光谱

在红外光透过有机物时,当振动频率和入射光的频率一致时,入射光就被吸收,产生吸收峰。因而,同一基团基本上总是相对稳定地出现在某一特定的波数范围内。

例如,由于 C—H 间的伸缩振动,在波数 $2670 \sim 3300 \text{cm}^{-1}$ 间将出现吸收峰;O—H 间的伸缩振动,在 $2500 \sim 3650 \text{cm}^{-1}$ 间出现吸收峰。因此,研究红外光谱可以得到分子内部结构的信息。不同化合物中相同化学键或官能团的红外吸收频率近似一致。从红外光谱推测化合物的结构,必须熟悉各官能团特征吸收峰的位置。常见基团的红外光谱特征吸收频率如图 14-4 所示。

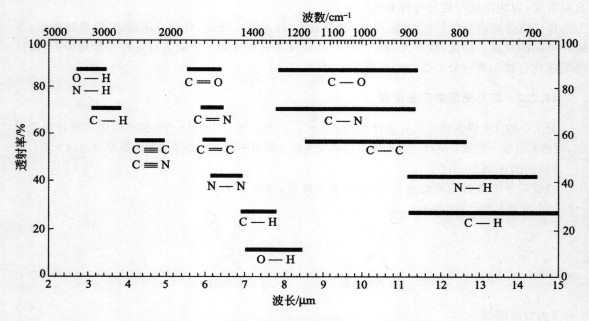

图 14-4　常见基团的红外光谱特征吸收区

红外光谱图往往是很复杂的,因其振动方式多,而每一种振动方式都需要一定的能量,并大都在红外光谱中产生吸收带。

1. 特征吸收峰和指纹区

在红外光谱上波数在 $3800 \sim 1400 \text{cm}^{-1}$ 高频区域的吸收峰主要是由化学键和官能团的伸缩振动产生的,故称为特征吸收峰(或官能团区)。在官能团区,吸收峰存在与否可用于确定某种键或官能团是否存在,是红外光谱的主要用途。

在红外光谱上波数在 $1400\sim650\text{cm}^{-1}$ 低频区域的吸收峰密集而复杂,像人的指纹一样,所以叫指纹区。在指纹区内,吸收峰位置和强度不具有很典型特征,很多峰无法解释。但分子结构的微小差异却都能在指纹区得到反映。因此,在确认有机化合物时用处也很大。如果两个化合物有相同的光谱,即指纹区也相同,则它们是同一化合物。

2. 相关峰

一种基团可以有数种振动形式,每种振动形式都产生一个相应的吸收峰,通常把这些互相依存而又互相可以佐证的吸收峰称为相关峰。确定有机化合物中是否有某种基团,要先看特征峰,再看有无相关峰来确定。

例如:

C—H(伸)	$3000\sim2800\text{cm}^{-1}$
C—H(弯)	$1475\sim1300\text{cm}^{-1}$
—CH$_3$	1375cm^{-1} 有一个特征峰
—CH$\overset{\text{CH}_3}{\underset{\text{CH}_3}{\diagdown}}$	有等强双峰

3. 影响特征吸收频率的因素

基团频率主要是由基团中原子的质量和原子间的化学键力常数决定。分子内部结构和外部环境的改变对它都有影响,因而同样的基团在不同的分子和不同的外界环境中,基团频率可能会有一个较大的范围。因此了解影响基团频率的因素,对解析红外光谱和推断分子结构都十分有用。

影响基团频率位移的因素大致可分为内部因素和外部因素。

(1)外界因素

分子间的缔合,主要发生在含有活泼氢的基团的化合物中,如 OH,COOH,NH 等。缔合导致 O—H、N—H 键长度增大,力常数减小,吸收峰向长波长方向移动。同时存在多种缔合类型,导致吸收峰变得较宽。

化合物的红外光谱可以得到一化合物的一些有关官能团的信号。根据在红外光谱的特征吸收区出现的吸收峰,可以找出化合物的一些特征官能团。比如化合物中的羟基、羧基的鉴别,是行之有效的手段,有时候在核磁共振谱上找不到活泼氢的信号,但红外光谱很容易鉴别出来。

例如:

存在状态	丙酮 $\diagdown$C=O 吸收频率
气态	1738cm^{-1}
液态	1715cm^{-1}
溶液	1703cm^{-1}

(2)内部因素

内部因素包括诱导效应、氢键效应和共轭效应,它们都是由于化学键的电子分布不均匀、导致键长变化引起的。

①电子诱导效应。由于取代基具有不同的电负性,通过静电诱导作用,引起分子中电子分布的变化。从而改变了键力常数,使基团的特征频率发生了位移。

例如：

$$CH_3-\overset{\overset{O}{\|}}{C}-H \qquad \sigma_{C=O}=1730cm^{-1}$$

$$CH_3-\overset{\overset{O}{\|}}{C}-CH_3 \qquad \sigma_{C=O}=1715cm^{-1} \qquad —CH_3 \text{ 为供电子基}$$

$$CH_3-\overset{\overset{O}{\|}}{C}-\text{⬡} \qquad \sigma_{C=O}=1680cm^{-1} \qquad \text{⬡ 为更强供电子基}$$

$$CH_3-\overset{\overset{O}{\|}}{C}-CH_2Cl \qquad \sigma_{C=O}=1750cm^{-1} \qquad —CH_2Cl \text{ 为吸电子基}$$

$$CH_3-\overset{\overset{O}{\|}}{C}-Cl \qquad \sigma_{C=O}=1780cm^{-1} \qquad —Cl \text{ 为更强吸电子基}$$

②氢键缔合的影响。能形成氢键的基团吸收频率向低频方向移动,且谱带变宽。例如:伯醇—OH 的伸缩振动吸收频率。

$$\sigma_{ROH(气)} \qquad 3640cm^{-1}$$
$$\sigma_{ROH(二聚)} \qquad 2550\sim3450cm^{-1}$$
$$\sigma_{ROH(多聚)} \qquad 3400\sim3200cm^{-1}$$

③共轭效应(C 效应)。共轭效应使共轭体系中的电子云密度平均化,结果使原来的双键略有伸长、力常数减小,使其吸收频率向低波数方向移动。例如酮的 C=O,因与苯环共轭而使 C=O 的力常数减小,振动频率降低。

14.3　核磁共振谱

从原则上说,凡是自旋量子数不等于零的原子核,都可发生核磁共振。但到目前为止,实用价值最广的有 ^1H,称氢谱,常用 ^1H NMR 表示;^{13}C 称碳谱,常用 ^{13}C NMR 表示。

14.3.1　核磁共振现象

1. 原子核的自旋

用角动量描述

$$P=\frac{I(I+1)h}{2\pi}$$

I 为自旋量子数,$I=0,1/2,1,\cdots,n+1/2,n$ 为正整数;h 为 Planck 常数。

自旋角动量是量子化的,可用自旋量子数 I 表示。I 为整数、半整数或零。原子核组成与自旋量子数 I 的经验规则为:

①p 与 n 同为偶数,$I=0$,如 ^{12}C、^{16}O、^{32}S 等。

②$p+n=$ 奇数,$I=$ 半整数(1/2,3/2 等),如 ^1H、^{12}C、^{15}N、^{17}O、^{31}P 等。

③p 与 n 同为奇数,$I=$ 整数。如 ^2H、^6Li 等。

目前的 NMR 主要讨论 I 为半整数的原子核。

2. 原子核的磁矩

自旋量子数 $I \neq 0$ 的原子核具有自旋角动量 P，其数值为：

$$P = \frac{I(I+1)h}{2\pi}$$

磁矩 μ 的大小与磁场方向的角动量 P 有关：

$$\mu = \gamma P = \frac{\gamma I(I+1)h}{2\pi}$$

其中 γ 为磁旋比，每种自旋核有其固定值。核磁矩由自旋量子数决定。

3. 核磁共振

由于氢原子是带电体，当自旋时，可产生一个磁场。因此，我们可以把一个自旋的原子核看作一块小磁铁。氢核的自旋量子数 $I = \frac{1}{2}$，自旋磁量子数 m_i 为 $\pm \frac{1}{2}$。原子的磁矩在无外磁场影响下，取向是紊乱的，在外磁场中，它的取向是量子化的，只有两种可能的取向（见图 14-5）：

当 $m_i = +\frac{1}{2}$ 时，取向方向与外磁场方向平行，为低能级态；

当 $m_i = -\frac{1}{2}$ 时，取向方向与外磁场方向相反，则为高能级态。

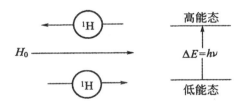

图 14-5　氢原子在外加磁场中的取向

两个能级之差为 ΔE 为：

$$\Delta E = \gamma \frac{h}{2\pi} H_0$$

式中，γ 为旋核比，是核常数；h 为 Planck 常数；H_0 为外磁场的磁感应强度。

ΔE 与磁场强度（H_0）成正比。给处于外磁场的质子辐射一定频率的电磁波，当辐射所提供的能量恰好等于质子两种取向的能量差（ΔE）时，质子就吸收电磁辐射的能量，从低能级跃迁至高能级，这种现象称为核磁共振。

Lamor 进动和 NMR 产生：自旋核在外加磁场中产生相应的感应磁场，感应磁场方向与外磁场方向不平行而是呈一定的角度，使自旋核产生一个与外磁场方向平行的力矩。力矩产生导致自旋核在自旋运动的同时，以自旋轴绕一定的角度围绕外磁场做回旋运动——Lamor 进动。回旋进动的频率与自旋核性质 γ 有关，同时与外加磁场强度有关：

$$\nu_{\text{lamor}} = \frac{\gamma H_0}{2\pi}$$

4. 核磁共振产生的条件

自旋核在外加磁场中受到电磁波（射频）照射时，射频的频率与自旋核的 Lamor 进动频率相同时,自旋核将会吸收射频提供的能量,使其运动状态从低能态跃迁至高能态,产生吸收信号,从而产生 NMR。

$$\nu_{射频} = \nu_{lamor} = \frac{\gamma H_0}{2\pi}$$

产生 NMR 的射频频率与外加磁场强度有关。质子 H 在磁场为 14092Gs 时,发生 NMR 所需的射频频率为:

$$\nu_{射频} = \frac{\gamma H_0}{2\pi} = 60\text{MHz}$$

无外加磁场时,自旋核的能量相等,样品中的自旋核任意取向。放入磁场中,核的磁角动量取向统一,有与磁场平行和反平行两种,出现能量差为 $\Delta E = h\nu$。

处于磁场中的自旋核,进行回旋运动。进动频率与转动自旋核的质量、转动频率和外加磁场强度有关。

核磁共振的产生:当电磁波发生器的发射频率与自旋核的进动频率完全一致时,进动核会吸收电磁波能量,即两者共振时产生吸收。

5. 饱和与弛豫

如前所述[1]H 核在外磁场 B_0 中由于自旋其能级被裂分为二个能级,两个能级间能量相差 ΔE 很小,若将 N 个质子置于外磁场 B_0 中,根据玻耳兹曼分布规律,则相邻两个能级上核数的比值为

$$\frac{N_1}{N_2} = \exp\left(\frac{-\Delta E}{kT}\right) = \left(\frac{-2\mu B_0}{kT}\right)$$

式中,N_1 为处于低能态上的核数;N_2 为高能态上的核数;k 为玻耳兹曼常数;T 为热力学温度。

一般处于低能态的核总要比高能态的核多一些,在室温下大约一百万个氢核中低能态的核要比高能态的核多十个左右,正因为有这样一点点过剩,若用射频去照射外磁场 B_0 中的一些核时,低能态的核就会吸收能量由低能态($+1/2$)向高能态($-1/2$)跃迁,所以就能观察到电磁波的吸收(净吸收)即观察到共振吸收谱,但是随着这种能量的吸收,低能态的[1]H 核数目在减少,而高能态的[1]H 核数目在增加,当高能态和低能态的[1]H 核数目相等时,即 $N_1 = N_2$ 时,就不再有净吸收,核磁共振信号消失,这种状态叫做饱和状态。

处于高能态的核,可以通过某种途径把多余的能量传递给周围介质而重新返回到低能态,这个过程称为弛豫。弛豫过程可以分为两类。

(1)横向弛豫

自旋—自旋弛豫是进行旋进运动的核互相接近时互相之间交换自旋而产生的,也就是说高能态的核与低能态的核非常接近的时候产生自旋交换,一个核的能量被转移到另一个核,这就叫做自旋—自旋弛豫,这种横向弛豫机制并没有增加低能态核的数目,而是缩短了该核处于高能态或低能态的时间,使横向弛豫时间缩短。

(2)纵向弛豫

这种弛豫是一些高能态的核将其能量转移到周围介质(非同类原子核如溶剂分子)而返回到低能态,实际上是自旋体系与环境之间进行能量交换的过程。通常把溶剂、添加物或其他种类的核统称为晶格,即激发态的核自旋通过能量交换,把多余的能量转给晶格而回到基态。纵向弛豫

机制能够保持过剩的低能态的核的数目,从而维持核磁共振吸收。

6. 核磁共振谱的表示方法

图 14-6 是核磁共振谱仪基本原理示意图,装有样品的管子放在磁场强度很大的电磁铁的两极之间,用恒定频率的无线电波照射通过样品。在扫描发生器的线圈中通直流电流,产生一个微小磁场,使总磁场强度逐渐增加,当磁场强度达到一定的值 H_0 时,样品中某一类型的质子发生能级跃迁,这时产生吸收,接受器就会收到信号,由记录器记录下来,得到核磁共振谱。若固定 H_0,改变 ν,叫扫频法;若固定 ν,改变 H_0,叫扫场法。现在多用扫场方法得到图谱。核磁共振谱图的表示方法如图 14-7 所示。

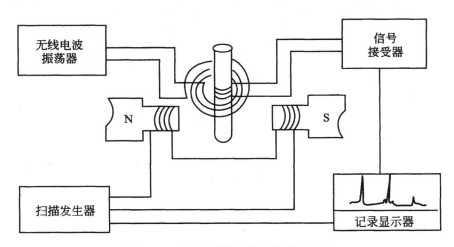

图 14-6　核磁共振谱仪基本原理示意图

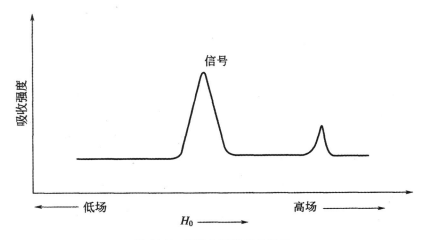

图 14-7　核磁共振信号示意图

14.3.2　化学位移

质子(^{1}H)用扫场的方法产生的核磁共振,理论上都在同一磁场强度(H_0)下吸收,只产生一个吸收信号。实际上,分子中各种不同环境下的氢,在不同 H_0 下发生核磁共振,给出不同的吸收信号。例如对硝基苯进行扫场则出现三种吸收信号,在谱图上就是三个吸收峰,如图 14-8

所示。

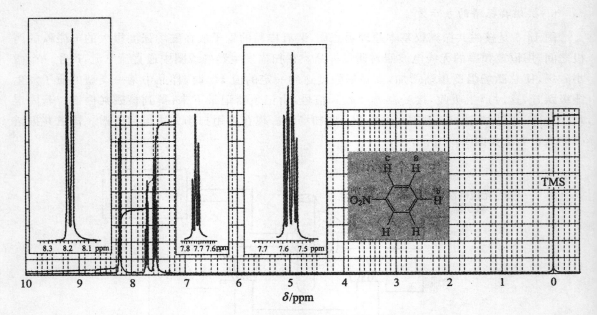

图 14-8　硝基苯的¹H 核磁共振谱

这种由于氢原子在分子中的化学环境不同，因而在不同磁场强度下产生的不同吸收峰之间的差距称为化学位移。

1. 屏蔽效应

有机物分子中不同类型质子的周围的电子云密度不一样，在外磁场作用下，引起电子环流，电子环流围绕质子产生一个抵抗外加磁场的感应磁场（H'），这个感应磁场使质子所感受到的磁场强度减弱了，即实际上作用于质子的磁场强度比 H_0 要小。这种由于电子环流产生的感应磁场对外加磁场的抵消作用称为屏蔽效应。

由于感应磁场的存在，这时要使氢核发生共振，则必须增加外磁场强度，才能满足其共振条件。也就是说，氢核要在较高磁场强度中才能发生核磁共振。氢核周围电子云密度越大，屏蔽效应也越大，共振时所需的外加磁场强度也越高，故吸收峰在高场出现。反之，氢核周围电子云密度越低，屏蔽效应也越小，故吸收峰在低场出现。

2. 化学位移值

化学位移值的大小，可采用一个标准化合物为原点，测出峰与原点的距离，就是该峰的化学位移值（$\Delta\nu = \nu_{样品} - \nu_{TMS}$）。通常在核磁测定时，要在试样溶液中加入一些四甲基硅（CH_3）$_4$Si（TMS）作为内标准物。选 TMS 作内标的优点如下：

①化学性能稳定。

②（CH_3）$_4$Si 分子中有 12 个 H 原子，它们的地位完全一样，所以 12 个 ¹H 核只有一个共振频率，即化学位移是一样的，谱图中只产生一个峰。

③它的 ¹H 核共振频率处于高场，比大多数有机化合物中的 ¹H 核都高，因此不会与试样峰相重叠，氢谱和碳谱中都规定 $\delta_{TMS} = 0$。

④它与溶剂和试样均溶解。

化学位移是依赖于磁场强度的。不同频率的仪器测出的化学位移值是不同的,例如,测乙醚时:

用频率 60MHz 的共振仪测得 $\Delta\nu$,CH₃— 为 69Hz,—CH₂— 为 202Hz。

用频率 100MHz 的共振仪测得 $\Delta\nu$,CH₃— 为 115Hz,—CH₂— 为 337Hz。

为了使在不同频率的核磁共振仪上测得的化学位移值相同(不依赖于测定时的条件),通常用 δ 来表示,δ 定义为:

$$\delta = \frac{\nu_{样品} - \nu_{TMS}}{\nu_{仪器频率}} \times 10^6$$

化学位移是无量纲因子,用 δ 来表示。以 TMS 作标准物,大多数有机化合物的 ¹H 核都在比 TMS 低场处共振,化学位移规定为正值。

在图 14-9 最右侧的一个小峰是标准物 TMS 的峰,规定它的化学位移 $\delta_{TMS} = 0$,甲苯的 ¹H NMR 谱出现二个峰,它们的化学位移(δ)分别是 2.25 和 7.2,表明该化合物有两种不同化学环境的氢原子。根据谱图不但可知有几种不同化学环境的 ¹H 核,而且还可以知道每种质子的数目。每一种质子的数目与相应峰的面积成正比。峰面积可用积分仪测定,也可以由仪器画出的积分曲线的阶梯高度来表示。积分曲线的阶梯高度与峰面积成正比,也就代表了氢原子的数目。谱图中积分曲线的高度比为 5∶3,即两种氢原子的个数比。在 ¹H NMR 谱图中靠右边是高场,化学位移 δ 值小,靠左边是低场,化学位移 δ 值大。屏蔽增大(屏蔽效应)时,¹H 核共振频率移向高场(抗磁性位移),屏蔽减少时(去屏蔽效应)¹H 核共振移向低场(顺磁性位移)。

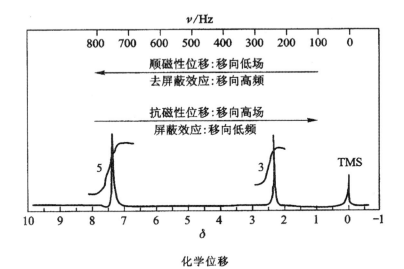

图 14-9　甲苯的 ¹H NMR 谱图(100MHz)及常用术语

3. 影响化学位移的因素

(1)诱导效应

δ 值随着邻近原子或原子团的电负性的增加而增加。如:

	CH₃—H	CH₃—Br	CH₃—Cl	CH₃—NO₂
δ 值	0.23	2.69	3.06	4.29

δ值随着 H 原子与电负性大的基团的距离增大而减小。如：

$$CH_3—CH_2—CH_2—Cl$$

δ 值　　1.06　1.81　3.47

但烷烃中 H 的 δ 值按伯、仲、叔次序依次增加。

（2）磁各向异性效应

比较烷烃、烯烃、炔烃及芳烃的化学位移值，芳烃、烯烃的 δ 大，如果是由于 π 电子的屏蔽效应，那么 δ 值应当小，又如何解释 CH≡CH 的 δ 又小于 $CH_2＝CH_2$ 呢？这是因为 π 电子的屏蔽具有磁各向异性效应。

由图 14-10 可见，芳环上的 π 电子在分子平面上下形成了 π 电子云，在外磁场的作用下产生环流，并产生一个与外磁场方向相反的感应磁场。可以看出，苯环上的 H 原子周围的感应磁场的方向与外磁场方向相同。所以这些 ^1H 核处于去屏蔽区，即 π 电子对苯环上连接的 ^1H 核起去屏蔽作用。而在苯环平面的上下两侧感应磁场的方向与外磁场的方向相反，因此，若在某化合物中有处于苯环平面上下两侧的 H 原子，则它们处于屏蔽区，即 π 电子对环平面上下的 ^1H 核起屏蔽作用。这样就可以解释苯环上的 H 原子化学位移 δ 值大（δ＝7.2），因为它处于去屏蔽区，^1H 核在低场共振。

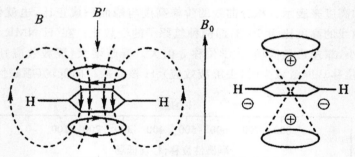

图 14-10　苯环的磁各向异性效应

在磁场中双键的 π 电子形成环流也产生感应磁场，由图 14-11 可见，处于乙烯平面上的 H 原子周围的感应磁场方向与外磁场一致，是处于去屏蔽区，所以 ^1H 核在低场共振，化学位移位大（δ＝5.84）；在乙烯平面上下两侧的感应磁场的方向与外磁场方向相反，因此，若在某化合物中有处于乙烯平面上下两侧的 H 原子，则它们处于屏蔽区，^1H 在高场共振。

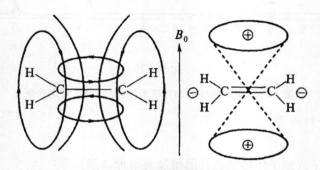

图 14-11　双键的磁各向异性效应

羰基 C＝O 的 π 电子云产生的屏蔽作用和双键一样,以醛为例,醛基上的氢处于 C＝O 的去屏蔽区,所以它在低场共振,化学位移值很大,$\delta \approx 9$(很特征)。

炔键 C≡C 中有一个 σ 键,还有两个 p 电子组成的 π 键,其电子云是柱状的。由图 14-12 可见,乙炔上的氢原子它与乙烯中的氢原子以及苯环上的氢原子是不一样的,它处于屏蔽区,所以 ^{1}H 核在高场共振,化学位移小些 $\delta = 2.88$。

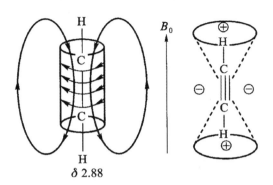

图 14-12　三键的磁各向异性效应

单键的磁各向异性效应与三键相反,沿键轴方向为去屏蔽效应,如图 14-13 所示。链烃中 $\delta_{CH} > \delta_{CH_2} > \delta_{CH_3}$ 甲基上的氢被碳取代后去屏蔽效应增大而使共振频率移向低场。

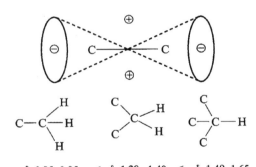

图 14-13　单键的磁各向异性效应

4. 峰面积与氢原子数目

在核磁共振谱图中,每一组吸收峰都代表一种氢,每种共振峰所包含的面积是不同的,其面积之比恰好是各种氢原子数之比。如硝基苯(图 14-8)中有三种氢 H_a、H_b、H_c,其面积比为 $2:1:2$,说明 H_a 有 2 个,H_b 有 1 个,H_c 有 2 个。故核磁共振谱不仅揭示了各种不同 H 的化学位移,并且表示了各种不同氢的数目。

共振峰的面积大小一般是用积分曲线高度法测出的,核磁共振仪上带的自动分析仪对各峰的面积进行自动积分,得到的数值用阶梯积分高度表示出来。积分曲线的画法是由低场到高场(从左到右),从积分曲线起点到终点的总高度与分子中全部氢原子数目成比例。每一阶梯的高度表示引起该共振峰的氢原子数之比。

14.3.3 峰的裂分和自旋偶合

1. 峰的裂分

应用高分辨率的核磁共振仪时,得到等性质子的吸收峰不是一个单峰而是一组峰的信息。这种使吸收峰分裂增多的现象称为峰的裂分。例如:1,1-二氯乙烷的裂分(见图14-14)。

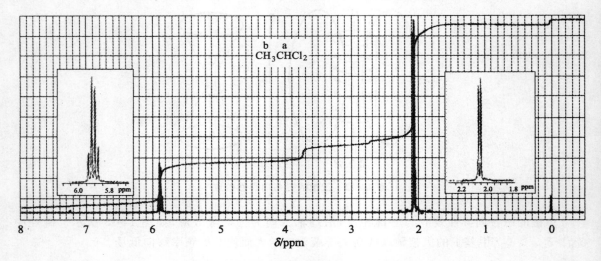

图 14-14 1,1-二氯乙烷的 ^1H 核磁共振谱

从谱图中可看出,1,1-二氯乙烷有两类等性质子 H_a、H_b,但其信号发生了分裂,出现了多重峰。这是由于相邻不等性质子的自旋而引起的。在 δ 为 2.1 处是二重峰,δ 为 5.9 处是四重峰。

分子中化学位移相同的自旋核为化学等价核。化学等价核在分子中所处的化学环境相同,出现同一信号。化学环境不同的核,其化学位移不同,故出现不同信号。因此,根据谱图中峰的数量,可以判断分子中化学等价核的数量。对于氢,即为分子中化学环境不同的氢。如甲烷中的四个氢原子为化学等价核,只出现一个峰。乙醇中甲基的氢为化学等价核出现一组峰,其亚甲基的两个氢亦为化学等价核而出现一组峰,羟基的氢出现另一组峰。

如果有一组化学等价核,当它与组外的任一自旋核偶合时,均以相同的大小偶合,即其偶合常数相等,该组质子称为磁等价质子。如 CH_3CH_2X,二氟乙烯中 H_a 和 H_b 是化学等价的,但 H_a 与 H_b 分别对 F_a 和 F_b 的偶合常数不同,所以 H_a 与 H_b 不是磁等价质子;同样,在对硝基氟苯中也可看到类似情况。

需要注意的是,化学等价核不一定是磁等价核,但磁等价核一定是化学等价核。

产生磁不等价的原因,主要是化合物结构中由于环、重键或邻近手性中心的影响,导致化学键不能自由旋转,使得化学等价核的周围环境不同导致。

2. 自旋偶合

一个自旋核在外磁场 H_0 中有两个取向,并且自旋产生感应磁场 H,感应磁场对临近自旋核有影响。当 H 与 H_0 方向相同或相反时,使得邻近自旋核感受到两种取向产生的感应磁场的影响,自旋核出现两个信号,即自旋核在两种不同的磁场强度下发生 NMR,信号发生裂分。

一个自旋核对临近自旋核的偶合使临近自旋核吸收峰裂分成二重峰。

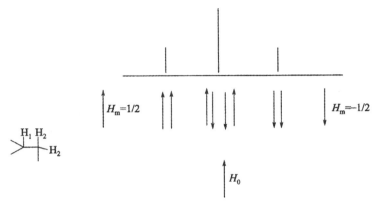

裂分峰的强度比为 1∶1

两个磁等价核对邻近的自旋核产生影响,每个核产生两个取向,各取向产生的组合,使邻近自旋核 NMR 产生裂分,两个,H_2 对 H_1 的偶合,导致 H_1 峰的裂分,成为三重峰。

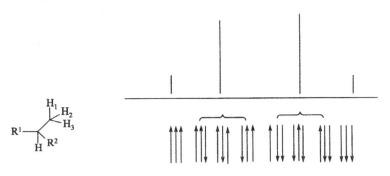

裂分峰的强度比为 1∶2∶1

三个磁等价核对邻近核的影响

H 的吸收峰受临近三个氢的偶合而裂分成四重峰。裂分峰的强度比为 1∶3∶3∶1。

综上所列举,NMR 的偶合裂分在一定条件下遵循 $n+1$ 规律,即考察碳原子上自旋核(H_1)裂分峰数与邻近自旋核(H_2)数量 n 有关。H_1 裂分峰数量与其数量无关,由 H_2 决定。

当邻近自旋核为不等价核时,裂分变得较为复杂,很多情况下不一定遵循 $n+1$ 的裂分规律。

3. 偶合常数

偶合使得吸收信号裂分为多重峰,多重峰中相邻两个峰之间的距离称为偶合常数 J,单位为赫（Hz）。J 的数值大小表示两个质子间相互偶合（干扰）的大小。

当 H_a 和 H_b 化学位移之差（$\Delta\nu$）与偶合常数（J_{ab}）之比大于 6 以上时，可用上述方法来分析自旋裂分的信号；当 $\Delta\nu$ 接近或小于 J_{ab} 时，则出现复杂的多重峰，如图 14-15 所示。

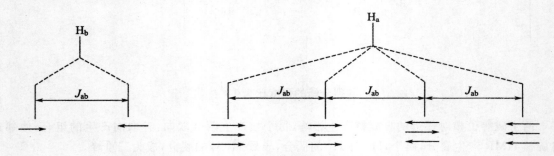

图 14-15　1,1-二氯乙烷 H、H 的自旋偶合裂分

等性质子之间不产生信号的自旋裂分。两个不等性质子相隔三个 σ 键以上时，则往往忽略偶合。同碳上的磁不等性质子可偶合裂分。裂分峰的数目与相邻 C 原子上 H 的个数有关。与相邻等性质子间偶合时，裂分峰数用 $n+1$ 规则来计算（n 为邻近等性质子个数；$n+1$ 为裂分峰数）。如 $\overset{b}{CH_3}\overset{a}{CH}Cl_2$ 中的 H_a 与相邻的三个等性质子 H_b 偶合，H_a 的峰裂分为 $3+1=4$ 个，而 H_b 的峰裂分为 $1+1=2$ 个。当邻近质子为不等性质子时，裂分峰数为 $((n+1)(n'+1)(n''+1))$ 来计算。

邻近质子数与裂分峰数和峰强度有如下关系。

①$n+1$ 的情况：

邻近氢数	裂分峰数	裂分峰强度
0	1	1
1	2	1：1
2	3	1：2：1
3	4	1：3：3：1
4	5	1：4：6：4：1
5	6	1：5：10：10：5：1

②$(1+1)(1+1)$ 的情况：四重峰，具有同样的强度。

③$(2+1)(2+1)$ 的情况：强度比为 $1：2：1：2：4：2：1：2：1$，特征不明显，通常不易分辨出来。

4. 核 Overhauser 效应（NOE）

当分子内有空间位置靠近的两个质子 H_1 和 H_2，如果用双共振法照射 H_1，且使干扰场 B_2 的强度正好达到使被干扰的 H_2 谱线饱和，这时 H_1 的共振信号就会增加。这种现象称为核 Overhauser 效应。两个核之间的空间距离相近是发生 NOE 效应的充分条件，与两核之间相隔的化学键数目无关。其大小与两核间距离的六次方成反比，当核间距离超过 0.3nm 时，NOE 效应就观察不到了。因此，NOE 对于确定研究峰组的空间结构十分有用，是立体化学研究的重要手段。

14.3.4　^{13}C NMR

有机化合物中的碳原子构成了有机物的骨架,因此观察和研究碳原子的信号对研究有机物有着非常重要的意义。虽然^{13}C有核磁共振信号,但其天然丰度仅为1.1%,观察灵敏度只有^{1}H核的$1/64$,故信号很弱,给检测带来了困难。所以在早期的核磁共振研究中一般只研究核磁共振氢谱。直到脉冲傅里叶变换核磁共振谱仪(PFT-NMR)的出现和去耦技术的发展,核磁共振碳谱(^{13}C NMR)的工作才迅速发展起来。目前PFT-^{13}C NMR已成为阐明有机分子结构的常规方法。广泛应用于涉及有机化学的各个领域。在结构测定、构象分析、动态过程讨论、活性中间体及反应机制的研究中,聚合物立体规整性和序列分布的研究及定量分析等方面都显示了巨大的威力,成为化学、生物、医药等领域不可缺少的测试方法。

1.^{13}C NMR 的特点

^{13}C NMR 的特点如下:

(1)化学位移范围宽

^{1}H谱的谱线化学位移值δ的范围在$0\sim10$,少数谱线可再超出约5,一般不超过20,而一般^{13}C谱的化学位移在$0\sim250$范围,特殊情况下会再超出$50\sim100$。由于化学位移范围较宽,故对化学环境有微小差异的核也能区别,这对鉴定分子结构更为有利。

(2)信号强度低

由于^{13}C天然丰度只有1.1%,^{13}C的旋磁比($\%$)较^{1}H的旋磁比(h)低约4倍,所以^{13}C的NMR信号:^{1}H的要低得多,大约是^{1}H信号的六千分之一。故在^{13}C NMR的测定中常常要进行长时间的累加才能得到一张信噪比较好的图谱。

(3)耦合常数大

由于^{13}C天然丰度只有1.1%,与它直接相连的碳原子也是^{13}C的概率很小,故在碳谱中一般不考虑天然丰度化合物中的^{13}C—^{13}C耦合,而碳原子常与氢原子连接,它们可以互相耦合,耦合常数的数值一般在$125\sim250$Hz。因为^{13}C天然丰度很低,这种耦合并不影响^{1}H谱,但在碳谱中是主要的。所以不去耦的碳谱,各个裂分的谱线彼此交叠,很难识别。故常规的碳谱都是去耦谱,谱线相对简单。

(4)共振方法多

^{13}C—NMR除质子噪声去耦谱外,还有多种其他的共振方法,可获得不同的信息。如偏共振去耦谱,可获得^{13}C—^{1}H耦合信息;不失真极化转移增强共振谱,可获得定量信息等。因此,碳谱比氢谱的信息更丰富,解析结论更清楚。

与核磁共振氢谱一样,碳谱中最重要的参数是化学位移,耦合常数、峰面积也是较为重要的参数。另外,氢谱中不常用的弛豫时间如T_1值在碳谱中因与分子大小、碳原子的类型等有着密切的关系而有广泛的应用,如用于判断分子大小、形状;估计碳原子上的取代数、识别季碳、解释谱线强度;研究分子运动的各向异性;研究分子的链柔顺性和内运动;研究空间位阻以及研究有机物分子、离子的缔合、溶剂化等。

2.^{13}C NMR 的去耦谱

在^{1}H NMR谱中,^{13}C对^{1}H的耦合仅以极弱的峰出现,可以忽略不计。反过来,在^{13}C NMR谱中,^{1}H对^{13}C的耦合是普遍存在的。这虽能给出丰富的结构分析信息,但谱峰相互交错,难以归属,给谱图解析、结构推导带来了极大的困难。耦合裂分的同时,又大大降低了 ^{13}C NMR 的灵敏度。解决这些问题的方法,通常采用去耦技术。

(1)质子噪声去耦谱

质子噪声去耦谱也称作宽带去耦谱,是测定碳谱时最常采用的去耦方式。它的实验方法是在测碳谱对,以一相当宽的射频场 B_1 照射各种碳核,使其激发产生 ^{13}C 核磁共振吸收的同时,附加另一个射频场 B_2(又称去耦场),使其覆盖全部质子的共振频率范围,且用强功率照射,使所有的质子达到饱和,则与其直接相连的碳或邻位、间位碳感受到平均化的环境,由此去除 ^{13}C 和 ^1H 之间的全部耦合,使每种碳原子仅给出一条共振谱线。

质子宽带去耦谱不仅使 ^{13}C NMR 谱大大简化,而且由于耦合的多重峰合并,使其信噪比提高,灵敏度增大。然而灵敏度增大程度远大于复峰的合并强度,这种灵敏度的额外增强是 NOE 效应影响的结果。在 $^{13}C(^1H)$ NMR 实验中,观测 ^{13}C 核的共振吸收时,照射 ^1H 核使其饱和,由于干扰场非常强,同核弛豫过程不足使其恢复到平衡,经过核之间偶极的相互作用,^1H 核将能量传递给 ^{13}C 核,^{13}C 核吸收到这部分能量后,犹如本身被照射而发生弛豫。这种由双共振引起的附加异核弛豫过程,能使 ^{13}C 核在低能级上分布的核数目增加,共振吸收信号增强,这一效应称之 NOE。

但是,由于各碳原子的 NOE 的不同,质子噪声去耦谱的谱线强度不能定量地反映碳原子的数量。

(2)选择性质子去耦(SPD)

选择性质子去耦又称单频率质子去耦或指定的质子去耦。选择性去耦是偏共振去耦的特例。当调整去耦频率正好等于某种氢的共振频率,与该种氢相连的碳原子被完全去耦,产生一单峰,其他碳原子则被偏共振去耦。使用此法依次对 ^1H 核化学位移位置照射,可以使相应的 ^{13}C 信号得到归属。

例如,分析糠醛的 ^{13}C NMR 谱(见图 14-16)要区分出碳原子 3 和 4 的 δ 是不容易的,但采用选择性去耦法:双照射 C_3 的 ^1H,则 C_3 的峰增强,如图 14-16(a)所示;双照射 C_4 的 ^1H,则 C_4 的峰增强,如图 14-16(b)所示。从中可区别出哪一个峰是 C_3 或 C_4 及 δ 值。

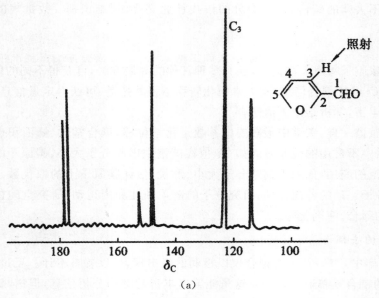

(a)

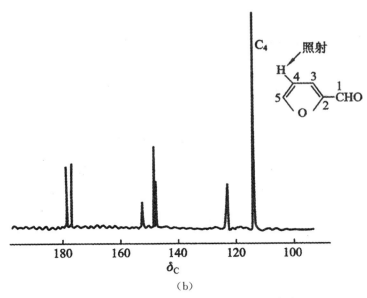

图 14-16　糠醛的选择性去耦核磁共振碳谱

（3）偏共振去耦谱（OFR）

与质子宽带去耦方法相似，偏共振去耦也是在样品测定的同时另外加一个照射频率，只是这个照射频率的中心频率不在质子共振区的中心，而是移到比 TMS 质子共振频率高 $100 \sim 500 Hz$ 的（质子共振区以外）位置上。由于在分子中，直接与 ^{13}C 相连的 ^{1}H 核与该 ^{13}C 的耦合最强；^{13}C 与 ^{1}H 之间相隔原子数目越多，耦合越弱。用偏共振去耦的方法，就消除了弱的耦合，而只保留了直接与 ^{13}C 相连的 ^{1}H 的耦合。一般来说，在偏共振去耦时，^{13}C 峰裂分为 n 重峰，就表明它与 $(n-1)$ 个氢核相连。这种偏共振的 ^{13}C-NMR 谱，对分析结构有一定的用途。

（4）不失真极化转移技术（DEPT）

不失真极化转移技术目前成为 ^{13}C-NMR 测定中常用的方法。DEPT 是将两种特殊的脉冲系列分别作用于高灵敏度的 ^{1}H 核及低灵敏度的 ^{13}C 核，将灵敏度高的 ^{1}H 核磁化转移至灵敏度低的 ^{13}C 核上，从而大大提高 ^{13}C 核的观测灵敏度。此外，还能利用异核间的耦合对 ^{13}C 核信号进行调制的方法来确定碳原子的类型。谱图上不同类型的 ^{13}C 信号均表现为单峰的形式分别朝上或向下伸出，或者从谱图上消失，以取代在 OFR 谱中朝同一方向伸出的多重谱线，因而信号之间很少重叠，灵敏度高。

14.4　质谱

质谱法是将有机化合物的蒸气在高真空下用高能电子流轰击，使有机分子变成一系列的碎片，这些碎片可能是分子离子、同位素离子、碎片离子、重排离子、多电子离子、亚稳离子、第二离子等，通过这些碎片可以确定化合物的分子量、分子式和其结构。

14.4.1　质谱原理

质谱分析是指使被研究的物质形成离子，然后使离子按质荷比进行分离。下面以单聚焦质谱仪为例说明其基本原理。物质的分子在气态被电离,所生成的离子在高压电场中加速,在磁场中偏转,然后到达收集器,产生信号,其强度与到达的离子数目成正比,所记录的信号构成谱。

当具有一定能量的电子轰击物质的分子或原子时,使其丢失一个外层价电子,则获得带有一个正电荷的离子。若正离子的生存时间大于 10^{-6} s,就能受到加速板上电压 V 的作用加速到速度为 v,其动能为 $\frac{1}{2}mv^2$,而在加速电场中所获得的势能为 eV,加速后离子的势能转换为动能,两者相等,即

$$eV = \frac{1}{2}mv^2$$

式中,m 为离子的质量;v 为离子的速度;e 为离子电荷;V 为加速电压。

正离子在电场中的运动轨道是直线的,进入磁场后,在磁场强度为 H 的磁场作用下,使正离子的轨道发生偏转,进入半径为 R 的径向轨道,如图 14-17 所示。这时离子所受到的向心力为 Hev,离心力为 $\frac{mv^2}{R}$,要保持离子在半径为 R 的径向轨道上运动的必要条件是向心力等于离心力,即

$$Hev = \frac{mv^2}{R}$$

半径 R 的大小与离子质荷比的关系为

$$\frac{m}{e} = \frac{H^2 R^2}{2V}$$

此式为磁场质谱仪的基本方程。式中,m/z 为质荷比,当离子带一个正电荷时,它的质荷比就是它的质量数。

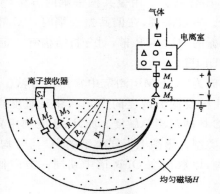

图 14-17　半圆形磁场

R_1、R_2、R_3 为不同质量离子的运动轨道曲率半径;M_1、M_2、M_3 为不同质量的离子;S_1、S_2 为分别为进口狭缝和出口狭缝

离子的质荷比与其被加速的电压成反比,与磁场强度的平方成正比。当加速电场电压和磁场强度不变时,不同质荷比的离子其偏转半径不同,从而使不同离子得到分离。用一个合适检测器进行检测和记录,得到离子质荷比 m/z,这就是磁偏转质量分析器的原理。目前的质谱仪还有其他非磁偏转的质量分析器。

以横坐标为离子的质荷比值,纵坐标为离子相对强度或相对丰度得到的即为质谱图。乙苯

的质谱图如图 14-18 所示。

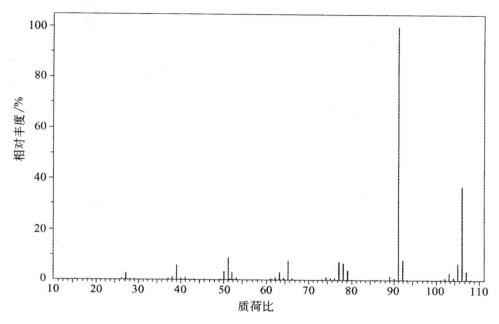

图 14-18　苯的质谱图

分子失去电子,生成带正电荷的分子离子。分子离子可进一步裂解,生成质量更小的碎片离子。

样品进行离子化的方法如下:电子轰击电离(EI);化学离子化(CI);场电离,场解吸(FD);快原子轰击(FAB);基质辅助激光解析电离(MALDI);电喷雾电离(ESI);大气压化学电离(APCI)等。

选择电离方式对测试结果很重要。在进行 MS 测试时,应该根据样品的挥发性、稳定性选择适当的电离方式。

14.4.2　质谱中常见的离子类型

1. 分子离子

一个分子不论通过何种电离方法,使其失去一个外层价电子而形成带正电荷的离子,称为分子离子或母离子,质谱中相应的峰称为分子离子峰或母离子峰。通式为

$$M+e \longrightarrow M^+ + 2e$$

式中,M^+ 表示分子离子。

分子离子峰一般位于质荷比最高位置,它的质量数即是化合物的相对分子质量。质谱法是目前测定相对分子质量最准确而又用样最少的方法。

若有机化合物产生的分子离子足够稳定,质谱中位于质荷比最高位置的峰就是分子离子峰,但有时因分子离子不稳定,或与其他离子或分子碰撞产生质量数更高的离子等原因,给分子离子峰的识别造成困难,此时可根据下述方法来辨认分子离子峰。

①从化合物结构来判断分子离子峰的强度。分子离子峰的强弱甚至消失,主要决定于分子离子的稳定性,而稳定性又与化合物的结构类型有关,各类化合物的分子离子稳定性次序如下:

芳香族＞共轭链烯＞脂环化合物＞烯烃＞直链烷烃＞硫醇＞酮＞胺＞酯＞醚＞酸＞支链烷烃＞腈＞伯醇＞叔醇＞缩醛

若已知化合物的类型,根据预见的强度和观察到的强度是否基本一致来判断分子离子峰。

②有机化合物通常由 C、H、O、N、S 和卤素等原子组成,其相对分子质量应符合氮规则,即分子中含有偶数氮原子或不含氮原子时,其相对分子质量应为偶数;含有奇数氮原子时,相对分子质量应为奇数。如不符合上述规律,则必然不是分子离子峰。

③判断最高质量峰与其他碎片离子峰之间的质量差是否合理。以下质量差不可能出现:3～14,19～25(含氟化合物例外),37、38,50～53,65、66。如果出现这些质量差,最高质量峰就不是分子离子峰。

④根据断裂方式来判断分子离子峰。如醇的质谱经常看到最高质量处有相差三个质量单位的两峰,这两峰分别由 M—CH₃ 和 M—H₂O 产生。假设这两峰的 m/z 分别为 m_1 和 m_2,则该化合物的相对分子质量为 m_1+15 或 m_2+18。

⑤醚、酯、胺、酰胺、腈、氨基酸酯和胺醇等的 $M+1$ 峰显著,而醛、醇或含氮化合物的 $M-1$ 峰较大。

⑥改变实验条件检验分子离子峰。

(Ⅰ)在采用电子轰击源时,降低电子流的电压,增加分子离子峰的相对强度。

(Ⅱ)采用化学电离源、场解吸电离源等其他电离方法。

(Ⅲ)把样品制备成适当的衍生物,再予以测定。

2. 同位素离子

组成有机化合物的一些主要元素,如 C、H、O、N、S、Cl 和 Br 等都具有同位素。在质谱图中,会出现由不同质量同位素组成的峰,称为同位素离子峰。例如,分子离子峰 M 的右侧往往还有 $M+1$ 峰和 $M+2$ 峰,即为同位素峰。

同位素离子峰在质谱中的主要应用是根据同位素峰的相对强度确定分子式,有时还可以推定碎片离子的元素组成。

同位素离子峰的相对强度可用下述方法计算:

(1)由 C、H、O、N 组成的化合物

根据化合物的分子式可得

$$(M+1)\% = 1.12n_C + 0.016n_H + 0.38n_N + 0.04n_O$$

$$(M+2)\% = (1.1n_C)^2/200 + 0.20n_O$$

式中,n_C、n_H、n_N 及 n_O 分别表示分子式中所含 C、H、N 及 O 的原子数目。

(2)含 Cl、Br、S、Si 的化合物

分子中含有以上四种元素之一时,各同位素相对强度的比值等于式 $(a+b)^n$ 展开后得到的各项数值之比,即

$$(a+b)^n = a^n + na^{n-1}b + \frac{n(n-1)}{2!}a^{n-2}b^2 + \frac{n(n-1)(n-2)}{3!}a^{n-3}b^3 + \cdots + b^n$$

式中,a 为轻同位素的相对丰度;b 为重同位素的相对丰度;n 为分子中含同位素原子的个数。

14.4.3　分子离子开裂及其原理

1. 开裂方式

分子离子如果具有较高的能量,会进一步裂分为更小的碎片。其开裂的方式有:

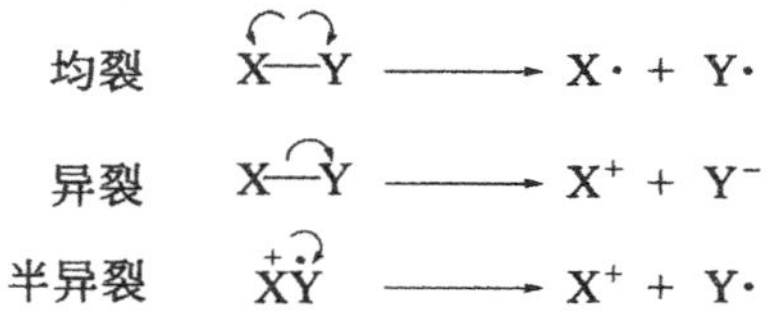

$$均裂 \quad X\!-\!Y \longrightarrow X\cdot + Y\cdot$$

$$异裂 \quad X\!-\!Y \longrightarrow X^+ + Y^-$$

$$半异裂 \quad \overset{+}{X}Y \longrightarrow X^+ + Y\cdot$$

开裂过程中,始终遵循质量守恒和电荷守恒规则。

2. 分子离子开裂的基本原理

分子离子是否裂解取决于轰击电子的能量。轰击电子能量与电离电压成正比。容易形成的以及稳定性好的离子,其丰度较大。键的键能越大,越难断裂。

形成离子的稳定性对离子的形成以及离子的丰度具有显著影响。影响离子稳定性的因素有:诱导效应,吸电子的诱导效应使正离子稳定性降低,供电子的诱导效应使得正离子稳定性增大。共轭效应使得 p-π 共轭如 $CH_2\!-\!CH\!-\!CH_2^+$ 稳定了正离子。

(1)单纯开裂

开裂形成新离子和自由基,开裂方式一般为均裂:

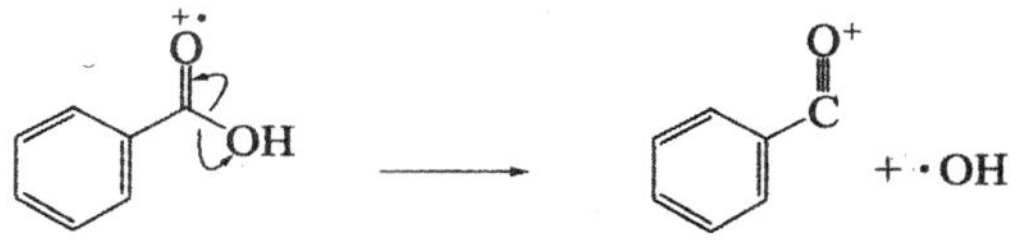

发生单纯开裂时,优先开裂生成较为稳定离子或自由基。

(2)重排开裂

另一种开裂形成离子的方式为重排开裂,其特点为:发生两条化学键断裂,伴随氢原子转移,生成新化学键并生成新的离子,同时去掉一个中性小分子;由于小分子为偶电子数的中性分子,故开裂前后离子电荷的奇偶性不变;由于中性小分子的质量数为偶数,故开裂前后质量数的奇偶性不变;脱离掉的中性小分子及所产生的重排离子均符合氮规则。从离子的质量数的奇、偶性可区分经简单断裂所产生的碎片离子和脱离中性小分子所产生的重排离子。

(3)麦克拉弗梯重排

特定结构化合物,经过六元环空间排列过渡态,γ 氢原子转移至带正电荷原子上,接着发生烯丙基型 β 开裂,并生成一个中性分子。

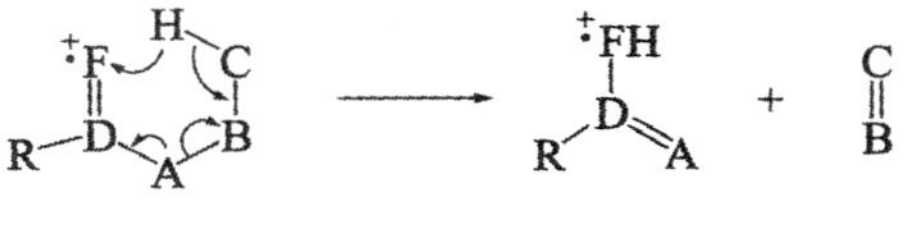

D=C、S、N、P 等,F=C、O、N、S 等,环丙基、芳香环起到重键的作用发生重排。

只要满足条件,发生麦式重排的概率较大。重排离子如仍满足条件,可再次发生该重排。麦式重排有生成两种离子的可能性,但含 π 键的一侧带正电荷的可能性大些。

当分子中存在含一根 π 键的六元环时,可发生 RAD 反应。这种重排反应为:

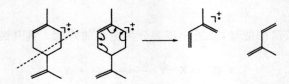

该重排正好是 Diels-Alder 反应的逆反应。开裂生成比较稳定的离子。

(4)官能团与氢原子结合引起的重排(消除)

醇类脱水是指通过形成 5 元或 6 元环过渡态,氧原子与氢原子结合,脱去 H_2O;卤代烃通过类似机理脱除卤化氢。符合一定条件的取代芳香系统,发生重排开裂丢失中性。

此外,开裂产生的碎片符合一定条件时发生其他重排和开裂。

第 15 章　有机化合物的发展

15.1　元素有机物

有机化合物主要含有碳、氢以及氧、氮、硫、氯、溴和碘元素等。除此之外，有机化合物中所含的其他元素都称为异元素。异元素直接与碳原子相连的有机化合物称为元素有机化合物；如果异元素通过氧、硫、氮等原子间接地与碳原子相连，习惯上也把这类有机化合物归入元素有机化合物的范畴。事实上，元素有机化合物的定义并不严格，例如在甲硅烷分子中甚至不含碳原子，也称作元素有机化合物。元素有机化合物分为两大类：金属元素有机化合物和非金属元素有机化合物。

15.1.1　有机硅化合物

有机硅化合物是重要的非金属元素有机化合物。在周期表中，硅和碳同属第四主族，让合价都是四价。因此，有机硅化合物与碳化合物在分子结构上有着类似之处。

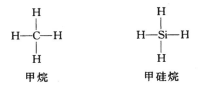

但是由于硅、碳原子所处的周期不同，其性能差异也很大。例如碳原子可与氢原子形成稳定的碳氢键（C—H），并且碳原子自身可以相互成键形成巨大的分子；而硅氢键（Si—H）却极不稳定，硅原子自身键合能力也极差，已知最大的硅烷分子仅为六个硅原子相互连缀而成的己硅烷。硅碳化合物的性质差异可以从相关的键能差异上反映出来，具体可见表 15-1 所示。

表 15-1　共价键的键能　　　　　　　　　　　　　　　　　单位：kJ/mol

共价键	键能	共价键	键能	共价键	键能
Si—Si	222	Si—O	452	C—H	414
Si—H	318	C—C	347	C—O	360

从表 15-1 不难看出，Si—Si 键能要比 C—C 键能弱得多，换句话说，Si—Si 键稳定性差，不易自身成键；但是 Si—O 键能却比 C—O 键能高得多，可以推知，Si—O 键十分稳定。事实上，由硅氧键相互键合可以形成巨大的有机硅高聚物分子：

1. 有机硅高聚物

有机硅化合物中,应用最为广泛的要数有机硅高聚物。以硅二醇或硅三醇为原料通过分子间脱水缩合,即可获得有机硅缩聚物。事实上,由于硅二醇和硅三醇稳定性差,在硅醇生成的同时,分子间也会发生缩合反应。

以二甲基硅二醇、甲基硅三醇为例:

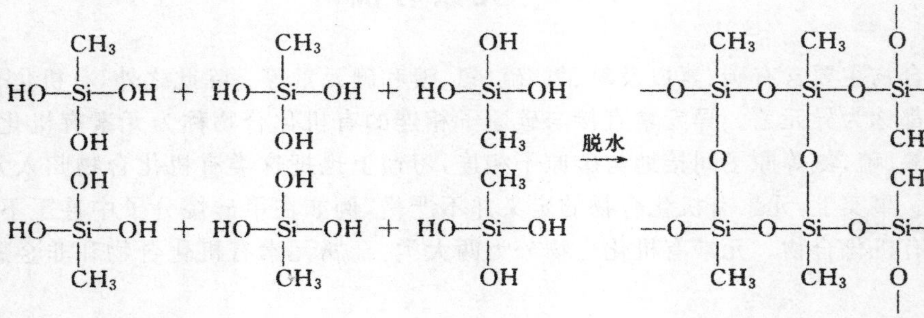

通过上式易知,硅二醇是按一维线性的方式缩合,故称线型缩聚物;硅三醇可按二维平面或三维立体的方式缩合,故称体型(或网状)缩聚物。如前所述,由于 Si—O 键能高,热稳定性好,因而以 Si—O 键为主体结构的高聚物表现出良好的耐热性;又由于悬挂在硅氧链两侧的是许许多多的憎水基团烷基,使得有机硅高聚物具有极好的耐水性。不仅如此,有机硅高聚物还具有耐腐蚀、抗氧化、电绝缘性能好等优良特性,因而在工业生产中应用十分广泛。常见的有机硅高聚物有三类:硅油、硅橡胶和硅树脂。

2. 硅烷、烃基硅烷

硅烷又称硅氢化合物,其通式与烷烃相似:Si_nH_{2n+2}。只是硅原子的数目 n 最多不超过 6。用无机酸如盐酸对硅化镁(Mg_2Si)溶解可以获得不同硅烷的混合物,再经低温分馏就可获得各种纯的硅烷,部分硅烷的性质见表 15-2 所示。

$$Mg_2Si + HCl \rightarrow SiH_4 + Si_2H_6 + Si_3H_8 + Si_4H_{10} + MgCl_2$$

表 15-2　部分硅烷的物理常数

名称	分子式	熔点/℃	沸点/℃	相对密度
甲硅烷	SiH_4	−185	−111.9	0.65(−182℃)
乙硅烷	Si_2H_6	−132.5	−14.5	0.69(−25℃)
丙硅烷	Si_3H_8	−117.4	52.9	0.74(0℃)
丁硅烷	Si_4H_{10}	−90	109	0.83(0℃)

硅烷极不稳定,在空气中就可自燃,受热时分解为硅和氢,遇水会分解成二氧化硅:

$$SiH_4 + H_2O \rightarrow_6 + Si_2O + 4H_2$$

硅烷自身并不太重要,但是其衍生物却有着广泛的用途。与烷烃相似,硅烷也能与卤素发生卤代反应,生成卤代硅烷,以硅烷与氯气反应为例:

$$SiH_4 \xrightarrow{Cl_2} SiH_3Cl \xrightarrow{Cl_2} SiH_2Cl_2 \xrightarrow{Cl_2} SiHCl_3 \xrightarrow{Cl_2} SiCl_4$$

在氯硅烷分子中虽然氢原子被氯原子所取代,但 Si—Cl 仍较弱,易断裂,遇水易水解生成硅醇:

$$R_3SiCl + H_2O \xrightarrow{OH^-} R_3SiOH + HCl$$

$$R_3SiCl_2 + 2H_2O \xrightarrow{OH^-} R_2Si(OH)_2 + 2HCl$$

卤代硅烷是制取烃基硅烷的重要原料。通过有机金属化合物与卤代硅烷反应,可以方便地获得烃基硅烷。以格氏试剂与四氯化硅反应为例:

$$SiCl_4 + 4RMgCl \rightarrow R_4Si + 4MgCl_2$$

烃基硅烷还可在铜催化剂作用下直接以金属硅卤代烃作原料于高温下反应而制得:

$$Si + RCl \xrightarrow[300℃\sim500℃]{铜催化剂} R_2SiCl_2(主) + RSiCl_3 + R_3SiCl$$

与硅烷相比,烃基硅烷的性质要稳定得多。通常四烃基硅烷(R_4Si)耐热性能好、不易水解也不容易发生其他化学反应。

15.1.2　有机铝化合物

根据与铝原子直接键合的原子或基团状态,有机铝化合物可以分为三类:

$$R_3Al \qquad R_2AlX \qquad RAlX_2$$

R：烃基,包括脂肪族、脂环族和芳香族;
X：H、F、Cl、Br、I、OR、SR、NH_2、NHR、NR_2、PR_2。

其中最为常用的是烷基铝及其卤化物,例如三乙基铝、氯化二乙基铝等。

1. 烷基铝的制备

铝粉和卤代烷在惰性溶剂中反应,可以得到卤化烷基铝,也称倍半卤化物:

$$2Al + 3RX \rightarrow R_3Al_2X_3$$

倍半卤化物受热发生歧化,生成一卤二烷基铝和二卤一烷基铝混合物:

$$R_3Al_2X_3 \xrightarrow{\Delta} R_2AlX + RAlX_2$$

倍半卤化物和金属钠反应,即可还原得到三烷基铝:

$$R_3Al_2X_3 + 3Na \rightarrow R_3Al + 3NaX + Al$$

不过,在工业上大规模制备三乙基铝都是以乙烯和铝片或活性铝粉在加压条件下进行加成反应而制得,如果使用铝片在加成反应之前要先通氢以除去铝片表面的氧化膜:

$$3CH_2=CH_2 + Al + \frac{3}{2}H_2 \rightarrow (CH_3CH_2)_3Al$$

2. 烷基铝的性质

低级烷基铝多以双分子或三分子缔合形式存在,一般为无色透明液体。烷基铝热稳定性差,化学性质活泼,暴露在空气中就会发生氧化甚至会燃烧,遇水会剧烈反应,甚至爆炸:

$$R_3Al + 3H_2O \rightarrow 3RH + Al(OH)_3$$

因此,有烷基铝参与的反应都应在无水无氧的惰性气体中进行。

铝原子外层有三个价电子,在烷基铝分子中,其电子排布为六隅体,具有接受电子的能力。因而,烷基铝能和负离子或具有供电性的中性分子(例如:乙醚、叔胺等)形成配合物:

$$(CH_3)_3Al \cdot O \begin{matrix} C_2H_5 \\ \\ C_2H_5 \end{matrix}$$

而在乙醚溶剂中制备烷基铝时,得到的只是它的配合物。烷基铝有许多具有重要应用价值的化学性质。

①三烷基铝可以与 α-烯烃发生加成反应,在一定温度和压力下,生成长碳链产物。以三乙基铝与乙烯反应为例:

$$Al\overset{C_2H_5}{\underset{C_2H_5}{-}}C_2H_5 + CH_2=CH_2 \longrightarrow Al\overset{CH_2-CH_2-C_2H_5}{\underset{C_2H_5}{-}}C_2H_5 \longrightarrow \cdots \longrightarrow Al\overset{(CH_2CH_2)_xC_2H_5}{\underset{(CH_2CH_2)_zC_2H_5}{-}(CH_2CH_2)_yC_2H_5}$$

$$\overset{水解}{\longrightarrow} CH_3(CH_2CH_2)_xCH_3 + CH_3(CH_2CH_2)_yCH_3 + CH_3(CH_2CH_2)_zCH_3 + Al(OH)_3$$

以三乙基铝和四氯化钛组成的复合催化剂,可以使乙烯聚合反应在常压下进行。这一催化剂也称作齐格勒—纳塔催化剂。这种常压催化烯烃聚合反应原理是现代聚烯烃工业的基础。

②根据元素有机化合物的反应规律,凡是金属活性低于铝的元素有机化合物都可以通过有机铝化合物来制取。例如,烷基铝与金属卤化物作用:

$$ZnCl_2 + 2R_3Al \rightarrow R_2Zn + 2R_2AlCl$$

$$BF_3 + R_3Al \rightarrow R_3B + AlF_3$$

$$SnCl_4 + 4R_3Al \rightarrow R_4Sn + 4R_2AlCl$$

用这个方法制备其他元素有机化合物,其最大的优点在于不必像以格氏试剂制取元素有机化合物那样需要大量易燃的乙醚。

15.1.3　有机磷化合物

有机磷化合物属非金属元素有机化合物。这类元素有机化合物中有许多是常用的杀虫剂,也有一些是重要的合成试剂。磷和氮原子同属第五主族,具有相同的化合价,因此,它们所形成的化合物具有类似的结构。其中,含碳磷键的化合物称作膦,其盐类化合物则称作鏻。

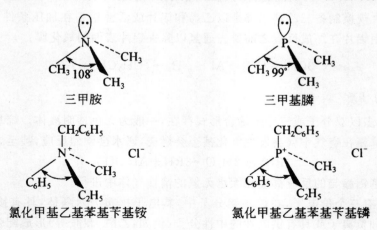

三甲胺　　　　　　　　　　三甲基膦

氯化甲基乙基苯基苄基铵　　氯化甲基乙基苯基苄基鏻

1. 有机磷化合物的制备

磷化钠和卤代烷是制取有机磷化合物的基本原料。由三氯化磷经氢化锂铝还原得磷化氢，这是一种极毒的气体，有芥子气味。磷化氢具有酸性，与金属钠作用即生成磷化钠。

$$PCl_3 + LiAlH_4 \xrightarrow{\text{THF}} PH_3 \xrightarrow[\text{(C}_2\text{H}_5)_2\text{O}]{\text{Na}} H_2PNa$$
$$\text{磷化钠}$$

卤代烷与磷化钠反应可以得到一取代膦（伯膦）；一取代膦继续与金属钠作用生成一取代膦化钠，若再以卤代烷与其反应，则产生二取代膦（仲膦）。例如：

$$CH_3I + H_2PNa \longrightarrow CH_3PH_2 + NaI \qquad\qquad Na + CH_3PH_2 \longrightarrow CH_3HPNa \xrightarrow{CH_3I} (CH_3)_2PH + NaI$$
$$\text{一甲膦（伯膦）} \qquad\qquad\qquad\qquad\qquad\qquad\qquad\qquad \text{二甲膦（仲膦）}$$

三取代膦（叔膦）通常要用格利雅试剂和三氯化磷反应来制得，不过也可以直接用卤代烷和一取代膦反应来制取叔膦。例如：

$$3CH_3MgI + PCl_3 \xrightarrow{(C_2H_5O)_2O} (CH_3)_3P + 3Mg\begin{smallmatrix}Cl\\\\I\end{smallmatrix}$$
$$\text{三甲膦（叔膦）}$$
$$2CH_3I + CH_3PH_2 \longrightarrow (CH_3)_3P + 2HI$$

如果让叔膦与卤代烷继续反应，就可以得到季磷盐：

$$(CH_3)_3P + CH_3I \rightarrow (CH_3)_4P^+I^-$$

与季铵碱的形成类似，季磷盐与氢氧化银反应生成季鳞碱：

$$(CH_3)_4P^+ + AgOH \rightarrow (CH_3)_4P^+OH^- + AgI\downarrow$$

2. 有机磷农药

有机磷化合物中，有许多是有毒的甚至是剧毒的化合物。其中有些用作农药，有的只是用作环境卫生杀虫剂，也有些是用作军事毒气。这类有毒的有机磷化合物的结构主要为磷酸酯衍生物。

敌百虫　　　　　　　　　　敌敌畏　　　　　　　　　　乐果

敌百虫是一种广谱性杀虫剂，它不仅对蔬菜、果树、松林等多种害虫有良好的防治效果，而且对苍蝇、蟑螂、臭虫等卫生害虫也具显著的灭杀效果。

敌敌畏也属广谱性杀虫剂，其毒性比敌百虫高 10 倍，对于蚜虫、红蜘蛛、棉花红铃虫、苹果卷叶蛾、菜青虫等防治效果显著。常用于棉花、果树、蔬菜、烟草、茶叶、桑树病虫害的防治。

乐果是一种高效低毒杀虫剂。其特点是残效期短，它在作物上的药效仅维持 6～7 天。这很适合于蔬菜、果树等食用作物病虫害的防治,不留残毒,对人畜无害。

敌百虫、敌敌畏及乐果等都是重要的有机磷杀虫剂,由于它们容易分解,不仅无环境污染问题,而且分解产物还是植物本身生长所需要的肥料,因此,这类农药应用十分广泛。例如敌百虫,由于它低毒高效,除了用作农药外,甚至还可以当作兽医药,适量加到饲料中,以驱杀猪、马、牛、羊等动物体内的肠胃寄生虫。

敌百虫可以三氯化磷、甲醇和三氯乙醛为原料,经酯化、加成等步骤合成而得:

$$PCl_3 + 3CH_3OH \xrightarrow{\text{酯化}} \underset{CH_3O}{\overset{CH_3O}{\longrightarrow}}P\underset{H}{\overset{O}{\longrightarrow}} \xrightarrow[\text{加成}]{H-\overset{O}{\overset{\|}{C}}-CCl_3} \underset{CH_3O}{\overset{CH_3O}{\longrightarrow}}P\underset{\underset{OH}{CHCCl_3}}{\overset{O}{\longrightarrow}}$$

敌百虫

敌百虫在中性溶液中比较稳定,遇碱会脱除 HCl 并发生重排,生成敌敌畏。事实上,这是目前工业上大规模生产敌敌畏的主要方法:

$$\underset{CH_3O}{\overset{CH_3O}{\longrightarrow}}P\underset{\underset{OH}{CHCCl_3}}{\overset{O}{\longrightarrow}} \xrightarrow[-H^+]{OH^-} [(CH_3O)_2\overset{O}{\overset{\|}{P}}-\overset{-}{C}HCCl_3] \xrightarrow{-Cl^-} (CH_3O)_2\overset{O}{\overset{\|}{P}}-OCH=CCl_2$$

敌敌畏

3. Wittig 反应

季磷盐在强碱(如苯基锂)作用下,失去一分子卤化氢,形成稳定的三烷基或三苯基亚甲基膦。由于磷碳键极性较强,磷原子带正电荷,碳原子带负电荷,因而三烷基亚甲基膦具有内盐的性质,故将其称为邻位两性离子,俗称叶立德(ylide)。

$$[(C_6H_5)_3\overset{+}{P}CH_3]I^- \xrightarrow{C_6H_5Li} (C_6H_5)_3\overset{+}{P}-\overset{-}{C}H_2 \Longleftrightarrow (C_6H_5)_3P=CH_2$$

碘化甲基三苯基镂   磷叶立德

其实叶立德指的是一类具有内盐性质的化合物,和磷原子一样,硫原子、氮原子都可以和碳原子形成叶立德。根据与负碳离子相键合的不同正离子,这些邻位两性离子分别称为磷叶立德、硫叶立德及氮叶立德。其中,尤以磷叶立德的应用最为广泛。

叶立德具有很高的反应活性,它的碳负离子是很强的亲核试剂,它对水或空气都很敏感,通常在制备时要注意防潮,有时还要通入惰性气体(如氮气),并且制备好的叶立德一般不用分离出来,可以直接用于下一步反应。不过,如果在叶立德的碳负离子上连有吸电子取代基,使负电荷得以分散,则有利于提高其稳定性。在制取这类稳定性较高的叶立德时,只需较弱的碱(如碳酸钠)就可以获得产物,有时甚至也不需要在氮气流下操作。例如:

$$(C_6H_5)_3P + C_6H_5\overset{O}{\overset{\|}{C}}-CH_2Cl \longrightarrow [(C_6H_5)_3\overset{+}{P}-CH_2\overset{O}{\overset{\|}{C}}C_6H_5]Cl^- \xrightarrow{Na_2CO_3} (C_6H_5)_3\overset{+}{P}-\overset{-}{C}H\overset{O}{\overset{\|}{C}}C_6H_5$$

这个碳负离子上带有羰基的叶立德也可以由三苯基亚甲基膦与酰氯反应而制得：

叶立德所具有的高反应活性最重要的应用在于它可以和醛、酮发生亲核加成反应，其加成物分解后，得到烯烃和氧化三苯基膦，这个反应被称为 Wittig 反应。磷叶立德也因此反应而称为 Wittig 试剂。

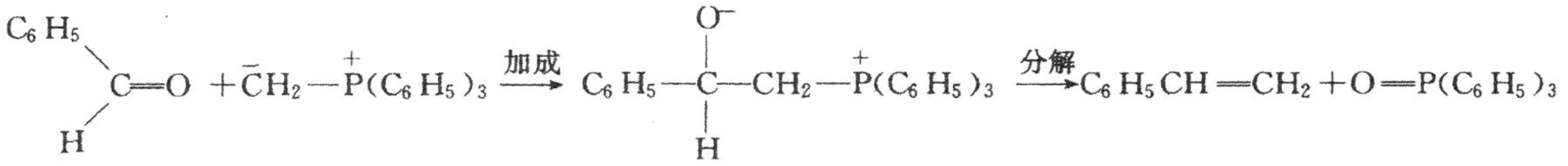

$$C_6H_5 \overset{C_6H_5}{\underset{H}{\diagdown}}C=O + \bar{C}H_2-\overset{+}{P}(C_6H_5)_3 \xrightarrow{\text{加成}} C_6H_5\overset{\overset{O^-}{|}}{\underset{\underset{H}{|}}{C}}-CH_2-\overset{+}{P}(C_6H_5)_3 \xrightarrow{\text{分解}} C_6H_5CH=CH_2 + O=P(C_6H_5)_3$$

Wittig 反应总的结果是将叶立德带负电荷的碳原子与醛、酮的氧原子相互交换，得到一个烯烃，这是合成烯烃的一个重要方法。例如：

$$CH_3CH_2\overset{\overset{O}{||}}{C}-CH_3 + (C_6H_5)_3P=CH_2 \longrightarrow CH_3CH_2\overset{\underset{CH_3}{|}}{C}=CH_2 + (C_6H_5)_3P=O$$

$$C_6H_5\overset{\overset{O}{||}}{C}-H + (C_6H_5)_3P=CH-CH=CHC_6H_5 \longrightarrow C_6H_5CH=CH-CH=CHC_6H_5$$

Wittig 反应与醇醛缩合反应有些类似，其反应机理一般认为叶立德与醛酮的加成产物可能经过一个四元环过渡态，再经分解生成烯烃：

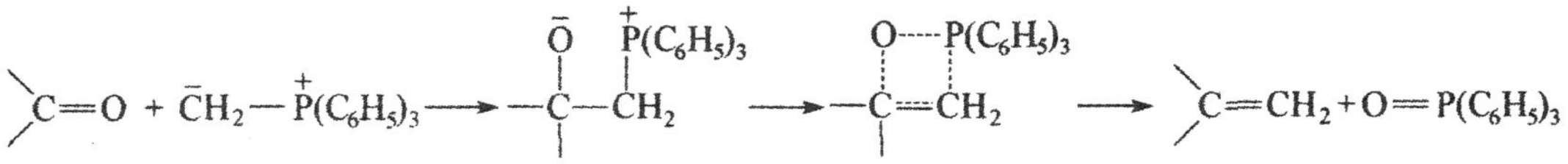

$$C=O + \bar{C}H_2-\overset{+}{P}(C_6H_5)_3 \longrightarrow -\overset{\overset{\bar{O}}{|}}{C}-CH_2-\overset{+}{P}(C_6H_5)_3 \longrightarrow -\overset{O-P(C_6H_5)_3}{\underset{C-CH_2}{\cdots}} \longrightarrow C=CH_2 + O=P(C_6H_5)_3$$

Wittig 反应在有机合成中应用十分广泛，尤其是在昆虫信息素、维生素 A、维生素 D 及植物色素等天然产物的合成工作中起着重要的作用。

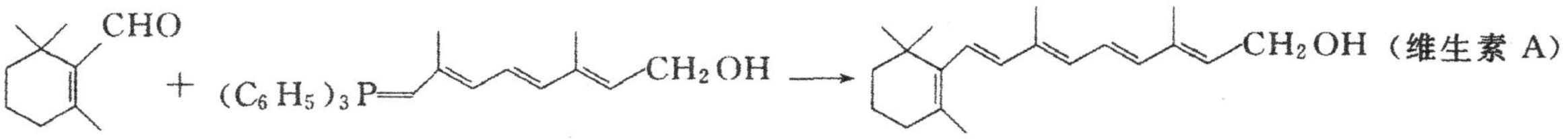

$$\text{CHO} + (C_6H_5)_3P=\cdots CH_2OH \longrightarrow \cdots CH_2OH \text{（维生素 A）}$$

15.1.4　其他元素有机物

1. 有机锂化合物

有机锂化合物具有很高的反应活性，在空气中就会发生氧化，遇水会发生强烈的反应甚至会自燃。有机锂化合物与有机镁化合物十分相似，它们都能溶于醚类溶剂，凡是格氏试剂能发生的反应，有机锂化合物也会发生。不过，与格氏试剂相比，有机锂化合物要活泼得多，它还具备一些格氏试剂所没有的化学反应性能。

（1）有机锂化合物制备

一般有两种方式，有直接锂代反应还有锂和卤代烃的反应。

直接锂代反应是以一种烷基锂与其他具有一定酸性的烃类化合物反应，使锂原子取代烃中的活泼氢，形成另一种烷基锂，这类反应称为直接锂代反应。在这个反应中，常用的烷基锂是丁

基锂,例如:

$$CH_3CH_2CH_2CH_2C\!\!\equiv\!\!CH + CH_3CH_2CH_2CH_2Li \longrightarrow CH_3CH_2CH_2CH_2C\!\!\equiv\!\!CLi + CH_3CH_2CH_2CH_3$$

苯基-CH_3 + CH_3CH_2CH_2CH_2Li ⟶ 苯基-CH_2Li + CH_3CH_2CH_2CH_3

锂与卤代烃反应与制备格氏试剂类似,可以用金属锂与卤代烃反应制取烷基锂:

$$CH_3CH_2CH_2CH_2Br + 2Li \xrightarrow[-20℃\sim-10℃]{乙醚} CH_3CH_2CH_2CH_2Li + LiBr$$

$$80\%\sim90\%$$

不同之处在于制取格氏试剂时,要以无水乙醚或四氢呋喃作溶剂;而制取烷基锂时,除了醚类溶剂外,还可用烃类溶剂,例如戊烷或石油醚。不过,由于烷基锂的活性高,制备时必须在低温、纯氮气氛中进行。

(2)有机锂化合物反应

①烃基取代反应。

有机锂试剂与卤代烃或硫酸酯可以发生取代反应。这个反应与武慈反应类似,但常伴有消除产物的生成:

$$CH\!\!\equiv\!\!CH + CH_3CH_2CH_2CH_2Li \longrightarrow CH\!\!\equiv\!\!CLi \xrightarrow{RX} RC\!\!\equiv\!\!CH$$

$$C_{15}H_{31}C\!\!\equiv\!\!CLi + (CH_3O)_2SO_2 \longrightarrow C_{15}H_{31}C\!\!\equiv\!\!C\!-\!CH_3$$

②加成反应。

烷基锂可以与醛、酮发生加成反应,其产物经水解生成仲醇和叔醇,这一反应和格氏试剂的作用类似。不过由于有机锂试剂价格贵,通常用得少。只有当羰基化合物本身也比较贵或空间位阻影响大,这时使用有机锂试剂才显得特别有意义。例如:

$$(CH_3)_3C\!-\!\overset{\displaystyle O}{\overset{\|}{C}}\!-\!C(CH_3)_3 + (CH_3)_3CLi \xrightarrow[-70℃]{乙醚} [(CH_3)_3C]_3C\!-\!OH$$

三叔丁基甲醇

1,3-二甲基-2-(α-羟乙基)苯

除了醛、酮羰基化合物外,有机锂还可以与羧酸作用,先生成锂盐,继续反应后产生酮。显然,若不加以控制,进一步反应就会生成叔醇。例如:

$$\underset{\underset{CH_3}{|}}{\overset{\overset{CH_3}{|}}{CH_3-C-COOH}} + CH_3Li \longrightarrow \underset{\underset{CH_3}{|}}{\overset{\overset{CH_3}{|}}{CH_3-C-COOLi}}$$

$$\xrightarrow{CH_3Li} \underset{\underset{CH_3\ OLi}{|\ \ |}}{\overset{\overset{CH_3\ CH_3}{|\ \ |}}{CH_3-C-C-OLi}} \xrightarrow{水解} \underset{\underset{CH_3}{|}}{\overset{\overset{CH_3\ O}{|\ \ ||}}{CH_3-C-C-CH_3}} + LiOH$$

3,3-二甲基丁酮

有机锂和二氧化碳的反应与上述过程十分类似：

$$RLi + CO_2 \longrightarrow RCOOLi \xrightarrow{RLi} \underset{\underset{OLi}{|}}{\overset{\overset{R}{|}}{R-C-OLi}} \xrightarrow{水解} \overset{\overset{O}{||}}{R-C-R} + LiOH$$

2. 有机铁化合物

1951 年,人们发现由格氏试剂和无水氯化亚铁可以合成出一种新化合物,其分子式为 $(C_5H_5)_2Fe$,俗称二茂铁。研究表明,二茂铁具有形似三明治的夹心结构,这是首次合成出来的一种新型结构。二茂铁一经问世就立即引起人们的关注,从那以后,许多其他过渡金属的类似化合物都先后合成成功。

具有夹心结构的二茂铁是由亚铁离子和环戊二烯形成的配合物,亚铁离子位于两个相互平行且呈轴对称的环戊二烯负离子中间：

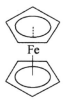

在二茂铁分子中,碳碳键键长都是均等的(C—C:0.40nm),事实上两个环戊二烯负离子都具有芳香性,因而它和苯环类似,可以发生典型的亲电取代反应。不过,二茂铁不能直接与浓硫酸发生磺化反应,因为它会被氧化,但可以用 ⬡O̶S̶O₃ 作磺化剂进行反应。

二茂铁,橙色针状晶体,它具有芳香性,化学性质稳定,它不仅耐酸、耐碱,而且还耐高温耐紫外线辐射。将二茂铁添加在燃料中,具有助燃、消烟和抗震的作用。不过,虽然二茂铁添加在汽油中具有很好的抗震效果,但是由于在燃烧过程中产生的氧化铁沉淀在火花塞上影响发火,因而其应用受到限制。二茂铁在固体火箭燃料中应用广泛,它能促进一氧化碳向二氧化碳转化,因而能提高燃料的燃烧热,起到节能和减少污染的作用。

15.2 药用高分子化合物

15.2.1 高分子化合物概述

1. 概述

高分子化合物是指分子量很大的一类化合物,是由许多相同的简单结构单元通过共价键重复连接而成的大分子,也叫高聚物或聚合物,其广泛存在于自然界中,如大米、小米等粮食中所含的淀粉、肉食中所含的蛋白质、木材中所含的纤维素都是高分子化合物。近几十年人工合成高分子工业得到飞速发展,天然和人工合成的高分子化合物遍及人类生活的方方面面,而且人工合成的高分子化合物的产量越来越大,与人类生活的关系越来越密切,应用范围越来越广泛。例如,聚丙烯酸和聚苯乙烯的结构式分别可以写为:

聚丙烯酸   聚苯乙烯

上式中,中括号表示重复连接,n 是该高分子重复单元的个数,称为聚合度。按聚合度计算可得到聚合物的平均分子量。

通常低分子化合物的相对分子质量在 1000 以下,而高分子化合物的相对分子质量在 10000 以上,因此,相对分子质量很大是高分子化合物的特征,是高分子化合物同低分子化合物最根本的区别,也是高分子物质具有各种独特的性能——相对密度小、强度大、具有高弹性和可塑性等的基本原因。至于相对分子质量为 $1000 \sim 10000$ 的物质是属于低分子化合物还是属于高分子化合物，这要由它们的物理机械性能来决定。一般来说，高分子化合物具有较好的强度和弹性，而低分子化合物则没有，因此，其相对分子质量必须达到其物理机械性能与低分子化合物具有明显差别时，才能称为高分子化合物。

高分子化合物的相对分子质量虽然很大，但其化学组成一般都比较简单，常由许多相同的链节以共价键重复结合而形成高分子链，例如，聚氯乙烯是由许多氯乙烯分子聚合而成的。天然的高分子化合物（如蛋白质、核酸）具有一定的顺序、结构和相对分子质量，而合成的高分子化合物的聚合度总是不同的，换言之，同一种合成的高分子化合物中各个分子的相对分子质量大小总是不同的（合成的蛋白质如胰岛素是例外）。因此，合成的高分子化合物实际上是相对分子质量大小不同的同系混合物。高分子化合物的相对分子质量指的是平均相对分子质量，聚合度也是平均聚合度。高分子化合物中相对分子质量大小不等的现象称为高分子化合物的多分散性（即不均一性）。这种现象在低分子化合物中不存在，但对高分子化合物的性能却有很大的影响，一般来说，分散性越大，性能越差。

2. 性质

(1)高分子化合物的物理性质

高分子化合物不仅具有分子量大的特点，而且从量变到质变的意义来说，随着分子量的增大也必然表现出一系列不同于低分子的特殊性质。高分子化合物的性质与它的结构有密切的关系。由于高分子化合物的分子链长，而且还存在分子内旋转（构成链的原子沿町键的对称轴自由旋转），所以高分子链表现出柔顺性，容易卷曲成无规则的线团。不同高聚物性能间的差别与其分子结构、分子间作用力、分子链的柔顺性、聚合度、分子极性等因素有关。高分子化合物的主要物理性质有以下几个方面。

①可塑性。链型（包括带支链的）高聚物的长链分子通常呈卷曲状，且互相缠绕，分子链间有较大的分子间作用力，显示一定的柔顺性和弹性。可溶解于合适的溶剂将链型高分子化合物加热到高于某一温度后便逐渐软化，最后达到粘性流动状态，在这种情况下，整个大分子以及链段（由若干个链节连起来具有旋转能力的最小部分）都可以移动。此时如受外力作用，分子间便互相滑动而发生形变，除去外力后也不恢复原状，这时可进行模塑，滚压、浇铸，加工成型，冷却后仍可保持塑成的形状，这样就可以制成各种塑料制品。这种性质叫做可塑性。聚氯乙烯、未硫化的天然橡胶、高压聚乙烯等都是链型高分子化合物。

体型高聚物是链型（含带支链的）高分子化合物分子间以化学键交联而形成的具有空间网状结构的高分子化合物，一般弹性和可塑性较小，而硬度和脆性则较大。一次加工成型后不能再熔化，故又称为热固性高聚物。它具有耐热、耐溶剂、尺寸稳定等优点。如酚醛树脂、硫化橡胶及离子交换树脂等都是体型高聚物。

②结晶性。有些高分子化合物在固态时是非晶态物质。但是也有些化学结构简单、链的规整性较大、链上取代基的空间位阻较小，而链段间互相作用力较强的高分子化合物，其分子链易规整排列而形成结晶态物质，有人认为，结晶态的高分子，并不是整个高分子链都作规整排列，而是分为晶区和非晶区。一个高分子链可以贯穿几个晶区和非晶区，在晶区内链段排列规整，在非晶区内则呈卷曲状并互相缠结。高分子化合物加热熔融后呈非晶态，将其快速冷却便形成结晶态高分子，这时晶区的排列往往是不规则的。如果将其拉伸，非晶区链段被强制伸长，链段进一步作规整排列，此时晶区几乎都是平行有规则的排列，这样可以保持较好的抗张强度。具有这种

性质的高分子化合物,可以拉成抗张强度很大的细丝。

③弹性。随着温度的下降,处于黏性流动状态的高分子化合物的黏度逐渐增大,最后变成弹性体,加外力时便产生缓慢的形变,除去外力后又会缓慢地回复原状。这种性质叫做弹性。这是因为分子的动能减小,活动迟缓,受外力时分子间不会互相滑动,但链段仍可以内旋转,有可能使链的一部分卷曲或伸展,便成为柔软而富于弹性的状态。

具有轻度交联的高分子,会使高分子链在张力下伸展,但它们仍能互相联系着而保持连续的结构。除去外力,由于热运动,高分子链重新收缩回复原状,这样就可以增加弹性。但交联过多,弹性反而下降。

高分子材料除上述主要物理性质外,还具有电绝缘性、渗透性以及胶粘性等。

(2)高分子化合物的化学性质

高分子化合物在物理因素(如光、热,高能射线等)以及化学因素(如氧、水、酸、碱等)的作用下,会发生化学变化。高分子的化学变化可归结为链的交联和链的降解(裂解)两类反应。降解是指高分子受紫外线、热、机械力等因素的作用而发生的分子链的断裂;交联是指高分子碳—氢键断裂,产生的高分子自由基相互结合,形成网状结构。降解和交联对高分子的性能有很大的影响。降解使高分子分子量下降,材料变软发粘,抗拉强度和模量降低;交联使高分子材料变硬变脆,伸长率下降。

这两种反应往往同时发生。高分子化合物在工作条件下发生交联和降解(裂解)的反应叫做老化。属于化学因素引起的降解反应主要有

①氧化作用。在高分子的结构中,含有双键、羟基、醛基等易被氧化的基团时,与氧化剂作用就容易发生氧化降解,这些化合物对各种氧化剂非常敏感,加热时极易被空气中的氧所氧化。饱和碳链的高分子化合物对氧化剂较为稳定。但长时间或在温度较高的情况下,与高锰酸钾、硝酸等强氧化剂作用也能发生降解反应。

②酸解作用。以羧酸代替水使高分子裂解叫做酸解作用。此时羧酸中的酰基便相当于水中的氢原子。

③水解作用。大多数杂链高分子化合物都能与水作用而发生裂解反应。如果有酸存在,则更易发生水解作用。

此外,还有氨解和醇解作用,其反应与上述水解,酸解作用类似。高分子化合物分子中的各种官能团,都能正常发生反应,如羧基加成、脱碳,酯和酰胺发生水解等。由于分子量大,结构特殊,它们各自有其独特的性质。作为高分子材料,正是利用了这些性质。

3. 命名

(1)系统命名法

高分子化合物的系统命名法基本原则如下。

①确定聚合物的最小重复单元。

②排出次级单元的次序,两个原则——对乙烯基聚合物,先写有取代基的部分;连接元素最少的次级单元写在前面。

③由小分子有机化合物的 IUPAC 命名重复单元。

④在此重复单元名称前加一个"聚"字。如:聚(1-氯代乙烯),聚(1-苯基乙烯)。

聚(1-氯代乙烯)　　聚(1-苯基乙烯)

(2)习惯命名法

高分子化合物的系统命名比较复杂,实际上很少使用,习惯上天然高分子化合物常用俗名,例如:纤维素、淀粉、蛋白质等。合成高分子化合物常根据制法、原料等来命名。

①由一种单体加聚反应制得的高分子化合物,在单体名称前面加一"聚"字来命名。例如:聚乙烯、聚氯乙烯、聚苯乙烯等。

②两种或两种以上不同单体聚合成的高分子化合物,如果是加聚物,则在单体名称之后加上"共聚物",例如:甲基丙烯酸甲酯—苯乙烯共聚物;如果是缩聚物,一般在两种单体名称之后加上"树脂",例如:苯酚—甲醛树脂(简称酚醛树脂);有时按缩聚物的结构特征命名,例如:聚酯、聚酰胺等。

③以"橡胶"作为合成橡胶的词尾,如丁苯橡胶、氯丁橡胶、硅橡胶等。

此外,有些合成高分子化合物也常用商品名,例如:特氟隆(聚四氟乙烯)、有机玻璃(聚甲基丙烯酸甲酯)、尼龙(nylon)、涤纶、腈纶等。

还有用英文缩写符号的,例如:聚氨酯的英文缩写为 PU,丁二烯与苯乙烯共聚物的英文缩写为 PBS。

4. 分类

高分子化合物的种类很多,其分类方法也有很多种,以下是几种常见的分类方法。

(1)按来源分类

按来源分类,可把高分子化合物分成天然高分子化合物、合成高分子化合物和半合成高分子化合物三大类。

天然高分子化合物是指那些存在于自然界中的高分子化合物,如石棉、云母、纤维素、淀粉、蛋白质、核酸、天然橡胶等。

合成高分子化合物是指由简单的小分子化合物经过化学反应而人工合成的高相对分子质量的化合物,如合成云母、聚烯类高分子化合物、聚酯类高分子化合物等。

半合成高分子化合物是指由天然高分子化合物经人工进行化学处理而得到的高分子化合物,如玻璃、硝化纤维、醋酸纤维素等。

(2)按高分子化合物的主链结构分类

按高分子化合物的主链结构分类,可把高分子化合物分为碳链高分子化合物、杂链高分子化合物、元素有机高分子化合物和无机高分子化合物四大类。

碳链高分子化合物的主链是由碳原子连接而成的。

杂链高分子化合物的主链除碳原子外,还含有氧、氮、硫等其他元素,如聚酯、聚酰胺、纤维素等。

元素有机高分子化合物的主链由碳和氧、氮、硫等以外的其他元素的原子组成,如硅、氧、铝、钛、硼等元素,但侧基是有机基团,如聚硅氧烷等。

无机高分子化合物的主链和侧链基团均由无机元素或基团构成。天然无机高分子化合物如云母、水晶等,合成无机高分子化合物如玻璃等。

(3)按材料的性能分类

按材料的性能分类,可把高分子化合物分成塑料、纤维和橡胶三大类。

塑料按其热熔性能又可分为热塑料(如聚乙烯、聚氯乙烯等)和热固性塑料(如酚醛树脂)两大类。前者为线型结构的高分子,受热时可以软化和流动,可以反复多次塑化成型,次品和废品可以回收利用,再加工成产品。后者为体型结构的高分子,一经成型便发生固化,不能再加热软化,不能反复加工成型,因此,次品和废品没有回收利用的价值。塑料的共同特点是有较好的机械强度(尤其是体形结构的高分子),可作结构材料使用。

纤维又可分为天然纤维和化学纤维。后者又可分为人造纤维(如粘胶纤维、醋酸纤维等)和合成纤维(如尼龙、涤纶等)。人造纤维是用天然高分子(如短棉绒、竹、木、毛发等)经化学加工处理、抽丝而成的。合成纤维是用低分子原料合成的。纤维的特点是能抽丝成型,有较好的强度和挠曲性能,可作纺织材料使用。

橡胶包括天然胶和合成橡胶。橡胶的特点是具有良好的高弹性能,可作弹性材料使用。

(4)按用途分类

按用途分类,可把高分子化合物分为通用高分子化合物、工程材料高分子化合物、功能高分子化合物、仿生高分子化合物、医用高分子化合物、药用高分子化合物、高分子试剂,高分子催化剂和生物高分子化合物等。

塑料中的"四烯"(聚乙烯、聚丙烯、聚氯乙烯和聚苯乙烯),纤维中的"四纶"(锦纶、涤纶、腈纶和维纶),橡胶中的"四胶"(丁苯橡胶、顺丁橡胶、异戊橡胶和乙丙橡胶)都是用途很广的高分子材料,为通用高分子化合物。

工程材料高分子化合物是指具有特种性能(如耐高温、耐辐射等)的高分子材料,如聚甲醛、聚碳酸酯、聚酰亚胺、聚芳醚、聚芳酰胺和含氟高分子化合物、含硼高分子化合物等都是较成熟的品种,已广泛用作工程材料。

功能高分子化合物是指离子交换树脂、感光性高分子化合物、高分子试剂、高分子催化剂等。而医用高分子化合物、药用高分子化合物在医药上和生理卫生上都有特殊的要求,也可以看做是功能高分子化合物。

15.2.2　药用高分子化合物概述

1. 概述

我国是医药文明古国,中草药用于治疗生物体疾病的历史十分悠久,天然药用高分子化合物的使用要比西方国家早得多。东汉张仲景(约公元 142—219 年)在《伤寒杂病论》和《金匮要略》中记载的栓剂、洗剂、软膏剂、糖浆剂及脏器制剂等十余种制剂中,首次记载了采用动物胶汁、炼蜜和淀粉糊等天然高分子化合物为多种制剂的赋形剂,并且至今仍然沿用。早在公元前 1500年,人们就开始有意识地利用植物和动物治病。高分子化合物在医药中的应用虽然也有相当长的历史,但早期使用的都是天然高分子化合物,如树胶、动物胶、淀粉、葡萄糖,甚至动物的尸体等。如今,尽管天然高分子药物在医药中仍占有一定的地位,但无论从原料的来源、品种的多样化以及药物本身的物理化学性质和药理作用等方面看,都有一定的局限性,远远满足不了医疗卫生事业发展的需要。

在药物制剂领域中,高分子化合物的应用具有久远的历史,人类广泛利用天然的动植物来源的高分子材料作为药物药剂中的粘合剂、赋形剂、乳化剂、助悬剂等,如多糖、蛋白质、胶质和黏液汁等。随着医药工业不断发展,对新型功能药用高分子材料的需求日益迫切。改性的天然高分子材料或合成的高分子材料,在药物制剂中作为辅料可改善药物的稳定性,较好的成型性,为新型药物提供所需智能(例如对 pH、温度和酶的敏感)或可以改善、提高对药物的渗透性、成膜性、粘着性、润湿性、溶解性、生物相容性以及生物可降解性等,显示出它们在医药领域中应用的潜力。在现代的药物传递系统中,高分子材料几乎成了药物在传递、渗透过程中的不可分割的组成部分。

近年来,我国已有相当数量的药用高分子材料被开发应用,如淀粉的改性产物(羧甲基淀粉钠、可压性淀粉)、纤维素及其衍生物(微晶纤维素、低取代羟丙基纤维素、羟丙甲纤维素)、丙烯酸树脂类(肠溶型、胃崩型、胃溶型、渗透型)等,有的已有大吨位的生产能力。合成的聚合物,如泊洛沙姆、卡波姆、聚维酮、聚乳酸、己内酯/丙交酯嵌段共聚物、聚乙二醇、聚乙烯醇、聚乳酸、聚甲基氰基丙烯酸、乳酸/羟基乙酸共聚物等,有的已获批准生产,有的正在开发之中。

药用高分子通常按其应用性质的不同,将药用高分子分为药用辅料和高分子药物两类。药用辅料高分子是指用于改善药物使用性能及用于药剂加工的高分子材料,如稀释剂、润滑剂、粘合剂、糖包衣、胶囊壳等。高分子药物则是把生理活性物质用化学的方法连接到高分子上,使其达到持续释放和定位释放药物的目的,或本身具有强烈活性的高分子化合物等,是具有药理疗效的一类医用功能高分子材料。此外,还有一类应用于药物包装的高压聚乙烯、聚丙烯、聚氯乙烯、聚碳酸酯、聚酯等高分子材料近年来发展速度也相当快,本章不作介绍。这里主要介绍药用辅料高分子化合物。

药用高分子材料按其来源分有:①天然高分子,如蛋白质类(如明胶等)、多糖类(如淀粉、纤维素)、天然树胶(如阿拉伯胶、西黄蓍胶);②半合成高分子,如淀粉的衍生物(如羧甲基淀粉)、纤维素的衍生物(如羟丙基纤维素);③合成高分子,如聚丙烯酸、聚维酮等。

药用辅料广义上指的是能将药理活性物质制备成药物制剂的各种添加剂,其中具有高分子特征的辅料,一般被称为药用高分子辅料。长久以来,人们都把辅料看作是惰性物质,随着人们对药物从剂型中释放、被吸收的性能的深入了解,现在人们已普遍认识到辅料有可能改变药物从制剂中释放的速度或稳定性,从而影响其生物利用度。国际药用辅料协会(IPEC)的定义是:药用辅料是在药物制剂中经过合理安全评价的不包括生理有效成分或前体的组分,它的作用有:

①有助于从外观鉴别药物制剂。

②在药物制剂制备过程中有利于成品的加工。

③加强药物制剂稳定性,提高药物的生物利用度或患者的顺应性。

④增强药物制剂在贮藏或应用时的安全性和有效性。

故可知,没有高分子辅料,新剂型的开发是不可想象的。药用高分子辅料在药用辅料中占有很大的比重,现代的制剂工业,从包装到复杂的药物传递系统的制备,都离不开高分子材料,其品种的多样化和应用的广泛性表明它的重要性。1960 年以来,药用高分子材料在药物制剂应用中取得了比较重要的进展,如 1964 年的微囊,1965 年的硅酮胶囊和共沉淀物,1970 年的眼用缓释治疗系统,1973 年的毫微囊、宫内避孕器,1974 年的微渗透泵、透皮吸收制剂以及 20 世纪 80 年代以来的控释制剂和靶向制剂等一的发明和创制,都离不开高分子材料的应用。高分子材料作为药物载体的先决条件是:①适宜的载药能力;②载药后有适宜的释药能力;③无毒、无抗原性,并具有良好的生物相容性。为适应制剂加工成型的要求,还需具备适宜的分子量和物理化学性质。

2. 分类

药用高分子化合物的类型和基本性能及药用高分子化合物的定义至今还不甚明确。在不少专著中,将药用高分子化合物按其应用目的不同分为药用辅助材料和高分子药物两类。

(1)药用辅助材料

药用辅助材料本身并不具有药理作用,只是在药品的制造和使用中起从属或辅助的作用。因此,这类高分子化合物从严格意义上讲不属于功能高分子化合物,但显然属于特种高分子化合物的范畴。而高分子药物则不同,它依靠连接在聚合物分子链上的药理活性基团或高分子化合物本身的药理作用,进入人体后,能与机体组织发生生理反应,从而产生医疗效果或预防性效果。

除了上述两类药用高分子材料外,近年来还逐渐形成了介于这两者之间的一类处于过渡态的高分子化合物。这类材料虽然本身不具有药理作用,但由于它的使用和存在却延长了药物的效用,为药物的长效化、低毒化提供帮助。例如,用于药物控制释放的高分子材料。

作为药用辅助材料的高分子化合物应具备以下特点。

①生物相容性:进入血液系统不会引起血栓。

②低毒:本身及分解产物应无毒,不会引起炎症和组织变异反应,没有致癌性。

③靶向性:能有效地到达有病部位,并在该处积累,保持一定的浓度。

④无积蓄性:高分子化合物必须易于分解,才能排出人体或被人体吸收。

⑤具有水溶性和亲水性:能增加难溶药物的溶解度。

(2)高分子药物

高分子药物是指具有明显生理活性的高分子化合物。随着药学与高分子合成技术的不断发展,近年来高分子药物发展很快,涉及的范围越来越广。当然,高分子药物还是一个新鲜事物,许多问题还有待研究和解决。

根据高聚物本身在高分子药物中所起的作用,将高分子药物分为三类,具有高分子链的低分子药物、固相酶和高分子药物。

高分子链的低分子药物,这类高分子药物的高分子链本身无生理活性,只起载体的作用。引入高分子链的目的是为了提高药物的持续性、增强生理活性或降低药物的毒副作用。

固相酶是通过化学、物理方法将酶分子与高聚物分子结合在一起,因而固相酶也称为树脂酶。固相酶的直径为数微米至数十微米,不溶于水,保持了酶的高度催化活性,无副作用,药效持久,效果良好。如天冬酰胺酶分解天冬酰胺,而天冬酰胺则是癌细胞生长的必不可少的营养物质,但门冬氨酸对人体具有免疫反应。将门冬酰胺酶用界面缩聚法制成不溶性的半透膜微囊,血液中的小分子包括天门冬酰胺能通过半透膜,而大分子则不能通过,这样就避免了人体的免疫反应,通过半透膜的天门冬酰胺被半透膜内的天门冬酰胺酶所分解,使白血病得以治疗。

高分子药物的分子各个部分都是组成药物的不可缺少的部分,如酶制剂、肝素、抗原、多糖类药物、高分子葡萄糖苷、葡聚糖硫酸钠等。

15. 2. 3　常见的药用高分子化合物

1. 羧甲基淀粉钠

羧甲基淀粉钠为 CMS-Na 又称羧甲基淀粉,系由淀粉在碱存在下与氯乙酸作用而制得,取

代度为 0.5,其结构式为:

$$R=CH_2COONa\ (H)$$

羧甲基淀粉钠为白色至类白色的粉末,能分散于水形成凝胶,在水中的体积能膨胀 300 倍。醇中溶解度约 2%,不溶于其他有机溶剂。市售品有不同黏度等级。2%的羧甲基淀粉钠混悬液 pH5.5~7.5 时黏度最大且稳定。pH 低于 2 时,析出沉淀,pH 高于 10 时,黏度下降。由于亲水性基团羧基的引入,羧甲基淀粉钠有较大的吸湿性,25℃及相对湿度为 70%时的平衡吸湿量为 25%,故需密闭保存,防止结块。羧甲基淀粉钠为无毒安全的口服辅料,现广泛用作片剂和胶囊剂的崩解剂。

2. β-环糊精

环糊精(Cyclodextrin,简称 CD)是经浸解杆菌淀粉酶作用于淀粉后产生的环状低聚糖的总称。由 6、7、8 个 D-(+)-吡喃型葡萄糖残基经 α-1,4-糖苷键结合,可分别得到 α、β、γ 三种不同的环糊精。其分子为圆筒状,但因上下直径不同,而像一个无底的桶,如图 15-1 所示。桶的内腔是由碳—氢键和构成糖苷键的氧原子组成,因此,使环糊精的上下两端开口处是亲水的,而内腔是疏水的,这种结构特征使其具有一定水溶性,与此同时,许多非极性有机分子或有机分子的非极性一端可进入环糊精的内腔形成包合物。

目前国内应用的多为 β-CD 及其衍生物,β-CD 为白色结晶性粉末,对强酸较不稳定,对碱、热和机械作用都相当稳定。25℃时水中溶解度低,仅为 1.85%(w/v),熔点介于 240%~250%。β-CD 具有稳定的晶体结构,具体可见图 15-2 示。β-CD 有 7 个葡萄糖残基单位,筒状空腔内径为 0.6nm~0.65nm,较利于包合物的形成。

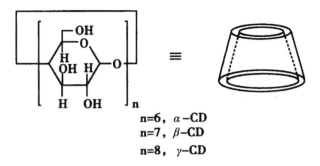

n=6, α-CD
n=7, β-CD
n=8, γ-CD

图 15-1　α、β 和 γ-环糊精结构示意图

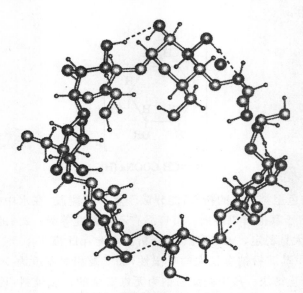

图 15-2 β-环糊精的晶体结构图

这种包合物的结构力不是通过化学键,而是通过疏水性结合的范德华力,并通过被包合分子(客体)的大小与环糊精(宿主)的空腔容积相匹配而形成的。形成包合物后能改变被包合物的物理和化学性质,例如挥发性、溶解性、稳定性、气味、颜色等,因此被广泛用于食品、医药、农药、化学分析等方面。

3. 泊洛沙姆

泊洛沙姆(Poloxamer)是由不同比例聚氧乙烯链段和聚氧丙烯链段构成的嵌段共聚物,其商品名为普流罗尼(Pluronic)。泊洛沙姆是以丙二醇与环氧丙烷为起始原料,在碱金属氢氧化物的催化下,先聚合成含一定链节的聚氧丙烯链段,再与环氧乙烷在链段两侧加成聚合即得。通式为:

$$\underset{}{HO(CH_2CH_2O)_x(\overset{\overset{\displaystyle CH_3}{|}}{CH}CH_2O)_y(CH_2CH_2O)_xH}$$

根据其中聚氧乙烯链段分子量比例(10%~80%范围)不同有不同的型号品种。其命名规则是在 Poloxamer 后附以三位数字组成的编号,前两位数乘 100 为为聚氧丙烯链段的分子量,后一位数为聚氧乙烯链段分子量在共聚物中所占比例。例如,Poloxamer 188,编号的前两位数是18,表示聚氧丙烯的分子量为 18×100=1800(实际为 1750,取整数);后一位是 8,表示聚氧乙烯链分子量占总数的 80%,由此推算该共聚物的分子量为 9000(实际为 8350)。在 Poloxamer 的命名规则中,最后一位数是 7 或 8 的共聚物均是固体,5 以下则是半固体或液体。

试验证明,泊洛沙姆具有较高的安全性,毒性低,无刺激过敏性,生物相容性好,且分子量越大以及聚氧乙烯部分比例越高,可接受的剂量就越大。可作为增溶剂及乳化剂,增加药物的溶出速度和体内吸收的作用;是水溶性栓剂、亲水性软膏、凝胶、滴丸剂等的基质材料;在一些化妆品以及牙膏中亦曾作为基质材料使用;作为蛋白质分离的沉淀剂以及消泡剂等。近年来,利用高分子泊洛沙姆水凝胶制备药物控释、缓释制剂的报道众多,如埋植剂、长效滴眼液等。

4. 明胶

明胶(Gelatin)属于天然多肽的聚合物,是胶原温和断裂的产物。明胶的原料胶原是一种纤维蛋白,存在于动物(猪、牛等)的结缔组织(包括软组织、动物皮和腱骨)和硬骨料组织。胶原与水共热时,能断裂生成分子量较小的明胶,明胶的分子量在 $1.5 \times 10^4 \sim 2.5 \times 10^4$ 之间。药用明胶按制法分为酸法明胶(密度为 $1.325 g/cm^3$)和碱法明胶(密度为 $1.283 g/cm^3$),市售品也可能为酸法明胶和碱法明胶的混合物。此外,明胶成分受胶原来源的影响,其组成也可能不同。

市售明胶呈淡黄色,外形有薄片状、粒状,无味、无臭。明胶与有些有机溶剂有相容性,如甘油、丙二醇、山梨醇、甘露糖醇、二甲基亚砜、甲酰胺、冰醋酸、N-甲基甲酰胺、乙酰胺和 2-吡咯烷酮等。明胶不溶于一元醇、醚、丙酮、氯仿和挥发油。

明胶遇冷水会溶胀,投入水中 2h 可充分溶胀,在 40℃ 热水中即完全溶解成溶液。水溶液中明胶分子的构型、物理性质随所处的环境不同而不同。明胶分子与其他蛋白一样为两性聚电解质,在不同 pH 溶液中可为正离子、负离子或两性离子,存在等电点。在等电点时,溶胀吸水量最小,加入脱水剂时,在 40℃ 以上能出现单凝聚。明胶在所有 pH 范围内都易溶于水,如加入与明胶分子上电荷相反的聚合物,则带相反电荷的聚合物能使明胶从溶液中析出,例如阿拉伯胶带负电荷,能和带正电荷的弱酸性明胶溶液反应,溶解度急剧下降。这种共凝聚作用在工艺上最重要的用途,就是制备微型胶囊。

明胶溶液可因温度降低而形成凝胶,明胶溶液形成凝胶的浓度最低极限值约为 0.5％,凝胶存在的温度最高为 35℃。明胶溶液能缓慢地水解转变成分子量较小的片断,黏度下降,失去凝胶能力,加热或酶的作用均使明胶水解加快。

由于明胶的凝胶具有热可逆性,冷却时凝固,加热时熔化,这一特性使其大量应用于制药工业和食品工业。在制剂生产中,最主要的用途是作为硬胶囊、软胶囊以及微囊的囊材,成品胶囊在物理性质上的差异与采用明胶类型的关系不大。明胶的薄膜均匀,有较坚固的拉力并富有弹性,故可用作片剂包衣的隔离层材料。此外常用作栓剂的基质、片剂的粘合剂和吸收性明胶海绵的原料等。

5. 阿拉伯胶

阿拉伯胶系豆科茎及枝渗出的干燥胶状物,粗品经研磨,过筛,分成不同规格,其分子量在 $2.4 \times 10^5 \sim 5.8 \times 10^5$,多产于阿拉伯国家。阿拉伯胶为糖及半纤维素的复杂聚集体,其主要成分为阿拉伯酸的钙盐、镁盐或钾盐的混合物(约含80％),缓慢水解阿拉伯酸可得 L-树胶糖、L-鼠李糖、D-半乳糖和 D-糖醛酸等。

阿拉伯胶呈圆球颗粒状、片状或粉状,为半透明白色或黄白色的易碎固体,相对密度 1.35～1.49,折断面有玻璃般光泽,有潮解性,在 25℃ 相对湿度为 25％～65％ 时平衡含湿量为 8％～13％,相对湿度高于 70％ 时则吸收大量水分。由于阿拉伯胶大分子化学结构上有较多的支链而形成粗短的螺旋结构,因此它的水溶液具有较强的黏稠性和粘着性。阿拉伯胶加酸可生成阿拉伯酸,后者水溶液的 pH 为 2.2～2.7,比阿拉伯胶有更高的黏度,但作为乳化剂远不及阿拉伯胶稳定。阿拉伯胶溶液的黏度视材料来源、pH 和含盐量而不同。

阿拉伯胶是一种表面活性剂,是有效的乳化剂,其乳化作用主要由于它形成的界面膜内聚力很大并具有弹性。阿拉伯胶不溶于乙醇,能溶解于甘油或丙二醇(1:20)。水中溶解度为 1:2.7,5％ 水溶液的 pH 为 4.5～5.0,在 pH2～10 时稳定性良好,溶液易霉变,其溶液可用微波辐射灭菌。

阿拉伯胶作为药剂辅料历史悠久,口服安全无毒,家兔口服 LD_{50} 为 8g/kg,但不宜作注射剂用,常用作乳化剂、增稠剂、助悬剂、黏合剂和保护胶体。

6. 纤维素衍生物

纤维素可以通过酯化、醚化、交联以及接枝等化学改性制备其衍生物,目的在于改善纤维素的加工性能和影响药物传递过程中的特殊性能。如:

$R = CH_3$,或H　　甲基纤维素

$R = CH_3CH_2$,或H　　乙基纤维素

$R = CH_3\overset{\overset{\text{O}}{\|}}{C}-$,或H　　醋酸纤维素

(1)甲基纤维素

甲基纤维素是纤维素的甲基醚,是以碱纤维素为原料,与氯甲烷进行醚化制得,为白色至浅黄色纤维状粉末或颗粒,相对密度 1.26～1.31,熔点 280℃～300℃(同时焦化)。含甲氧基 27.5%～31.5%,取代度 1.5～2.2,聚合度 n 为 50～1500 不等。

甲基纤维素有良好的亲水性,在冷水中膨胀生成澄明的乳白色黏稠状胶体溶液,不溶于热水、醇、醚、丙酮、甲苯和氯仿,溶于冰醋酸中。甲基纤维素在冷水中的溶解度与取代度有关,取代度为 2 时最易溶,甲基纤维素的水溶液与其他非纤维衍生物胶质溶液相反,温度上升,初始黏度下降,再加热反而易胶化,取代度高的甲基纤维素,其胶化温度较低。甲基纤维素微有吸湿性。甲基纤维素的黏度取决于聚合度,国际市场商品按黏度分有 15、25、100、400、1500、4000、8000mPa·s 等不同等级。在室温时甲基纤维素溶液对碱及稀酸稳定(pH2～12)。甲基纤维素易霉变,故常用热压灭菌法灭菌,与常用的防腐剂有配伍禁忌。

甲基纤维素为安全、无毒、可供口服的药用辅料,在肠道内不被吸收,给大鼠注射可引发血管性肾炎及高血压,故不宜用于静脉注射。在药物制剂中,低或中等黏度的甲基纤维素可作为片剂的黏合剂(2%～6%),用于片剂包衣的浓度为 0.5%～5%,高黏度甲基纤维素可用于改进崩解(2%～10%)或作缓释制剂的骨架(一般浓度为 5%～75%)。高取代度、低黏度级的甲基纤维素可用其水性或有机溶剂溶液喷雾包片或包隔离层。其他可作为助悬剂、增稠剂、乳剂稳定剂、保护胶体,亦可作隐形眼镜片的润湿剂及浸渍剂。0.5%～1%(w/v)的高取代、高黏度甲基纤维素可作滴眼液用,其 1%～5%浓度可用作乳膏或凝膏剂的基质。

(2)乙基纤维素

乙基纤维素是纤维素的乙基醚,为白色至黄白色粉末或颗粒,取代度为 2.25～2.60,相当于乙氧基含量 44%～50%。不同取代度的商业盈基纤维素的溶解性质不一,乙基纤维素按颗粒粗细及黏度分有多种型号,供不同用途使用。

乙基纤维素也广泛地用来制备缓释剂的骨架、薄膜材料。制粒时可将其溶于乙醇,也可利用

其热塑性,以挤出法或压片法制粒,调节乙基纤维素或水溶性粘合剂的用量,以改变药物的释放速度。乙基纤维素具有良好的成膜性,可将其溶于有机溶剂作为薄膜包衣材料,缓释片包衣常用浓度为 3%～10%,一般片剂包衣或制粒为 1%～3%,由于它的疏水性好,不溶于胃肠液,常与水溶性聚合物(如甲基纤维素、羟丙甲纤维素)共用,改变乙基纤维素和水溶性聚合物的比例,可以调节薄膜层的药物扩散速度。

(3)醋酸纤维素

醋酸纤维素是部分乙酰化的纤维素,以醋酸纤维素为原料,硫酸为催化剂,加过量的乙酸酐,使全部酯化成三醋酸纤维素,然后水解降低乙酰基含量,达到所需酯化度的醋酸纤维素由溶液中沉淀出来,经洗涤、干燥后得固态产品,其含乙酰基 29.0%～44.8%(w/w),即每个结构单元约有 1.5～3.0 个羟基被乙酰化。

纤维素经醋酸酯化后,分子结构中多了乙酰基,只保留少量羟基,降低了结构的规整性,因此其性质也起了变化,耐热性提高,不易燃烧,吸湿性变小,电绝缘性提高。根据取代基的含量不同,其在有机溶剂中的溶解度差异很大。醋酸纤维素的乙酰基含量下降,亲水性增加,水的渗透性增加。

三醋酸纤维素具有良好生物相容性,对皮肤无致敏性,多年来用作肾渗析膜直接与血液接触无生物活性且很安全,在生理 pH 范围内是稳定的,它可和几乎全部可供医用的辅料配伍,并能用辐射线或环氧乙烷灭菌,近年已被用作透皮吸收制剂的载体。其他醋酸取代基数量不同的醋酸纤维素已广泛用作控释制剂的骨架或渗透泵半渗透膜材料。

7. 聚乙烯醇

聚乙烯醇(Polyvinyl alcohol,PVA)是一种水溶性聚合物,它并不是由乙烯醇单体聚合形成的,而是由聚醋酸乙烯醇解制得。醇解反应既可用碱催化,也可以用酸催化,但以碱催化的醇解产物稳定、易纯化、色泽好。碱催化下反应式如下:

$$\left[CH_2-CH \right]_n (OCOCH_3) + nC_2H_5OH \xrightarrow{KOH} \left[CH_2-CH \right]_n (OH) + nCH_3COOC_2H_5$$

聚醋酸乙烯　　　　　　　　　　　　　　聚乙烯醇

药用聚乙烯醇分子量在 3 万～20 万,平均聚合度 n 为 500～5000,有高黏度(分子量为 20 万)、中黏度(分子量为 13 万)及低黏度(分子量为 3 万)的不同产品。市售工业规格表示为 PVA 05-88、PVA17-88 等,前一组数字乘 100 为聚合度,后一组数字为醇解度(聚醋酸乙烯醇解的百分率)。

聚乙烯醇是白色至奶油色无臭颗粒或粉末,25℃相对密度 1.19～1.31,其理化性质与其醇解度、聚合度以及结构中的羟基有很大关系。

聚乙烯醇具有极强的亲水性,溶于热水或冷水中,分子量越大,结晶性越强,水溶性越差,但水溶液的黏度相应增加。聚乙烯醇在酯、醚、酮、烃及高级醇中微溶或不溶。

醇解度是影响聚乙烯醇溶解性的主要因素。醇解度 87%～89% 的产品水溶性最好,在冷水和热水中均很快溶解。醇解度更高的产品,一般需要加热到 60℃～70℃ 才能溶解,醇解度越高,溶解温度越高。醇解度在 75%～80% 的产品不溶热水,只溶于冷水,随着醇解度进一步下降,分子中乙酰基含量增大,水溶性下降,醇解度 50% 以下的产品则不再溶于水。但醇解度低的产品在有机溶剂中的溶解度增加,在一些低级醇和多元醇中加热能够溶解。例如,在 120℃～150℃

溶于甘油,但冷后即成冻胶。这类溶剂包括乙二醇、三乙醇胺、二甲基亚砜和低分子量聚乙二醇等。聚乙烯醇溶于水和乙醇的混合溶剂,允许加入的醇量与醇解度有关。

聚乙烯醇水溶液具有一定的表面活性作用。醇解度低,残存的酯基多,表面张力则越低,乳化能力却相对较强;聚乙烯醇具有良好的成膜性能。聚乙烯醇水溶液可与许多水溶性聚合物混合,但与西黄蓍胶、阿拉伯胶和海藻酸钠等混合时,在放置后可能因配比不当而出现分离倾向。本品与大多数无机盐有配伍禁忌,低浓度氢氧化钠、碳酸钙、硫酸钠和硫酸钾、氢氧化铜等也可使聚乙烯醇从溶液中析出,但可与大多数无机酸混合。硼砂或硼酸水溶液与聚乙烯醇水溶液混合时发生不可逆的凝胶化现象。醇解度越大,凝胶化需要的硼砂或硼酸用量越大。这种凝胶是聚乙烯醇与硼砂形成的水不溶性络合物。其他一些多价金属盐(如重铬酸盐、高锰酸钾)以及(二醛、二酚、二甲基脲等)均可使聚乙烯醇水溶液转变成不溶性凝胶。

聚乙烯醇是结晶性聚合物,玻璃化转变温度约85℃,在100℃开始缓缓脱水,180℃~190℃开始熔融。干燥及高温脱水时发生分子内和分子间醚化反应,同时伴有结晶度增加、水溶性下降以及色泽变化。聚乙烯醇在化学结构上可以看成是在交替相隔碳原子上带有羟基的多元醇,因此可以发生羟基的化学反应,如醚化、酯化和缩醛化等。

聚乙烯醇对眼、皮肤无毒、无刺激,是一种安全的外用辅料,美国药物和食品管理局(FDA)已允许作为口服片剂、局部用制剂、经皮给药制剂及阴道制剂等的辅料。

聚乙烯醇也是一种良好的成膜和凝胶材料,广泛用于凝胶剂、透皮制剂、涂膜剂、膜剂中,也是较理想的助悬剂及增稠、增黏剂。在各种眼用制剂,如滴眼液、人工泪液及隐藏形眼镜保养液产品中,常用浓度为0.25%~3.0%,发挥润滑剂和保护剂的作用,可显著延长药物与眼组织的接触时间。与一些表面活性剂合用时,聚乙烯醇还具辅助增溶、乳化及稳定作用,常用量为0.5%~1%。在糊剂、软膏以及面霜、发型胶等众多化妆品中,聚乙烯醇具有增稠、增黏及在皮肤、毛发表面成膜等作用,一般用量2.5%~7%。

近年来有聚乙烯醇用于经口给药系统的报道。如片剂粘合剂、缓释控释骨架材料、经皮吸收制剂或口腔用膜剂等。此外,利用热、反复冷冻以及醛化等交联手段制备不溶性药膜达到缓释目的的研究亦有报道。

8. 聚丙烯酸和聚丙烯酸钠

聚丙烯酸(Polyacrylic acid,PAA)是由丙烯酸单体聚合生成的高分子,用氢氧化钠中和后即得到聚丙烯酸钠(Sodium polyacrylate,PAA-Na),二者都是水溶性的聚电解质。它们的化学结构如下:

聚丙烯酸　　　　　　　　　　　　聚丙烯酸钠

聚丙烯酸的聚合反应一般在50℃~100℃的水溶液中进行,以过硫酸钾、过硫酸铵或过氧化氢为引发剂。反应温度控制在50℃,并控制丙烯酸单体加入速度可以合成分子量高达百万的聚丙烯酸。反应中加入异丙醇、次磷酸钠或巯基琥珀酸钠等链转移剂能调节聚合物的链长。升高反应温度以及提高单体和引发剂的浓度均使聚合物分子量减小。在100℃和高浓度单体及引发剂的水溶液中,生成的聚丙烯酸分子量仅在1万左右。

聚丙烯酸钠常用氢氧化钠中和聚丙烯酸水溶液制取,也可以用丙烯酸钠直接在水中聚合制得,但在用碱中和丙烯酸制备丙烯酸钠单体时,有大量中和热产生,很容易同时导致聚合,而且中和程度不同,聚合物的分子量也不同。少量的聚丙烯酸钠可以利用聚丙烯酸甲酯、聚丙烯酰胺或聚丙烯腈的碱性水解反应制备。

聚丙烯酸是硬而脆的透明固体或白色粉末,遇水溶胀和软化,在空气中易潮解,本品玻璃化转变温度(殴)为 102℃,随着分子中羧基被中和,Tg 逐渐升高,聚丙烯酸钠的 Tg 可达 251℃。聚丙烯酸及聚丙烯酸钠的性质与其结构中羧基的解离性和反应性有很重要的关系。

聚丙烯酸易溶于水、乙醇、甲醇和乙二醇等极性溶剂,在饱和烷烃及芳香烃等非极性溶剂中不溶。聚丙烯酸钠仅溶于水,不溶于有机溶剂。

聚丙烯酸在水中解离成高分子阴离子和氢离子($pK_a = 4.75$)。羧基阴离子的相互排斥作用有利于大分子卷曲链的伸展和溶剂化,所以,当聚丙烯酸被碱中和形成聚丙烯酸钠时,解离程度增加,在水中的溶解度也增大。

当溶液中的氢氧化钠过量时,钠离子与羧酸根阴离子的结合机会增多,解离度减小,大分子趋向卷曲状态,溶解度下降,溶液由澄明变得浑浊。在溶液中存在过量氢离子(例如加入盐酸)或一价盐离子时,也发生相同现象。聚丙烯酸钠对盐类电解质的耐受能力更差。

影响聚合物溶解度的各种因素也影响聚合物溶液的黏度。溶解度越高,黏度也越大。在低 pH 和盐溶液中,聚合物的黏性均减小。升高溶液温度亦有类似影响。

聚丙烯酸也可以被氨水、三乙醇胺、三乙胺等弱碱物质中和。多价金属的碱与聚丙烯酸反应生成不溶性盐。碱土金属离子与羧酸根离子结合可使聚合物的稀溶液生成沉淀,使聚合物在水中不再溶解。在较高温度下,聚丙烯酸可以与乙二醇、甘油、环氧烷烃等发生酯键结合并形成交联型水不溶性聚合物。在 150℃以上干燥聚丙烯酸导致分子内脱水,形成含六环结构的聚丙烯酸酐,同时在分子间缓慢缩合形成交联异丁酐类聚合物。当温度提高至 300℃左右,上述聚合物结构进一步缩合成环酮,逸出 CO,并逐渐分解。聚丙烯酸钠有较好的耐热性。

聚丙烯酸和聚丙烯酸钠对人体无毒,皮肤贴敷试验未见刺激性。实际生产中应控制残余单体量在 1％以下,低聚物量在 5％以下,且无游离碱存在。

聚丙烯酸和聚丙烯酸钠主要在软膏、乳膏、搽剂、巴布剂等外用药剂及化妆品中用作基质、增稠剂、分散剂、增粘剂。在许多面粉发酵食品中用作保鲜剂、黏合剂等。常用的聚丙烯酸钠或有机胺中和的聚丙烯酸,分子量在 $2.0 \times 10^4 \sim 6.6 \times 10^4$ 范围内,常用量视用途不同约在 0.5％～3％。作为食品添加剂用量不超过 0.2％使用时应注意聚合物粉末的均匀分散。

15.3　足球烯

1985 年 10 月,人们在实验中发现除石墨、金刚石外碳的第三种单质形式。他们利用激光束使石墨蒸发,并让其通过高压喷嘴,便得到一系列稳定的碳的同素异形体,C_{60}、C_{70} 等。

研究表明,这些碳的同素异形体的主要组分是 C_{60}。其结构如球状且具有烯烃性质。为了纪念以设计网格球顶而闻名的美国建筑设计师 Richard Buckminster Fuller,C_{60} 被取名为富勒烯(Buckminster fullerene),也称足球烯。

足球烯是以 60 个碳原子作顶点,组成一个 32 面体。其中 12 个面为正五边形,20 个面是六边形。

在足球烯分子中,每个碳原子都有三个 sp^2 杂化轨道与相邻的碳原子结合,形成三个等价的 σ 键。每个碳原子所剩余的一个 p 轨道在整个分子结构中构成一个球状共轭大 π 体系。因此,碳的立体化学从链状、环状、层状及网状扩展成球状;关于 C_{60} 的研究领域也从有机合成扩展至无机合成、电化学、材料化学等各个方面。

15.3.1　足球烯的制备

最初 C_{60} 是通过激光汽化石墨获得 C_{60},其制备量甚微。为了寻找 C_{60} 高产率的制备方法,人们进行了广泛的探索,先后出现了石墨电弧放电法、石墨高频电炉加热蒸发法、苯火焰燃烧法等,其产量已从痕量到毫克量直至克量级。

(1)石墨激光汽化法

1985 年,Kroto 发现 C_{60} 就是通过这种方法。这种方法是在室温下氦气流中用脉冲激光技术蒸发石墨,碳蒸气经快速冷却形成 C_{60} 生成量极其微弱,不适合常量生产。

(2)石墨电弧放电法

1990 年,Kratschmer 和 Huffman 等人采用石墨电弧放电法制备 C_{60},这是首次产出常量级 C_{60} 的一种制备方法。这种方法是采用强电流,使石墨蒸发器在氦气氛中放电。该法已成为目前应用最为广泛的一种制备方法。

(3)苯火焰燃烧法

1991 年,Howard 等人通过燃烧用氩气稀释过的苯、氧混合物可获得 C_{60} 和 C_{70} 混合物,通常燃烧 1kg 苯可以得到 3g 这样的混合物,该法适合于足球烯的大量制备。

15.3.2　足球烯的性质

C_{60} 是迄今为止所发现的对称性最高的大分子,由于存在一个环绕整个球体分子的共轭大 π 体系,其结构应具芳香性。不过,实验表明,足球烯似乎更具不饱和性。C_{60} 可以发生加成、氧化、还原等一系列反应。

(1)卤化反应

当 C_{60} 与氯气在玻管中加热至 250℃时,就会发生氯化反应;溴化反应则在较温和的条件下即可发生,这一性质与烯烃和卤素的加成反应类似。通常一分子 C_{60} 可加 24 个氯原子或 4 个溴原子。

$$C_{60} + Cl_2 \xrightarrow{250℃} C_{60}Cl_n (n \leqslant 24)$$

$$C_{60} + Br_2 \xrightarrow{20℃ \sim 250℃} C_{60}Br_m (m \leqslant 4)$$

(2)Friedel-Crafts 反应

在无水 $AlCl_3$ 催化下,C_{60} 和芳香烃发生傅-克反应,其机理与酸催化下烯烃对芳烃的烷基化反应机理相仿:

$$C_{60} + H\text{-}Ar(过量) \xrightarrow{AlCl_3(无水)} C_{60}(Ar)_n (n \leqslant 22)$$

(3)Diels-Aider 反应

由于 C_{60} 存在球状大 π 体系,其缺电子特征使它可以作为亲二烯体进行 Diels-Aider 反应,这方面的研究近年来已有许多报道。例如由亚胺叶立德试剂与 C_{60} 反应可得[3+2]环加成产物吡咯烷衍生物。这类衍生物带有活泼基团(如氨基),在此基础上环能作多次化学修饰。

（4）还原反应

C_{60} 在 Li/液氨和叔丁醇溶液中可以发生还原反应生成 $C_{60}H_{36}$。反应中所加的 36 个 H 均匀地加在 12 个五元环上，每个五元环还剩一个双键，C_{60} 的基本骨架不变。当 $C_{60}H_{36}$ 在一定条件下回流，又可脱氢生成 C_{60}，可逆性很强。当然，有关 C_{60} 的化学性质还有待进一步开发。

$$C_{60} \underset{-H_2}{\overset{Li/NH_3/t-BuOH}{\rightleftharpoons}} C_{60}H_{36}$$

15.3.3　足球烯的应用

虽然 C_{60} 被人们所发现只有十多年的历史，但是由于它结构奇特，已引起许多不同领域里的科学家的关注。现在对于 C_{60} 分子的基本结构和性质已有大致了解，对于 C_{60} 的应用研究也有令人乐观的报道。

（1）有机超导体

C_{60} 自身不具导电性，但当分子球腔中嵌入碱金属后，其导电性就发生了变化。例如掺入钾（$C_{60}K_3$），它竟具有超导性。后来的研究表明，这类 C_{60} 化合物具有高温超导性质。如 $C_{60}K_3$、$C_{60}Rb_3$ 和 $C_{60}Tl_2Rb_3$ 的超导临界温度 T_c 分别是 18K、30K 和 48K。因此，这是一类极具研究价值的新型有机超导材料。

（2）有机软铁磁体

铁磁体是一类具有磁性的化合物，在低于临界温度时具有磁化作用。实验证明，一些 C_{60} 衍生物也表现出优良的铁磁性。例如在 C_{60} 的甲苯溶液中，加入过量的强供电子有机物四（二甲胺基）乙烯（TDAE）进行还原反应，可获得 $C_{60}(TDAE)_n$ 的黑色微晶沉淀。在室温下，其电导率为 10^{-2} S/cm。磁性研究表明，它是一种不含金属的软铁磁性材料。

（3）光学性能及光学器件

由于分子中存在三维高度离域 π 电子共轭结构，从而使得它具有优良的光学及非线性光学性能。现在，基于 C_{60} 光电导性能的光电开关和光学玻璃已研制成功。最近又有关于用 C_{60} 衍生物制得多层 LB 膜（有机化合物的单分子膜逐层沉积在固体基片上所得到的多层分子膜）的报道，并发现这种多层 LB 膜具有光学累积和记录效应。因此，C_{60} 及其衍生物可望在光计算机、光记忆、光信号处理等控制方面有所应用。

（4）功能高分子材料

由于 C_{60} 具有一系列独特的性能，如超导性、氧化还原性、非线性、光学性等，将 C_{60} 导入高分子体系可获得具有优异导电、光学等特性的新型功能高分子材料。对于用 C_{60} 制备的有机金属高分子（$C_{60}Pb)_n$ 已见报道，研究证明，这种高分子化合物具有催化二苯乙炔加氢的性能。另外，以 C_{60} 和金属钾制成的链状聚合物，如图 15-3 所示，具有与金属材料相当的导电性。

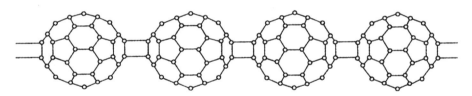

图 15-3　$(C_{60}K)_n$ 的链状聚合物结构的示意

（5）其他方面的应用

以 C_{60} 和氟制成的 $C_{60}F_{60}$ 化合物俗称特氟隆，是一种耐高温（700℃）材料，可以用作"分子滚珠"和"分子润滑剂"。将锂原子嵌入到 C_{60} 中可望制成高效能锂电池。在 C_{60} 中掺入稀土元素有可能制得发光材料。用 C60 与氨基酸、多肽结合得到的衍生物具有医药活性。

综上所述，由于 C。结构奇特，在光、电、磁、高分子、生物等方面均表现出优良的性能，其应用开发前景极为广阔。可以断言，随着对 C_{60} 及其衍生物结构和性质的研究不断深入，C_{60} 将显现出更加宽广的前景。

15.4 有机共轭材料

有机光电功能材料在材料学科中占有很重要的地位。自 20 世纪 70 年代以来，在此领域已取得了一系列进展，如 70 年代发现了有机导体，80 年代发现了有机超导体 90 年代发现了有机铁磁体和高效的有机发光材料。这些有机功能材料在应用方面也取得了很大的进展，如有机电致发光器件作为新一代显示器已接近实用阶段。水溶性有机共轭分子材料在生物传感器、药物传输和缓释、基因转染等方面已经展现了很好的发展前景，有机共轭材料在有机场效应管和有机太阳能电池方面的研究也显示了特有的优势。

15.4.1 导电高分子材料

有机光电功能材料包括小分子和高（大）分子化合物。大分子化合物是有机共轭分子通过一定形式形成的聚集体。因此，纵观有机光电功能材料和器件的发展，新型有机共轭分子的合成是该领域创新的基础，它们的合成和组装在材料化学中起着至关重要的作用。

合成高分子材料，如我们日常生活中广泛使用的塑料，以前一直被认为是很好的绝缘体，是不导电的。但这种想法已经在过去的 20 多年中发生了改变。根据 2000 年的诺贝尔化学奖获得者的研究可知：在一定的条件下，有机共轭小分子或高分子材料（我们通俗地称之为塑料）完全可以具有金属的性能，从而变成导体。对于导电高分子材料而言，从绝缘体到半导体，再进一步到导体所完成的形态演变是所有材料中最大的，正是由于这种巨大的变化使这些材料具有与众不同的性能，并在实际的应用中体现出了它的优异性。

对于共轭高分子材料而言，它最简单的结构就是聚乙炔。在 20 世纪 70 年代，日本筑波大学 Hideki Shirakawa 博士、宾夕法尼亚大学化学系教授 Alan G MacDiarmid 和物理系教授 Alan J Heeger 共同研究发表了题为"有机导电高分子的合成：聚乙炔（CH）。的卤化衍生物"的文章，该发现被认为是一个重大的突破。从此，有机导电高分子材料作为一门新的材料研究领域飞速发展，并且在应用性的研究中产生了许多新的激动人心的成果。

反式聚乙炔poly（transacetylene）（PA）的结构   顺式聚乙炔的结构

30 多年来，已经发展了许多此类共轭化合物。具有代表性的有：

聚对苯 poly(p-phenylene)(PPP)　　聚对苯乙炔 poly(p-phenylenevinylene)(PPV)　　聚噻吩 polythiophene(PTh)

聚吡咯 polypyrrole(PPy)　　　　　聚苯胺 polyaniline(PANi)　　　　　聚芴 polyfluorene(PF)

这类材料是一种简单分子形成的长链聚合物或寡聚物,它是由重复的单元链段组成的,而每个单元链段则是由碳碳单键和不饱和共价键(双键或炔键)交替组成的。在正常的状态下,这些共轭链段中的 π 电子被束缚在共价键上,不能自由地运动。由于这种 π 电子共轭体系的成键和反键能带之间的能隙比较小,为 $1.5 \sim 3.5 eV$。接近于无机半导体的导带和价带之间的能隙,因此,这些共轭高分子材料大多具有半导体的特性,在本征的条件下,它的电导率 σ 大约为 $10^{-8} \sim 10^{-2} S \cdot m^{-1}$。那么究竟什么是导电性和怎么才能使有机高分子材料导电呢?

对许多材料而言,特别是晶体和被拉伸后的高分子或液晶材料,其强度、光学和电学等宏观性能基本上都具有方向性,也叫各向异性。同样,它们的导电性也是各向异性的。像金刚石、石墨和聚乙炔分别具有 3 种不同的外部形状,三维、二维和一维。金刚石完全由 σ 键组成,是绝缘体,它的高度对称性使它具有各向同性。而石墨和聚乙炔都有可离域的 π 电子,在掺杂的状态下,它们可以成为高度各向异性的金属化导体。

从微观的分子结构来说,材料的电学性质是由它的电子结构决定的。前面已经讨论过有机共轭高分子材料的主链是由碳碳单键和双键或三键交替连接而成的。这类材料的最简单的代表结构就是聚乙炔,它的聚合结构单元是 CH,每个碳原子的电子轨道都是 sp^2 杂化,形成了 3 个共平面的,夹角为 $120°$ 的杂化轨道。这些轨道与相邻的碳氢原子轨道键合构成了平面型的结构框架。其余的未成键的 p_z 轨道与这一分子平面垂直,它们相互重叠,形成了类似于一维状态碱金属的长程的 π 电子共轭体系。但是这种长程的 π 电子共轭体系与金属导体是不同的。量子力学的计算结果表明这种一维体系是不稳定的,容易发生导体到半导体的相变,也称为 Peierls 相变。Peierls 相变导致能量最低空轨道和能量最高占据轨道之间产生比较大的能隙,从而使相变后的聚合物不再是良导体。

共轭高分子材料在被氧化或被还原的过程中,对离子中和了共轭高分子材料主链的电荷,导致共轭高分子材料的电导率以数量级增加,从而使共轭高分子材料接近了金属的电导率。这个过程被称为掺杂。所谓掺杂,就是通过氧化或还原的过程使导电高分子材料在分子结构内发生氧化或还原反应。通过掺杂可以使导电高分子材料的导电能力增加 10^{10} 倍以上。其作用机理如下:

①真空状态(vacuum state):　　　　共轭链(undisturbed conjugation)

②中性孤子(neutral soliton):　　　　自由基(free radical)

③正孤子(positive soliton):　　　　碳正离子(carbonium)

④负孤子(negative soliton)： 碳负离子(carbanion)

⑤正极化子(positive polaron)： 阳离子自由基(radicalcation)

⑥负极化子(negative polaron)： 阴离子自由基(radicalanion)

⑦正双极化子(positive bipolaron)： 二价碳正离子(carbodication)

⑧负双极化子(negantive bipolaron)： 二价碳负离子(carbodianion)

在掺杂状态下，会产生以上这些载流子，而载流子在材料巾的迁移引起电导。有机导电高分子材料是在原有的大量有机和无机导体的基础上产生的。但是，在共轭高分子材料被掺杂后，掺杂物所起的作用就是掺入电子或吸收电子。例如，最常用的掺杂物碘 I_2 吸收 1 个电子后形成 I_3^-。如果半导体高分子材料被氧化，也就是将 1 个电子从它的最高价带中移走，由此产生的空穴并不是完全离域的。同时，我们可以想像从碳原子中移走 1 个电子，必有 1 个相应的极化子产生。由于 I_3^- 的 Coulomb 吸引力，使得这极化子的移动能力减弱。但是如果将第 1 个极化子的非配对电子移走，就产生了双极化子；或者从那已经被氧化的高分子材料中移走第 2 个电子就会产生第 2 个独立的极化子。这两个极化子的正电荷可以组成一对。掺杂物的浓度越高，产生的极化子或双极化子越多；同时，高浓度掺杂物可以促进极化子的移动能力。实验证明，当掺杂浓度较高时，形成的载流子主要是由双极化子组成的。载流子在材料中的迁移引起电导，从而使材料导电。电导率与载流子的浓度及迁移速率成正比。但是，载流子在共轭高分子材料中的迁移既包括滑单一共轭体系的移动，也包括在共轭体系之间的跃迁。因此，对于共轭高分子材料的导电机理究竟是金属性(三维导体)还是半导体(准一维导体)，至今还是一个难题。

1862 年人们就发现阳离子氧化的苯胺硫酸溶液具有一定的导电能力，这也许就是现在所说的聚苯胺溶液。20 世纪 70 年代初，Heeger 和 MacDiarmid 发现无机高分子聚硫化氮 $(SN)_x$ 在极低温度下是超导体。当然，科学家们还发现了许多有机导电化合物，尤其是那些能与无机受体在固相状态下组成环共轭 π 电子堆积的有机化合物。但是，对聚乙炔作为导电高分子材料的研究开拓了一个新的研究领域——"塑料电子学"(Plastic Electronics)。从此，更多的高分子体系，如聚吡咯、聚噻吩、聚苯乙炔和聚苯胺及其衍生物被广泛地研究。

目前就一些导电新材料研究还存着一些问题。例如：在理论研究上，基本上借用的都是无机半导体的理论；作为分子器件，这些材料的自组装问题也需要进一步研究。作为导电材料方面，虽然一些材料的导电率已经类似于铜，但是其综合的电学性质与金属导体相比，还有许多差距，离合成金属的要求也还比较远。另外，目前已经合成的有机共轭高分子材料还存在不能同时具备高导电性、易加工和空气稳定性好等缺陷。在实际应用方面，这些材料的真正应用还没有取得质的飞跃，需要更多的实验成果。关键在于要解决其性能、价格和市场的需要，以及解决与无机材料及液晶材料的竞争等问题。因此关于导电高分子材料还有许多亟待解决的问题需要科学家去研究。

15.4.2　基于共轭聚合物的化学传感器

传感器作为捕捉和转换信息的器件已广泛用于国防、航空航天、交通运输、能源、电力、机械、化工、纺织、环保、生物医学等领域，并在现代社会科学技术中占据相当重要的地位。传感器是能感受规定的被测量信号并按照一定规律将其转换成可测信号(主要是电信号或光信号)的器件或装置,通常由传感元件(传感材料和载体)、转换元件及检测器件所组成。其中传感元件是传感器的核心,它决定传感器的选择性、灵敏度、线性度、稳定性等。

基于共轭聚合物的化学传感器种类很多,例如电导传感器、电位传感器、比色传感器和荧光传感器等。其中,由于荧光检测具有高灵敏度,操作简单,安全可靠等优点,使相应的荧光传感器成了研究最多、应用最广、发展最迅速的传感体系。共轭聚合物在溶液中和膜状态下通常具有很强的光致荧光,因此是一种发展新型的荧光传感材料的有效平台。通过对其结构进行修饰·引入一些具有特定识别功能的基团,可以设计和发展各种新型的具有不同功能的荧光传感材料。

基于共轭聚合物的传感器既可以用于化学物质的识别,又可以用于生物分子的识别,这取决于功能基团的结构。用于前一种识别的材料往往具有受体和功能性基团,如寡聚醚链、冠醚、吡啶类配体以及手性配体等等;用于后者的常含有蛋白质配体,核酸或 DNA 配体,或镶嵌或挂接具有氧化和还原活性的酶,以及诱导蛋白质附着的基团。

通常①外来物种的识别部分,即受体(receptor);②传感器在接受外来物种后将信息传输外出的报告器部分(reportor);③中继体部分(linker)(非必需),是一个化学传感器的主要组成。

通过对仅含单个受体基团的小分子与以其类似结构作为重复单元的共轭聚合物的比较,证实基于共轭聚合物的荧光传感体系具有更高的灵敏度。多个具有特定选择性的受体官能团通过共轭体系而连接。荧光共轭聚合物受光激发后产生的激子或载流子可沿整个共轭体系迁移。在没有淬灭剂存在的情况下,激子辐射衰减产生荧光;但是。当激子或载流子在迁移过程中遇到淬灭剂与受体官能团作用所形成的能量陷阱时,激发到导带的电子从聚合物转移到淬灭剂,激发能量被电子转移有效地去活化,因而聚合物的荧光被有效的淬灭。相对于分散的受体分子,淬灭剂分子必须与每个受体分子作刚才能使其荧光被淬灭,而多个受体基团共轭相连的聚合物表现出有效的协同放大响应的作用,即部分与受体作用的淬灭剂分子就能有效地淬灭整个共轭聚合物的荧光。

众所周知,金属离子与生命科学、环境科学、医学等领域是密不可分的,其识别和检测在分析化学中占有重要的地位。冈此,近年来对金属离子具有高灵敏度和高选择性的化学传感材料引起了人们的广泛关注。设计和合成能够对金属离子进行实时和可逆检测的高灵敏度化学传感体系成为一个十分活跃的研究课题。

目前可将对金属离子敏感的共轭聚合物传感体系,依据它们所含受体官能团的类型不同大致分为:寡聚烷基醚链、冠醚和氮杂冠醚类吡啶和寡聚吡啶类以及具有其他含氮配体的类型。

含寡聚烷基醚链、冠醚和氮杂冠醚的共轭聚合物传感材料对碱金属离子具有特异的识别性质。有关这类材料的报道很多,例如寡聚烷基醚链、冠醚和氮杂冠醚取代的聚吡咯和聚噻吩等。这类体系的作用机理多是利用聚合物和碱金属离子的络合,引起聚合物骨架的构象或电子结构的改变,然后通过检测聚合物性质(主要是导电性和光谱性质)的变化,来识别特定的离子。但是,由于含这类受体的聚合物对其他金属离子。尤其是过渡金属离子缺乏识别能力,近来对它的研究已较为少见。

一系列侧链含 15-冠-5 基团的聚对亚苯基乙炔衍生物，并发现向聚合物 1 和 2 的溶液中加入 K^+ 离子后，溶液的最大吸收波长发生红移，荧光被淬灭。其中对 2 来说，这种光谱变化更明显。但是，加入 Li^+ 和 Na^+ 离子则不存在这种现象。这是由于 15-冠-5 基团和 K^+ 离子采取夹心式结构的络合作用，特异性地诱导了聚合物链间的聚集。通过与聚合物 3 和 4 的比较表明，聚合物链的空阻以及同一聚合物链上冠醚基团之间的距离都是影响材料这一性能的重要因素。

吡啶、联吡啶和三联吡啶等配体，与多种金属离子。特别是过渡金属离子都有良好的络合能力，因此是发展金属离子传感材料的一类理想的受体基团。含这类受体的共轭聚合物是近年来研究最多、也最深入的一类化学传感材料。将具有二面角的 2,2' 联吡啶基团引入共轭聚合物的主链，使其具有一个类似半共轭的结构，与金属离子配位后，使联吡啶基团共平面性变好，聚合物骨架的整个有效共轭程度增强，因此引起聚合物的光谱信号发生相应的变化。实验结果表明，对于所考察的一系列过渡金属离子以及主族金属离子（碱金属和碱土金属离子除外），两种聚合物都呈现了很强的离子致色效应。和金属离子络合后，它们的吸收光谱均发生明显红移，而红移的大小又依赖于离子的性质和聚合物的结构。络合金属离子后，聚合物的荧光光谱的变化可以分为二类：红移、监移和淬火。其中，离子历导的荧光光谱的红移和蓝移是由于联吡啶基团和金属离子分别采取双齿配位（共轭增强）和单齿配位（共轭减弱）造成的。由于联吡啶配体与多数过渡金属离子都有很强的络合能力，因此基于此类受体的传感体系对金属离子识别的选择性仍然难以令人满意。

综上可见，发展对金属离子的感应具有更佳选择性和更高灵敏度的新型共轭聚合物传感材料，不仅需要人们设计更多具有新结构和新功能的受体基团，还需要人们提出一些新的感应和识别机制。总之,共轭聚合物作为一种化学传感器的设计平台,具有小分子无可比拟的优越性,相信将来一定具有广阔的发展前途和巨大的应用价值。

15.4.3　有机电致发光二极管

20 世纪 80 年代开始得到广泛使用的液晶显示器是显示器向平板化发展的一个新起点。尽管这些年来,研究人员在努力地克服液晶显示器存在视角小、响应速度慢(毫秒级)、不能在低温下使用的缺点,并取得了令人注目的成果,但是液晶体本身不能发光,依赖背光源或环境光才能显示图像,这是液晶体显示器所不能克服的缺陷之一。而由于有机共轭高分子材料在未掺杂状态下具有半导体的特性,随着高纯度的导电高分子材料的合成,并且由于它们具有材料制备简单,加工大面积薄膜器件工艺简易,成本低等优点,因此完全有可能将这些材料作为有机半导体材料来取代无机材料制备半导体器件,包括普通的晶体管、场效应晶体管(FET)、光电二极管等等。

物质在外加的电场作用下被一定的电能所激发而产生的发光现象,我们称之为电致发光(electroluminescence,EL)。有机半导体的电致发光最早可以追溯到由 Pope 等人在 1963 年所报道的利用单晶蒽的发光。1990 年,英国剑桥大学的 Burroughes 等人首次报道了用聚对亚苯基-1,2-亚乙烯制作的聚合物发光二极管(PLED)。聚亚苯基-1,2-亚乙烯(PPV)作为高分子(有机)发光二极管的发光材料在电场的作用下发出了亮丽的黄绿光。随后,美国加州大学的 Heeger 等人又利用可溶性的聚[2-甲氧基-5-(2-乙基己氧基)对亚苯基-1,2-亚乙烯](MEH-PPV)做发光材料制备了效率更高的 PLED。

MEH-PPV的结构

从有机 EL 器件的结构考虑,用于有机 EL 器件中的材料可以分为:电极材料、载流子传输材料和发光材料。其中,发光材料是器件中最重要的材料。选择发光材料必须满足下列要求:

①高量子效率的荧光特性,且荧光光谱主要分布在 $400 \sim 700\text{nm}$ 可见光区域内。

②良好的半导体特性,即具有高的导电率,能传导电子或空穴,或两者兼有。

③良好的成膜性,在几十个纳米的薄层中不产生针孔。

④良好的热稳定性。

依据化合物的分子结构,有机发光材料一般可分为两大类:小分子有机化合物和高分子聚合物。表 15-3 简单概括了有机发光材料的分类及其各自的特点。而表后则是几种应用较为广泛的小分子和聚合物材料的结构。另外,近年来基于超支化聚合物和树枝状大分子的新型发光材料,由于它们独特的分子结构和优良的性能,也引起了有机材料学者的极大研究兴趣。

表 15-3　有机发光材料的分类及其特点

有机发光材料		主要特点
小分子有机材料	小分子有机染料	化学修饰性强,选择范围广,易提纯;高荧光量子效率;一般作为客体以低浓度的方式掺杂在具有某种载流子性质的主体中
	金属络合物	性质介于有机物和无机物之间,既有有机物高荧光量子效率的优点,又有无机物稳定好的优点;除可作为 EL 的发光材料外,还可作为电子传输材料;其中的稀土金属络合物具有窄带波长发射(一般只有 $10\sim20$nm)、荧光寿命长($10^{-2}\sim10^{-6}$s)、特征发射等特点
	有机磷光材料	充分利用了激发三重态的能量,内量子效率可达到 100%
高分子共轭聚合物		具有良好的加工性能,可制成大面积薄膜;材料的光电性能容易通过对其结构的化学修饰进行调节;具有良好的电、热稳定性

有机电致发光器件存在以下的特点:①采用有机物,材料选择范围宽,可实现从蓝光到红光的全色显示;②驱动电压低,只需 $3\sim10$V 的直流电压;③发光亮度和发光效率高;④全固化的主动发光;⑤视角宽,响应速度快;⑥制备过程简单,费用低;⑦超薄膜,重量轻;⑧可制作在柔软的衬底上,器件可弯曲、折叠;⑨宽温度特性,在 $-40℃\sim70℃$ 的范围内都可正常工作。

正因为 OLED 具有如此多的优点,所以具有诱人的广阔的应用前景。它能克服液晶显示器的视角小、响应速度慢,等离子显示器的高电压以及无机 EL 的发光品种少等缺点,而且在彩色大屏幕平板显示技术和实现柔屏显示方面具有其独特优势。

常见的 EL 材料的化学结构有:

(i) DCJTB　　　　(ii) Alq₃　　　　(iii) Eu(TTA)₃Phen

(iv)PPVs　　　(v)PFs　　　(vi)PPPs　　　(vii)PTs

15.5　组合化学

组合化学是 20 世纪 90 年代发展起来的一项应用化学新技术。组合化学也称为组合合成，它是利用组合论的思想，将各种化学构建单元通过化学合成衍生出一系列结构各异的分子群体，并从中进行优化筛选。例如，假设有 m 个反应单元分别与 n 个反应单元进行一次同步反应，就可以生成所有可能组合 $m \times n$ 个化合物。例如，将 20 种苯环上含有不同取代基的酰氯（A）化合物混合在一起，然后分成 10 等份，即每份中含有 20 种不同的（A）类化合物。将这 10 组组分相同的混合物分别与 20 种取代基不同的苯胺进行第一个形成酰胺的反应，即可生成 20 组（每组中有 20 种）产物各异的（C）类化合物，也即一次同步反应共生成 400 种（C）类化合物。若将这 20 组化合物（C）混合并分成 20 等份（每一份中含有 400 种（C）类化合物），再将其与 20 种不同的溴代烷烃（RBr）进行第二个酰氨基的烷基化反应，就可生成 20 组（每组含有 400 种）（D）类化合物，共计合成了 8000 种不同的化合物。

15.5.1　组合化学概述

组合化学的核心思想是构建具有分子多样性的化合物库，然后对其进行高通量筛选，试图在其中找到在化学、生物、药物和材料科学等领域具有应用价值的化合物。组合化学有组合化学库的合成、高通量筛选、化学库编码及解析三个研究方向。组合化学整个研究也可以分三个阶段：分子多样性化合物库的合成；群集或高通量筛选；活性分子的结构与活性测定。

1. 组合化学库

组合化学是同时创造出多种化合物的合成技术，其产物有很多化合物，甚至多到上百万个化合物，因此被称为化合物库。组合化学研究的基本思路是构建组成分子具有多样性的化学库，每一个化学库都具有分子的可变性和多样性，分子间不要求存在着简单的定量关系。

一个化学库都具有分子的可变性和多样性，分子间不要求存在着简单的定量关系。

构建化合物库的基本方法主要有三种：同步合成法（parallel approach），混合—均分法（combine—divide，亦称 split-pool）及生物合成技术。在这三种方法中，尤以混合均分法影响最大、应用最广。1991 年，朗姆（Lam）提出了一珠一肽（one-bead，one—peptide）合成法，又将混合—均分法与多肽固相合成法及生物筛选技术有机地结合在一起，从而使组合化学技术更趋成熟。一珠一肽（即一粒树脂珠上含有一种肽段）混合—均分法的基本思想是，利用树脂作载体，按混合—均分法进行组合合成。由于产物与树脂相连，在每步反应完成后，它不溶于溶剂，因而可以十分方便地将杂质、催化剂及过量的试剂等洗涤干净。所得化合物库（这里指的是肽库）经筛选后检出基中具有活性肽段结构的树脂珠，再经仪器测序，即可确定具有活性的肽段结构。例如，先将 20 种氨基受保护的氨基酸分别连接在树脂上，即得 20 种与树脂相连的氨基酸。经混合脱保护后，分成 20 组（每一组含有 20 种与树脂相连的氨基酸），再以 20 种氨基受保护的氨基酸分别与各组发生偶联反应，就可以得到 20×20 种与树脂相连的二肽。若将所得二肽混合并再次等分为 20 组，依上所述，经脱保护、偶联等步骤，可得 $20 \times 20 \times 20$ 种与树脂相连的三肽（见图 15-4）。依次类推，再经两次反应就可以合成出 20^5（即 320 万）种与树脂相连的五肽。换句话说，只经过 5 次组合反应就能获得 320 万种序列各异的五肽。而这个过程一般只需 1～2 天的时间就可以完成。数百万种肽化合物——一个数目庞大的肽库！该肽库可以快捷地用于筛选其中的有效肽段。即先以某种受体分子同时与 320 万种五肽反应,当受体分子和其中的某种肽段能形成有色．络合物时,通过普通显微镜,有时甚至以肉眼就可观察到这种变了颜色的肽段树脂,借助镊子即可将其分出。被分出的有色肽段树脂经后处理,用微量多肽测序仪测序,就可得知该肽序列。一个可与受体分子作用的有效肽段,就这样迅速地筛选出来。如果对一种受体分子筛选完毕,只要将该受体分子洗除后,就可以对另一种受体分子进行筛选。这样,同一个肽库就可以对多种受体分子进行筛选。事实上,朗姆等人用该法合成的五肽库对抗 β 内啡肽的单克隆抗体作了亲和性研究,并已成功地找到天然抗原位点肽的六个有效类似物。

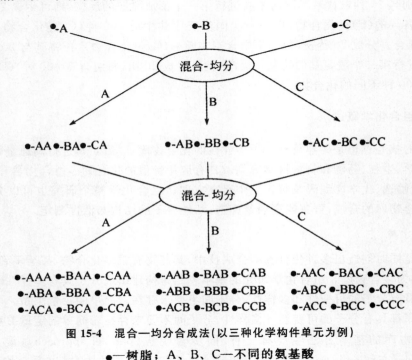

图 15-4 混合—均分合成法(以三种化学构件单元为例)

●—树脂；A、B、C—不同的氨基酸

组合化学最早是用于新药合成和高通量筛选的一种全新的方法,其优势为:打破了传统逐一合成、逐一筛选的模式,以合成和筛选化合物库的形式寻找和优化先导化合物,从而大大加快了发现药物先导化合物的速度。例如,在新药的合成方面,先导药物分子设计提供巨大的"化合物库"以供新药物筛选。组合化学虽然是作为一种快速、高效地产生大量化合物的新技术发展起来的,但是,如果盲目合成大量的化合物,势必大大增加合成和药理筛选的费用及时间,因此,目前组合化学发展的一种趋势是和合理目标化合物的设计结合起来、通过分子模拟和理论计算方法合理地设计"化合物库"。这样可以增加库中化合物的多样性,提高库的质量。目前研究的热点是根据受体生物大分子结合部位的三维结构设计"集中库"来提高组合化学库的质量和筛选效率。

2. 群集或高通筛选

筛选分为随机筛选和定向筛选。但无论是随机筛选还是定向筛选,都要考虑:选定筛选模式(细胞功能筛选、受体筛选、抗体筛选等)和指示剂(同位素标记、荧光标记、染料染色)等。药物筛选的具体方法有三种:固相筛选、液相筛选和两者的结合。

3. 化学库编码及解析以及确认活性分子结构与活性

Brenner 和 Lerner 等人最早提出了射频编码合成仪的技术,突破了以往的编码形式,它是建立在射频信号及应用多功能微反应仪的半导体记忆装置基础上的,最终筛选出具有应用前景的化合物。

15.5.2　组合化学的应用

组合化学的技术目前主要应用于药物合成与筛选、酶抑制剂的合成与筛选以及酶催化的组合合成、催化剂的合成与筛选、新型材料的高分子试剂的合成与筛选。下面举例说明组合化学在在生物学和新药设计和合成方面的应用。

1. 组合化学在生物催化上的应用

组合生物催化是药物研究领域中继组合化学之后的又一种新技术。它是将生物催化和组合化学结合起来,即从某一先导化合物出发,用酶催化或微生物转化法产生化合物库。近些年来,在组合生物催化方面的进展包括:

①利用生物催化底物的广谱性,采用"一锅煮"方法可以得到多种衍生物。

②利用生物催化的选择特异性,建立小分子化合物库。同组合化学一样,这种小分子化合物库是从相对简单的小分子出发而产生出来的大量化合物库,但每步反应均由特定的酶参加,所以反应的效率和特异性很高。

③建立天然复杂化合物库,组合生物催化可以对于含有多功能基的复杂结构的天然产物进行衍生化反应。其最大的优点是由于用酶进行催化,可以进行选择性的衍生化而不破坏易断裂的键。组合生物催化增加了天然产物及其衍生物的数量,与微生物和基因工程技术结合,可以产生大量经人工修饰的天然产物。

④设计新的酶促反应,提高非水溶液中生物催化剂的活性,产生新的生物催化剂。组合生物催化新技术大大加快了产生新化合物的速度,一方面提高了合成组合化学物库的效率;另一方面,由于将生物转化技术应用于组合库合成,将可以对合成的天然产物进行结构改造,合成类天然产物和人工天然产物,大大提高了天然产物的分子多样性。

⑤实现生物催化的高通量、自动化,可以在最短时间内来筛选生物催化剂和纯化产品,也可以同时进行多步反应和分离纯化。

2. 组合化学在新药设计和合成中的应用

近 20 年来,新药研究的投资不断增长,但发现新药先导药物的速度却越来越慢。设计和研制对某种疾病有特效的药物往往需要经过一个旷日持久的漫长过程。药物的合成大致需要经过下列的过程:首先,根据已有的经验,在研究药物构效关系的基础上对药物进行分子设计;第二步,合成所设计的分子和它的相似物或衍生物;第三步,合成出来的诸多化合物进行药效的初步筛选,要进行动物试验、生理毒理试验、临床试验等等。各大制药公司用于开发新药实体的费用主要在人工合成和筛选上，人工检测慢、重复劳动多。现在使用的生物筛选技术实行了标准化、自动化而提高了筛选能力和效率。筛选技术的提高要求有大量的、结构多样性的化合物以供筛选，但即使大的制药公司保留有早期合成的化合物，其数目最多也只有几十万个，这就要求采用新的方法来合成大量的化合物以满足大量、快速筛选的需要。

组合化学法可以一次就按排序制造出上千种带有表现其特性的化学附加物的新物质来，整个一组化合物可以根据某些生物靶来进行同步筛选，挑出其中的有效化合物加以鉴定。再以这些有效化合物的化学结构作为起点，合成新的相关化合物用于试验。在随机筛选法中，任意一种新化合物表现出生物活性的机会是很小的，但是具备同步制造和筛选能力之后，找到一种有价值的药物的机会就大大增加了。多样性化合物库技术的建立为组合化学的产生打下了基础。生物技术的突飞猛进使组合化学的高效、高特异性、高灵敏度的生物筛选成为可能。用组合方法合成的化合物量很少，不足以进行常规的药物筛选。而应用生物检测方法对化合物的纯度要求不高，用量也大大减少。

15.5.3　组合化学的发展与展望

许多化学家又设法寻找新的途径，使组合化学的概念可应用于更广泛的领域。1993年，编码同步合成法出现了，即在一粒树脂珠上合成一种不能作微量测序的化合物时，同时在这个树脂珠上连接一段作为编码用的多肽。换句话说，多肽分子中的每一个氨基酸代表目标分子中的一个组成部分。在混合—均分合成中，每连接一个组成部分就在同一树脂珠上的编码链上接上一个代表该组分的氨基酸。当合成完成后，若要测定某一化合物结构，只要测得与该化合物相连的树脂珠上的编码多肽的排列顺序就可推知（图15-5）。

除了以多肽作编码外，还有以寡聚核苷酸作编码的组合合成，其原理与多肽编码类似。只是在合成过程中，它是以每三个核苷酸来代表构成目标分子的各种"积木"，这些核苷酸和化学"积木"一一对应地共接于同一个树脂珠上，最后通过DNA序列仪读出寡聚核苷酸序列即可解析目标分子的结构。

由于上述编码分子的稳定性较差，尤其是在利用带编码分子的化合物库作生物活性评估过程中，这些编码链极有可能和受体分子作用而产生干扰。因此，人们仍然试图探寻更理想的编码子和编码方式。

在组合化学研究领域中，除了编码技术外，人们还特别关注数学方法及计算机技术的应用。事实上，在化合物库的构建方法中，除了混合—均分法以外，还有正交法、迭代展开法等。计算机不仅用于辅助组合实验设计，而且在数据庞大的化合物库的管理上都发挥着重要作用。因为，诸如怎样优化化学库、如何选择构建单元并作合理的组合、化学库内化合物数目与筛选模型之间的关系等问题，这都需要利用计算机进行大量的统计处理。现在，在计算机辅助下进行设计及组合构建单元、设计并分组化学库、数据统计及筛选等已成为计算机化学领域中的研究热点。

显然，组合化学的发展具有极为广阔的空间。虽然组合技术目前还存在许多不完善的地方，如合成过程中无法检测、合成后又无法纯化，尤其是在新药筛选过程中，和载体相连的分子是否能够替代自由分子等，但这些问题都不足以阻碍其迅猛发展。有理由相信，组合技术的出现将会使许多相关学科尤其是化学学科勃发出新的生机。

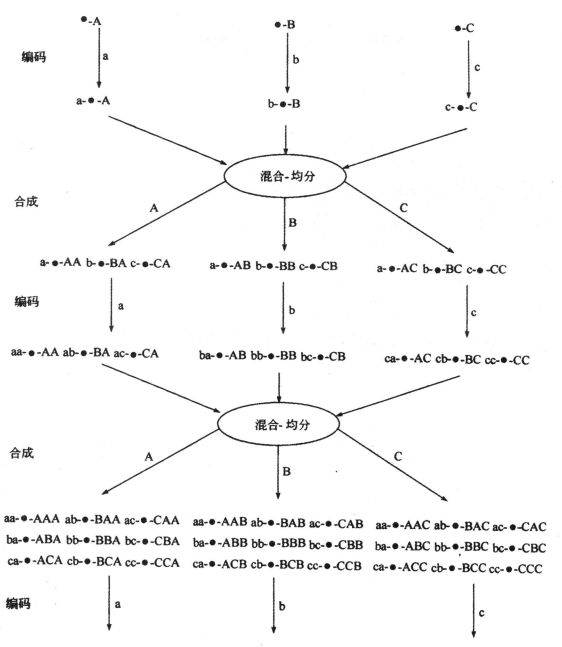

图 15-5　编码同步合成法

●—树脂；A，B，C—化学构建单元；a，b，c—编码氨基酸

15.6 相转移催化化学反应

15.6.1 相转移催化的催化剂

1. 鎓盐类相转移催化剂

鎓盐类相转移催化剂是应用最广泛的一类催化剂,其通式用 Q^+X^- 表示。又可分为季铵盐($R_3N^+R'X^-$)、季磷盐($R_3P^+R'X^-$)和季钾盐($R_3As^+R'X^-$)等,其中季铵盐的应用范围最大,价格也比较便宜,但耐碱和耐热性较差,季镂盐具有毒性,价格也较贵,应用较少。

常见的季铵盐和季铵碱的结构式如图 15-6 所示。

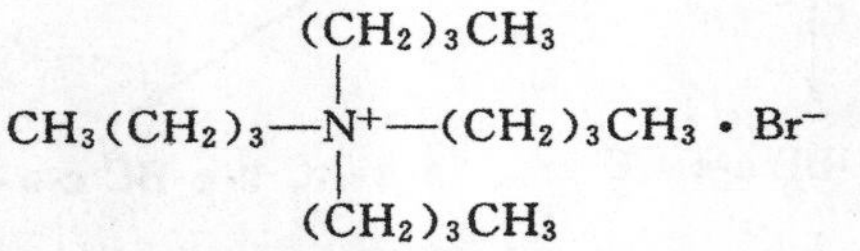

$$CH_3(CH_2)_3-\overset{\displaystyle (CH_2)_3CH_3}{\underset{\displaystyle (CH_2)_3CH_3}{N^+}}-(CH_2)_3CH_3 \cdot Br^-$$

四丁基溴化铵(a)

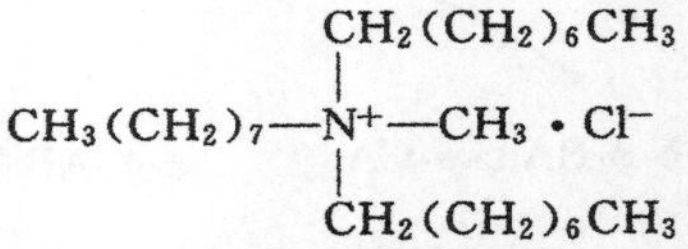

$$CH_3(CH_2)_7-\overset{\displaystyle CH_2(CH_2)_6CH_3}{\underset{\displaystyle CH_2(CH_2)_6CH_3}{N^+}}-CH_3 \cdot Cl^-$$

三辛基甲基氯化铵(b)

$$CH_3-\overset{\displaystyle CH_3}{\underset{\displaystyle CH_3}{N^+}}-CH_3 \cdot OH^-$$

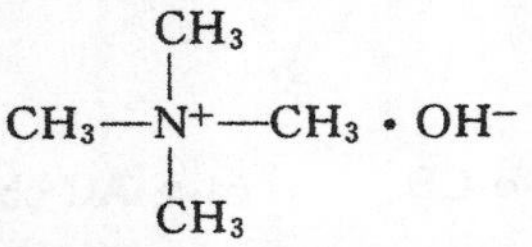

四甲基氢氧化铵(c)

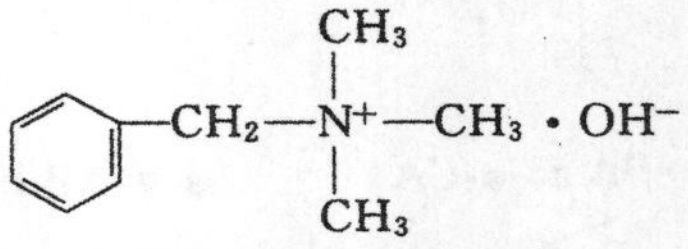

三甲基苄基氢氧化铵(d)

图 15-6 常见季铵盐、季铵碱相转移催化剂

2. 包结物结构类相转移催化剂

环糊精、冠醚等具有独特的结构、性能,从而成为一类重要的相转移催化剂。这类相转移催化剂都具有分子内的空腔结构,通过相转移催化剂与反应物分子形成氢键、范德华力等,从而形成包结物超分子结构并将客体分子带入另一相中释放,进而使两相之间的反应得以发生。

常见冠醚类相转移催化剂如图 15-7 所示。

3. 开链聚醚类相转移催化剂

开链聚醚类相转移催化剂主要包括聚乙二醇等。它具有"柔性"的长链分子,可以通过折叠、弯曲与不同的待反应物分子形成超分子结构,可与不同大小的离子配合,从而使这类聚美相转移催化剂有了更广泛的应用性。

开链聚醚主要有以下几种类型:

聚乙二醇 $HO(CH_2CH_2O)_nH$;

聚乙二醇单醚 $C_{12}H_{25}O(CH_2CH_2O)_nH$, $C_8H_{17}-\langle\rangle-O(CH_2CH_2O)_nH$;

$CH_3O(CH_2CH_2O)_nCH_3$, $C_6H_5O(CH_2CH_2O)_nC_6H_5$,

聚乙二醇双醚 $CH_3O(CH_2CH_2O)_nSi(CH_3)_3$;

聚乙二醇单醚单脂 $CH_3O(CH_2CH_2O)_nCOCH_3$。

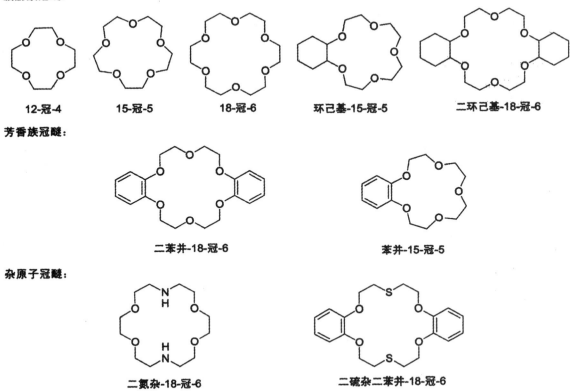

脂肪族冠醚：

12-冠-4　　　15-冠-5　　　18-冠-6　　　环己基-15-冠-5　　　二环己基-18-冠-6

芳香族冠醚：

二苯并-18-冠-6　　　苯并-15-冠-5

杂原子冠醚：

二氮杂-18-冠-6　　　二硫杂二苯并-18-冠-6

图 15-7　常见的冠醚类相转移催化剂

4. 其他相转移催化剂

（1）杯芳烃

这类化合物分子的形状像一个杯子，因而得名杯芳烃。它跟冠醚和环糊精一样具有穴状结构，能通过非共价键与离子以及中性分子形成。在杯状结构的底部有规律地排列着酚羟基，具有亲水性；杯状结构上部是由疏水基团围成的空穴，具有亲油性。图 15-8 为对叔丁基杯［4］芳烃的结构。

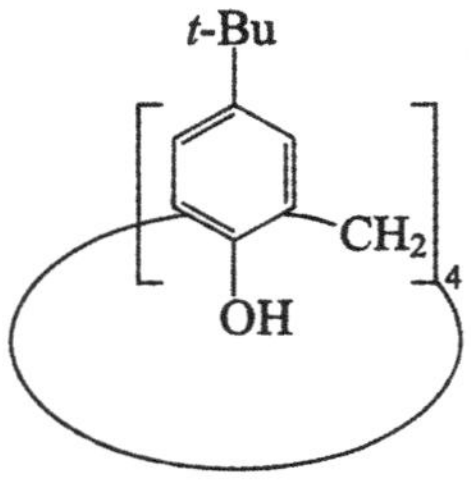

图 15-8　对叔丁基杯［4］芳烃

（2）反相相转移催化剂

反相相转移催化剂实际上是一种胶体，它是溶于水相中的一种两亲表面活性剂，该表面活性剂在水中的浓度超过临界胶束浓度时，则聚集形成水包油型胶体，胶体内核可溶解亲油的物质。

如溶解在水中的表面活性剂十二烷基三甲基溴化铵的胶束聚集体就是反相相转移催化剂,用它可使 α,β-不饱和酮与过氧化氢在两相介质中进行反应。水溶性的杯芳烃是有效的反相相转移催化剂,它用于烷基和芳烷基卤化物与水相中的亲核试剂的反应。环糊精在烷基卤化物与亲核试剂的含水有机两相反应中作反相相转移催化剂。

(3)三相催化剂

三相催化剂是将铵盐、镤盐、冠醚或开链多聚醚负载到不溶性高聚物(得到的不溶性固体催化剂。如图 15-9 所示。

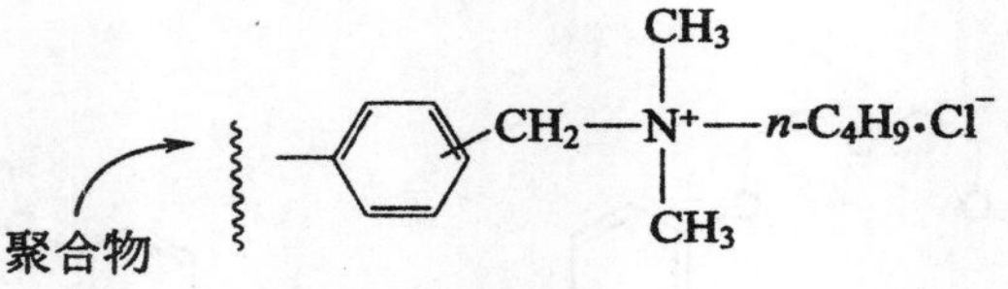

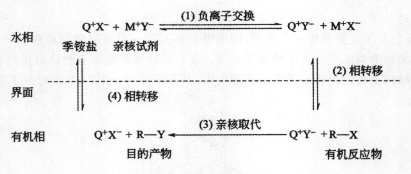

图 15-9　三相催化剂

这种催化剂的高分子部分是苯乙烯与 20％的二乙烯基苯交联的聚苯乙烯聚合物,大约分子中 10％的苯环被四级铵基取代。高分子载体和四级铵盐基之间也可以用一长链连接。

(4)离子液体

离子液体是由有机阳离子和无机或有机阴离子构成的,在室温或室温附近温度范围内呈现液体状态的盐类。离子液体具有强极性、低蒸汽压、对无机和有机物有良好溶解性以及对绝大部分试剂稳定等一系列特殊性质,常作为绿色溶剂和催化剂应用于有机反应中。

15.6.2　传统相转移催化的反应机理

相转移催化主要用于液液体系,也可用于液固体系及液固液体系。以季铵盐为例,相转移催化过程如图 15-10 所示:

$$\text{水相} \quad Q^+X^- + M^+Y^- \xrightleftharpoons[]{(1)\ 负离子交换} Q^+Y^- + M^+X^-$$

界面 ----------------------------- (2) 相转移

(4) 相转移

$$\text{有机相} \quad Q^+X^- + R{-}Y \xleftarrow{(3)\ 亲核取代} Q^+Y^- + R{-}X$$

目的产物　　　　　　　　　　有机反应物

图 15-10　相催化转移机理

此反应是只溶于水相的亲核试剂二元盐 M^+Y^- 与只溶于有机相的反应物 $R{-}X$ 作用,由于二者分别在不同的相中而不能互相接近,反应很难进行。加入季铵盐 Q^+X^- 相转移催化剂,由于季铵盐既溶于水又溶于有机溶剂,在水相中 M^+Y^- 与 Q^+X^- 相接触时,可以发生 X^- 与 Y^- 的交换反应生成 Q^+X^- 离子对,这个离子对能够转移到有机相中。在有机相中 Q^+Y^- 与 $R{-}X$ 发生亲核取代反应,生成目的产物 $R{-}Y$,同时生成 Q^+X^-,Q^+X^- 再转移到水相,完成了相转移催化循环。

15.6.3 新型相转移催化的反应机理

1. 不溶性相转移催化的反应机理

(1)液—液—液的反应机理

液—液—液三相相转移催化剂指的是在有机相与水相之间形成了一个催化剂的液相层,反应时,有机相与水相的反应物都转移到催化剂层进行反应。催化剂层可以采用一种在有机相与水相溶解度都有限的相转移催化剂,或者采用一种不溶于有机相与水相的第三相溶剂,同时相转移催化剂在此溶剂中的溶解度较大的催化剂来实现。

(2)三相相转移催化的反应机理

高聚物负载相转移催化剂、无机物负载相转移催化剂一般统称为三相相转移催化剂,它们是将催化剂活性中心通过一定方法接枝到载体上,形成既不溶于有机相也不溶于水相的高分子支载化三相相转移催化剂,与可溶性相转移催化剂相比,具有不溶于水、酸、碱和有机溶剂,能耗小,回收能力强等特点。

不可溶相转移催化剂两相中的反应物都扩散到不溶相转移催化剂内的活性位置,反应的扩散过程包括外扩散、内扩散和本征反应。

Regen 通过动力学考察证实了反应是在树脂相内进行的,而且高聚物的结构对反应影响如图 15-11 所示。

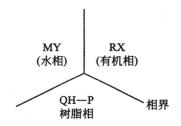

图 15-11 三相转移催化原理示意图

例如,Ford 和 Tomoi 在考察苯乙烯—二乙烯苯固载的三丁基溴化膦相转移催化过程时,发现 1-溴辛烷同 NaCN 水溶液的反应历程如图 15-12 所示。

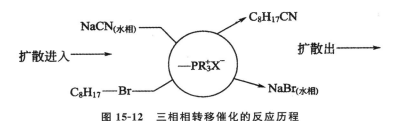

图 15-12 三相相转移催化的反应历程

2. 离子液体相转移催化的反应机理

近年来,离子液体越来越广泛地应用于非均相相转移催化有机合成反应。离子液体在反应中既是反应物或溶剂,又是相转移催化剂,反应过程中,离子液体以两种不同的特定形态迁移于互不相溶的两相,在反应相,离子液体是一种反应物形式,参与反应,而反应结束后,离子液体就转换了一种形式,可以充当相转移催化剂,返回非反应相,实现反应的循环进行。

3. 温度相转移催化的反应机理

利用温控膦配体的"浊点"和"临界溶解温度"特性，Jin 等合成了既有水溶性，又显示非离子表面活性剂的浊点特征的非离子水溶性膦配体。由非离子表面活性剂一膦与过渡金属形成的络合催化剂在低温或室温时溶于水相，与溶于有机相的底物分处于两相。当温度升至高于浊点温度时，催化剂从水相析出并转移至有机相，催化剂和底物共存于有机相，反应在有机相进行；反应结束并冷却至浊点以下时，催化剂重获水溶性，从有机相返回水相，使最终存在于水相的催化剂可通过简单的相分离与含有产物的有机相分开。催化过程与水/有机两相催化的本质在于反应不是发生在水相，而是在有机相中进行，不受底物水溶性的限制。

15.6.4 相转移催化在有机合成中的应用

1. 氧化还原反应

相转移催化用于氧化还原反应，能够加速反应进行，增加反应的选择性。常用的氧化剂和还原剂多为无机物，如 $KMnO_4$、$K_2Cr_2O_7$、NaOCl、H_2O、NH_4 等。它们都是水溶性的，在有机溶剂中的溶解度很小，因此将无机氧化剂的水溶液加入有机物中进行氧化结果一般不理想，有的甚至几乎没有反应发生。

在相转移催化下，这些氧化剂可以借助于催化剂转移到有机相中，使氧化还原反应在温和条件下进行，得到高产率的产物。例如，在癸烯、高锰酸钾水溶液中加入催化量的季铵盐，反应立即进行，癸烯定量地被氧化为壬酸，反应式如下：

$$CH_3(CH_2)_7CH{=}CH_2 \xrightarrow[R_4N^+Cl^-]{KMnO_4} \underset{100\%}{CH_3(CH_2)_7COOH}$$

冠醚也可催化 $KMnO_4$ 与有机物的氧化反应。在苯、高锰酸钾、水体系中加入二环己基 18-冠-6，苯中的高锰酸根离子浓度可达 0.06mol/L，这种紫色的 $KMnO_4$ 苯溶液足以将大多数还原性基团氧化。例如，将邻二酚氧化为邻苯醌，反应式如下：

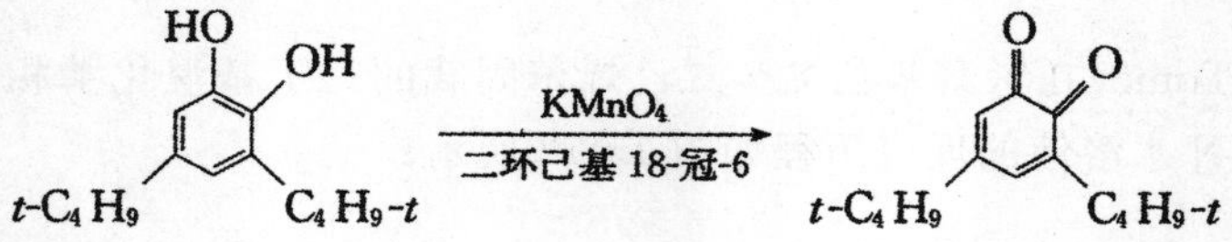

在有机氧化反应中，重铬酸的水溶液比 $KMnO_4$ 用得更加普遍。烯、醇、醛和烃基苯均能被铬(Ⅵ)化合物氧化成羧酸。为了提高反应产率，这些反应一般在相转移催化条件下进行。季铵盐是常用的相转移催化剂。例如，氯化四丁基铵常用于将水相中的 CrO_4^- 移入氯仿、二氯甲烷等有机相。氯化甲基三烷基苯铵常用于 CrO_3 的水相到有机相的转移。例如：

$$C_6H_5CH{=}CH{-}\underset{}{\overset{CH_3}{\overset{|}{C}}}H{-}OH \xrightarrow[CrO_4^{2-},CHCl_3 \text{ 或 } CH_2Cl_2]{(n\text{-}C_4H_9)_4N^+X^-} \underset{88\%}{C_6H_5CH{=}CH{-}\overset{O}{\overset{\|}{C}}{-}CH_3}$$

次氯酸钠是一种廉价易得的氧化剂，合成上常用它氧化醇或胺，以生成醛(酮)或腈。在相转移催化下，利用 10% NaOX 水溶液作氧化剂，再加入催化量的季铵盐，反应可顺利实现。该方法常用于芳香醛、酮的制备。例如：

$$\underset{\text{苯甲醇}}{\underset{|}{\overset{OH}{\overset{|}{C_6H_5-CH_2}}}} \xrightarrow[\text{R}_4\text{N}^+\text{X}^-,\text{CH}_2\text{Cl}_2]{\text{NaOX/H}_2\text{O}} \underset{76\%}{C_6H_5-CHO}$$

$$(C_6H_5)_2CHNH_2 \xrightarrow[R_4N^+X^-,CH_3COOEt]{NaOX/H_2O} \underset{94\%}{(C_6H_5)_2CO}$$

查尔酮类化合物分别以 N-苄基奎宁和奎尼丁氯化季铵盐为催化剂,用 30% H_2O_2 氧化双键,可得到不同光学活性的环氧化合物。例如:

$$\underset{R}{\overset{O}{\underset{\parallel}{C_6H_5-CH=CH-C-C_6H_4}}} \xrightarrow[\text{24 h,室温}]{\text{甲苯/NaOH/30\%H}_2\text{O}_2\text{/PTC}} \underset{R}{\overset{O}{C_6H_4-CH-CH-C-C_6H_4}}$$

$$R:H、CH_3O$$

硼氢化钠是一种优良的还原剂,在季铵盐存在下能以 $R_4N^+BH_4^-$ 离子对形式溶于有机溶剂,经干燥后加入卤代烃即生成乙硼烷,因而可以进行硼氢化反应。

在相转移催化下,$NaBH_4$ 可以使羰基化合物还原成醇,腈类化合物还原成胺类化合物等。例如:

$$C_6H_5-CHO \xrightarrow[\text{24 h,室温}]{\text{TBA/CH}_2\text{Cl}_2} \underset{91\%}{C_6H_5-CH_2OH}$$

$$C_6H_5-CN \xrightarrow[\text{室温}]{\text{R}_4\text{N}^+\text{BH}_4^-\text{/CH}_2\text{Cl}_2\text{/CH}_3\text{I}} \underset{95\%}{C_6H_5-CH_2NH_2}$$

$NaBH_4$ 使羧酸还原成醇是困难的。但在相转移催化下,羧酸能顺利被还原得到相应的醇。例如:

$$Cl-C_6H_4-COOH \xrightarrow[\text{室温}]{\text{CH}_2\text{Cl}_2\text{/R}_4\text{N}^+\text{BH}_4^-\text{/C}_2\text{H}_5\text{Br}} \underset{98\%}{Cl-C_6H_4-CH_2OH}$$

2. 烷基化反应

对于含有活泼氢的碳的烃基化反应,经典方法是用强碱摘去质子形成碳负离子后在非质子性溶剂中和卤代烃反应。采用相转移催化剂,碳的烃基化反应可在温和条件下于苛性钠溶液中实现,如芳基乙腈的烷基化反应。

$$PhCH_2CN+C_2H_5Br \xrightarrow[\text{TEBA}]{\text{NaOH/H}_2\text{O}} \underset{\underset{88\%}{C_2H_5}}{PhCHCN}$$

即使卤代烃的活性较差，也有较高的效率。例如：

$$\text{4-氯喹啉-N-氧化物} + \underset{CH_3}{PhCH-CN} \xrightarrow[\text{苯/50\%NaOH}]{TBA} \underset{O}{\overset{CN}{\underset{|}{CH_3-C-Ph}}} \quad 72\%$$

对含双活化亚甲基的化合物（如丙二酸酯、α-氰基乙酸酯、β-酮砜等），在苛性碱溶液中，烷基化反应也易进行。例如，2-乙氧甲酰-1,3-二噻烷的烷基化反应，反应式如下：

$$\underset{S}{\overset{S}{\diagdown}} \underset{H}{\overset{COOC_2H_5}{\diagup}} + RX \xrightarrow[\text{Aliquat 336}]{K_2CO_3, C_6H_5CH_3} \underset{S}{\overset{S}{\diagdown}} \underset{R}{\overset{COOC_2H_5}{\diagup}}$$

$$R : PhCH_2 \text{、} CH_2 = CHCH_2$$

氧的烃基化反应主要产物是醚和酯两大类。用 Williamson 经典方法可以合成醚，但此法用仲、叔卤化物作烃基化试剂时，易发生消去反应而生成烯。而相转移催化法合成醚反应条件温和，产率高。例如：

$$n-C_5H_{11}OH + (CH_3)_2SO_4 \xrightarrow[\text{醚}, 45℃]{50\%NaOH/BuN^+X^-} n-C_5H_{11}OCH_3 \quad 90\%$$

$$\text{2-萘酚} + PhCH_2Cl \xrightarrow{PEG-400} \text{2-苄氧基萘}(OCH_2Ph) \quad 83\%$$

羧酸盐不易与卤代烃发生反应生成酯，因为在水溶液中羧酸负离子发生强水合作用。采用相转移催化法，羧酸盐与卤代烃反应可获得较高产率的酯化产物。例如：

$$Br-\text{环戊烯}-Br + AcOK \xrightarrow[42℃, 9h]{Aliquat 336} AcO-\text{环戊烯}-OAc \quad 72\%$$

即使合成位阻较大的羧酸酯，用此方法也有较高的产率。例如：

$$\underset{OCH_3}{\overset{OCH_3}{\diagdown}}\text{-COONa} + n-C_4H_9Br \xrightarrow[110℃, 8h]{Bu_4N^+I^-} \underset{OCH_3}{\overset{OCH_3}{\diagdown}}\text{-COOBu-}n \quad 72\%$$

氮烃基化反应是在碱性相转移催化剂催化下氮原子上的氢被烃基取代的反应。若邻近有吸电子基团，使氮原子上的氢酸陛增强，则有利于反应进行。例如：

$$\text{(indole)} + RX \xrightarrow[\text{30 ℃,搅拌,6~22 h}]{\text{苯/50\%NaOH,5\%TBAB}} \text{(N-substituted indole, R)}$$

$$78\%\sim98\%$$

$$RX：Me_2SO_4、Et_2SO_4、C_2H_5Br、PhCH_2Br$$

3. 加成缩合反应

相转移催化能够使加成反应变得容易进行,并且提高产率。

氢卤酸对烯烃双键的加成反应是制备卤代烷很好的方法。在相转移催化下,HCl、HBr、HI 的水溶液能够很容易地按马氏规则加成到碳—碳双键上,反应式如下:

$$R^2R^1C\!\!=\!\!CHR^3（有机相）+HX（水相）\xrightarrow[\triangle]{R_4N^+X^-}R^2R^1CXCH_2R^3$$

$$R^1＝烷基、芳基；R^2＝R^3＝H、烷基、芳基；X＝Cl、Br、I$$

在相转移催化下,烯烃也可以与含有 α-活性氢的化合物加成。例如:

$$Me_2C\!\!=\!\!CH\!-\!\overset{O}{\overset{\|}{C}}\!-\!CH_3 + PhSH \xrightarrow[\text{室温}]{R_4N^+F^-/THF} Me_2\underset{S-Ph}{\overset{}{C}}\!-\!CH_2\!-\!\overset{O}{\overset{\|}{C}}\!-\!CH_3$$

$$PhSO_2CH\!\!=\!\!CH_2+Me_2CHCN \xrightarrow[\text{50\%NaOH}]{Et_3N^+CH_2PhCl^-} PhSO_2CH_2CH_2CMe_2CN$$

α,β-不饱和醛、酮、脂与活泼亚甲基化合物间的 Michael 加成反应,若用一般方法,由于易发生树脂化,产率很低;若采用 Na_2CO_3 液—液相转移催化法,可得到满意效果。例如:

$$R^1COCH_2COOEt + R^2CH\!\!=\!\!CHCHO \xrightarrow[\text{40℃~50℃,1~4 h}]{Na_2CO_3（液）/TEBA/苯} R^1\!-\!\overset{O}{\overset{\|}{C}}\!-\!\underset{COOEt}{\overset{}{C}}H\!-\!\overset{R^2}{\overset{|}{C}}H\!-\!CH_2\!-\!CHO$$

$$44\%\sim64\%$$

4. 消去反应

α-消去反应可以得到二氯卡宾和二溴卡宾。通常,二氯卡宾由氯仿在叔丁醇钾的作用下产生。在相转移催化下,氯仿在浓 NaOH 水溶液中可顺利地制得二氯卡宾。其过程是首先形成 $Cl_3C^-N^+R$ 离子对,然后抽提入有机相,在有机相中形成下列平衡:

$$Cl_3C^-N^+R_4 \Longleftrightarrow Cl_2C：+R_4N^+Cl^-$$

二氯卡宾是一种非常活泼的中间体,能与许多物质进行反应,与烯烃和许多芳烃反应得到环丙烷的衍生物。例如,由烯丙醇的缩乙醛与二氯卡宾反应后,经还原和水解可得环丙基甲醇,反应式如下:

$$CH_3CH(OCH_2CH\!\!=\!\!CH_2)_2 \xrightarrow[\text{40℃~50℃}]{50\%NaOH/CHCl_3/TEBA} CH_3CH(OCH_2CH\!\!-\!\!CH_2)_2^{\overset{Cl\ \ Cl}{\diagdown\diagup}}$$

$$\xrightarrow[\text{②}H_3O^+]{\text{①}Na,NH_3} HOCH_2\!-\!\underset{\underset{H_2}{\overset{|}{C}}}{\overset{}{C}}H\!-\!CH_2$$

在相转移催化下,二氯卡宾与 1,2-二苯乙烯和环戊二烯作用,前者经水解可得二苯环丙羰基化合物,后者经重排可得 1-氯代环己二烯,反应式如下:

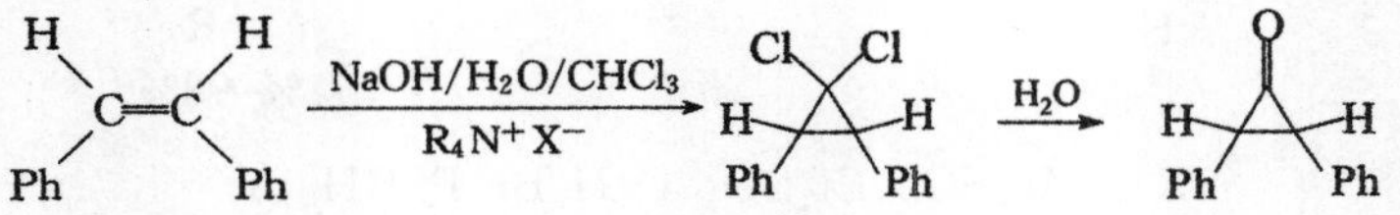

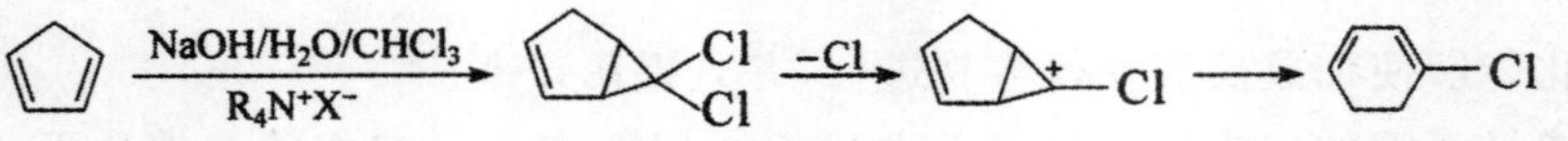

二氯卡宾插入 C—H 键中得到增加一个碳原子的二氯甲基取代衍生物。例如,金刚烷的碳—氢键插入二氯卡宾可得到相应的二氯甲基衍生物,反应式如下:

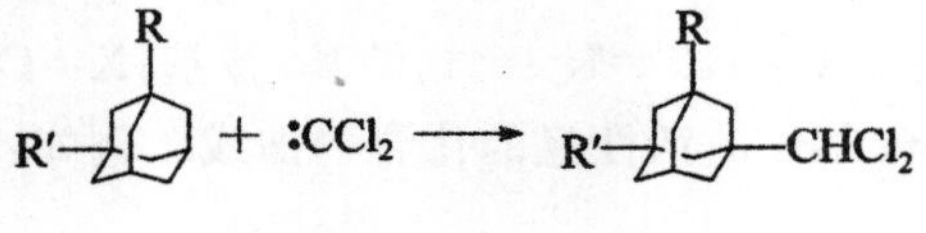

$$R:H、CH3;R':H、CH_3$$

二氯卡宾若与桥环化合物反应,可在桥头引入二氯甲基,从而为角甲基化提供了一种可选择的途径,反应式如下:

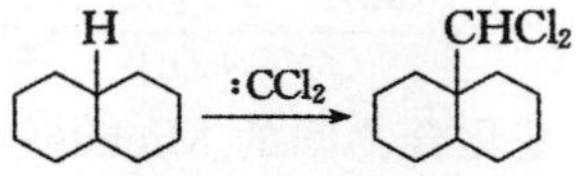

二氯卡宾与 $RCONH_2$ 作用可以制得氰化物,在相转移催化下,长链或支链脂肪酰胺以及芳香酰胺反应产率较高,反应式如下:

$$RCONH_2 \xrightarrow{50\%NaOH/CH_3Cl_3} RCN$$

反应可能经过下列过程:

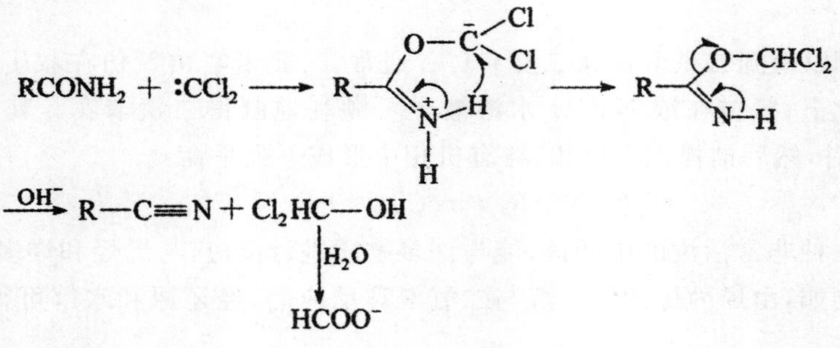

同样,在相转移催化下,溴仿在 NaOH 水溶液中也能产生二溴卡宾。二溴卡宾与二氯卡宾相似,也能发生许多反应。例如:

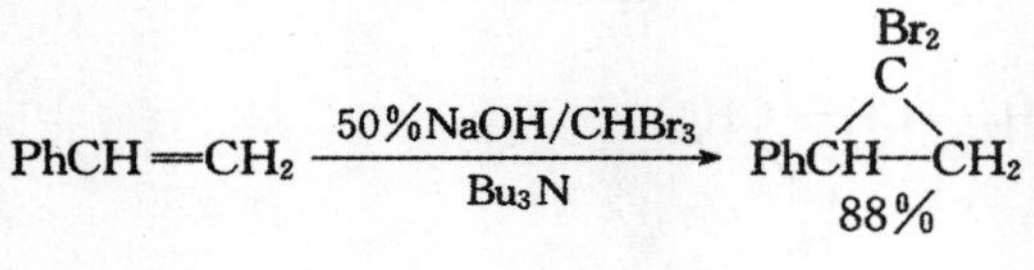

5. 聚合反应

相催化转移已应用到许多化学聚合反应中,例如:苯酚与甲基丙烯酸缩水甘油酯或缩水甘油苯醚与甲基丙烯酸在 TEBA 催化下制得丙基甲基丙烯酸脂,反应式如下:

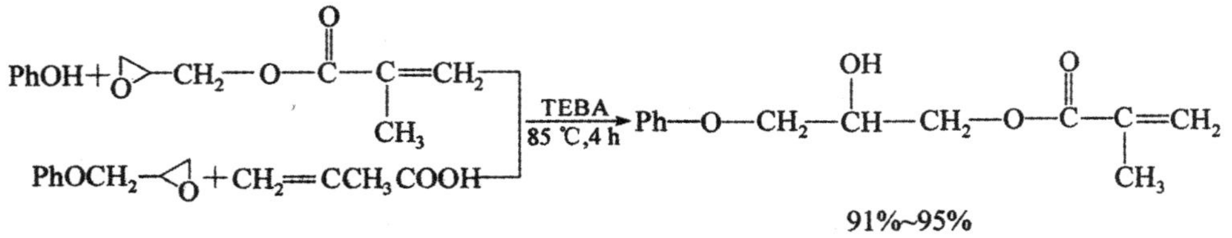

91%~95%

该单体加入引发剂后立即聚合,产物可用于补牙。

在相转移催化下,双酚 A 与对苯二甲酰氯作用,发生双酚 A 型聚芳酯的聚合反应,与非相转移催化相比具有速率快、反应条件温和、产物相对分子质量大等优点,易于工业化生产,反应式如下:

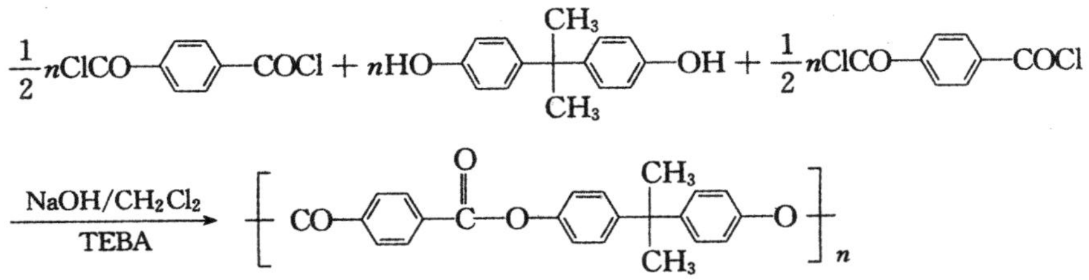

双酚 A 型聚芳酯在较高温度下仍具有优异的应变回复性和抗蠕变性。

如果将相转移催化技术与其他有机合成新技术、新方法相结合,将会使反应更具特色。

参考文献

［1］李良学.有机化学.北京：化学工业出版社，2010.

［2］于淑萍.有机化学基础.北京：中央广播电视大学出版社，2010.

［3］洪筱坤，林辉.有机化学.北京：中国中医药出版社，2005.

［4］黄恒钧，白云起.有机化学实用基础.北京：北京大学出版社，2011.

［5］段文贵.有机化学.北京：化学工业出版社，2010.

［6］吉卯祉，彭松，吴玉兰.有机化学.北京：科学出版社，2011.

［7］赵正保.有机化学（第二版）.北京：人民卫生出版社，2007.

［8］王文平.有机化学.北京：科学出版社，2010.

［9］荣国斌.高等有机化学基础（第三版）.上海：华东理工大学出版社；北京：化学工业出版社，2009.

［10］邢其毅，裴伟伟，徐瑞秋，裴坚.基础有机化学（第三版）下册.北京：高等教育出版社，2005.

［11］付建龙，李红.有机化学.北京：化学工业出版社，2009.

［12］吴阿富.新概念基础有机化学.杭州：浙江大学出版社，2010.

［13］蔡素德.有机化学（第三版）.北京：中国建筑工业出版社，2006.

［14］李军，沙乖凤，杨家林.有机化学.武汉：华中科技大学出版社，2012.

［15］师春祥.简明基础有机化学.北京：北京师范大学出版社，2011.

［16］邢存章，赵超.有机化学.北京：科学出版社，2008.

［17］信颖，王欣，孙玉泉.有机化学.武汉：华中科技大学出版社，2011.

［18］梁绮思.有机化学基础.北京：化学工业出版社，2005.

［19］邢其毅，裴伟伟，徐瑞秋，裴坚.基础有机化学（第三版）上册.北京：高等教育出版社，2005.

［20］高吉刚，付蕾.有机化学.北京：科学出版社，2009.

［21］邓苏鲁.有机化学.北京：化学工业出版社，2007.

［22］刘军，张文雯，申玉双.有机化学（第二版）.北京：化学工业出版社，2010.

［23］潘华英，叶国华.有机化学.北京：化学工业出版社，2010.

［24］周莹，赖桂春.有机化学.北京：化学工业出版社，2011.